AF589719

LES

MATIÈRES FERTILISANTES

Divisions du *Cours d'Agriculture pratique*.

I. — La France agricole.
II. — Les matières fertilisantes.
III. — La pratique de l'agriculture.
IV. — Les pâturages et les prairies naturelles.
V. — Les plantes fourragères.
VI. — Les plantes alimentaires.
VII. — Les plantes industrielles.
VIII. — Les assolements et les systèmes de culture.
IX. — Les arbres et les arbustes fruitiers de grande culture.

Paris. — Imprimerie de Ch. Lahure et Cie, rues de Fleurus, 9, et de l'Ouest, 21.

LES

MATIÈRES FERTILISANTES

ENGRAIS

**MINÉRAUX, VEGÉTAUX ET ANIMAUX, SOLIDES, LIQUIDES
NATURELS ET ARTIFICIELS**

PAR

GUSTAVE HEUZÉ

Professeur d'agriculture à l'École impériale de Grignon
ancien Fermier et Sous-Directeur de l'Institut de Grand-Jouan
Membre de la Société d'Agriculture de Seine-et-Oise
Correspondant de la Société centrale d'Agriculture, de l'Académie royale d'Agriculture
de Turin, des Sociétés d'Agriculture de Clermont, Caen, Alger.

QUATRIÈME EDITION

REVUE ET AUGMENTÉE

avec quarante et une vignettes sur bois

PARIS

LIBRAIRIE DE L. HACHETTE ET Cie

RUE PIERRE-SARRAZIN, N° 14

1862

AVERTISSEMENT.

Ce livre, publié pour la première fois en 1845, dans le format grand in-8° sur deux colonnes, a été, quatre ans plus tard, réimprimé sur une seule colonne et dans le même format, par la Société d'Agriculture de Clermont (Oise), qui, lui donnant son entière approbation, le fit distribuer à tous ses membres et correspondants.

En outre, il a été imprimé une troisième fois, en 1857, en volume in-8°.

Je crois devoir rappeler ces faits, parce que des extraits ont été reproduits dans plusieurs ouvrages d'agriculture, publiés, depuis quelques années, tant en France qu'à l'étranger.

La présente édition est plus complète que celles qui l'ont précédée. Les nombreux voyages que j'ai faits en France, en Angleterre, en Algérie et en Italie, m'ont permis de l'enrichir de nombreuses observations.

Les remarques que j'ai dû ajouter à la présente édition ont considérablement agrandi le cadre que je m'étais tracé, et m'ont forcé de reporter au tome VII (intitulé *les Assolements et les systèmes de culture*), les rapports que j'établis entre la composition des plantes et celle des divers engrais qui leur conviennent.

J'ai dû insérer aussi dans le même volume les relations existant entre les propriétés épuisantes et améliorantes des végétaux et des engrais.

La première édition comprenait les *Amendements*, que j'ai jugé nécessaire de séparer des engrais, parce qu'ils modifient les qualités physiques du sol sans accroître sa fertilité. Désormais, ils feront partie du volume qui comprend l'étude des terrains et des productions agricoles, et qui a pour titre : *la France agricole*.

Voici comment ont été divisés les sujets traités dans cet ouvrage :

LIVRE I. — *Engrais minéraux.*
LIVRE II. — *Engrais végétaux verts et secs.*
LIVRE III. — *Engrais animaux : excréments et débris.*
LIVRE IV. — *Engrais animaux-végétaux : fumiers.*
LIVRE V. — *Engrais composés : boues, vases, etc.*
LIVRE VI. — *Engrais liquides : urines, engrais flamand, etc.*
LIVRE VII. — *Engrais commerciaux ou artificiels.*
LIVRE VIII. — *Pralinage des semences.*
LIVRE IX. — *Fabrication des engrais artificiels.*
LIVRE X. — *Économie des engrais.*

Loin de moi la pensée d'avoir écrit un ouvrage complet sur les engrais et étudié ces agents de la végétation au point de vue chimique. Le seul but que je me suis proposé a été de faire connaître à l'agriculteur l'*emploi pratique et raisonné des matières fertilisantes* en le tenant au courant des progrès faits par les sciences. L'accueil que les agriculteurs ont fait aux éditions précédentes me permet d'espérer que cette réimpression recevra aussi leur approbation.

Je poursuis la publication de mon *Cours d'agriculture pratique*. Le volume qu'on imprime en ce moment a pour titre : *la Pratique de l'agriculture*, livre spécial dans lequel j'ai dépeint le propriétaire-agriculteur et le fermier au milieu de mille obstacles divers.

Cet ouvrage précédera l'apparition du volume intitulé : *les Plantes alimentaires*. J'ai dit dans l'avertissement du tome VIII, intitulé : *les Assolements et les systèmes de culture*, qui a paru en 1861, que cet ouvrage serait accompagné d'un magnifique atlas, gravé sur acier, représentant les *céréales d'Europe*.

En 1858, après avoir publié *les Plantes fourragères* et *les Plantes industrielles*, je me demandais si j'aurais le bonheur de réussir dans l'entreprise difficile que j'ai osé aborder. Aujourd'hui, encouragé par les témoignages approbateurs qu'ont daigné me donner des hommes pleins de bienveillance, des esprits éclairés, je conserve l'espoir de mener à bonne fin cette grande œuvre pour laquelle je n'ai cessé de travailler depuis vingt années.

Versailles, le 10 décembre 1861.

INTRODUCTION.

Tous les êtres qui peuplent la surface du globe ont été répartis en deux grandes classes : la première comprend les corps inertes, la seconde embrasse les corps vivants.

Les *corps inertes* ou *corps bruts*, quoique privés des fonctions communes à tous les corps vivants, éprouvent néanmoins des modifications de forme et de volume; ils diffèrent entre eux par leur structure, par la force d'affinité respective qui unit leurs parties constituantes, par leur coloration et la cause à laquelle ils doivent leur origine, et ils peuvent être divisés, subdivisés à l'infini sans changer de nature. Ces êtres bruts ne portent aucun trait d'organisation, ils ne peuvent se reproduire d'eux-mêmes, étant le produit de combinaisons spontanées de la matière; et, une fois formés, ils persistent et ne cessent d'exister que lorsqu'une force extérieure différente de celle qui les a produits vient les détruire.

L'accroissement des *corps vivants* ou *corps inorganiques* a lieu d'une manière particulière. Sous l'action de deux forces sans cesse agissantes et productrices, l'*attraction moléculaire* et la *chaleur*, les atomes de matière se rapprochent, se réunissent, se combinent, se groupent et s'étendent autour d'autres parties corpusculaires homogènes déjà agglomérées, consolidées ou agrégées, et augmentent ainsi par *juxtaposition* le volume, la masse, les dimensions de chaque minéral.

L'origine des *minéraux*, dont la durée n'a pas de limites déterminées, qui s'accroissent extérieurement et persistent, jusqu'à ce qu'une cause extérieure, accidentelle détruise la force de cohésion qui tient réunies leurs molécules constituantes, a donc pour cause : 1° la force attractive qui réunit les particules atomiques de la matière; 2° les corpuscules insécables de la nature; 3° la chaleur qui tend continuellement à séparer, à désunir ce que cette force permanente et vivifiante a rapproché et uni lors de la propension sympathique des atomes, lors de la consolidation de ces corpuscules, soit que les molécules élémentaires composantes fussent similaires, soit qu'elles fussent hétérogènes.

L'intervalle qui existe entre les corps bruts et les *êtres organisés* est immense. Les *corps vivants* ont un caractère d'individualité qui les sépare des autres corps quels qu'ils soient; ils éprouvent des modifications graduelles, mais constantes, des changements successifs, mais déterminés; ils sont composés de fibres, de lames minces disposées de manière à circonscrire des intervalles, des cavités; ils se nourrissent et se reproduisent d'eux-mêmes; et il existe en eux un mouvement, un tourbillon plus ou moins compliqué, plus ou moins rapide, auquel on a donné le nom de *vie*. Cette essence commune à tous les individus organisés, ce phénomène inexplicable et régi par des lois inconnues, ne cesse d'agir durant toute l'existence de l'être. Lorsque ce mouvement cesse de se manifester, quand cette force inhérente à l'organisme n'agit plus, la vie s'éteint, et le résultat de cette cessation de mouvement, de cette intermission d'action et de fonction est la *mort*. Alors la structure du corps se modifie, le volume s'altère, la *matière organique* change de forme; les éléments qui la composaient se séparent, se désunissent, se décomposent, se dissolvent; et il arrive bientôt un moment où l'être organisé a perdu entièrement tous les caractères d'individualité qui le déterminaient et le séparaient, quand il jouissait de la vie, de la *matière morte*.

Les *corps organiques* sont formés de parties solides et de parties liquides ; les premières déterminent leur forme, leur volume, leur ensemble ; les secondes pénètrent toute leur substance et s'interposent entre les molécules des solides. Les mouvements des fluides qui ont pour cause le *principe vital* et les contractions des solides, facilitent la pénétration à l'intérieur de la masse de molécules nutritives dont la destination est d'entretenir la vie, de concourir à l'accroissement des parties vivantes auxquelles la nature a assigné des limites, de remplacer les molécules superflues à la vie et expulsées au dehors du corps par suite du renouvellement de particules inhérent à l'existence du monde organique. C'est cette nutrition par *intussusception*, de laquelle dépend l'assimilation, la fixation des molécules vivantes, qui caractérise essentiellement les corps vivants considérés collectivement, et qui nous rappelle sans cesse que les êtres organisés sont doués de la faculté de se nourrir.

La durée des corps organisés n'est pas indéterminée comme celle des minéraux ; elle est limitée à la constitution des individus, elle est déterminée pour chaque espèce. La nature devait donc permettre aux corps vivants de se reproduire pour que de nouveaux individus succèdent à ceux chez lesquels le mouvement vital s'est arrêté, pour que les espèces persistent sur la terre et qu'elles puissent être regardées comme éternelles. Cette reproduction, à laquelle on a donné le nom de génération, est la plus mystérieuse fonction de l'existence organique, mais elle est inhérente à tout ce qui vit, et elle distingue aussi le règne végétal et le règne animal du monde inorganique.

Quoique tous les corps organisés présentent des analogies de structure, d'organisation, de nutrition et de reproduction, quoiqu'ils aient tous besoin pour exister de l'influence de l'air et d'une certaine température, il faut distinguer cependant, parmi ces êtres, les végétaux et les animaux, qui s'éloignent les uns des autres par des caractères d'individualité très-distinctifs.

Les *végétaux* sont privés de la faculté de changer de place; ils sont réduits à recevoir les aliments que la terre à laquelle ils sont attachés peut leur fournir; ils ne peuvent produire de l'acide carbonique sous l'action de la lumière; ils ne possèdent pas la faculté de sentir et de respirer; ils n'ont pas la conscience de leur existence, le sentiment de leur force ou de leur faiblesse; enfin, ils ne sont pas susceptibles de sentir le plaisir ou la douleur.

L'*animal* jouit de toutes ces facultés. Il se déplace à volonté et spontanément; il choisit sa nourriture et la saisit; il respire et digère; il est sensible et irritable; il voit, il sent, il entend; il connaît sa force ou sa faiblesse; il éprouve des sensations; il apprécie le danger, manifeste la joie qu'il éprouve, la douleur qu'il endure; enfin, il craint, il attend, il espère!

De là, cette ligne séparative qui existe entre les corps organisés: les *corps inanimés*, qui sont les végétaux; les *corps animés*, que représentent les animaux.

Lorsque l'homme dirige son regard vers la surface de la terre, lorsqu'il contemple ces multitudes d'êtres qui y sont répandus avec profusion, quand il réfléchit aux traits de composition et d'organisation qui les caractérisent, les séparent ou les rapprochent les uns des autres, il se sent ému d'admiration, et il ne peut s'empêcher de s'incliner devant la puissance et le génie de Dieu! Le spectacle qui se présente alors à sa vue est un tableau éternel dont la variation infinie lui représente la nature toujours active, sans cesse vivifiante, à jamais admirable dans sa simplicité ou son état complexe.

Les lois qui régissent les phénomènes de la nature, les changements qui se produisent chaque jour sur la terre et dans l'atmosphère, ont fait naître chez l'homme l'espérance de connaître un jour la vie des corps organisés dans tous ses détails. La lutte qui s'est établie entre la nature et les sciences date de plusieurs siècles ! Mais chaque génération a gravé sur l'airain le résultat de son labeur, les découvertes qu'elle a faites et qui l'enorgueillissent ; et tous ces travaux, images réelles de la vie des intelligences, toutes ces conceptions aussi grandes, aussi larges que l'imposante grandeur de la création, ont agrandi le cercle des connaissances scientifiques. Ces belles conquêtes, ces grandes découvertes qui témoignent en faveur de la puissance de l'intelligence, ont poussé les esprits, dévoués par goût et par un attrait de nature, à sonder, à pénétrer plus loin les mystères qui enveloppent encore certains faits qui se produisent sur la terre, et que la nature offre chaque jour à notre regard, à notre pensée, à notre génie investigateur !

Pendant l'époque à laquelle on regardait l'agriculture comme un métier se perpétuant de génération en génération par la tradition, on se préoccupa peu du perfectionnement qu'elle pouvait subir, et de ses rapports avec les sciences. Pour la plupart des hommes qui étudiaient les problèmes qui se rattachent aux causes des phénomènes naturels, pour ceux qui s'étaient voués à l'étude des corps inorganiques et de la matière vivante, la culture de la terre était un art qui ne demandait que des forces physiques et de l'habitude, et pour eux ce travail était indigne d'occuper un esprit méditatif et observateur. Le temps a fait justice de cette erreur. La diffusion des lumières, le perfectionnement de l'intelligence, en imprimant un plus grand essor à la pensée, en modifiant cette longue vénération des générations pour les procédés pratiques agricoles, ont reculé les limites qui circonscrivaient le regard des savants, et l'impulsion qu'ont reçue les sciences physiques et naturelles a largement contribué à accroître les conquêtes de l'esprit humain. Cette nouvelle victoire était une conséquence des travaux des hommes qui voulaient connaître les phénomènes physiques de la vie, et elle fut le premier jalon qui indiqua la voie vers laquelle devaient tendre les études scientifiques ; aussi éclaira-t-elle les idées de ceux qui croyaient connaître tous les mystères de la création, qui pensaient que tous les faits naturels avaient été moissonnés par les générations antérieures ! Alors commença cette ère nouvelle pendant laquelle l'agriculture, les arts et l'industrie devaient hâter leurs progrès !

Il ne faut pas l'oublier, l'agriculture a produit dans sa marche progressive deux époques caractéristiques : celle de sa *renaissance* sous Henri IV, celle de son *amélioration pratique* sous Louis XV. Ces deux époques, qui dominent les choses du passé, doivent être regardées comme un signe avant-coureur de l'impulsion scientifique qui lui est imprimée depuis près d'un demi-siècle, et qui est évidemment l'une de ses phases les plus remarquables. Ce *perfectionnement scientifique* aura un jour les conséquences les plus heureuses.

C'est inutilement qu'on voudrait caractériser à grands traits ces trois grandes phases. La distinction qui les sépare est gravée dans les esprits. Il ne s'agit plus seulement de pratiquer l'agriculture, il faut expliquer les principes qui président à ses progrès actuels et à sa destinée future. Notre siècle a vivement compris cette tâche. Ainsi l'agriculteur progressif ne se borne plus à connaître silencieusement les opérations manuelles de nos pères, il ne se résigne plus à subir les conséquences des faits et des événements agricoles constatés par les générations précédentes. Considérant les sciences comme le fil d'or qui guide la pensée, il suit pas à pas leurs progès, il cherche à s'identifier avec les faits que les esprits méditatifs constatent chaque jour.

La direction que le cultivateur moderne imprime à sa pensée le détache des laboureurs qui doutent encore des nouvelles destinées de l'agriculture ; elle lui permet de distinguer la fausse direction suivie par ceux qui sont encore embarrassés dans leurs préjugés, qui persistent à nier l'utilité de la théorie raisonnée ou qui se font les défenseurs des idées préconçues qui entravent avec tant de force encore la marche progressive des idées nouvelles; enfin elle lui permet d'entrevoir une perspective morale et matérielle plus heureuse.

Au commencement de ce siècle, la géologie a fourni au cultivateur les renseignements nécessaires pour déterminer la nature des terrains et les matières minérales qu'il peut employer à la fertilisation de ses champs; la botanique lui a indiqué l'organisation, les caractères et les diverses phases d'existence des végétaux; mais ces connaissances n'ont pas suffi à l'activité incessante de ses facultés intellectuelles, elles étaient incomplètes. Il a reconnu qu'il devait demander à la chimie l'explication des métamorphoses que subissent les corps minéraux et organiques, la structure des végétaux qu'il cultive et la composition intime des substances qu'il emploie pour accroître leur développement.

La chimie agricole est une science moderne; mais elle est appelée à avoir un jour l'action la plus directe sur la prospérité de l'agriculture. Déjà, elle a permis aux praticiens de vaincre quelques-unes des difficultés que présente la carrière agricole, si féconde en succès et en revers.

L'agriculture actuelle sait de quelle manière les Grecs et les Romains fécondaient les champs qu'ils cultivaient. Les ouvrages de Magnon, Dionysius, Cassius d'Utique, Caton, Varron, Columelle, Virgile, Pline et Palladius lui ont révélé une foule de faits qui ont été confirmés depuis par l'expérience et l'observation. Ces traités, le *Livre de l'agriculture*, d'Abu-Zacharia-Jahia-Aben-Mahomed-Ben-Ahmed-Eben-el-Awam, qui vivait au douzième siècle à Séville, et le *Traité d'économie rurale*, publié à la fin du quatorzième siècle par Petri de Crescentiis, de Bologne, furent les seuls ouvrages que possédèrent les cultivateurs jusqu'à la fin du quinzième siècle.

Le développement que reçut l'intelligence pendant le siècle suivant engagea Olivier de Serres à rédiger son *Théâtre d'agriculture et mesnage des champs*, et Bernard de Palissy, le créateur de la géologie, à publier ses *Études sur l'emploi de la marne*. Ces livres eurent pour complément la *Maison rustique* de Ch. Étienne et J. Liébault, ouvrage qui, grâce à son titre, eut, comme la *Maison champêtre* de Robert Fouët, publiée en 1607, un grand succès non mérité.

C'était au siècle qui vient de s'écouler qu'était réservée la tâche de démontrer aux agriculteurs combien les études sur la préparation et l'emploi des engrais laissait à désirer. Duhamel, Parmentier et Rozier ont prouvé que le temps était arrivé où l'étude des engrais devait être plus scientifique. C'est cette constatation qui a poussé Davy à étudier l'action de l'ammoniaque sur les végétaux, et conduit Bosc à conclure, bien à tort, des expériences de Priestley, d'Ingenhousz, de Sennebier et de Saussure, que l'acide carbonique est le seul aliment des plantes.

Il y a vingt ans on divisait encore les engrais en deux classes :

1° *Les stimulants;*

2° *Les engrais proprement dits.*

Les premiers, que l'on désignait souvent sous le nom d'*amendements*, de *modifiants* ou d'*excitants*, comprenaient des substances appartenant au règne inorganique. Les engrais étaient fournis seulement par le règne organique.

On croyait alors que les stimulants agissaient uniquement sur les débris végétaux et animaux. Ainsi, on chaulait, on marnait les terres, non pour fournir aux plantes du calcaire, mais pour rendre plus prompte, plus complète la décomposition des matières végétales et animales.

La science a prouvé depuis cette époque que toutes les matières qui apportent à une terre un des éléments qui composent les végétaux, appartient à la classe des engrais. Les matières fertilisantes sont donc les véritables aliments des plantes ligneuses ou herbacées.

Ces aliments sont tantôt *simples*, tantôt *complexes*, suivant qu'ils fournissent aux végétaux : 1° de l'azote et de la soude ; de la chaux et de l'acide sulfurique ; 2° de l'azote, du phosphore, du fer et de la chaux ; de l'ammoniaque, de la soude, de la potasse, du soufre et de la chaux.

C'était à M. Payen qu'il appartenait de démontrer que les opinions émises par Fabroni, Kirvan, Maurice, P. Ré, Thouin, Thaër, etc., sur l'action des engrais, étaient plus ingénieuses que scientifiques. Les études publiées, il y a quarante ans, par ce savant chimiste confirmèrent les théories scientifiques de Davy et Chaptal sur les sels ammoniacaux, sur l'azote, sur le phosphate de chaux, etc.; de Hermstædt sur l'action des engrais les plus azotés ; et elles prouvèrent l'utilité générale des matières azotées dans la reproduction des végétaux et surtout de leurs graines. La théorie émise par M. Payen, confirmée par les belles recherches de Gay-Lussac et les remarquables travaux de M. Berthier sur le rôle du phosphore dans la végétation, jeta de vives lumières sur l'action fertilisante des matières minérales et organiques, et elle conduisit M. Dumas à étudier l'action de l'eau, de l'air, du carbone, de l'hydrogène, de l'oxygène, de l'azote, etc., sur le développement des plantes. Les faits observés par ce savant illustre furent coordonnés avec tant de clarté, tant d'harmonie dans sa *Statique chimique des êtres organisés*, qu'ils révolutionnèrent les esprits qui considéraient encore comme vraies les théories adoptées par Rozier, Bosc, etc.

M. Liebig, auquel on doit les premières recherches sur l'action de l'acide carbonique sur la solubilité du phosphate de chaux, a rejeté loin de lui les conclusions que MM. Payen, Dumas et Boussingault ont tirées de leurs travaux. Il attribue l'influence des engrais à l'unique action de l'ammoniaque alliée à des sels minéraux. Cette opinion l'a engagé à répéter ce que Hales avait dit en 1727, que les cendres peuvent être substituées aux excréments des animaux, parce que, bien choisies, elles permettent de rendre à la terre tous les principes constituants qui lui ont été enlevés par les plantes ; c'est elle aussi qui l'a conduit à proposer l'emploi d'engrais dont la composition est basée sur l'analyse des végétaux cultivés. L'expérience a prouvé que M. Liebig n'avait pas formulé la véritable théorie de la nutrition des plantes.

Quoi qu'il en soit, les admirables travaux de M. Chevreul sur les corps gras, les intéressantes observations de M. Malagutti sur le noir animal, les études de Puvis sur l'emploi des engrais minéraux, les analyses faites par MM. Dumas, Payen et Boussingault, de toutes les substances qu'on peut faire servir à la fertilisation des terres, les utiles recherches de M. Barral et de M. J. Pierre sur l'ammoniaque contenue dans les eaux pluviales, les remarquables et célèbres expériences de M. Boussingault sur le rôle du calcaire, des sels alcalins et de l'azote dans la nutrition des végétaux, les belles études de M. Élie de Beaumont et de M. Deherain sur le phosphate de chaux ouvrent un nouvel horizon aux méditations des esprits agricoles.

Ces études et les conséquences qu'on en a déduites ont conduit M. Chevreul à dire qu'il n'y avait pas d'engrais absolu, mais bien des engrais relatifs ou complémentaires de la richesse de la couche arable. La loi de l'emploi des matières fertilisantes formulée par ce savant illustre est admise aujourd'hui par les hommes les plus versés dans l'étude des sciences, et elle a fait naître une sorte de révolution dans l'emploi et la fabrication des engrais, changement qu'il faut considérer comme le prélude du perfectionnement progressif et prochain auquel l'agriculture doit parvenir dans l'intérêt de l'humanité et la gloire de la France!

CLASSIFICATION DES ENGRAIS

BASÉE SUR LEURS PROPRIÉTÉS ET LES PRINCIPAUX ÉLÉMENTS QU'ILS FOURNISSENT AUX VÉGÉTAUX.

—

1° Engrais ammoniacaux dont la décomposition est rapide.

Sels ammoniacaux.	Excréments humains.
Guano du Pérou.	Eaux vannes.
Chair.	Excréments de moutons.
Sang.	Colombine.
Urine putréfiée.	Poudrette.
Engrais flamand.	Fumier décomposé.

2° Engrais azotés dont la décomposition est assez prompte.

Chiffons de laine réduits en poudre.	Guano Derrien.
Râpures de cornes.	Urines fraîches.
Poils et crins.	Rognures de peau.
Colle forte.	Fumier à demi composé.
Superphosphate de chaux.	Tourteaux.
Poudre d'os.	Drèche.

3° Engrais azotés dont la décomposition est lente.

Fumier long et très-pailleux.	Os concassés.
Chiffons de laine.	Cornes divisées.

4° Engrais contenant de l'acide nitrique.

Nitrate de potasse.	Nitrate de soude.
Plâtras.	

5° Engrais riches en phosphate et en acide phosphorique.

Os concassés.	Guano d'Afrique.
Poudre d'os.	Tourteaux.
Noir animal.	Colombine.
Phosphate de chaux natif.	Poudre de poisson.
Guano du Pérou.	Guano des îles Backer.
Superphosphate de chaux.	Fiente de volaille.

6° Engrais riches en potasse.

Sulfate de potasse.
Nitrate de potasse.
Cendres perlées.
Cendres de bois.
— de tourbe.
Urine.

7° Engrais riches en soude.

Sulfate de soude.
Nitrate de soude.
Cendres de varech.
Rebuts des fabriques de soude.

8° Engrais riches en acide carbonique.

Terreau.
Fumiers d'écurie, étable, etc.
Goëmons.
Végétaux enfouis à l'état vert.
Tourbe.
Sciure de bois.
Paille.
Feuilles d'arbres.

9° Engrais riches en chaux.

Os.
Chaux.
Marne.
Craie.
Falun.
Coquillages.
Tangue.
Plâtre.
Plâtras.
Merl.

10° Engrais riches en acide sulfurique.

Plâtre.
Sulfate de fer.
Cendres pyriteuses.
Sulfate de soude.

LES

MATIÈRES FERTILISANTES

LIVRE I.

ENGRAIS MINÉRAUX.

PREMIÈRE CLASSE.

SUBSTANCES D'ORIGINE MINÉRALE.

CHAPITRE I.

MINÉRAUX CARBONATÉS A BASE DE CHAUX.

SECTION I.

Chaux.

Anglais. — Lime or chalk. *Italien.* — Calce.
Allemand. — Kalk. *Espagnol.* — Cal.

Historique. — Définition. — Calcination de la chaux. — Variétés. — Terrains qui doivent être chaulés. — Procédés d'application : méthode allemande, italienne et française. — Conditions de réussite. — Enfouissement. — Quantité de chaux à appliquer par hectare. — Poids de l'hectolitre et du mètre cube.— Quantité de chaux absorbée par les plantes.— Renouvellement des chaulages.— Modification du sol par la chaux. — Mode d'action. — Cultures auxquelles elle convient.— Épuisement du sol par la chaux. — Valeur commerciale. — Bibliographie.

Historique. — L'usage de la chaux en agriculture est fort ancien. Son application en France remonte au commencement de notre ère. Pline parle de son emploi dans les Gaules.

Au seizième siècle, Bernard de Palissy a proposé de l'appliquer en compost sur les sols argileux. A la même époque, Olivier de Serres la recommandait comme un moyen efficace de réchauffer la terre, détruire les insectes et les graines des plantes nuisibles.

Depuis un siècle, les chaulages se sont beaucoup répandus en France, et, partout où ils ont pu être appliqués, l'agriculture a fait des progrès considérables. C'est à leur emploi que la Bresse, la Mayenne, l'Anjou, la Vendée, etc., doivent les changements si remarquables qui, depuis près d'un demi-siècle, se sont opérés dans leurs procédés agricoles; c'est par leur concours que les cultivateurs de ces contrées ont pu rendre à la culture des terrains immenses, jusqu'alors regardés comme stériles.

Définition. — La chaux que l'on emploie en agriculture est à l'état de *protoxyde de calcium.* Alors elle est caustique, vive, et jouit de la propriété d'attirer l'humidité de l'air, de fuser, de tomber en poussière, de fixer l'acide carbonique, gaz qu'elle a perdu par la calcination, et de se transformer de nouveau en carbonate ou en hydrate de chaux.

Calcination de la chaux. — La calcination ou *cuisson* de la chaux s'opère en exposant les pierres calcaires à la chaleur rouge, dans des fours dont la forme varie selon les localités et le combustible employé.

Pendant cette opération, le carbonate de chaux perd son acide carbonique et les 2 à 6 pour 100 d'eau qui étaient interposés entre ses molécules; en outre, son poids diminue de 20 à 40 pour 100, selon son degré de pureté.

Pour calciner 1 mètre cube de chaux dans un four de 60 à 75 mètres cubes de capacité, dans lequel le feu dure de 100 à 150 heures, on brûle 1 mètre 66 de bois de corde, ou 22 mètres de fagots, ou 2 mètres cubes de bonne tourbe, ou 30 mètres cubes de fascines de genêt et de bruyère. Lorsqu'on emploie de la houille, on compte ordinairement sur 1 mètre cube au moins de combustible pour 3 mètres cubes de chaux.

La chaux calcinée ou caustique est peu soluble à l'eau. Il faut environ 1000 parties d'eau pour en dissoudre une partie. Toutefois, on a constaté qu'elle était plus soluble à froid qu'à chaux. Ainsi, à zéro, suivant M. Boussingault, la solubilité de la chaux est de 1/630; à 15°,5, de 1/778; à 54°,4, de 1/972; à 100°, de 1/1270.

La chaux bien calcinée et pure présente un phénomène particulier lorsqu'on la plonge dans l'eau : il se produit presque instantanément une sorte d'effervescence due aux bulles de gaz qui se dégagent. Ces bulles ne sont autre chose que de l'air logé dans les interstices qu'occupait primitivement l'eau avant la calcination du carbonate. Ce dégagement de bulles d'air est suivi d'un autre phénomène. L'eau absorbée rapidement par la chaux se vaporise par suite d'une forte élévation de la température. Pendant cette action, la chaux éprouve diverses modifications physiques. De compacte qu'elle était, elle devient pulvérulente et acquiert une teinte blanche plus ou moins remarquable, selon sa pureté. Alors elle est moins caustique, mais conserve cependant ses propriétés alcalines; on lui donne le nom de *chaux éteinte* ou *chaux hydratée*. C'est sous cet état qu'on l'emploie en agriculture.

Variétés. — Selon le degré de pureté de la pierre calcaire que l'on soumet à la calcination, on obtient des chaux de qualités différentes.

1° Chaux grasse. — Lorsque la chaux provient d'un carbonate pur, on l'appelle *chaux pure*, *chaux grasse*, *chaux chaude*. Cette chaux se délite facilement, forme avec l'eau une pâte assez liante et elle *foisonne* beaucoup, c'est-à-dire augmente considérablement de volume par l'extinction.

La chaux grasse est la plus active, la plus énergique et celle qui produit le plus d'effets sous un moindre volume; elle accroît sensiblement la production du froment. En Bretagne, où il existe çà et là des fours qui calcinent des pierres calcaires impures, on remarque toujours que la chaux grasse des rives de la Loire a une énergie fécondante plus grande que la chaux maigre.

Les pierres calcaires qui fournissent de la chaux grasse contiennent de 95 à 99 pour 100 de carbonate de chaux et 1 à 5 de matières étrangères.

2° Chaux maigre.—Lorsque la chaux contient du sable, des parties ferrugineuses, etc., elle reçoit la dénomination de *chaux maigre* ou *chaux siliceuse.* Cette chaux est généralement grisâtre, foisonne peu, dégage beaucoup moins de chaleur à l'extinction, est moins énergique, moins active que la chaux grasse, et doit être employée en plus grande quantité. Sa couleur est grise ou grisâtre.

La chaux maigre ne se comporte pas, sous l'action des acides, comme la chaux grasse. Celle-ci se dissout sans précipité dans l'acide chlorydrique ou nitrique; la première, au contraire, y laisse un résidu sablonneux et parfois ferrugineux.

Les pierres calcaires qui fournissent de la chaux maigre contiennent seulement 70 à 75 pour 100 de carbonate de chaux, et ordinairement 20 à 25 parties de sable.

3° Chaux hydraulique. — La chaux qui contient beaucoup d'argile est connue sous les noms de *chaux hydraulique, chaux douce, chaux argileuse.* Cette sorte de chaux est jaunâtre, foisonne très-peu, dégage moins de chaleur et se durcit dans l'eau au lieu de s'y dissoudre.

Si on l'emploie à plus haute dose que les précédents, elle a l'avantage de moins diminuer les forces productrices de la terre que la chaux grasse. On a reconnu qu'elle est plus favorable que les chaux grasses et maigres aux prairies et à la croissance de la paille.

Les pierres qui fournissent de la chaux hydraulique contiennent de 70 à 80 pour 100 de carbonate de chaux et 15 à 30 parties d'argile.

4° CHAUX MAGNÉSIENNE. — Lorsque la chaux contient de la magnésie dans une grande proportion, on la nomme *chaux magnésienne*. Cette chaux est très-énergique et ne doit être employée que lorsque la terre est fertile ou qu'elle a été fortement fumée. Si on l'emploie sans la faire précéder ou suivre par des engrais abondants, elle épuise la terre en détruisant ses forces productives. Il existe en Angleterre des contrées où le sol a été épuisé parce qu'on y a prodigué la chaux magnésienne.

On se rend facilement compte de l'action nuisible de cette chaux sur la fertilité des terres, si l'on se rappelle que la magnésie conserve sa causticité jusqu'à ce que la chaux soit saturée d'acide carbonique et ramenée à l'état de carbonate. Il s'ensuit que la magnésie peut conserver longtemps sa vertu caustique et exercer une action fâcheuse sur les matières organiques contenues dans le sol en les rendant beaucoup plus assimilables. J'ai dit, en étudiant les éléments qui composent les terrains, que la magnésie absorbe et retient plus de quatre fois son poids d'eau, dans laquelle elle est très-peu soluble, puisqu'il en faut 142 parties à 15°,5 pour en dissoudre une de magnésie ; j'ai ajouté aussi qu'elle ne peut être dissoute par l'eau que lorsque celle-ci est saturée d'acide carbonique. Ces propriétés, qui ne sont, sous aucun rapport, favorables à la végétation, engageront évidemment le cultivateur à agir avec beaucoup de prudence dans l'emploi des chaux magnésiennes ; elles lui rappelleront que s'il existe dans le Languedoc des terres végétales remarquables par leur fécondité, quoiqu'elles contiennent de 0,07 à 0,12 de carbonate de magnésie, on rencontre, dans les départements du Gard et de Seine-et-Oise, des sols formés de débris de calcaires magnésiens ou dolomitiques tout à fait stériles.

On reconnaît que la chaux contient de la magnésie en traitant l'eau de lavage par l'ammoniaque. Sous l'action de ce réactif, la magnésie est précipitée à l'état de flocon blanc plus ou moins abondant.

Les pierres calcaires qui fournissent de la chaux magnésienne contiennent de 60 à 80 pour 100 de carbonate de chaux, 15 à 30 parties de carbonate de magnésie et 12 à 13 d'oxyde de fer, ou 2 à 8 d'argile.

La chaux magnésienne provient presque toujours de pierres calcaires colorées en jaune pâle, jaune verdâtre ou jaune brun.

5° CHAUX AMMONIACALE. — La chaux provenant de l'épuration du gaz d'éclairage est un puissant engrais.

On la répand pendant l'hiver sur les prairies naturelles ou artificielles. On doit éviter de l'appliquer au printemps ou pendant l'été, car elle nuit aux végétaux, surtout s'il ne survient pas des pluies abondantes et continuelles après son emploi.

Terrains qui doivent être chaulés. — La chaux convient à tous les terrains qui manquent de principe calcaire. Ainsi, on l'emploie sur les sols argileux, siliceux et argilo-siliceux, les terres tourbeuses de bruyères, les terrains de landes, les sols schisteux et granitiques et tous ceux qui renferment du quartz, du feld-spath, du mica ou qui sont chargés de fer et de terreau acide. Dans les terres humides, les sols marécageux, elle produit très-peu d'effets, à moins que ces terrains n'aient été préalablement drainés ou assainis.

On répète souvent que les chaulages ne sont pas utiles sur les sols calcaires, et que même ils sont nuisibles aux terres qui contiennent l'élément calcaire dans une proportion très-sensible.

Cette opinion est-elle vraie? La pratique a-t-elle confirmé l'action nuisible de la chaux sur les sols qui surabondent en carbonate calcaire? Les sols dans lesquels cet élément existe naturellement peuvent-ils gagner en puissance et en richesse par une addition de chaux vive?

On ne chaule pas les terrains dans lesquels le calcaire existe dans une proportion convenable, dans un rapport tel, qu'il suffit d'incorporer à la couche végétale d'abondantes fumures pour obtenir de très-bonnes récoltes. Si, au lieu d'accumuler au sein de ces sols des matières organiques dans le but d'accroître leur richesse, on augmentait, par des chaulages, les particules calcaires, la terre, par cette augmentation, perdrait une partie de sa fécondité. Quels sont les défauts principaux des terres crayeuses, des sols calcaires siliceux, calcaires argileux peu fertiles, sinon, d'une part, le peu de matières organiques qu'ils contiennent, et, de l'autre, la trop grande abondance de principes calcaires?

On a dit aussi que les chaulages ne permettaient pas d'augmenter le calcaire du sol. Cet argument est contredit par les faits. La chaux appliquée à un sol n'est pas entièrement absorbée par la végétation; une certaine quantité se fixe à la terre, y persévère longtemps et même s'y accroît, si l'on renouvelle les chaulages de temps à autre et si la dose de chaux est toujours la même.

Toutes choses égales d'ailleurs, la chaux ne doit être regardée comme productrice de forces végétatives réellement puissantes que dans les terrains où la *fougère*, le *genêt*, la *bruyère*, l'*épine noire*, l'*agrostis* végètent à côté de l'*oseille-*

vinette, la *digitale*, la *petite matricaire*, les *joncs*, les *laiches* et le *chiendent*.

Les terrains où croissent le *chardon*, la *chicorée sauvage*, le *coquelicot*, le *mélampyre*, l'*arrête-bœuf*, le *sainfoin*, le *noyer*, ne seront chaulés qu'autant que des faits bien constatés démontreront qu'un excès de calcaire ne peut nuire à l'existence des plantes.

Procédés d'application. — La manière d'appliquer la chaux sur le sol diffère suivant les contrées.

1° MÉTHODE ALLEMANDE. — Dans quelques localités, on emploie la chaux après l'avoir laissée s'éteindre sous des hangars ou sur le sol, si la température le permet. Quand elle a perdu sa causticité et qu'elle est bien réduite en poussière, on la conduit sur le champ où elle doit agir et on la répand par un temps calme et sec aussi uniformément que possible.

Cette méthode a plusieurs inconvénients. Ainsi, elle nécessite d'abord un grand emplacement, si la fusion de la chaux a lieu à la ferme, et elle rend difficiles le chargement et le déchargement des tombereaux qui servent à la conduire aux champs ; en outre, si la chaux est bien éteinte, une quantité notable est enlevée par le vent. Ce procédé n'est réellement avantageux que lorsque la chaux doit être appliquée en couverture au printemps sur des plantes légumineuses et des prairies naturelles.

On peut aussi obtenir de la chaux en poussière en la plongeant dans l'eau pendant quelques minutes ou en jetant un peu d'eau sur celle qui vient d'être calcinée. Ce moyen est plus coûteux, mais il a l'avantage, sur le précédent, de permettre d'employer la chaux très-promptement.

Par le premier procédé, un volume de chaux grasse vive donne de 1,50 à 1,66 de chaux éteinte. Par le second, le même volume de chaux vive donne 3,52 de poussière. L'avantage est donc au dernier moyen.

2° MÉTHODE ITALIENNE. — Ce procédé consiste à conduire la chaux sur le champ et à la disposer par tas de 20 à 30 décimètres cubes, éloignés de 6 à 7 mètres chacun. Quand la chaux est réduite en poussière, par suite de son exposition à l'air, on la répand au moyen de pelles, aussi uniformément que possible, sur toute l'étendue du champ.

Cette méthode a l'inconvénient de ne pouvoir être mise en pratique que lorsque le temps est beau.

Lorsque la chaux doit rester longtemps sur la surface du champ ou qu'on prévoit de la pluie, on recouvre chaque tas d'une couche de terre de 16 à 33 centimètres d'épaisseur. Quand la chaux commence à fuser ou à se déliter, qu'elle augmente de volume, on a soin de surveiller les tas et de faire boucher toutes les crevasses ou les fissures qui se font dans la terre qui recouvre la chaux. Lorsque celle-ci est délitée, qu'elle est en poussière, on la mélange avec la terre qui la couvre, puis on reforme de nouveau les tas en ayant le soin de bien cacher la chaux et on les abandonne de nouveau.

Huit ou quinze jours après cette opération, selon que les travaux forcent le cultivateur à accélérer l'hydratation et que la température le permet, on remanie ou on *recoupe* de nouveau les tas et on les étend sur le champ. Cet épandage doit être exécuté avec soin ; il faut que le sol soit entièrement couvert de particules de chaux et que celles-ci soient régulièrement réparties. Il importe aussi, pour que la chaux puisse manifester son action d'une manière apparente, que cet éparpillement ait lieu par un temps sec.

3° MÉTHODE FRANÇAISE. — Le procédé en usage dans les départements de la Mayenne et de la Sarthe, consiste à faire des composts de chaux et de terre ou de chaux, de terre et de fumier. Voici comment on fait ces composts :

Durant l'hiver on rassemble, sur l'un des côtés du champ qui doit être chaulé, c'est-à-dire sur la partie que l'on nomme *ceinture*, *cheintre*, *forière* ou *fourrière*, la terre que la charrue a poussée sur cet endroit pendant les labours. Cette terre est très-convenable; elle est toujours de bonne qualité, et son enlèvement contribue beaucoup à l'assainissement du champ. On lui ajoute souvent des gazons, des curures de fossés et de mares, des débris de végétaux, des boues de cours.

Lorsque le cheintre a été pioché, quand le gazon qui couvrait le sol a été divisé, que les boues, les diverses curures sont presque sèches, on mélange ces diverses parties, et on les dispose en forme de tas prismatiques triangulaires allongés, que l'on nomme *tombes*. On laisse ces ombres dans cet état jusqu'au mois de février, afin qu'elles puissent se *mûrir*.

C'est pendant le mois de février ou de mars que l'on procède à l'extinction de la chaux destinée aux semailles de printemps. Celle que l'on incorpore au sol pour les semailles d'automne, est préparée depuis la Saint-Jean jusqu'à la fin de septembre.

Lorsque le moment d'éteindre la chaux est arrivé, on pioche de nouveau la tombe afin de mieux diviser les gazons et émietter la terre. Cette opération s'exécute au moyen d'une bêche ou d'une pelle en fer. Au fur et à mesure que l'on remue le prisme, on doit reformer la tombe, mais il faut ménager à la partie supérieure, jusqu'aux deux tiers de l'épaisseur du tas, un large sillon destiné à recevoir la chaux vive.

Lorsque la chaux est amenée sur le champ où le prisme de terre a été préparé, on la dépose dans la tranchée que présente la tombe, et on la recouvre aussitôt de 15 à 20 centimètres de terre, en donnant à la partie supérieure du prisme une forme bombée. Cette disposition est nécessaire pour empêcher les eaux pluviales de pénétrer jusqu'à la chaux. Quatre ou cinq jours après, selon que la terre est plus ou moins humide, on remue le tas, c'est-à-dire on mélange la chaux à la terre en commençant par un bout et en suivant jusqu'à l'autre extrémité. La chaux est alors éteinte et en poussière. Le mélange doit être très-intime; l'action du compost dépend beaucoup de la manière dont a été opérée la mixtion.

Lorsque le mélange est terminé et que le prisme a été reformé, on l'abandonne de nouveau pour le remuer une seconde fois et le reformer encore quinze ou vingt jours plus tard. Cette opération est ordinairement la dernière. En général le mélange est d'autant plus puissant qu'il a été remué souvent et que sa préparation a été faite longtemps avant son emploi.

Les procédés d'application suivis dans la Sarthe et la Mayenne, éprouvent, dans quelques localités et sur certaines exploitations, des modifications assez sensibles, quoique les résultats soient tout à fait identiques dans les deux cas. Ainsi, au lieu de disposer la terre des cheintres ou des têtes de champs en forme de prisme au milieu duquel on dépose la chaux, on place sur un endroit du champ préalablement choisi, toute la terre qui doit servir à la confection du compost en un large monceau. Lorsque cette terre est *mûre*, bien divisée, et que le moment de commencer l'extinction de la chaux est arrivé, on met sur le sol une couche de cette terre de $0^m,20$ à $0^m,25$ d'épaisseur, que l'on recouvre d'un lit de chaux vive. Sur cette chaux on place une seconde couche de terre, puis un second lit de chaux, et ainsi de suite jusqu'à ce que la terre et la chaux soient stratifiées. Au bout de trois ou quatre jours, la chaux est éteinte; alors on remue le tas en ayant le soin de bien mêler la terre et la chaux, afin de bien mélanger tous les lits alternatifs. Ordinairement on remanie le compost dix jours après cette opération ; quelquefois même on les remue une troisième fois.

Cette méthode est celle que l'on pratique en Normandie, en Flandre et en Belgique, où les chaulages tendent sans cesse à accroître la fécondité du sol.

Les composts dans lesquels on fait entrer du fumier se confectionnent comme les précédents. Toutefois on n'incorpore le fumier dans le compost que lorsque le mélange de la terre et de la chaux est très-intime. Dans l'Anjou, cette incorporation n'a lieu qu'en septembre et octobre, quelques semaines avant de répandre le mélange sur la surface du champ, c'est-à-dire quelques jours seulement avant l'époque des semailles. Ainsi, il s'écoule ordinairement quatre à cinq mois entre le moment où la chaux est mélangée à la terre et celui où l'on ajoute le fumier.

Ce dernier procédé est dispendieux et laisse beaucoup à désirer. Ainsi, il demande beaucoup de main-d'œuvre et des charrois nombreux; il précipite la décomposition des matières animales et végétales ; enfin, il facilite l'évaporation d'une partie considérable de principes fertilisants que renferme le fumier. Si dans l'Anjou et la Vendée, on considère ce mélange comme très-actif, très-puissant, et si on l'applique partout où on peut *aller à la chaux*, c'est qu'on ajoute à cette dernière beaucoup de parties terreuses.

La quantité de terre que l'on mélange à la chaux dans la formation des composts varie selon les localités et les circonstances. En Anjou, la chaux est à la terre dans les rapports de 3 à 60, 5 à 75, 12 à 150, 17 à 150, selon la facilité avec laquelle les cultivateurs se procurent de la chaux et la quantité de terre qu'ils peuvent enlever des cheintres ou recueillir dans les fossés. Ailleurs, la chaux est mélangée avec cinq à six fois son volume de terre. Cette variabilité existera toujours : en effet, le cultivateur ne multipliera pas ses dépenses et ses travaux si la quantité de terre qu'il peut enlever des cheintres est très-faible, pour en chercher ailleurs. Si la terre ne lui permet pas d'élever une tombe sur l'une des fourrières ou à l'intérieur du champ, il aura recours au procédé que j'ai décrit sous le nom de *Méthode française*.

C'est à tort que l'on attacherait une grande valeur aux chiffres que plusieurs auteurs ont donnés et qui représentent la quantité de terre qu'il faut mêler à la chaux ; ces nombres varieront toujours, selon qu'on se procurera plus ou moins facilement des vases d'étangs, des curures de fossés, des raclages et des balayages de routes.

Quel que soit le procédé mis en usage, que le compost se compose de terre et de chaux, ou de fumier, de chaux et de terre, on conduit le mélange sur le champ au moyen de véhicules et on le dispose en petits tas régulièrement espacés. Le volume de ces tas et la distance qui les sépare diffèrent beaucoup, mais ils sont toujours en rapport avec la quantité de chaux que l'on applique par hectare, et le volume de la terre avec laquelle cette substance a été mélangée.

Conditions de réussite. — Pour que la chaux puisse produire les effets qu'elle manifeste ordinairement, il faut que son application ait lieu sur un sol sec ou préalablement assaini et par un beau temps. Si le temps est pluvieux ou humide, la chaux forme pâte ou se granule, se mélange fort mal avec la couche arable, et perd, par cette hydratation, ses propriétés fertilisantes. Pour la même raison, on devra éviter, autant que possible, que la chaux reste répandue sur le sol plusieurs jours si le temps est à la pluie.

Lorsque le temps est beau, on la laisse pendant un jour au soleil, éparpillée sur la terre; elle devient alors plus pulvérulente et possède plus d'énergie. L'emploi des composts présente, sous ce rapport, de grands avantages. Quand la chaux s'est bien délitée et que son mélange avec la terre a été bien fait, le compost, qui a l'aspect d'une poudre grise, n'éprouve aucune modification défavorable sous l'action des pluies.

Enfouissement. — Avant de répandre la chaux on herse le champ, afin que sa surface soit régulière et plane. On procède ensuite à son enfouissement en exécutant un labour. Cette incorporation doit être parfaitement exécutée, car les bons effets de la chaux dépendent presque toujours de cette opération. Si le sol a été convenablement préparé, le mélange peut avoir lieu au moyen de l'extirpateur ou du scarificateur; hors de cette circonstance, il faut recourir à la charrue.

Le labour doit être superficiel. S'il est profond, l'action de la chaux demeure bornée à une moindre quantité de terre, et peut-être hors de la portée des racines des plantes. Lorsqu'on commet la grande faute de l'enterrer par un seul labour à toute profondeur, il se forme au-dessous de la couche ameublie par la charrue une croûte calcaire qui nuit aux qualités de la terre et à l'existence des plantes.

Il est donc nécessaire que la chaux soit enterrée peu profondément et qu'elle le soit par plusieurs labours. En exécutant après le chaulage plusieurs labours et plusieurs hersages, le mélange du sol et de la chaux, ou de la terre et du compost, est plus complet et plus intime, et moins sujet à nuire à la germination des graines, s'il survient une sécheresse après son application. On ne peut mélanger la chaux à l'aide d'un labour unique que quand la couche arable a été ameublie par de fréquents labours de jachères. Dans l'Ouest, on fait ordinairement le chaulage avec l'avant-dernier labour.

à moins que les semailles soient exécutées sous raies et que la chaux soit appliquée quelques jours seulement avant l'époque des ensemencements.

Quantité de chaux à appliquer par hectare. — La quantité de chaux que l'on applique par hectare est très-variable. Ce *quantum* résulte toujours de la nature de la chaux, de la texture du sol, de l'épaisseur et de la fertilité de la couche arable, de la force de la fumure qui suit ou précède le chaulage, enfin du temps pendant lequel la chaux doit agir.

Voici les quantités que l'on emploie par hectare et par an, en France et à l'étranger, dans les localités où la chaux est abondante :

Normandie,	terres argileuses.........	8 à 10 hectol.
—	terres sèches............	3 à 4 —
Flandre,	arrond. d'Hazebrouck....	12 à 13 —
—	— de Dunkerque ...	4 à 5 —
—	— d'Avesnes	3 à 4 —
Bresse,	départem. de l'Ain.......	4 à 6 —
Maine,	— de la Mayenne.	3 à 5 —
Bourgogne,	arrond. d'Autun.........	6 à 8 —
Allemagne,	le long du Rhin.........	8 à 9 —
Angleterre,	comtés divers...........	30 à 35 —

Ces quelques chiffres doivent suffire pour reconnaître que la quantité de chaux qu'il faut employer est très-variable, et que cette variabilité doit vivement préoccuper le praticien. En général, il faut répandre d'autant plus de chaux que celle-ci est impure ou siliceuse, le sol plus compacte ou plus argileux, la couche arable plus profonde, le sous-sol perméable, la terre plus fertile, la fumure qui suit ou précède l'application de la chaux plus considérable, enfin que la durée du chaulage est plus longue.

On commettrait une faute très-grande si l'on répandait sur un sol peu profond, léger ou siliceux et peu fertile, une grande quantité de chaux. Il en serait de même si cet engrais stimulant était appliqué dans une grande proportion sur les terres mouillées, les sols humides. Dans ces deux cas les chaulages doivent être faibles; d'abord pour que la fertilité de la terre ne soit pas diminuée; ensuite pour que la chaux ne perde pas son action, et que son application ne soit pas une dépense onéreuse.

Dans les terres argileuses, où il existe toujours une certaine quantité de matières végétales non décomposées, dans les terres siliceuses riches en terreau, enfin dans les sols tourbeux et de bruyères, qui sont aussi abondamment pourvus de détritus de plantes à l'état acide, la chaux peut et doit être appliquée dans une assez grande proportion afin qu'elle puisse forcer la terre à développer toutes ses forces productrices.

Si la chaux était répandue sur ces derniers terrains en petite quantité, et si surtout les chaulages n'étaient pas fréquemment renouvelés, il serait difficile d'espérer retirer de grands avantages de l'emploi de ce calcaire.

On ne peut connaître la quantité de chaux qu'il faut appliquer par hectare qu'après avoir examiné la nature, la profondeur et la fertilité de la terre qui doit être chaulée, et la quantité de fumier qu'il est possible d'appliquer avant ou après cette opération. Si la chaux appliquée en trop grande quantité a des conséquences toujours défavorables, un chaulage exécuté dans une proportion plus faible que celle que réclame le sol, est une opération vicieuse, parce qu'il reste presque toujours sans effet.

En France les chaulages ont lieu dans la proportion de 3 à 5 hectolitres par hectare et par an, selon les circonstances locales. Il résulte de ces chiffres qu'on détermine aisément la la quantité de chaux à appliquer sur une étendue de terrain donnée, en multipliant l'étendue à chauler par la durée du chaulage et le chiffre qui représente la quantité de chaux à appliquer par hectare et par an.

Ainsi, s'il était question de chauler un champ d'une étendue de 4 hectares, si le chaulage devait avoir une durée de cinq années et s'il fallait répandre la chaux dans la proportion de 4 hectolitres par hectare et par an, on aurait à effectuer l'opération suivante :

$$4 \times 5 \times 4 = 80.$$

Ce produit représenterait donc le nombre d'hectolitres qu'il importerait de répandre sur la superficie du terrain à chauler.

Poids de l'hectolitre et du mètre cube. — La chaux vive pèse de 75 à 80 kilog. l'hectolitre. Le poids du mètre cube varie entre 800 et 850 kilog.

La pierre à chaux crue pèse de 1700 à 2400 kilog. le mètre cube, suivant qu'elle contient plus ou moins de sable et d'argile.

Quantité de chaux absorbée par les plantes. — Suivant Puvis, la quantité de chaux absorbée annuellement par la végétation égalerait le sixième de la dose appliquée. Voici les points sur lesquels cette hypothèse est basée. Il admet, avec Th. de Saussure et Sprengel, que 1000 kilog. des différents produits végétaux secs, graines de froment, orge, avoine, pois, fèves, maïs, grains et leurs pailles, produisent en moyenne 86 kilog. de cendres, et que les 10 000 kilog. de substances sèches produites par hectare en deux années, donnent 430 kilog. de cendres contenant 86 kilog. de chaux, soit 43 kilog. par an.

Ainsi, si l'on applique par hectare et par an 3 hectolitres de chaux, la végétation en absorbera environ le sixième. Les cinq autres sixièmes resteront dans le sol, s'y dissolveront et concourront à la formation de certains principes salins, etc.

M. de Gasparin n'admet pas cette hypothèse. Il suppose qu'une récolte de froment de 20 hectolitres enlève au sol 19 kilog. 49 de chaux, et une récolte de trèfle de 8000 kilog., 153 kilog., soit par an 86 kilog. 24, ou 1 hectolitre, ou un peu plus du tiers de la chaux, si cette substance a été appliquée à raison de 3 hectolitres par hectare et par an.

Nonobstant, il existe une différence assez grande entre ces résultats et ceux admis par M. Boussingault. D'après ses propres observations analytiques, ce savant chimiste a constaté que les plantes enlèvent au sol, sur la superficie de 1 hectare, les quantités suivantes de chaux :

Produits secs.		Kilogr.
4029 kilogr.	trèfle	76 300
1158 —	froment (grain)	800
2790 —	— (paille)	16 600
1064 —	avoine (grain)	1 600
1283 —	— (paille)	5 400
3085 —	pommes de terre	2 200
3172 —	betteraves	14 000

Or, un assolement biennal qui comporterait une récolte de froment et une autre de trèfle, et pour lequel on appliquerait 3 hectolitres de chaux ou 250 kilog. par hectare et par an, n'emprunterait au sol, chaque année, que 47 kilog. environ de cette substance, ou près du sixième de la quantité appliquée. Ce chiffre est presque identique à celui constaté par Puvis.

Toutes choses égales d'ailleurs, il est naturel de penser que la quantité de chaux absorbée par la végétation différera toujours suivant les terrains et les climats, et qu'il n'est pas possible de considérer l'un de ces résultats comme définitif; la science agricole n'a pas encore dit son dernier mot. Mais ces chiffres auront l'avantage d'obliger le cultivateur à suivre les errements de la pratique, et à appliquer cet engrais au minimum de 3 hectolitres. Un chaulage qui aurait lieu dans la proportion de 1 hectolitre à 1 hectolitre 50 par hectare et par an, serait évidemment un mauvais chaulage, et la pratique et la science en justifieraient difficilement l'application.

Renouvellement des chaulages. — Les effets de la chaux diminuent chaque année au sein de la terre, et il arrive bientôt un moment où le cultivateur doit chauler de nouveau. Cette disparition a deux causes. En premier lieu une certaine quantité de chaux est consommée par la végétation. Cette quantité, il est vrai, est bien faible, mais quelque petite qu'elle soit, et ne fût-elle même que le sixième de la chaux appliquée, il est certain que la dose qui reste encore dans la couche arable (on doit admettre qu'une certaine quantité s'y accumule ou se combine avec plusieurs des éléments constitutifs de la couche arable pour former diverses combinaisons), n'est plus en quantité assez forte pour que les produits des plantes soient aussi élevés que pendant les premières années qui ont suivi l'application de la chaux. En second lieu, les pluies qui contiennent une certaine quantité d'acide carbonique soutiré à l'air atmosphérique, dissolvent une certaine quantité de chaux et peuvent l'entraîner en dehors du champ, si elles courent à la surface de la terre ou dans les couches inférieures du sol, et hors de la portée des racines si la couche arable et le sous-sol sont perméables.

C'est donc lorsqu'une grande portion de la chaux contenue dans le sol a disparu que le moment est arrivé de procéder à un nouveau chaulage. On reconnaît toujours ce moment aux produits qui sont plus faibles, aux grains qui sont moins remarquables, et à l'apparition presque subite de certaines plantes indigènes qui avaient pour ainsi dire disparu sous l'influence des effets de la chaux.

Alors la dose de chaux à appliquer doit-elle être semblable à la première ou aux précédentes? Peut-on espérer obtenir des produits plus satisfaisants que ceux déjà obtenus en augmentant la dose première? N'est-il pas prudent de maintenir la quantité appliquée précédemment et d'augmenter de préférence la force de la fumure?

Dans les contrées où les chaulages ont lieu à hautes doses, comme en Flandre, en Normandie, etc., il n'est pas prudent d'appliquer une quantité semblable à celle du précédent chaulage. Il faut des circonstances bien impérieuses pour que le cultivateur se décide à appliquer de nouveau un chaulage foncier. D'ailleurs, les chaulages à haute dose nécessitent de fortes dépenses, et les fumures qui les suivent ou les précèdent doivent être en rapport direct avec la quantité de chaux appliquée. C'est dans cette circonstance surtout que l'on doit éviter de porter la dose à un chiffre élevé, car la fécondité de la terre pourrait en être diminuée. Les chaulages qui ont lieu tous les quatre, cinq ou six ans, sont les seuls qui, dans quelques cas, peuvent être augmentés. Mais ici les chaulages ont lieu en composts, comme ceux en usage dans la Mayenne et ceux pratiqués en Flandre et en Belgique après l'application des chaulages fonciers, et ils ont pour but de reculer l'époque où ces derniers peuvent et doivent être exécutés de nouveau.

Il n'y a que l'Angleterre qui puisse renouveler fréquemment les chaulages à très-hautes doses. Dans la Sarthe, on obtient, il est vrai, des résultats remarquables en renouvelant très-souvent les chaulages, mais ces succès tiennent à des causes qui n'existent pas partout et que le cultivateur ne peut faire naître du jour au lendemain. Ainsi, la quantité de chaux répandue par hectare et par an est très-faible, et toujours son application est suivie d'une fumure si le fumier n'entre pas dans la formation du compost. Enfin, le sol, durant la durée du chaulage, est occupé pendant quelques années par des fourrages légumineux, par exemple le trèfle. Sans ces conditions, il est évident que depuis longtemps les chaulages nouveaux auraient épuisé la terre et que la répétition des plus fortes fumures aurait suffi à peine pour élever sa fécondité.

Voici comment a lieu le renouvellement des chaulages :

Normandie,	sols légers	tous les	9 ans.
—	sols argileux	—	6 —
Flandre,	arrond. d'Hazebrouck	—	9 —
—	— de Dunkerque	—	9 ou 10 ans.
—	— d'Avesnes	—	10 ou 12 —
Bresse,	départem. de l'Ain	—	12 ou 15 —
Mayenne,	— de la Mayenne	—	4 ou 6 —
Bourgogne,	— de Saône-et-Loire.	—	5 ans.
Allemagne,	le long du Rhin	—	6 ou 8 ans.

Ainsi, la durée des chaulages est en rapport avec la quantité de chaux qu'on applique par hectare.

Modifications du sol par la chaux. — La chaux introduite dans un sol change-t-elle ses propriétés physiques? Ce changement, en admettant qu'il ait lieu, est-il permanent ou temporaire? Ordinairement on dit que les terres légères, sous l'action de la chaux, acquièrent de la consistance, et que celles argileuses perdent une partie de leur ténacité, et sont toujours plus meubles. Mais ces effets sont-ils réels? Est-il bien vrai que la chaux diminue la compacité du sol, l'échauffe ou le rend plus perméable aux racines des plantes et plus propre à absorber la rosée? Puvis a admis que, dans ces deux circonstances, la chaux transmet au sol compacte et à la terre légère les propriétés qui distinguent tous les sols calcaires, celles de se déliter et de s'ameublir spontanément aux divers changements atmosphériques. Cette théorie n'est pas malheureusement confirmée par l'observation. Si la chaux agissait comme on le pense généralement, il faudrait admettre alors que l'action de cette substance minérale est permanente et que ses effets sont durables. Ce qui prouve clairement que la chaux ne peut pas agir comme on se plaît à le supposer, c'est qu'elle disparaît du sol d'année en année ; si cette modification était réelle, il faudrait, pour qu'elle fût sensible et durable, la répandre en quantité considérable.

Si un sol chaulé subit des modifications avec le temps, c'est que sa fécondité augmente presque toujours d'année en année. Cet accroissement de richesse a pour cause, d'une part, la culture de plantes fourragères vivaces et bisannuelles appartenant à la classe des légumineuses ; et, de l'autre, l'application de fumures plus abondantes. Sous l'influence de ces deux causes les matières organiques s'accumulent au sein de la terre, la fertilité s'accroît et les propriétés physiques sont modifiées.

En France, comme je l'ai dit précédemment, la chaux est appliquée dans la proportion de 3 à 5 hectolitres par hectare et par an, et il existe bien peu de contrées où les doses dépassent celles en usage en Normandie et en Flandre. Or, ces quantités sont-elles assez considérables pour changer d'une manière apparente la constitution de la couche arable ? Je ne le pense pas. Pour que la couche soit modifiée sensiblement, il faut lui incorporer au moins 100 mètres cubes d'une substance peu soluble dans l'eau, comme du sable, de l'argile, substances qui appartiennent à la classe des amendements. La différence qui existe entre cette quantité et la dose de chaux appliquée dans les chaulages est si grande qu'elle ne permet pas un seul instant de considérer cette question comme entièrement résolue. Ainsi, par un chaulage qui serait appliqué à un sol qui aurait seulement $0^m,20$ de profondeur, dans la proportion de 20 ou 60 hectolitres de chaux, celle-ci ne s'élèverait pas à plus de 1 ou 6 millièmes de volume de la terre arable. Il est donc évident, d'après cela, qu'il est impossible d'admettre, comme le soutiennent plusieurs écrivains, que, par les chaulages ordinaires, on puisse espérer modifier favorablement la compacité d'une terre argileuse ou la friabilité d'un sol siliceux.

Mode d'action. — Si la pratique ne confirme pas les théories avansées pour prouver que la chaux modifie la texture des sols sur lesquels on l'applique, il lui est impossible de nier qu'elle exerce chimiquement ses effets quand elle est employée sur des sols sains ou sur des terres argileuses bien égouttées.

Mais quelle est la théorie qui explique son action et qu'il faut regarder comme vraie?

D'après Thaër, la chaux agit sur la masse humique du sol, accélère sa décomposition, la dissout, et dépouille l'humus acide de son acidité. Ensuite, elle absorbe dans l'atmosphère l'acide carbonique qu'elle a perdu par la calcination et favorise dès lors le développement des plantes.

Cette manière d'agir a quelque chose de vrai. En effet, il est démontré que la chaux à l'état caustique agit sur le terreau acide qui lui fournit de l'acide carbonique, et qu'elle facilite la décomposition des matières organiques végétales et animales.

Si ces actions n'avaient pas lieu, la pratique ne constaterait pas chaque jour, et cela dans des circonstances très-diverses, les heureux effets de la chaux appliquée sur des terres de landes, de bruyères et tourbeuses; en outre elle ne remarquerait pas une coloration plus prononcée, plus intense, plus vert noir sur les feuilles et les tiges des végétaux qui croissent sous son influence.

Puvis a avancé une théorie toute différente. D'après cet agronome, l'humus, après s'être transformé en acide humique, se combinerait avec la chaux pour former l'*humate de chaux*.

Ainsi, cette affinité réciproque de l'acide humique et de la chaux expliquerait pourquoi l'alliance de la chaux avec le fumier, ou les terres chargées d'humus, est si puissante sur la végétation ; pourquoi la chaux terreautée, qui présente l'humate de chaux tout fabriqué, est beaucoup plus féconde que celle qu'on applique au sol à l'état pur.

Cette hypothèse n'est pas assez certaine pour être admise *à priori*. La science met en doute l'existence de l'acide humique, et par conséquent celle de l'humate de chaux. Selon Liebig, cet acide n'existe pas. D'un autre côté, il résulte d'expériences faites par MM. E. Lucas et Th. Hartig, que les végétaux n'absorbent de la couche arable pour leur nutrition, ni matières extractives, ni humus dissous, ni humate de chaux, d'ammoniaque, de soude et de potasse.

Si la chaux avait la faculté de créer des produits nouveaux, des substances nouvelles fixes, salines ou terreuses, utiles à la vie végétale, le cultivateur pourrait se dispenser, dans bien des cas, de faire suivre ou précéder les chaulages par d'abondantes fumures ; et, sous un autre point de vue, la constitution des terres arables lui indiquerait si la chaux doit être appliquée dans une grande ou une petite proportion, et si les chaulages doivent être fréquemment renouvelés.

Nonobstant ces diverses hypothèses, et bien que l'action, ou, pour mieux dire, l'influence qu'exercent les substances inorganiques à l'égard de la production des matières organiques, comme l'a dit Berzélius, soit encore obscure, on peut considérer la chaux comme agissant :

1° En attaquant la matière organique qui constitue le terreau et en accélérant sa décomposition ;

2° En absorbant l'acide carbonique de l'air et du sol, se transformant ainsi en carbonate ;

3° En opérant sur les sels fixes d'ammoniaque provenant des matières organiques, et donnant par là naissance à du carbonate volatil ;

4° En fournissant aux plantes de l'acide carbonique ;

5° En mettant en liberté les bases de certains composés de potasse et de soude ;

6° En décomposant certains sels de fer, de magnésie, de manganèse, prévenant par là leur influence nuisible sur la vie des plantes ;

7° En jouissant de la propriété d'être soluble dans l'eau froide et de fournir aux végétaux du calcaire ;

8° En se combinant avec l'acide nitrique qui prend naissance pendant la décomposition des matières organiques, formant ainsi du nitrate de chaux ;

9° En se combinant avec les acides tannique, gallique, etc., contenus dans les débris organiques des terres tourbeuses et des terres de bruyères, neutralisant par là leur acidité ;

10° En détruisant, par sa causticité, certains œufs et certaines larves d'insectes nuisibles, et une certaine quantité de semences de mauvaises plantes.

Cultures pour lesquelles il faut appliquer la chaux. — La chaux vive appliquée sur un sol sec ou assaini a une action alimentaire et stimulante particulière sur les céréales et les légumineuses.

Les froments qui végètent sur des terrains chaulés produisent des grains plus lourds, plus ronds, plus fins, donnant moins de son et plus de farine que ceux qui proviennent des terres schisteuses, argileuses et siliceuses. En outre, les blés sont moins sujets à verser, tallent davantage, et leur production est bien supérieure à celle de ces derniers terrains. L'avoine et l'orge réussissent aussi très-bien après un chaulage.

Les vesces, les pois, acquièrent un développement remarquable sur les terres chaulées. Mais cette influence, quelque favorable qu'elle soit, est moins sensible que celle qui a lieu sur le trèfle. Il n'est aucune plante, parmi ces légumineuses, sur laquelle la chaux ait des effets aussi énergiques. Sous son action, le trèfle a une végétation plus vigoureuse, ses feuilles prennent un plus grand développement, et sa réussite est plus assurée, plus certaine, et son existence plus longue. La chaux a plus d'action que le plâtre quand le trèfle croît dans les sols argileux et froids.

Les pommes de terre s'accommodent très-bien aussi des terres chaulées.

Les plantes crucifères, le colza, la navette, réussissent avec vigueur sur ces mêmes terres. L'expérience prouve chaque jour que la culture des navets est aussi productive sur ces sols.

La chaux répandue sur des prairies naturelles a très-peu d'action, à moins que le sol soit sain et qu'elle soit mêlée à de la terre. C'est à tort que l'on pense que la chaux agit favorablement sur les prairies humides ou marécageuses. En général, cet engrais minéral n'agit sur les plantes de mauvaise qualité, les joncs et les laiches, que quand le gazon a été convenablement assaini, que les plus fortes plantes nuisibles à la qualité du foin ont été arrachées, que la chaux a été répandue par un temps sec, dans une forte proportion et mêlée à des composts terreux. Ainsi appliquée, la chaux force certaines plantes inutiles et nuisibles à disparaître ; elle favorise la végétation des trèfles rouge, jaune et blanc, de la luzerne maculée, du ray-grass, etc., plantes qui fournissent davantage sous la faux, et qui constituent un foin de parfaite qualité. On est tout étonné, à la suite d'un chaulage exécuté sur une prairie naturelle privée de légumineuses, de voir très-souvent le jonc ou la mousse céder la place aux trèfles.

Épuisement du sol par la chaux. — La chaux est sans contredit de tous les engrais minéraux celui qui produit le plus d'effets favorables lorsqu'il est convenablement appliqué ; mais il n'en est aucun aussi qui amoindrisse avec autant de rapidité la fécondité de la terre. Ce résultat a toujours pour cause l'emploi mal entendu de la chaux, l'absence de fumure après le chaulage, le renouvellement trop fréquent des chaulages, l'application de doses plus fortes que celles que peut supporter la terre, eu égard à sa nature et sa fécondité.

L'emploi de la chaux ne dispense pas l'emploi des fumiers. Pendant les premières années qui suivent les chaulages, les récoltes sont toujours plus abondantes parce que la chaux imprime au sol un élan de fécondité, mais ces récoltes extraordinaires ou abondantes sont sans cesse produites au détriment de la fertilité. En effet, celle-ci périclite d'année en année, et il arrive bientôt, ce que l'on remarque chaque jour dans les localités où l'on abuse des effets de la chaux, que les produits du sol ne sont plus si abondants, ni aussi remarquables. Cet épuisement, cette stérilisation ont pour cause l'action de la chaux sur la matière organique du sol.

La chaux n'est pas un véritable engrais. Si cette substance avait une action semblable à celle des corps organisés végétaux et animaux, son emploi serait sans danger, et son usage plus grand encore. Mais la chaux doit être regardée comme un engrais à la fois alimentaire et excitant. Si elle était un engrais proprement dit, elle accroîtrait, en s'accumulant, la richesse de la couche arable, et rendrait la fertilité à une terre épuisée par une longue succession de récoltes; mais comme un sol épuisé ne peut être ramené à l'état fertile par l'application de la chaux seule, on est en droit de la considérer avec Brown, comme une substance très-utile pour mettre en action certains principes de la fécondité existant déjà dans le sol.

L'expérience prouve chaque jour qu'il est nécessaire de coordonner son emploi à la fertilité de la terre arable et aux fumiers que l'exploitation fabrique ou à ceux qu'elle peut acheter. C'est en agissant ainsi qu'on empêchera la chaux, si elle est appliquée sans fumier sur un sol pauvre en matières organiques, de le réduire en quelques années seulement au dernier degré d'épuisement.

Thaër raconte que des cultivateurs qui ne connaissaient pas la cause de l'action de la chaux, ont préféré cette substance aux fumiers, et ont cru pouvoir se passer entièrement de ceux-ci ; mais l'épuisement dont le sol donna, plus ou moins tôt, des signes effrayants, les jeta dans l'extrême opposé, et ils crurent voir toujours du danger à l'emploi de la chaux sur les terres. Les hommes éclairés s'aperçurent bientôt que l'usage de la chaux ne dispensait point de celui du fumier, mais qu'il donnait plus d'intensité à l'action de cet engrais. Ils profitèrent alors de la fécondité que la chaux avait imprimée à la première récolte pour se procurer le plus de litières possible, afin de pouvoir rendre au sol, par le concours des fumiers, ce que la chaux lui avait enlevé en excitant la végétation des plantes pour lesquelles elle avait été appliquée. Ainsi, on ne doit pas oublier que si la chaux peut augmenter les produits des plantes cultivées, elle peut aussi les diminuer et épuiser la terre, quand elle n'est pas précédée ou suivie par une fumure en rapport avec la quantité appliquée.

Valeur commerciale. — La chaux se vend de 1 à 2 fr. l'hectolitre. Cependant dans quelques localités, elle ne coûte que de 0 fr. 50 à 0 fr. 75.

BIBLIOGRAPHIE.

Rozier. — Cours d'agriculture, 1783, in-4, t. III, p. 186.
Maurice. — Traité des engrais, 1806, in-8, p. 137.
Pictet. — Cours d'agriculture anglaise, 1808, in-8, t. IV, p. 416.
P. Ré. — Essai sur les engrais, 1813, in-8, p. 109.
De la Bergerie. — Cours d'agriculture pratique, 1820, in-8, t. IV, p. 8.
J. Sinclair. — Agriculture pratique, 1825; in-8, t. I, p. 413.
Chaptal. — Chimie appliquée à l'agriculture, 1829, t. I, p. 206.
Thaër. — Principes raisonnés d'agriculture, 1831, t. II, p. 387.
Martin. — Traité des amendements, in-8, p. 505.
Puvis. — De l'emploi de la chaux, 1835, in-8.
Schwerz. — Préceptes d'agriculture pratique, 1839, in-8, p. 289.
Rendu. — Agriculture du Nord, 1843, in-8, p. 119.
Leclerc-Thouin. — Agriculture de Maine-et-Loire, 1843, gr. in-8, p. 210.
Rendu. — Agriculture du Tarn, 1845, in-8, p. 134.
Jamet. — Cours d'agriculture, 1846, in-12, p. 409.
De Gasparin. — Cours d'agriculture, 1846, in-8, t. I, p. 634.
De Dombasle. — Calendrier du bon Cultivateur, 1846, in-12, p. 486.
Johnston. — Éléments de chimie agricole, 1849, in-12, p. 295.
Richard et **Payen.** — Précis d'agriculture, 1851, in-8, t. I, p. 21.
Boussingault. — Économie rurale, 1851, in-8, t. II, p. 2.
Nadault de Buffon. — Cours d'agriculture, 1853, in-8, t. I, p. 814.
Fouquet. — Engrais et amendements, 1855, in-12, p. 92.
J. Pierre. — Chaux et marne, 1858, in-12.

SECTION II.

Marne.

Anglais. — Marl. *Italien.* — Marna.
Allemand. — Mergel. *Espagnol.* — Marga.

Historique. — Définition. — Caractères physiques et chimiques. — Délitement des marnes. — Terrain où elles existent. — Mode d'extraction. — Prix de l'extraction. — Essais et analyse. — Sols qui doivent être marnés. — Application ; mode de transport, époque, disposition et grosseur des marnons, préparation du sol, enfouissement. — Conditions de réussite. — Quantité à appliquer. — Poids du mètre cube. — Quantité de calcaire absorbée par les plantes. — Renouvellement des marnages. — Modifications du sol par la marne. — Mode d'action. — Cultures qui suivent les marnages. — Épuisement du sol par la marne. — Prix de revient des marnages. — Bibliographie.

Historique. — L'emploi de la marne est beaucoup plus ancien que celui de la chaux. Pline parle de son usage dans les Gaules et la Grande-Bretagne, et dit qu'on la tirait de puits de plus de trente mètres de profondeur. Varron fait connaître que les habitants des bords du Rhin s'en servaient pour fertiliser leurs champs.

Les marnages étaient en usage en France au neuvième siècle. M. L. Delisle a trouvé, en consultant plusieurs cartulaires normands, un bail d'une ferme située dans le Vexin normand qui imposait en 1195 l'obligation de marner (*marlare*). En 1486, l'archevêque de Rouen en fit répandre sur les les terres qu'il possédait à Frênes, 4144 hottées, dont l'extraction lui coûta 136 livres 10 sous. Cette quantité fut appliquée sur 103 acres. A l'époque où vivait Olivier de Serres, elle était « fort cogneue en l'Isle-de-France, en la Beausse, Picardie, Normandie et autres provinces de ces contrées-là. » Bernard de Palissy a beaucoup contribué, par ses écrits, à en répandre l'emploi. De son temps les marnages n'étaient pratiqués que dans un petit nombre de localités, et beaucoup d'agriculteurs ignoraient encore les avantages que présente la marne.

Aujourd'hui, cette substance est employée dans presque toutes les localités où elle abonde et où le cultivateur peut l'appliquer avec avantage. C'est qu'elle est un des éléments les plus puissants de fécondité ; c'est qu'elle favorise remarquablement la production des fourrages légumineux et des céréales destinées à la nourriture de la société. Toutefois, si la marne peut accroître les forces productives du sol; si, sous son action, la terre augmente en puissance et en fertilité, on ne doit pas oublier qu'elle peut aussi en diminuer sensiblement la fécondité quand elle est mal appliquée. C'est cette conséquence dangereuse pour l'avenir d'une terre qui a donné lieu à ce proverbe: *la marne enrichit les pères et ruine les enfants!* Cet ancien adage n'a plus aujourd'hui sa raison d'être.

Définition. — La marne, dont la texture est quelquefois feuilletée à la manière des schistes, est un *mélange intime d'argile, de carbonate de chaux, de sable* et de quelques autres substances minérales. Quelques auteurs, Thaër, etc., regardent la marne comme une combinaison du calcaire avec l'argile. Cette définition est inexacte. Si cette substance était le résultat d'une combinaison de ces deux éléments, la chimie aurait découvert depuis longtemps le moyen de la former. On ne peut considérer la marne comme une combinaison que lorsqu'on donne le nom de marne au *crayon* que l'on emploie dans la Beauce; car, à vrai dire, cet engrais minéral n'est pas une marne, mais une véritable craie, un calcaire-crayon pulvérulent ou se délitant à la manière des marnes.

On doit donc regarder la marne comme un produit de la nature qu'il est impossible d'imiter, car la liaison des éléments qui la constituent nous est inconnue. Il nous est facile de mélanger du calcaire, de l'argile, de la silice, de l'oxyde de fer, des sels de magnésie; mais nous ne pourrons jamais former une substance où l'œil ne pourra distinguer les particules de calcaire de celles de l'argile. Le composé qui en résultera sera si dissemblant de la marne formée par la nature, qu'il ne possédera aucune de ses propriétés.

Dans la marne naturelle, les principaux éléments constituants, le calcaire et l'argile, sont juxtaposés molécule à molécule, et l'objectif du microscope est impuissant pour les distinguer l'un de l'autre. Cette particularité n'existe pas pour la marne artificielle. Au moyen du microscope on reconnaît que les particules de calcaire ne sont pas unies intimement à l'argile, qu'au contraire elles en sont séparées par une distance très-sensible.

Caractères physiques et chimiques. — La marne présente des caractères particuliers qu'il importe au cultivateur de bien connaître. Ces signes distinctifs sont:

1° D'affecter souvent une cassure conchoïde et toujours terne;

2° De happer à la langue à la manière des argiles lorsqu'elle est sèche;

3° D'être onctueuse au toucher;

4° De faire une vive effervescence avec les acides;

5° De se déliter à l'air à la manière de la chaux;

6° De former avec l'eau plutôt une bouillie qu'une pâte.

La couleur des marnes varie à l'infini. Quelquefois elles sont verdâtres, jaunes ou blanches; souvent elles sont brunes, rouges, grisâtres, bleuâtres ou noirâtres. Ces diverses colorations résultent toujours de l'oxyde de fer ou de la magnésie qui sont contenues dans les marnes et de la plus ou moins grande quantité de calcaire, de sables et d'argile qu'elles renferment. La couleur est donc un signe équivoque et, dans aucune circonstance, elle ne pourra servir à déterminer la qualité de la marne.

Variétés. — Les marnes se présentent sous divers aspects, suivant l'état, la manière d'être de leurs diverses parties constituantes.

1° MARNES CALCAIRES. — On donne le nom de *marnes calcaires* à celles qui contiennent beaucoup de carbonate de chaux, peu d'argile et encore moins de sable. Ces marnes, qui renferment de 50 à 90 et quelquefois 95 pour 100 de calcaire, sont celles qui produisent les plus grands effets ; elles sont ordinairement blanches, jaunâtres ou grises et se délitent promptement lorsqu'on les expose à l'air.

Voici quelques analyses faites par M. Payen :

A. *Marnes calcaires.*

Localités.	Eau.	Silice et argile.	Carbonate de chaux.	Carbonate de magnésie.
Luzarches (Seine-et-Oise)...	3,00	6,50	73,53	14,28
Poulaines (Indre)...........	1,75	4,60	83,47	7,81
Artonnes (Indre-et-Loire)...	3,50	13,25	75,31	3,56
Soudan (Deux-Sèvres)......	4,05	9,25	78,15	2,81

B. *Marnes crayons.*

Localités.	Carbonate de chaux.	Alumine.	Silice.
Évreux....................	85,00	4.50	3,00
Chartres..................	87,50	6,50	3,50
Beauvais..................	86,00	6,00	6,50
Reims.....................	85,00	8,50	4,50
Châlons...................	86,00	8,00	5,00
Troyes....................	87,00	3,50	5,50

2° MARNES SILICEUSES. — Les marnes qui comportent beaucoup de sable, peu d'argile et une faible quantité de calcaire, ont été désignées sous le nom de *marnes siliceuses, marnes sableuses*. L'action chimique de ces marnes n'est pas remarquable. Par contre, leur action mécanique est très-sensible, car elles renferment de 25 à 75 pour 100 de sable. Ces marnes ont peu de consistance.

Localités.	Eau.	Sable.	Carbonate de chaux.	Carbonate de magnésie.
Digoin (Saône-et-Loire).....	3.60	63,00	19,89	2,53
Nogent-le-Rotrou (E.-et-L.).	3,50	42,20	29,43	6,14
Luzarches (Seine-et-Oise)...	3.50	32,35	51,15	9,01
Marly (Seine-et-Oise)........	4,00	25,00	58,96	7.73

3° MARNES ARGILEUSES. — On désigne sous le nom de *marnes argileuses* celles qui contiennent plus d'argile que de calcaire et de sable. Elles offrent une certaine cohésion et plus d'onctuosité que les autres et renferment de 50 à 70 pour 100 d'argile. La coloration est généralement un peu foncée et très-variée.

Elle renferme :

Localités.	Eau.	Argile.	Carbonate de chaux.	Carbonate de magnésie.
Luzarches (Seine-et-Oise)....	10,50	56,10	16,16	4,24
Diors (Indre).............	3,95	26.50	49,73	13.12
Lignières (Cher)............	4,00	51.00	32,33	2,19
Courçon (Charente-Infér.)...	5.50	64.50	14,56	6,51
Grignon (Drôme)...........	6,00	42,25	36,23	2,26

4° MARNES MAGNÉSIENNES. — La marne qu'on appelle *marne magnésienne* contient de 15 à 25 pour 100 de carbonate de magnésie. Cette marne est rare en France.

Cette division des marnes est un peu vague ; mais elle est pratique, et sous ce rapport elle s'harmonise très-bien avec le langage de l'agriculteur.

Toutes les marnes n'ont pas l'aspect d'une substance terreuse. Il en est plusieurs qui sont très-dures et en rognons, d'autres qui ont l'apparence et la solidité d'une pierre, quelques-unes qui, sous la forme de grumeaux, ont un aspect pulvérulent.

DÉLITEMENT DES MARNES. — Lorsque le carbonate de chaux contenu dans une marne dépasse 70 pour 100, celle-ci se durcit et commence à devenir pierreuse. Quand cette substance existe au delà de 80 pour 100, la marne est pierreuse et se délite parfois très-difficilement.

Les marnes ne se délitent pas de la même manière. Ainsi, certaines se fondent dans l'eau avec une grande promptitude en une poudre homogène sans laisser de noyaux; d'autres ne se délitent qu'en partie et laissent des rognons calcaires plus ou moins volumineux que les agents atmosphériques parviennent difficilement à diviser. On conçoit, dès lors, l'immense avantage que présentent les marnes qui se fondent complétement dans l'eau, sur celles qui laissent des noyaux solides lorsqu'elles se délitent dans l'eau ou à l'air.

Terrains contenant les marnes. — L'action bienfaisante de la marne sur le sol et les plantes impose au cultivateur l'obligation d'examiner avec attention le sol qu'il cultive et les terres qui environnent son exploitation, afin de savoir si cette substance y existe.

La marne est abondante dans les terrains de formation secondaire et tertiaire. Ainsi, elle est commune dans les terrains appartenant aux formations jurassique, oolitique, liasique, crétacé et supra-crétacé. Elle n'existe pas dans les terrains primitifs et secondaires.

Les marnes forment des couches parallèles horizontales ou un peu inclinées, d'une épaisseur plus ou moins grande, et elles existent tantôt à la superficie de la terre, sous le sol ou au-dessous du sous-sol, tantôt à une grande profondeur au-dessous de ce dernier.

Lorsque la marne forme des couches qui affleurent la surface de la terre, la couche arable est généralement recouverte par des plantes naturelles particulières. Ces plantes indicatives sont : l'ononis des champs (*ononis arvensis*), la sauge-verveine (*salvia verbenacea*), la sauge-sclarée (*salvia sclarea*), le tussilage pas d'âne (*tussilago farfara*), la ronce (*rubus fruticosus*), la lupuline (*medicago lupulina*), etc. Quand aucun indice ne révèle la présence de la marne, le cultivateur doit sonder la terre avec une tarière dont la longueur variera suivant les circonstances. Cette opération est très-simple et facile, surtout lorsque la sonde ne doit pas pénétrer dans le sol au delà de 4 à 5 mètres; en outre, elle est plus économique et plus plausible dans ses résultats que les recherches qui ont lieu à l'aide de la pelle et de la pioche.

Mode d'extraction. — Les marnes qui sont rapprochées de la surface de la terre et que l'on rencontre plus particulièrement sur les pentes sont d'une extraction facile. On les extrait en ouvrant des *marnières à ciel ouvert*. Toutefois ces carrières ne peuvent être exploitées à toutes les époques de l'année, car, pendant les pluies, le travail y est pénible et dangereux à cause des éboulements, et parfois même impossible.

Lorsque l'on a reconnu, à l'aide de la *tarière* des mineurs, la présence de la marne, l'épaisseur de la couche ou de plusieurs bancs, et celle des lits pierreux qui alternent souvent avec les stratifications marneuses, on enlève la terre végétale qui recouvre le point où existe la marnière. Quand la marne affleure avec le sous-sol ou que la couche est très-faible, et que, par conséquent, l'excavation doit être peu profonde, on n'exécute le déblai qu'au fur et à mesure de l'enlèvement de la marne. En agissant ainsi, on diminue les dépenses, puisque les terres qui proviennent du déblayement sont employées à remblayer la cavité d'où la marne a été précédemment extraite.

Après avoir enlevé la terre végétale, on déblaye aussi les terres sableuses ou les couches pierreuses qui peuvent exister entre la couche de marne et la couche arable. Cette opération doit être parfaitement exécutée et la marne mise tout à fait à découvert, afin de ne point extraire et conduire des substances qui n'auraient aucune qualité fertilisante. En général, les couches marneuses situées très-près de la surface du sol, ne sont pas celles que le cultivateur doit considérer comme les plus stimulantes.

Lorsque la marne a été mise à nu, on s'occupe de son extraction. Cette opération peut avoir lieu à l'aide d'ouvriers à la journée ou à la tâche. Le travail à la tâche est plus économique que celui à la journée. Dans ce dernier cas, l'extraction ne peut avoir lieu que lorsque la marnière est située près des fermes. Alors, on surveille facilement les ouvriers.

Lorsque la marnière est située au milieu d'une surface plane et que la couche marneuse est peu épaisse et profonde, on fait piocher la marne par un ou plusieurs ouvriers et on la sort de la marnière au moyen de charrettes ou de tombereaux. Si la sortie n'était pas accessible aux voitures, ou si le cultivateur se trouvait dans l'indispensable nécessité d'employer pour ce travail un grand nombre d'animaux, il devrait renoncer à la sortir de cette manière. Alors des hommes, au moyen de brouettes, conduiraient la marne piochée à quelques mètres de l'excavation. On rend cette sortie facile en établissant deux petits chemins de bois, au moyen de légers madriers ou de fortes planches. Ces voies facilitent beaucoup la circulation des brouettes.

Si l'enlèvement de la marne ne pouvait avoir lieu au moyen de brouettes parce que la sortie serait difficile, il faudrait, si les circonstances le permettaient, la faire jeter à la pelle en dehors de la marnière, en ayant soin que les ouvriers la placent à une certaine distance du bord de l'excavation. Si la marne était placée près du bord de l'ouverture, elle pourrait, par son poids qui est considérable, charger fortement ses parois et occasionner des éboulements. Pour que la marne jetée hors de la fosse soit placée à une distance convenable, il faut la faire enlever à la pelle par d'autres ouvriers chargés de la rejeter à un ou deux mètres de l'ouverture. Alors la marne peut rester en tas pendant longtemps, c'est-à-dire jusqu'au moment où elle sera transportée sur le champ qu'on lui destine.

Lorsqu'une marnière se trouve sur une pente rapide ou à la base de parties montagneuses, l'extraction de la marne n'est difficile que lorsqu'elle est située profondément et que les charrois sont rendus pénibles par une forte montée. Ainsi, si la marnière existe dans le fond d'un vallon, à la base d'un coteau, et si les terres à marner se trouvent sur un plateau situé au sommet de la montée, le transport de la marne ne pourra avoir lieu souvent que durant la belle saison et au moyen de véhicules légers et d'une faible capacité. Dans le cas contraire, le transport de la marne s'effectue facilement au moyen de tombereaux ou charrettes ordinaires.

Il est des cas où l'extraction de la marne a lieu avec moins de dépenses et plus facilement que dans les circonstances que je viens de signaler. Ainsi, lorsque la marne existe directement au-dessous de la couche végétale que l'on veut marner, il n'est pas toujours nécessaire de recourir aux attelages et aux voitures. Des ouvriers pratiquant alors çà et là, sur le champ, de petites excavations, extraient la quantité nécessaire et la répartissent au moyen de brouettes.

Quand la marne a été extraite et répartie sur le sol, on remblaye au moyen de terres enlevées sur les parties du champ qui le permettent. Ordinairement ces terres sont prises sur les parties que l'on appelle *cheintre*, *ceinture forrière*, *coulasse*, etc., suivant les localités, parce que ces endroits sont toujours plus élevés que le champ. Cette élévation a pour cause les terres que les eaux pluviales ou la charrue y ont amenées. Leur enlèvement constitue une excellente opération. On sait que les cheintres élevés nuisent toujours à l'égouttement des terres argileuses ou imperméables.

Lorsque la marne est située profondément, il est impossible de l'extraire sans percer un puits. Cette extraction à une très-grande profondeur remonte à une époque très-éloignée. Pline dit que sur quelques points de la Gaule, on tirait la marne de puits de plus de 33 mètres de profondeur et ayant des galeries comme ceux des mines. En Picardie, on extrait de puits de 7 à 10 mètres de profondeur ; celle que l'on emploie en Normandie s'exploite souvent à 25 et même à 30 mètres au-dessous de la couche arable. Les puits, au moyen desquels on l'obtenait en 1318, à Saint-Imer, avaient 20 mètres de profondeur.

La marne que l'on retire des marnières aussi profondes n'est pas la moins active, parce qu'elle est ordinairement plus homogène, plus calcaire. L'extraction, à l'aide de puits profonds, ne doit avoir lieu que lorsqu'on est dans la nécessité d'en envoyer chercher à des distances considérables. L'expérience prouve chaque année qu'il est plus économique d'extraire la marne à 10 ou à 15 mètres de profondeur que de l'aller chercher à 2 ou 3 myriamètres.

L'*extraction au moyen de puits ou de galeries* ne peut être exécutée que par des hommes habitués aux carrières ou par des marneurs bien exercés à ce genre d'opération. On évite les accidents causés par des éboulements ou des *pleurs d'eau*, en plaçant de distance en distance à l'intérieur du puits, des étais destinés à maintenir les terres, et en y établissant une pompe. Cette appareil sert à épuiser l'eau. A son défaut, on peut se servir de seaux que l'on monte et descend par un moulinet. En outre, il est souvent utile de bien étayer les galeries et de ne les abandonner que lorsqu'elles sont tout à fait épuisées.

On opère l'élévation de la marne du fond du puits au moyen d'un treuil simple. Cette machine se compose de deux croix de Saint-André placées à 0,30 ou 0,40 de chaque côté de l'ouverture; ces pièces de bois soutiennent un rouleau qui porte une manivelle à l'une ou à ses deux extrémités. Au milieu de ce rouleau est fixée une corde dont un bout descend un panier ou un baquet vide et l'autre un panier ou baquet rempli de marne. Quelquefois, lorsque les puits sont profonds et la marne abondante, on remplace le treuil par un manége.

L'eau peut empêcher l'extraction de la marne, soit que la marnière soit à ciel ouvert, soit que son exploitation ait lieu par le moyen de puits. Le cultivateur ne doit négliger aucun moyen pour s'en débarrasser. Cette opération ne constitue pas une dépense ; au contraire, elle a pour but de rendre les travaux plus faciles à exécuter, et elle permet en outre l'extraction à fond. Lorsque les marnières sont situées à mi-côte, on se débarrasse aisément des eaux qui proviennent des pluies ou de sources en creusant une tranchée profonde sur l'un des côtés de l'entrée et en lui donnant une forte pente, afin que les eaux arrivent facilement à la partie inférieure de la colline.

Prix de l'extraction.—L'extraction se paye au mètre cube. Lorsque les marnières sont exploitées à ciel ouvert, l'extraction revient de 0 fr. 40 à 0 fr. 75. Quand on les exploite au moyen de puits, ce prix varie entre 0 fr. 80 et 1 fr. 20.

Essai et analyse. —Lorsqu'on a reconnu, par des recherches faites à l'aide de la pelle ou de la sonde, une substance terreuse que l'on considère comme étant de la marne, on doit la traiter par l'acide chlorhydrique ou l'acide nitrique ; à défaut de ces acides, on peut employer du vinaigre très-fort. Alors, on jette dans un verre contenant de l'eau de pluie un peu de la terre que l'on soupçonne être de la marne; lorsque cette susbtance s'est bien délitée, ce qui a lieu assez promptement si l'on agite l'eau avec une baguette de bois, on verse dans le verre un peu d'un acide ou de vinaigre. Si, sous l'action de l'un de ces corps, il se produit une effervescence, on aura la certitude que la terre renferme un carbonate; dans le cas contraire, elle n'en renferme pas.

Lorsque par le concours de cette opération on a la certitude que la substance contient un carbonate, il faut s'assurer si ce corps est calcaire et le doser afin de pouvoir déterminer le nombre de mètres cubes à appliquer par hectare. Cette opération est minutieuse; mais elle n'est pas très-difficile, et tout cultivateur peut s'y livrer, pour peu qu'il possède quelques notions de chimie. Voici comment on doit procéder.

1° On dessèche une certaine quantité de la terre que l'on veut analyser et on en pèse 25 grammes que l'on réduit en poudre fine et que l'on dépose dans un verre ordinaire ou mieux dans une fiole ou un ballon en verre contenant un peu d'eau de pluie ou de l'eau distillée. On verse ensuite un peu d'acide chlorhydrique. Il faut avoir l'attention de laisser tomber le réactif goutte à goutte pour ainsi dire, afin qu'il ne produise pas une trop forte effervescence et que l'écume ou les bulles ne sortent pas du verre. Quand cette première effervescence s'est produite et que la *mousse* a disparu, on verse de nouveau quelques gouttes d'acide, on agite avec un tube de verre plein, et l'on continue ainsi jusqu'à ce que le réactif ne produise aucune effervescence.

2° Lorsque l'acide a enlevé ou dissous le carbonate, on décante avec précaution, on ajoute ensuite une nouvelle portion d'eau de pluie ; on réagite le mélange et on laisse déposer de nouveau. Aussitôt que l'eau est limpide, et ne tient aucune des parties terreuses en suspension, on exécute un nouveau lavage. On continue ainsi jusqu'à ce que l'eau sorte du verre sans aucune saveur acide. Ces divers lavages ont pour but d'enlever le calcaire qui est devenu soluble dans l'eau, sous l'action du réactif, en se transformant en chlorydrate de chaux.

3° L'eau n'a plus aucune saveur qui rappelle celle de l'acide employé, on décante pour la dernière fois, on fait sécher de nouveau le dépôt qui est au fond du vase, on le pèse et on note son poids.

Si le résidu pèse 7 grammes, il est sensible que les 25 parties de marne ne renferment que 18 parties de carbonate de chaux. Or, en établissant la proportion suivante :

$$25 : 18 :: x : 100,$$

on constate que 72 est la proportion de calcaire renfermée dans 100 parties de marne.

Le résidu contient souvent de petits rognons de silicate ou de carbonate de chaux. Le poids de ces nœuds calcaires ne doit pas être ajouté au carbonate de chaux rendu soluble, parce qu'ils n'ont aucune action sur la vie des plantes et la fertilisation du sol. On doit se borner à doser les parties calcaires solubles, les seules qu'il faut regarder comme réellement agissantes.

4° Lorsqu'on n'a pas la certitude que le carbonate contenu dans la marne est calcaire, il faut réunir avec soin les eaux de lavage et les filtrer à l'aide d'un filtre formé d'une feuille de papier non collé. Cette opération terminée, on verse dans la liqueur en excès une dissolution d'oxalate d'ammoniaque. Le chlorhydrate de chaux se décompose et se transforme en oxalate de chaux, sel insoluble qui se précipite au fond du vase. Quand l'eau est limpide, on l'enlève au moyen d'un siphon, on lave par plusieurs décantations l'oxalate de chaux et on le laisse égoutter sur un filtre. Lorsqu'il est sec, on le calcine au rouge blanc pendant une demi-heure afin que l'acide oxalique se dégage et qu'il ne reste dans le creuset que de la chaux. Dès que cette substance est refroidie, on la pèse et on note son poids.

La chaux était dans la marne à l'état de carbonate. On trouve l'acide carbonique qui lui était uni au moyen d'une proportion qui a pour base les deux termes suivants : la chaux : l'acide carbonique :: 56,29 : 43,71. Si la chaux obtenue par calcination pèse 10 gr. 13, on établit la proportion suivante :

$$56,29 : 43,71 :: 10,13 : x;$$

dès lors on trouve que les 10 gr. 13 de chaux étaient unis à 7,86 d'acide carbonique. En réunissant ces deux nombres, on constate que les 25 parties de marne contenaient 18 parties de carbonate de chaux, soit 72 pour 100. Toutefois, si à la fin de la troisième opération on avait constaté que la marne renferme 10 pour 100 de rognons ou noyaux calcaires, elle ne contiendrait plus que 65 pour 100 de parties agissantes puisque

$$100 : 72 :: 90\,(100 - 10) : 65.$$

Cette analyse n'est pas très-rigoureuse, mais elle suffit toujours aux cultivateurs. Les autres procédés auxquels on pourrait avoir recours ne sont pas à la portée du praticien et exigent une balance très-sensible et des opérations minutieuses.

5° Si l'on voulait connaître la proportion d'alumine que contient le dépôt, il faudrait introduire les 7 grammes de parties terreuses dans une fiole ou un ballon en verre, y verser un peu d'eau et moitié de celle-ci d'acide sulfurique concentré et la placer sur le feu en ayant la précaution de chauffer graduellement. Après une heure environ d'ébullition, on retire la fiole, on la laisse refroidir et on y verse une nouvelle quantité d'eau. Alors on filtre pour recueillir le résidu et on pèse ce dernier avec soin après l'avoir desséché et détaché du filtre.

Si ce nouveau résidu pèse 3 grammes, il est évident que les 7 grammes formant le dépôt sur lequel on a opéré, contiennent 4 parties d'alumine. Or, d'après la proportion suivante :

$$25 : 4 :: 100 : x,$$

l'alumine contenue existe dans la proportion de 16 pour 100.

En effectuant ensuite le calcul suivant :

$$100 - (72 + 16) = x,$$

le résultat qui est 12 représente la proportion de sable contenue dans 100 parties de marne.

Quelques personnes refusent de croire à l'utilité des essais ou analyses chimiques. C'est une erreur de penser ainsi. Sans le secours de la chimie on peut souvent appliquer de l'argile au lieu de marne, et quelquefois ne pas savoir si les couches inférieures de la terre recèlent cette substance. Thaër a fait connaître que le grand Frédéric fit venir, de 1750 à 1760, plusieurs ouvriers habitués à cette extraction, et leur ordonna de parcourir les Marches pour y chercher cette substance, mais, de toutes parts, il reçut l'information que, malgré les recherches les plus exactes, on n'en avait point rencontré. Cependant, il y a, dans cette contrée, de la marne en abondance, et précisément celle qui convient le mieux au sol.

J'ajouterai que Héricart de Thury a fait connaître, il y a quelques années, que les cultivateurs du canton de Tilleul, arrondissement de Mortain (Manche), emploient depuis des siècles des sables provenant de la décomposition de granites, d'eurites, de porphyres, de mélaphyres, de diorites qui remplissent les filons des schistes phyllades de la forêt de Passay, qu'ils nomment *marne*, quoiqu'ils ne contiennent pas un atome de carbonate de chaux.

Sols qui doivent être marnés. — La marne convient à tous les sols qui ne sont pas calcaires. Lorsqu'on l'applique sur des terrains qui contiennent naturellement plus de 9 à 10 pour 100 de carbonate de chaux, elle est plus souvent nuisible que favorable. Appliquer une marne sur un sol calcaire, c'est mettre calcaire sur calcaire.

La marne ne s'emploie que sur les terres argileuses et celles siliceuses. Il est rare qu'elle soit appliquée sur des terres schisteuses et granitiques, car elle n'existe qu'accidentellement au sein de ces formations primitives et secondaires. Cette substance convient encore aux terres acides, aux sols de landes et aux terrains tourbeux, auxquels elle donne une grande énergie.

Toutes les marnes ne peuvent pas s'appliquer sur tous les terrains. La *marne argileuse* doit être donnée de préférence aux terres légères, aux sols graveleux et sablonneux ; la *marne siliceuse* convient spécialement aux sols argileux, aux terres généralement compactes, froides et humides ; la *marne calcaire*, qui est la plus riche en carbonate de chaux et la plus employée, peut être appliquée sur tous les sols ; mais il est de toute évidence qu'elle convient mieux à ceux qui contiennent le moins de calcaire naturel.

Schwerz fait observer avec raison que ces propriétés respectives, tant de la marne que du terrain, commandent une grande prudence dans l'opération du marnage, et qu'un sol peut d'autant plus facilement être détérioré en le surmarnant, qu'il y a une grande analogie constitutive entre lui et la marne employée. Le cultivateur doit agir de manière à ne point appliquer argile sur argile, ou sable sur sable. Lorsque, par défaut de connaissances pratiques et théoriques, on applique une marne dont la texture est presque identique à celle du sol, le but du marnage est manqué, et on augmente les défauts que la terre arable possède et qu'il importait sinon de détruire, du moins de modifier.

Application. — A. Mode de transport. — Ordinairement on conduit la marne sur les champs aussitôt que les semailles d'automne sont terminées; à cette époque les attelages ont peu d'occupation.

Ces charrois, à cause du grand poids de la marne, ne peuvent avoir lieu que par un temps sec ou une gelée, si surtout le sol est argileux et humide. Lorsque la terre a été détrempée par des pluies abondantes, la circulation est souvent difficile, et la couche arable est pétrie par les pieds des hommes et des animaux. Sur les sols siliceux, les charrois ont lieu en tout temps.

Lorsque l'humidité du sol ne permet pas le transport de la marne, et qu'il y a nécessité à ce qu'elle soit conduite avant les fortes gelées, parce qu'elle se délite difficilement, il faut recourir aux bêtes de somme, chevaux, mulets ou ânes. Sur divers points du Berry, son transport sur les champs s'effectue ordinairement par le moyen de mulets loués à cet usage; dans le Vexin, quelques cultivateurs emploient des ânes. Chaque animal porte un ou plusieurs sacs.

On peut remplacer ces sacs par des paniers à fond mobile et fixés au bât. Ces paniers ont un grand avantage sur les sacs quand la marne, après son extraction, existe sur le sol, près de l'ouverture de la marnière; leur chargement et déchargement a toujours lieu plus facilement et promptement.

Un mulet peut transporter 150 kilog. de marne. Un âne ne peut en porter que 75 à 80 kilog.

Lorsque l'extraction a lieu au moyen de puits, il faut préférer les sacs aux paniers. Les sacs étant remplis dans les galeries du puits, arrivent pleins à la surface du sol et peuvent être placés immédiatement sur les animaux de somme. En agissant ainsi, on évite un chargement et un remplissage. L'ouvrier qui tourne la manivelle du treuil aide le conducteur à charger les sacs sur les animaux. Un homme peut aisément conduire six à huit animaux et vider les sacs sur le champ où a lieu le marnage. Pour que ce genre de charroi offre moins d'inconvénients, il est nécessaire d'avoir un nombre de sacs triple de celui que peuvent transporter les animaux en un seul voyage, et il faut en outre qu'ils aient une capacité déterminée, qu'ils soient tous semblables, et que les ouvriers aient soin de bien les remplir dans les galeries.

B. Époque.—On choisit de préférence les mois de novembre et de décembre pour appliquer la marne, parce que les gelées la divisent et la délitent. Il est important d'exécuter les transports de très-bonne heure, afin que la marne soit réduite en miettes au moment de son enfouissement. Les marnes qui se pulvérisent aisément peuvent être conduites plus tardivement. La marne pierreuse que l'on charrie à une époque très-tardive est rarement assez divisée pour pouvoir être mêlée intimement avec la terre. Le cultivateur doit donc commencer les transports aussitôt que les gelées d'automne ou d'hiver ont raffermi les chemins et les champs; il est bien utile que la marne soit conduite avec les grands froids, puisque sous leur action elle se délite plus complétement.

Dans plusieurs localités de la France et de l'Angleterre, on conduit les marnes au printemps et en été; alors elles restent étendues sur le sol pendant plusieurs mois à l'action des rayons solaires et de l'air atmosphérique. Ainsi, dans la Beauce, la Picardie et le haut Languedoc, beaucoup de cultivateurs n'exécutent les marnages que dans les mois de juin, juillet et quelquefois août, sur des terres préalablement ameublies par des labours et des hersages. Lorsque le sol est marné à ces époques ou au printemps, il est généralement ensemencé l'automne suivant en froment ou en seigle.

Lorsque les marnes sont conduites en automne ou en hiver, on sème ordinairement au printemps suivant de l'avoine, du maïs, de l'orge, des féveroles, des pois, des vesces, etc.

C. Disposition et grosseur des marnons. — Au fur et à mesure que les transports s'exécutent, on dispose la marne sur le sol en petits tas que l'on appelle *marnons*. Pour que ces monticules se trouvent à distance égale en tous sens, on trace sur la surface du champ, au moyen de la charrue ou du rayonneur, des raies parallèles éloignées les unes des autres de 5 à 6 mètres. Lorsque la pièce que l'on destine au marnage a été ainsi rayonnée dans le sens de sa longueur et de sa largeur, on établit des tas de marne à chaque jonction des lignes.

Pour connaître le nombre et le volume de marnons que contient un hectare, il faut multiplier la superficie à marner par 10000, et diviser le résultat par la superficie carrée que doit couvrir chaque marnon : le produit indique le nombre de tas de marne qu'il faudra former sur le sol ; si l'on divise ensuite le nombre de mètres cubes de marne à appliquer sur la superficie totale à marner par le nombre de marnons, on trouve le volume que doivent avoir ces petits tas.

Ainsi, soit un champ de 3 hectares 60 ares à marner, chaque marnon doit occuper 25 mètres carrés; la dose de marne à appliquer par hectare est de 102 mètres cubes. Nous aurons :

$$\frac{3,60 \times 10\,000}{25} = 1440 \text{ marnons.}$$

Chaque tas de marne égalera :

$$\frac{102 \times 3,60}{1440} = 25 \text{ décimètres cubes ou } 25 \text{ litres.}$$

D. Préparation du sol. — Le sol sur lequel on applique la marne doit-il toujours avoir été divisé par un ou plusieurs labours? Cette condition n'est pas rigoureuse. Dans la Flandre, l'ancienne Bigorre, le Vexin normand, etc., la marne est conduite sur les chaumes des céréales, que la charrue n'a pas encore rompus. Ce mode d'application ne peut être adopté que sur les terres faciles à diviser, comme les sols siliceux, calcaires et graveleux.

On peut aussi conduire la marne sans labourer préalablement la couche arable, lorsque celle-ci est d'une nature spongieuse et qu'elle absorbe et retient beaucoup d'eau pendant l'hiver. Ainsi, une terre tourbeuse ou un sol argilo-siliceux peu profond, à sous-sol imperméable, résiste toujours mieux, durant cette saison, à l'action des véhicules lorsqu'il est sous chaume ou sous gazon, que lorsqu'il a été ameubli par la charrue.

Les terres compactes doivent être impérieusement labourées. Ainsi, le sol argileux qui n'a reçu aucune façon d'ameublissement depuis la récolte de la dernière céréale, et que les eaux pluviales ont détrempé pendant l'hiver, est souvent très-dur au printemps, ou se divise difficilement sous l'action de la charrue qui opère l'enfouissement de la marne. Cette cohésion permet bien rarement l'incorporation complète de la marne avec le sol.

Cette raison n'est pas la seule qui doit, dans un grand nombre de cas, engager à ne pas appliquer la marne sur les chaumes sans labourer la terre. Lorsque le sol est disposé en petits billons ou en planches convexes de 2 à 3 mètres de largeur, la circulation des véhicules est difficile, et, sous un autre rapport, les dérayures qui sont nombreuses et très-rapprochées les unes des autres nuisent à l'épandage de la marne.

Ainsi, avant d'exécuter les transports et lorsque le sol est argileux ou qu'il a été labouré en billons pour la céréale après laquelle on répand la marne, on donne à la terre un labour à plat et on fait suivre cette opération par un hersage. Ces façons ont pour but l'ameublissement et le nivellement du sol.

E. Enfouissement de la marne. — Lorsque le sol a été labouré ou que l'on a reconnu qu'il était nécessaire de le laisser intact avant l'exécution des charrois, on conduit la marne et on la dépose en petits tas. Au printemps suivant, quand cette substance est bien délitée, friable, on la répand à la pelle le plus uniformément possible sur toute la surface du champ. Après cette opération, on donne à la terre un ou deux hersages très-énergiques. Lorsque la marne est de nature pierreuse ou qu'il existe sur le sol, après que la herse a fonctionné, de gros morceaux de marne, on fait suivre la herse par le rouleau. Par l'emploi de ces deux instruments, on arrive souvent à bien diviser la marne, si surtout on opère par un temps sec, une belle journée.

On mélange ensuite la marne à la terre en exécutant plusieurs labours. Lorsque le sol a reçu, avant l'application de cet engrais calcaire, un ou deux labours, l'enfouissement peut avoir lieu au scarificateur ou à l'extirpateur. Il est important que le labour qui précède ou suit l'un de ces instruments soit peu profond. La marne ne produit jamais les effets qu'elle peut produire quand on l'enfouit profondément; d'ailleurs, un premier labour superficiel la mélange toujours mieux au sol qu'un labour exécuté à une grande profondeur.

Lorsque la marne est conduite et appliquée sur des jachères pendant le printemps et l'été, la terre doit recevoir préalablement une bonne préparation. Les labours multipliés ont ici deux avantages : ils nettoient le sol en même temps qu'ils l'ameublissent. Au mois d'août, et quelquefois de septembre, on incorpore la marne avec la terre par deux ou trois labours, selon la nature du sol et ses propriétés physiques, et on a encore recours à l'action simultanée de la herse et du rouleau, si cette substance n'est pas parfaitement délitée à l'époque de son enfouissement. Le premier labour d'incorporation doit être encore très-superficiel; ceux qui lui succèdent sont toujours de plus en plus profonds.

Conditions de réussite. — La marne ne produit des effets favorables que lorsqu'on l'applique sur des terres saines. Elle n'exerce jamais, quand les terres sont humides, et sur le sol et sur les plantes, tous les résultats qu'elle peut donner. Il faut, en outre, ne l'enfouir que lorsqu'elle est tout à fait en poussière, et quand le temps est beau. La marne, incorporée à la terre par les pluies, reprend promptement sa cohérence et se distribue fort mal au sein de la terre, et, sous l'influence de l'humidité, elle se prend en grumeaux et persiste longtemps dans le sol.

L'expérience a prouvé qu'il est utile, lorsque la marne est

appliquée sur des sols humides, de faire précéder le marnage par un labour profond, afin que la terre offre alors à l'eau une couche plus épaisse à pénétrer. La profondeur de ce labour doit être en rapport avec l'épaisseur du sol arable et la nature du sous-sol.

Lorsque la couche végétale est peu profonde, on peut remplacer ce labour de défoncement par un labour exécuté au moyen de la charrue sous-sol.

Quantité de marne à appliquer. — La dose de marne que l'on doit employer par hectare varie toujours suivant les circonstances. En général, elle est en raison directe de la cohésion, de l'épaisseur et de la fertilité du sol, de la profondeur du labour, et de la quantité de carbonate de chaux que contient la marne. Ainsi, une terre compacte, humide peut supporter un marnage plus fort qu'une terre légère, si surtout la marne est calcaire ou siliceuse; un sol riche peut recevoir un marnage plus élevé qu'une terre pauvre. Néanmoins, dans les dosages, il faut avoir égard au temps qui s'écoule entre deux marnages successifs et agir avec prudence, car *on peut surmarner.*

Une trop forte dose de marne fait toujours disparaître en pure perte la plupart des parties organiques qui sont la base de la fertilisation du sol.

Voici les doses que l'on emploie ordinairement en France, en Allemagne et en Angleterre :

1° *Marnages de la Flandre.* — La marne que l'on emploie dans les arrondissements de Dunkerque et d'Hazebrouck est pierreuse et très-riche en calcaire. On l'applique sur :

les terres fortes, à la dose de 47 mètres cubes pour 15 ans;
les terres légères, à la dose de 17 mètres cubes pour 9 ans.

2° *Marnages de la Normandie.* — On marne depuis fort longtemps dans cette ancienne province. La marne que l'on y utilise est presque une craie. Elle contient de 50 à 80 pour 100 de carbonate de chaux. On l'applique sur :

les terres argileuses, à la dose de 16 à 32 mètres cubes pour 16 ans :
les terres sèches, à la dose de 40 à 80 mètres cubes pour 27 ans.

3° *Marnages de la Picardie.* — La marne employée dans la Picardie est une craie tantôt dure, tantôt friable. On l'applique :

à la dose de 25 à 50 mètres cubes tous les 15 ou 20 ans.

4° *Marnages de la Puisaye.* — La marne est en usage dans cette contrée, de temps immémorial. Elle contient de 80 à 90 pour 100 de carbonate de chaux. On l'applique sur :

les sols argilo-siliceux humides, à la dose de 80 à 120 mètres cubes;
les sols sablonneux humides, à la dose de 50 à 75 mètres cubes.

5° *Marnages de la Sologne.* — La plupart des marnes que l'on emploie en Sologne ne sont pas très-riches en calcaire; elles en renferment ordinairement de 40 à 50 pour 100. On les applique sur les sols argilo-siliceux à la dose de 15 à 30 mètres cubes.

Cette faible quantité a pour cause le prix élevé et la rareté des marnes, la pauvreté du sol et la faible quantité de fumier que l'on applique par hectare.

La Sologne tire les marnes qu'elle emploie :

1° Des marnières de Champ-Fleury, près Orléans, pour le Nord;

2° Des marnières de Vierzon pour le Midi.

Ces marnes sont vendues, aux stations du chemin de fer du Centre, 2 fr. 50 c. le mètre cube. Ce faible prix résulte des sacrifices que s'impose l'État pour doter cette contrée de l'élément calcaire qui lui manque. D'après la décision ministérielle du 13 août 1853, 1 fr. 40 c. sont attribués au soumissionnaire, pour extraction, mesurage, chargement, réception, conservation, vente, etc.

La compagnie d'Orléans transporte cet engrais à raison de 3 centimes par tonne et par kilomètre, ce qui élève le prix de revient du mètre cube, ou des 1500 kilog., en portant la moyenne du parcours à 30 kilom., à 2 fr. 64 c.

Les marnages bien exécutés ont permis de substituer le froment au seigle.

6° *Marnages du Berri.* — La marne dont on se sert dans le département de l'Indre est un calcaire crayeux, tantôt friable, tantôt compacte. On emploie :

le premier, à la dose de 30 à 40 mètres cubes pour 18 à 20 ans;
le second, à la dose de 90 à 120 mètres cubes pour 40 à 50 ans.

7° *Marnages du Dauphiné.* — Les marnes appliquées dans les arrondissements de Vienne et de la Tour-du-Pin sont sablonneuses et ne contiennent que de 35 à 70 pour 100 de calcaire. On marne sur :

les terres graveleuses en plaine, à la dose de 50 à 80 mètres cubes;
les coteaux de nature argileuse, à la dose de 125 à 140 mètres cubes.

Ces marnages se renouvellent tous les 6 ou 8 ans.

8° *Marnages de la Bresse.* — Les marnes utilisées sur le grand plateau de la Bresse, depuis le commencement de ce siècle, contiennent de 30 à 40 pour 100 de carbonate de chaux. On les applique sur les sols argilo-siliceux, à la dose de 150 à 180 mètres cubes.

Cette quantité est trop forte, parce que les terres, dans cette province, ne sont jamais labourées à plus de $0^m,08$ à $0^m,10$ de profondeur.

9° *Marnages du haut Languedoc.* — Les marnages en usage dans le Tarn ne remontent guère au delà des premières années de ce siècle. Les doses de marne qu'on y emploie sont très-variables et très-élevées. Ainsi, on applique en moyenne, par hectare, à

Lugan	240 m. cubes.	Montans........	520 m. cubes.
Florentin	256 —	Cadelen.........	600 —
Lagrave.........	450 —	Parisot	720 —
Réalmont	450 —		

La marne dont on se sert est calcaire; ses effets se font sentir pendant 20 à 25 ans.

10° *Marnages de la Bigorre.* — Les marnages en usage dans cette ancienne province sont aussi exécutés à l'aide de quantités de marne très-variables. Ainsi, on applique en moyenne :

Sur les coteaux de Tarbes.	27 m. c.	A Mauléon-Magnoac...	54 m. c.
Dans la plaine de Tarbes.	14 —	A Saint-Sever.........	240 —
A Ossun................	72 —	A Rabastens..........	450 —

Les marnes que l'on emploie dans ces localités sont coquillières, ou très-riches en carbonate de chaux. Quand on marne à faible dose, on renouvelle les marnages tous les 10 ans.

11° *Marnages allemands.* — La quantité de marne que l'on applique par hectare en Allemagne varie comme en France, suivant la nature de la terre que l'on marne, et la composition de la marne que l'on emploie. En général, on applique :

les marnes calcaires, à la dose de 50 à 60 mètres cubes;
les marnes argileuses, à la dose de 200 à 300 mètres cubes.

12° *Marnages anglais.* — Les quantités de marnes employées en Angleterre, en Écosse et en Irlande varient à l'infini. En général, on applique, lorsque les marnes son calcaires :

au premier marnage, de 90 à 120 mètres cubes;
au second marnage, de 20 à 50 mètres cubes.

On renouvelle ordinairement les marnages tous les 15 ou 20 ans.

Ces données pratiques ne suffisent pas pour déterminer la quantité de marne qu'il faut appliquer par hectare. Puvis a conclu, des observations faites par Thaër, et des notes qu'Arthur Young a inscrites dans ses récapitulations sur les marnages en usage en Angleterre, qu'il faut marner de manière que le sol reçoive 3 pour 100 de carbonate de chaux. Cette base est celle qu'il faut regarder comme la plus pratique. Toutefois, comme les marnes sont plus ou moins riches en calcaire et les terres plus ou moins profondes, les doses doivent naturellement varier suivant la richesse de la marne et la profondeur des labours.

Ainsi, pour indiquer la quantité de marne à appliquer par hectare, il faut connaître :

1° L'épaisseur de la couche labourée ;
2° La quantité de parties agissantes que contient la marne ;
3° La proportion de calcaire que l'on veut ajouter à la terre.

Supposons :

1° Une terre labourée à $0^m,20$;
2° Une marne contenant 70 pour 100 de calcaire ;
3° Qu'on veuille ajouter à la terre 3 pour 100 de carbonate de chaux.

Nous aurons trois calculs à effectuer pour connaître :

1° La masse cubique ameublie par la charrue :
2° La quantité cubique de chaux à introduire dans le sol ;
3° Le nombre de mètres cubes de marne qu'il faudra appliquer.

D'après les exemples qui précèdent, on aura :

1° $10\,000 \times 0^m,20 = 2000$ mètres cubes de terre ;
2° $100 : 3 :: 2000 : x = 60$ mètres cubes de chaux ;
3° $70 : 100 :: 60\,000 : x = 85$ mètres cubes de marne.

Ainsi, un marnage que l'on exécuterait sur un terrain labouré à $0^m,20$ de profondeur avec une marne contenant

70 pour 100 de parties calcaires agissantes, exigerait 85 mètres cubes.

M. de Gasparin n'a pas admis la base proposée par Puvis. Il pense que 1,5 à 2 pour 100 de carbonate de chaux suffisent pour constituer d'excellents sols. La pratique confirmera-t-elle cette théorie ? La base admise par Puvis repose sur de nombreux faits pratiques, et elle est justifiée par les marnages en usage dans un grand nombre de localités. M. de Gasparin appuie sa théorie sur un seul fait, une seule expérience. Cette donnée est-elle suffisante pour qu'on puisse accepter les chiffres qu'il propose comme base régulatrice de tous les marnages ? Si les faits constatés à Gaussan concordent avec les marnages exécutés à Leugny, ils ne sont nullement en rapport avec ceux que la pratique a sanctionnés dans la Puisaye, et, *a fortiori*, avec les marnages exécutés dans le Perche et la Picardie. Si la quantité de calcaire proposée par M. de Gasparin était admise, si cette donnée devait être substituée à celle proposée par Puvis, et acceptée par la pratique, il faudrait de toute nécessité diminuer le nombre de mètres cubes de marne appliqués dans presque toutes les localités de la France. Cela n'est pas possible, car la quantité adoptée par la pratique depuis un grand nombre d'années est justifiée chaque jour par le succès que l'on en obtient.

Poids du mètre cube. — La marne est plus ou moins pesante, selon qu'elle contient plus ou moins de parties terreuses.

Les marnes les plus lourdes sont celles qui renferment le plus de sable. Les marnes calcaires sont les moins pesantes.

En général, le poids d'un mètre cube varie entre 1400 et 1800 kilogrammes.

Quantité de calcaire absorbée par les plantes. — Je devrais examiner ici quelle est la quantité de calcaire consommée par les plantes, et démontrer que la proportion de 3 pour 100 en moyenne de carbonate de chaux est toujours suffisante. Il me faudrait, pour résoudre cette question, entrer dans des calculs trop étendus, et supposer plusieurs marnages différents entre eux par la dose appliquée et par la proportion de carbonate de chaux que les marnes pourraient contenir. Je renvoie le lecteur à l'article *Chaux*, où j'ai consigné les résultats qui doivent servir de base aux calculs que l'on peut établir pour résoudre ce problème. Dans de telles appréciations, il est nécessaire d'avoir égard à la durée du temps pendant lequel la marne doit agir, si l'on veut arriver à un résultat réel et utile.

Renouvellement des marnages. — Le renouvellement des marnes est une question qui ne peut recevoir de solution favorable que lorsqu'on l'envisage sous un point de vue pratique. C'est que la durée des effets des marnages varie toujours suivant que la marne a été employée à haute ou faible dose ; qu'elle est calcaire, argileuse ou siliceuse ; qu'elle a été appliquée sur un sol léger ou compacte. En général, la durée de l'action de la marne est beaucoup plus longue que celle de la chaux, et il n'est pas rare qu'elle se prolonge pendant plus de vingt et même trente ans, quand elle est appliquée à très-haute dose.

D'après plusieurs polyptiques de l'ancienne Normandie, les baux *à terme de marne*, au treizième siècle, ne permettaient de marner de nouveau que 15 ou 18 ans après le premier marnage.

Cette longue action de la marne est un grand avantage pour le fermier ; elle le dispense, dans beaucoup de cas, de marner plusieurs fois les champs qu'il cultive pendant la durée de son bail. Si les marnages exigeaient de la part de ceux qui les pratiquent des déboursés moins considérables, si leur application était aussi simple que celle des chaulages, si enfin leur renouvellement comportait moins d'inconvénients, le cultivateur aurait intérêt à appliquer ce stimulant dans une faible proportion. De cette manière, il pourrait agir chaque année sur une plus grande surface, et marner, pendant la durée du bail, toutes les terres de l'exploitation qui lui a été confiée.

Mais on sait malheureusement que la plupart des baux sont encore très-courts, et que leur durée, qui n'excède pas en moyenne plus de neuf à douze années, ne permet au fermier de ne marner qu'une partie des terres de son exploitation. Cette difficulté d'action doit-elle être regardée comme un fait nuisible aux progrès de l'agriculture? Sous un rapport, il est utile que le cultivateur ne puisse renouveler fréquemment les marnages. Ainsi, un fermier de mauvaise foi pourrait, s'il lui était possible de marner plusieurs fois ses champs pendant une période de neuf à douze années, abuser de l'emploi de la marne et diminuer la fertilité de la terre. On a tellement exagéré l'emploi de cet engrais dans certaines contrées, que la plupart des baux ne permettent pas aux fermiers de remarner les champs qui l'ont été avant telle ou telle époque. Cette période de temps, durant laquelle nul marnage ne peut être pratiqué sur telle ou telle pièce de terre, coïncide toujours avec la durée des effets de la marne.

Dans d'autres localités, la clause concernant les marnages, et inscrite dans les baux, est toute différente de la précédente. Cette clause est ainsi conçue : « Il est interdit au fermier de marner sans le consentement du propriétaire. » C'est pour prévenir des marnages fréquents que les baux de l'arrondissement de Lisieux portent que l'extraction de la marne est aux frais du propriétaire; le fermier est seulement chargé du transport. Si ces deux clauses sont nuisibles pour le cultivateur honnête et ayant un long bail, elles garantissent toute détérioration du sol par la marne. En outre, elles sont très-favorables pour un fermier entrant, puisqu'elles lui assurent que le cultivateur sortant n'a pu abuser des effets de la marne pour amoindrir la fécondité de la terre.

En thèse générale, on marne de nouveau un champ lorsqu'il y a diminution de produits dans les récoltes, lorsque les semences des céréales ont perdu des qualités qu'elles avaient acquises sous l'action de la marne.

Les seconds marnages ne conviennent plus, et doivent être longtemps différés là où le premier a été abondant. S'ils n'ont point réussi, observe Puvis, dans les départements de l'Ain, de l'Isère, de l'Yonne, c'est qu'on a employé, dans les premiers marnages, des doses qui ont fourni au sol 4, 5, 6, 8, 10 pour 100 de carbonate de chaux, proportion beaucoup au-dessus du besoin. Répétons, avec ce célèbre agronome, qu'on peut prendre des points de départ qui éclaireront, dans les lieux où les marnages sont devenus une opération régulière. Ainsi, dans des opérations qui se répètent à vingt ou trente ans l'une de l'autre, la vie des hommes est le plus souvent trop courte pour qu'on puisse suffisamment s'éclairer par des comparaisons, et l'avantage est immense quand on peut asseoir un grand travail, comme le marnage, sur des résumés précis de pratique éclairée et de longue durée. Ce raisonnement est évidemment supérieur à toutes les théories qu'on voudrait faire prévaloir pour démontrer l'époque à laquelle il faut remarner un champ.

Modifications du sol par la marne. — Si les faits pratiques ne permettent pas d'admettre que la chaux modifie d'une manière apparente les propriétés physiques des terrains sur lesquels on l'applique, il est impossible de nier les *effets mécaniques* des marnes. Celles-ci, à cause des parties siliceuses ou argileuses qu'elles renferment, et des proportions dans lesquelles elles sont appliquées, augmentent ou diminuent la compacité ou la légèreté de la couche arable.

Ainsi, si l'on applique une marne argileuse dans une grande proportion sur un sol sablonneux ou une terre légère, ses parties constituantes, si elles sont intimement mélangées à celles du sol, augmentent, par leur interposition et leurs propriétés chimiques et physiques, la ténacité et la cohésion de la couche arable. Ainsi modifié, le sol est plus apte à la végétation du froment et à celle du trèfle, du colza, de la betterave, etc.; et, durant l'été, la consistance qu'il aura acquise le rendra moins sec et moins brûlant, puisqu'elle lui permettra de conserver une plus grande fraîcheur.

Les marnes siliceuses ou calcaires font éprouver aux sols argileux des effets bien différents. Ces terrains deviennent moins compactes, moins liants sous l'action des pluies, et par la sécheresse ils ne se durcissent plus autant. Les conséquences de ces modifications sont fort importantes. Une terre argileuse, après un marnage bien appliqué, doit être, abstraction faite de sa fertilité, regardée comme plus favorable à l'existence des plantes agricoles.

Les changements physiques que le sol marné éprouve, le rendent presque toujours moins propre à la végétation des plantes naturelles qui le recouvraient avant l'emploi de cet engrais calcaire. Cette moins grande aptitude résulte de ce que les sols argileux ou siliceux acquièrent toujours, après le marnage, certains caractères qui sont le propre des terres calcaires. Ainsi, sous l'action de la marne, le chiendent (*triticum repens*), la matricaire camomille (*matricaria camo-*

milla), la persicaire (*polygonum persicaria*), le chrysanthème jaune (*chrysantemum segetum*), l'oseille sauvage (*rumex acetosa*), etc., languissent d'abord, et la plupart de ces plantes ne tardent pas à disparaître.

Si les sols marnés sont plus faciles à travailler, plus favorables à la vie des végétaux agricoles, si leurs forces productives sont augmentées, si enfin ils jouissent des principales propriétés des terrains calcaires, on ne doit pas oublier qu'ils produisent souvent des plantes qu'on n'observait pas à leur surface avant le marnage. Ainsi, ils donnent naissance à la lupuline (*medicago lupulina*), au trèfle jaune (*trifolium filiforme*), au coquelicot (*papaver rheas*), etc., plantes caractéristiques des sols calcaires. Il est vrai que ces plantes nuisent par leur végétation, lorsqu'elles sont nombreuses, au développement des céréales, mais elles sont d'une destruction plus facile que le chiendent et l'oseille sauvage ; ainsi elles sont ou annuelles ou bisannuelles, tandis que ces dernières sont vivaces et à racines traçantes.

Mode d'action. — L'*action chimique* de la marne a été considérée sous divers points de vue.

Suivant Puvis, le calcaire des marnes accroît la faculté qu'a le sol, qu'ont les végétaux, de former les principes fixes des plantes, les sels et les terres, soit qu'elles en prennent les éléments dans l'atmosphère, soit dans le sol lui-même ou dans l'un ou l'autre.

Liebig rejette loin de lui cette grande puissance d'absorption du principe calcaire sur l'atmosphère. Il explique l'influence favorable des marnes sur la plupart des terrains en admettant que la chaux, qui se dissout dans l'eau saturée d'acide carbonique, agit sur l'argile comme le fait un lait de chaux. Ainsi, dans le mélange d'argile et de chaux, toutes les conditions se trouveraient réunies pour la désagrégation des silicates d'alumine, et aussi toutes celles nécessaires pour la dissolution des silicates alcalins.

M. Boussingault reconnaît que l'action chimique de la marne résulte du carbonate de chaux, et il est porté à penser que ce composé agit encore utilement sur le sol, en lui portant un principe fertilisant qui appartiendrait par sa nature aux engrais organiques. Il appuie son opinion sur ce qu'une marne de Leugny (Yonne) a donné à l'analyse près de 0,002 d'azote, et qu'une autre variété du département du Bas-Rhin en contient plus de 0,001. Peut-on admettre que cette faible quantité d'azote puisse avoir une action favorable sur la vie des plantes pendant dix, quinze et même vingt années? Je ne puis nier l'influence fécondante des principes azotés sur les plantes; toutefois, je crois qu'il est nécessaire, pour avoir une idée exacte de l'action des marnes, de négliger cette faible proportion d'azote. Il me paraît donc rationnel d'admettre que la marne *agit chimiquement* :

1° En fournissant au sol et aux plantes du calcaire;

2° Parce que ce carbonate, en se dissolvant en partie dans l'acide carbonique, passe à l'état de bicarbonate de chaux;

3° Parce que ce bicarbonate doit être regardé comme jouissant, quoique plus lentement, de toutes les propriétés et action de la chaux vive transformée en carbonate.

Cultures qui suivent les marnages. — Lorsque les marnages ont été bien appliqués, il est fort peu de plantes agricoles qui ne végètent ensuite avec une vigueur très-marquée.

L'avoine réussit très-bien après un marnage; elle est même la seule graminée alimentaire qui puisse être cultivée après cette opération, si le sol manque de fécondité et si le marnage n'a pas été suivi ou précédé par une fumure. On a dit, il est vrai, que l'avoine marnée croît toujours vigoureusement, mais qu'elle prolonge sa floraison et grène peu. Cette dernière opinion me paraît peu judicieuse; la pratique a toujours remarqué que l'avoine est la plante à laquelle la marne donne sous tous les rapports l'impulsion la plus marquée.

Le froment, sous l'action du calcaire de la marne, produit un grain qui a presque toutes les qualités et les défauts des grains qui ont végété et mûri sur des sols silico-calcaires ou argilo-calcaires. Selon Puvis, au lieu de grain rond, jaune et à écorce mince, que donne le sol chaulé, la marne rendrait le grain long, grisâtre: lourd cependant, mais avec une écorce épaisse. Cette remarque est en désaccord avec un grand nombre d'observations; les cultivateurs des localités où les marnages sont en usage constatent chaque année que les sols marnés fournissent des grains bien supérieurs en qualité à ceux produits par les terrains qui ne l'ont pas été. Royer a observé que la qualité du blé récolté en terre marnée est très-remarquable; sa couleur est claire et dorée, sa farine plus abondante et plus blanche.

L'orge se plaît beaucoup sur les terres marnées, mais à faible dose. La première année que l'on commença cette opération sur les terres situées dans la plaine de Meizieux (Isère), on employa 150 mètres cubes de marne par hectare. Le froment se trouva très-bien de l'application de cette dose; mais celle-ci fut fatale à l'orge, et nuisit à l'avoine.

Le trèfle, la luzerne, le sainfoin, et en général toutes les légumineuses, réussissent très-bien après un marnage suivi ou précédé d'une fumure. Il existe beaucoup de localités en France, la Picardie par exemple, où l'application des marnes est suivie d'une culture de pois ou de vesces.

Les pommes de terre peuvent-elles être cultivées sur un sol nouvellement marné ? On a dit que la marne nuisait à la qualité des tubercules. L'expérience prouve chaque jour que cette remarque n'a aucune valeur.

La marne peut être utilisée pour régénérer ou améliorer les prairies naturelles et artificielles. En Angleterre on l'applique souvent sur les terres en herbages, et ses effets sont toujours très-remarquables lorsque les prairies ne sont pas humides.

Les colzas, choux, tabacs, etc., ont toujours une végétation remarquable sur les terrains marnés et fertiles.

Épuisement du sol par la marne. — L'emploi de la marne a été souvent la cause de cruelles et bien tristes déceptions. Pendant de longues années, dans plusieurs localités, en France, en Angleterre, en Allemagne, on a cru que la marne pouvait et devait être appliquée à une dose très-forte. Cette grande proportion n'a pas été la seule cause de la non-réussite des marnages; les cultivateurs qui employaient ainsi la marne croyaient qu'elle les dispensait, pour plusieurs années, de l'application des fumiers. Il est résulté de ces deux erreurs pratiques que cet engrais minéral, par suite des récoltes abondantes qu'il faisait produire, a diminué la fécondité de la terre. Combien, en effet, observe Schwerz, de cultivateurs, éblouis de l'augmentation apparente de fertilité produite par la marne, se sont imaginé que la fosse à marne pouvait remplacer la fosse à fumier! Combien, alléchés par des produits extraordinaires, ont fait succéder sans interruption les récoltes les plus épuisables! Et ceux-là ont fait de leur richesse momentanée la source de leur propre ruine ou de celle de leurs enfants.

Cette prostration de force a donné naissance au proverbe suivant : *La marne enrichit les pères et ruine les enfants*, et elle a engagé certains propriétaires à proscrire son emploi de leurs fermes, ou à déterminer dans les baux les époques, la durée des marnages et la quantité qu'on pouvait employer.

Cette clause a-t-elle été nuisible aux progrès de l'agriculture? Je ne le pense pas. Ainsi elle a ralenti, en faveur de la fécondité du sol, les esprits qui pensaient que la marne pouvait suppléer victorieusement aux matières organiques dans la fertilisation de la terre.

Aujourd'hui, heureusement, les conditions sont complétement changées, et il est bien peu de localités où le proverbe : *A pères riches, enfants pauvres*, puisse trouver son application. C'est que l'expérience a dirigé les cultivateurs qui marnent vers une voie nouvelle; c'est qu'elle a détruit les fausses idées que l'on avait sur les effets de la marne; c'est que la pratique a prouvé que le marnage des terres devait être exécuté avec beaucoup de prudence et une connaissance complète des résultats que l'on est en droit d'espérer.

Les cultivateurs qui ont étudié les causes de la fécondité que la marne donne aux sols, ont compris que toutes les marnes ne dispensent pas de l'emploi des fumiers et qu'elles ne peuvent être classées parmi les engrais proprement dits. Alors, loin d'épuiser le sol, loin de diminuer sa fécondité première, on a maintenu celle-ci si on ne l'a pas accrue. Il est résulté de cet emploi judicieux que les récoltes céréales ont donné des produits plus élevés, qu'on a pu se livrer avec succès à la culture des fourrages artificiels légumineux, qu'enfin la valeur foncière et celle locative des terres soumises au marnage ont été considérablement augmentées. Ces résultats, obtenus sans l'épuisement du sol, ont rendu suranné le vieil adage que j'ai rappelé précédemment, et il est manifeste qu'en ce moment, on doit lui donner la valeur suivante dans les localités où la marne est regardée comme la cause directe de l'élévation de la fertilité de la couche arable : *La marne a enrichi les pères et assure la fortune des enfants.*

Nonobstant, nul cultivateur ne peut espérer de voir son sol augmenter progressivement en fertilité par le concours de la marne, s'il n'est pas bien convaincu que les effets de cet engrais minéral se manifestent seulement avec profit lorsque le sol est riche en bases organiques, et que la quantité employée correspond parfaitement à la richesse de la couche arable et à la force des fumures appliquées. Sans l'aide du fumier, la marne, de nos jours comme sous les Romains, appauvrit le sol, elle l'épuise, elle le *brûle* et le stérilise, pour ainsi dire, pour plusieurs années.

Prix de revient des marnages. — Les dépenses qu'occasionnent les marnages varient suivant la valeur de la marne, le nombre de mètres cubes que l'on emploie et les déboursés que nécessitent les transports.

Voici quelques chiffres qui prouvent combien il est utile de connaître les dépenses qu'occasionnent les marnages avant de les exécuter :

Dans le Berry, les frais d'un marnage s'élèvent	par hectare	de	75 à 120 fr.
Dans le haut Languedoc,	—	—	250 à 352
Dans le Bigorre,	—	—	68 à 200

On parvient à établir un compte exact en portant en ligne de compte 1° la valeur vénale de la marne ; 2° le prix de son extraction ou le prix auquel on la paye dans les contrées où on l'achète; 3° les frais qu'exige son transport sur le champ où elle doit être appliquée; 4° les dépenses que nécessite son épandage.

En divisant ensuite les dépenses générales par le nombre d'années qui constitue la durée du marnage, on détermine ce que coûte cette opération par hectare et par an.

Dans le départ. de l'Indre, un marnage coûte	annuellement	de	3 à 3f,50
Dans le départ. du Nord,	—	—	4 à 6 ,00
A Saint-Florentin (Tarn),	—	—	11 à 14 ,00
A Réalmont (Tarn),	—	—	10 à 12 ,50

Ces dépenses ne sont pas élevées et elles ne sont pas onéreuses si le cultivateur emploie une marne de bonne qualité, s'il exécute son application sur un sol sain et non calcaire et s'il procède à son enfouissement par un beau temps.

BIBLIOGRAPHIE.

Olivier de Serres. — Théâtre d'agriculture, in-4, t. I, p. 129.
Duhamel. — Éléments d'agriculture, 1762, in-12, t. I, p. 182.
De Romieu. — Mémoire sur la marne, 1762, in-8.
Rozier. — Cours d'agriculture, 1785, in-4, t. VI, p. 430.
Blanchot. — Manière d'employer la marne, 1788, in-8.
Vitalis. — Mémoire sur les marnes, 1805, in-8.
Maurice. — Traité des engrais, 1806, in-8, p. 167.
De la Bergerie. — Cours d'agriculture pratique, 1819, in-8, t. III, p. 413.
P. Ré. — Essai sur les engrais, 1813, in-8, p. 109.
Puvis. — Essai sur la marne, 1826, in-8.
Thaër. — Principes raisonnés d'agriculture, 1831, in-8, t. II, p. 401.
Puvis. — Agriculture du Gâtinais, etc., 1833, in-8, p. 110.
Martin. — Traité des amendements, in-8, p. 152.
Moll. — Journal d'agriculture pratique, 1838, gr. in-8, t. II, p. 15.
Schwerz. — Préceptes d'agriculture pratique, 1839, in-8, p. 293.
Rendu. — Agriculture du Nord, 1843, in-8, p. 129.
— Agriculture de l'Isère, 1843, in-8, p. 118
— Agriculture du Tarn, 1845, in-8, p. 129.
De Gasparin. — Cours d'agriculture, 1846, in-8, t. I, p. 638.
De Dombasle. — Calendrier du bon Cultivateur, 1846, in-12, p. 469.
Boussingault. — Économie rurale, 1851, in-8, t. II, p. 16.
Nadault de Buffon. — Cours d'agriculture, 1853, in-8, t. I, p. 828
Fouquet. — Engrais et amendements, 1855, in-12, p. 117.

SECTION III.

Craie.

Anglais. — Chalk. *Italien.* — Creta.
Allemand. — Kreide. *Espagnol.* — Creta.

Nature et composition. — Poids du mètre cube. — Terrains sur lesquels on l'applique. — Mode d'emploi. — Quantité qu'il faut répandre. — Mode d'action. — Épuisement du sol par la craie. — Bibliographie.

Cette terre calcaire, que l'on rencontre abondamment dans les terrains supracrétacés, est employée à la fertilisation des terrains agricoles. En Angleterre et en Allemagne, on l'utilise sur plusieurs points avec beaucoup de succès. En France, son application est assez limitée, quoiqu'elle soit regardée dans quelques cantons comme supérieure à la marne. C'est à tort : elle doit être utilisée partout où la nature la fait naître, si la composition de la couche arable le permet.

Nature et composition. — La craie est un carbonate de chaux un peu consistant, homogène; sa couleur est blanche, parfois jaunâtre, quelquefois grise. Exposée à l'air, cette terre se délite à peu près comme les marnes. En général, les craies contiennent 80 à 95 pour 100 de carbonate de chaux.

Poids du mètre cube. — Un mètre cube de craie pèse de 1200 à 1300 kilog.

Terrains sur lesquels on l'applique. — Cet engrais ne peut être employé que sur les sols qui manquent de calcaire, et principalement sur les terres argileuses, les sols compactes. On le répand très-rarement sur les terres légères, à moins qu'il ne soit mêlé avec de la terre ou du fumier. Appliqué sur des terres siliceuses, il a l'inconvénient d'augmenter leurs défauts et leur perméabilité. On ne l'emploie pas non plus sur les sols calcaires; l'expérience a démontré qu'il y produisait de mauvais effets.

Mode d'application. — Pour appliquer la craie avec succès, il faut la diviser autant que possible avant de la répandre sur le champ où elle doit agir.

L'été n'est pas une bonne époque pour son extraction ni son application; quand on l'extrait dans cette saison, et qu'elle reste exposée à un air sec et chaud, elle se durcit, ne peut plus être réduite en poudre qu'avec effort, et devient en grande partie inutile. Lorsque, au contraire, on la répand en automne, l'humidité dont l'atmosphère est ordinairement chargée à ce moment est absorbée par la craie : alors celle-ci se gonfle et se délite aisément.

Quelquefois on la laisse passer l'hiver sur le sol; l'observation a constaté qu'elle se pulvérise toujours très-bien par l'effet des gels et des dégels.

Une fois réduite en poudre ou délitée, on l'incorpore à la couche arable avec les mêmes soins, les mêmes précautions que ceux que l'on accorde à la chaux et à la marne.

Quantité qu'il faut répandre par hectare. — Le nombre de mètres cubes qu'il faut appliquer varie selon la nature même de la craie et celle de la couche arable. On détermine le *quantum* qu'il convient de conduire par hectare en agissant comme s'il était question d'appliquer une marne très-calcaire. (*Voir* MARNE, p. 46.)

Mode d'action. — La craie produit des effets favorables quand elle est bien employée, et il est certain qu'elle favorise, comme la marne, sur les terres fortes ou argileuses, la croissance des céréales et des légumineuses. Collet fait remarquer qu'il est certain que depuis l'usage de la craie dans le comté d'Essex, le blé et l'orge sont d'une qualité supérieure; aussi les cultivateurs de cette contrée disent-ils : *Si l'on ne veut plus vendre de blé, il n'y a qu'à ne point acheter de craie.* Cette substance donne à la paille plus de roideur et de blancheur, et rend l'écorce du grain plus mince et la farine plus abondante.

En Angleterre et en Allemagne, on la fait entrer dans des composts pour l'appliquer sur les prairies nouvellement assainies. L'expérience a prouvé qu'elle y détruit la mousse, les joncs, les carex et toutes les plantes nuisibles ou inutiles qui croissent sur les terres froides et argileuses.

On a dit que la craie détruisait le *chrysanthème des moissons* (CHRYSANTHEMUM SEGETUM, L.). Je n'ai pas été à même de vérifier ce fait.

Épuisement du sol par la craie. — Il est bien important que l'application de la craie soit précédée ou suivie d'une fumure en rapport avec la dose répandue et la fécondité de la terre. On ne doit pas oublier qu'elle agit à la manière des marnes, et que sous ce rapport elle doit être regardée comme une substance qui, si elle est mal employée, peut être la source directe de l'épuisement du sol.

BIBLIOGRAPHIE.

Schwerz. — Préceptes d'agriculture pratique, 1839, in-8, p. 291.
Pictet. — Cours d'agriculture anglaise, 1808, in-8, t. IV, p. 438.

SECTION IV.

Falun.

Anglais. — Shell marl. *Espagnol.* — Vetas de conchas fosiles.

Définition. — Localités où il existe des falunières. — Composition. — Terrains sur lesquels on applique le falun. — Procédé d'extraction. — Quantité répandue par hectare. — Mode d'application. — Durée et mode d'action. — Le falun ne dispense pas de l'emploi des engrais animaux ou végétaux. — Bibliographie.

Définition. — On donne le nom de *faluns* à des dépôts marins tertiaires ou appartenant à l'étage moyen du groupe supracrétacé. Ces dépôts, formés évidemment sur une grève battue des eaux, renferment un très-grand nombre de coquilles fossiles, et ils varient de texture selon les lieux où ils sont situés.

Ces coquilles, la plupart divisées et usées par le frottement, se brisent facilement entre les doigts, et elles se délitent promptement quand elles restent exposées à l'action de l'air et des pluies.

On désigne quelquefois le falun sous les noms de *marne coquillière, calcaires coquilliers, sables calcaires, coquilles fossiles.*

Localités où il existe des falunières. — Ces dépôts marins existent dans la Touraine, l'Anjou, le Bordelais, la Bretagne et les environs de Paris.

Nature et composition. — Les faluns de la Touraine occupent plus de 2 myriamètres carrés, et ils sont dispersés dans un grand nombre de localités, à Louans, Rossée, Loroux, Sainte-Maure et Monthelon. Leur épaisseur moyenne, à Louans et Monthelon, est en général de 3 à 4 mètres. Ils se composent d'argile, de sable quartzeux et de débris de coquilles.

Ces dépôts reposent généralement sur une couche argileuse imperméable, de formation d'eau douce, de 1 mètre à 1 mètre 50 d'épaisseur, ou sur des bancs schisteux, et ils semblent se prolonger vers Blois d'un côté et vers Angers de l'autre. On trouve, en effet, à Pont-le-Voy, à Thenay, des débris de coquilles mêlés à des polypiers roulés; et l'on remarque aux environs d'Avrillé et de Grésille, près Doué, des terrains riches en coquilles fossiles.

M. Caillat a constaté que les faluns de la Touraine avaient la composition suivante :

Carbonate de chaux	56.215
Phosphate de chaux	275
Sable quartzeux	42,100
Sable impalpable	1.410
	100,000

Suivant M. I. Pierre, le falun de Monthelon (Indre-et-Loire) contient, sur 100 parties desséchées, 68,5 de carbonate de chaux, 25,5 de sable avec un peu d'argile, et 1,6 d'alumine et d'oxyde de fer.

Les faluns de la Gironde renferment du sable tantôt argilosiliceux, tantôt calcaire, des débris de coquilles fossiles et quelquefois des coquilles encore entières ; ils règnent sur une ligne parallèle à la Garonne, depuis Bazas jusqu'à Saint-Médar-en-Jalle, et paraissent se diriger vers Dax et Bastennes, où il existe des dépôts bien caractérisés. Le dépôt le plus considérable existe à Saucats.

Voici deux analyses de falun faites par M. le Corbeiller :

	Faluns	
	de Saucats.	de Grignon.
Carbonate de chaux	70,50	66.00
Sable et argile	13,50	20.30
Matière organique	2,00	1,70
Eau	14,00	12,00
	100,00	100.00

D'après MM. Moride et Bobière, le falun de Cléons (Loire-Inférieure) contient, sur 100 parties, 71 de carbonate de chaux et 15 de silice, d'alumine et d'oxyde de fer.

Le falun de Saint-Juvat (Côtes-du-Nord) renferme, sur 100 parties, 64 de carbonate de chaux et 31 d'alumine, de sable et d'oxyde de fer.

A Grignon (Seine-et-Oise), le falun repose sur une couche crayeuse perméable.

Terrains où ils doivent être appliqués. — Les faluns, qui contiennent beaucoup de carbonate de chaux, ne peuvent être employés que sur les terres non calcaires, les sols argileux, les terrains schisteux. On les a appliqués sur des sols légers, des terrains de bruyères, mais leurs résultats n'ont pas été favorables. On a reconnu que leurs effets étaient d'autant plus sensibles et heureux qu'ils sont employés sur des terres compactes, des sols froids.

Mode d'extraction. — Les dépôts faluniers étant au-dessous de la couche arable, leur extraction est assez facile. Lorsqu'on a reconnu, par des sondages, un gisement de falun, on enlève la terre arable, et quelquefois le sous-sol, dans toute son épaisseur, sur une superficie de 10 à 20 mètres carrés. Ce premier travail terminé, on procède à l'extraction du falun.

Lorsque cet engrais est à fleur de terre, son enlèvement s'effectue facilement. Si l'on est obligé de fouiller un peu profondément, le travail est parfois pénible et exige le concours d'un plus grand nombre d'ouvriers. Alors, pour accélérer les travaux et restreindre les dépenses, on creuse les falunières en forme de gradins depuis la partie supérieure jusqu'au fond de l'excavation, afin d'étager les opérateurs. Toutefois, comme la masse coquillière est très-perméable, que les eaux arrivent quelquefois en abondance dans la falunière, il faut diviser les ouvriers en deux bandes : ceux de la première sont chargés d'étancher les eaux avec des seaux, et ceux de l'autre procèdent à l'enlèvement du falun en se servant de paniers. Ces objets, une fois pleins, passent de main en main jusqu'au bord de l'excavation.

Les eaux doivent être jetées d'un côté de la falunière et les coquilles fossiles d'un autre.

Une falunière une fois abandonnée, on n'y revient plus; l'expérience démontre journellement qu'il est toujours plus pénible et moins avantageux d'en épuiser les eaux que d'en ouvrir une nouvelle.

En Touraine, c'est ordinairement pendant le mois de septembre, époque où les terres contiennent peu d'eau, que l'on extrait le falun. Dans cette contrée, chaque village a sa falunière où chacun va puiser à volonté.

Les faluns de la Touraine reposent sur des couches imperméables et humides; ceux de la Gironde sont situés sur un sol sec et perméable.

Mode d'application. — Après son extraction, le falun reste un certain temps près de l'ouverture de la falunière. Quand il est égoutté, desséché, on l'enlève et on le conduit sur le champ où il doit être appliqué. On pratique son épandage et son incorporation à la couche arable, comme s'il était question d'appliquer de la chaux éteinte ou de la marne réduite en poussière ou délitée.

En Touraine, où le falun est ordinairement noyé, l'extraction revient de 1 fr. à 1 fr. 50 c. le mètre cube; ailleurs, on ne paye, pour extraire le même volume, que 0 fr. 40 c. à 0 fr. 60 c.

Quantité appliquée par hectare. — La quantité de falun à appliquer par hectare n'a pas encore été bien déterminée. Dans la Touraine, on l'emploie à la dose de 30 à 40 mètres cubes, suivant la texture du sol et l'éloignement des terres à faluner des lieux d'extraction.

En Angleterre, où l'on renouvelle le falunage tous les 10 ou 12 ans, on le répand à la dose de 80 à 120 hectolitres, ou 10 à 12 mètres cubes.

Les faluns peuvent, avec avantage, entrer dans les composts et être appliqués en couverture sur les céréales d'hiver et de printemps et les prairies naturelles et artificielles.

Durée d'action. — Les effets de faluns ne sont pas aussi prompts que ceux de la chaux, mais ils se prolongent plus que ceux de la marne. La première année, cette action est très-peu sensible; ce n'est qu'à partir de la deuxième, quelquefois de la troisième, qu'on peut la constater d'une manière bien évidente.

Le falunage se renouvelle tous les 10, 15 ou 20 ans. En Touraine, le falun manifeste des effets pendant 25 et même 30 années.

Mode d'action. — Le falun a deux actions, l'une mécanique et l'autre chimique. Il est donc rationnel de le comparer aux marnes quant aux effets généraux qu'il peut et doit même produire.

Les effets chimiques qu'il exerce sur la végétation sont presque entièrement dus au carbonate de chaux que renferment les coquilles.

Bosc et Puvis ont pensé qu'il pourrait bien être vrai que ces coquillages pussent contenir quelques parties animales qui ajouteraient à l'effet de la chaux. Je ne puis nier que les faluns ne contiennent de l'azote, mais je crois pouvoir avancer que ce *caput mortuum* de la matière animale doit être regardé comme s'il n'existait pas.

Épuisement du sol par le falun. — L'emploi des faluns ne dispense pas de l'application des engrais animaux ou végétaux; c'est même une nécessité d'avoir recours à ces substances si l'on veut conserver à la terre son degré de fertilité.

Puvis fait remarquer que dans aucun lieu le falun n'est accusé d'avoir appauvri le sol. Cette observation ne concorde pas avec les opinions de John Sinclair, David Low, Arthur Young. Lorsque le falun n'est pas suivi ou précédé d'une fumure, ou qu'il est appliqué en trop grande quantité, le sol devient alors plus aride qu'il ne l'était avant qu'on ne l'eût employé.

Valeur commerciale. — En Touraine, le falun se vend, après son extraction, de 2 à 2 fr. 50 c. le mètre cube.

BIBLIOGRAPHIE.

Réaumur. — Des coquilles fossiles de la Touraine, 1720, in-4.
Raulin. — Examen des coquilles de la Touraine, 1776, in-12.
Rozier. — Cours d'agriculture, 1783, in-4, t. III, p. 480.
De la Bergerie. — Cours d'agriculture pratique, 1820, in-8, t. IV, p. 408.
Maurice. — Traité des engrais, 1806, in-8, p. 175.
Puvis. — Traité des amendements, 1846, in-12, p. 464.
I. Pierre. — Chimie agricole, in-12, p. 617.

SECTION V.

Coquillages ou sables marins.

Anglais. — Sea marl ou fish shells. *Italien.* — Conchiglia.
Allemand. — Muschelerde. *Espagnol.* — Concha.

Historique. — Nature. — Composition. — Récolte. — Terrains sur lesquels on les emploie. — Mode d'emploi. — Quantité qu'il faut appliquer. — Poids du mètre cube. — Durée et mode d'action. — Plantes pour lesquelles on les emploie. — Épuisement du sol par les coquillages. — Valeur commerciale. — Bibliographie.

Historique. — Les coquillages que la mer jette sur les côtes sont employés comme engrais depuis une époque très-ancienne. Henri II, roi d'Angleterre, accorda, en 1261, aux habitants du comté de Cornwall, le privilége d'extraire de la mer des sables coquilliers et de les transporter à l'intérieur pour y servir à la fertilisation des terres. Il y a un siècle, l'archevêque Dublin faisait connaître qu'on utilisait depuis longtemps avec avantage à l'intérieur des terres les bancs de coquilles qui se découvrent au moment des basses mers dans la baie de Londonderry (Irlande). Ces coquillages servent aussi d'engrais en France et en Italie.

Nature. — Les coquillages que l'on trouve sur le littoral de l'Océan et de la Manche, dans un grand nombre d'anses, de baies, de havres, sont des *huîtres*, *moules*, *buccins*, *pétoncles*, *tritons*, *natices*, *solènes*, *troques*, *patelles*, *littorines*, etc. ; leurs fragments sont plus ou moins petits selon la force des courants et la violence des vagues. Ces coquillages forment, à Paimpol, Pontrieux, Treguier, Lannion, etc., des dépôts inépuisables.

Les coquilles qui constituent ces dépôts sont dures si elles sont *récentes;* quand elles sont *anciennes* leur décomposition est si avancée qu'elles se pulvérisent aisément entre les doigts.

Leur couleur est très-variable; ici, elles sont vertes ou bleuâtres ; là, roses ou rougeâtres; ailleurs, blanchâtres ou grises.

Il existe quelquefois à l'intérieur des terres, près du rivage de la mer, des dépôts de coquillages qui témoignent du séjour des eaux maritimes à une certaine distance de la côte actuelle. Ainsi, à 600 mètres du bord de la mer, dans la commune de Saint-Michel-en-l'Herm (Vendée), la mer a déposé trois bancs de coquilles d'huîtres presque contigus, qui ont ensemble 700 mètres de longueur sur 300 mètres de largeur à la base, et depuis 10 jusqu'à 15 mètres de hauteur. Cette masse est plus considérable qu'elle ne le paraît. Cavoleau a reconnu qu'elle s'enfonce profondément.

Composition. — Cet engrais n'est pas toujours composé exclusivement de débris de coquillages ; il comporte quelquefois une certaine quantité de sable.

Voici deux analyses de *sable coquillé* recueilli sur les côtes du Finistère, faites par M. Besnou :

	Sable coquillé	
	de Chinon.	de Douarnenez.
Carbonate de chaux	70,00	51,75
Sable	29,00	46,33
Magnésie	0,90	0,00
Matières organiques	0,00	1,17
Eau	0,05	0,75
	100,00	100,00

Les coquilles d'huîtres renferment : carbonate de chaux, 98,30, phosphate de chaux, 1,20 pour 100.

MM. Moride et Bobierre ont analysé des coquilles de toutes sortes roulées par les eaux, qui contenaient sur 100 parties 93 de carbonate de chaux, 2,9 pour 100 de sels solubles divers.

Récolte. — C'est sur les grèves, à marée basse, que l'on recueille ces matières fertilisantes. En Angleterre, on les laisse sur la côte jusqu'à ce qu'elles soient sèches avant de les utiliser. En France, on les emploie aussitôt qu'elles ont été ramassées; on dit que, laissées en monceaux pendant longtemps, les pluies les privent de la presque totalité des particules salines dont elles sont couvertes.

Terrains sur lesquels on les emploie. — On applique ces coquilles sur les terres argileuses, les sols compactes, les terres marécageuses. On peut aussi les utiliser dans les terres légères, les sols granitiques et les terrains schisteux, mais à une plus faible dose.

Mode d'emploi. — On répand ces engrais avec la main ou au moyen d'une pelle, selon la quantité que l'on applique par hectare et le volume des fragments.

Lorsque les coquilles sont peu brisées, en gros fragments ou entières, il faut, avant de les employer, les broyer ou les étendre sur les chemins afin que les voitures les réduisent en poudre grossière. Cette division augmente beaucoup leurs effets. On peut aussi les placer sur l'aire des étables ou bergeries; l'urine des animaux favorise leur désagrégation. A Tarente (Italie), on les mêle aux fumiers.

Quantité qu'il faut appliquer. — La quantité que l'on répand sur les sols tenaces, froids ou humides, ou sur les terrains fertiles, varie entre 30 et 40 mètres cubes par hectare; celle que l'on applique sur les terres légères et peu fertiles ne dépasse guère 12 à 15 mètres.

Poids du mètre cube. — Les coquillages pèsent de 1200 à 1500 kilog. le mètre cube.

Durée d'action. — L'emploi de ces engrais ne se renouvelle sur le même champ que tous les 8 à 10 ans, à moins qu'ils n'aient été appliqués en petite quantité ou qu'ils soient très-divisés. Cette longue durée d'action est due à l'émail qui recouvre encore les coquilles.

Mode d'action. — Ces coquillages ont des effets semblables à ceux des marnes et du merl, mais moins prompts. Ils divisent le sol, diminuent sa cohésion, et ils agissent très-favorablement sur les végétaux par le calcaire qu'ils renferment : le sel marin qu'ils contiennent ajoute d'ailleurs à leur propriété fertilisante.

Plantes pour lesquelles on les emploie. — Ces engrais sont utilisés avec succès dans la culture du froment, de l'orge et du seigle. On les répand aussi sur les prairies naturelles. Sous leur action, le trèfle, la luzerne croissent vigoureusement. Ils conviennent encore aux pommes de terre et aux fèves.

Épuisement du sol par les coquillages. — Les cultivateurs qui emploient ces coquillages doivent toujours les appliquer sur des terres fertilisées soit avec des fumiers, soit au moyen de substances végétales. Ce procédé est le seul par lequel on parvient, lorsqu'on utilise les calcaires marins, à augmenter le produit des cultures sans amoindrir la richesse et la fertilité de la terre.

Valeur commerciale. — Les coquilles de moules que les marées jettent et abandonnent sur les côtes de la Normandie sont vendues, après avoir été ramassées, de 0 fr. 80 c. à 1 fr. 50 c. l'hectolitre.

BIBLIOGRAPHIE.

P. Ré. — Essai sur les engrais, 1813, in-8, p. 115.
Moride et **Bobierre.** — Technologie des engrais, 1848, in-8, p. 297.
Bortier. — Coquilles employées pour l'amendement des terres, 1853, in-8.
J. Sinclair. — Agriculture pratique, 1825, in-8, t. I, p. 433.
I. Pierre. — Chimie agricole, in-12, p. 184.

SECTION VI.

Tangue ou Trez.

Définition. — Historique. — Origine et formation. — Nature et composition. — Récolte et extraction. — Transport. — Exposition de la tangue à l'air. — Lavage. — Terrains sur lesquels on emploie la tangue. — Mode d'application. — Poids du mètre cube. — Quantité qu'il faut appliquer. — Mode d'action. — Plantes pour lesquelles on l'emploie. — Valeur commerciale. — Bibliographie.

Définition. — Il existe, sur les côtes de la Manche et de l'Océan, dans les départements de la Manche, du Calvados, d'Ille-et-Vilaine, des Côtes-du-Nord et du Finistère, des grèves qui offrent à l'agriculture des alluvions ayant une très-grande puissance de fertilisation. Ces sables calcaires et siliceux, d'une ténuité extrême et auxquels sont alliés de très-petits débris de coquilles, sont très-abondants dans la baie du mont Saint-Michel, dans les anses des côtes de l'arrondissement de Morlaix, dans la baie d'Audierne, etc. On les appelle : *cendres de mer*, *tangue*, *sablon marin*, *tanque*, *tangu*, *trèz* (*treaz*, suivant le dialecte de Saint-Pol-de-Léon).

Historique. — L'emploi de la tangue est très-ancien. Beaucoup de cartulaires normands du moyen âge en font mention. Cet engrais est également cité sur les grands rôles de l'Échiquier de Rouen pour l'année 1198. A cette époque les tanguières appartenaient aux seigneurs, et les chemins qui conduisaient à la mer étaient désignés sous les noms de *chemins tangours*, *chemins sablonoux*. En 1534, les seigneurs de Graignes obtinrent de prélever, comme redevance, un droit de congé sur les individus qui s'occupaient et de l'extraction et du transport de la tangue. Ce droit devint si onéreux pour les cultivateurs, que la ville de Saint-Lô adressa en 1718 une requête au roi pour qu'il n'autorisât pas la création d'un nouvel impôt que quelques propriétaires voulaient établir sur cet engrais. Aujourd'hui la tangue est exempte de tous droits.

M. Pierre évalue à 2 000 000 de mètres cubes la quantité que l'on récolte annuellement sur les grèves de la Normandie.

Origine et formation. — La présence de ce sable si fin, d'une ténuité si grande, et jeté par la mer au fond d'un grand nombre d'anses ou sur diverses plages des côtes de la Normandie et de la Bretagne, a fixé d'une manière particulière l'attention de plusieurs observateurs qui ont émis diverses conjectures sur son origine. La théorie la plus judicieuse est évidemment celle exposée par M. Fulgence Girard. Voici comment ce savant explique l'origine de cet engrais :

La cause principale, sinon unique de la tangue, est due aux matières que tient en suspension l'eau des rivières. Qu'on la prenne dans le lit des rivières ou à leur embouchure même, elle se compose d'une poussière si ténue que l'on ne peut y reconnaître que la partie la plus persistante d'une vase lessivée et desséchée. Ce n'est qu'à l'entrée de la grève que l'on y rencontre la présence du sable marin ; mais alors, si on avance, si on quitte le cours de la rivière pour suivre les développements des côtes, et plus on s'éloigne de son lit, plus on voit le dépôt fluvial décroître devant la prédominance progressive du détritus maritime, qui finit, par gradations, à s'offrir à l'examen dans sa pureté complète.

Les rivières, en s'embouchant dans la mer, y portent plus ou moins loin, selon la force de leur cours, les eaux qu'elles finissent par mélanger avec les vagues. Dans cette confusion, et par l'agitation qui en est la suite, s'opèrent successivement un nombre infini de combinaisons chimiques, au moyen desquelles la mer s'assimile la plus grande partie des substances que lui charrient ces eaux courantes; les flots ne rejettent donc que la partie la plus difficilement soluble des matières que leur versent les rivières les plus fortes.

Il n'en est pas de même des ruisseaux, à qui la faiblesse de leur cours ne permet pas de porter leurs eaux bien avant dans la mer, sans qu'ils se confondent avec elle. Le refoulement et le dépôt des matières qu'ils transportent se faisant presque immédiatement et sans qu'elles aient été longtemps ballottées par les lames, l'alluvion se trouve beaucoup moins dépouillée. Aussi trouve-t-on une vase composée d'éléments beaucoup plus nombreux sur les points de la plage où se dégagent les légers cours d'eau, tandis que l'embouchure des rivières offre un dépôt beaucoup plus dense et plus compacte.

La tangue, véritable dépôt fluvial dépouillé par les flots de ses parties les plus aisément solubles, puis refoulé par eux sur le rivage, mais aussi plus ou moins imprégné de sels et mélangé de sable marin, selon le point de la côte où l'on en rencontre, a des propriétés fécondes qui varient avec les parties littorales d'où on l'enlève. Ainsi, dans le lit et sur le bord des rivières, où la tangue est presque exclusivement composée de parties argileuses légèrement mélangées de sel marin, et des parties les plus persistantes de matières animales et végétales, elle est plus fertilisante et moins friable. Les proportions dans lesquelles l'alumine entre dans sa composition rendent cette tangue très-avantageuse pour la fécondation des terrains légers. Enfin, la tangue bêchée, au contraire, sur les grévages plus ou moins éloignés de l'embouchure des rivières, et par conséquent plus ou moins chargée de sable et de débris de coquilles, en raison même de la distance où elle se trouve des cours d'eau, est exclusivement propre à la culture des terrains froids et argileux, soit comme principe diviseur par ses sables, soit comme principe échauffant à cause des parties salines et calcaires qu'elle renferme.

Nature. — La tangue est un sable très-fin, jaunâtre ou gris, composé de carbonate de chaux, de silice, de sel marin et de matières organiques. Le sable qu'elle contient est d'une si grande ténuité, qu'il traverse presque complétement un tamis de soie ordinaire. Cet engrais contient aussi des fragments de coquillages presque microscopiques.

Voici le résumé des analyses faites par M. I. Pierre. Les tangues avaient été desséchées à 110°:

	Tangue			
	havelée.	de chantier.	draguée.	bêchée.
Carbonate de chaux.......	46,19	42.24	23.80	44.50
Matières organiques......	3,74	4.51	2.56	6,09
Sable, argile, mica.......	47.26	48.74	72,34	45,78
Sels divers.............	2,81	4.51	1.30	3,63
	100,00	100.00	100,00	100,00

Ainsi, la tangue havelée, que l'on nomme *tangue grasse*, et la tangue bêchée sont, en général, plus riches, plus fertilisantes que celles que l'on rapporte sur le rivage au moyen de gabares. La pratique a, en effet, constaté depuis longtemps que la tangue que l'on prend à une certaine distance du rivage ne produit jamais les effets qu'elle manifeste lorsqu'on la tire le plus près possible de la côte, c'est-à-dire des vagues.

Les meilleures tangues ne contiennent pas au delà de 53 à 65 pour 100 de carbonate de chaux, et 6 à 7 de matières organiques. Celles que l'on regarde comme les moins fertilisantes renferment de 65 à 72 pour 100 de sable, d'argile et de mica.

Les analyses faites par M. Marchal et M. Pigault de Beaupré ont donné des nombres semblables à ceux obtenus par M. I. Pierre.

Si la tangue qui reste longtemps exposée à l'action de l'air, du soleil et des pluies, perd chaque jour une partie du calcaire et des matières organiques qu'elle contient, elle absorbe l'oxygène et augmente de volume. Ce *foisonnement* égale quelquefois 1/10 de son volume primitif.

Lorsqu'elle a été ainsi modifiée, on lui donne le nom de *tangue morte* ou *trèz mort*. La tangue nouvellement extraite des lieux où la mer la produit chaque jour est désignée sous le nom de *tangue vive* ou *trèz vif*.

M. Vitalis a analysé la tangue à ces divers états; voici les résultats qu'il a obtenus :

	Tangue vive.	Tangue morte.
Carbonate de chaux	60,00	47,60
Sable micacé	26,30	40,80
Argile	4,00	3,58
Oxyde de fer	0,60	1,10
Matière organique, dosée par calcination	3,10	4,40
Eau	6,00	2,52
	100,00	100,00

A l'état normal, la tangue contient de 0,30 à 0,10 pour 100 d'azote, et ne renferme pas au delà de 0,50 à 2,50 d'eau. Enfin, elle contient de 0,50 à 2,50 pour 100 de sels de soude et de potasse.

La tangue raclée ou havelée contient plus de sel que la tangue bêchée ou draguée.

Récolte ou extraction. — On récolte la tangue au moyen de trois procédés :

1° *Bêchage*. — Lorsque la couche est épaisse, on l'enlève à marée basse avec une bêche. Le fer de cet outil pénètre dans la tanguière jusqu'à $0^m,10$ ou $0^m,15$ de profondeur, selon les qualités des couches inférieures. Le chargement des voitures se fait en même temps que le bêchage. Ce mode d'extraction est en usage sur les côtes de la Manche.

2° *Havelage*. — Lorsque la tangue forme sur les plages une couche peu épaisse, on la ramasse à l'aide d'une racloire en bois ou au moyen d'un instrument que l'on appelle en Normandie *havel*, *havet*. Ce râteau à cheval se compose d'une planche placée sur champ et un peu inclinée en arrière, d'un ou deux mancherons et d'une limonière. Lorsque cet instrument est traîné par un cheval et dirigé par un homme, il rase la surface de la tanguière et ramasse plus ou moins de tangue, selon que la pression exercée par le conducteur sur les mancherons est plus ou moins forte. Pour former des tas, le conducteur fait décrire au cheval un mouvement spiraloïde. Un tour ou deux suffisent ordinairement pour former un monticule ou *mondrin*. Au fur et à mesure que la tangue est *raclée* ou *havelée*, on l'enlève et on la dépose sur la grève, hors de l'action des marées, ou on la conduit au lieu de sa destination.

3° *Draguage*. — Lorsqu'on veut recueillir de la tangue sur les endroits inaccessibles aux voitures, on se sert de gabares. Chaque bateau s'échoue à marée descendante sur la tanguière. Alors, pendant la marée basse, on remplit la gabare avec de petites dragues à main, et on profite de la marée montante pour revenir à la côte.

Foisonnement. — La tangue augmente de volume lorsqu'elle reste exposée à l'air pendant quelques mois. Ce foisonnement, dû au délitement des coquilles et au pelletage que l'on exécute de temps à autre dans les chantiers, fait éprouver à la tangue une diminution de poids qui atteint quelquefois 7 à 9 pour 100.

Transport de la tangue. — La tangue havelée est toujours très-meuble. On se sert, pour la transporter à l'intérieur des terres, de tombereaux garnis de planches bien jointes. Cette précaution est surtout nécessaire pour la tangue qui est sèche et qui s'échappe facilement, à cause de sa finesse, à travers les fentes de la caisse, par l'effet des secousses. A défaut de voitures garnies de planches bien jointoyées, on peut se servir de sacs en toile. Lorsque la tangue est sèche et qu'elle se présente sous forme de sable fin, le remplissage des sacs s'effectue très-facilement.

La tangue humide, humectée par les eaux de mer, est plus mate, moins mobile; on peut facilement la charger dans les tombereaux ou autres véhicules garnis soit de planches, soit d'une toile, au moyen d'une pelle de fer.

Exposition de la tangue à l'air.— La tangue mouillée est toujours abandonnée à elle-même pendant plusieurs semaines, afin qu'elle s'égoutte.

Par cette exposition elle devient plus sèche, et perd la majeure partie du sel marin qu'elle contient, ce qui lui permet d'agir plus favorablement.

La tangue vive, disent les cultivateurs, *brûle les plantes et le sol*.

Lavage de la tangue. — Quelquefois on soumet la tangue à un lavage. Par cette opération on la dépouille très-promptement d'une partie du chlorure de sodium dont elle est imprégnée. Alors, il est nécessaire, après qu'elle a été lavée, de l'appliquer immédiatement. Si elle restait exposée à l'air pendant un temps trop long, elle n'agirait plus que par ses parties calcaires.

Terrains sur lesquels on l'emploie. — On doit appliquer la tangue sur des sols compactes, des terrains argileux, des terres basses. Cet engrais ne convient pas très-bien aux sols légers, aux terres siliceuses. Les cultivateurs des terrains sablonneux de la côte de la Manche deviennent chaque jour plus prudents et plus retenus dans l'emploi de ce sable, dont ils ont à la longue reconnu les désastreux effets. La plupart d'entre eux, au lieu d'appliquer directement la tangue sur les terres, la mêlent à du terreau, des vases et du fumier, et la répandent de préférence sur des terres argileuses ou froides. Dans la Basse-Bretagne, on l'associe aux goëmons ou au fumier, et on l'applique particulièrement sur les terres fortes.

Mode d'application. — Lorsque la tangue est alliée, avant son emploi, à du fumier, des curures de fossés, etc., on la stratifie par couches alternatives avec ces matières un mois environ avant de s'en servir. Ainsi, sur un endroit donné du champ, ou dans la cour de la ferme, on met une couche de fumier, puis une couche de tangue, puis une couche de vase, de curures de routes, etc. Quand ces trois lits ont été disposés, on met une nouvelle couche de fumier, puis une couche de tangue, etc., et ainsi de suite jusqu'à ce que le tas ait atteint 1m à 1m,30 de hauteur. Deux semaines environ après cette mise en tas, on recoupe toute la masse, on la redispose en forme de *tombe* et on l'abandonne de nouveau à elle-même. Huit à dix jours après, le compost est préparé et on peut procéder à son emploi.

Lorsque la tangue est employée seule, on la répand à la main ou à la pelle, suivant la quantité que l'on applique par hectare. L'ouvrier qui se sert de la pelle pour répandre la tangue, monte sur la voiture et, de là, la projette sur le champ, en faisant avancer de temps à autre les animaux.

Poids du mètre cube. — La tangue est plus ou moins pesante, selon la quantité de sable qu'elle contient. En général, le poids d'un mètre cube varie entre 1200 et 1400 kilog. La plus légère, qui est la plus estimée, ne pèse pas moins de 1000 kilog. Le poids de la plus pesante ne dépasse pas 1800.

Quantité qu'il faut appliquer. — En Normandie, on répand en moyenne par hectare de 10 à 12 mètres cubes, soit 13 000 à 15 000 kilog. La plus forte dose n'excède pas 20 mètres cubes, soit 25 000 à 28 000 kilog. C'est par exception qu'on applique 50 et même 80 mètres cubes. En général, la quantité est d'autant plus grande que la tangue est plus vaseuse, plus riche en matières organiques.

Les tangues vives et très-chargées de sels s'emploient à la dose de 6 à 10 mètres cubes par hectare. Cette quantité est rationnelle et suffisante. Ainsi appliquée la tangue très-saline ne nuit pas aux plantes avec lesquelles elle est en contact.

En Normandie comme en Bretagne, on renouvelle les *trézages* tous les trois à cinq ans quand on les exécute sur les terres arables ou les prairies naturelles. Les *tanguages* pratiqués sur les luzernières se renouvellent tous les deux ou trois ans.

Sur le littoral de Saint-Pol-de-Léon, on applique, lorsqu'on *trèze* pour la première fois, 40 000 kilog. de tangue ; cette dose suffit pour trois ans. Après ce temps, on trèze de nouveau, mais la quantité appliquée alors est toujours plus faible. On ne recommence le *trézage* que lorsque le sol a perdu de sa fertilité, c'est-à-dire lorsqu'on reconnaît que des doses plus faibles appliquées tous les trois ans sont insuffisantes pour maintenir le sol au degré de fécondité où il était arrivé après le trézage complet.

Mode d'action. — L'action chimique de la tangue est due aux parties calcaires, aux débris organiques et aux particules salines qu'elle contient. Toutefois, comme le carbonate de chaux y existe très-divisé dans une grande portion, il est évident qu'elle tire sa principale propriété fertilisante de ses parties calcaires et non des parties salines qui y sont mélangées. Du reste, celles-ci ne peuvent exister dans une forte proportion. J'ai dit que la tangue pénétrée d'eau de mer avait une action très-vive et qu'elle brûlait la végétation.

C'est pourquoi il est nécessaire de l'exposer à l'air pendant un certain temps ou de la faire entrer dans des composts.

Plantes pour lesquelles on l'emploie. — Ce sable marin a une action puissante sur les céréales et les légumineuses lorsqu'il est appliqué avec des engrais animaux ou végétaux. Ces dernières matières sont indispensables pour maintenir la fertilité du sol, qui prend une activité remarquable sous l'action des parties calcaires de la tangue; sans elles, la richesse de la terre serait bientôt épuisée.

On emploie aussi la tangue pour exciter la végétation des plantes qui composent les prairies naturelles.

La tangue convient très-bien à la culture des légumes. Les habitants de Roscoff et de Saint-Pol-de-Léon (Finistère) emploient beaucoup de trèz sur les marais qu'ils cultivent avec une grande habileté.

Valeur commerciale. — Le prix de la tangue dépend de sa qualité et de la facilité avec laquelle les voitures arrivent sur les grèves. En Normandie, les tanguiers la vendent sur les plages ou dans les chantiers situés près du rivage, de 0 fr. 50 à 1 fr. le mètre cube. A 30 ou 40 kilomètres des grèves, le prix s'élève de 3 à 4 fr. A Morlaix, le trèz se vend à quai de 0 fr. 75 à 1 fr.

En 1718, la tangue récoltée près d'Isigny se vendait de 1 livre 5 sols à 2 livres 5 sols le mètre cube.

BIBLIOGRAPHIE.

Girard. — Annuaire de l'association normande, 1840, in-8, t. VI, p. 3.
Marchal. — Annuaire de l'association normande, 1844, in-8, t. X, p. 75.
Baude. — Revue des Deux-Mondes, 1850, in-8.
I. Pierre. — Mém. de la Société d'agric. de Caen, 1853, in-8, t. V, p. 385.

SECTION VII.

Merl ou Madrépore.

Anglais. — Sea marl.

Définition. — Historique. — Localités où l'on trouve le merl. — Composition. — Poids du mètre cube. — Mode d'extraction et d'application. — Terrains auxquels il convient. — Quantité qu'il faut appliquer. — Durée du merlage. — Mode d'action. — Plantes pour lesquelles on l'emploie. — Bibliographie.

Définition. — Le merl est un gros sable marin vermiculaire, composé de débris de madrépores fossiles de grosseur différente. Il a la forme du corail sans la couleur.

Historique. — Cet engrais est employé depuis très-longtemps sur les côtes de l'ancienne province de Bretagne par les habitants des environs de Saint-Pol-de-Léon, de Tréguier, Paimpol, Lannion, de Plounéour-Trez, de Belle-Isle-en-Mer, etc.

Localités où l'on trouve du merl. — Le merl existe sous forme de bancs sur le littoral du Finistère et des Côtes-du-Nord, et surtout à l'embouchure des rivières. Ainsi, l'on en trouve des bancs dans la baie de Morlaix, à l'embouchure du Trieux (Côtes-du-Nord), aux environs de l'île de Bréat, sur les côtes de Belle-Isle-en-Mer, à l'embouchure de la rivière de Quimper, dans la rade de Brest, etc.

On avait pensé que les coraux et madrépores vivaient dans les plus grandes profondeurs de l'Océan et qu'ils étaient poussés vers les rivages par des courants sous-marins; mais MM. Quoy et Gaimard ont démontré que ces polypiers ne peuvent vivre qu'à de faibles profondeurs, et qu'au-dessous de 18 à 20 mètres il n'en existe pas de traces pour ainsi dire.

On a déjà constaté l'épuisement de plusieurs bancs.

Composition. — Le merl (*fig.* 1) est tantôt sphérique et mamelonné, tantôt rameux. Quant à sa couleur, elle est jaunâtre, rosée ou blanc rose, rougeâtre, verdâtre, grise ou blanc sale.

Cet engrais est souvent mêlé à des débris de coquillages plus ou moins nombreux.

Les pêcheurs bretons appellent la variété rameuse *grezy*.

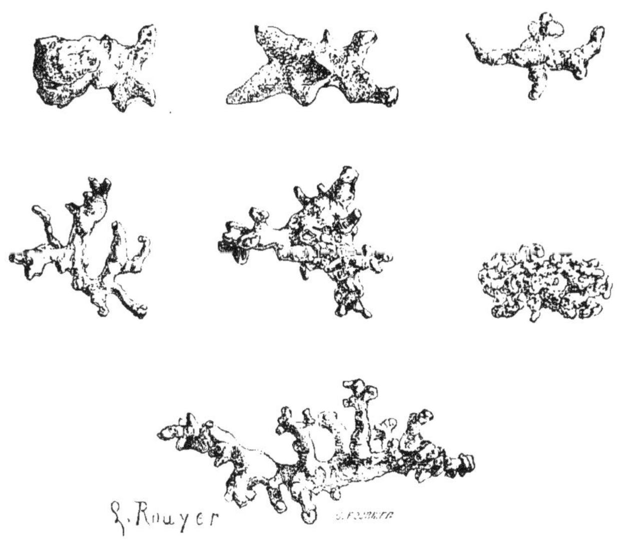

Fig. 1. Madrépore.

Voici des analyses de merl faites par M. Drouart et MM. Moride et Robierre :

	Merl blanc coquillier.	Merl rougeâtre pur.
Matière soluble dans l'eau...	2,00	2,00
Carbonate de chaux.........	72,00	80,00
Matière animale............	4,00	10,00
Silice.....................	22,00	8,00
	100,00	100,00

	Merl de Morlaix	
	blanc pur.	rose.
Matières organiques........	4.40	1,20
Calcaire..................	55,65	76,60
Sels solubles...............	1,35	0,20
Silice.......................	33,00	13,25
Alumine et fer.............	3,60	1,90
Magnésie et perte..........	2,00	6,85
	100,00	100,00

M. Besnou a analysé le merl de la rade de Brest après l'avoir séparé du sable. Il a constaté les résultats suivants :

	Merl	
	en rognons.	rameux.
Carbonate de chaux.........	75,00	80,00
Matière organique azotée....	1,50	1,05
Silice combinée..	1,60	1,90
Eau.......................	21,60	17,05
	100,00	100,00

Ainsi, le merl a aussi pour base principale le carbonate de chaux.

D'après MM. Boussingault et Payen, le merl de Morlaix contient à l'état normal 0,40 pour 100 d'azote.

Poids du mètre cube. — Un mètre cube de merl pèse à l'état humide de 1000 à 1500 kilog., suivant la quantité de sable qu'il renferme.

Mode d'extraction. — L'extraction du merl est une opération pénible, et ce n'est qu'à force de bras qu'on peut l'exécuter ; elle a lieu au moyen de la drague munie d'un filet à mailles serrées depuis la mi-mai jusqu'à la mi-octobre, lorsque le temps et la marée le permettent. Ce draguage s'effectue de mi-marée descendante à mi-marée montante par 10 à 20 mètres d'eau. Les pêcheurs jettent de l'arrière leur drague et lâchent la corde qui est fixée à l'anneau de l'instrument ; lorsque ce dernier est rendu au fond, ils amarrent la corde au bord de la gabare et déploient les voiles afin de traîner la drague sur le banc de merl. Quelquefois ils mouillent leur ancre, filent alors beaucoup de leur câble, jettent la drague dans la mer et tirent sur le câble pour se rapprocher de leur ancre. Quand la drague est remplie, on la lève pour la vider dans la gabare, et on recommence jusqu'à ce qu'elle ne rapporte plus de merl pur; alors on change de mouillage et on répète la même manœuvre jusqu'à ce que le bateau soit chargé. Chaque gabare jaugeant de 4 à 16 tonneaux est montée par 3 ou 4 hommes, et elle fait ordinairement 200 voyages par an.

La capacité du sac de la drague est de 20 litres et la contenance d'une gabare ordinaire de 8 mètres cubes.

Lorsque l'extraction a lieu dans les rades, elle est toujours plus facile, mais aussi le merl est toujours moins pur, parce qu'on entraîne et mêle avec lui une certaine quantité de vase.

Le merl qu'on appelle *mort* est celui que les courants ont enlevé des bancs où naissent et se développent les mille pores. Il forme toujours des masses situées à une faible profondeur.

Mode d'application. — On emploie le merl aussitôt qu'il a été extrait de la mer ou après qu'il a séjourné pendant plusieurs semaines, quelquefois pendant plusieurs mois, en tas sur le rivage. Beaucoup de cultivateurs préfèrent s'en servir aussitôt son extraction, parce qu'il se désagrége et perd une partie de son action fertilisante s'il reste longtemps exposé à l'action de l'air.

On l'applique sur le sol de deux manières : tantôt on le répand avec la main; tantôt on le dépose en petits tas régulièrement espacés que l'on éparpille ensuite avec la pelle aussi uniformément que possible. La terre est ensuite fumée.

On incorpore le merl et le fumier au sol en exécutant un labour.

Terrains auxquels il convient. — Le merl peut être appliqué sur toutes les terres qui manquent de calcaire ; mais il convient mieux aux terres fortes, aux sols argileux, qu'aux terrains légers. Lorsqu'on doit l'employer sur des sols siliceux, friables, il faut l'appliquer à une faible dose si l'on veut qu'il ne soit nuisible au sol.

Le merl le plus fin doit être réservé pour les terres douces, légères et sablonneuses, et le merl le plus granulé pour les terres fortes, argileuses et humides.

Quantité à appliquer. — La quantité que l'on emploie varie selon les localités et les circonstances. Dans les environs de Morlaix, on en met par hectare 14 000 kilog. sur les sols légers et secs, et 28 000 kilog. sur les terres compactes et humides; dans les environs de Pontrieux, on l'applique à raison de 20 à 25 mètres cubes.

M. Even a constaté que, lorsque les transports sont trop coûteux, on n'en applique que 8 à 15 mètres cubes, et qu'à cette dose il produit encore d'excellents effets.

Durée du merlage. — Le temps pendant lequel le merl fait sentir ses effets dépend de la quantité employée et de la nature du sol sur lequel il a été appliqué. En général, le merl agit pendant 8 à 10 années.

Si la quantité est faible, on renouvelle le *merlage* tous les 3 ans; si, au contraire, le merl a été employé à la dose de 20 à 25 mètres cubes, on ne renouvelle l'opération que tous les 6 ou 9 ans.

Lorsqu'on fait de nouveau usage du merl sur un terrain, on en répand toujours une quantité plus faible que celle qu'il faut appliquer quand on merle une terre pour la première fois.

Mode d'action. — Le merl se décompose promptement. Il agit sur les plantes par le carbonate de chaux qu'il contient et aussi par le chlorure de sodium, lorsqu'on l'emploie quand il est encore humide. Mais la matière azotée qu'on y observe agit-elle avec autant d'efficacité que le carbonate de chaux? Je ne le crois pas; car si cela était, les cultivateurs de Morlaix, comme ceux de Pontrieux, ne seraient pas obligés, chaque fois qu'ils emploient le merl, de l'accompagner de fumier afin de tempérer, pour ainsi dire, l'action trop énergique du carbonate de chaux et du sel marin ; en outre, cet engrais pourrait être employé à une dose plus forte que celle appliquée généralement, sans nuire au sol ou le *brûler*, suivant l'expression des habitants du littoral de la Basse-Bretagne.

Plantes pour lesquelles on l'emploie. — Cet engrais marin a une remarquable action sur le trèfle et la luzerne, et il active puissamment la végétation du froment et des panais. On s'en sert aussi avec succès sur les terrains qui présentent des efflorescences de pyrite de fer et que l'on veut défricher, soit qu'ils se trouvent sous landes ou sous prairies naturelles, soit qu'ils doivent produire des céréales ou des plantes fourragères.

Valeur commerciale. — A Morlaix, le merl rendu à quai se vend de 1 fr. 10 à 1 fr. 40 les 1000 kilog. A Pontrieux, le mètre cube coûte 1 fr. 75 à 2 fr.

BIBLIOGRAPHIE.

De Blois. — Mémoire sur les sablons calcaires, 1823, in-4.
Trochu. — Création de la ferme de Bruté, 1847, in-8, p. 149.
Moride et **Bobierre.** — Technologie des engrais, 1848, in-8, p. 275.
Elouet. — Statistique agricole de Morlaix, 1849, in-4, p. 93.
I. Pierre. — Chimie agricole, in-12, p. 481.

CHAPITRE II.

MINÉRAUX SULFATÉS A BASE DE CHAUX.

—

SECTION I.

Plâtre ou Gypse.

Anglais. — Gypsum. *Espagnol.* — Yeso.
Allemand. — Gips. *Italien.* — Gesso.

Historique. — Composition. — Conservation du plâtre calciné. — Poids du mètre cube. — État sous lequel il est appliqué. — Sols sur lesquels on l'emploie. — Application : époque de la végétation, état de l'atmosphère, époque de l'année, plâtrages sur la deuxième et la troisième coupe. — Conditions de réussite. — Quantité qu'il faut répandre. — Renouvellement des plâtrages. — Mode d'action. — Plantes qui peuvent être plâtrées. — Bibliographie.

Historique. — Le plâtre, connu depuis longtemps, n'a été employé comme matière fertilisante que vers le milieu du dix-huitième siècle. Le premier qui le fit connaître comme stimulant est le pasteur Mayer, de Kupferzell, ministre protestant de la principauté de Hohenlohe. Il avait appris l'usage qu'on en faisait depuis un grand nombre d'années à Hehlen, en Hanovre, et principalement dans les environs de Niedek, près Gœttingen, dans une correspondance qu'il eut avec le comte de Schuhlenbourg. C'est en 1765 qu'il publia le résultat de ses expérimentations, et c'est en 1768 qu'il fit à la Société économique de Berne une communication sur ses effets.

Tschiffeli popularisa son emploi en Suisse; Schoubart de Kleefeld montra l'usage qu'on pouvait en faire en Allemagne. Dès 1771, l'emploi de ce stimulant se répandait en Dauphiné et fixait l'attention publique. Depuis, il se propagea rapidement en France, spécialement dans les environs de Paris; de là il passa en Angleterre et aux États-Unis.

Franklin contribua le plus à le propager en Amérique. Pour convaincre ses concitoyens, il choisit un champ de trèfle auprès de Washington, et y écrivit avec la poussière de plâtre : *Ceci a été plâtré*. La végétation du trèfle plâtré fut si extraordinaire que la phrase tracée ressortit en relief et put être aperçue à une très-grande distance. Ce résultat engagea tous les cultivateurs à en faire usage, et cette expérience, répétée depuis bien des fois, contribua à propager son emploi en France et en Allemagne.

Composition. — Le plâtre est composé de 58,5 d'acide sulfurique et de 24,5 de chaux. On le désigne en chimie sous le nom de *sulfate de chaux*, et en minéralogie sous celui de *chaux sulfatée*. A l'état naturel, il contient 20,78 pour 100 d'eau.

Le sulfate de chaux est abondamment répandu dans la nature. On le rencontre dans les terrains supracrétacés, le groupe oolithique, les marnes du terrain triasique, et en général dans tous les terrains de sédiment.

En 1835, on exploitait la pierre à plâtre dans trente-huit départements.

Le plâtre offre un très-grand nombre de variétés qui diffèrent par leur texture et les substances étrangères qu'elles contiennent. La variété la plus commune, et à laquelle on a donné le nom de *chaux sulfatée cristallisée*, présente des cristaux grenus agglomérés, et contient de 4 à 12 pour 100 de carbonate de chaux et d'argile impure, interposés entre les cristaux. En général, la chaux sulfatée est remarquable par son peu de dureté, et son peu de solubilité dans l'eau, qui n'en dissout que 1/460e de son poids.

Sous l'influence d'une température de 115 à 120°, le sulfate de chaux perd 10 pour 100 de son eau de cristallisation en même temps que sa transparence, et en se refroidissant il devient blanc et assez friable. Alors on le nomme *plâtre cuit* ou *plâtre calciné*. Ainsi modifié et exposé à l'air, il attire peu à peu la vapeur de l'atmosphère, s'hydrate de nouveau, et ne peut plus se prendre en masse par une cristallisation nouvelle. Lorsqu'il a été calciné à une température trop élevée, il devient incapable de s'hydrater, et perd conséquemment la propriété de se solidifier aussitôt après avoir été *gâché*, c'est-à-dire uni à une certaine quantité d'eau.

Conservation du plâtre calciné. — Il faut éviter que le plâtre, après la calcination, reste exposé longtemps à l'air sec ou humide. Quand cela arrive, on dit que le plâtre est *éventé*. Cet état lui est tout à fait préjudiciable, puisqu'il a perdu presque complétement la faculté de se reconstituer à l'état d'hydrate après avoir été déshydraté par une température bien au-dessous de la chaleur rouge.

Pour le conserver pendant plusieurs semaines ou plusieurs mois, sans qu'il perde cette importante propriété, il faut le placer dans des tonneaux hermétiquement fermés. Les sacs en toile, quelle que soit la finesse de celle-ci, doivent être regardés comme imparfaits.

Poids du mètre cube. — Un mètre cube de pierre à plâtre pèse de 1900 à 2300 kilog.; de plâtre cuit battu, de 1200 à 1250 kil.; de plâtre cuit tamisé, de 1240 à 1260 kilog.

Sophistication. — On fraude quelquefois le plâtre en y mêlant de la craie réduite en poudre.

État sous lequel il est appliqué. — En agriculture, le plâtre est employé cru ou cuit; toutefois, on ne l'applique que lorsqu'il a été battu, c'est-à-dire réduit en poudre. Cette pulvérisation a lieu au moyen de moulins mus par des animaux, l'eau ou le vent, par le concours d'une meule mise en mouvement dans son sens vertical et qui circule dans une auge placée sur le sol, ou enfin au moyen d'un simple battage exécuté par des hommes.

Lorsque le plâtre, quel que soit son état, a été broyé ou divisé, on le passe au panier ou au tamis, et on soumet de nouveau à l'écrasement les parties restées sur le tamis et qui n'étaient pas assez pulvérisées. En général, les effets du plâtre sont en proportion de son état de division.

Le plâtre cru est beaucoup plus difficile à pulvériser que le plâtre cuit.

Sols sur lesquels on emploie le plâtre. — Quels sont les terrains sur lesquels on doit user du plâtre? Cet engrais a-t-il la même action sur tous les sols?

Le plâtre ne produit aucun effet sur les sols froids, humides, situés dans les bas-fonds ou exposés au nord et sur les terrains compactes qui se crevassent par la chaleur et la sécheresse. Cet engrais n'exerce aussi aucune action sur les plantes quand on l'applique sur des terres épuisées ou qui ne contiennent qu'une très-faible quantité de matières organiques ou d'humus.

Le plâtre exerce au contraire une très-grande influence sur la végétation quand il est employé sur des terres légères, sablonneuses, chaudes, sèches, un peu élevées, qui ne contiennent qu'une faible proportion de calcaire et qui ont été bien fumées. Dans une enquête que fit Peters à Philadelphie et dans laquelle il posa la question suivante : Quels sont les terrains sur lesquels cet engrais a le plus d'effet? sur huit opinions émises par des agriculteurs qui employaient le plâtre depuis sept à treize années, il y a eu sept affirmatives en faveur des terres légères, chaudes, sablonneuses. En 1820, le conseil royal d'agriculture provoqua aussi en France, une enquête sur l'emploi et les effets du plâtre. Il résulta des réponses qui lui furent adressées, et que Bosc analysa, qu'il y a eu, sur trente opinions émises, vingt affirmatives pour son application sur les sols secs, légers, caillouteux.

Les faits observés par Thaër, Schwertz, etc., démontrent clairement que le plâtre ne produit des effets remarquables et ne doit être par conséquent employé que sur des terrains fertiles, quelle que soit leur nature, complétement privés d'humidité surabondante. Ces faits confirment l'opinion qu'avait émise le pasteur Mayer, à savoir que cet engrais n'agit que sur les terrains bien secs, particulièrement les prairies de montagne, bien exposées, et qu'il est sans action sur les terrains ombragés et humides.

Toutefois, c'est à tort que l'on conclurait que le plâtre ne doit pas être utilisé dans les localités où les terres sont argileuses, parce que ces sortes de terres sont toujours plus humides, plus tenaces, que les sols légers. Les terres argileuses, riches et celles à sous-sol perméable, ainsi que Royer l'a observé, peuvent être plâtrées avantageusement : c'est qu'elles ne sont pas du nombre de celles qui sont trop mouillées ou trop compactes au mois de mars ou d'avril.

Les végétaux qui croissent sur les terrains calcaires peuvent-ils être plâtrés? Les sols qui renferment du carbonate de chaux permettent-ils à cette substance d'agir sur les légumineuses ?

A. Young, Thaër, Puvis, etc., ont soutenu que le plâtre agit très-favorablement sur les terrains qui contiennent du carbonate de chaux, et sur ceux qui renferment une notable proportion de sulfate de chaux.

Ces assertions, bien que confirmées par les expériences

de M. de Brebisson et les remarques de M. de Gasparin, qui montrent que le plâtre produit des effets remarquables sur les sols calcaires, même sur ceux qui contiennent jusqu'à 20 p. 100 de carbonate de chaux, ont été mises en doute par quelques agriculteurs. Ainsi, il résulte des études faites par Rigaud de l'Isle et M. Boussingault, que le plâtre n'a d'action que sur les terrains qui contiennent peu de carbonate de chaux.

Le plâtre agit-il sur les plantes quand on l'applique sur des terrains schisteux et granitiques ?

Suivant quelques observateurs, le plâtre ne produirait aucun effet sur les sols granitiques et schisteux. Cette non-réussite a-t-elle pour cause la trop grande légèreté du sol ou son grand degré de dessiccation depuis le mois de mai jusqu'à la fin de septembre ? Le plâtre n'agit-il sur les terres schisteuses qu'à la condition de la présence de l'élément calcaire au sein de la couche arable ? Je ne puis adopter cette dernière hypothèse. Si le plâtre n'a d'action sur les terres de landes, les sols schisteux, qu'à la condition qu'ils contiennent suffisamment de carbonate de chaux, comment expliquera-t-on alors les effets que cet engrais produit sur les plantes qui croissent sur les terrains dépourvus de particules calcaires ?

Je crois qu'il faut chercher ailleurs les causes qui empêchent que le plâtre puisse être employé sur ces terres, et je suis porté à croire, d'après quelques expériences que j'ai faites à Grand-Jouan, que le manque de terreau doux, d'une part, que les propriétés physiques du sol, de l'autre, peuvent bien être, avec les influences climatériques, les causes directes de cette non-réussite. Mayer paraît avoir été témoin de semblables faits. Ainsi, il a observé que le plâtre n'exerce pas d'action ou qu'il en exerce une nuisible sur les terrains de couleur noire dans lesquels la chaleur arrête la végétation. Ces remarques ne s'appliquent-elles pas aux terres de landes et de bruyères sur lesquelles les trèfles et les luzernes ont, dans les circonstances générales, une faible végétation pendant le printemps et l'été?

De ces considérations, il me semble résulter rigoureusement :

1° Que le plâtre agit favorablement sur les sols secs, les terres sablonneuses riches et les terrains argileux perméables et fertiles ;

2° Que cet engrais peut être appliqué sur les sols calcaires, perméables et abondamment pourvus d'humus;

3° Que ces effets sont presque nuls lorsqu'on l'emploie sur les sols humides, siliceux, calcaires ou argileux.

Application. — A. ÉPOQUE DE LA VÉGÉTATION. — Que le plâtre soit employé à l'état cru ou répandu à l'état cuit, il faut que préalablement il ait été réduit en poudre.

La cendre de plâtre doit être répandue sur les plantes en végétation, c'est-à-dire lorsque les feuilles et leurs ramifications couvrent la surface de la terre.

Plusieurs agriculteurs soutiennent qu'il faut le répandre directement sur la terre, c'est-à-dire avant que les végétaux ombragent, par leurs feuilles, la superficie du sol; ou avant, ou pendant, ou après l'exécution des semailles. Ainsi, Rigaud de l'Isle, qui enterrait le plâtre par un labour, se félicitait de cette opération.

Ce résultat est-il suffisant pour engager le cultivateur à renoncer à le répandre sur les plantes en végétation? Évidemment non. Si ce succès a été confirmé par les assertions de d'Harcourt et Sageret, si cette expérience démontre que le plâtre agit aussi sur les organes souterrains des plantes et qu'il est aussi absorbé par les spongioles, les remarques faites par Peters, de Lasteyrie, Socquet, de Dombasle, Thaër, Royer, etc., condamnent cette manière d'employer le plâtre, et elles prouvent que cet engrais ne produit jamais plus d'effets que lorsqu'on le répand sur une luzerne, un trèfle, etc., assez avancés dans la végétation pour que les feuilles couvrent déjà en partie le sol, sans que les tiges commencent à se montrer.

B. État de l'atmosphère. — Doit-on répandre la poussière de plâtre par un temps sec? Les feuilles doivent-elles être couvertes de rosée ou d'humidité?

Cet engrais ne doit être appliqué que lorsque les feuilles des végétaux sont couvertes d'humidité produite par une pluie récente ou par la rosée, afin qu'il reste adhérent aux feuilles.

On peut aussi l'utiliser quant l'atmosphère est humide, lorsque le temps est couvert.

Il faut éviter de l'appliquer quand le temps est pluvieux ou sec.

En général, on la répand le soir ou de très-grand matin.

Ces règles pratiques, qui ont pour appui les observations de Thaër, de Schwerz, de Dombasle, Bosc, de Lasteyrie, Puvis, Royer, Moll, etc., ont été combattues par plusieurs cultivateurs. M. Forestier soutient que son application doit avoir lieu par un temps sec; il affirme que le plâtre n'a produit des effets chez lui que lorsque cet engrais minéral tombait en grande partie sur le sol. Doit-on conclure de cette opinion qu'il faille renoncer à appliquer le plâtre sur les feuilles, alors que celles-ci sont humides? et est-il rationnel de recommander de ne l'employer que par un temps sec? Non, car cette expérience ne peut détruire des faits sanctionnés par des observations de plus d'un demi-siècle. Du reste, ce résultat n'a rien d'extraordinaire : on sait qu'il n'est aucune substance fertilisante dont les effets sont aussi extraordinaires et variables que ceux de la cendre de plâtre.

Toutes choses égales d'ailleurs, l'application du plâtre ne doit avoir lieu que lorsque l'atmosphère est calme. Répandu par un très-grand vent, il peut être transporté hors du champ ou réparti très-inégalement sur les plantes. Le matin ou le soir est l'époque du jour la plus convenable. A ces moments de la journée, l'atmosphère est rarement agitée et les feuilles des plantes sont ordinairement couvertes d'humidité. Or, rien ne peut contribuer autant à une égale répartition du plâtre, comme l'observe si judicieusement M. Boussingault, que le saupoudrage des feuilles humides. Le plâtre qui y adhère ne s'en détache que peu à peu, et elles le répandent dans tous les sens à mesure que le vent les agite et les dessèche.

C. Époque de l'année. — Le plâtrage doit-il avoir lieu au printemps, en été, ou en automne? Les saisons ont-elles une influence favorable ou nuisible sur les effets que doit manifester le plâtre?

Les plâtrages ne doivent être exécutés qu'au printemps, dans les mois de mars, d'avril et de mai, alors que les feuilles des légumineuses sont assez développées pour que la presque totalité de cet engrais soit retenue par elles.

Toutefois, on peut plâtrer plus tôt si le climat et le sol sur lequel on veut répandre le plâtre sont secs et brûlants. Royer a remarqué que les plâtrages sur les sols calcaires qui craignent beaucoup la sécheresse doivent avoir lieu un mois plus tôt que dans les terres sablonneuses ou argileuses humides. Cette observation s'applique-t-elle à toutes les localités? Burger est pour l'affirmative. D'après ses remarques, le plâtre produit des effets extraordinaires dans les terrains sablonneux, marneux et argileux, si les mois d'avril et de mai sont à la fois chauds et humides, tandis qu'il a généralement peu d'efficacité dans les terres sablonneuses, si le printemps est sec et chaud, sec et froid, ou humide et froid.

Les plâtrages pratiqués en automne réussissent très-rarement. Suivant M. Rendu, la plupart des cultivateurs du département du Nord ont reconnu que la gelée, même la plus légère, arrête subitement l'action de cet engrais, même lorsque la température redevient favorable. Cette remarque est confirmée par les observations de Schwerz et de Dombasle, qui ont constaté que le plâtre n'agit plus sur les plantes quand, après son application, il survient des gelées.

Ainsi, le moment le plus propice pour commencer les plâtrages est le printemps, lorsque les gelées ont cessé et que la végétation est un peu avancée. Toutefois, ici on pourra opérer dès le mois de mars, parce que le sol sera naturellement sec et le temps favorable; là, au contraire, on devra attendre avril ou mai, à cause de la trop grande humidité contenue encore dans le sol et l'atmosphère.

D. Platrages sur la deuxième et la troisième coupe. — Les plâtrages ne s'exécutent pas seulement sur la première coupe, on peut les répéter sur la seconde et même sur la troisième. Ainsi on plâtre quelquefois en juin ou juillet, aussitôt que la pousse de la seconde récolte couvre la terre. D'autres fois, lorsqu'on prévoit que le mois de septembre ne sera pas très-pluvieux, on répand de la cendre de plâtre sur les trèfles de l'année, après la moisson, dans le but d'obtenir une pousse plus abondante au mois d'octobre.

Les plâtrages qui ont lieu en automne pour favoriser la première coupe du printemps suivant, sont rarement favorables.

Les cultivateurs qui avaient choisi ce moment y ont renoncé pour appliquer le plâtre au mois de mars ou d'avril.

Des lignes qui précèdent, je conclus :

1° Que le plâtre ne doit être répandu que lorsque les plantes sont assez développées pour couvrir la terre ;

2° Qu'on ne peut l'employer que quand les feuilles sont couvertes d'humidité ;

3° Que les plâtrages exécutés au printemps sont ceux que l'on doit regarder comme les plus favorables ;

4° Qu'ils ne doivent avoir lieu que quand les gelées ne sont plus à craindre ;

5° Que les plâtrages exécutés en automne et durant l'hiver sont rarement satisfaisants ;

6° Que les sols secs doivent être plâtrés plus tôt que les terrains humides ;

7° Que les plâtrages, dans les climats chauds et secs, devront avoir lieu plus tôt que dans les climats froids et humides ;

8° Que le plâtre ne peut être appliqué que quand l'atmosphère est calme.

Conditions de réussite.—Le plâtre, calciné ou non, n'agit avec succès que lorsqu'il a été bien divisé, réduit en poudre. Si son application a lieu par un temps pluvieux ou sur un sol marécageux, s'il survient, après qu'il a été répandu, des pluies violentes et continuelles, ses effets se font faiblement sentir, si toutefois ils se manifestent.

Une chaleur très-élevée comme une humidité abondante et un froid violent peuvent empêcher le plâtre de développer toute son énergie. Aussi est-il toujours prudent de ne plâtrer que lorsque les froids ne sont plus à craindre, et d'exécuter cette opération avant l'époque où les grandes chaleurs, les longues sécheresses commencent à se manifester. Pour éviter les grandes pluies du printemps, dans les environs de Marseille (Oise), on préfère n'employer le plâtre qu'après la première coupe.

Le plâtre n'a pas autant d'effet dans un climat humide que sous une température modérément sèche. Lorsqu'il survient, après son application, des pluies abondantes et prolongées, il disparaît de dessus les feuilles, tombe sur le sol, forme une pâte qui ne tarde pas à se solidifier. Quand, au contraire, il survient de grandes chaleurs et que le sol perd l'humidité nécessaire aux plantes pour qu'elles végètent avec vigueur, cet engrais reste sans action pour ainsi dire; c'est que la vitalité des végétaux n'est pas assez puissante pour que ces derniers s'approprient les éléments qui composent le plâtre.

La non-réussite des plâtrages dans la région de l'Ouest, sur les terres acides de landes ou de bruyères, sur les sols granitiques noirs, sur les terres schisteuses, terrains naturellement froids au printemps, à cause de la grande humidité qu'ils retiennent, et qui sont desséchés une grande partie de l'été, trouvent évidemment leur explication dans ces causes. On sait que le climat de cette contrée est brumeux depuis septembre jusqu'en mars ou avril.

Pour que le plâtre soit utile aux plantes sur lesquelles on l'applique, il faut que l'année soit humide ou qu'il tombe de la pluie pendant les quinze à vingt jours qui suivent son épandage. Tous ceux qui utilisent journellement le plâtre sur les trèfles, luzernes et sainfoins en végétation, ont toujours constaté l'avantage de le répandre après une pluie, par un temps couvert qui présage une pluie fine et douce, et par une température modérée. Ainsi l'humidité et la chaleur sont les conditions qui développent dans toute son énergie l'action de cette substance fertilisante.

Ces causes ne sont pas les seules qui empêchent parfois le plâtre de manifester une action favorable. Il en est une autre aussi puissante, sans nul doute, c'est la fertilité de la couche arable. Ainsi, ses effets sont d'autant plus remarquables qu'il est appliqué sur des plantes végétant sur des fonds fertiles ou abondamment fumés. Si ce fait était contraire aux principes confirmés par les observations pratiques, il faudrait alors admettre qu'on ne doit pas, dans les plâtrages, prendre en considération la fécondité de la terre. Si le plâtre agissait sur les terres pauvres, il est hors de doute que son usage serait répandu dans un plus grand nombre de localités. Mathieu de Dombasle a soutenu une opinion contraire. D'après ce célèbre agronome, c'est surtout sur les sols pauvres que le plâtre aurait des effets miraculeux, non-seulement en produisant une bonne récolte de trèfle, mais en améliorant le sol, par le moyen de cette récolte, plusieurs années. Je ne puis admettre cette opinion ; les résultats constatés par Parkinson, Bosc, Peters, Thaër et Puvis, ont démontré que les effets du plâtre, sur les sols qui lui sont propres, sont toujours en rapport avec le degré de fertilité de la couche arable.

Je conclus de l'exposé qui précède, les principes suivants :

1° Qu'une température élevée et prolongée, comme une humidité abondante, nuit à l'action du plâtre ;

2° Que le plâtre ne manifeste son énergie que quand l'atmosphère est à la fois chaude et humide ;

3° Que les effets du plâtre sont toujours en raison directe de la fertilité du sol ;

4° Que le plâtre produit peu d'effet dans les terrains pauvres que la chaleur solaire dessèche de bonne heure au printemps.

Quantité de plâtre à employer. — Il est presque impossible de préciser la quantité de plâtre qu'il faut appliquer par hectare. Cette quantité varie selon les climats, la nature du sol et l'état d'après lequel on emploie cet engrais.

Il résulte des chiffres que l'on a donnés que la quantité moyenne de plâtre à repandre par hectare est de 350 kilog. Cette moyenne n'est ni trop faible, ni trop élevée.

La plupart des observateurs ont avancé qu'il fallait en répandre une quantité égale en mesure à la quantité de froment employée lors des semailles. Il suit de là, que si, dans une localité donnée, on emploie 2 hect. 30 de froment par hectare, on devra répandre sur les légumineuses 287 kilog. de plâtre; si, au contraire on ne répand que 2 hectol. de semence, la quantité de plâtre à appliquer ne sera que de 250 kilog.

La moyenne ci-indiquée des quantités proposées qui varient entre 160 et 1440 kilog., pourra guider le cultivateur qui fera usage du plâtre pour la première fois. alors qu'il ne constatera pas dans la localité qu'il habite que le plâtre appliqué à telle ou telle dose exerce sur les légumineuses une influence favorable. Toutefois, il ne devra pas regarder ce *quantum*, 350 kilog., comme maximum; il est des circonstances où la pratique est obligée de le dépasser, comme il en existe d'autres où il est indispensable de ne pas l'atteindre. Ainsi, Royer rapporte que des expériences, faites sur du trèfle, en terre argileuse, dans l'arrondissement de Montargis (Loiret), ont prouvé que 31 kilog. à l'hectare suffisaient pour produire une différence très-favorable à la récolte, et qu'au delà de 250 kilog., l'augmentation n'était plus proportionnelle.

Tout cultivateur qui veut faire usage du plâtre doit se pénétrer qu'il doit commencer ses plâtrages dans une petite proportion, et augmenter ensuite la dose, si celle employée produit peu d'effet. Il ne peut répandre 600, 700, 1000 kilog. de plâtre par hectare, que lorsqu'il a la certitude que l'augmentation de la récolte sera proportionnelle à ces quantités, et que la valeur du surcroît des produits sera bien supérieure aux dépenses que la quantité de plâtre appliquée aura occasionnées.

Renouvellement des plâtrages. — J'ai peu d'observations à mentionner sur le renouvellement des plâtrages; je ne sache pas que la pratique ait constaté que le plâtre ne pouvait être appliqué sur un terrain deux fois de suite ; je n'ai jamais remarqué que cet engrais employé chaque année sur une prairie naturelle ou artificielle, eût produit des effets fâcheux et précipité l'existence des plantes ou l'amoindrissement de la fécondité du sol.

Puvis est le seul, je crois, qui ait avancé que les plâtrages ne doivent pas être répétés trop souvent sur le même sol, surtout s'il est médiocre. Ainsi, le plâtre pour bien réussir, ne devrait être employé que par intervalles, c'est-à-dire ne reparaître sur le même sol que tous les six ou huit ans.

Je ferai remarquer qu'on ne plâtre ordinairement les plantes annuelles et bisannuelles, telles que les vesces, les fèves, le trèfle incarnat, la lupuline, qu'une seule fois durant leur végétation. Quelques cultivateurs, il est vrai, plâtrent le trèfle rouge pendant deux années, mais cette pratique n'est pas très-suivie. Si le plâtre peut être employé plusieurs fois sur une plante en végétation, c'est évidemment sur le sainfoin, et surtout sur la luzerne ; on sait que ces plantes occupent la terre pendant six à huit années.

Mais est-il plus avantageux de plâtrer les luzernes, et même les sainfoins, une seule fois en appliquant la dose qui doit être employée, que de répandre la même quantité de plâtre à deux fois, après un intervalle d'une ou deux années ?

Quand la dose à employer est faible et qu'elle ne dépasse pas 300 kilog. à l'hectare, il faut l'appliquer en une seule fois; si cette dose était divisée, il y a certitude qu'elle ne produirait pas les effets qu'elle occasionnerait si elle était employée en une seule fois. Quand, au contraire, les circonstances permettent de répandre 700 à 800 kilogrammes, et que cette quantité doit suffire pendant toute la durée de la plante, il y a avantage à l'appliquer à diverses reprises, soit en deux fois durant deux années. En agissant ainsi, on court moins de chances de non-réussite, et on est presque certain d'un résultat favorable. Lorsque la dose appliquée est très-forte, elle peut être enlevée des feuilles et tomber sur la surface de la terre; s'il survient alors une pluie un peu abondante ou prolongée, le plâtre absorbe beaucoup d'eau, se prend en une masse solide, et n'a qu'une influence très-légère sur les plantes.

Quand l'expérience a prouvé qu'il est avantageux de répandre du plâtre en même temps que les semences de trèfle, de luzerne ou de sainfoin, on peut appliquer, aussitôt après les semailles, la moitié de la dose nécessaire, et employer l'autre quantité au printemps suivant, lorsque les plantes commencent à couvrir la surface du sol. Ces plâtrages, quoique très-rapprochés l'un de l'autre, ne comportent aucun inconvénient.

Mode d'action.—Quelle est l'explication des effets du plâtre que la pratique doit accepter? L'action de cet engrais est-elle si occulte qu'on ne puisse admettre comme vraie une des nombreuses hypothèses émises dans ces dernières années? Les théories présentées ne varient-elles pas suivant les lieux, les circonstances, où les observations ont été recueillies? Les sciences chimiques et physiologiques pâlissent-elles encore devant le voile qui couvre le mystère des effets du plâtre?

D'après Humphry Davy, le plâtre, malgré son peu de solubilité dans l'eau, serait absorbé par les plantes légumineuses. Chaptal, Puvis et Payen partagent la même opinion, et ils considèrent cette substance comme nécessaire à leur existence ou à la solidité de leur tissu. Ces explications laissent à désirer. S'il est vrai que le plâtre agit comme substance assimilatrice, si son action est due particulièrement à son introduction dans les plantes, l'analyse devrait constater qu'il existe toujours dans une très-forte proportion dans les cendres des végétaux qui ont été plâtrés; d'un autre côté, il faudrait admettre : 1° que ses effets sont d'autant plus remarquables qu'il est appliqué sur des sols qui n'en contiennent pas naturellement; 2° qu'il ne doit avoir aucune influence sur les terrains dans lesquels l'analyse a démontré la présence de 1/500 du poids de la terre en sulfate de chaux, puisque 300 kilog. appliqués par hectare ne donnent que 1/1666 du poids du sol arable.

Thaër admet une théorie complétement différente. Il pense que le plâtre entre avec l'humus dans une action réciproque très-lente, et il en conclut, contrairement aux faits observés par Davy et Théodore de Saussure, que son action est d'autant plus remarquable, qu'il rencontre dans le sol une plus grande quantité de substances organiques.

L'explication donnée par Thaër n'est pas admissible. Il est vrai que les expériences ont démontré que ses effets sont plus manifestes sur les sols riches que sur les terrains pauvres, mais on peut facilement citer bon nombre de sols riches en matières organiques sur lesquels les plâtrages n'ont jamais réussi.

L'explication donnée par Soquet ne s'harmonise pas avec les théories précitées. Cet observateur prétend que le plâtre, par la calcination, est transformé en partie en sulfure de chaux, sel haloïde qui suppléerait, en partie, le pouvoir désoxygénant de la lumière sur le parenchyme vert des feuilles des plantes herbacées. Ainsi le plâtre, changé en sulfure, favoriserait l'expiration de l'oxygène dans les plantes, et seconderait conséquemment activement l'absorption, dans ces mêmes végétaux, de l'acide carbonique tiré de l'atmosphère.

Il est difficile d'admettre cette théorie, parce qu'on n'a pas encore démontré que par la calcination ordinaire, le sulfate de chaux est converti en sulfure.

Liebig a proposé une théorie qui n'a aucun rapport avec celles qui l'ont précédée. Ce savant chimiste admet que l'influence si favorable du plâtre sur la végétation des prairies, provient en partie de ce que cet engrais minéral jouit de la faculté de fixer l'ammoniaque de l'atmosphère, et d'empêcher l'évaporation de celle qui s'est condensée avec la vapeur de l'eau. Ainsi, lorsque le carbonate d'ammoniaque dissous dans les eaux pluviales se trouverait en contact avec le sulfate de chaux, il y aurait une double décomposition, et il se produirait du sulfate d'ammoniaque soluble et du carbonate de chaux. Dès lors le plâtre fixerait dans le sol les vapeurs ammonicales de l'atmosphère.

L'eau, d'après Liebig, serait la condition la plus indispensable pour l'assimilation du sulfate d'ammoniaque qui se produit, et, en général, pour la décomposition du plâtre, si peu soluble; ce qui démontrerait : 1° que, dans les prairies et les champs secs, l'influence du plâtre n'est pas sensible, tandis que le fumier animal, au contraire, s'y montrerait efficace, en raison de l'assimilation du carbonate d'ammoniaque gazeux qui s'en dégage; 2° que la décomposition du plâtre par le carbonate d'ammoniaque ne s'opère pas tout d'un coup, mais lentement, parce que la quantité de carbone contenue dans l'eau de pluie est restreinte dans des limites étroites.

Cette théorie très-ingénieuse est hypothétique. Ainsi, si elle était vraie, il faudrait renoncer à l'emploi du plâtre dans les contrées sèches, et l'employer de préférence sous des climats brumeux et sur des sols humides, et par des temps pluvieux. Et d'ailleurs, est-il bien démontré que le carbonate est plus utile aux végétaux que le sulfate d'ammoniaque ? A-t-on démontré que le plâtre agit favorablement sur les sols arides, secs, dépourvus, pour ainsi dire, de matières organiques ? Ces objections ne sont pas les seules qui renversent la théorie de Liebig. Il en est une autre non moins importante : puisque le plâtre fixe l'ammoniaque, pourquoi n'agit-il pas aussi efficacement sur les prairies naturelles, les graminées, les céréales, que sur les légumineuses ? Cependant ces végétaux ont aussi besoin, pour croître avec vigueur, de pouvoir s'assimiler l'azote ou l'ammoniaque contenu dans l'atmosphère ?

De toutes les théories exposées, c'est celle de Davy, qui parut à M. Boussingault la plus plausible. Un moyen se présentait de la vérifier, il l'a employé. Ce moyen consistait à examiner si réellement les cendres de trèfles qui se sont développés sous l'influence du plâtre contiennent, comme l'a affirmé Davy, une forte proportion de sulfate de chaux. M. Boussingault s'est préoccupé de la proportion de cendre fournie par un poids donné du fourrage récolté sur une surface déterminée de terrain avant et après le plâtrage. Voici les résultats qu'il a obtenus :

		Trèfle non plâtré.	Trèfle plâtré.
1841.....	Cendres........	113 kil.	270 kil.
1842.....	—	97	280
	Moyennes.......	105 kil.	275 kil.

Trèfle non plâtré.	Chaux.	Acide sulf.	Acide phos.	Potasse.	Chlore.
1841...	$32^k,2$	$1^k,4$	$11^k,0$	$26^k,7$	$4^k,0$
1842...	32 ,2	3 ,0	7 ,0	28 ,6	3 ,0
Moyennes..	$32^k,2$	$3^k,7$	$9^k,0$	$27^k,6$	$3^k,5$

	Trèfle plâtré.				
	Chaux.	Acide sulf.	Acide phos.	Potasse.	Chlore.
1841...	79k,4	9k,2	24k,2	95k,6	10k,3
1842...	102 ,8	9 ,0	22 ,9	97 ,2	8 ,4
Moyennes..	91k,1	9k,1	23k,5	96k,4	9k,3

Il faut conclure de ces résultats que les trèfles plâtrés contiennent beaucoup plus de chaux et de potasse, d'acide sulfurique et d'acide phosphorique que ceux qui n'ont pas reçu de plâtre.

M. Boussingault fait remarquer, en signalant ces faits, que la chaux qui a été assimilée depuis le plâtrage ne correspond pas à l'acide sulfurique qui a été fixé pendant le même laps de temps. L'excès d'acide et de chaux contenus dans les cendres de trèfle plâtré sur celles du trèfle qui ne l'a pas été est de :

Acide sulfurique....... 5,4 Chaux................ 58,9

Si l'on suppose dès lors que l'acide assimilé depuis le plâtrage soit intervenu à l'état de sulfate, on trouve que la récolte plâtrée aurait absorbé en moyenne 9 kilogr. 2 de sulfate de chaux.

M. Boussingault conclut de ces résultats que les quantités de sulfate de chaux absorbées sont si minimes, qu'elles sont de nature à faire supposer que l'utilité du plâtrage consiste à fournir à la plante la forte proportion de chaux qu'elle paraît exiger. Ce chimiste corrobore cette supposition par la théorie suivante. Il admet que dans les cendres de tourbe, qu'il emploie avec un succès incontestable, l'acide sulfurique est probablement engagé à l'état de sulfate alcalin; que la cendre de bois peut contenir en moyenne 1 pour 100 d'acide sulfurique; qu'indépendamment des phosphates qui sont unis à toutes les plantes, les cendres lessivées renferment souvent plus de 80 pour 100 de carbonate de chaux; et que, dès lors, les engrais minéraux qui surexcitent la végétation du trèfle possèdent constamment l'élément calcaire, soit à l'état de sulfate, soit à l'état de carbonate, et que c'est ce même élément qui se montre abondant dans les récoltes, uni à des acides organiques et dépouillé, par conséquent, de la presque totalité de l'acide inorganique avec lequel il était engagé au moment où il a été incorporé dans le sol.

M. Boussingault ajoute que le sulfate de chaux se décompose, et que le résultat de cette décomposition est du carbonate de chaux dans un grand état de division, et par cette raison même facilement assimilable. C'est ainsi qu'il comprend l'élimination de l'acide sulfurique du plâtre; car si la chaux pénétrait réellement dans le végétal à l'état de sulfate, les cendres devraient être infiniment plus riches en acide sulfurique que ne l'indique l'analyse.

Cette explication, soutenue par M. de Gasparin, explique pourquoi le plâtre ne produit aucune influence, pour ainsi dire, sur les sols humides, lui qui exige quatre fois son volume d'eau pour se dissoudre.

M. le Corbeillier admet une autre théorie. Il croit que le sulfate de chaux agit en fournissant aux plantes du carbonate de chaux assimilable, et au sol du sulfate d'ammoniaque. Le plâtre, au contact du carbonate d'ammoniaque de l'atmosphère, éprouverait une double décomposition qui donnerait naissance au carbonate de chaux et au sulfate d'ammoniaque; mais ce sulfate entraîné sur la surface d'une terre saine et poreuse, sous l'influence de la chaleur atmosphérique, serait, par le fait de l'*évaporation*, décomposé de nouveau; l'ammoniaque serait mis en liberté, tandis que l'acide sulfurique libre attaquerait les substances minérales du sol. Alors les plantes se trouveraient en présence du carbonate de chaux assimilable, au milieu d'une atmosphère ammoniacale qui favoriserait leur prompt accroissement, surtout si ces plantes appartenaient à la classe des végétaux à cendres terreuses.

Cette théorie, suivant M. le Corbeillier, expliquerait l'action du plâtre appliqué seulement sur les terrains argileux assainis, sur les sols siliceux, sur les prairies hautes et sèches.

Cette conjecture lui permettrait aussi de soutenir que le plâtre agit sur les graminées; mais que ses effets ne peuvent pas être aussi complets sur ces plantes que sur les légumineuses, parce qu'elles sont des végétaux à cendres silicatées.

Ainsi fournir le carbonate de chaux à l'état naissant, concentrer la nuit, par sa porosité, les sels ammoniacaux de l'atmosphère, les dégager, le jour, sous forme d'ammoniaque sous l'influence de l'évaporation, tel serait, suivant M. le Corbeillier, le rôle multiple du plâtre appliqué sur les plantes.

Toutes choses égales d'ailleurs, il appartient au cultivateur de constater, par des expériences directes, faites à diverses époques et suivant diverses proportions, sur le sol qu'il exploite, si le sulfate de chaux peut avoir une action favorable sur les légumineuses, sans se préoccuper de l'explication théorique de ses effets. Cette constatation faite, il saura, dès lors, déterminer s'il doit ou non plâtrer les légumineuses qu'il cultive.

Plantes qui peuvent être plâtrées. — Jusqu'à ce jour, le plâtre a été principalement appliqué sur les légumineuses, parce qu'il exerce très-peu d'effet sur les graminées.

Je ne rappellerai pas toutes les expériences, toutes les observations qui ont permis de constater que le plâtre n'avait aucun effet sur les céréales. Il me suffira de dire que, lors de l'enquête faite en 1821 par le conseil royal d'agriculture sur l'emploi du plâtre, sur trente-deux opinions émises, il y en a eu trente négatives. C'est dire évidemment que le plâtre agit très-faiblement sur les céréales. Depuis, on a constaté, en France comme en Allemagne et en Angleterre, cette nullité d'action.

De toutes les légumineuses, le trèfle est la plante sur laquelle le plâtre agit avec plus d'intensité. Cela est si vrai qu'il existe des localités en France où il suffit d'en répandre une certaine quantité sur un trèfle, pour être certain de voir ses racines augmenter en grosseur, ses tiges atteindre une plus grande hauteur, ses feuilles acquérir un très-grand développement et une couleur vert noir, et ses fleurs avoir une teinte rouge foncé. Le trèfle blanc, la luzerne et le sainfoin, ainsi que les vesces et les pois, végètent aussi avec vigueur sous l'action de cet engrais minéral.

Le plâtre agit aussi sensiblement sur les choux, le lin, le chanvre, la navette, le tabac et les autres plantes dont la graine produit de l'huile, ou qui ont une riche foliation.

Puvis a observé que lorsqu'on l'emploie sur les prairies naturelles sèches, il augmente la quantité du produit, il y fait prédominer les légumineuses; mais qu'il faut alterner son emploi avec les engrais végétaux, car autrement la fécondité qu'il produit ne se soutient pas.

Toutefois, si les légumineuses en général acquièrent des développements remarquables lorsqu'elles ont été plâtrées, il faut reconnaître que les semences des haricots, pois, lentilles, fèves, etc., sur lesquelles on a répandu du plâtre pour hâter leur développement, cuisent difficilement. Ce fait a été constaté par plusieurs agriculteurs. D'un autre côté, Macaire a reconnu que lorsqu'on fait cuire des légumes dans des eaux séléniteuses, les sels solubles sont remplacés dans les tissus du végétal par des sels insolubles.

Prix de vente. — Le plâtre cuit se vend de 1 fr. 50 c. à 3 fr. l'hectolitre.

BIBLIOGRAPHIE.

A. Young. — Le Cultivateur anglais, 1801, in-8, t. XVI, p. 307.
Vitalis. — Mémoire sur les usages du plâtre, 1805, in-8.
De Mondemont. — Mémoire sur l'emploi du plâtre, 1806, in-8.
Maurice. — Traité sur les engrais, 1806, in-8, p. 213.
Pictet. — Cours d'agriculture anglaise, 1808, in 8, t. V, p. 138.
Canolle. — Application du plâtre, 1811, in-8.
P. Ré. — Essai sur les engrais, in-8, p. 120.
R. de l'Isle. — Mém. de la Soc. centrale d'agric., 1814, in-8, p. 444.
Socquet. — Théorie du plâtrage, 1820, in-8.
De la Bergerie. — Cours d'agric. pratique, 1820, in-8, t. IV, p. 97.
De Serres. — Mém. de la Soc. centrale d'agric., 1821, in-8, p. 441.
Bosc. — Rapport sur l'emploi du plâtre, 1823, in-8.
De Dombasle. — Annales de Roville, 1828, in-8, 4ᵉ livraison, p. 523.
Chaptal. - Chimie appliquée à l'agriculture, 1829, in-8, t. I, p. 206.
De Candolle. — Physiologie végétale, 1832, in-8, t. III, p. 1273.
Thaër. — Principes raisonnés d'agriculture, 1831, in-8, t. II, p. 424.
Martin. — Traité des amendements, in-8, p. 468.
Peters. — Le Cultivateur, 1832, in-8, t. VI, p. 259.
Dralet. — Traité de la pierre à plâtre, 1837, in-8.
Schwertz. — Préceptes d'agriculture pratique, 1839, in-8, p. 307.
La Villarmois. — Journal d'agric. pratique, 1839, t. III, p. 442.
Payen. — Cours d'agriculture, 1839, t. XIV, p. 388.
Rendu. — Agriculture du Nord, 1843, in-8, p. 131.
De Gasparin. — Cours d'agriculture, 1846, in-8, t. 1, p. 624.
Puvis. — Traité des amendements, etc., 1848, in-12, p. 435.
De Dombasle. — Calendrier du cultivateur, 1846, in-12, p. 96.
Boussingault. — Économie rurale, 1851, in-8, t. II, p. 25.
Richard et **Payen.** — Précis d'agriculture, 1851, in-8, t. I, p. 31.
Fouquet. — Engrais et amendements, 1855, in-12, p. 138.

SECTION II.

Plâtras.

Anglais. — Rubich. *Espagnol.* — Yeson.
Allemand. — Schutt. *Italien.* —

Définition. — Terrains auxquels ils conviennent. — Mode d'emploi. — Quantité qu'il faut employer. — Cultures auxquelles ils conviennent. — Mode d'action. — Épuisement du sol par les plâtras. — Bibliographie.

Définition. — On donne le nom de *plâtras* aux débris résultant de la démolition d'un mur, d'une cloison construits en plâtre. Ces décombres renferment presque toujours des nitrates de potasse, de soude et de chaux, et des chlorures à base de même nature. Ceux qui proviennent de lieux humides ou de rez-de-chaussée, en contiennent plus que ceux des étages supérieurs.

Les plâtras peuvent être employés avec avantage comme engrais; leurs effets sont durables, et indépendamment de leur action chimique ils peuvent agir mécaniquement, à la manière de la marne et des amendements.

Terrains auxquels ils conviennent. — Les effets des plâtras sont d'autant plus sensibles qu'ils sont employés sur un sol sain, et à la superficie, pour ainsi dire, du sol. Les sols argileux sont ceux sur lesquels on doit les employer de préférence.

Mode d'emploi. — Lorsqu'on les applique sur les prairies naturelles ou artificielles, il faut les répandre avant l'hiver, et éviter que l'eau durant cette saison ne séjourne sur le gazon. Au printemps suivant, on donne un hersage énergique, et un ou plusieurs roulages pour les diviser, les réduire en poussière. Les plâtras qui résistent à ces façons doivent être concassés à bras ou extraits de la surface de la prairie, pour qu'ils ne nuisent pas à la marche de la faux lors de la récolte de la production herbacée. Quelquefois on les pulvérise l'hiver sous des hangars, au moyen de masses, et on les répand sur le gazon des prairies vers la fin du mois de janvier ou dans le courant de février. Il y a avantage à les appliquer de très-bonne heure au printemps.

Lorsqu'on veut les employer sur les terres arables, il faut les conduire par un beau temps sur un champ préalablement labouré, les épandre, les laisser à l'action du soleil pendant plusieurs jours ou plusieurs semaines, et les incorporer à la couche arable par une belle journée et un labour peu profond.

Ces décombres peuvent être aussi mêlés à des fumiers, après avoir été réduits en poudre ; ils augmentent beaucoup l'énergie de ces matières organiques.

Quantités qu'il faut employer. — La dose à appliquer est fort variable ; elle résulte de la facilité avec laquelle le cultivateur peut se procurer des plâtras et de leur prix de revient. M. Puvis dit que cette quantité doit s'élever à 200 hectol. par hectare, et qu'alors elle équivaut à 50 hectol. de chaux. Employés à cette dose, les plâtras couvrent le sol, et la durée de leur action se manifeste quelquefois pendant vingt années.

A Bourg (Ain), le tombereau d'un demi-mètre cube de plâtras se vend 1 fr.

Cultures auxquelles ils conviennent. — En Italie, comme en France, on fait beaucoup de cas des décombres provenant de constructions en plâtre. Burger dit qu'aux environs de Lodi il a vu amener des décombres de 8 kilomètres de distance. Filippo Ré rapporte qu'aux environs de Rimini on les réserve pour les oliviers, et que dans le Comasque on les applique aux mûriers et aux vignes. Enfin Puvis a remarqué qu'on les emploie avec avantage sur les céréales d'hiver comme sur celles du printemps, qu'ils font produire plus de grains à proportion que de paille, et que le grain est d'excellente qualité.

Mode d'action. — Les plâtras, quoique comportant beaucoup de sels déliquescents, par le concours desquels ils agissent, n'ont aucune action nuisible. Si les arbres plantés, observe Bosc, dans les jardins composés en plus grande partie de plâtras, meurent souvent pendant les grandes sécheresses de l'été, c'est qu'ils manquent d'humidité, et non parce que leurs racines sont encroûtées. Gilbert est le seul, je pense, qui ait constaté que dans les environs de Meaux, où on fait un grand usage des plâtras, les sols sur lesquels on les applique ne peuvent supporter une prairie artificielle que lorsque ces débris de démolitions ont disparu.

Épuisement du sol par les plâtras. — Les plâtras ne peuvent suppléer à l'emploi des fumiers, et il faut faire suivre ou précéder leur application, quand on les répand à une dose élevée, par une fumure abondante. Ce moyen est le seul à employer, si l'on ne veut pas abuser de la fertilité du sol.

BIBLIOGRAPHIE.

P. Ré. — Essai sur les engrais, 1813, in-8, p. 143.
Puvis. — Traité des amendements, 1848, in-12, p. 460.
Fouquet. — Engrais et amendements, 1855, in-12, p. 153.

CHAPITRE III.

MINÉRAUX SULFATÉS A BASE DE FER.

SECTION I.

Cendres pyriteuses.

Historique. — Nature. — État sous lequel on les emploie. — Composition. — Poids de l'hectolitre. — Sols sur lesquels on les applique. — Époque de leur emploi. — Mode d'application. — Quantité à répandre par hectare. — Prix de l'hectolitre. — Renouvellement des cendrages. — Mode d'action. — Cultures sur lesquelles on les applique. — Bibliographie.

Historique.—Ces cendres sont utilisées dans la Picardie, en Alsace, et en Normandie, où elles remplacent souvent le sulfate de chaux ou plâtre. C'est principalement dans la Somme, l'Aisne, l'Oise et la Marne, qu'elles se rencontrent et sont recherchées. On les emploie aussi, depuis fort longtemps, dans le Nord, mais sur une moins grande échelle. Leur usage en Picardie ne remonte guère au delà des dernières années du dix-septième siècle.

Les Ardennois s'en servent depuis fort longtemps; ils les désignaient sous le nom d'*arethwin.*

On leur donne les noms de *cendres rouges*, *cendres noires de Picardie*, *cendres sulfuriques végétatives*, *terres noires sulfureuses*. Il y a un siècle, ces cendres étaient appelées *houille d'engrais*.

En Champagne, on les nomme *cendres de Champagne.*

Nature.— Les cendres pyriteuses appartiennent à la partie inférieure des terrains tertiaires; elles sont ordinairement recouvertes d'une couche argileuse, d'un banc de coquillages fossiles, d'une couche de grès arénacé, fauve, quelquefois gris, tantôt friable, tantôt cohérent. Elles se présentent sous forme de bancs; elles sont pulvérulentes, et leur couleur est noirâtre, noire, gris ardoise ou marron. Ces matières, auxquelles sont mêlés quelquefois des coquillages fossiles, des bois pénétrés de bitume, des débris de végétaux ligneux, contiennent des pyrites de fer, du sulfate d'alumine, du sulfate et du carbonate de chaux. On les regarde comme étant d'une formation postérieure à la craie, contemporaine à l'argile plastique, et antérieure à la formation du calcaire grossier parisien.

Extraction. — Les cendres pyriteuses sont situées à 3, 4, 5 ou 6 mètres de profondeur. L'épaisseur des bancs dépasse rarement 3 mètres.

On les extrait à ciel ouvert ou à l'aide de puits ou de galeries. Cette opération se fait ordinairement du 1er mars au 1er septembre. Elle est difficile l'hiver, à cause de l'infiltration des eaux pluviales dans les cendrières.

L'extraction coûte 0 fr. 30 à 0 fr. 50 le mètre cube.

État dans lequel on les emploie. — Ces lignites jouissent de propriétés particulières. Quand ces matières ont été disposées en tas près des lieux où on les extrait, elles s'échauffent peu à peu, puis s'enflamment ordinairement d'elles-mêmes au contact de l'air, à la faveur des pyrites et des matières bitumineuses, et elles brûlent avec lenteur en produisant, durant le jour, une vapeur légère, et, pendant la nuit, une petite flamme bleuâtre. Cette combustion dure pendant 20 à 40 jours.

Pendant l'incinération et sous l'action de l'air, les pyrites se décomposent, perdent de leur cohésion, absorbent de l'oxygène, et le soufre se transforme en acide sulfurique et en acide sulfureux. Alors, il se dégage une très-forte odeur sulfureuse, et il se manifeste, au dehors des monceaux, des efflorescences salines en forme de petits cratères.

Lorsque la combustion est arrivée à son point maximum, on déplace les tas à l'aide de la pioche et de la pelle. Quelquefois on arrose ces monceaux afin que leur déplacement soit plus facile. Alors, les cendres ont une belle couleur rouge qui est due au peroxyde ou sesquioxyde rouge de fer qui s'est formé pendant l'incinération.

On regarde les *cendres rouges* comme très-actives et très-épuisantes. Cette dernière propriété a engagé beaucoup de cultivateurs à employer les lignites lorsqu'elles sont encore à l'état de cendres noirâtres.

Les cendres pyriteuses restent noires, c'est-à-dire ne brûlent pas, si on les remue de temps à autre.

Les cendres rouges comme les cendres noires servent à la fabrication de l'alun et de la couperose, ou sulfate de fer ; le résidu qui reste de la lixiviation de ces matières s'emploie aussi en agriculture.

Ces dernières cendres sont appelées *cendres noires lessivées* ou *cendres rouges lessivées*.

Composition. — La composition des cendres pyriteuses est très-variable. Voici quelques analyses faites par M. Sauvage, qui prouvent qu'il est utile de connaître les matières qu'elles renferment, si l'on veut se rendre compte des effets qu'elles doivent avoir sur la végétation.

	Cendres noires	
	de Tarzy.	d'Ennelles.
Pyrites	15,00	1,50
Matières organiques	3,00	20,00
Argile et sable	76,00	74,00
Sulfate de chaux	3,00	2,00
Carbonate de chaux	2,00	1,00
Sulfate de fer	1,00	0,90
Acide sulfurique libre	0,00	0,60
	100,00	100,00

Voici maintenant deux analyses des cendres marneuses naturelles et incinérées recueillies à Flize (Aisne) :

	Cendres noires.	Cendres rouges.
Matières bitumineuses	17,60	0,00
Pyrites de fer..............	6,00	0,00
Argile et sable..............	40,80	67,60
Peroxyde de fer......	3,80	1,00
Carbonate de chaux.........	23,60	13,00
Sulfate de chaux............	3,40	7,00
Carbonate de magnésie......	4,80	6,20
Eau......................	0,00	5,20
	100,00	100,00

MM. Girardin et Bidault ont trouvé dans les cendres pyriteuses de Forges-les-Eaux (Seine-Inférieure), appelées improprement *cendres vitrioliques*, les substances suivantes :

Parties solubles dans l'eau..	Humus...........	2,74
	Sulfate ferrique....	1,79
Substances insolubles.......	Humus...........	49,83
	Sable	38,92
	Sels ferreux.......	6,72
		100,00

D'après MM. Boussingault et Payen, les cendres de Picardie renferment 9,2 pour 100 d'eau, et 0,65 d'azote ; celles de Forges-les-Eaux, que l'on exploite depuis longtemps pour la fabrication de la couperose, contiennent 2,07 pour 100 d'azote.

Sophistication. — On falsifie quelquefois les cendres pyriteuses, mais on fraude moins facilement les cendres rouges que les cendres noires. On mêle à ces dernières de l'argile noire pulvérisée.

M. Buffoteau recommande d'essayer les cendres pyriteuses avec un pèse-sel après les avoir lessivées. La lessive d'une bonne cendre doit marquer en moyenne 15 degrés.

Terrains sur lesquels on les emploie. — Cet engrais doit être employé sur les terrains calcaires, argilocalcaires ou calcaires-argileux, où il agit spécialement. On peut aussi l'appliquer sur les terrains argileux froids et humides qu'on a ou non chaulés ou marnés.

En Picardie, où ces cendres sont utilisées chaque année sur une très-vaste étendue, les sols argileux, argilo-siliceux ou argilo-calcaires, sont ceux sur lesquels on les applique de préférence.

Les cendres pyriteuses ne manifestent leur action d'une manière sensible que lorsqu'elles ont été répandues sur des terres ayant la propriété d'être fraîches pendant le printemps. Sur les sols secs, les terres légères, elles sont souvent plus nuisibles qu'utiles. Aussi a-t-on constaté qu'elles n'agissaient sur ces terres, comme sur les sols graveleux et schisteux, terrains généralement secs depuis la fin du printemps jusqu'au commencement de l'automne, que dans les années humides.

Poids de l'hectolitre. — Les cendres pyriteuses sont plus ou moins pesantes, selon la quantité de sable et d'argile qu'elles renferment. En général, elles sont d'autant plus légères qu'elles contiennent davantage de matières bitumineuses, de parties organiques.

En moyenne, un hectolitre pèse de 80 à 120 kilog., et un mètre cube, de 800 à 1200 kilog.

Époque de leur emploi. — Quand on les emploie sur les prairies artificielles, on doit le faire au commencement du printemps. On choisit généralement, pour cette opération, la fin de février, le mois de mars ou le commencement d'avril. Lorsque le sol sur lequel on veut les répandre est naturellement sec, qu'il est siliceux ou granitique ou schisteux, il faut les appliquer dès les premiers jours de février, si cela est possible. Il est bien utile qu'elles subissent l'action de pluies assez fortes avant les grandes chaleurs; car alors leur action est plus régulière, plus favorable à la végétation. Toutefois, on doit craindre, quand on les répand à cette époque sur des sols humides, qu'elles ne viennent à être nuisibles en agissant avec trop d'activité.

Lorsqu'on les répand dans le courant de juin ou pendant le mois de juillet, elles restent souvent inactives pendant plusieurs semaines, parce que la température du sol et celle de l'atmosphère sont trop élevées; elles n'agissent avec vigueur à cette époque que lorsqu'il pleut pendant plusieurs jours après leur application.

Quelquefois, avant de les répandre, on les mélange avec un peu de terre ou un quart de leur volume de cendres de tourbe.

Beaucoup de cultivateurs dans le département de l'Aisne en ajoutent à leur fumier.

Mode d'application. — Les cendres pyriteuses doivent être appliquées, comme le plâtre, le soir ou le matin, ou durant le milieu du jour, si l'air est calme. On peut aussi les répandre à la suite d'une pluie.

La meilleure manière de les appliquer consiste à les semer à la main, après les avoir mouillées légèrement si elles sont sèches, afin qu'elles soient moins incommodes. Au besoin, le semeur peut se couvrir la figure d'une toile claire ou transparente.

On peut également les distribuer à l'aide d'un *semoir à cheval.*

On ne doit pas les répandre au moyen d'une pelle : la quantité que l'on emploie est trop faible pour pouvoir espérer de les appliquer ainsi uniformément.

Lorsqu'on les emploie sur les terres arables, il faut les répandre quelques jours avant les semailles, afin qu'elles ne nuisent pas à la faculté germinative des graines.

Ces cendres ont l'inconvénient de noircir ou de rougir les vêtements des ouvriers qui les répandent.

Quantité à répandre par hectare.— La quantité à répandre par hectare n'est pas élevée. Toutefois, elle varie suivant la qualité des cendres et la nature des terres sur lesquelles on les emploie.

Voici les quantités moyennes que l'on applique dans les départements où les *cendres pyriteuses non lessivées* sont utilisées :

Aisne	3 à 12 hectolitres.
Nord	6 à 8 —
Marne	8 à 9 —
Oise	6 à 10 —
Somme	6 à 8 —
Moyennes	6 à 10 hectolitres.

Lorsque les Flamands les emploient sur les prairies artificielles ou sur les prairies naturelles, ils n'en répandent que 4 ou 6 hectolitres.

Les *cendres pyriteuses lessivées* sont appliquées à des doses un peu plus fortes.

On a dit qu'on devait appliquer 18 et même 20 hectolitres de cendres noires à l'hectare ; cette proportion est évidemment trop forte, et aucun cultivateur de la Picardie ou de la Champagne ne serait tenté de l'adopter : on connaît parfaitement, dans ces localités, les effets fâcheux qui résulteraient de l'emploi d'une quantité aussi considérable, et qui seraient dus presque exclusivement aux sels ferreux. Cependant, lorsque les cendres constituent, en quelque sorte des marnes sulfureuses et feuilletées comme celles que l'on extrait à Flize Remilly, Amblimont, etc., etc., on les emploie à l'état naturel, à raison de 30 à 40 hectolitres, et après avoir été calcinées, à la dose de 18 à 22 hectolitres seulement.

Renouvellement des cendrages. — Quoique les cendres

pyriteuses aient une durée d'action très-courte, on ne doit pas les employer trop fréquemment ; on a reconnu qu'il fallait alterner leur emploi avec celui du fumier ou autres matières organiques. Lorsqu'on les répand trop souvent sur un terrain, on active la végétation, on augmente les produits, mais on épuise la couche arable, et il arrive bientôt un moment où de nouvelles quantités appliquées restent sans action.

En Flandre, en Normandie et en Picardie, on ne les emploie que tous les quatre ou cinq ans.

Mode d'action. — L'action de ces cendres a depuis longtemps fixé l'attention des agriculteurs. Puvis a été un des premiers à faire remarquer qu'il doit y avoir une différence très-sensible entre l'effet des cendres natives et celui des cendres rouges. Suivant M. Payen, les premières doivent leur action à la couleur noire, au sulfure de fer, qui, par une combustion lente, augmente la chaleur du sol, et aux sulfates acides de fer et d'alumine, qui agissent par leur solubilité sur le carbonate calcaire du sol, en donnant lieu à la formation du sulfate de chaux et à un dégagement d'acide carbonique.

M. Boussingault n'admet pas que les cendres pyriteuses agissent uniquement par le sulfate de chaux qu'elles contiennent. Selon ce célèbre chimiste, ces matières excitent la végétation par l'azote qu'elles renferment, et par l'ammoniaque qui doit se produire pendant l'incinération lente des pyrites. Les faits pratiques permettent-ils d'accepter cette explication? Si cet engrais agissait principalement par l'azote qu'il contient, il n'y aurait pas nécessité, pour le cultivateur picard ou flamand, d'alterner son emploi avec celui des fumiers ou des composts ; en outre, il aurait une action similaire à celle des engrais animaux. Ainsi, sans vouloir nier la production de l'ammoniaque, je suis obligé de me rallier à l'hypothèse de M. Payen. L'explication donnée par ce savant est évidemment celle qui permet d'expliquer la puissante efficacité des matières pyriteuses sur les prairies soit naturelles, soit artificielles.

Cultures sur lesquelles on les emploie. — Ces cendres sont employées avec le plus grand succès sur les prairies naturelles humides, sur lesquelles les renoncules, les joncs, les carex, etc., croissent avec vigueur. On a constaté que ces plantes disparaissent en grande partie sous l'action des matières pyriteuses et sont remplacées par des graminées et des légumineuses. Répandues, à la fin de l'hiver, sur des prairies sèches, ces cendres activent la végétation de l'herbe. On explique cet effet en reconnaissant que le développement rapide que prend l'herbe fixe toujours dans le sol une humidité bienfaisante, ce qui permet à la prairie de mieux résister aux hâles de mars ou d'avril, ou aux fortes chaleurs qui se manifestent quelquefois au milieu du printemps.

En Picardie et en Normandie, ces cendres sont utilisées avec un immense avantage sur les féveroles, les trèfles, les luzernes, les sainfoins et les vesces; sous l'action de ces engrais, ces prairies doublent quelquefois leurs produits. On les emploie aussi sur les céréales, quand celles-ci ont souffert pendant l'hiver par une cause quelconque ou lorsqu'elles sont *chlorosées*. Les blés sur lesquels on en répand ont une teinte plus foncée et des tiges plus roides, mais ils sont plus tardifs de huit jours.

En Flandre, leur application a lieu de préférence sur les prairies artificielles, et sur le colza et la navette.

On peut encore les répandre sur les sols qui doivent recevoir des cultures de betterave et de moha de Hongrie.

Enfin, on les emploie dans les étables et les bergeries pour fixer les gaz ammoniacaux.

Prix de l'hectolitre. — Le prix des cendres non lessivées varie suivant les localités.

A la Fère (Aisne), elles valent	......	$0^f,50$ à $0^f,75$	l'hectol.
A Fisme (Aisne),	—	......	0 ,40 à 0 ,60	—
A Trépail (Marne),	—	......	0 ,25 à 0 ,40	—
A Montaigu (Marne),	—	......	0 ,25 à 0 ,40	—
A Bourg (Aisne),	—	......	0 ,30 à 0 ,50	—

En Flandre, les cendres pyriteuses du département de l'Aisne reviennent à 3 fr. l'hectolitre. Dans les Ardennes, celles de La Fère valent, rendues, 4 à 5 fr.; de Fismes, 3 fr.; de Bourg, 2 à 2 fr. 50 c.; de Bairu (Marne), 2 fr. l'hectolitre.

Le prix des cendres lessivées est moins élevé.

BIBLIOGRAPHIE.

? — Observations sur les houilles d'engrais, 1777, in-12.
Sauvage et **Buvignier**. — Statistique géologique des Ardennes
I. Pierre. — Chimie agricole, 1854. in-12, p. 568.
Girardin. — Mélanges d'agriculture, 1852, in-12, t 1, p. 435.
R. de la Bergerie. — Cours d'agriculture, 1820, in-8, t. IV, p. 212.
Puvis. — Traité des amendements. 1848, in-12, p. 560.

SECTION II.

Sulfate de fer.

Le sulfate de fer, ou *couperose verte*, a été pendant longtemps regardé comme nuisible aux végétaux ; les essais faits en Allemagne et en Angleterre pendant les premières années de ce siècle, confirmèrent cette opinion. On avait bien alors constaté que, dans certains cas, il produisait des effets favorables; mais les expériences où il fut nuisible ou au moins inutile, avaient été si nombreuses, que les partisans de ce nouvel engrais n'osèrent proclamer les effets utiles qu'il avait produits. Ces expériences, du reste, laissèrent beaucoup à désirer parce qu'on oublia de déterminer positivement les quantités appliquées. Cette omission, ne permettant pas d'indiquer la dose la plus favorable à la végétation, engagea Thaër en 1809 à considérer la question comme imparfaitement étudiée.

M. Gris, frappé de l'effet que produisent le fer et ses composés lorsqu'ils sont appliqués dans l'espèce humaine au traitement de cet état particulier de langueur qui se dénote par la décoloration du sang, état auquel on donne le nom de *chlorose*[1], pensa que la maladie des végétaux que caractérisent leur débilité et leur défaut de coloration, affection que l'on désigne par la même dénomination et qui est identique à celle dont il vient d'être question, pourrait peut-être se combattre par le fer, et il soumit divers végétaux chlorosés

1. Cet état maladif, *sorte de phthisie végétale*, se trahit sur les végétaux par une coloration jaunâtre des feuilles; cette altération accuse un état de souffrance dans les plantes et présage leur dépérissement.

au régime de ce spécifique. Les résultats qu'il obtint dans ses essais furent si favorables que le Comice de Châtillon jugea utile, en 1843, d'expérimenter le sulfate de fer comme succédané du plâtre sur des prairies artificielles. Toutefois, si ces essais prouvèrent de nouveau son action favorable sur les végétaux, ils permirent de constater que lorsqu'il survient une longue sécheresse après son application, ce sel se convertit en oxyde de fer insoluble, et n'est pas absorbé par les plantes.

M. Leclerc, de Châtillon, employa, la même année, le sulfate de fer sur des blés jaunes et maladifs; il mêla à un hectolitre de terre 3 à 8 kilog. de sulfate de fer, et fit répandre ce mélange sur ces végétaux; les résultats furent remarquables : ces blés chétifs, languissants, égalèrent bientôt ceux qui étaient vigoureux et sains. M. Dumont, de Fontaine, répéta la même expérience en 1845, avec le même succès.

Il n'est plus permis de douter aujourd'hui de l'action du sulfate de fer sur les végétaux chlorosés. De nombreux essais faits dans ces dernières années permettent de regarder la question comme résolue.

Voici, d'après M. Gris, les précautions indispensables qu'il faut prendre si l'on veut réussir :

1° Répandre sur des blés chlorosés, une eau ferrée faite dans les proportions suivantes : eau, 500 litres et sulfate de fer, 1 kilog.;

2° Opérer par un temps un peu sombre, mais le plus chaud possible;

3° Répéter, s'il y a lieu, la même opération huit ou dix jours après.

La dissolution doit être employée avant qu'elle ne soit troublée par la rouille.

On doit répandre 30 000 litres environ par hectare ou 300

litres environ par are. Si l'on n'a pas d'eau à sa disposition, ce qui est le cas le plus ordinaire dans les grandes cultures, il faut de toute nécessité profiter d'un temps pluvieux pour répandre sur les céréales le sulfate de fer réduit en poudre et mélangé, au moment de son emploi, avec une certaine quantité de terre sèche et pulvérulente, soit 40 kilog. par hectare ; cette opération devra être renouvelée huit ou quinze jours après, si les circonstances l'exigent.

Enfin M. Gris a constaté que, par une température de + 25 à + 30 degrés, les effets produits sur la chromule par l'absorption épidermique se manifestent en général très-promptement, surtout si les feuilles sont molles et celluleuses, mais qu'ils sont nuls si la température descend au-dessous de + 10°.

Il résulte de ces faits que le sulfate de fer est plutôt un spécifique qu'un véritable engrais. Il est vrai cependant que M. Maître a remarqué que ce sel agissait à la manière du plâtre sur la luzerne; mais que conclure de cette seule expérience? Est-il bien démontré que 7 kilog. pulvérisés grossièrement, et mélangés à 175 litres de terre puissent être regardés comme suffisants pour un hectare? Ce corps, qui a une action nuisible sur la végétation quand il abonde dans un sol, peut-il être appliqué à une dose plus forte que celle indiquée par M. Gris ou employée par M. Maître? Mais ces points dubitatifs ne sont pas les seuls qui doivent engager les agriculteurs à expérimenter encore ce sel métallique; il en est un autre non moins important, à savoir : si le sulfate de fer, employé dans une proportion déterminée par l'expérience, agit sur les plantes saines, les végétaux ordinaires, quelle sera l'explication par laquelle on fera connaître son action? Thaër a supposé que l'action de l'air et de la lumière opère la décomposition de l'acide sulfurique et que l'oxygène de ce corps se combine avec le carbone, et forme de l'acide carbonique ou quelque autre substance favorable à la végétation. Cet agriculteur pensait, en outre, que le sulfate de fer a une grande influence sur les végétaux lorsqu'il est intimement combiné avec le charbon, comme dans la tourbe vitriolisée; enfin, il admettait que, non combiné avec le terreau du sol ou appliqué à l'état de pureté, il ne produisait que de mauvais effets. Cette hypothèse n'est pas complète; on sait aujourd'hui que le sulfate de fer a une tendance continuelle à convertir l'ammoniaque en sel fixe et à l'empêcher de se volatiliser. C'est cette dernière propriété qui nous permet de ranger le sulfate de fer parmi les engrais minéraux et de ne pas examiner si réellement, comme quelques chimistes l'ont pensé, le soufre de ce corps est fixé par un principe végétal.

Le sulfate de fer se vend à très-bas prix. A Paris, le commerce le livre à 14 fr. les 100 kilog.; à Reims, le prix est de 7 fr.; à Nantes, de 10 fr. Cette faible valeur doit engager les agriculteurs à tenter de nouveaux essais afin de déterminer exactement la quantité à répandre sur les céréales et les légumineuses, et à préciser les circonstances où il peut être avantageusement appliqué.

CHAPITRE IV.

MINÉRAUX ALCALINS A BASE DE POTASSE.

—

SECTION I.

Carbonate de potasse.

Le carbonate neutre de potasse a été jusqu'à ce jour fort peu employé comme engrais, quoiqu'il favorise la végétation quand il est abondant dans les terrains.

D'après M. de Gasparin, un hectolitre de blé de 78 kilog. et les 150 kilog. de paille qui en résultent, enlèvent à la terre 1 kil. 76 de potasse. Il résulte de ce fait que la quantité de carbonate de potasse à répandre par hectare doit être égale au nombre d'hectolitres de blé récoltés, multiplié par 2.

Ainsi, la quantité de carbonate de potasse qu'il faudrait répandre sur un sol argilo-calcaire, produisant en moyenne 20 hectolitres de froment par hectare, s'élèverait à 40 kilog.

Ce sel a une valeur commerciale très-élevée; on le vend de 80 à 100 fr. les 100 kil. Le cultivateur peut-il espérer récupérer la dépense qu'occasionnera l'application de la quantité précitée? L'expérience ne l'a pas encore prouvé.

SECTION II.

Nitrate de potasse.

Le nitrate de potasse a été recommandé depuis près d'un demi-siècle. Bosc parle de son emploi comme substance fertilisante; Lecoq l'a considéré comme l'engrais salin le plus énergique. En Angleterre, on a aussi constaté qu'il excite sensiblement la végétation.

Quoique ce sel ait produit des effets très-satisfaisants lorsqu'il a été employé en couverture, soit sur les céréales, soit sur les fourrages, on l'a abandonné et remplacé par le nitrate de soude qui se vend à plus bas prix, et qui paraît avoir une action beaucoup plus énergique. M. Sim a fait, en 1830, une expérience dans laquelle il a comparé l'effet du nitrate de potasse à l'action du nitrate de soude. Ces deux engrais ont été répandus avec un hectolitre de cendres, afin de rendre leur application plus facile. Voici quels furent les résultats de cette expérience :

	Quantités.	Grain.	Paille.
Nitrate de potasse	142^{kil},00	35^{hect},00	1975^{kil},00
Nitrate de soude.........	142 ,00	42 ,70	3408 ,00

Ainsi, le nitrate de soude, employé à la même dose que le nitrate de potasse, a donné par hectare un excédant en grains de 7 hectolitres 70 litres, et en paille, de 1432 kilog.

Le nitrate de potasse nous arrive de l'Inde. On le vend de 50 à 60 fr. les 100 kilog. Ce prix est trop élevé pour qu'on puisse l'employer avec avantage. Il contient 13,78 pour 100 d'azote.

CHAPITRE V.

MINÉRAUX ALCALINS A BASE DE SOUDE.

—

SECTION I.

Nitrate de soude.

Le nitrate de soude est importé en Europe du Pérou, où on le trouve en masses considérables sur une étendue de plus de 200 kilomètres. Ce sel, dont l'usage s'étend de jour en jour en Angleterre, a été plusieurs fois essayé en France, sans que l'on en ait obtenu un grand succès.

Les agriculteurs qui ont expérimenté cet engrais minéral ont reconnu que la température, soit qu'elle soit sèche, soit qu'elle soit humide, exerce une influence favorable ou nuisible sur le résultat des expériences; ils ont en outre constaté que ce sel, sur certains sols, occasionne la verse des céréales et semble favoriser le développement du charbon et de la carie. Les années qui paraissent être les plus favorables à son action sont celles où les pluies sont moyennement abondantes, où l'air est suffisamment humide, par, conséquent, sans cesse favorable au développement des plantes graminées.

Le nitrate de soude appliqué sur les sols calcaires a produit jusqu'ici peu d'effets sur les plantes. Les terrains sur lesquels on l'a employé avec avantage étaient siliceux et perméables.

Depuis quelques années on ne cesse de répéter qu'il exerce une action très-remarquable sur les céréales et sur les prairies naturelles. Examinons si ce dire est justifié par les faits.

M. Fr. Kuhlmann a employé cet engrais sur une prairie des environs de Lille (Nord). Les quantités qu'il a appliquées par hectare ont été dissoutes dans 325 hectolitres d'eau. Voici les résultats qu'il a constatés :

		Foin.		Foin.
1° 1843,	aucun engrais	4000 kil.	265 kil. nitrate......	5727 kil.
2° 1844,	—	3820 —	250 —	5690 —
3° 1845,	—	4486 —	aucun engrais...	4390 —
4° 1846,	—	3830 —	200 kil. nitrate......	5383 —
	Moyennes.. ...	3716 kil.	255 kil.	5578 kil.

Le nitrate de soude appliqué à la dose de 255 kilog. a donc fait produire un excédant de 1862 kilog. de foin. Cette quantité considérée sous le point de vue économique est-elle satisfaisante? Si l'on évalue la dépense occasionnée par le nitrate appliqué, à 127 fr. 50[1] (dans cette somme ne sont pas compris les frais d'arrosage), et la valeur de l'excédant de foin à 74 fr. 40 (40 fr. les 1000 kilog.), on trouve que l'emploi de cet engrais a occasionné une perte de 53 fr., ou qu'il a élevé le prix de revient du foin à 68 fr. 47 les 1000 kilog.

Les expériences faites en Angleterre, sur des prairies artificielles, ont donné des résultats économiques entièrement semblables. Voici quels furent les produits constatés par hectare :

Expérimentateurs.		Foin.		Foin.
Turner,	aucun engrais....	6575 kil.	125 kil. nitrate..	8100 kil.
Wilson,	—	4215 —	152 — ..	5829 —
Fleming,	—	4265 —	185 — ..	6609 —
Maclan,	—	1980 —	187 — ..	5725 —
J. Hannam,	—	4378 —	156 — ..	5526 —
	Moyennes.......	4282 kil.	175 kil.	6358 kil.

1. J'ai évalué le prix du nitrate de soude à 50 fr. les 100 kilogr. Un auteur m'a reproché très-vivement de l'avoir compté de 15 à 20 fr. Cette critique peu loyale ne mérite aucune réponse.

Le nitrate a donc fait naître un excédant de 2076 kilog. de foin.

Cette augmentation moyenne est plus élevée que celle obtenue par M. Kulmann; mais il ne faut pas oublier que le climat d'Angleterre favorise particulièrement la végétation des plantes des prairies. Nonobstant, si je donne à cet accroissement la valeur que le foin a généralement, 40 fr. les 1000 kilog., soit pour les 2076 kilog. 83 fr., et si je porte la valeur des 175 kilog. de nitrate de soude à 87 fr. 50, je trouve une perte de 4 fr. 50.

Les expériences sur le froment ont donné les résultats suivants :

Expérimentateurs.		Grain.			Grain.
Fleming,	aucun engrais...	17^{hect},63	180 kil.	nitrate..	18^{hect},66
Wilson,	— ...	45 ,00	120	— ..	49 ,50
Charteley,	— ...	19 ,32	124	— ..	22 ,53
Barclay,	— ...	27 ,50	140	— ..	31 ,25
J. Hannam,	— ...	27 ,58	172	— ..	31 ,97
	Moyennes.......	27^{hect},40	147		30^{hect},78

Ainsi, au moyen de 147 kilog. de nitrate de soude ayant une valeur de 73 fr. 50, on a obtenu un excédant de récolte de 3 hectol. 38, valant, à 18 fr. l'hectol., 60 fr. 84. La perte est donc de 12 fr. 66, ou le prix de revient de l'excédant de froment s'élève à 21 fr. 44. Je passe sous silence la valeur de la paille, ayant négligé d'évaluer les autres dépenses.

Ainsi, s'il n'est pas possible de contester l'action favorable du nitrate, il est permis du moins de considérer son emploi comme peu économique. Espérons que la valeur de ce sel diminuera, que les droits de douane seront abaissés et que l'agriculture pourra l'employer sur une superficie beaucoup plus grande que celle où il a été jusqu'à ce jour expérimenté.

Quoiqu'il soit constaté que le nitrate de soude favorise la

végétation des céréales, je dois observer que les expériences n'ont pas démontré qu'il soit réellement favorable à la qualité des grains. Il a été constaté en Angleterre, dans la plupart des expériences, que ce sel augmente le produit de la paille, mais qu'il la rend plus grosse, plus forte, et que les grains, qu'il contribue à faire naître, ont généralement moins de poids. Ainsi, M. Barclay a reconnu que le grain nitraté pesait environ 3 kilog. de moins par hectolitre que celui qui provenait de froment qui n'en avait pas reçu; et MM. Dewdney et Drewitt ont observé que le grain du froment sur lequel on avait répandu du nitrate de soude, était d'une qualité moins favorable à la vente. Ces faits sont évidemment de nature à engager les esprits à expérimenter de nouveau ce sel avant de l'employer en grand.

Le nitrate de soude contient 16,42 pour 100 d'azote. M. de Gasparin enconclut que, pour remplacer sur un hectare une fumure de 30 000 kilog. de fumier de ferme contenant 0,40 d'azote pour 100, il faudra appliquer 729 kilog. de nitrate de soude. Cette quantité représentera les 120 kilog. d'azote que contient le fumier. Cette substitution, qui obligerait le cultivateur à une dépense de 364 fr. 50, constitue-t-elle une opération économique? Je suis loin de le croire, d'après les résultats que j'ai transcrits précédemment.

L'action du nitrate de soude, comme celle du nitrate de potasse, est due à la soude et à la potasse que les végétaux puisent, chaque fois qu'ils le peuvent, au sein de la couche arable. Mais l'azote des nitrates contribue-t-il pour quelque chose à la formation des principes azotés des plantes? M. Boussingault, adoptant l'opinion de Davy, observe que ces sels alcalins fournissent aux végétaux de la soude ou de la potasse et de l'azote. Johnston partage cette opinion.

SECTION II.

Sulfate de soude.

On a proposé, dans ces derniers temps, d'employer le sulfate de soude de préférence aux autres substances salines, parce que sa valeur commerciale est beaucoup moins élevée.

Lecoq a soutenu qu'appliqué à la dose de 300 kilog. par hectare, il augmente de près de moitié en sus le produit du froment.

M. I. Pierre l'a expérimenté sur un sainfoin; il en a obtenu des résultats assez satisfaisants. Toutefois, l'excédant 1° de 250 kilog., 2° de 1376 kilog. de foin, est-il suffisant pour couvrir les dépenses qu'occasionne l'emploi par hectare: 1° de 133 kil., 2° de 225 kilog. de sulfate de soude? Cela n'est pas encore démontré.

Cet engrais a été recommandé en Angleterre, pour la culture des plantes fourragères.

Toutes choses égales d'ailleurs, ce sel mérite, à raison de son bas prix, d'être expérimenté sérieusement, comparativement avec le nitrate de soude.

Le sulfate de soude se vend de 20 à 25 fr. les 100 kilog.

SECTION III.

Chlorure de sodium.

Le chlorure de sodium, qu'on connaît sous le nom de *sel marin*, *sel de cuisine* ou *sel gemme*, existe dans les eaux de la mer, dans l'intérieur de la terre et dans les eaux des sources salées. Le sel gemme a une origine ignée; le sel marin a une origine aqueuse. L'un et l'autre sont solubles dans l'eau et déliquescents quand on les expose à l'action de l'humidité.

L'emploi du sel à la fertilisation de la terre remonte à une époque fort éloignée. Les livres sacrés font mention de son emploi, et Pline rapporte que les agriculteurs de l'Assyrie en répandaient à quelque distance autour du pied de leurs palmiers.

Dans les derniers siècles, l'application de ce sel a vivement préoccupé l'attention des expérimentateurs et des publicistes anglais; presque tous, depuis Bacon jusqu'à John Sinclair et Humphry Davy, l'ont considéré comme utile à la végétation, et ont engagé les agriculteurs à l'employer. En Allemagne, l'opinion des écrivains agricoles a été aussi favorable à son emploi; Thaër, Schenk, Schwerz, Liebig, Kaufmann, ont fait connaître qu'il augmente d'une manière sensible les forces productives du sol. En France, l'opinion est tout entière en faveur de son application; Condillac, Mirabeau, Sylvestre, Tessier, Bosc, etc., ont proclamé que cette substance avait une action remarquable sur la végétation, et ils ont insisté vivement pour que son emploi comme engrais se popularise.

On serait en droit de penser, d'après cette simple relation, que le sel doit être regardé comme une substance qu'il faut employer sur tous les terrains et sur toutes les cultures. Malheureusement les faits qui sont à ma connaissance ne me permettent pas de me ranger sous la bannière de ceux qui pensent que la question agricole est désormais résolue. Sans doute, diverses expériences faites dans ces derniers temps ont permis de constater que le sel avait des effets remarquables sur les céréales et les légumineuses, et en présence des résultats obtenus, comme en face des faits constatés depuis près d'un siècle, il n'est plus possible de nier son action stimulante. Mais les faits publiés, s'ils ne sont point exagérés, s'ils ne sont pas dus à des causes locales ou particulières, suffisent-ils pour conclure affirmativement en faveur de l'emploi de cet engrais ? Est-ce qu'il n'est pas possible d'opposer aux résultats sur lesquels on s'appuie pour recommander cet engrais, d'autres expériences qui ont permis de constater des faits tout à fait contradictoires ! Est-ce que la pratique n'a pas démontré depuis fort longtemps que le sel n'a d'action sur les plantes que dans certains cas et dans certaines limites ?

Je crois à l'activité du chlorhydrate de soude en agriculture ; je regarde ce sel comme utile à la végétation. Mais en considérant, d'une part, qu'appliqué à grande dose, il nuit à l'existence de la plupart des plantes, de l'autre, la très-faible quantité que les végétaux renferment, je ne puis comprendre qu'il soit réellement avantageux d'en ajouter au sol. La terre n'est pas totalement dépourvue de soude, et il est certain que, dans la plupart des circonstances, la proportion qu'elle recèle, et qui résulte de la décomposition des roches, suffit aux exigences des plantes. Il faut se rappeler, en outre, que la mer, qui éprouve une vaporisation continuelle, répand sur toute la surface de la terre des sels qu'on retrouve dans l'eau de pluie, et qui sont indispensables à l'existence des végétaux. Ainsi, on sait depuis longtemps que dans les tempêtes les feuilles des plantes se couvrent de croûtes salines, et cela dans la direction de l'ouragan vers la terre ferme, même sur une étendue de 40 à 60 kilomètres. Mais est-il besoin de tempêtes pour volatiliser le chlorure de sodium! Non! Ainsi que l'observe Liebig, chaque courant qui traverse la mer, quelque faible qu'il soit, enlève avec les millions de quintaux d'eau de mer qui se vaporise annuellement, une quantité correspondante de sels qui y sont dissous, et amène à la terre ferme du chlorure de sodium. Cette volatilisation continuelle du sel contenu dans l'eau de mer ne permet donc pas d'admettre que le sel puisse être employé dans les localités qui avoisinent le rivage de la mer.

Mais en supposant son utilité comme engrais, quelle doit être la quantité qu'il importe de répandre par hectare? quelle est celle qu'il faut mélanger aux fumiers, si, comme l'a soutenu Sprengel, il favorise la décomposition des substances animales et végétales? Il est impossible, dans les circonstances actuelles de résoudre ces deux questions, parce que les faits observés sont trop contradictoires. Ainsi, tel *quantum* qui, sous tel climat, sur telle terre, a augmenté la productivité de la terre, l'a diminuée sous d'autres latitudes, quoique le sol fût de même nature.

Il y a vingt ans, je n'ai pas craint de combattre vivement ceux qui demandaient, en faveur de l'agriculture, la réduction de l'impôt établi alors sur le sel. En face de l'enthousiasme qui s'était manifesté de tous côtés pour cette réduction, je disais que la pratique n'accepterait pas le sel comme engrais, et je répétais la phrase de l'Évangile de saint Luc :

Le sel ne sera propre ni pour la terre ni pour le fumier! Les faits que l'on a observés depuis cette époque m'ont prouvé que j'avais eu raison de me prononcer ouvertement contre les espérances que les chambres législatives avaient conçues de la réduction de l'impôt.

Que serait-il advenu si l'impôt du sel avait été supprimé ? L'engouément qui existait alors aurait engagé tous les cultivateurs à couvrir de sel les terres qu'ils exploitaient. Cette application faite sans aucune donnée pratique aurait été suivie de grandes déceptions, parce que la plupart des terrains auraient été stérilisés comme les terres de Sichem, sur lesquelles Abimelech sema du sel!

Si le sel pouvait être appliqué à une dose très-forte, s'il était possible de dépasser 200 kilog. et d'en répandre jusqu'à 18 hectolitres par hectare, quantité appliquée en 1791, en Angleterre par Sickler, ma palette serait moins sombre en couleur, et je serais moins réservé à l'égard de l'emploi de cette substance. Mais je me dois à moi-même d'engager les agriculteurs à expérimenter avant d'appliquer une forte quantité de sel, et de rappeler qu'il existe une bien grande différence entre 125 et 175 kilog., doses qui paraissent jusqu'à ce jour les plus favorables, et 12 et 18 hectolitres. De nombreuses observations m'ont permis de constater qu'une dose trop forte avait souvent pour conséquence de diminuer et de suspendre même l'action vitale des plantes, et que les végétaux croissent très-difficilement quand le chlorure de sodium excède 1 à 2 pour 100 de la couche arable.

La solution de l'emploi du sel comme engrais réside donc dans la quantité à employer par hectare. Cette solution présente de très-grandes difficultés : non-seulement le climat, la fertilité de la terre, les végétaux cultivés, doivent jouer un rôle important dans l'explication de ce problème, mais la nature et la configuration du sol et sa position géographique, influencent d'une manière remarquable dans la solution de la question.

Il est probable, ainsi que l'observe W. Johnston, que c'est dans les positions abritées, à l'intérieur des terres et sur les hauteurs souvent lavées par les pluies, que l'action du sel marin doit se faire le mieux apprécier. Dans beaucoup de localités où les vents de mer prédominent, les gouttelettes d'eau salée, entraînées par les vents à de grandes distances, suffiront toujours pour fournir au sol chaque année une abondante provision de chlorure de sodium.

Cette courte relation me permet de conclure les principes suivants :

1° Le sel marin appliqué à petise dose n'exerce pas d'action nuisible sur les plantes.

2° Lorsque la proportion dans laquelle il existe dans un sol dépasse 2 pour 100, il agit défavorablement sur toutes les plantes autres que celles qui végètent habituellement sur les terrains salés.

3° Il ne sera utile de l'expérimenter que dans les sols qui n'en contiennent presque pas.

4° Les terres de la région maritime en renferment toujours suffisamment.

5° Cette substance sera plus utile aux plantes dans les sols et les climats humides que sur les terres situées dans les contrées sèches.

CHAPITRE VI.

MINÉRAUX AMMONIACAUX.

SECTION I.

Chlorhydrate d'ammoniaque.

La plupart des sels ammoniacaux agissent favorablement sur les plantes, lorsqu'on les emploie dans une faible proportion. Davy a reconnu que ces sels accélèrent leur végétation, quand la quantité appliquée dépasse 1/30e du poids de l'eau dans laquelle on les fait préalablement dissoudre ; mais qu'au-dessous de cette proportion ils sont généralement nuisibles. Il a aussi constaté que lorsqu'on les emploie à la dose de 1/300e, leur action n'est pas plus sensible que celle de l'eau de pluie. Ces remarques ont été corroborées par les observations de Rigaud de Lisle et Lecoq.

MM. Schattenmann et Kuhlmann se sont beaucoup préoccupés, dans ces derniers temps, de l'action fertilisante du chlorhydrate d'ammoniaque. Je vais rapporter les observations qu'ils ont faites, et je les compléterai en y joignant les faits constatés et obtenus en Angleterre.

Voici d'abord les résultats des expériences faites sur les prairies naturelles :

Expérimentateurs.		Foin.		Foin.
Kuhlmann, 1843,	aucun engrais...	4000k	266k de sel.....	5710k
— 1844,	—	7744	200 —	9388
Schattenmann,	—	5000	400 —	8000
Maclean,	—	1980	100 —	3340
	Moyennes...........	4681k	241k	6611k

Ainsi, 241 kilog. de chlorhydrate d'ammoniaque ont fait naître un excédant de 1930 kilog. de foin. Or, 241 kilog. de ce sel à 45 fr. les 100 kilog., représentent une dépense de 108 fr. 45 ; l'excédant de foin, 1930 kilog., vaut 77 fr. 20, à 40 fr. les 1000 kilogr. Ces expériences ont donc occasionné une perte de 31 fr. 25. Pour que ce déficit n'existe pas, il faudrait que le foin eût une valeur de 56 fr. 20 les 1000 kilog. On remarquera que j'ai négligé de porter en compte les dépenses que nécessite l'emploi de 325 hectolitres d'eau dans lesquels le sel a été dissous.

Voici maintenant le résultat des expériences faites sur le froment :

Expérimentateurs.		Froment.		Froment.
Schattenmann,	aucun engrais...	2900k	200k de sel.....	2810k
W. Fleming.	— ...	1334	180 —	1461
	Moyennes..........	2117k	190k	2135k

De ces faits il faut conclure qu'il n'est pas permis de considérer le chlorhydrate d'ammoniaque, comme un engrais pouvant suppléer le fumier.

Peut-être de nouvelles expériences constateront-elles, ainsi qu'on l'a avancé, que ce sel donne une plus grande activité à la fructification des céréales, qu'aucune autre matière fertilisante; mais en présence des résultats constatés dans les expériences précitées, il est permis de douter de l'action énergique qu'on lui a si gratuitement accordée. Royer, du reste, avait reconnu par expérience que son action est presque nulle sur les céréales. Pour pouvoir l'appliquer avec avantage sur les prairies naturelles, il faudrait que son prix fût beaucoup moins élevé, ou qu'il fût possible de l'employer avec les mêmes avantages à une dose plus faible que celles appliquées par MM. Kuhlmann et Schattenmann.

SECTION II.

Sulfate d'ammoniaque.

Le sulfate d'ammoniaque a été aussi employé comme engrais.

Voici les résultats qu'il a donnés quand il a été appliqué sur des prairies naturelles :

Expérimentateurs.		Foin.		Foin.
Fleming,	aucun engrais.......	3500k	125k de sel.....	4050k
Wilson,	—	3770	180 —	4210
Maclean,	—	1980	125 —	3310
Kuhlmann,	—	4000	266 —	5233
Schattenmann,	—	5100	400 —	8900
	Moyennes..........	3672k	219k	5140k

Ainsi, 218 kilog. de ce sel ont fait naître un excédant de 1468 kilog. de foin.

Quant aux résultats économiques, on trouve, en négligeant les frais d'arrosage, que 219 kilog. de sulfate d'ammoniaque à 40 fr. les 100 kilog., ont occasionné une dépense de 87 fr. 60. Cette dose ayant produit 1468 kilog. de foin à 40 fr. les 1000 kilog., soit une valeur de 68 fr. 75, il existe une perte de 18 fr. 85. Pour que ce déficit ne puisse être constaté, il faudrait que le foin eût une valeur de 59 fr. 60 les 1000 kilog. !

On a aussi expérimenté cet engrais sur le froment, mais on a toujours reconnu qu'il n'agissait pas sensiblement sur cette céréale M. Boussingault l'a appliqué à la dose de 100 kilog. par hectare ; M. Huzard à celle de 200 et 800 kilog.

Ce sel exerce une action plus favorable sur l'orge et l'avoine. M. Boussingault a élevé, en l'appliquant à la dose de

100 kilog., le rendement d'un champ d'avoine de 37 hectol. 72 litres à 46 hectol. 42 litres par hectare. M. Huzard a obtenu des résultats à peu près semblables.

Quoi qu'il en soit, s'il est impossible de contester l'efficacité du sulfate d'ammoniaque sur les plantes appartenant à la famille des graminées, il n'est pas encore démontré qu'on puisse l'appliquer économiquement. Son prix devra subir une réduction importante avant qu'on l'expérimente de nouveau, et déterminer par conséquent la dose à laquelle il faut le répandre par hectare.

Les sels ammoniacaux dont il vient d'être question dans deux sections qui précèdent, agissent-ils sur les végétaux par l'ammoniaque qu'ils comportent? Ce problème, l'un des plus importants qui touchent l'emploi des sels ammoniacaux, a particulièrement fixé l'attention des chimistes.

D'après Liebig, l'ammoniaque serait sans influence sur la formation, dans les plantes cultivées, des substances destinées à se transformer en sang, si le sol ne contient certaines matières (potasse, soude, phosphate). Ainsi, l'ammoniaque contenue dans les excréments animaux ne favoriserait la végétation, que parce qu'elle y est accompagnée d'autres substances nécessaires à sa transformation en principes sanguifiables, et elle ne serait assimilée que si l'on offre en même temps ces autres substances aux terres. Suivant ce savant chimiste, par l'urine, par le guano, et en général par les excréments des animaux, l'on offre aux plantes de l'ammoniaque, c'est-à-dire de l'azote, mais en même temps aussi toutes les substances minérales, exactement dans le rapport contenu dans les plantes qui avaient servi de nourriture aux animaux, ou, ce qui revient au même, dans le rapport qui convient à une nouvelle génération végétale.

Liebig conclut de cette théorie, que l'ammoniaque favorise

et accélère la croissance des plantes dans les terrains qui offrent une réunion complète de toutes les conditions nécessaires à son assimilation, mais qu'elle est entièrement sans effet, quant à la production des principes sanguifiables dans les cas où ces conditions sont exclues.

M. Boussingault explique l'action de l'ammoniaque d'une tout autre manière; il pense que les sels ammoniacaux, comme le chlorhydrate, le phosphate et le sulfate, passent à l'état de carbonate une fois qu'ils sont incorporés dans le sol ; c'est alors seulement qu'ils sont absorbés par les plantes en quantité limitée comme la plupart des substances solubles. Mais si au lieu de les administrer isolément, dissous dans l'eau, on les incorpore dans un sol meuble et humide, ces mêmes sels réagissent sur le calcaire que contient presque toujours la terre arable et se transforment en carbonate d'ammoniaque dont il serait difficile de nier l'heureuse influence sur la végétation.

De cette explication, M. Boussingault conclut que le chaulage, le marnage, n'ont pas uniquement pour objet de fournir aux plantes l'élément calcaire qui leur manque, mais qu'ils agissent encore en apportant un principe, le carbonate de chaux, qui exerce une action toute particulière sur les engrais, en changeant, par voie de double décomposition, les sels ammoniacaux qui y sont contenus, et qui ne s'assimilent pas au carbonate assimilable, qui porte dans la plante l'azote de la matière organique des fumiers et le carbone tenu en réserve dans les roches calcaires.

M. Kuhlmann a étudié avec beaucoup d'attention les effets des sels ammoniacaux sur les plantes. Les faits qu'il a observés lui ont permis de penser que le carbonate d'ammoniaque, résultat habituel de la décomposition des engrais azotés, ou le carbonate d'ammoniaque, résultant du contact du chlorhydrate d'ammoniaque et du sulfate d'ammoniaque avec la craie près l'influence du soleil, agit sur le chlorure de sodium et de potassium, les transforme en chlorhydrate d'ammoniaque et en carbonate de soude et de potasse, susceptibles d'être saturés par les acides organiques.

Mais les sels ammoniacaux ne se décomposent pas seulement lorsqu'ils sont en contact avec les substances calcaires. M. Peplowski', professeur de chimie à Grignon, a reconnu récemment que ces sels se décomposent sous l'action de l'évaporation à une température de 15 à 20° en présence de toutes les substances poreuses et inertes que renferment les terrains : sable, argile, etc.

Il conclut de cette intéressante découverte qui confirme l'avantage de faire entrer les sels ammoniacaux dans les engrais commerciaux, qu'il est facile d'expliquer les résultats négatifs obtenus à l'aide de ces sels employés seuls. Il croit que ces engrais, pour agir avec efficacité sur les végétaux, doivent être mêlés préalablement à l'argile desséchée, l'argile calcinée, la poussière de charbon, etc. En opérant de cette manière et en appliquant ce mélange au printemps, à l'époque où les plantes entrent de nouveau en végétation, les sels ammoniacaux en se décomposant agiraient avec une grande intensité, parce qu'ils fourniraient lentement et graduellement de l'ammoniaque en abondance.

En général, les sels ammoniacaux ont eu jusqu'à ce jour des effets très-peu sensibles sur les plantes appartenant à la famille des légumineuses, et il est certain qu'ils doivent être appliqués de préférence sur les céréales et les prairies composées de graminées. Ces faits corroborent, en tous points, les objections que nous opposions à la théorie de M. Liebig, concernant l'action du plâtre sur les légumineuses.

Nonobstant, la théorie de M. Boussingault est-elle plus

vraie que celle de M. Liebig? Serait-il utile, comme l'a proposé M. Schattenmann, de dissoudre ces sels dans l'eau, en donnant à la dissolution la force de 1° de l'aréomètre de Baumé, ou de diminuer la volatilité du carbonate d'ammoniaque, ainsi que le pratique M. Kuhlmann, en mélangeant les eaux acides provenant de l'acidification des os, aux eaux ammoniacales résultant de la distillation de la houille dans les établissements où se fabrique le gaz ? Voilà des questions qui méritent de fixer l'attention des expérimentateurs.

Quoi qu'il en soit, on doit reconnaître que jusqu'à ce jour, et cela à cause du prix élevé de ces sels et de la nécessité, pour ainsi dire, de les faire dissoudre, avant leur emploi, dans 300 à 400 litres d'eau, on n'a pas retrouvé dans l'augmentation des récoltes l'équivalent des dépenses qu'occasionne leur emploi.

DEUXIÈME CLASSE.

SUBSTANCES D'ORIGINE VÉGÉTALE.

CHAPITRE I.

PRODUITS DE LA COMBUSTION.

SECTION I.

Suie de bois.

Anglais. — Soot. *Espagnol.* — Hollin.
Allemand. — Russ. *Italien.* — Soote.

Définition. — Composition. — Mode de conservation. — Terrains sur lesquels on la répand. — Époque où elle doit être appliquée. — Mode d'application. — Quantité qu'il faut employer. — Mode d'action. — Plantes sur lesquelles on l'applique. — Durée d'action. — Bibliographie.

Définition. — La suie est un produit charbonné très-divisé, très-léger, qui se dégage pendant la combustion des matières organiques. On l'emploie depuis longtemps en Chine comme matière fertilisante.

Composition. — Cette matière se compose de toutes les substances enlevées aux combustibles et aux aliments par l'action mécanique de la chaleur sous forme de fumée. M. Braconnot a analysé de la suie d'une cheminée dans laquelle on avait brûlé du bois, et il a constaté qu'elle contenait, entre autres substances, 20,00 de matière azotée, 30,00 d'acide ulmique, 14,70 de carbonate de chaux, et 5,00 de phosphate de chaux.

Des analyses faites à Nantes par MM. Leloup et Guépin ont confirmé la présence des principes azotés indiqués par M. Braconnot. Voici le résultat de ces analyses :

Charbon	4,35
Matière bitumineuse	31,10
Matière extractive ou animale	19,90
Acétate, carbonate, sulfate et phosphate de chaux	23,90
Sels de potasse et de soude	6,70
Sels ammoniacaux	1,70
Eau	11,10
Perte	1,25
	100,00

Suivant Johnston, la suie contient toujours de 1 à 5 pour 100 de sels ammoniacaux.

MM. Payen et Boussingault ont trouvé dans la suie de bois 1,15 pour 100 d'azote.

Mode de conservation. — Quoique cette matière soit inaltérable, pour ainsi dire, à l'air, il faut, à cause de la solubilité des partie salines qu'elle renferme, la conserver sous des hangars ou da s des tonneaux fermés.

Terrains sur lesquels on la répand. — La suie est un engrais très-énergique pour tous les sols, surtout pour les terres crayeuses, argilocalcaires, silicocalcaires et calcaires-siliceuses.

Époque où elle doit être appliquée. — La suie ne peut être appliquée qu'au printemps. C'est à tort qu'on a avancé qu'il fallait l'employer en automne. Lorsqu'on la répand sur les cultures pendant cette saison, ses parties solubles sont entraînées par les pluies, et alors ses effets sont presque nuls. On la répand donc, en mars ou avril, soit sur les céréales d'automne, soit sur les prairies naturelles ou artificielles.

Dans le département du Nord, beaucoup de cultivateurs pensent que les effets de la suie sont plus sensibles sur les terrains secs que dans les sols argileux ou humides; mais ils ont reconnu qu'elle n'active la végétation qu'autant qu'elle reçoit une pluie peu de temps après avoir été répandue. On a observé en Angleterre que la suie, appliquée trop tôt au printemps et avant les dernières gelées, perd une partie de son énergie. Enfin, on a constaté qu'elle anéantit les plantes faibles au lieu de favoriser leur action vitale, s'il survient une sécheresse opiniâtre après son application.

Mode d'application. — Pour la répandre uniformément, il faut l'appliquer par un temps très-calme, mais qui présage de la pluie. On doit éviter de la répandre par un temps très-sec. Quelquefois on la mélange, après avoir divisé les parties cristallisées agglomérées qui caractérisent toujours une bonne suie, avec une fois son volume de terre fine et sèche.

Dans quelques contrées, en France et en Angleterre, on la mêle avec une égale quantité de chaux en poudre. M. Boussingault condamne cette pratique, et la regarde comme plus nuisible qu'utile, parce que la suie contient des sels à base d'ammoniaque.

Quantité qu'il faut répandre. — La quantité de suie qu'on répand par hectare varie selon le prix de cette matière et la facilité avec laquelle on peut l'obtenir. En Flandre, on l'emploie à la dose de 30 à 50 hectolitres par hectare. Dans les localités, en France, où la suie vaut de 2 à 3 fr. l'hectolitre, on ne s'en sert que dans la proportion de 12 à 20 hectolitres. Cette quantité est celle dont on use en Angleterre quand la suie est appliquée, comme engrais annuel, sur des froments ou des tréflières.

Mode d'action. — L'action de la suie est due évidemment aux sels, ainsi qu'à la matière extractive qu'elle contient;

mais quel est le véritable mode d'action de ces substances ? Cette question est encore à résoudre. Espérons que bientôt des observations et des études suivies jetteront quelques lumières sur cette question si digne d'être approfondie.

Plantes sur lesquelles on l'applique. — La suie a une action puissante et véritablement remarquable sur les céréales. Appliquée au printemps sur un froment d'automne qui manque de vigueur, elle lui communique, sous l'influence de la pluie et quelque temps après qu'elle a été appliquée, une activité, une énergie parfois extraordinaires. Sous son action, les feuilles prennent une coloration verte très-foncée ou presque noire.

Elle exerce une heureuse influence sur la végétation des trèfles et du colza.

Cet engrais est aussi favorable aux prairies naturelles ; il y détruit la mousse et un grand nombre de plantes nuisibles. Toutefois, pour que ses effets soient remarquables, il importe qu'il soit appliqué de très-bonne heure au printemps si le sol est léger et sec. En général, la suie n'a d'action véritablement favorable que lorsqu'elle a été répandue sur des sols frais, exempts d'humidité surabondante. Quand on veut l'utiliser sur des prairies très-humides, il faut préalablement dessécher le gazon au moyen du drainage.

On emploie aussi cette substance en horticulture, lorsqu'on veut ranimer les arbres fruitiers dont la mort prochaine est annoncée par la coloration jaune des feuilles.

On fait encore usage de la suie pour préserver les jeunes colzas, houblons, etc., de l'attaque des pucerons et autres insectes. Il paraît que son odeur forte, qui est due à une huile essentielle empyreumatique, les éloigne des plantes ou les fait périr.

Durée d'action. — L'action de la suie n'est pas de longue durée. Appliquée à une dose moyenne, elle n'agit plus, pour ainsi dire, dès la fin de la seconde année de son application. Quelquefois même ses effets ne sont sensibles que pendant l'année dans laquelle elle a été appliquée, bien qu'elle ait été répandue à égale dose. Cette variation de durée d'action n'a pas encore été expliquée. Il est à supposer que la nature de la suie, la température, la nature et les propriétés physiques du sol, doivent avoir une influence marquée sur cette singulière anomalie.

BIBLIOGRAPHIE.

Maurice. — Traité des engrais, 1806, in-8. p. 101.
P. Ré. — Essai sur les engrais, 1813, in-8, p. 144.
J. Sinclair. — Agriculture pratique, 1825, in-8, t. I, p. 541.
Martin. — Traité des engrais, in-8. p. 496.
Schwerz. — Préceptes d'agriculture pratique, 1839, p. 125.
Guépin. — Rapport au préfet de Nantes, 1842, in-18, p. 75.
Rendu. — Agriculture du Nord, 1843, in-8, p. 105.
De Gasparin. — Cours d'agriculture, 1848, in-8, t. I, p. 581
I. Pierre. — Chimie agricole, in-12, p. 578.
Fouquet. — Traité des engrais, 1855, in-12, p. 179.

SECTION II.

Suie de houille.

En Angleterre, où la houille est le combustible le plus usité, on emploie, comme engrais, la suie qui provient de sa combustion. Cette suie, d'après M. Boussingault, est plus azotée que celle de bois.

On l'applique avec beaucoup d'avantages sur les terres sèches, calcaires ou crayeuses; elle produit ordinairement très-peu d'effet sur les terres argileuses et humides.

Cet engrais se répand à la main ou à la pelle, pendant le mois d'avril, sur les froments d'automne, les trèfles, ou bien on l'enfouit à l'époque des semailles d'orge en même temps que la semence.

La quantité que l'on applique par hectare varie entre 18 et 25 hectolitres.

Cette suie produit aussi d'excellents effets sur les turneps. Lorsqu'on la répand sur le sol un peu avant l'apparition des cotylédons, au dire de Hunter, elle tue les pucerons et ne nuit pas aux jeunes plantes; mais si on la sème sur les turneps déjà levés, et qu'une sécheresse succède, les plantes en souffrent beaucoup.

CHAPITRE II.

PRODUITS DE L'INCINÉRATION.

—

SECTION I.

Cendres de bois non lessivées.

Anglais. — Ashes of wood. *Espagnol.* — Ceniza.

Historique. — Composition. — Sols sur lesquels on les emploie. — Mode d'application. — Quantité par hectare. — Poids de l'hectolitre. — Mode d'action. — Plantes sur lesquelles on les applique. — Durée de leur action. — Bibliographie.

Historique. — Les cendres non lessivées sont employées depuis longtemps comme engrais. Pline rapporte que les habitants de la Transpadane les préféraient aux fumiers des animaux de travail. Les peuples de l'Inde et de l'Afrique brûlent les feuilles de maïs et emploient les cendres qui en résultent à la fertilisation des terres qu'ils cultivent.

De nos jours, les cendres lessivées sont rarement employées, à cause des usages nombreux auxquels on les destine dans les arts et l'industrie et aussi parce que le commerce les livre à l'agriculture à un prix qui est très-élevé, si on le compare à la valeur des charrées.

Composition. — Elles sont généralement composées de carbonates de potasse et de soude, de sulfates, de chlorhydrates de potasse et de soude, de phosphate et de carbonate de chaux, de silice, d'oxyde de fer, de manganèse et d'alumine.

Voici, d'après MM. Guépin et Leloup, la composition des cendres de bois très-pures :

Sels solubles dans l'eau	60,00
Sels solubles dans l'acide chlorhydrique	34,00
Résidu	5,00
Perte	1,00
	100,00

Toutes les cendres non lessivées ne renferment pas les mêmes éléments constituants. Il en est qui sont très-riches en alcalis, en substances solubles dans l'eau ; il en est d'autres, au contraire, qui renferment peu de soude et de potasse, et qui contiennent une quantité considérable de substances insolubles dans l'eau. Théodore de Saussure a publié, sur ces anomalies, un travail très-remarquable. Il résulte de ces recherches :

1° Que les plantes ligneuses contiennent moins de cendres que les végétaux herbacés, le tronc moins que les branches, les branches moins que les feuilles ;

2° Qu'un végétal putréfié fournit, à poids égal, plus de cendres qu'un végétal sain ;

3° Que l'écorce des arbres contient beaucoup plus de cendres que les parties intérieures, et que l'aubier en contient davantage que le bois ;

4° Que la nature du sol fait varier les quantités de cendres dans la plupart des végétaux ;

5° Que la proportion des éléments des cendres a des rapports avec celle des éléments qui constituent le sol ;

6° Que les cendres sont plus siliceuses sur un sol siliceux, plus calcaires sur un sol calcaire ;

7° Que les sels alcalins forment, sans aucune comparaison, l'élément le plus abondant dans les cendres d'une plante herbacée, dont les parties sont en état d'accroissement ;

8° Que la proportion des sels alcalins n'augmente jamais sensiblement, et qu'elle diminue souvent à mesure que la plante se développe et vieillit sur le même sol;

9° Que les cendres de l'écorce contiennent une beaucoup moins grande proportion de sels alcalins que les cendres du bois et de l'aubier, et que celles du bois tout formé sont presque aussi chargées de sels alcalins que celles de l'aubier qui lui est adhérent;

10° Que les cendres des semences sont plus chargées de sels alcalins que celles de la plante qui les a produits;

11° Que les phosphates terreux (ceux de chaux et de magnésie) sont, après les sels alcalins, l'élément le plus abondant des cendres d'une plante herbacée;

12° Que les cendres de l'écorce d'un végétal contiennent une beaucoup moins grande proportion de phosphates terreux que celles de l'aubier, que ces dernières cendres en renferment plus que celles du bois, et que celles des graines en contiennent davantage que celles des tiges;

13° Que les cendres des écorces contiennent une plus grande quantité de carbonate de chaux que celles de l'aubier, qui en renferment moins que celles du bois;

14° Que la proportion de silice augmente à mesure que les plantes se développent et qu'elles se dépouillent de leurs sels alcalins, et que les cendres des graminées en fournissent plus que celles des autres plantes;

15° Que les oxydes de fer et de manganèse augmentent dans les cendres à mesure que les plantes se développent.

Plusieurs plantes donnent une quantité considérable de sels alcalins. Le tableau suivant, qui est extrait des ouvrages de Berzélius, Berthier, Kirwan, de Saussure et Vauquelin, indique la proportion de potasse et de soude que renferment les cendres de certains végétaux.

100 parties de cendres ont donné :

Bois de chêne	9,44	Bois de châtaignier	10,11
— de hêtre	17,11	— de pin sylvestre	15,48
— de mélèze	17,52	Paille de seigle	17,03
— d'orme	24,68	— d'avoine	26,87
— de sapin	13,98	— de froment	18,60
— de charme	11,30	— de sarrasin	8,65
— de bouleau	12,72	Sarments de vigne	43,67

Les *cendres des fours à chaux* provenant de la combustion des épines, bruyères ou broussailles produisent d'excellents effets sur les terres non calcaires. Elles contiennent des sels alcalins et des débris de chaux vive.

On ne doit les employer que lorsqu'elles se sont refroidies, car autrement elles brûleraient les plantes avec lesquelles elles seraient en contact.

Sols sur lesquels on les emploie.—L'expérience a prouvé que les cendres non lessivées sont plus nuisibles qu'utiles aux sols qui renferment une très-grande proportion de carbonate de chaux. On les utilise de préférence sur les terrains argileux, les sols siliceux et graveleux, et les terres franches. Dans la région de l'Ouest, où les terres sont argilo-siliceuses, schisteuses et granitiques, elles produisent des effets remarquables partout où on les emploie.

Mode d'application. — Lorsqu'on répand des cendres non lessivées ou celles qui proviennent de *brûlis* [1], il faut choisir un temps couvert et calme, afin que le vent ne les porte pas à une grande distance et qu'elles soient réparties plus uniformément.

Quantité par hectare. — La quantité de cendres de bois qu'on applique par hectare est exclusivement variable; elle

1. Sous le nom de *brûlis* on désigne dans l'Ouest l'opération qui consiste à incinérer pendant la belle saison des fougères, bruyères, ajoncs, etc., qui ont séjourné pendant plusieurs mois, soit dans les cours de la ferme, soit sur les chemins. Ces *brûlis* sont très-en usage en Chine.

est toujours en raison directe de leur valeur. Mais comme, dans la plupart des cas, ces cendres sont réservées pour les lessives, les savonneries, etc., il s'ensuit qu'elles sont toujours appliquées à une dose très-faible.

Poids de l'hectolitre. — Les cendres non lessivées pèsent de 46 à 50 kilog.

Mode d'action. — Les effets des cendres non lessivées ont été l'objet de nombreuses observations. Suivant Thaër, on ne peut contester que la potasse qu'elles renferment ne contribue beaucoup à la fertilisation des terrains, par la faculté qu'elle a d'opérer la décomposition des parties organiques accumulées au sein de la terre arable. Cette opinion, qui est aussi celle de Burger, Schwerz et de M. de Gasparin, n'a pas été acceptée entièrement par Puvis. Cet agriculteur, tout en reconnaissant l'action favorable des alcalis minéraux sur les plantes, pense que le phosphate de chaux doit être regardé comme l'élément principal de ces engrais. Il a constaté que les cendres non lessivées, en fournissant aux végétaux cette base essentielle et dominante de la partie fixe des grains qu'ils produisent, favorisent éminemment la production de leurs semences. A l'appui de son opinion, Puvis rappelle que les cendres des semences de froment contiennent 44 pour 100 de phosphate de chaux; celles de maïs, 36; de fèves, 28, et d'avoine, 28. Cette explication est celle qu'il faut admettre; elle corrobore les opinions de Liebig et de Dumas.

Plantes sur lesquelles on les applique. — Dans les localités où les cendres non lessivées ont une très-grande valeur commerciale, et où le sol est couvert de fougères, de bruyères ou d'ajoncs, on incinère ces plantes pour recueillir leurs cendres et les répandre sur les terres qui doivent être ensemencées en sarrasin, navette, colza, chanvre, etc. Toutefois, il importe beaucoup, dans cette circonstance, de brûler les végétaux à l'état vert, parce qu'ils rendent plus de cendres que lorsqu'ils sont desséchés. En Flandre, la cendre qui provient de l'incinération des tiges d'œillette est réputée la première pour la qualité; on l'applique souvent aux récoltes de lin et de tabac.

La cendre neuve de bois a une action remarquable sur les prairies acides, aigres, marécageuses, qui ont été assainies; elle sature l'acidité de la couche arable, et, par ses propriétés alcalines, fait disparaître la mousse, les laîches et autres plantes nuisibles, et elle active par contre les plantes de la famille des légumineuses, sur lesquelles elle a une action véritablement remarquable. Ces cendres donnent une couleur vert foncé aux végétaux qu'elles font croître, et elles favorisent beaucoup plus la production du grain des céréales qui ressemble à celui des fonds chaulés, et qui est peut-être encore plus fin et à écorce plus fine, que celle de la paille. On peut aussi les employer sur les prairies naturelles sèches et les prairies artificielles, à cause de leur grande action sur les trèfles, les luzernes, les lotiers, etc.

Durée de leur action. — Les effets des cendres non lessivées sont de peu de durée, surtout lorsqu'on les emploie en petite quantité. Dans les circonstances ordinaires, leurs effets sont peu sensibles après la deuxième année d'application. Pour prolonger leur action et les rendre plus actives, on doit les employer à haute dose ou les mêler, comme cela a lieu en Angleterre et en Allemagne, à une quantité égale de chaux réduite en poudre.

Les cendres provenant de l'écobuage contiennent aussi des sels de soude, de potasse et de chaux, mais leur action fertilisante est très-variable. Lorsqu'elles proviennent de l'incinération de gazons contenant beaucoup de matières organiques, elles renferment toujours une très-forte proportion de parties actives. Il n'en est pas de même lorsque les gazons incinérés contenaient une notable quantité de sables ou d'argile. Dans ce cas, les cendres ont une action mécanique plus prononcée que les effets chimiques qu'elles peuvent produire sur le concours des parties alcalines qu'elles renferment.

Les premières cendres sont généralement grises et légères ; les cendres qui proviennent de l'incinération de gazons très-terreux, sont plus ou moins rougeâtres, selon la proportion d'argile et de fer qui se trouvaient unies aux matières organiques.

BIBLIOGRAPHIE.

De Saussure. — Recherches chimiq. sur la végét., 1804, in-8, p. 272.
P. Ré. — Essai sur les engrais, 1813, in-8, p. 146.
J. Sinclair. — Agriculture pratique, 1825, in-8, t. I, p. 446.
Thaër. — Principes raisonnés d'agriculture, 1831, in-8, t. II, p. 438.
Puvis. — Moyen d'amender le sol, 1837, in-8, p. 95.
De Gasparin. — Cours d'agriculture, 1848, in-8, t. I, p. 611.
I. Pierre. — Chimie agricole, in-12, p. 555.
Fouquet. — Traité des engrais, 1855, in-12, p. 162.

SECTION II.

Charrées ou cendres lessivées.

Espagnol. — Cenada.

Définition. — Historique. — Nature et variétés. — Terrains auxquels elles conviennent. — Mode d'application. — Recouvrement. — Époque de leur emploi. — Quantité qu'il faut appliquer. — Poids de l'hectolitre. — Mode d'action. — Plantes sur lesquelles on les emploie. — Durée d'action. — Bibliographie.

Définition. — On donne le nom de *charrée* au résidu des cendres qui ont été appliquées au lessivage du linge.

Historique. — Ces cendres, qu'on emploie immédiatement après leur lixiviation, sont utilisées en agriculture depuis fort longtemps; Olivier de Serres les considérait comme des substances fort actives pour la végétation.

Chaque année on en fait un très-grand usage dans la région de l'Ouest. Nantes en reçoit annuellement des quantités considérables de la Charité, de Gien, d'Orléans, de la Rochelle et de Rochefort. On en emploie aussi beaucoup dans l'Est.

Sans *ces cendres*, disent les cultivateurs vosgiens, *la terre de nos montagnes serait improductive.*

Nature et variétés. — Ces cendres contiennent fort peu de substances solubles. MM. Leloup et Guépin ont constaté, par plusieurs analyses, que les cendres lessivées pures contenaient en moyenne les substances suivantes :

	Charrées de bois.	Charrées de tourbe.
Sels solubles dans l'eau	1,37	5,00
Sels solubles dans l'acide chlorhydrique	74,13	79,30
Résidu sec	24,50	15,70
	100.00	100,00

1° Les *charrées des ménages* contiennent quelques débris de charbons, des sels de chaux et de potasse unis à des matières organiques, mais elles ne renferment pas au delà de 15 à 20 pour 100 de silice. Quand elles sont sèches, elles exhalent une odeur savonneuse très-prononcée.

Voici, d'après M. Bobierre, la composition d'une charrée pure :

Matières organiques	9,80
Sels solubles dans l'eau	1,05
Silice	13,60
Oxyde de fer, alumine, phosphate de chaux	27,30
Carbonate de chaux	47,10
Magnésie et perte	1,15
	100,00

Toutes les charrées des ménages livrées à l'agriculture ne sont pas aussi pures que celles dont il vient d'être question. Dans la plupart des contrées de l'Ouest, on les sophistique en leur ajoutant des matières terreuses pulvérisées et très-fines. Ainsi, ces cendres sont souvent mêlées à de la terre, à des débris de tuff ou tuffeau, quelquefois à des plâtras. Les fraudeurs arrosent les mélanges avec une décoction de feuilles de laurier, afin que leur odeur rappelle celle de lessive.

Voici, d'après M. Bobierre, la composition d'un mélange vendu à Saumur, comme charrée de ménage :

Matières organiques et sels solubles dans l'eau	2,20
Carbonate de chaux	24,80
Oxyde de fer et alumine	10,05
Silice ou sable	58,12
Magnésie et perte	4,83
	100,00

2° La *charrée des savonniers* est regardée comme la meilleure de toutes, et cela parce qu'elle contient plus de parties calcaires, et qu'elle contient quelques parties de graisse ou animales incomplétement décomposées. Thaër la regarde comme supérieure aux cendres lessivées de ménage lorsqu'on l'applique sur des terres fertiles.

3° Les *cendres lessivées des blanchisseries et des salpêtriers* sont aussi considérées comme plus puissantes que celles de ménage. On sait que ces charrées contiennent une quantité assez considérable de chaux en partie carbonatée, qu'on ajoute aux cendres avant de procéder à la lixiviation pour rendre la potasse caustique.

4° Les *charrées des fabriques de potasse* jouissent des propriétés des charrées de ménage.

Terrains auxquels elles conviennent. — Les charrées ne conviennent guère aux terrains calcaires. Elles doivent être appliquées sur les terres argileuses, argilo-siliceuses, schisteuses granitiques et les sols des landes ou de bruyères. On les emploie avec le plus grand succès sur les sols légers. On les utilise aussi avec avantage sur les terres tourbeuses défrichées, où elles neutralisent en partie l'acidité de la couche arable.

Ces engrais exercent peu d'effets sur les plantes, si on les applique sur des terres où les eaux sont stagnantes ou surabondantes pendant l'hiver.

Mode d'application. — Les charrées se répandent ou à la main ou à la pelle.

Quand la quantité à appliquer s'élève à 15, 20 ou 30 hectol. par hectare, il est indispensable de les répandre à la main, si on veut qu'elles soient réparties uniformément sur toute la surface du champ. Alors, on se sert d'un tablier-semoir et on agit comme dans les ensemencements. On a soin de placer, aux extrémités et à la partie médiane du champ sur lequel on opère, des tas de charrées de distance en distance afin que le travail du semeur soit aussi facile et expéditif que possible.

Lorsque la quantité à employer est considérable, qu'elle dépasse 40 et 50 hectol. par hectare, on dispose la charrée en petits tas distants les uns des autres de 6 à 7 mètres, puis on la répand très-également au moyen d'une pelle en fer ou en bois.

On peut aussi répandre ces engrais pulvérulents à l'aide d'un semoir à cheval appelé *semoir à engrais.*

Recouvrement. — Les charrées doivent être enterrées peu profondément. Quelquefois on les enfouit par un léger labour, mais il vaut mieux les répandre, si les travaux de culture le permettent, sur le dernier labour, et les incorporer à la couche arable en même temps que les semences par un ou plusieurs hersages. Lorsqu'on les applique sur une prairie ou sur une plante en végétation, on ne les recouvre pas.

Époque de leur emploi. — Dans le département du Nord, on les applique ordinairement au printemps sur des récoltes déjà levées, et l'on attend pour cela que les premières chaleurs se soient fait sentir ; cette condition paraît même tellement importante à plusieurs cultivateurs, qu'ils tiennent l'action de la charrée pour nulle si on devance cette époque.

Il est important que la charrée reçoive une pluie peu de temps après avoir été semée. S'il survient une sécheresse prononcée après son épandage, elle persiste dans le sol et n'agit pas sur la végétation. En Bretagne, j'ai constaté que, répandue sur des prairies naturelles au printemps et par un temps sec, elle n'agissait que lorsque les plantes ombrageaient parfaitement la couche arable.

Quantité qu'il faut employer. — La quantité de charrées qu'on applique par hectare varie suivant les localités et conséquemment leur prix de revient.

Voici à quelle dose elles sont employées en France :

Départements.	Prix de l'hectolitre.	Quantité d'hectolitres.
Ain, Haute-Saône, Saône-et-Loire, Jura..	1f,50 à 3f,00	20 à 30
Rhône, Nord, Pas-de-Calais............	1 ,00 à 1 ,50	40 à 50
Loire-Inférieure, Vendée, Maine-et-Loire..	3 ,00 à 3 ,50	25 à 30

En Flandre, on répand la charrée de savonniers dans la proportion de 40 à 60 hectol. par hectare.

En général, on a constaté que les charrées devaient être appliquées dans une proportion plus forte sur les sols argileux et humides que sur les terres légères et perméables.

Poids de l'hectolitre. — Les cendres lessivées pures pèsent de 70 à 75 kilog.

Mode d'action. — Les cendres qui ont perdu par la lixiviation une partie considérable de sels solubles doivent manifester leur action sur les plantes par les sels insolubles qu'elles comportent. Thaër, en constatant que les charrées agissent presque autant que les cendres neuves, avait pensé qu'il fallait, pour qu'elles pussent encore exciter la végétation après la lixiviation, qu'il y eût dans ces cendres quelque chose de particulier et d'inconnu, qui leur donnât une action proportionnément beaucoup plus grande que celle d'une quantité égale des mêmes éléments qui les composent. De là, il concluait que probablement il reste dans la charrée quelque chose de la vie végétale qui échappe à nos sens.

Suivant Puvis, l'effet produit par les charrées ne peut être dû aux sels solubles qui entrent dans la composition des cendres, parce que, sous l'action de l'eau bouillante, elles ont perdu presque toutes leurs parties solubles. Il ne peut être non plus attribué au carbonate de chaux seul, puisque l'action de ces cendres est, en beaucoup de points, très-différente de celle produite par le carbonate de chaux de la marne ou de la craie; d'ailleurs, le carbonate de chaux, qui compose au plus, en moyenne, un tiers de la masse des cendres, ne se trouverait pas employé dans une proportion qui pût produire un effet bien sensible, puisque le carbonate de chaux que porte la dose moyenne de charrée sur le sol est 5 ou 10 fois moindre que celui des doses les plus faibles de marne. Puvis conclut de ce raisonnement que le carbonate de chaux n'est ici qu'en second ordre, et qu'il ne fait qu'appuyer un autre agent plus actif que lui, qui ne peut être que le phosphate de chaux, qui, avec des quantités peu considérables de silice et d'alumine, forme tout le reste de la masse des cendres lessivées.

Ainsi, tout en constatant que les charrées agissent sur la végétation par l'alcali qu'elles contiennent encore et par le carbonate terreux qu'elles renferment, il faut reconnaître ici que le phosphate de chaux doit être regardé comme le principe actif et direct des cendres lessivées.

Plantes pour lesquelles on les emploie. — C'est principalement sur les légumineuses, les trèfles, les lotiers, etc., que les charrées ont une action très-puissante ; elles font toujours naître le trèfle rouge et le trèfle blanc dans les champs, où, avant leur application, l'œil observateur en distinguait avec peine. On les emploie aussi sur les céréales en végétation, ou sur les terres qui doivent être ensemencées en seigle, et sur les prairies naturelles saines et sur celles acides et couvertes de mousses, de joncs et de carex. Appliquées sur des prairies humides, marécageuses, préalablement desséchées, elles changent promptement la nature de la production herbacée.

Dans la région de l'Ouest, où leur application alterne toujours avec celle du fumier, on les emploie très-souvent au mois de juin, pour les semailles de sarrasin qui ont lieu sur les pâtis ou jachères, ou en automne, sur les champs qui ont produit cette plante alimentaire, et qui doivent être ensemencés en seigle ou froment. Lorsqu'on considère, observe avec juste raison Schwerz, tous les résultats dus à la cendre lessivée, on comprend que le cultivateur doit en être avare, et quelle faute commettent ceux qui jettent celle de leurs lessives sur le fumier, où, n'étant pas divisée, elle ne produit aucun effet, et qui rendent improductifs les endroits des champs ou la charrée est portée en cet état.

Durée d'action. — Dans les pays pauvres, ou ceux qui comportent beaucoup de landes ou de terres vaines et vagues, l'action des charrées pures et appliquées dans la proportion de 20 à 25 hectolitres par hectare, ne se manifeste guère au delà de la deuxième année sur les terres labourables. Il faut les répandre à la dose de 60, 80 ou 120 hectolitres, comme cela a lieu dans les Vosges, pour que leurs effets soient encore sensibles la troisième année. Sur les prairies naturelles, leurs effets se font sentir pendant 3 ou 5 années.

En Angleterre et en Hollande, on a constaté que, appliquées à la dose de 140 à 150 hectolitres par hectare, les cendres de savonneries ou les charrées de ménage manifestaient leur action pendant 10 à 12 années sur des prés parfaitement assainis.

BIBLIOGRAPHIE.

Thaër. — Principes raisonnés d'agriculture, 1831, in-8, t. II, p. 438.
Bertin. — Statistique des os. 1843, in-8, p. 190.
Rendu. — Agriculture du Nord, 1843, in-8, p. 101.
Caillat. — Application de la chimie à l'agric., 1847, in-12, t. IV, p. 67.
Puvis. — Traité des amendements, etc., 1848, in-12, p. 471.
Moride et **Bobierre.** — Technologie des engrais, 1848, in-8, p. 265.
I. Pierre. — Chimie agricole, in-12, p. 559.
Joigneaux. — Traité des amendements, 1848, in-18, p. 70.
Fouquet. — Traité des engrais, 1855, in-12, p. 165.

SECTION III.

Cendres de fumier.

Dans les marais du Poitou, de la Vendée et de la Saintonge, où les terres sont très-argileuses, humides et riches, et où le bois est d'une extrême rareté, on utilise les excréments et le fumier des bêtes ovines et bovines comme combustible. Ainsi, quand ces engrais ont séjourné en tas une année, et qu'ils sont arrivés à l'état de beurre noir, les fermiers, que l'on appelle *cabaniers*, les pétrissent avec les pieds, en forment des gâteaux ronds, plats, mais moins épais que les mottes à tan, qu'ils font ensuite sécher à l'air et au soleil.

Lorsque ces gâteaux sont très-secs, on les conserve sous des hangars ou dans des celliers à l'abri de la pluie.

Ce singulier combustible se nomme *bouza* ou *bouze*, et sa préparation donne lieu aux *noces noires*, fêtes fort curieuses. On l'emploie pour tous les usages domestiques; il répand, quand on le brûle, une odeur particulière et suffocante d'ammoniaque.

Les cendres que l'on obtient par la combustion de ces gâteaux sont achetées par les cultivateurs du Bocage de la Vendée, qui les considèrent comme très-fertilisantes et les emploient de préférence sur les terres argileuses ou argilo-siliceuses, à la dose de 25 à 35 hectolitres par hectare.

Dans une exploitation de 100 hectares, on confectionne ordinairement 8000 gâteaux provenant de 30 mètres cubes de fumier environ. Ces gâteaux donnent, par la combustion, de 8 à 9 mètres cubes de cendres.

Voici, d'après M. Bobierre, la composition des cendres de fumier :

Matières organiques	9,00
Sels solubles dans l'eau	2,15
Silice	59,80
Carbonate de chaux	17,55
Alumine, oxyde de fer et phosphate de chaux	11,10
Magnésie et perte	0,40
	100,00

Chaque hectolitre se vend de 1 fr. à 1 fr. 50 c.

Ces cendres ne sont pas toujours livrées pures. Quelquefois, pour augmenter leur quantité, on leur ajoute de la terre tamisée.

Grâce au généreux concours de la Société d'agriculture de la Rochelle, un certain nombre de cabaniers ont abandonné depuis quelques années ce déplorable procédé. Tout porte à croire que le jour n'est pas très-éloigné où les habitants des marais du Bas-Poitou auront renoncé à ce combustible, qui prive les terres qu'ils cultivent des sels ammoniacaux que contiennent les fumiers fabriqués dans leurs cabanes.

SECTION IV.

Cendres de tourbe.

Historique. — Composition. — Terrains sur lesquels on les emploie. — Incinération. — Quantité de cendres fournie par la tourbe. — Poids du mètre cube de tourbe. — Conservation. — Poids de l'hectolitre de cendres. — Quantité à répandre par hectare. — Application. — Mode d'action. — Plantes sur lesquelles on les emploie. — Épuisement du sol par ces cendres. — Valeur commerciale.

Historique. — Les cendres de tourbe sont employées depuis longtemps comme engrais dans la partie septentrionale de l'Europe.

On les désigne quelquefois sous le nom de *cendres de Hollande, cendres de mer.*

Composition. — Les cendres de tourbe ne renferment pas les mêmes éléments que ceux que l'on observe dans les cendres de bois, ou, si elles les contiennent, ils n'y existent pas dans les mêmes proportions.

Diverses cendres de tourbe, analysées par MM. Leloup et Guépin, ont donné les résultats suivants :

	Tourbe		
	du Cateau.	de Brignon.	de Montoir.
Sels de potasse……	1,77	»	»
Sels de soude……	»	»	29,28
Sels de chaux……	13,30	17,00	20,78
Sels de fer……	28,30	20,00	13,84
Alumine et silice……	51,68	58,20	33,59
Magnésie……	0,05	2,00	0,45
Eau et perte……	4,90	2,80	2,06
	100,00	100,00	100,00

La proportion de soude qu'on observe dans les cendres de la tourbe prise à Montoir (Loire-Inférieure), indique que cette tourbe a été couverte par la mer à une époque indéterminée.

Deux cendres analysées par M. Berthier ont donné :

	Tourbe	
	de Vassy.	de Château-Landon.
Carbonate de chaux........	51,50	63,00
Sulfate de chaux............	26,00	»
Argile......................	11,00	27,50
Oxyde de fer...............	11,50	9,00
Potasse....................	»	0,50
	100,00	100,00

Les cendres de tourbe en usage dans la Picardie et surtout dans le département de la Somme, forment trois classes distinctes, savoir :

Les *cendres grises de la Picardie* contenant les éléments suivants :

	Tourbe	
	de Flixecourt.	de Rivery.
Silice......................	48,75	39,17
Chaux......................	44,21	47,30
Acide sulfurique...........	2,31	2,86
Oxyde de fer et alumine.....	2,60	9,77
Perte.....................	2,13	0,90
	100,00	100,00

Les *cendres blanches de la Picardie* ayant la composition suivante :

	Tourbe	
	de Querrieux.	de Ramiencourt.
Silice.....................	6,10	0,60
Carbonate de chaux.........	93,50	91,81
Sels alcalins...............	0,40	2,72
Oxyde de fer et alumine.....	»	2,40
Acide sulfurique...........	»	2,47
	100,00	100,00

Les cendres blanches d'Albert, d'Argicourt et de Flixecourt sont aussi presque uniquement composées de carbonate de chaux.

De semblables cendres peuvent, au besoin, remplacer la chaux et la marne.

Les *cendres noires de la Somme* qui, analysées par M. Commines de Marsilly, ont donné les résultats suivants :

	Tourbe			
	de Camon.	de Bourdon.	de Rivery.	de Querrieux.
Silice	2,80	1,98	1,00	0,96
Chaux	48,70	55,56	51,28	56,96
Acide sulfurique	24,00	23,44	26,89	27,87
Magnésie	5,90	4,52	2,32	»
Sels alcalins	1,30	1,00	1,10	0,34
Oxyde de fer et alumine	17,30	13,50	17,41	13,87
	100,00	100,00	100,00	100,00

Ces cendres sont remarquables par la grande quantité de sulfate de chaux qu'elles contiennent.

De ces diverses analyses, il résulte que la composition des cendres de tourbe est très-variable. Toutefois, si on constate dans les cendres de la tourbe de Montoir, localité très-voisine des côtes de l'Océan, des sels de soude qui en constituent la principale partie, on ne doit pas oublier que la plupart des différentes espèces de tourbe contiennent beaucoup de chaux en combinaison avec les acides carbonique et sulfurique. La proportion d'alumine et de silice est très-variable; il en est de même de l'oxyde de fer et de la magnésie ; ces deux éléments sont plus ou moins abondants, selon l'origine de la tourbe. La chaux carbonatée que l'on trouve dans ces cendres est dans un grand état de division.

Les cendres de tourbe, regardées comme les meilleures, sont grises, blanchâtres et très-légères. Les cendres rouges, brunes, doivent leur coloration à l'oxyde de fer; elles sont généralement pesantes et peu estimées.

Le commerce altère souvent les cendres de tourbe en y mêlant de la terre.

Terrains sur lesquels on les emploie. — Ces cendres

peuvent être employées avec avantage sur tous les terrains qui ne renferment pas de carbonate de chaux. Ainsi, elles conviennent très-bien aux sols sablonneux, argileux, argilo-siliceux, schisteux, granitiques, et les terres tourbeuses.

Incinération. — Pour brûler la tourbe avec facilité, il faut avoir des fours semblables à ceux dans lesquels on cuit la brique. A défaut de ces fours, on se sert, en Allemagne, d'une grille en fer qui repose sur des pieds élevés de 0m,40 à 0m,55 du sol, et sous laquelle on place du bois ou des broussailles. Sur la grille on met un rang de mottes ou plaques de tourbe sèche, puis un second rang de mottes de tourbe humide, et ainsi de suite, jusqu'à ce que la grille soit suffisamment garnie de mottes. La tourbe encore humide est destinée à retarder l'incinération, qui doit être surveillée et bien conduite. Si cette opération s'effectuait rapidement, on perdrait considérablement en volume et en poids. Quand le feu est peu violent, peu actif, lorsque l'opération dure longtemps, soit qu'elle ait lieu sur des grilles, soit qu'elle s'effectue au sein de fourneaux de tuilier, potier, briquetier, etc., les cendres sont plus abondantes et plus fertilisantes. Ordinairement, la cendre perd beaucoup de son action, de son énergie, quand la tourbe est incinérée à une haute température. Schwerz recommande avec raison de la brûler par grandes masses et le plus lentement possible, afin que le feu y dure de 40 à 60 jours.

Les tourbes blanches, dans la Picardie, sont brûlées pendant l'automne et le printemps.

On peut aussi incinérer la tourbe en confectionnant avec les gazons, alors que ceux-ci sont encore un peu humides, des fourneaux semblables à ceux que l'on construit dans la pratique de l'écobuage; mais les résultats que donne ce moyen simple et peu coûteux, ne sont pas, ainsi que la pratique le prouve chaque jour, aussi favorables que ceux qu'on obtient par le concours de fourneaux en pierre, en maçonnerie, ou en argile.

Poids du mètre cube de tourbe. — Un mètre cube de tourbe pèse 250 à 700 kilog., suivant la quantité des matières terreuses qu'elle contient.

Quantité de cendres fournies par la tourbe. — En général, 12 hectolitres de tourbe de bonne qualité donnent 1 hectolitre de cendres.

Les bonnes tourbes rendent de 7 à 8 pour 100 de cendres.

Les mauvaises tourbes donnent jusqu'à 30, 40 et 50 pour 100.

Le rendement moyen des tourbes qui contiennent des matières terreuses est de 20 p. 100.

Conservation des cendres. — On doit conserver les cendres de tourbe à l'abri de l'humidité et de l'air, afin qu'elles ne perdent pas les sels solubles qu'elles contiennent et qu'elles soient toujours sèches.

Poids de l'hectolitre. — Le poids de l'hectolitre a une très-grande importance. Lorsque la cendre de tourbe est pure et de bonne qualité, sa couleur est argentine et elle ne pèse pas, quand elle est sèche, au delà de 50 kilog. l'hectolitre. Lorsque son poids est plus élevé, c'est une preuve certaine qu'elle contient beaucoup de sable ou d'argile.

L'hectolitre de bonnes cendres pèse de 40 à 50 kilog.

Quantité à répandre par hectare. — Les cendres de tourbe s'emploient à des doses très-élevées, mais variables suivant leur valeur commerciale. Dans l'arrondissement de Dunkerque, on en met 270 hectolitres par hectare; dans celui de Douai, on les emploie chaque année sur les luzernes à la dose de 150 hectolitres.

En Picardie, on les applique à raison de 20, 30 et 40 hectolitres sur les prairies naturelles et artificielles; en Hollande, on en répand de 90 à 125 hectolitres sur les tréflières.

Application. — On répand les cendres de tourbe à la main ou au moyen d'une pelle, suivant la quantité qu'on applique par hectare. On doit opérer de préférence le matin ou le soir, lorsque l'air est calme et un peu humide. Quand on est forcé de les répandre par un vent fort, on les arrose afin de les rendre moins légères.

Ordinairement, on répand ces cendres à la fin de l'hiver ou au commencement du printemps.

On peut les mêler au sol en même temps que les semences.

Mode d'action. — L'action des cendres de tourbe est bien différente de celle de charrées. Ces engrais agissent sur la végétation par la chaux caustique ou carbonatée qu'elles renferment. La quantité de phosphates qui entre dans la composition est trop minime pour qu'on puisse les regarder comme ayant sur les céréales des effets analogues à ceux produits par la charrée. Il ne peut être question non plus d'avoir égard aux sels alcalins qu'elles contiennent, puisque dans les circonstances les plus générales ces matières ne dépassent pas la proportion de 2 pour 100. Il n'y a que les tourbes marines, comme celles de Montoir, qui puissent réellement agir par leur alcali.

Quand ces cendres renferment une notable quantité de sulfate de chaux, comme celles de Vassy (Marne), on peut les comparer au plâtre quant aux effets qu'elles produisent.

Plantes sur lesquelles on les emploie. — Ces cendres ont une action extraordinaire sur les légumineuses. Leur utilité est si bien connue dans la Flandre, qu'on dit proverbialement : *Celui qui achète des cendres de tourbe pour son trèfle* *fait un bon marché*, et *celui qui n'en achète pas les paye deux fois*. Non-seulement ces engrais minéraux produisent des effets remarquables sur les trèfles et les luzernes, lorsqu'il survient une pluie peu de temps après leur application, mais elles sont aussi très-utiles au lin, aux navets, vesces, pois et navette. Elles produisent aussi d'excellents effets sur les prairies naturelles ni trop sèches ni trop imprégnées d'humidité stagnante.

Épuisement du sol par ces cendres. — Les cendres de tourbe appliquées à haute dose pendant plusieurs années de suite sur le même terrain, diminuent la fertilité de la couche arable, à moins que leur application n'ait été combinée avec celle du fumier. Ainsi ces cendres produisent dans les vallées de la Somme, des effets en apparence miraculeux sur les prairies fraîches, puisqu'elles en augmentent le produit de près d'un tiers; toutefois, Bosc a remarqué que les terres où on en répandait tous les ans ne tardaient pas non-seulement à perdre cette fertilité extraordinaire, mais même à moins produire qu'avant l'usage des cendres. Cette remarque prouve une fois encore combien il existe d'analogie entre ces engrais et les minéraux carbonatés.

Valeur commerciale. — Le prix de ces cendres varie, suivant les localités, entre 50 et 75 c. l'hectolitre.

SECTION V.

Cendres de varechs.

Historique. — Composition. — Incinération des goëmons. — Emploi. — Cultures sur lesquelles on les applique. — Valeur commerciale.

Historique. — En Bretagne et dans quelques communes maritimes du département du Calvados, on emploie, comme combustible, les *varecs* ou *varechs*, plantes de la famille des phycoïdées, ou on les brûle pour en obtenir de la soude, après les avoir fait sécher au soleil. L'usage de brûler ces végétaux, que l'on nomme aussi *goëmons*, est très-répandu dans les communes situées à l'entrée du golfe du Morbihan. Les cendres qui résultent de ces diverses incinérations sont employées comme engrais.

Composition. — Ces cendres contiennent, d'après MM. Leloup et Guépin :

Sels solubles dans l'eau	46.55
Sels solubles dans l'acide chlorhydrique	31,70
Résidu	21.75

Elles sont très-riches en potasse, soude, chaux et acide sulfurique. M. Godechens a trouvé sur 100 parties les quantités suivantes :

Cendres de	Soude.	Potasse.	Sel marin.	Chaux.	Acide sulfur.
Fucus digitatus....	7,65	20,66	26,18	10,94	12.23
— vesiculosus..	9,54	13.01	21,45	8,36	24,06
— nodosus.....	14,53	9,13	18,28	11.60	24.20
— serratus.....	18,67	3,98	16,56	14,41	18,59

Incinération du goëmon. — Voici, selon M. de Blois, comment on prépare, sur les côtes de Bretagne, le goëmon que l'on destine à être brûlé : cette plante marine est étendue au soleil, sur la grève, dans les lieux fixés à chacun pour cet effet, et on l'y retourne pour l'y exposer à son influence, ainsi qu'à celle de l'air, jusqu'à parfaite siccité. Le sel m rin, attiré à la surface, s'y dépose en forme de poussière, e les eaux des pluies en entraînent une partie; s'il en reste une trop grande quantité qui puisse s'opposer à sa combustion, on obtient le même effet en le lavant à l'eau douce. La dessiccation diminue beaucoup le volume et le poids du goëmon; Lorsque ce dernier est aux trois quarts sec, on creuse dans le sol une fosse de 0m,66 de longueur, 5 à 6 mètres de largeur et 0m,65 à 75 de profondeur. On garnit ensuite le fond de cette fosse de pierres longues et étroites afin d'avoir une espèce de gril, et on la remplit de goëmon que l'on allume avec de la paille. On doit surveiller la combustion afin qu'elle ne soit pas trop vive. Le résidu que l'on obtient est grisâtre.

Cette cendre n'est pas toujours livrée pure à l'agriculture. Celle de la presqu'île de Callat (Finistère), est mêlée à une certaine quantité de terre noirâtre. Quelquefois, on la joint à des cendres qui proviennent de la combustion de bouses de vaches, que l'on a employées comme combustible après les avoir fait sécher au soleil; celle qu'on vend à Ducey (Manche), contient 53 pour 100 de matières animales.

Les cendres qui proviennent des goëmons qu'on brûle sur les côtes et dans les îles de la Vendée sont mêlées à des vases de mer. (Voir plus loin *Engrais commerciaux, cendres de Noirmoutiers.*)

Emploi. — La cendre de goëmon s'emploie à la dose de 20 à 30 hectolitres par hectare. On recommande d'appliquer celle de Ducey à raison de 3500 kilog. par hectare.

Cultures sur lesquelles on les applique. — Cet engrais produit d'excellents effets sur les terres non calcaires; on l'utilise dans la culture du froment, du sarrasin et du seigle.

On l'applique aussi sur les prairies naturelles envahies par la mousse.

On doit alterner son emploi avec celui des fumiers.

Valeur commerciale. — A Auray (Morbihan), le prix de l'hectolitre varie entre 1 fr. 50 et 2 fr. 50 ; à Paimpol (Finistère), on vend ces cendres de 1 fr. 50 à 2 fr. ; à Ducey (Manche), de 13 à 15 fr. les 1000 kilog.

SECTION VI.

Cendres de houille.

Anglais. — Ashes of coals.

Composition. — Conservation. — Préparation. — Terrains sur lesquels on les emploie. — Mode d'emploi. — Quantité qu'il faut appliquer. — Mode d'action. — Durée de leurs effets. — Valeur commerciale.

On emploie aussi les cendres de houille comme engrais. Ces cendres sont abondantes dans les contrées et les villes où l'on brûle beaucoup de houille.

Composition. — Ces engrais renferment très-peu de substances alcalines. Des cendres de houille de Saint-Étienne ont donné les résultats suivants :

Argile inattaquable par les acides	62,00
Alumine	5,00
Chaux	6,00
Magnésie	8,00
Oxyde de manganèse	3,00
Oxyde et sulfate de fer	16,00
	100,00

D'après les expériences de M. Regnault, la houille donne 2 pour 100 de cendres, renfermant 2 pour 100 d'azote.

Conservation. — On a constaté en Belgique qu'il fallait conserver les cendres de houille à l'abri des pluies.

Préparation. — Avant de les employer il faut les passer à la claie, afin de les débarrasser des scories ou agglomérations demi-vitrifiées.

Ces matières cohérentes et dures nuisent à l'action de la faux quand on répand les cendres sur des prairies naturelles ou artificielles sans les avoir préalablement criblées.

Terrains sur lesquels on les emploie. — Les cendres de houille conviennent particulièrement aux sols compactes, aux terres argileuses. On doit éviter de les appliquer sur les terrains légers, les sols siliceux. Dans les contrées, en Angleterre, où cet engrais a été employé avec modération, l'effet en a toujours été avantageux; mais dans le voisinage immédiat des villes, observe Maurice, où l'application revient fréquemment, le sol a été quelquefois tellement ameubli que la terre manque de consistance, et que, pour peu que l'année soit sèche, la récolte est perdue. Les plantes ne peuvent d'ailleurs s'enraciner assez fortement pour résister aux vents violents, et elles versent aisément lorsque ces vents surviennent dans la dernière quinzaine de juillet. Lors même que la récolte ne verse pas, les plantes sont si ébranlées et si déchaussées, qu'elles dépérissent au lieu de mûrir. Aussi il est important de ne pas renouveler l'emploi de ces cendres sur les sols naturellement légers, puisqu'elles tendraient à les rendre encore plus meubles.

Mode d'emploi. — On les applique de préférence sur les jachères afin qu'elles soient bien incorporées au sol.

On ne les répand pas ordinairement sur les prairies naturelles et artificielles. Ainsi appliquées, elles n'auraient aucune action mécanique, et n'agiraient chimiquement d'une manière sensible qu'autant qu'elles renfermeraient une certaine quantité de carbonate, de sulfate et phosphate terreux.

On les répand en hiver ou au commencement du printemps.

Quantité qu'il faut appliquer. — On emploie ces cendres à la dose de 40 à 50 hectolitres par hectare.

Mode d'action. — Les cendres de houille peuvent être comparées, quant à leur action chimique et mécanique, aux marnes argileuses, à moins qu'elles ne renferment une très-forte proportion de sels alcalins.

Durée d'action. — L'action chimique de ces cendres est très-limitée ; il n'en est pas de même de leur action physique ; elle se fait sentir pendant plusieurs années d'une manière apparente, surtout si la quantité appliquée excède de beaucoup celle que j'ai indiquée.

Valeur commerciale. — Les cultivateurs de Lokeren (Belgique), achètent les cendres de houille à raison de 40 à 50 c. l'hectolitre.

TROISIÈME CLASSE.

SUBSTANCES D'ORIGINE ANIMALE.

CHAPITRE UNIQUE.

MINÉRAUX PHOSPHATÉS A BASE DE CHAUX.

SECTION I.

Phosphate de chaux minéral.

Historique. — Nature. — Composition. — Extraction. — Lavage. — Prix de revient. — Poids du mètre cube. — Pulvérisation. — Terrains où doit être appliqué cet engrais. — Quantité à répandre par hectare. — Mode d'emploi. — Nécessité de l'alterner avec les fumures. — Mode d'action. — Valeur commerciale. — Bibliographie.

Historique. — On rencontre en Europe, dans un grand nombre de localités, des gisements importants de phosphate de chaux minéral susceptibles d'être exploités.

Ces dépôts sont abondants en Espagne, en Hongrie, en Bohême, en Angleterre et en France. On les rencontre principalement dans les terrains calcaires de formation crétacée et jurassique.

Berthier a signalé pour la première fois, en 1818, l'existence du phosphate de chaux sous formes de nodules, c'est-à-dire à l'état minéral. MM. Nesbit et Morris en découvrirent plus tard de nombreux gisements en France.

C'est M. Paine de Farnham qui eut le premier l'idée de les substituer aux os pulvérisés dans la fertilisation des terres.

En France, les premiers essais furent faits par M. Meugy, ingénieur des mines.

En 1856, MM. de Molon et Thurneysen ont fait connaître à l'Académie des sciences que ces coprolithes forment en France des gisements nombreux, inépuisables et faciles à exploiter dans trente-neuf départements formant le bassin parisien, d'une part, depuis Honfleur jusqu'à Bar-sur-Seine; de l'autre, depuis Angers jusqu'à Rethel, sur une longueur de 300 kilomètres et une largeur qui varie entre 500 et 3000 mètres.

Nature. —Le phosphate de chaux natif se présente le plus ordinairement sous forme de nodules plus ou moins arrondis, plus ou moins réguliers et disséminés dans le sol ou le sous-sol ou empâtés dans une roche un peu cohérente. Dans les deux cas, ils forment souvent une couche régulière de $0^{m},10$ à $0^{m},90$ d'épaisseur.

Ces rognons, que l'on considère comme des excréments concrétionnés d'anciens animaux, sont souvent riches en phosphate de chaux. Ceux d'une exploitation possible et économique doivent en contenir de 30 à 70 pour 100. Les nodules que l'on extrait à Truxillo (Espagne), en renferment jusqu'à 81 pour 100.

Ces nodules ont une cassure noirâtre; leur grosseur varie depuis le volume de la noisette jusqu'à la grosseur de l'œuf de poule.

Leur densité moyenne est de 2,5.

Composition. — La composition des rognons est assez variable. Voici trois analyses indiquant les substances qu'on y observe. Je dois la première à l'honorable M. Mangon, professeur à l'école impériale des ponts et chaussées; elle indique la composition du phosphate de chaux en poudre telle que la livrait en 1859 l'usine de La Villette ; la seconde a été faite par M. Rivot; elle révèle la composition des nodules de

Lille. La troisième, exécutée par M. Deherain, professeur de chimie au collége Chaptal, donne la composition des nodules des Ardennes.

	1re analyse.
Phosphate de chaux	36,50
Carbonate de chaux	15,50
— de magnésie	2,09
Alumine et peroxyde de fer	11,20
Argile et sable	29,70
Alcalis, eau et perte	5,01
	100,00

	2e.	3e.
Chaux	50,00	30,80
Acide phosphorique	18,00	21,30
Magnésie	»	1,70
Silice et argile	1,50	26,40
Oxyde de fer	Traces	10,00
Eau, acide carbonique	30,50	6,80
	100,00	100,00

M. Deherain a constaté après avoir exécuté 26 analyses que le phosphate de chaux minéral ou fossile contenait en moyenne 40,4 pour 100 de phosphate de chaux.

Enfin, il n'est pas inutile de rappeler avec M. Deherain que les gisements de nodules ne sont pas toujours constants dans leur richesse en phosphate de chaux.

Extraction. — On récolte les nodules de deux manières; en premier lieu, on les fait ramasser sur les champs non occupés par des récoltes, par des femmes et des enfants; en second lieu, on les extrait du sol et du sous-sol en opérant des fouilles depuis 0^m50 jusqu'à 1^m50 et même 2 mètres de profondeur.

Lavage.—Quand ils ont été récoltés, on les lave pour les débarrasser de l'argile, du sable et du calcaire qui y adhèrent, et on les fait ensuite sécher à l'air ou au soleil.

On peut exécuter rapidement cette opération en se servant d'un appareil à laver les betteraves.

Prix de revient. — Un mètre cube de nodules, occasionne les dépenses moyennes suivantes :

Acquisition et extraction..................	8 à 12 fr.
Lavage et séchage........................	2 à 3
Totaux	10 à 15 fr.

Poids du mètre cube. —. Un mètre cube de rognons pèse de 1800 à 2000 kilogr., selon leur propreté, leur régularité et leur densité.

Pulvérisation. — Lorsque les nodules sont secs, on en sépare les cailloux et on les divise d'abord en fragments, à l'aide d'un *bocard* ou pilon en fonte mis en mouvement par une roue à cames. Puis on les réduit en poudre au moyen d'une meule en fonte munie d'une bluterie et mise en mouvement par une puissante machine à vapeur.

La trituration et le blutage coûtent de 10 à 15 fr. le mètre cube.

M. de Molon a organisé à La Villette près Paris un atelier dans lequel chaque jour il réduit en poudre plus de 200 000 kilogr. de modules venant des Ardennes et de la Meuse. Ces rognons, après avoir été soumis à un débourdage, sont chauffés ou calcinés dans des fours à réverbère et ensuite réduits en poudre fine au moyen de broyeurs mus par une machine à vapeur.

Quelquefois, ainsi que l'a constaté M. Élie de Beaumont, on moud les nodules presque aussi facilement dans leur état naturel qu'après leur calcination.

Terrains où doit être appliqué cet engrais. — Le phosphate de chaux natif pulvérisé doit être employé sur les terres argileuses, argilosiliceuses, schisteuses et granitiques.

Je suis porté à croire, d'après l'expérience que j'ai faite en 1860, que son action est presque nulle sur les sols très-calcaires et les terrains crayeux.

Quantité à répandre par hectare.—On a proposé de l'appliquer à la dose de 500 à 1000 kilog. par hectare.

Les agriculteurs qui ont répandu 800 kilog. par hectare regardent cette quantité comme rationnelle.

Mode d'emploi. — On répand le phosphate minéral pulvérisé à la main et à la volée avant ou après la semence. On le mêle au sol à l'aide d'un hersage.

On peut aussi le mêler aux fumiers d'écurie, de vacherie ou de bergerie. Alors, on le stratifie par couches successives. Ainsi employé, il augmente la proportion de phosphate de chaux contenue dans ces engrais et il accroît par conséquent leur valeur fertilisante.

Nécessité de l'alterner avec les fumures. — L'expérience a prouvé que les effets de la poudre de phosphate minéral sont d'autant plus sensibles qu'on l'applique sur des terres qui contiennent beaucoup de matières organiques. Ainsi employée sur des terres de bruyères riches en débris végétaux, elle a suppléé très-avantageusement le noir animal, la marne et la chaux.

Quand on en fait usage sur des sols pauvres, il faut de toute nécessité l'associer au fumier ou à des détritus de végétaux ou à des débris d'animaux.

On a constaté que 10 à 15 kilog. de poudre suffisent pour phosphater 1000 kilog. de fumier.

Mode d'action.—Le phosphate de chaux minéral agit sur la végétation par l'acide phosphorique et la chaux qu'il contient.

Suivant M. Deherain cet engrais pulvérulent est presque insoluble dans l'acide carbonique seul, mais il se dissout facilement sous l'action de cet acide et de l'acide acétique et de sels solubles de potasse, de soude et d'ammoniaque.

Les terres de bruyères et les terres tourbeuses contiennent toujours une certaine quantité d'acide acétique.

Tout porte à croire, d'après les faits constatés dans ces dernières années, que le phosphate minéral exercera une féconde influence sur la productivité des céréales, principalement sur le froment, si on l'applique dans les contrées où les terres sont riches en matières organiques acides ou non.

Valeur commerciale. — A Londres, on vend cet engrais de 60 à 90 fr. les 1000 kil., selon qu'il contient plus ou moins de phosphate de chaux.

En France, son prix varie entre 5 et 6 fr. les 100 kilog.

BIBLIOGRAPHIE.

Élie de Beaumont. — Étude sur les gisements géologiques du phosphore, 1858, in-8.

Bobierre. — Études chimiques sur le phosphate de chaux, 1859, in-8.

Demolon. — Fertilisation du sol par le phosph. de chaux fossile, 1860, in-8.

Deherain. — Recherches sur l'emploi agricole des phosphates, 1860, in-8.

SECTION II.

Os.

Anglais. — Bone.
Allemand. — Bein.
Danois. — Been.
Italien. — Osso.
Espagnol. — Huessos.
Russe. — Kost.

Historique. — Composition. — Quantité d'os fournie par les animaux. — État sous lequel on les emploie : os frais, secs, épuisés. — Réduction des os en poudre. — Conservation de la poudre. — Poids de l'hectolitre. — Sols sur lesquels on les emploie. — Emploi des os broyés, des os dissous. — Quantité d'os par hectare. — Mode d'action. — Durée de leurs effets. — Cultures pour lesquelles on les emploie. — Valeur commerciale. — Bibliographie.

Historique. — L'emploi des os comme engrais est très-ancien. Suivant Eckberg, les Chinois brûlent les ossements qu'ils peuvent rassembler, et en utilisent les cendres avec celles des végétaux. Dans les environs de Gênes, on les emploie depuis fort longtemps à l'état naturel, dans la culture de l'olivier et de l'oranger.

Leur usage n'est devenu général en Europe que depuis l'époque où on a inventé en Angleterre des moulins pour les concasser ou les réduire en poudre. C'est à l'année 1775 que remonte leur premier emploi connu, et c'est le colonel Saint-Léger qui les expérimenta pour la première fois à Wormsworth, dans le Yorkshire. En Allemagne, c'est Frédérich Kropp, ouvrier de la manufacture de Sollingen, qui tenta, le premier, en 1802, de substituer les os pilés aux fumiers.

L'Angleterre emploie chaque année comme engrais des quantités considérables d'os qu'elle tire de l'Allemagne, du Danemark, de l'Amérique et de l'Inde. Il est difficile de se faire une idée du développement que l'on a imprimé à ce commerce depuis trente ans. En 1823, la valeur déclarée de tous les os introduits dans les îles Britanniques n'était que de 59 875 fr.; en 1837, cette valeur avait atteint 6 365 000 fr.; aujourd'hui, elle dépasse 10 millions.

En France, il n'y a guère que les cultivateurs des environs de Thiers (Puy-de-Dôme), ville où la coutellerie produit annuellement des débris d'os en quantité considérable, qui emploient ces engrais minéraux.

Constitution. — Les os constituent la charpente qui sert de soutien aux parties molles des animaux vertébrés; ils se composent de deux parties principales : l'une appartient au règne organique, et on lui a donné le nom de *gélatine;* l'autre est connue sous le nom de *phosphate de chaux*, et a été classée au nombre des corps qui font partie du règne minéral.

Le phosphate des os est formé de 46,16 d'acide phosphorique et de 53,84 de chaux.

Voici trois analyses d'os; la première a été faite par Berzélius, la seconde par M. Boussingault, la troisième par M. Chevreul :

	Os		
	de bœuf.	de porc.	de poisson.
Phosphate de chaux.....	57,40	49,00	48,00
Carbonate de chaux......	3,80	1,90	5,50
Phosphate de magnésie..	2,00	2,00	2,20
Sels alcalins............	3,50	0,50	0,60
Cartilage, etc...........	33,30	46,60	43,70
	100,00	100,00	100,00

D'après M. Payen, les os gras contiennent :

Phosphate de chaux.........	40,00
Carbonate de chaux, phosphate de magnésie.....	4,00
Alumine, silice, oxyde de fer, etc..............	5,00
Tissu fibreux, albumine.........................	32,00
Graisse et tissu adipeux........................	9,00
Eau..	10,00
	100,00

Suivant M. Hatchell, les cartilages d'os sont composés d'une substance a peu près analogue, dans toutes ses propriétés, avec l'albumine solide.

Les cendres d'os ont une composition presque constante. Voici deux analyses de ces cendres : l'une a été faite par Berzélius, l'autre par M. Parant.

	Cendres d'os	
	de bœuf.	de vache.
Phosphate de chaux	85,90	84,50
Carbonate de chaux	5,70	8.77
Phosphate de magnésie	3.10	2,27
Sels alcalins	5,30	4,46
	100,00	100,00

Cent parties d'os donnent de 42 à 45 parties de cendres.

M. Anderson a analysé des os sous différents états; voici les résultats qu'il a obtenus :

	Os		
	entiers.	concassés.	en poudre.
Phosphate de chaux......	48,07	48,12	47,01
Matière organique.......	37,04	41,88	42,50
Eau....................	14,89	10,00	10,39
	100,00	100.00	100,00

Ainsi, les os entiers tels qu'on les vend aux usines qui les divisent, ou les os concassés en fragments de 25 à 30 millimètres de largeur, sont presque identiques aux os finement broyés.

MM. Payen et Boussingault ont constaté que les

	Eau.	Azote.	
Os gras, contenaient.......	8,00	6,22	pour 100
Os fondus, —	30,00	5,30	—
Poudre d'os, —	7,50	7,20	—

Quantité d'os fournie par les animaux. — Diverses observations ont été faites dans le but de constater quelle était la quantité d'os qu'on pouvait obtenir d'un animal.

Voici quels ont été les résultats :

Expérimentateurs.	Animaux.	Poids des animaux.	Quantité d'os.	Rapport.
Parent-Duchâtelet...	Cheval....	346k,250	47k,250	13,6 p. 100
Payen..............	Cheval....	401 ,000	50 ,000	12,5 —
Parant............	Vache	596 ,000	37 ,500	6,4 —
Boussingault.......	Porc......	84 ,000	5 ,500	5,5 —
Rayer.............	Mouton...	34 ,500	4 ,530	13,1 —

État sous lequel on emploie les os. — Les os que l'agriculture peut utiliser comme engrais se présentent sous différents états :

A. Os FRAIS. — Les os que l'on nomme *os frais* sont ceux qui proviennent d'animaux abattus et qui n'ont subi aucune modification. Ces os, comme l'observe M. Payen, agissent d'autant plus vite et moins longtemps, qu'ils sont plus divisés, puisque la décomposition de la matière organique a lieu en raison des surfaces exposées aux influences extérieures.

B. Os SECS. — On appelle *os secs* ceux qui ont été exposés à l'influence de l'air, des pluies et du soleil ; ils ont une action fertilisante bien moins prononcée que les os qui ont été extraits des animaux abattus. Ce fait s'explique aisément, ainsi que le fait remarquer M. Payen : la matière grasse, qui forme à peu près un dixième du poids total, est peu à peu absorbée dans le tissu des os, au fur et à mesure que l'eau interposée se dégage ; alors la matière organique se trouve fortement imprégnée d'une graisse qui la défend des influences hygrométriques ; et l'on conçoit sans peine que de tels os agissent trop lentement pour avoir un effet bien utile dans les proportions ordinaires ; que même leur action semble nulle si l'humidité et la chaleur ne concourent pas simultanément assez pour favoriser leur altération. Mis pendant quatre années dans la terre, ces os perdent à peine 0,08 de leur poids, tandis que, tout récemment extraits des animaux, et privés par l'eau bouillante de la presque totalité de la graisse, ils laissent facilement altérer leur réseau organique, et perdent dans le même temps de 0,20 à 0,30 de leur poids.

Le dégraissage opéré par le commerce leur enlève de 4 à 8 pour 100 de graisse. Ces os contiennent en moyenne 5 pour 100 d'azote.

C. Os FONDUS. — Les *os lavés* ou *fondus* sont ceux qui ont été soumis par les savonniers et les fabricants de colle d'os et de graisse de voiture, après avoir été divisés, à des lavages méthodiques. Leur valeur, comme substance fertilisante, est moindre que celle des os frais, parce qu'ils ont été très-appauvris; nonobstant, comme ils retiennent leurs cartilages, c'est avec raison qu'on les considère comme plus actifs que ceux qui ont été desséchés soit au soleil, soit dans une étuve.

D. Os ÉPUISÉS. — On nomme *os épuisés* ceux qui ont été épuisés de gélatine par l'action de l'eau et de la chaleur portée de 105 à 107°. Ces os n'ont pas toujours une influence favorable sur la végétation. On connaît aujourd'hui les causes de cette anomalie : M. Payen a reconnu que le résidu variable que laissent les os dont on a extrait la gélatine, contenait tantôt de 0,80 à 0,90 pour 100 de la matière organique azotée altérable des os, tandis que parfois il n'en renfermait que 0,25 à 0,33. Mais, le plus ordinairement, ce résidu en contient seulement 1 à 2 pour 100 du poids total des os employés. Voici, d'après ce savant, quels sont les causes et les effets de ces proportions variées : la température, qui est fort élevée pendant les opérations, rend soluble la plus grande partie du réseau organique, et rend par conséquent facile la désagrégation et la rupture des os. Mais bien que soluble, peut-être encore engagée dans les interstices que présentent les os, et existant dans la proportion de 0,8 à 0,9 pour 100 de celle qu'ils renferment, cette matière agira plus rapidement comme engrais, puisque sa dissolution et son altération seront plus rapides sous les mêmes influences; mais, au lieu de se prolonger de quatre à cinq années, son action sera épuisée en une. Il faut reconnaître, d'un autre côté, que lorsqu'on traite en grand les os dont on a tranché les parties celluleuses seulement et extrait la matière grasse, la division n'étant pas poussée assez loin, les lavages sont insuffisants, et on n'obtient que 0,12 à 0,15 de leur poids de gélatine sèche. Il devrait donc rester environ 0,15 de tissu fibreux ou des produits de son altération; mais à peine ces résidus ou marcs sont-ils mis en tas, qu'une vive fermentation s'y développe et dégage d'abondantes vapeurs ammoniacales; la plus grande partie de la matière organique disparaît ainsi graduellement en pure perte.

Il faut conclure des faits qui précèdent, qu'il est bien nécessaire de vérifier les os avant de les appliquer. Cette vérification est très-simple et peut être faite par tous les agriculteurs : elle consiste dans l'épuisement à l'eau bouillante des os ou de résidus séchés et mis en poudre; en pesant et desséchant de nouveau la substance pulvérulente épuisée, on constate la quantité de matière organique soluble dont l'eau est chargée; le reste est presque entièrement sans propriétés fertilisantes et ne peut agir que comme engrais purement minéral.

Réduction des os en poudre. — Les os ne sont pas employés à l'état naturel, c'est-à-dire non divisés. Ainsi appliqués, leur action est très-faible et très-lente. Ordinairement on les divise, on les réduit en poudre, afin de mettre à nu la substance grasse qu'ils contiennent dans leurs parties celluleuses et leurs diverses cavités, et pour que leurs parties constituantes soient plus facilement et plus promptement absorbées par les plantes.

En Angleterre, on les réduit en poudre au moyen : 1° de bocards; 2° de meules verticales en pierre ou en fonte, pesant de 2000 à 3000 kilog., et tournant dans deux auges circulaires en granit; 3° de cylindres en fonte dentés, qui tournent en sens contraire avec des vitesses différentes. Ces moulins ou machines sont mus par le vent, l'eau ou la vapeur.

En France, dans les environs de Thiers et de Strasbourg, on se sert encore de moulins ou de râpes, mis en mouvement par des roues hydrauliques.

M. Payen a constaté qu'il est beaucoup plus facile de concasser les os fortement desséchés ou chauffés que lorsqu'ils sont à l'état frais. Exposés pendant une heure à la vapeur comprimée de deux à trois atmosphères, ils deviennent friables et faciles à broyer. En Angleterre, on les jette dans les chaudières à demi pleines d'eau et chauffées par la vapeur jusqu'à 100°. On peut aussi les enfermer dans un four, après la cuisson du pain, et les diviser au fur et à mesure qu'on les en retire. Les os dont M. Dujonchay fait usage à Grannay-sur-Loire, sont préalablement desséchés dans un four à pain. Par cette dessiccation, ils perdent environ un cinquième de leur poids.

La cuisson en diminuant beaucoup la dureté des os, permet de les broyer au moyen de cylindres en fonte de 0m,50 à 0m,60 de longueur sur 0m,20 de diamètre, armés de dents en acier. Ces cylindres sont mis en mouvement au moyen d'un arbre de couche que commande la roue du moulin. On achève la pulvérisation en soumettant les os ainsi concassés à l'action de meules en pierre dure.

La poudre d'os la plus estimée est fine, blanche ou jaunâtre, et elle développe une odeur de graisse peu désagréable.

On doit rejeter celle qui est brune ou grise et sans odeur.

On doit aussi éviter d'employer celle qui provient d'os altérés par un long séjour à l'air. Cette poudre développe une odeur repoussante.

Conservation de la poudre d'os. — La poudre d'os doit être conservée dans un local ni trop sec ni trop humide. On se sert souvent de barils; ce mode de conservation permet à la poudre d'os de conserver assez longtemps ses propriétés fertilisantes. Quand elle est réunie en tas dans un local, il faut avoir soin de la remuer, de la déplacer, si elle commence à fermenter; si elle devient trop sèche, on l'humecte très-légèrement. Toutes ces précautions sont nécessaires pour qu'elle conserve l'activité dont elle jouit.

Poids de l'hectolitre. — Un hectolitre d'os naturels concassés en petits morceaux pèse de 48 à 60 kilog.; les os calcinés sont très-légers; ils ne pèsent que 26 à 28 kilog. Le poids moyen de la poudre d'os est de 50 kilog.

Sols sur lesquels on emploie les os. — Les opinions concernant la nature des terrains sur lesquels les os doivent être appliqués ne concordent pas toutes entre elles.

Puvis, Masclet, David Low, Weckherlin, etc., ont vivement insisté pour qu'ils soient employés par un temps sec et sur un terrain sec, c'est-à-dire sur des terres légères, douces et perméables; ils ont reconnu qu'ils produisaient de très-faibles effets sur les terrains argileux, compactes, et sur les sols déjà saturés de parties calcaires.

Ebner, Reboy, Villeroy, etc , soutiennent une opinion contraire; ils recommandent de les appliquer sur les terres consistantes, les sols argileux, limoneux, froids, et observent qu'ils sont nuisibles sur les terres légères.

En Angleterre, l'emploi des os a lieu bien plus fréquemment sur les terres légères et sèches que sur les sols compactes et imperméables. Chaque jour l'expérience démontre dans les comtés de Lincoln, d'York, etc., provinces où l'on fait un très-grand usage de la poudre d'os, que cet engrais produit peu ou pas d'effet sur les terres argileuses et froides, tandis qu'il est toujours très-efficace sur les terrains légers et perméables.

Les os produisent-ils de bons effets sur les sols calcaires? John Sinclair recommande de les employer sur de tels terrains; mais l'expérience a mille fois démontré qu'il fallait éviter de suivre ce conseil. Si les os conviennent aux terrains riches en carbonate de chaux, ce n'est évidemment que quand ces terres sont arrivées à un très-haut degré de fécondité.

Emploi des os broyés. — D'après la Société agricole de Doncastre (Angleterre), il y a avantage à mêler les os concassés avec de la terre et du fumier, en ayant soin de les faire entrer en fermentation avant de les employer. Mais si l'expérience a démontré, en Angleterre, qu'il y avait avantage à allier les os concassés aux fumiers, si, pour qu'ils aient un effet plus prompt, il faut les laisser, avant de les employer, subir une fermentation ou un commencement de décomposition en les mélangeant avec de la terre humide, la pratique a aussi prouvé, en Suisse, qu'il était utile de leur ajouter du sel, 3 kilog. par 100 kilog. de poudre d'os, et de laisser fermenter le mélange avant de l'employer. En Alsace, on ajoute quelquefois du nitrate de potasse à la poudre d'os, dans la proportion d'un dixième. Ce sel, d'après M. Darcet, augmenterait l'action fertilisante de cet engrais.

Les procédés à suivre, les précautions à prendre, lors de l'application de la poudre d'os, sont semblables à ceux en usage quand on applique du noir animal, du guano, du sang desséché, ou autres engrais pulvérulents. En Angleterre, on la répand souvent en même temps que la semence au moyen d'un semoir, quand on l'emploie seule.

Quantité d'os qu'il faut employer. — Les quantités qui sont employées présentent des différences assez considérables, anomalies qui paraissent avoir pour causes : le procédé suivi lors de l'application de la poudre d'os, le volume des fragments qui la composent, la nature et la fertilité de la terre, l'état des os avant d'avoir été divisés.

Lorsque la poudre d'os valait en Angleterre, 5 à 8 fr. les 100 kilog., on employait par hectare les quantités suivantes :

Turner..........	(Herefort).........	45 à 63 hectol.
John Sinclair.....	(Angleterre).......	52 —
Masclet..........	(Écosse)...........	37 —
Masclet	(Lincoln)..........	27 à 34 —
Rebay............	(duché de Bade)....	27 —
F. Ebner.........	(Wurtemberg).....	22 à 27 —
Dawson.........	(Lincoln)..........	17 —

Il y a trente ans, la Société d'agriculture de Doncastre (Angleterre), recommandait d'employer 21 hectolitres, si les os avaient été réduits en poudre, et 35 s'ils étaient seulement concassés.

Aujourd'hui que la poudre d'os est livrée à l'agriculture au prix de 14 à 15 fr. les 100 kilog., les quantités que l'on emploie sont beaucoup plus faibles. Ainsi on applique, suivant :

Morton..................................	21 hectol.
Watson (Lincoln).......................	14 —
Roberton...............................	12 —
Watson (Écosse).......................	11 —
G. Mackensie..........................	9 —
Boys....................................	7 —

Ces quantités s'identifient avec celles recueillies, il y a quelques années, par M. Werkherlin, dans les comtés d'York, de Lincoln et de Northumberland. Ainsi, on répand dans ces comtés de 13 à 20 hectolitres de poudre d'os, selon que la terre est plus ou moins riche.

En France, la quantité que l'on emploie par hectare dans le département du Puy-de-Dôme, est de 800 kilog. ou 14 hect. 50. Cette dose est semblable à celle indiquée par David Low. M. du Jonchay en applique de 500 à 600 kilog. dans le département de l'Allier.

Concluons de tous ces faits qu'il n'est plus nécessaire d'employer les os à des doses aussi élevées que celles indiquées par Arthur Young et Marchall. Les faibles quantités que l'on applique aujourd'hui expliquent l'extension qu'a prise en Angleterre, depuis une vingtaine d'années, l'emploi de cet engrais dans la culture des navets, plantes sur lesquelles il agit d'une manière extraordinaire.

Mode d'action. — Les os agissent-ils seulement par le phosphate de chaux qu'ils contiennent? La matière organique qu'ils renferment a-t-elle une action sensible sur les végétaux? Examinons les opinions émises sur ces deux questions.

Pour Puvis, ce n'est pas aux parties animales que sont dus les effets que produisent les os, puisque ceux qui en sont privés agissent le plus ordinairement avec autant d'intensité que s'ils les avaient conservées; ce n'est pas non plus à la gélatine qu'on peut les attribuer, car les os produiraient des effets utiles sur tous les terrains; c'est le phosphate de chaux qu'il faut regarder comme étant leur principe actif. Cette théorie n'a pas été admise par tous les chimistes. Sans doute, les végétaux ont besoin de phosphates, mais est-ce à dire que leur puissance dans l'acte de la végétation, ne doit pas permettre de considérer comme favorables les parties organiques renfermées dans les os. Si les phosphates étaient les seuls principes actifs des os, les Anglais ne les emploieraient pas pour remplacer momentanément le fumier, et seraient obligés d'alterner leur usage avec d'autres engrais organiques.

Darcet pense que la graisse des os se liquéfie par la chaleur du soleil et qu'elle est en partie absorbée par la terre; que les os, ainsi dégraissés mécaniquement, deviennent plus facilement attaquables par l'action de l'air et de l'eau; qu'une partie de la gélatine se convertit en ammoniaque; que cet ammoniaque saponifie la graisse, la rend soluble dans l'eau de pluie, qui, entraînant cette espèce de savon, le répand sur le terrain où il agit comme engrais; que les mêmes causes ramènent les mêmes effets, tant qu'il reste de la graisse et de la gélatine dans les os. Cette ingénieuse explication des effets des os comme engrais, concorde avec les observations de M. Payen. Ce savant chimiste, en recherchant les causes des anomalies signalées, a reconnu que les os neufs, dont la substance organique est difficilement attaquable, agissent plus longtemps, mais moins vite que les résidus de la fabrication de la gélatine, qui sont plus actifs parce qu'ils cèdent aisément la matière organique azotée altérable, qui reste en grande partie interposée dans l'épaisseur du tissu. Les os qui ont été épuisés et qui ne recèlent plus, après avoir fermenté pendant quelques jours, que 0,02 environ de leur poids de gélatine, substance que Korte regardait comme la seule qui puisse faire considérer les os comme propres à la fertilisation des terres, ont moins d'utilité comme engrais. Ainsi, l'action des os sur la végétation est donc d'autant plus prompte, plus puissante, que les os sont légers, minces et neufs. Ceci explique pourquoi les os compactes, épais, vieux, faiblement divisés, ont une action très-lente sur les plantes. Aussi, la pratique a-t-elle reconnu depuis longtemps qu'il fallait les réduire en poudre fine avant de les employer, afin qu'ils abandonnent plus aisément les matières grasses et gélatineuses qu'ils renferment, si on voulait qu'ils agissent rapidement. Il est donc vrai de répéter, avec M. Payen, que la décomposition de la matière organique des os a lieu en raison des surfaces exposées aux influences extérieures.

Liebig soutient une autre théorie. D'après ses observations, l'azote de la gélatine se transformerait en carbonate d'ammoniaque et en d'autres sels ammoniacaux qui seraient en grande partie retenus par les os si ceux-ci avaient été calcinés, et 100 litres d'os bien calcinés et blancs absorberaient 750 litres de gaz ammoniaque pur.

Si l'on admet cette nouvelle hypothèse, si l'on conclut que les effets des os sont principalement dus à la gélatine, à la matière grasse et au cartilage qui se dissout aisément dans les sols secs, comment expliquera-t-on les effets des os calcinés au blanc de manière à détruire complétement toute la matière organique qu'ils contiennent? Sprengel, qui a obtenu avec de tels os des résultats aussi satisfaisants que ceux réalisés avec les os frais, admet que les matières animales ont peu ou point de valeur, et que les éléments inorganiques sont les seules substances qui exercent une action sur les plantes. Johnston a donné aux faits obtenus par le concours d'os privés de matière grasse et azotée, une explication toute différente. D'après son hypothèse, l'action complète de ces engrais ne saurait être attribuée exclusivement ou aux substances inorganiques ou aux matières organiques; mais ces dernières joueraient le rôle le plus marqué et le plus immédiatement utile; il appuie son opinion sur ce fait, que lorsqu'on retire de la terre des gros os qui y ont été enfouis pendant plusieurs années, on constate qu'ils n'ont subi presque aucune altération dans leur forme ou leur dimension, que le plus grand changement qu'ils ont éprouvé, est une perte considérable de matière organique.

Cette explication ne peut suffire tant elle est incomplète, et c'est à J. Hannam qu'était réservé le soin de détruire ou d'infirmer la théorie de Sprengel. Cet agriculteur pense que l'action des os calcinés s'explique en reconnaissant que les sels calcaires des os agissent toujours plus promptement et plus efficacement quand ils sont séparés de la matière animale, que lorsque celle-ci est unie aux phosphates. Des observations rigoureuses lui ont démontré que dans les cas ordinaires, la partie animale disparaît avant que la matière terreuse puisse agir, et que, dans le cas où cette substance organique est enlevée, comme dans les os calcinés, les effets de la partie terreuse deviennent également immédiats et puissants. Ainsi, d'après cette explication, les sels calcaires ne sont que secondaires dans l'action immédiate des os quand on s'oppose à ce qu'ils soient accessibles aux jeunes plantes.

Ces faits, savoir : que les os qui ont été enterrés ont perdu leur matière animale; que les os calcinés ou bouillis commencent à exercer leur action plus immédiatement que les os frais; que la graisse s'oppose à ce que l'eau et les acides organiques que renferme le terrain agissent sur la portion terreuse de l'os; que les os finement pulvérisés sont plus immédiats dans leur influence que les os imparfaitement pulvérisés, sont des preuves incontestables, ainsi que le fait observer J. Hannam, que c'est à leur union avec la graisse animale que les phosphates et les autres matériaux terreux de l'os doivent d'être considérés comme n'exerçant qu'une influence consécutive sur la récolte. Toutefois, c'est à tort qu'on méconnaîtrait que la partie animale n'atteint toute sa prépondérance que lorsque l'autre ne peut encore agir; que les sels calcaires sont en réalité et intrinsèquement l'agent principal de la fertilité. Donc, on commet une faute en calcinant les os dans le but d'accélérer leur action, puisqu'on perd la portion organique qui tend à prolonger leurs effets.

Durée d'action des os. — Les os employés comme engrais n'ont-ils que des effets annuels? Leur action s'étend-elle à plusieurs années?

Arthur Young avait avancé que les effets des os pilés se faisaient sentir pendant une trentaine d'années: mais il est constant aujourd'hui que la durée d'action de cet engrais est beaucoup moins prolongée. Cette opinion s'explique cependant si on se rappelle qu'il y a un demi-siècle, on se bornait à concasser très-grossièrement les os, et qu'à cette époque cet engrais était employé à des doses très-fortes sur des terres argileuses. D'après F. Ebner et Reboy, cet engrais agirait, en Allemagne, pendant trois ou quatre années. Dudgeon, cultivateur écossais, affirme, au contraire, que les os se décomposent assez rapidement dans le sol, et qu'au bout d'un an à peine en rencontre-t-on quelques vestiges. Voilà donc des opinions qui conduisent à des conclusions tout à fait opposées! Heureusement que l'anomalie est plus apparente que réelle. La poudre d'os très-fine agit presque instantanément, et elle n'a ordinairement que des effets annuels; les mêmes faits se remarquent lorsqu'on emploie des os dissous dans un acide; les os d'un demi-pouce manifestent leur action très-faiblement pendant la première année; mais leur influence augmente durant la seconde, et se fait encore sentir pendant la troisième, la quatrième et même la cinquième année. Ceux d'un pouce agissent pendant sept et huit années. Il est donc vrai de dire que la durée des effets des os dépend de la préparation qu'ils ont subie avant leur emploi, et que plus leurs fragments sont gros, plus leur action est lente et prolongée.

Cultures pour lesquelles on les emploie. — Cet engrais

n'est guère employé, en Angleterre, que pour assurer la réussite des turneps ou navets. Il est peu d'engrais qui aient une action plus immédiate, plus sensible, plus heureuse, sur ces crucifères, que les os convenablement appliqués. Sous leur action, les navets ont toujours une végétation vigoureuse et rapide, et ils échappent presque complétement aux ravages de la puce de terre. On a proposé d'employer la poudre d'os dans la culture des céréales, du colza, de la navette, du tabac, des pommes de terre, des betteraves, etc.; on a aussi conseillé de la répandre sur les prairies naturelles et celles artificielles, mais on ne doit pas oublier que si, dans plusieurs circonstances, elle a été favorable à la végétation de ces plantes, dans d'autres elle a eu une très-faible action, et que même dans certains cas elle a été nuisible. Tous les faits recueillis semblent engager le cultivateur à n'user de cet engrais seul que dans la culture des plantes crucifères. Employé conjointement avec le fumier ou d'autres engrais organiques, il convient à presque toutes les plantes.

Valeur commerciale. — Les os naturels se vendent de 40 à 60 fr. les 1000 kilog.

BIBLIOGRAPHIE.

J. Sinclair. — Agriculture pratique, 1825, in-8, t. I, p. 410.
Fawtier. — Annales de Roville, 1830, in-8, t. II, p. 407.
Payen. — Mémoires de la Société centrale d'agric., 1832, in-8, p. 290.
Reboy. — Annales d'agric. française, 1835, in-8, 2e série, t. XXXII, p. 133.
Schwerz. — Préceptes d'agriculture pratique, 1839, in-8, p. 74.
David Low. — Éléments d'agriculture, 1839, in-8, t. I, p. 81.
Du Jonchay. — Moniteur de la propriété, 1846, in-8, t. XII, p. 348.
Puvis. — Traité des amendements, 1848, in-12, p. 431.
Hannam. — Agriculteur praticien, in-8, t. IX, p. 292.
Boussingault. — Économie rurale, 1851, in-8, t. I, p. 758.
Weckherlin. — Journ. d'agr. prat., 1851, gr. in-8, t. II, 3e série, p. 143.
I. Pierre. — Chimie agricole, in-12, p. 468.
Fouquet. — Traité des engrais, 1855, in-12, p. 36.

SECTION III.

Superphosphate de chaux.

Historique. — Fabrication. — Composition. — Quantité à appliquer. — Mode d'emploi. — Plantes pour lesquelles on l'emploie. — Valeur commerciale.

Historique. — En 1842, M. de Richemond eut l'idée de réduire des os en poudre, en les soumettant à l'action de l'acide sulfurique. Cet engrais pulvérulent comparé à d'autres matières fertilisantes se montra si efficace, qu'on jugea utile, à dater de cette époque, de le fabriquer très en grand dans le but de doter l'agriculture d'un engrais phosphaté plus puissant que la poudre d'os et le noir animal résidu de raffinerie.

Il existe aujourd'hui en Angleterre plusieurs grandes usines dans lesquelles, chaque année, des quantités considérables d'os sont convertis en un engrais pulvérulent auquel le commerce a donné les noms de *superphosphate de chaux* ou *perphosphate de chaux*.

Ce produit, lorsqu'il est pur, est appelé par les chimistes *phosphate acide de chaux*.

Fabrication. — Voici comment on prépare cet engrais pulvérulent dans l'usine qui appartient à la compagnie dirigée par M. Jonas Webb, établissement que j'ai visité dans tous ses détails, en 1860, lors de mon dernier voyage à Londres.

Lorsque les nodules et les os ont été réduits en poudre très-fine, on les introduit dans un cylindre en bois armé intérieurement de spatules destinées à remuer l'engrais pendant le temps de sa fabrication, puis on ajoute de l'acide sulfurique et de l'eau. Quand ces trois substances ont été introduites dans le cylindre, on met ce dernier en mouvement. Alors l'acide sulfurique se combine avec la chaux du carbonate de chaux qui a été décomposé et une partie de la chaux qui a été séparée de l'acide phosphorique, et forme ainsi du *sulfate de chaux*. Quant à l'acide phosphorique mis en liberté, il s'unit au phosphate de chaux, il forme le *phosphate acide de chaux*, produit qui contient, comme le dit M. Bobierre, une dose maxima d'acide phosphorique.

Quand ces combinaisons ont eu lieu, on ajoute souvent au mélange des matières animales destinées à produire en se décomposant des sels ammoniacaux nécessaires pour rendre facilement soluble le *phosphate de chaux basique*.

L'engrais, une fois fabriqué, est mis en tas. Lorsqu'il est sec et pulvérulent, on l'ensache et on le livre à la vente.

On emploie dans cette opération par chaque 100 kilog. de poudre d'os ou de nodules, 25 kilog. d'acide sulfurique et 50 litres d'eau.

Composition. — Le superphosphate de chaux, tel qu'on le livre en Angleterre, contient les éléments ci-après:

	Analystes.		
	Way.	Anderson.	Voelcker.
Biphosphate de chaux........	16,77	15,63	16,71
Phosphate basique insoluble..	4,69	9,01	9,49
Sulfate de chaux hydraté....	58,53	52,25	39,40
Sable.....................	3,82	3,18	3,31
Sels alcalins................	0,72	1,25	2,45
Matières organiques........	2,28	7,82	7,02
Eau......................	13,19	10,88	21,62
	100,00	100,00	100,00

Les résultats de l'analyse faite par M. Voelcker indiquent un superphosphate de bonne qualité.

Cet engrais est plus soluble que la poudre d'os et les nodules pulvérisés.

Quantité à appliquer. — Le superphosphate de chaux est employé en Angleterre à la dose de 500 kilog. par hectare.

Mode d'emploi. — On le répand à la main avant ou après la semaille On peut l'enterrer en même temps que les semences.

On peut aussi le mêler à une certaine quantité d'eau et l'employer à l'état liquide.

J. Hannam l'a expérimenté en 1844 sous ce dernier état avec succès. L'expérience qui a été faite a eu lieu sur une terre argilo-siliceuse à sous-sol graveleux très-perméable qui avait été ensemencée en navet globe blanc. Voici les résultats qu'il a obtenus :

	Produits par hectare.
Aucun engrais	14 200 kil.
760[k] poudre d'os ordinaire	25 700 —
760 — très-fine	27 000 —
312 os dissous	35 000 —
315 —	36 000 —

Il résulte de ces faits :

1° Que les os dissous ont une influence fertilisante bien plus grande que les os naturels ;

2° Que les os employés à l'état naturel doivent être en poudre aussi fine que possible ;

3° Que 315 kilog. d'os traités par l'acide sulfurique et repris par l'eau produisent plus d'effet que 760 kilog. ou 15 hectolitres d'os broyés.

Ces divers résultats sont tout en faveur de l'emploi du superphosphate de chaux.

Plantes pour lesquelles on l'emploie. — Le superphosphate de chaux est principalement employé dans la culture des navets et des rutabagas. On peut l'utiliser dans la culture du froment en le répandant au moment de la semaille sur des terres qui contiennent des matières organiques.

M. Hannam a reconnu que les crucifères qui croissent sur les terres qui ont été fertilisées avec du superphosphate de chaux végètent toujours rapidement dans leur jeune âge et qu'elles sont dès lors moins exposées aux ravages des altises.

J'ai constaté dans mes cultures expérimentales des faits analogues.

Valeur commerciale. — M. Buran livre à Paris du phosphate de chaux sensiblement pur au prix de 30 fr. les 100 kilogrammes.

Le superphosphate de chaux se vend à Londres de 15 à 20 fr. les 100 kilog.

La fabrique Webb doit établir prochainement à Paris un dépôt de son engrais.

SECTION IV.

Noir animal.

Historique. — Nature. — Propriétés physiques. — Composition : noirs français, noirs étrangers. — Quantité d'humidité. — Quantité d'azote. — Révivification. — Poids de l'hectolitre. — Conservation. — Falsifications : tourbe naturelle et carbonisée, chaux, laitiers. — Terrains sur lesquels on les emploie. — Mode d'emploi. — Quantité qu'il faut appliquer. — Mode d'action. — Plantes pour lesquelles on les emploie. — Épuisement du sol. — Commerce du noir animal. — Prix de l'hectolitre. — Bibliographie.

Historique. — C'est en 1811 que M. Figuier, professeur à l'école de pharmacie de Montpellier, démontra que le charbon d'os ou *noir animal* avait une supériorité prononcée sur le charbon de bois dans la décoloration des sirops, et ce fut à peu près à la même époque que M. Charles Derosnes introduisit son emploi dans l'industrie du raffinage.

En 1820, M. Ferdinand Favre, de Nantes, et M. Payen, de Paris, appelèrent l'attention des agriculteurs sur l'action du noir animal ayant servi à la clarification. Les essais faits par ces expérimentateurs ne furent pas d'abord très-heureux; mais on ne tarda pas à reconnaître que ce résidu possédait des propriétés essentiellement fertilisantes, et qu'au bout d'un certain temps, il imprimait aux plantes une végétation remarquable. Ces résultats furent constatés à Nantes par MM. Rissel et Jolin, et à Paris par MM. Santerre et Mallet. Ils démontrèrent jusqu'à l'évidence combien cette découverte était heureuse pour l'agriculture des contrées où les moyens de fertilisation manquaient.

Les faits une fois acquis à la science et à la pratique, des négociants de Nantes firent l'acquisition de tous les résidus qui embarrassaient les grandes villes, enlevèrent ceux qui avaient été transportés dans les décharges publiques, et achetèrent, par des marchés à livrer, ceux qui étaient produits par les établissements de Marseille, du Havre, d'Orléans, etc., par ceux de l'Allemagne, de l'Angleterre, de la Russie, de la Belgique, etc. Nantes devint dès lors l'entrepôt général de transactions commerciales immenses, et ces résidus ne tardèrent pas à être employés dans presque tous les départements de l'Ouest. La faveur qu'obtint le noir animal fut telle, que son prix, qui avait été d'abord fixé à 2 fr. l'hectolitre, s'éleva progressivement et atteignit celui de 10, 12 et même 15 fr., prix auxquels est encore vendu aujourd'hui ce *résidu de raffinerie.*

Nature. — Le noir animal, après avoir été retiré de dessus les filtres et lavé à zéro aréométrique à l'aide d'un courant rapide de vapeur, afin qu'il abandonne la presque totalité du sucre qu'il retient en vertu de sa porosité, est jeté de nouveau sur un filtre ou dans des caisses sur lesquelles s'applique un grand sac en toile plucheuse, et lorsque le sirop que l'eau bouillante déplace est filtré, le dépôt de noir est soumis à la presse, et ce n'est qu'après avoir subi ces deux opérations qu'il est livré à l'agriculture. Mais quelque bien qu'ait été exécuté le lavage, le noir animal recèle encore, interposés dans ses pores, quelques centièmes de sucre.

Après avoir été pressé, le noir animal pur est noir bleuâtre et sa texture est un peu compacte; au bout de quelques jours, il développe une chaleur très-forte; cette fermentation est utile, elle accroît son action fertilisante.

Les résultats défavorables qu'obtinrent ceux qui expérimentèrent le résidu pur de raffinerie lorsqu'il fut question d'employer cette substance comme matière fertilisante, conduisirent M. Payen à reconnaître que cette influence fâcheuse était due à la présence de 5 à 10 centièmes de sucre altéré qui donne lieu à une abondante production d'alcool et d'acide carbonique, puis d'acides acétique et hydrosulfurique. C'est donc pendant la production de l'alcool et de l'acide acétique, produits d'autant plus nuisibles à la végétation que la proportion d'acide est plus forte, que le résidu nuit au développement des plantes. Quand ces produits ne se dégagent plus, d'autres produits leur succèdent, tels que le carbonate et l'acétate d'ammoniaque, et tous les résultats de la décomposition des substances azotées. C'est à dater de ce moment que le résidu donne à la végétation une impulsion véritablement favorable. Il convenait donc, ainsi que cela a lieu aujourd'hui dans toutes les raffineries, que le sucre fût éliminé du résidu recueilli sur les filtres après l'opération de décoloration, soit par un lavage convenablement exécuté, soit par une légère fermentation, pour que le résidu pût être livré à l'agriculture comme substance fertilisante.

Ainsi les noirs, après avoir servi à la décoloration et à l'épuration des sirops, ne sont autre qu'un mélange d'un agent antiseptique, le charbon animal, et d'une matière organique azotée, le sang coagulé ; le sang de bœuf, par son albumine, clarifie les sirops; le charbon obtenu d'os calcinés en vase clos sous l'action d'une température régulière, portée jusqu'au rouge pendant six ou huit heures, les décolore.

Propriétés physiques. — MM. Moride et Bobierre ont classé les noirs résidus de raffinerie en trois catégories bien distinctes :

1° *Noir gros grain.* — Ces résidus se présentent en fragments irréguliers, d'un volume quelquefois égal à celui d'une très-petite noisette ; leur couleur est terne, sauf les fragments calcinés qui ont une coloration grisâtre. Ces noirs contiennent très-peu de matières organiques, et ils sont assez rares en France; ils proviennent des raffineries de la Russie et de l'Amérique.

2° *Noir grain.* — Les noirs grains ne sont pas livrés à l'agriculture en grande quantité, parce qu'on les revivifie presque indéfiniment, principalement dans nos départements du Nord. Les poussières qui résultent de cette révivification sont, le plus souvent, mélangées à des noirs fins, ou vendues sous la dénomination mensongère de noirs de Russie, en raison de leur analogie avec ces derniers sous le rapport de sa richesse en phosphate de chaux. Le noir grain livré à l'agriculture est toujours très-noir, assez sec et rugueux comme du sable. Ces noirs sont riches en phosphate de chaux et pauvres en matière organique; leur prix est peu élevé.

3° *Noir fin.* —Ces noirs proviennent directement de la clarification; ils sont chargés de sang coagulé et d'une très-faible quantité de sucre; leur texture est plus ou moins ténue et leurs particules sont assez divisées; ils sont très-riches en matière organique.

Composition. — Les noirs que le commerce livre à l'agriculture n'ont pas les mêmes propriétés chimiques, et ces propriétés sont plus ou moins favorables à la végétation.

Pour bien faire comprendre en quoi ils diffèrent les uns des autres, je les diviserai en deux classes principales. La première comprendra les noirs qu'on fabrique en France : Nantes, Bordeaux, Marseille, etc.; la seconde renfermera les noirs de provenances étrangères : Hambourg, Russie, Italie, etc.

A. Noirs français. — 1° *Noirs de Nantes et de Bordeaux.* — Ces noirs sont ordinairement fins, homogènes et peu humides; ils ont une odeur alcoolique ou acétique prononcée, une belle couleur bleuâtre, et laissent apercevoir des byssus blanchâtres; ils sont pauvres en parties saccharines.

L'analyse a démontré à M. Bobierre qu'ils contenaient en moyenne :

	Nantes.	Bordeaux.
Phosphate de chaux	63,60	66,20
Carbonate de chaux	9,50	7,20
Silice	3,00	2,20
Alumine et oxyde de fer	0,70	0,80
Magnésie	1,50	1,20
Sels solubles dans l'eau	1,60	1,50
Charbon et matière organique	20,10	20,90
	100,00	100,00

On voit, d'après ces résultats, que les noirs de Nantes et de Bordeaux ne renferment en moyenne que 65 pour 100 de phosphate de chaux. C'est donc à tort qu'on soutient encore que les résidus purs de raffineries doivent contenir au delà de 80 pour 100 de phosphate. Des analyses ont fait connaître que le noir animal vierge n'en contient que 73 à 81 pour 100.

Ces noirs, rarement fraudés, sont très-recherchés ; ils se vendent de 14 à 16 fr. l'hectolitre.

2° *Noirs de Marseille.* — Les noirs de Marseille ont un grain gros, et leur couleur est noir mate ; ils sont peu odorants, doux au toucher, denses et faciles à diviser à la main. Ils contiennent :

Phosphate de chaux	61,94
Carbonate de chaux	12,14
Silice	4,97
Alumine et oxyde de fer	1,33
Magnésie	0,66
Sels solubles dans l'eau	1,86
Charbon et matière organique	17,10
	100,00

Ainsi, ces noirs sont plus riches en carbonate de chaux que les précédents, et ils renferment moins de matières organiques. Ces engrais sont souvent fraudés avec des lignites, des cendres de scories ou des schistes pulvérisés.

3° *Noirs d'Orléans et de Paris.* — Ces résidus sont moins fins, moins homogènes que les noirs de Nantes et de Bordeaux. On les expédie dans des barriques à sucre, et ils sont souvent altérés avec de la houille et du charbon de bois.

	Paris.	Orléans.
Phosphate de chaux	67,60	63,00
Carbonate de chaux	10,10	8.20
Silice	4,00	11,70
Alumine et oxyde de fer	1.00	1,50
Magnésie	0,80	0,70
Sels solubles dans l'eau	2.00	3,30
Charbon et matière organique	14,50	11,70
	100,00	100,00

Les noirs des raffineries d'Orléans sont utilisés sur les terres de la Sologne et du Berry où on les fait entrer dans la composition des engrais commerciaux qu'on fabrique dans l'Orléanais. Ils sont inférieurs aux noirs de Paris.

4° *Noirs de la Flandre.* — Ces noirs sont fins, secs, et leur couleur est terne; ils fermentent peu.

Ils ont donné à l'analyse les résultats suivants:

	Valenciennes.	Lille.	Dunkerque.
Phosphate de chaux	66,00	54,70	59,00
Carbonate de chaux	10,60	16,50	17,90
Silice	7,50	7,50	8,70
Alumine et oxyde de fer	1.00	0,40	0.30
Magnésie	0.90	0.90	0,80
Sels solubles dans l'eau	3.30	2,80	1.30
Charbon et matière organique	10.70	17,20	11,00
	100,00	100,00	100,00

Ainsi, ces noirs contiennent généralement beaucoup de silice et très-peu de charbon et de matières organiques. Ceux de Lille renferment peu de phosphate et une forte proportion de carbonate de chaux.

B. NOIRS ÉTRANGERS. — 1° *Noirs de Hambourg et d'Amsterdam.* — Ces noirs sont pauvres en sels calcaires et riches en matière organique et en sable. Ils sont souvent couverts de moisissures. A l'analyse ils ont donné :

	Hambourg.	Amsterdam.
Phosphate de chaux	55,80	35,00
Carbonate de chaux	4,70	2,20
Silice	15,30	17,00
Alumine et oxyde de fer	1,30	0,30
Magnésie	0,70	0,50
Sels solubles dans l'eau	1,70	2,00
Charbon et matière organique	20,50	43,00
	100,00	100,00

Ces résidus sont presque toujours falsifiés avec des résidus de distillerie, de la tourbe, des tourteaux, des résidus de fromagerie, etc. Les noirs d'Amsterdam ont une odeur vineuse très-forte.

Les résidus qui viennent de Cologne, Berlin, Rotterdam, Stettin, Londres, etc., ont beaucoup de rapport avec les précédents.

2° *Noirs de Russie.* — Ces noirs viennent de Saint-Pétersbourg et de Riga ; les premiers sont homogènes et riches en sels calcaires ; les seconds sont fins, secs et purs. Les uns et les autres ont une teinte mate ou grisâtre. Leur analyse a donné :

	St-Pétersbourg	Riga.
Phosphate de chaux	65,10	76,20
Carbonate de chaux	11,60	6,10
Silice	3,90	6,20
Alumine et oxyde de fer	0,70	0,70
Magnésie	0,90	0,70
Sels solubles dans l'eau	1,70	0,50
Charbon et matière organique	16,10	9,60
	100,00	100,00

Ces résidus sont très-recherchés à cause de la grande quantité de phosphate de chaux qu'ils contiennent.

3° *Noirs d'Italie.* — Les noirs de Trieste sont d'un grain moins fin que ceux de Marseille ; les noirs de Venise sont très-riches en phosphate de chaux. Ces résidus ont donné à l'analyse :

	Trieste.	Venise.
Phosphate de chaux..........	62,10	75,00
Carbonate de chaux...........	9,00	5,00
Silice..................	8,00	4,00
Alumine et oxyde de fer.......	1,00	1,00
Magnésie....................	0,70	0,50
Sels solubles dans l'eau	1,30	0,50
Charbon et matière organique..	17,90	14,00
	100,00	100,00

Ces résidus sont très-estimés.

Quantité d'humidité. — Les noirs ne renferment pas la même quantité d'humidité normale. Voici celle que l'on a constatée :

Noir de Nantes...........	35	pour 100
— de Marseille	34	—
— de Hambourg.....................	21	—

La différence d'humidité qui existe entre les noirs de Nantes et de Marseille et celui de Hambourg provient de ce que ce dernier est presque toujours en fermentation quand il en arrive dans les ports de l'Ouest. Quoi qu'il en soit, l'humidité normale du noir animal pur ne doit guère dépasser 35 à 36 pour 100. MM. Boussingault et Payen ont trouvé que les noirs de Paris contenaient en moyenne 37,86 pour 100 d'eau. Quand les résidus ont été fraudés avec des substances absorbantes ou hygrométriques, par exemple, des matières alumineuses additionnées de chaux, la quantité d'eau qu'ils renferment, quand ils ne sont pas abrités sous des hangars, dépasse généralement 35 pour 100.

Quantité d'azote. — Pour opérer la clarification du sucre, on emploie par chaque 100 parties de sucre brut 2 litres de sang à 8 degrés aréométriques; le noir qui décolore le jus est employé à la dose de 3 à 4 pour 100. C'est le sang coagulé qui reste interposé entre le noir sur le filtre, qui constitue sa richesse en matière azotée, puisque le charbon animal n'en contient que fort peu.

Voici, d'après MM. Moride et Bobierre, la quantité d'azote que renferment les noirs :

Noirs français.		Noirs étrangers.	
Nantes	1,95 p. 100	Hambourg	1,73 p. 100
Bordeaux	1,46 —	Amsterdam	1.62 —
Marseille	1,85 —	Rotterdam	1,50 —
Paris	1,83 —	Berlin	1,85 —
Orléans	1,75 —	St-Pétersbourg	1,45 —
Valenciennes	0.75 —	Riga	0,60 —
Lille	0,96 —	Venise	1.45 —
Dunkerque	1.02 —	Trieste	0,98 —
Moyenne	1,44 p. 100	Moyenne	1.40 p. 100

Révivification des noirs.— Les noirs retirés de dessus les filtres, et que l'on emploie de nouveau à la clarification du sucre de qualité inférieure, offrent dans leur composition et quant à la quantité d'azote qu'ils renferment, des modifications très-curieuses, et qui expliquent pourquoi quelquefois, dans les noirs très-purs, la matière organique et le phosphate de chaux augmentent ou diminuent. MM. Moride et Bobierre ont soumis à l'analyse des noirs fins neufs, et les ont analysés de nouveau après avoir servi une ou deux fois à la clarification. Voici les faits qu'ils ont constatés :

	Charbon et matière organique.	Phosphate de chaux.	Carbonate de chaux.	Azote p. 100.
Noir fin neuf	11,30	73,63	6,76	1,31
Après avoir servi une fois..	29,76	56.96	7,10	2,44
Après avoir servi deux fois..	42,30	46,65	3,90	3,38

Ainsi, d'après ces chiffres, le phosphate de chaux accomplit une progression inversement proportionnelle aux matières organiques, et l'azote augmente en raison directe de ces dernières. Il faut conclure de ces faits que plus un résidu de raffinerie contiendra de parties azotées, moins il renfermera de phosphate et de carbonate de chaux, et. plus il contiendra de sels calcaires, moins il comportera de substances azotées. Mais comme le font observer MM. Moride et Bobierre, le noir, en tout état de cause, ne saurait être employé plus de deux fois, car il perd sa propriété décolorante, et, en outre, suivant la dose plus ou moins forte de sang, devient spongieux, élastique, difficile à laver et à presser. Les résidus qui ont servi une seconde fois à la clarification sans avoir été préalablement soumis à la révivification n'entrent que pour un cinquième au plus dans la masse du noir destiné à la fertilisation des terres.

Voici maintenant les résultats que ces chimistes ont obtenus en analysant des noirs révivifiés ayant servi une ou deux fois :

	Charbon et matière organique.	Phosphate de chaux.	Carbonate de chaux.	Azote p. 100.
Noir grain neuf..........	11,16	81,96	2,46	1,05
Après avoir servi une fois..	12,70	76,95	4,20	1,35
Après avoir été révivifié ...	10,30	75,75	7,30	0,94
Après avoir servi deux fois..	12,30	77,40	5,40	1,42

Les déductions à tirer de ces résultats ne sont pas tout à fait analogues à ceux qui résultaient des chiffres précédents. Ainsi, les matières organiques, quoique suivant encore une progression inverse proportionnelle au phosphate de chaux, n'augmentent pas d'une manière aussi sensible ; mais si le phosphate de chaux varie dans des limites très-peu importantes, on doit reconnaître que la révivification diminue la proportion des matières organiques et de l'azote, et qu'elle augmente un peu celle du carbonate de chaux. Le noir grain est celui que l'on révivifie et qu'on emploie à plusieurs reprises.

Poids de l'hectolitre. — Les résidus de raffinerie sont d'autant plus pesants que leur grain est gros, qu'ils contiennent davantage de silice; ils sont d'autant plus légers que leur grain est fin, qu'ils sont riches en matières organiques, que leurs molécules ont été séparées par une longue fermentation et le sont encore au moment de la vente, ou qu'ils ont été falsifiés avec des tourbes, du tan, etc.

Voici la pesanteur spécifique de quelques noirs :

Nantes............	86,20	Russie............	92,40
Marseille..........	92,40	Hambourg..........	104,16

Le noir pur de Nantes pèse 95 kilog. l'hectolitre. Le poids des noirs de Hambourg, si souvent falsifiés, varie entre 80 et 100 kilog. Les bons noirs de Russie pèsent de 103 à 104 kilog.

Le noir grain pèse de 95 à 100 kilog.

Conservation. — Cet engrais est ordinairement conservé dans les chantiers sous des hangars ; quand on l'accumule en tas dans une cour ou un chantier, il faut fortement tasser la surface de la masse au moyen d'une pelle, pour que les pluies ne puissent la pénétrer facilement, et que l'air ne puissent s'y introduire et précipiter la décomposition des matières azotées. Le noir pur, le résidu qui n'a point été fraudé, reste pendant de longues années sans se couvrir de végétation. Ce fait explique très-bien son action défavorable sur la végétation quand il est employé à des doses très-fortes.

Falsification. — Les principales matières que l'on emploie pour falsifier le noir animal sont au nombre de quatre, et quelques-unes d'entre elles donnent lieu à des transactions commerciales très-importantes.

1° Tourbe naturelle. — La tourbe, après avoir été exposée à l'influence du soleil, est écrasée, divisée, au moyen de pelles ; puis des femmes s'occupent, à l'aide de cribles en fer à mailles plus ou moins serrées, de la réduire en poudre plus ou moins fine. Pour lui donner une couleur ayant de l'analogie avec celle du résidu pur de raffinerie, quelques fraudeurs la colorent avec de la *poudre de charbon de terre*, du *charbon de varech*, de la *lie de vin carbonisée*, des *phyllades noirs moulus et réduits en poussière* ou du *noir de fumée*. La teinture en noir d'un hectolitre de tourbe coûte de 0,35 à 1 fr., selon la matière que l'on emploie.

Lorsque la tourbe a acquis une teinte foncée, on la mélange au noir animal dans la proportion de deux hectolitres pour un hectolitre de résidu. Le prix moyen de la tourbe pulvérisée est de 1 fr. l'hectolitre. Ce faible prix permet aux fraudeurs de réaliser des bénéfices énormes.

2° Tourbe carbonisée. — La tourbe carbonisée ou torréfiée, mêlée avec de la tourbe naturelle bien sèche, très-fine, est aussi employée dans la falsification des résidus de raffinerie. Pour la préparer, on prend de la tourbe émottée que l'on fait sécher à l'air le plus possible, puis on la met dans une chambre en briques chauffées à l'extérieur; au bout de quelque temps on ouvre une trappe à la partie supérieure de cette chambre, et alors il se dégage des torrents de vapeur d'eau chargée de vapeurs empyreumatiques, et l'on obtient ainsi une carbonisation incomplète, une tourbe torréfiée.

Cette tourbe qui contient des parties non altérées, mais seulement desséchées, est placée ensuite sous la pression d'une meule verticale, où elle s'écrase, se mêle et se noircit de manière à pouvoir être livrée comme charbon de tourbe.

1000 kilog. de tourbe donnent de 300 à 350 kilog. de charbon, composé ainsi qu'il suit : matière végétale 50,00; sels solubles dans l'eau 14,30; sels solubles dans l'acide nitrique 25,60; résidu 10,10.

3° Chaux. — La chaux est aussi ajoutée aux résidus de raffineries. Voici comment on opère cette fraude : on mêle parties égales de la tourbe noircie par du goudron de houille, avec de la chaux en poudre, et on soumet ce mélange à l'action d'une meule mise en mouvement par une machine à vapeur. Lorsque la chaux est intimement mêlée à la tourbe, on carbonise ces substances dans des cornues à gaz. Le produit que l'on obtient par ces opérations est d'un beau noir velouté. On le vend à raison de 4 fr. l'hectolitre. Les fraudeurs le mêlent par parties égales avec le noir animal. Le noir que l'on obtient par cette sophistication, a l'aspect des noirs de Hambourg, et contient beaucoup de carbonate de chaux.

4° LAITIERS DE HAUTS FOURNEAUX ET SCORIES DE FORGE. — Enfin, on emploie des laitiers de hauts fourneaux ou des scories de forge, après les avoir pulvérisés et tamisés. Cette fraude est assez facile à reconnaître.

Ces diverses substances prouvent combien il est important, dans les essais faits dans le but de constater la qualité des noirs, d'avoir en vue le dosage direct de l'azote.

Toutefois, si le seul essai rationnel, celui qui offre toutes les garanties désirables, est le dosage de l'azote, on ne doit pas oublier que le principe fertilisant le plus précieux après l'azote est le phosphate de chaux, et qu'il est aussi indispensable de le doser et de constater la proportion dans laquelle il existe. Les noirs anglais sont toujours falsifiés avec des matières fécales; la quantité d'azote qu'ils renferment est toujours plus élevée que celle que contiennent les résidus purs; mais le phosphate de chaux y dépasse rarement 45 pour 100.

Terrains sur lesquels on l'emploie. — Le noir animal ne convient pas à toutes les terres. On ne doit l'employer que sur les terres humides, les sols argileux, argilo-siliceux, silico-argileux, granitiques et schisteux. Son emploi est à peu près inconnu dans les contrées où les sols sont calcaires, dans les localités où le climat est sec.

Dans les régions de l'Ouest on l'emploie avec succès lorsqu'il est pur, sur les terres dites *de landes*, terrains très-riches en parties organiques.

Mode d'emploi. — Avant d'être appliqué, le noir doit avoir été battu à la pelle, émotté et bien divisé. Souvent, afin de le répandre uniformément, on le mêle soit avec de la terre très-meuble et sèche, soit avec des cendres.

Cet engrais doit être répandu à la main au moment même de la semaille; la quantité que l'on applique par hectare est trop faible pour qu'on puisse le disposer en petits tas sur la surface du champ et le distribuer ensuite à la pelle. Quand le premier labour présente des mottes, des cavités, on ne jette le noir sur le champ que lorsque la terre a reçu un coup de herse; sans cette opération, cet engrais pourrait être placé à une trop grande profondeur.

On le recouvre, ainsi que la semence, soit avec la charrue, soit au moyen d'une herse.

Quantité qu'il faut appliquer. — Le résidu pur de raffineries s'emploie communément à la dose de 4 à 8 hectol. par hectare. De nombreuses expériences faites dans l'Ouest ont démontré que lorsqu'on l'appliquait à une dose plus forte que 10 hectolitres dans la culture des céréales, celles-ci donnaient toujours une quantité considérable de paille relativement à celle du grain.

Cet engrais est trop cher pour qu'on puisse l'employer avec avantage à une dose plus forte que le maximum que je viens de citer. On ne peut l'appliquer à une dose plus élevée que lorsqu'il n'est pas pur et que sa valeur est moindre que celle des véritables noirs. Les résidus purs des raffineries de Nantes se vendent 15 fr. l'hectolitres, tandis que le prix des noirs de Hambourg dépasse rarement 12 fr. l'hectol. Employé à la dose de 8 hectolitres, le noir pur occasionne donc un déboursé de 120 fr., mais comme il n'élève pas la production moyenne du froment à plus de 18 hectolitres par hectare, il en résulte qu'il augmente le prix de revient de chaque hectolitre de grain, de 6 fr. 65 c. Ces faits prouvent que le noir animal pur ne peut pas être employé à la dose de 12 à 15 hectolitres, comme on le propose si souvent.

Mode d'action. — Le noir animal agit-il par le sang coagulé qu'il tient interposé, ou par les sels de chaux qui entrent dans sa composition?

Puvis attribue un rôle très-important au phosphate de chaux et refuse pour ainsi dire toute action aux matières organiques. Si le phosphate de chaux agissait seul sur les plantes, si les parties organiques ne concouraient pas à rendre les résidus de raffineries véritablement utiles, les noirs vierges, contrairement aux faits constatés par l'expérience, agiraient à peu près avec la même intensité.

M. Payen refuse au phosphate de chaux le pouvoir d'agir seul sur les végétaux, et il reconnaît que la matière organique réunie aux produits minéraux carbonisés a une action constante et incontestable. Ainsi, le charbon augmenterait la durée du sang et il servirait d'agent intermédiaire en absorbant les gaz ambiants et la chaleur pour les transmettre aux plantes. M. de Gasparin adopte l'idée émise par M. Payen.

Suivant M. Ducoin, le résidu des raffineries doit ses propriétés végétatives : 1° au sang qui agit dans le charbon d'os par la fermentation lente et alcaline qu'il produit, les réactions électriques qu'il détermine et les gaz qu'il fournit; 2° à l'azote qui agit, en contribuant à la formation de l'ammoniaque; 3° au charbon d'os qui retient une énorme quantité de gaz qui seraient perdus pour la végétation ; 4° enfin, aux phosphate et carbonate de chaux, qui agissent mécaniquement, chimiquement soit en divisant et isolant les molécules du charbon, soit en remplissant les fonctions dont jouissent les sels calcaires.

MM. Moride et Bobierre ont édifié une théorie un peu différente des précédentes et qui leur semble avec raison plus conforme aux conditions de la pratique agricole. D'abord, ils reconnaissent que les faibles quantités du sucre qui restent dans le noir résidu de raffinerie, après lavage de ce dernier jusqu'à zéro aréométrique, favorisent de la manière la plus marquée par leur décomposition ultérieure, la solubilité du phosphate de chaux, et facilitent par suite l'assimilation de ce composé. Mais l'acide acétique ne jouit pas seul des propriétés dissolvantes si nécessaires au rôle des phosphates ; l'ammoniaque qui résulte de la fermentation du noir dans la couche arable, en se développant au fur et à mesure de la décomposition du sang, procure encore à l'engrais au milieu duquel il prend naissance une solubilité, et par cela même, une activité des plus précieuses. Quant à l'acide carbonique, qui se développe aussi pendant la décomposition du noir de raffinerie mêlé au sol, il augmente encore la solubilité du phosphate de chaux et est absorbé directement par les végétaux auprès desquels il est mis en liberté. Ainsi, l'ammoniaque et l'acide carbonique, en prenant naissance par suite de la décomposition du sang et la combustion lente du carbone, rendent les phosphates plus assimilables par les plantes.

Si le noir animal suivant MM. Moride et Bobierre est un corps essentiellement précieux à l'agriculture, ce n'est pas seulement parce que, contenant de fortes proportions de phosphate, il peut, dans les terres non calcaires, donner la matière constitutive d'une grande quantité de céréales ; ce n'est pas non plus uniquement parce que, concentrant sous un petit volume une foule de principes trop disséminés dans les fumiers, il peut relativement à ces derniers corps, jouer le rôle de la potasse vis-à-vis des cendres, etc., mais plutôt encore parce que, dans l'ensemble des éléments qu'il renferme au sortir de la chaudière à clarification, réside une solidarité de réaction extrêmement remarquable à tous égards, et la meilleure preuve de la justesse de cette opinion se trouve dans la dissemblance frappante de deux noirs de raffinerie contenant les mêmes doses de phosphate et de matière azotée, mais soumis à une manipulation préalable différente. Aussi un grand avantage agricole résultera toujours, à dose égale, et même quelque peu inférieure, de l'emploi d'un noir animal notablement azoté, contrairement à un autre seulement phosphaté; l'activité imprimée à la végétation, tant par le rôle propre de la matière animale que par la solubilité qu'elle aura communiquée indirectement au phosphate, compensera largement l'intérêt du capital que l'inactivité d'un noir peu assimilable forcerait ainsi à enfouir dans le sol cultivé.

Enfin, M. Malaguti, sans refuser au phosphate toute espèce d'action, pense qu'on ne pourra jamais attribuer au charbon d'os les effets remarquables que donne son emploi; selon ce savant distingué, c'est à l'azote que les noirs devraient leur efficacité. Il appuie son opinion sur ce fait, qu'en même temps que le sucre fermente, la matière animale fermente aussi et produit du carbonate d'ammoniaque, lequel est converti en partie en acétate et en lactate. Ainsi, après la fermentation du noir, la plus grande partie de son azote serait transformée en acétate, lactate et carbonate d'ammoniaque; et ces sels, absorbés et condensés dans les pores du charbon, ne seraient cédés à la végétation qu'à mesure que celle-ci l'exige.

Toutes choses égales, d'ailleurs, il faut reconnaître et aux sels de chaux et au sang coagulé sec une action pour ainsi dire simultanée, et constater qu'il est presque impossible de séparer, quant à leur action, l'azote du charbon d'os. Cette explication des effets du noir animal n'est pas une hypothèse ; jusqu'à ce jour, tous les faits constatés prouvent, d'une manière évidente, que le noir vierge, le charbon d'os pur, est loin d'être aussi favorable à la végétation que le noir animal qui a servi aux opérations de clarification et de décoloration. Si le résidu des raffineries de Nantes est si recherché des agriculteurs de l'Ouest, c'est qu'il est riche en principes azotés ; s'il produit sur les plantes des effets plus sensibles que le noir de Russie, c'est que ce dernier contient plus de phosphate de chaux, et que, par suite d'une longue fermentation, il a perdu beaucoup de ses principes azotés. Si les sels de chaux agissaient, pour ainsi dire, seuls sur les plantes, les noirs de Prusse seraient plus fertilisants que ceux de Bordeaux, ce qui n'est pas.

Cultures pour lesquelles on l'emploie. — Le noir animal est employé avec succès dans la culture des céréales, du sarrasin ou blé noir, du lin, des navets et lors de la transplantation des choux, des betteraves, du colza. Il peut être aussi utilisé avec avantage dans la culture des vesces, des pois gris, et être répandu sur les trèfle, luzerne, lupuline en végétation. Toutefois, il n'est pas assez puissant pour être employé seul dans la culture des pommes de terre, des carottes, des betteraves, à moins que ces plantes ne soient cultivées sur des terres fertiles.

Le noir animal, que l'on regarde aujourd'hui avec justes raisons comme nécessaire, indispensable même, pour les premières récoltes qui suivent les défrichements des landes, sert aussi à ranimer la végétation des céréales d'automne qui languissent au printemps. Enfin, cet engrais favorise d'une manière spéciale la croissance des légumineuses, particulièrement celle du petit trèfle jaune (*Trifolium filiforme*, L.) sur les prairies naturelles. Lorsqu'on l'applique, dans ce but, sur des prairies basses, il faut préalablement les assainir et le répandre en mars ou avril, après les grandes pluies et avant les fortes chaleurs.

Épuisement du sol par le noir. — Si les résidus de raffineries, malgré leur action qui n'est évidemment qu'annuelle, ont contribué à imprimer en Bretagne, en Vendée et en Anjou, une vive impulsion aux défrichements des terres incultes couvertes de bruyères et d'ajoncs; si leur emploi a permis à plusieurs cultivateurs de diminuer l'étendue consacrée aux jachères périodiques; enfin, si, sur diverses exploitations, cet engrais a concouru à l'augmentation de la masse des fourrages, il faut malheureusement constater que son emploi a été la cause de résultats agricoles bien tristes. Séduits par les produits qu'il fait naître sur des terres arides riches en matières organiques, beaucoup de propriétaires et d'agriculteurs en bannissant, pour ainsi dire, complétement l'emploi des fumiers de leurs exploitations, en adoptant des assolements qui avaient pour appui l'emploi répété du noir à des doses assez fortes, ont éprouvé les revers les plus éclatants. Il devait en être ainsi. Ces modes de culture, ni pratiques, ni économiques, n'ont pas tardé à épuiser la terre, et cette prostration de force, au lieu d'enrichir ceux qui l'avaient fait naître, a été la cause directe de leur chute. Les uns se sont ruinés dans leurs entreprises de défrichements en cultivant des plantes oléagineuses et du froment, secondés par l'emploi du noir animal seul; les autres ont anéanti leur fortune en faisant produire aux landes qu'ils avaient défrichées des céréales ou des fourrages dont les prix de revient dépassaient de beaucoup le prix de vente, et cela parce qu'ils accordaient aux résidus de raffineries une puissance, une durée d'action supérieure à celle que possèdent les fumiers proprement dits.

L'engouement pour le noir animal a été tel en Bretagne, que des spéculateurs et des défricheurs de landes ont engagé les cultivateurs à vendre une partie de leurs fumiers pour la remplacer par du noir animal.

Cet engrais minéral n'a pas seulement l'inconvénient d'anéantir presque complétement la fertilité des terres arables, quand on répète pendant un certain nombre d'années son emploi, et lorsqu'on refuse de l'employer alternativement avec les fumiers ; il augmente aussi l'aridité des terres de bruyères, et les force à produire en grande abondance la petite oseille ou vinette (*Rumex acetosella*, L.). On a voulu, dans ces derniers temps, que l'apparition de cette plante rampante, d'une destruction si difficile, soit un fait providentiel ; il est difficile d'admettre une telle opinion en présence des faits que l'on constate sur les landes défrichées sur lesquelles on a alterné l'emploi du noir animal et du fumier. Cette plante nuisible couvre rarement de telles terres de bruyères.

Ces observations sur l'emploi du noir animal dans les terres de landes ou de bruyères ne sont pas admises par les agriculteurs qui sont parvenus à se faire une renommée factice et mensongère. Je renvoie le lecteur au volume intitulé : *Les assolements et les systèmes de culture*, dans lequel j'ai rapporté divers exemples à l'appui de l'opinion que je soutiens. Je reviendrai évidemment sur ces observations dans le volume ayant pour titre : *La pratique de l'agriculture*. Alors, je prouverai de nouveau que l'emploi irréfléchi du noir animal résidu pur de raffineries a occasionné des revers complets, insuccès qui brilleraient encore si des *circonstances particulières* et indépendantes de l'agriculture n'avaient pas permis à ceux qui les ont éprouvés, de refaire en partie leur fortune.

Valeur commerciale. — Le noir animal du commerce se vend de 12 à 13 fr. l'hectolitre. Celui que livrent les raffineries de sucre est acheté à Nantes au prix de 15 à 17 fr., et à Paris de 11 à 13 fr.

Commerce du noir animal. — Le commerce du noir animal a pris beaucoup d'extension dans les provinces de l'Ouest depuis environ trente ans, et certes, les transactions commerciales eussent été beaucoup plus importantes encore si certaines industries ne s'étaient point exclusivement vouées à l'altération de ces engrais. Cette fraude a beaucoup nui à l'agriculture, en ce qu'elle a empêché beaucoup de cultivateurs d'employer autant de noir animal qu'ils auraient pu le faire.

Les quantités de noirs importés à Nantes, atteignent chaque année un chiffre considérable. De 1840 à 1854, elles se sont élevées en moyenne à 16 500 000 kilog. En 1855, elles n'ont pas dépassé 15 222 000 kilog. En 1857, elles se sont élevées à 15 867 000 kilog.

De 1840 à 1844, les importations étrangères atteignaient de 11 à 12 millions de kilog., et celles de provenances françaises de 4 à 5 millions seulement. De 1848 à 1855, les premières n'ont pas dépassé annuellement 6 millions, mais les noirs français se sont élevés à 9 et 10 millions.

La diminution dans les importations de noirs étrangers est due à une circulaire de la douane française en date du 6 septembre 1845, qui autorise ses agents à percevoir 7 fr. par 100 kilog. de résidu de raffineries, toutes les fois que le grain du noir sera assez gros pour être révivifié et servir de nouveau dans les raffineries. Depuis cette époque, l'introduction des noirs de Russie, qui s'était élevée en 1844 à 3 232 954 kilog., a beaucoup diminué.

Si l'on ajoute aux chiffres précédents les noirs qui sortent chaque année des raffineries de Nantes, d'Orléans, de Paris, etc., et qui s'élèvent à près de 2 000 000 de kilog., on reconnaîtra que la place de Nantes reçoit chaque année de l'agriculture de l'Ouest, pour le noir animal qu'elle lui livre, la somme énorme de 2 500 000 fr. Ce résultat prouve que le noir animal est une des principales substances fertilisantes de la région nord-ouest, et que, sous ce rapport, il mérite que le gouvernement se préoccupe sérieusement des moyens d'arrêter les falsifications qu'il subit chaque année.

BIBLIOGRAPHIE.

Guépin. — Guide du fabricant d'engrais, 1842, in-18, p. 19.
Ducoin. — Des engrais, 1842, in-18, p. 165.
Bertin. — Statistique des os, 1843, in-8.
Moride et **Bobierre.** — Technologie des engrais, 1848, in-8.
Romanet. — Du noir animal, 1852, in-8.
I. Pierre. — Chimie agricole, 1853, in-12, p. 484.
Bobierre. — Le noir animal, 1856, in-12.

LIVRE II.

ENGRAIS VÉGÉTAUX.

PREMIÈRE CLASSE.

VÉGÉTAUX VERTS.

CHAPITRE I.

PLANTES CULTIVÉES.

Contrées dans lesquelles on les emploie. — Espèces cultivées : lupin blanc, fèves, trèfle incarnat, vesce, pois gris, ers, sarrasin, spergule, navette, navet, colza, moutarde blanche, madia sativa, seigle. — Conditions auxquelles les plantes doivent satisfaire. — Terrains sur lesquels on les enfouit. — Quantité de graines. — État des plantes au moment de leur application. — Époque de l'enfouissement. — Mode d'opération. — Mode d'action. — Durée des effets qu'elles produisent. — Bibliographie.

Contrées dans lesquelles on les emploie. — Les végétaux que l'on enfouit à l'état frais sur les terrains où ils sont cultivés, sont moins actifs que les engrais animaux, mais ils produisent d'excellents effets dans les provinces du midi de l'Europe. L'expérience prouve chaque jour, en effet, que leur efficacité est d'autant plus marquée qu'on s'éloigne du nord vers le midi.

L'emploi des engrais verts a été pratiqué par les Romains; de nos jours on les utilise en Italie, en Espagne et dans le midi de la France, contrées où le climat sec et chaud en rend l'usage pour ainsi dire nécessaire.

Ces engrais ne sont pas très-utiles dans les localités froides et humides. Dans de telles contrées, la pratique a démontré depuis longtemps qu'il était plus avantageux de faire consommer les parties herbacées par le bétail, afin de les convertir en fumier, que de les enfouir comme engrais verts. Aussi est-ce à cause de l'humidité presque constante de l'atmosphère et du sol, que les agriculteurs de l'Angleterre, de l'Irlande et du nord de la France ont abandonné, pour la plupart, ce moyen de fertilisation.

On peut donc dire que les engrais verts ne sont véritablement utiles que dans les provinces du midi de l'Europe, et qu'ils ne conviennent, dans les pays septentrionaux, qu'aux sols légers, siliceux, aux terres sèches et brûlantes, aux terrains qui sont très-éloignés des bâtiments d'exploitation, et aux terres arables des montagnes auxquelles on ne parvient que par des chemins d'un accès très-difficile.

L'humidité que l'engrais vert fournit au sol a presque autant d'influence dans les sols secs, dans les années sèches, sur les plantes pour lesquelles il est appliqué, que les parties albumineuses, mucilagineuses, etc., qu'il contient. Ainsi Leclerc-Thouin a remarqué en Anjou que les chanvres et les lins végètent mal même sur les terres abondamment fumées, lorsque les printemps sont secs, tandis que leur succès est à peu près certain sur engrais vert dans les mêmes années. De tels résultats avaient été déjà observés en Italie. On a donc raison, dans les contrées méridionales de l'Europe, de considérer les engrais verts comme des *engrais rafraîchissants*.

Si l'on considère à combien peu de frais ces fumures sont parfois obtenues dans les contrées du Midi, si l'on réfléchit aux résultats qu'elles produisent dans la Provence et le Languedoc, on est en droit de demander pourquoi leur emploi dans ces localités n'est pas plus général. Espérons que bientôt ces engrais seront appréciés comme ils le méritent partout où ils permettent d'utiliser la jachère qui précède la culture du maïs, du froment ou du chanvre.

Fig. 2. Lupin blanc.

Espèces cultivées. — A. LÉGUMINEUSES. — 1° *Lupin blanc* (LUPINUS ALBUS, L.). — Cette légumineuse (fig. 2) est employée comme engrais dès la plus haute antiquité. Pline fait connaître que les Romains l'employaient pour favoriser la végétation des vignes et des arbres ; Columelle la considérait comme un excellent engrais pour les vignes maigres et épuisées, ainsi que pour les terres en général. De nos jours, on l'emploie en Italie, dans les provinces de Milan, de Varèse, de Côme, etc., etc., et dans les provinces du sud et sud-ouest de la France, localités où il se développe facilement sur les mauvais sols sablonneux avec une rapidité extraordinaire.

Burger et Schwerz croyaient que son usage était limité en Allemagne aux localités qui peuvent cultiver la vigne; mais, depuis quelques années, son emploi s'est étendu sur toutes les pentes de montagnes de l'Eiffel qui n'avaient pu être cultivées, parce que le transport des fumiers y était impossible.

Le lupin blanc ne mûrit pas ses graines dans les parties septentrionales de la France et de l'Europe.

Les tiges, les feuilles et les fleurs de cette légumineuse renferment à l'état normal 75 pour 100 d'eau et 0,47 d'azote.

Le lupin réussit très-mal sur les terres argileuses, compactes, ainsi que sur les sols très-calcaires ou crayeux. Dans la Lombardie vénitienne, en Toscane et dans les vallées du Rhône et de la Garonne, on ne le cultive que sur les terres sablonneuses, caillouteuses, légères et de qualité secondaire. Cette légumineuse, ainsi que l'observaient Pline et Columelle, se plaît dans une terre maigre, et surtout dans une terre ferrugineuse, un sol ocreux ou rougeâtre, un terrain calcaire ferrique.

Dans les provinces du midi de l'Europe, on sème le lupin le plus ordinairement à la fin de l'été. Ainsi, entre Milan et Varèse, les semis se font en août ou au commencement de septembre, afin de pouvoir enfouir les parties herbacées en octobre ou novembre, quelques jours avant les semailles des céréales d'automne. Ce procédé est aussi suivi dans la Bresse sur les sols légers. Dans le Frioul, on pratique les semis avant le buttage du maïs, dans le but d'enterrer aussi le lupin avant les ensemencements. Dans la vallée du Rhône et dans les environs de Nîmes, on le sème à la fin de février ou au commencement de mars, et on l'enterre en mai ou juin.

Dans les contrées où l'on a à redouter pendant l'hiver des froids de — 10° à — 14°, on ne peut semer les lupins qu'en mai ou en juin; alors on enfouit les tiges vers la fin d'août ou en septembre.

On répand ordinairement de 150 à 200 litres de semences par hectare.

On fait souvent macérer les graines dans l'eau pendant 24 heures afin de rendre la germination plus prompte.

Les graines, à cause de leur grosseur, doivent être recouvertes par un fort hersage ou par un labour léger.

Quelle que soit l'époque pendant laquelle il acquiert toute sa croissance, on doit l'enterrer avant que sa floraison ne soit passée. Suivant Columelle, il n'y a pas de temps plus favorable pour enfouir le lupin dans les sols sablonneux qu le moment de sa seconde fleur, et de sa troisième dans les terres rouges. Dans le premier cas, on l'enterre lorsqu'il est encore tendre, afin qu'il se décompose plus aisément; dans le second, on le laisse durcir, pour qu'il puisse soulever plus longtemps les mottes de terre et les tenir en quelque sorte suspendues, jusqu'à ce que, pénétrées et modifiées par les chaleurs de l'été, elles soient réduites en poussière.

Le lupin produit par hectare de 12 000 à 30 000 kilog. de tiges et feuilles vertes, suivant la nature des terres sur lesquelles il a été cultivé. Quand il réussit, ses tiges ont près d'un mètre de hauteur, et il donne par hectare de 20 000 à 25 000 kilog. de parties herbacées.

Cette plante n'exerce des effets comme engrais que pendant une année. M. Roland, près de Nîmes, est le seul agriculteur qui ait pu obtenir deux récolte consécutive froment à l'aide de cet engrais végétal et au moyen d'un seul enfouissement.

Un hectolitre de graine de lupin blanc se vend de 14 à 18 fr.

2° **Lupin jaune** (LUPINUS LUTEUS, L.). — Cette espèce, inconnue pendant longtemps dans le midi de l'Europe, est cultivée très en grand en Allemagne, où elle mûrit très-bien ses graines. Sa culture a été introduite en France avec succès il y a quelques années.

Le lupin jaune végète très-bien dans les terres sablonneuses, sèches et pauvres, à sous-sol ferrugineux et caillouteux. Les sols calcaires ne lui conviennent pas.

M. de Gourcy a reconnu qu'il réussissait en effet très-bien sur les terres pauvres non calcaires, mais il ne croit pas qu'il faille en recommander la culture comme engrais vert. Il lui reproche de prendre moins de développement et d'être moins garni de feuilles que le lupin blanc.

Quoi qu'il en soit, cette espèce mérite d'être expérimentée. On a constaté que ses tiges et ses feuilles contenaient 0,46 pour 100 d'azote. (*Voir* t. V, LES PLANTES FOURRAGÈRES.)

3° **Fèves** (FABA VULGARIS, L.). Les fèves ont été aussi employées comme engrais verts par les anciens. Théophraste rapporte que, dans la Macédoine et en Thessalie les Grecs les enterraient quand elles étaient en fleur. Au dire de Columelle, une récolte de fèves remplaçait une fumure. Cet engrais vert est encore en usage dans le midi et le nord de l'Europe.

Dans le Bolonais, on sème les fèves aussitôt que la moisson est faite, et c'est à l'automne, lorsqu'elles sont en fleur, qu'on les enterre à la bêche; le sol reçoit l'année suivante, en mars, une culture de chanvre; dans le Vicentin, on les enterre en janvier ou février, peu de temps avant les semailles de la plante qu'elles doivent alimenter; enfin, les Toscans les enfouissent à la fin d'août ou au commencement de septembre, au moment des ensemencements; ils les emploient principalement sur les terrains légers.

Dans le midi de la France, c'est vers la mi-novembre qu'on les sème, et c'est en mars ou avril qu'elles fleurissent et qu'on les enterre. On les emploie aussi comme engrais vert sur les terres d'alluvions de la vallée d'Authion (Maine-et-Loire), contrée où les cultivateurs les regardent comme très-riches en principes nutritifs, et peu épuisantes.

La fève demande une terre un peu argileuse; elle végète dans les sols siliceux et légers.

La fève verte et en fleur contient 75 pour 100 d'eau et 0,51 d'azote.

Cette légumineuse peut fournir de 30 000 à 40 000 kilog. de tiges et feuilles vertes par hectare.

(*Voir pour la culture de la fève*, t. V. LES PLANTES FOURRAGÈRES).

4° **Trèfle incarnat** (TRIFOLIUM INCARNATUM). — Cette légumineuse est souvent enterrée comme engrais vert dans la région du Sud-Ouest. On la sème au mois d'août ou de septembre, et c'est au printemps qu'elle est enfouie, lorsque ses fleurs rouge incarnat vont s'épanouir. On l'emploie aussi comme engrais vert dans la culture de la vigne. Comme elle, sa production est assez élevée pour être enterrée lorsqu'on lui donne le premier labour. Cet engrais vert a toujours donné de très-bons résultats.

(*Voir pour la culture du trèfle incarnat*, t. V, LES PLANTES FOURRAGÈRES.)

5° **Vesce, pois gris, ers.** — Ces légumineuses ont été aussi employées par les Romains; Pline, Columelle, Palladius, considéraient la *vesce* en fleur comme un excellent engrais vert. Aujourd'hui, cette plante n'est guère cultivée pour cet usage que dans l'Italie, principalement la Calabre, le val d'Arno, le pays de Reggio, et dans le Palatinat, parce que la valeur de sa graine augmente considérablement le prix de revient de l'engrais qu'elle fournit.

Dans les environs d'Issoire (Puy-de-Dôme), après la récolte du seigle on sème des *pois gris* que l'on enfouit en octobre par un labour pratiqué avec la bêche.

En Provence, on sème souvent l'*ers* ou *lentille ervillière* sur les terres graveleuses et sujettes à souffrir pendant le printemps de fortes chaleurs. Les semis se font à la fin de septembre; on l'enfouit en avril.

6° **Prairies artificielles.** — Dans les pays où le trèfle végète avec vigueur, où il ne reste en terre que pendant dix-huit mois, on enfouit, souvent comme engrais vert, la pousse qui couvre la terre au mois d'août et de septembre, dans le but de rendre plus vigoureuse la céréale qui lui succède. Lorsque la seconde ou la troisième coupe est abondante, elle constitue une excellente fumure verte. Les froments qui suivent de tels enfouissements sont toujours productifs.

En traitant la culture de la *luzerne*, du *sainfoin* et du *trèfle rouge* (voir LES PLANTES FOURRAGÈRES), j'ai fait connaître la valeur fertilisante de la fumure verte que fournissent ces diverses plantes. J'ai indiqué dans LES ASSOLEMENTS ET LES SYSTÈMES DE CULTURES les circonstances où ces enfouissements sont possibles économiquement.

B. *Polygonées.* — **Sarrasin** (POLYGONUM FAGOPYRUM, L.). — De la Chalotais a proposé, pour la première fois, en 1757, d'enfouir comme engrais la production verte du sarrasin, qu'on appelle quelquefois *carabin* ou *blé noir*.

Cette plante a été utilisée, pendant plusieurs années, comme fumure verte, par les cultivateurs du Lincoln (Anleterre), mais ils ont fini par y renoncer. En Allemagne, on ne la regarde pas comme un bon engrais vert, et le plus ordinairement c'est par nécessité qu'on l'enterre, par exemple, lorsque les gelées précoces ont détruit ses fleurs. Royer aussi ne lui accordait pas une grande puissance fertilisante.

En somme, le mérite principal du blé noir réside dans la rapidité avec laquelle il se développe.

Je crois, d'après les faits que j'ai observés à Grand-Jouan, où j'ai enfoui plusieurs fois des récoltes vertes de sarrasin, qu'il faut attribuer les faibles résultats que donne cet engrais vert dans le Centre et l'Ouest, à la promptitude avec laquelle ses feuilles et ses tiges se décomposent lorsqu'on l'enfouit dans des terres argilo-siliceuses à sous-sol imperméable. Il a, en outre, l'inconvénient d'augmenter la légèreté de ces terrains, et de contribuer au déchaussement des céréales qui lui succèdent.

Quoi qu'il en soit, il ne faut pas oublier que le sarrasin exige, pour parvenir à une élévation satisfaisante et pour donner une abondante masse herbacée, un sol un peu riche et une température à la fois chaude et humide. Dans les terres pauvres et les climats secs, la masse herbacée qu'il fournit est insuffisante pour assurer l'existence d'une céréale d'automne.

Ses tiges et ses feuilles vertes contiennent 70 pour 100 d'eau et 0,16 d'azote.

Lorsque les circonstances rendent son emploi nécessaire ou utile, on doit, avant d'enterrer les tiges, les couvrir d'une légère couche de chiffons de laine ou de fumier. En agissant ainsi, on augmente leur puissance fertilisante et on enfouit une fumure suffisante pour assurer la réussite d'une récolte de seigle.

Le *sarrasin de Tartarie*, beaucoup plus rustique et plus

précoce que le sarrasin ordinaire, est celui qu'il faut employer de préférence.

(*Voir pour la culture du sarrasin*, t. V, LES PLANTES FOURRAGÈRES.)

C. *Caryophyllées.* — **Spergule** (SPERGULA ARVENSIS, L.).

C'est de Woght qui a préconisé, il y a trente ans environ, l'emploi de la spergule enterrée en vert pour maintenir et augmenter même la fertilité des terres arables. Il avait été conduit à se faire l'apôtre de cet engrais d'après le conseil de Thaër, qui en avait obtenu des résultats assez heureux. De Woght soutient que si l'on sème sur un champ consécutivement de la spergule, de manière à enterrer la production verte à la fin de juin, au commencement d'août et en novembre, on peut compter que l'effet de trois enfouissements successifs équivaudra à celui que peuvent produire 30 000 kilogrammes de fumier, et qu'une telle fumure enrichit plus le sol qu'une récolte de seigle ne l'épuise. En enfouissant chaque année sur une terre sablonneuse une ou deux récoltes vertes de spergule, de Woght est parvenu à obtenir, dans l'espace de huit années, de belles récoltes de seigle, comparativement à celles qu'il obtenait avant l'usage de cet engrais : de 13 hectol. 75, la production s'est élevée à 71 hectol. par hectare.

Les tiges et feuilles vertes de cette plante contiennent 0,66 pour 100 d'eau et 0,39 d'azote.

La spergule ne réussit bien que dans les contrées humides et dans les terres sablonneuses et fraîches. A Flotbec, le sol recevait une préparation complète, et on répandait 66 kilog. de semence par hectare, que l'on couvrait au moyen d'un roulage. Le produit de la spergule dans les terres sablonneuses fraîches dépasse rarement 3000 kilog. par hectare.

(*Voir pour la culture de la spergule*, t. V, LES PLANTES FOURRAGÈRES.)

D. *Crucifères.* — 1° **Navettes** (BRASSICA NAPUS). — La navette d'hiver, ou rabette, est cultivée dans le nord de l'Europe comme engrais vert.

En Alsace, les cultivateurs de Hœrdt l'emploient avec beaucoup de succès sur les terres sablonneuses, qu'ils cultivent avec tant d'intelligence. A peine les pois sont-ils récoltés, qu'ils sèment la navette sur un seul labour; ils enfouissent ses parties vertes avant les gelées, et la font suivre par un froment de mars. Ils sèment encore de la navette aussitôt après la récolte des pommes de terre hâtives, de manière à pouvoir l'enterrer en automne au profit du seigle.

Dans le pays de Caux, lorsqu'on emploie la navette comme engrais vert, on la sème vers le 15 octobre, et à la fin de mars on fume par-dessus et on l'enterre. Après la récolte des pois qui succède à cette fumure, on fait un second semis de navette avant le 15 août, et on l'enfouit en octobre au moment des semailles de blé qui la suivent.

Quand, dans cette contrée, cette crucifère est cultivée avec de la vesce, on la sème à la fin de juin sur les trèfles qui ont servi de pâturage aux moutons depuis le 15 mai, et qui ont été rompus par un labour vers la Saint-Jean; la production verte de ces deux plantes est enterrée en septembre au profit du blé que l'on sème en octobre. Cette pratique constitue ce qu'on appelle dans la culture sans jachère de la plaine de Caux, *semer sur verdage à renfuir.*

(*Voir pour la culture de la navette*, t. VI, LES PLANTES INDUSTRIELLES.)

2° **Navet** (BRASSICA). — Les habitants de Hœrdt emploient aussi avec succès les *fanes de raves* ou *navets* comme engrais; les résultats qu'ils en obtiennent sont tels qu'ils les achètent 10 fr. la voiture. La Société d'agriculture de l'Ain a constaté que les effets de ces engrais verts étaient très-puissants, et que chaque voiture de feuilles supplée à peu près une voiture de très-bon fumier. Il faut, ainsi que l'observe Schwerz, que la conviction des cultivateurs alsaciens sur cet engrais soit bien forte, pour qu'ils se déterminent non-seulement à priver leurs animaux d'un bon fourrage, mais à aller encore acheter au loin la matière de cet engrais, dont l'application est toujours suivie d'une récolte de seigle.

Depuis très-longtemps on cultive dans le Milanais le navet pour l'enfouir comme fumure verte. Cette pratique est aussi en usage dans quelques comtés en Angleterre.

(*Voir pour la culture des navets*, t. V, LES PLANTES FOURRAGÈRES.)

3° **Colza d'hiver** (BRASSICA CAMPESTRIS, L.). — Le colza d'hiver peut aussi être enfoui comme engrais vert. M. Trochu l'emploie avec succès et le regarde comme l'une des plus précieuses sources contre la pénurie des engrais.

On peut le semer à deux époques : en juin pour l'enfouir en octobre, et en août et septembre pour l'enterrer en mars ou avril. Lorsqu'on le sème à la fin du printemps, on peut l'associer au sarrasin. Ce mélange m'a donné de bons résultats.

Le grand mérite de cette crucifère est de bien réussir sur les terres acides de bruyères ou sur les sols granitiques.

(*Voir pour la culture du colza*, t. V, LES PLANTES FOURRAGÈRES.)

4° **Moutarde blanche** (SINAPIS ALBA, L.). — Cette crucifère fournit une abondante fumure verte. Elle réussit très-bien sur les terres argilo-siliceuses et argilo-calcaires.

Elle a sur le colza l'avantage d'être très-peu épuisante, d'occuper le sol moins longtemps et de pouvoir être semée en août et enfouie avant les semailles d'automne. Enfin, sa précocité est telle, qu'on peut l'enterrer deux fois dans une année sur les terres en jachère.

En Angleterre, on considère la moutarde blanche comme l'un des meilleurs engrais verts. On fait suivre le plus ordinairement son enfouissement par un froment.

(*Voir pour la culture de la moutarde blanche*, t. V, LES PLANTES FOURRAGÈRES.)

E. COMPOSÉES. — **Madia sativa.** — Cette plante végète avec rapidité sur tous les terrains : en deux ou trois mois elle se couvre de fleurs. M. Bazin l'a employée comme engrais avec succès. Il pense que la quantité de tiges, de feuilles et de fleurs qu'on peut obtenir dans les années ordinaires doit s'élever à 12 500 kilog. par hectare sur des terres de médiocre qualité.

MM. Boussingault et Payen ont reconnu que le madia en fleurs renferme 70,55 pour 100 d'eau et 0,45 d'azote, ce qui permettrait de dire que l'engrais vert qu'il fournit est égal en valeur fertilisante au fumier de ferme. M. Pellicot a expérimenté cette plante comme engrais vert dans les environs de Toulon; le résultat qu'il en a obtenu a dépassé ses espérances.

(*Voir pour la culture du madia sativa*, t. VI, LES PLANTES INDUSTRIELLES.)

F. GRAMINÉES. — **Seigle** (SECALE CEREALE, L.). — L'usage du seigle vert comme engrais n'est pas très-ancien et les opinions sont partagées sur les avantages qu'il présente comme engrais vert.

Giobert, de Turin, a beaucoup vanté ses effets; il prétend que lorsque cette céréale est enterrée à l'époque de sa floraison, elle produit autant d'effet que seize voitures et demie de fumier appliqué sur une surface de 57 ares. Burger ne peut croire à de tels résultats, et il a raison : il pense que le seigle, qui, comme toutes les autres céréales, ne possède qu'à un très-faible degré et beaucoup moins que les légumineuses, la propriété de se nourrir de substances atmosphériques, et ne donne qu'un très-petit produit dans les terres maigres et épuisées, ne peut évidemment pas produire avec avantage plusieurs récoltes en céréales. Le comte Verri a vérifié expérimentalement les arguments avancés par Giobert. Il a reconnu que, dès la seconde année, le produit du champ qui avait reçu du seigle vert comme engrais était égal à celui du champ qui n'avait point été fumé, et que la légère augmentation de récolte obtenue était insuffisante pour couvrir les dépenses. Toute la masse d'engrais produite par le seigle enfoui avait été consommée par la première récolte.

La Société d'agriculture de l'Ain a conclu des expériences qu'elle a faites sur la ferme expérimentale de Challes, que cet engrais vert était très-favorable au maïs, mais qu'il affaiblissait au moins d'une semence le produit du froment qui succédait à cette céréale annuelle, bien que le sol ait été fumé comme à l'ordinaire avec des engrais d'animaux.

Nonobstant, le seigle doit être enfoui lorsque ses fleurs vont s'épanouir, en mars ou avril; à cette époque, ses tiges sont suffisamment imprégnées d'humidité pour qu'elles se décomposent assez rapidement, et puissent alimenter une culture de chanvre, de maïs, de riz, etc.

(*Voir pour la culture du seigle*, t. V, LES PLANTES FOURRAGÈRES.)

Conditions auxquelles les plantes doivent satisfaire. — Pour qu'une plante puisse être avantageusement cultivée comme engrais vert, il faut :

1° Qu'elle soit appropriée au climat et à la nature du sol ;

2° Qu'elle végète avec vigueur sans exiger l'emploi de fumier ou d'autres engrais, c'est-à-dire qu'elle tire sa nourriture plutôt des éléments de l'air et de l'eau que de l'humus du sol ;

3° Que la valeur de sa semence soit peu élevée ;

4° Qu'elle parvienne à son entier développement dans le cours de deux saisons, et même en moins de temps s'il est possible ; c'est-à-dire, il faut qu'elle puisse croître et fleurir pendant le temps qui s'écoule entre la récolte de la plante qui la précède et la semaille de celle qui lui succède ;

5° Qu'elle puisse produire beaucoup de racines, tiges et feuilles ;

6° Qu'elle ombrage parfaitement du sol de ses tiges et de ses feuilles, afin que les mauvaises herbes ne puissent y végéter ;

7° Que son enfouissement soit facile à exécuter au moyen des instruments aratoires ;

8° Que ses tiges et ses feuilles contiennent beaucoup de substances nitrogénées ;

9° Qu'elle se décompose aisément ;

10° Que ses tiges et ses feuilles contiennent une grande quantité d'humidité.

Le lupin, les fèves, le colza, la navette sont les plantes qui produisent le plus d'effet utile parce qu'elles puisent dans l'atmosphère la plupart des éléments dont elles ont besoin pour se développer.

Terrains sur lesquels on les emploie. — Les engrais végétaux ont été recommandés pour les terres très-pauvres, les sols épuisés, mais il ne faut pas croire qu'ils profitent beaucoup à de semblables terrains, et cela parce que les plantes destinées à servir d'engrais y végètent trop faiblement. Thaër observe avec justesse que pour produire des engrais végétaux, il faut que le sol en contienne. Cette sorte d'engrais est donc plutôt propre à conserver au sol sa fécondité qu'à servir de base à celle-ci. Pour augmenter par les fumures vertes la fertilité d'une terre peu fertile, d'un sol appauvri, il faut le concours du temps et répéter les enfouissements.

Les sols calcaires sont ceux sur lesquels les engrais verts produisent le plus d'effets utiles.

Quantité de semence. — Toute plante cultivée sur place et destinée à être enfouie, doit être semée épais, afin qu'elle donne le plus grand produit herbacé possible. On devra donc augmenter la quantité de graines que j'ai indiquée en traitant de la culture des plantes fourragères.

État des plantes au moment de leur enfouissement. — Le moment le plus favorable pour enfouir les engrais verts est celui de l'épiaison ou de la floraison des plantes. Alors celles-ci ont atteint leur développement sans avoir épuisé la terre des principes nutritifs qu'elle contient et qu'elle abandonne toujours aux végétaux qui forment et mûrissent leurs graines; alors aussi leurs tiges sont gonflées, chargées de sucs alimentaires solubles, de secrétions altérables, de principes mucilagineux, albumineux, etc.

Il faut éviter d'enterrer les plantes lorsque la floraison est complétement terminée, car les tiges, ayant acquis une certaine dureté, une certaine roideur, ne contiennent plus autant de principes alimentaires, se décomposent lentement, et restituent difficilement à la terre une quantité d'éléments nutritifs plus grande que celle qu'elles ont reçue du sol sur lequel elles ont végété.

On ne saurait cependant effectuer l'enfouissement de la production verte avant que les plantes soient en pleine fleur. Lorsqu'on agit ainsi, l'engrais que l'on obtient alors est d'une part moins abondant, de l'autre moins fertilisant, parce qu'il est très-aqueux, et qu'il ne contient pas une quantité aussi considérable de parties saccharines, azotées, etc.

Époque de l'enfouissement. — L'époque à laquelle l'enfouissement des parties herbacées doit avoir lieu varie suivant l'assolement adopté et la plante que l'on cultive comme engrais vert. Ici on l'exécute au printemps, ailleurs en été, plus loin en automne.

Ce n'est pas sans raisons plausibles que M. Malingié fait remarquer que les récoltes vertes enfouies comme engrais, doivent être en partie décomposées lorsqu'on sème en automne la plante qui leur succède ; autrement elles soulèvent la terre, et mettent la semence dans la position la plus défavorable possible pour prospérer. Cette observation explique pourquoi, dans les contrées du Nord, les enfouissements de sarrasin, qui laissent beaucoup d'interstices dans la couche arable quand les tiges se sont décomposées, n'ont donné que bien rarement des résultats favorables. D'un autre côté, Arthur Young recommande, à bon droit, de pratiquer les enfouissements de bonne heure, en automne, lorsque le soleil a encore assez de force pour exciter la fermentation. Lorsque le temps devient froid après l'opération, la récolte verte agit comme engrais avec moins d'efficacité.

Ces remarques pratiques ne sont d'aucune importance pour les cultivateurs du Midi.

Mode d'enfouissement. — Autrefois, on fauchait les plantes destinées à servir d'engrais, on les fanait avec soin sur le sol et on les enterrait ensuite par un labour. Ce procédé n'es plus maintenant en usage. Lorsque les tiges ont été fauchées, elles se réunissent devant la charrue en masse plus ou moins considérable et l'embarrassent, et sont toujours très-mal enterrées. Pour opérer avec succès l'enfouissement des plantes fauchées, il faut faire suivre la charrue par un ou deux enfants armés de fourche. Ces enfants sont chargés de ramener dans la *raie* les plantes qui existent sur la bande que la charrue renversera à la tournée suivante. Ce mode d'opération a l'avantage de rendre la fumure plus régulière, mais il augmente le prix de revient de l'engrais ; on ne doit l'adopter que lorsque les plantes n'offrent pas sur toute la surface du champ la même abondance de tiges et de feuilles. Toutefois, on peut éviter les frais de fauchage et de fanage, et obtenir des résultats semblables, en appliquant, sur les points où la végétation des plantes a été languissante, une quantité de fumier correspondant aux effets que doit produire en général la production verte enfouie comme engrais.

Aujourd'hui, on commence par faire passer un rouleau bien à plat sur la surface du champ qui a produit la plante à enfouir, de telle sorte que les tiges soient parfaitement couchées. Le rouleau qu'il faut employer doit être plus ou moins pesant, selon la rigidité ou la mollesse des plantes. Quand cette opération a été exécutée et que les tiges sont bien couchées, comme celles-ci tiennent au sol par leurs racines, la bande de terre détachée par la charrue, en se renversant, les enterre complétement. Mais, pour que le roulage concoure véritablement à rendre l'enfouissement facile, il faut qu'il ait été pratiqué de manière que les plantes soient toujours couchées dans la direction que la charrue doit suivre, soit qu'elle laboure en adossant, soit qu'elle fonctionne en refendant. Il est donc nécessaire que le rouleau suive exactement les allées et venues de la charrue. Quand on néglige ce point pratique, souvent les plantes sont renversées dans une direction contraire à celle que suivent les attelages, et elles sont toujours moins bien enterrées par la charrue. Mais, dans aucun cas, le rouleau ne doit fonctionner perpendicuairement à la direction des planches ou des billons, car il est très-difficile d'enfouir convenablement les productions vertes sur lesquelles il a ainsi fonctionné. Les parties qui ne sont pas enterrées continuent de végéter, ou si elles se dessèchent, elles ne pourrissent pas et deviennent dès lors inutiles.

On avait proposé de fixer à la partie antérieure de la charrue une traverse horizontale, soit en fer, soit en bois, destinée à coucher les plantes; mais ce moyen n'a pas très-bien réussi. On a adopté, avec beaucoup plus de succès, un rouleau en fer. Cet instrument est fixé à la partie antérieure de l'axe; lorsque la charrue fonctionne, il couche les plantes, et le soc et le versoir les enterrent alors complétement.

Quel que soit le moyen mis en pratique, il est utile que les hersages, au moyen desquels on enterre les semences, soient exécutés avec soin; on doit éviter que les dents de la herse, en pénétrant trop profondément dans le sol, ne ramènent à la surface du champ une portion de l'engrais enterré. Il faut donc attendre, pour effectuer les ensemencements après l'enfouissement d'un engrais vert, que les plantes soient un peu décomposées. Quelquefois, pour éviter les inconvénients que je viens de signaler, on répand la semence sur la production verte après que le rouleau a fonctionné, et on enterre l'une et l'autre par un seul labour.

Mode d'action. — Les récoltes enterrées vertes comme engrais sont riches en carbone et en parties nitrogénées; mais ces substances ne sont pas les seules que ces engrais fournissent au sol et aux plantes; elles présentent encore aux végétaux pour lesquels elles sont appliquées, des matières salines et terreuses et une quantité plus ou moins grande d'humidité. On doit donc regarder leur emploi comme favorable, puisqu'elles fournissent au sol non-seulement les éléments qu'elles lui ont empruntés pour croître, se développer, mais ceux qu'elles ont puisés dans l'atmosphère, et qu'elles ont fixés. On comprend dès lors que les engrais verts doivent être d'autant plus favorables à la vie des plantes qui leur succèdent, que les parties qui les constituent sont abondantes et riches en substances azotées. Aussi a-t-on eu raison de dire que les récoltes vertes ne sont améliorantes et fertilisantes qu'autant qu'elles sont belles, épaisses, et ombragent parfaitement la terre. Mais toutes les plantes, par leur décomposition, ne produisent pas de principes immédiatement solubles, immédiatement assimilables. C'est dans le but de rendre les substances qu'elles renferment plus solubles, plus aptes à la nutrition, que, dans les sols non calcaires, on répand avant l'enfouissement, et après avoir roulé les plantes, de la *chaux éteinte et en poudre*, des *composts de chaux* bien préparés ou des *marnes calcaires pulvérulentes*. Sous l'action de cet alcali, les parties organiques végétales peu solubles se décomposent promptement, et l'action de l'engrais devient plus rapide, plus énergique. Il est donc vrai de dire que, généralement, les effets des engrais verts sont d'autant plus remarquables que le sol est riche en parties alcalines. C'est pourquoi ces engrais ont toujours des effets plus rapides, plus puissants, sur les terrains calcaires que sur les sols siliceux et argileux, terres qui ne sont pas ordinairement riches en parties basiques.

Durée de leur action. — Les effets que manifestent les engrais verts, ne se font sentir que pendant une année. Aussi est-ce avec raison qu'on leur a donné le nom de *fumures annuelles*.

C'est à tort qu'on les a considérés quelquefois comme des engrais bisannuels et même trisannuels, et qu'on a demandé aux terres sur lesquelles on les avait appliqués, deux récoltes consécutives de céréales.

On ne peut se dispenser des fumiers quand on fait usage d'engrais verts, que si on répète leur emploi tous les ans sur les mêmes champs.

J'ai vu près de Verceil (Italie), chez M. le chevalier de Malicorne, des rizières permanentes sur lesquelles on enterre chaque année, au mois d'avril, depuis vingt années, du seigle en vert. Ces rizières offraient cette année (1861) des riz qui avaient plus de 1 mètre de hauteur et qui portaient des panicules ayant $0^{m},40$ à $0^{m},50$ de longueur.

BIBLIOGRAPHIE.

Pline. — Historia naturalis, lib. XVIII, cap. IX.
Columelle. — De re rustica, lib. I, cap. VI.
Chancey. — Mémoire sur les engrais végétaux, in-8.
Maurice. — Traité des engrais, 1806, in-8, p. 118.
A. Young. — Cours d'agriculture anglaise, 1809, in-8, t. V, p. 56.
P. Ré. — Essai sur les engrais, 1813, in-8, p. 75.
J. Sinclair. — Agriculture pratique, 1825, in-8, t. 1, p. 445.
De Dombasle. — Annales de Roville, 1830, in-8, t. VI, p. 296.
Thaër. — Principes raisonnés d'agriculture, 1831, in-8, t. II, p. 369.
Leclerc-Thouin. — Maison rustique du XIXe siècle, 1833, in-8, t. I, p. 87.
Schwerz. — Préceptes d'agriculture pratique, 1839, in-1, p. 90.
Pellicot. — Calendrier du cultivateur provençal, 1847, in-12, p. 347.
Martin. — Traité des engrais, in-8, p. 457.
Trochu. — Création de la ferme de Bruté, 1847, in-8, p. 162.
Burger. — Agriculture du royaume Lombardo-Vénitien, 1842, in-8, p. 19
De Gasparin. — Cours d'agriculture, 1848, in-8, t. I, p. 216.
De Villeneuve. — Manuel d'agric. pratique, 1853, in-8, t. I, p. 216.
J. A. G. — Récoltes dérobées comme engrais, 1856, in-12.

CHAPITRE II.

VÉGÉTAUX INDIGÈNES.

—

PREMIÈRE DIVISION.

PLANTES HERBACÉES.

—

SECTION I.

Goëmon ou Varech.

Anglais. — Grass-wrech.	*Italien.* — Alga.
Allemand. — Meergras.	*Espagnol.* — Fuco.

Historique. — Caractères. — Genres et espèces. — Composition. — Varech d'échouage. — Varech de rocher. — Époques auxquelles se font les récoltes. — Mode de récolte. — Législation qui régit la récolte. — Mode d'emploi. — Quantité à appliquer. — Mode d'action. — Plantes pour lesquelles on les emploie. — Valeur commerciale. — Bibliographie.

Historique. — Sous le nom de *goëmon*, de *varech* ou *fucus*, on désigne les plantes marines qui appartiennent à la famille des *algues*. Ces végétaux sont employés comme engrais verts, depuis fort longtemps, sur les côtes de la Bretagne, de la Saintonge, de l'Aunis, de la Normandie, de l'Écosse, de l'Irlande et de la Méditerranée.

Caractères. — Les fucus habitent les côtes alternativement couvertes et découvertes par les marées; ils sont très-abondants sur les côtes de l'Océan et de la Manche; ils sont moins nombreux sur les rochers constamment submergés et dans la Méditerranée. On ne commence à les rencontrer que vers le 35° latitude nord et dans l'océan Atlantique. Ils ont généralement des tiges se divisant en rameaux tantôt ailés et parsemés de vésicules creuses, tantôt cylindriques, filiformes ou rubanés ; leur coloration varie du vert noir au rouge.

Ces plantes sont le plus ordinairement fixées aux rochers par des prolongements particuliers qui ont un peu d'analogie avec des racines, mais qu'il faut considérer comme de véritables crampons. Les algues les plus simples en organisation flottent et ne tiennent ni au sol, ni aux roches. Celles des rochers que la mer ne laisse pas à découvert ont des dimensions en longueur parfois considérables.

Les algues sont vivaces et recouvertes par une sorte de substance gélatiniforme ; leur texture est cellulaire ou filamenteuse ; après dessiccation, elles restent ordinairement d'un vert très-noir. Ces plantes, qui vivent isolément ou en société, végètent parfois avec une grande rapidité. Greville a constaté que six mois avaient suffi pour que le *fucus esculentus*, L., eût atteint, depuis la récolte précédente, une longueur de deux mètres. C'est à cette végétation rapide qu'on doit de pouvoir opérer deux récoltes de goëmon chaque année sur divers points des côtes de l'Océan.

L'algue en Provence est désignée sous le nom de *malaguier*.

Genres et espèces. — Les espèces les plus communes sur les côtes de la France sont les *fucus vesiculosus*, *ceranoïdes*, *longifructus*, *distichus*, *serratus*, *comosus*. Ces fucus forment sur les rochers des gazons jaunâtres ou brunâtres.

On rencontre aussi des laminaires ; ces plantes sont toutes des algues coriaces, rarement membraneuses ; elles sont d'un vert rougeâtre et renferment un principe sucré abondant. La laminaire bulbeuse (*laminaria bulbosa*) est abondante aux environs de Brest, où elle est recueillie avec soin par les cultivateurs.

On trouve encore sur les côtes de France diverses zostères. Les feuilles de ces plantes sont linéaires, rubanées, allongées. La zostère marine (*zostera marina*, L.) habite les vases sablonneuses; ses feuilles se sèchent promptement et deviennent presque blanches. Cette espèce est commune sur les côtes de la Provence et de l'Italie, où elle est aussi employée comme engrais. En Bretagne, où elle est peu estimée parce qu'elle se décompose très-lentement, on la nomme *béhin*.

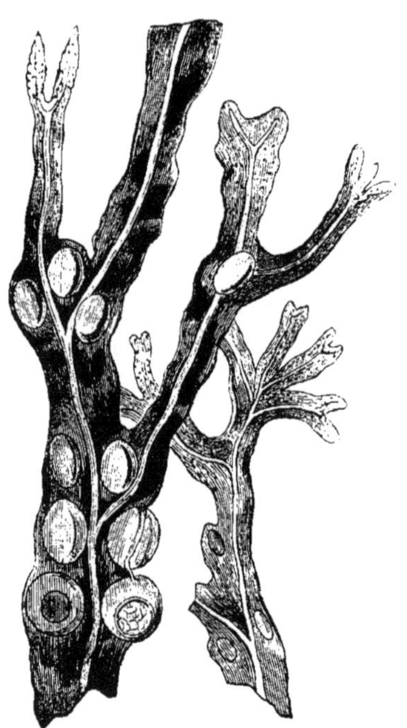

Fig. 3. Fuscus vesiculosus.

Ces algues ne sont pas les seules qui soient recueillies ou ramassées. On emploie encore quelques *ceramium*, *chorda*, *diatoma*, etc. Le *diatoma marinum*, Lin., remarquable par ses filaments qui, en se séchant, prennent un aspect brillant, est commun sur nos côtes ; le *chorda filum*, L., a ses parties cylindriques, filiformes, creuses intérieurement et d'un vert olivacé presque noirâtre.

Composition. — D'après MM. Boussingault et Payen, le *fucus saccharinus* sortant de la mer, et simplement égoutté, contient 75 pour 100 d'eau; le *fucus digitatus*, desséché à l'air, en contient encore 0,40. Le premier renferme à l'état normal 0,54 d'azote; le second, après avoir été séché à l'air, en contient 1,38. Le *fucus vesiculosus* (fig. 3) égoutté en renferme 0,40. Les fucus ont donc, à l'état normal, une valeur égale à celle du fumier type.

Analysé à l'état à peu près sec par MM. Moride et Bobierre, le goëmon a donné :

Matières organiques	74.24
Sels solubles	9.16
Oxyde de fer et alumine	5.10
Carbonate de chaux et traces de magnésie	3.30
Silice	8.20
	100.00

Les sels sont, en grande partie, des sels de soude et de potasse.

Varech d'échouage. — Lorsque les vagues sont violentes, elles enlèvent des rochers ou du fond de la mer des goëmons en quantités plus ou moins considérables, selon les localités. Ces varechs sont jetés par le flux sur la côte, et c'est là que les cultivateurs les ramassent. C'est ordinairement pendant les tempêtes ou les fortes marées qu'on en recueille le plus. Ce goëmon, auquel on a donné le nom de *varech épave*, *goëmon de flots*, appartient de droit à celui qui le ramasse le premier sur la grève où les flots l'ont poussé; il est moins estimé en Normandie et en Bretagne, où on ne l'emploie souvent comme engrais qu'après l'avoir utilisé comme litière. Cette dépréciation s'explique difficilement. Ainsi, le goëmon d'échouage est souvent poussé à la côte avec de nombreux fragments de poissons, des coquillages et des débris polypiers ou madréporiques. Il n'est inférieur au varech récolté sur les

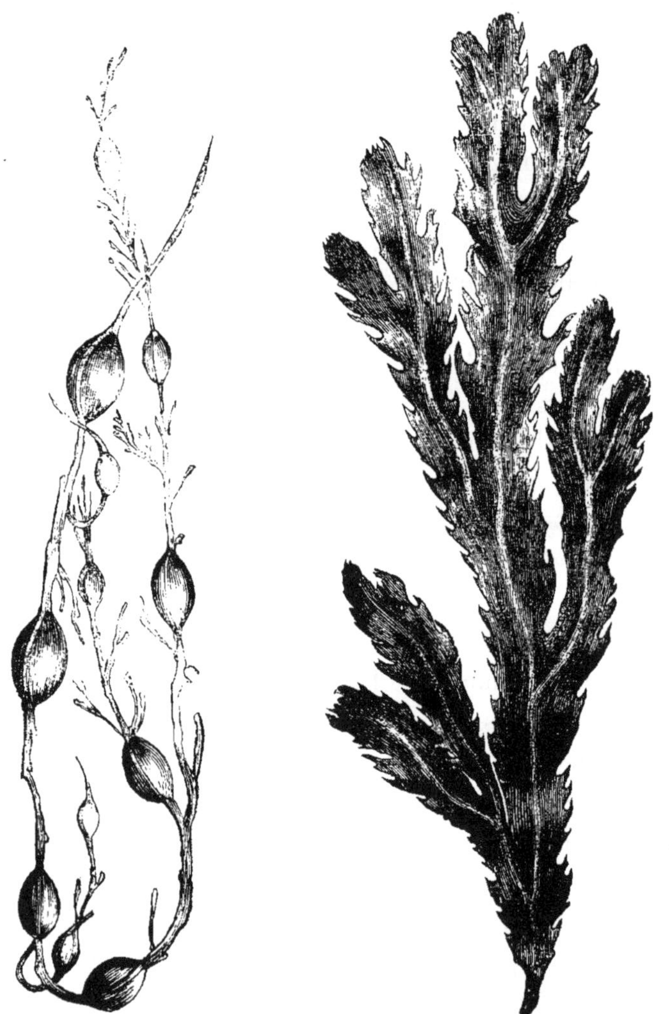

Fig. 4. Fucus nodosus. Fig. 5. Fucus serratus.

rochers que quand il est resté longtemps sur la grève à l'action de l'air et du soleil.

Sur les côtes de la Bretagne et de la Provence, on réunit en

Fig. 6. Ulva linza.

tas celui qu'on ramasse sur la plage, ou on le dispose par couches alternatives avec de la vase de mer ou du fumier ordinaire. Son transport a souvent lieu au moyen de bêtes de somme, animaux qui atteignent plus aisément les anses des côtes hérissées de rochers.

Varech de rocher. — Le goëmon qui reste adhérent au rocher sur lequel il s'est développé, est désigné sous le nom de *varech de rocher*, *goëmon vif*. On le récolte avec soin sur les côtes de l'Océan et de la Manche, parce qu'on le considère comme un excellent engrais vert.

Ce goëmon végète, soit sur les rochers attenant pour ainsi dire à la côte, soit sur les îlots ou les rochers situés assez loin en mer.

Époques auxquelles se font les récoltes. — C'est le plus ordinairement pendant la pleine lune de mars et d'avril, époque où la mer se retire au loin en laissant beaucoup de rochers à découvert, qui restent sous l'eau pendant le reste de l'année, que se fait la récolte du goëmon. A cette époque, les varechs ont répandu leurs granules reproducteurs, et ils n'ont pas encore reçu le frai des poissons. Quelquefois, là où le goëmon peut être recueilli en toute saison, parce que la mer, à chaque reflux, laisse les rochers sur lesquels il est fixé presque entièrement découverts, on opère une seconde récolte en septembre ou octobre.

Le jour des pauvres. — Sur quelques points de la côte de l'ancienne Armorique, la récolte du goëmon commence par *le jour des pauvres*. Ainsi, lors de l'ouverture, les pauvres seuls ont le droit de recueillir les varechs nécessaires à leurs besoins. On a voulu, par ce noble usage, adopté depuis longtemps, et qui témoigne hautement en faveur des sentiments des populations où il a pris naissance, que la tâche des indigents, qui ont toujours moins de moyens à leur disposition que les classes riches, fût rendue plus facile, que les familles pauvres pussent aisément choisir les varechs les plus propres à servir de combustible ou d'engrais, et opérer leur récolte sur les rochers les plus voisins du rivage et les plus accessibles.

Mode de récolte. — Lorsque le temps accordé aux pauvres est expiré, les cultivateurs commencent leur récolte.

Cette opération est facile quand les rochers sont voisins de la côte, et elle présente bien rarement des dangers. Dans cette circonstance, le varech est conduit sur le rivage au moyen de charrettes, avant la marée montante. Il n'en est pas de même lorsque la cueille doit être faite sur des rochers ou des îlots séparés de la côte par la mer, et auxquels il est impossible de parvenir à pied, à basse mer; les obstacles à vaincre dans cette circonstance présentent souvent de très-grandes difficultés.

Les rochers ou îlots très-éloignés du rivage sont exploités par des pêcheurs et des gabariers, qui livrent le goëmon qu'ils ont récolté aux habitants des communes qui ne jouissent pas du privilége littoral, ou qui veulent en employer une quantité plus grande que celle qu'ils ont pu recueillir. Ce genre d'industrie donne lieu, aux époques où la récolte peut être effectuée, à un commerce assez important. Il est en usage sur les côtes de la Bretagne et sur celles de la Normandie, et c'est avec raison qu'on le considère comme une ressource immense pour ces deux provinces, car la quantité de goëmon que débarquent les gabariers est souvent considérable.

Ce n'est pas sans émotion que l'on assiste à la récolte du goëmon sur les rochers que la mer ne découvre pas complétement, récolte qui est presque l'unique industrie des habitants des îles des Glenans, d'Ouessant, de Molène, etc. Ce spectacle a quelque chose de solennel et d'imposant; il porte l'homme à la rêverie, il le conduit à reconnaître combien l'existence agricole est parfois pénible, triste et douloureuse. Si la récolte du goëmon se faisait toujours par un beau temps, si les populations ne quittaient le rivage que pendant le jour, si le retour des travailleurs avait toujours lieu sur une mer tranquille, leur existence ne serait jamais compromise, et l'homme étranger à la vie agricole n'aurait pas à détourner les yeux du triste tableau que lui offre quelquefois la mer pendant cette opération. Malheureusement, il faut toujours, pour recueillir cet engrais marin, profiter des marées soit de nuit, soit du jour, pour pouvoir mettre les radeaux à la mer ; il faut s'embarquer sur ces frêles esquifs ou dans des barques légères, et souvent affronter la fureur des vagues pour parvenir aux rochers détachés et situés au milieu de la mer. Mais il ne suffit pas d'avoir pu lancer et les barques et les radeaux : il faut souvent rester des heures entières dans l'eau jusqu'à la ceinture pendant une saison encore rigoureuse; il faut se tenir sur les rochers de granit que les fucus rendent encore plus glissants, ou sur les parties des roches schisteuses que la mer a rongées et rendues tranchantes ; il faut aussi résister aux flots menaçants qui se brisent de tous côtés avec fracas[1]; il faut encore disputer à la vague mugissante et impétueuse l'engrais dont on a besoin, le réunir en paquets au moyen de cordes et placer ces monceaux sur les radeaux avant que le flux se fasse sentir; il faut, enfin, diriger ces faibles moyens de transport, souvent mal conditionnés, mal chargés, de manière à les éloigner des roches qu'ils doivent traverser, à les empêcher de sombrer ou de se briser, et épargner aux populations qui attendent avec anxiété sur

1. Les femmes portent souvent leurs jeunes enfants attachés sur leurs épaules, et c'est dans une telle position que l'enfant dort, bercé par le bruit des flots et les mouvements de sa mère.

la grève le retour des travailleurs, de disputer aux flots quelques victimes. Aussi est-ce avec une émotion mêlée de tristesse et de respect qu'on voit parfois, quand la mer est houleuse, lorsque les vagues sont violentes, les populations se rendre à la prière du ministre de Dieu toujours témoin de ces pénibles travaux, s'agenouiller sur le rivage et implorer le secours de la Providence pour que les barques et surtout les radeaux puissent parvenir à la côte, et ramener tous les hommes et les femmes qui les ont chargés de goëmon. Malheureusement, il ne se passe guère d'année qu'on n'ait à déplorer, sur la côte de la Basse-Bretagne, la mort de quelques travailleurs.

Pour opérer la récolte, les hommes, les femmes et les enfants se servent d'instruments tranchants; quand le goëmon est coupé, on le ramasse en tas au moyen de râteaux à longs manches. Dans quelques localités, on arrache le goëmon, bien qu'il soit souvent difficile à saisir, à cause de l'enduit visqueux qui le recouvre, surtout quand il est peu élevé. On prétend qu'au lieu de couper la plante, il vaudrait mieux l'arracher, parce qu'elle repousse des filaments attenant aux rocs, tandis que le goëmon coupé ne revient à la même place qu'après la mort et la disparition de sa racine. Beaucoup de cultivateurs soutiennent une opinion contraire. Un arrêté du préfet de la Vendée, en date du 5 février 1825, interdit de l'arracher sur la partie du littoral qui appartient à ce département.

Législation qui régit la récolte. — La récolte du goëmon, qui croît sur les rochers qui se découvrent à marée basse, n'a lieu qu'à des époques fixées par des ordonnances spéciales. Le plus ordinairement, c'est le préfet qui fixe l'époque de cette récolte, qui varie suivant les communes, et ce sont ensuite les maires qui, dans leur commune respective et après avoir pris l'avis du conseil municipal, en indiquent les jours. Pour éviter toute contestation entre les habitants des communes limitrophes des rivages où cette récolte peut avoir lieu, tout territoire est limité d'une manière invariable. Chaque territoire comprend les rochers attenant à la côte, et ceux qui sont situés vis-à-vis et qui peuvent être atteints à pied, à mer basse, ou à l'aide de radeaux quand ils sont séparés du rivage par un petit trajet de mer. On considère ces derniers comme des portions du territoire de la commune, qui lui ont été arrachées à la longue par la violence des vagues. Toute roche qui est située vis-à-vis la ligne séparative de deux communes appartient à l'une et à l'autre, et leurs habitants en partagent le goëmon qui la recouvre.

Tous les habitants des communes riveraines de la mer ne peuvent pas participer à la récolte annuelle du goëmon fixé sur les rochers. Pour pouvoir concourir à cette récolte, il faut posséder et cultiver des terres. Le tribunal de Brest, se fondant sur les termes de l'article 3, titre 10, livre 4, de l'ordonnance de la marine de 1681, lequel article fait défense aux habitants de cueillir le goëmon vif ailleurs que dans l'étendue des côtes de leur paroisse, avait condamné le sieur Leborgne, cultivateur, qui avait récolté du goëmon dans la commune de Ploudalmezeau, où il possède une pièce de terre qu'il cultive de ses propres mains, par le motif qu'il résidait dans une autre commune. Mais la cour de cassation a nettement déterminé le véritable sens du mot *habitant*, employé dans l'ordonnance de marine de 1681. Par son arrêt en date du 8 novembre 1845, elle a déclaré que le droit de cueillir du varech ou goëmon, conféré aux habitants des communes situées sur le bord de la mer, par ordonnance de 1681, n'appartient pas exclusivement à ceux qui ont leur demeure dans ces communes; qu'il peut être exercé par tous ceux qui, bien qu'habitant d'autres localités, possèdent et cultivent des terres dans les communes riveraines.

Mais un habitant des communes qui jouit du privilége littoral a-t-il le droit de s'adjoindre des hommes salariés ou non, et appartenant ou n'appartenant pas à la commune dans laquelle il réside ou ne réside pas, afin de recueillir une plus grande masse de varech? Aux termes des articles 3 et 4, titre x, livre IV, de l'ordonnance de 1681, il ne peut quitter le rivage lors des époques des récoltes, qu'accompagné des personnes qui lui sont attachées et qui exercent la profession de laboureur. Aussi, la Cour de cassation a-t-elle décidé, par son arrêt du 17 juillet 1839, que le droit de recueillir des varechs, conféré aux habitants des communes situées sur les côtes de la mer, ne peut être exercé que par eux-mêmes dans la commune où ils résident, ou par les personnes qui sont notoirement attachées à la culture ou à l'exploitation des terres que cette plante doit fertiliser, et qu'il ne leur est pas permis de s'adjoindre des étrangers pour augmenter leur part individuelle.

Mode d'emploi. — Le goëmon qui a été déposé sur le rivage pendant la récolte, ou dans les anses que les vagues ordinaires ne peuvent atteindre, est transporté ensuite dans l'intérieur des terres.

Cet engrais est utilisé de diverses manières:

1° Les uns l'emploient à l'état vert et l'enterrent aussi vite que possible, afin que les sucs propres qu'il renferme modèrent la trop grande activité du sel marin dont il est imprégné. Ainsi appliqué, le goëmon se décompose promptement, et ses effets sur le sol et la végétation sont très-énergiques, mais de peu de durée. Cette pratique est celle que l'on suit en Angleterre et en Irlande.

2° Les autres stratifient le goëmon avec les fumiers. Ce

procédé, qui est employé en Bretagne et en Normandie, est aussi suivi en Angleterre et en Écosse. Dans la province de Bari, dans le royaume de Naples, après avoir placé, par couches alternatives, du goëmon et du fumier jusqu'à ce que le tas soit fort élevé, on creuse sur la partie supérieure une espèce de bassin destiné à recevoir les eaux du ciel ; souvent les bouviers remplissent ce bassin de manière à ce que l'eau ruisselle de tous les côtés jusqu'à la base. Après un intervalle de six mois, le monceau est abattu et la masse est transportée, si elle est entièrement décomposée, sur les terres qu'elle doit fertiliser. Dans le cas contraire, on reforme le tas, et on attend encore pendant six mois.

3° D'autres en font des composts, avec des coquillages marins, du merl ou des vases de mer. Ainsi traités, les goëmons, et surtout les zostères, se sèchent moins et conservent mieux leur énergie.

4° Quelques-uns n'emploient les goëmons qu'après les avoir placés comme litière dans les étables. On prétend que, ainsi employés, ils fermentent plus aisément et se décomposent plus facilement. Dans les provinces de Bari et de Lecca, les habitants les étendent dans les rues, sur les chemins, où ils peuvent recevoir des urines ou autres liquides qui hâtent leur fermentation et leur décomposition ; ensuite ils les ajoutent à la masse des fumiers.

5° Sur les rives de la mer Adriatique, dans le Ménopoli, à Otrante, etc., les cultivateurs déposent les fucus dans une fosse peu éloignée de la mer. Ils y introduisent soit les eaux d'un ruisseau, soit les eaux de la mer, pour hâter la décomposition des plantes. Après un an, ils retournent ces matières sens dessus dessous, et dans la seconde année ils les transportent sur le terrain. Ce procédé exige un temps trop considérable pour qu'il puisse être suivi avec profit.

6° Dans les environs d'Ancône et dans la province d'Urbin, les fucus, et principalement les zostères, sont convertis en terreau par une fermentation qui a lieu dans un endroit couvert.

7° Enfin, quelques cultivateurs n'emploient les goëmons que lorsqu'ils sont secs et qu'ils ont été lavés par les pluies. A cet effet, on conduit ces engrais sur les terres dans lesquelles ils doivent être enfouis, on les dispose en tas de 0^{m},50 de haut sur 0^{m},80. Quand les plantes sont à peu près sèches, on procède à leur enfouissement. Dans d'autres endroits, on les étend sur le sable, hors de la ligne des hautes marées, et on les y laisse jusqu'à ce que les eaux pluviales aient enlevé le sel marin qu'ils retenaient. Mais, comme le fait observer Bosc, ces fucus desséchés deviennent coriaces, et exigent alors deux ou trois ans de séjour dans la terre pour se réduire en terreau. Ce n'est que dans les terres fortes, qui ont besoin d'être soulevées pour donner passage à l'eau et à l'air, qu'il peut être avantageux de les employer dans cet état.

Dans les localités où le goëmon est employé à l'état vert, on l'étend souvent quelques jours à l'avance. Beaucoup de cultivateurs le considèrent comme nuisible s'il n'a pas subi pendant quelques jours les influences de quelques pluies légères qui lui enlèvent l'excédant du sel qu'il contient, et celle des agents atmosphériques. C'est, sans contredit, pour détruire les inconvénients que présenterait une grande accumulation de parties salines au sein des terres dans les localités où ces engrais sont employés tous les ans ou tous les deux ans, que l'on donne aux jachères pendant l'été quatre à cinq, et même six labours. C'est sur ces terres que les goëmons épaves sont le plus ordinairement appliqués, quand on les emploie au fur et à mesure que les vagues les poussent sur les grèves.

On a proposé depuis longtemps d'ajouter aux goëmons, quand ils doivent séjourner en tas pendant quelques mois, de la poussière de chaux, afin d'accélérer leur fermentation et leur conversion en terreau, et de décomposer le sel marin qu'ils contiennent; mais cet excellent conseil n'est guère suivi, parce que la chaux n'est pas toujours abondante et à bas prix sur les rives de l'Océan et de la Manche. Lorsque l'on confectionne de tels composts, il faut avoir soin de couvrir le tas de terre et de battre celle-ci à la pelle, pour que les eaux pluviales ne puissent nuire à l'action de la chaux, qui, ainsi employée, a des effets très-puissants sur les sols non calcaires.

Quantité à appliquer. — La quantité de goëmon que l'on applique par hectare est très-variable; elle dépend de l'abondance de la récolte, de l'état sous lequel on emploie le goëmon, de la nature du sol sur lequel il est appliqué et des plantes qui doivent suivre son application.

Dans le département du Finistère, on en répand lorsqu'il est sec, jusqu'à 60 mètres cubes par hectare sur les terres argilo-siliceuses, et on en applique jusqu'à 30 sur les terres légères. Dans celui des Côtes-du-Nord, on l'emploie à l'état frais, dans la culture du lin, à la dose de 16 à 20 mètres cubes par hectare, et on regarde que, ainsi appliqué, il égale une fumure de 30 000 kilog. de fumier.

Ainsi, le goëmon desséché est appliqué à une dose beaucoup plus élevée que le goëmon vert. Il doit toujours en être ainsi. La pratique démontre chaque année, qu'il faut employer avec précaution les goëmons qui viennent d'être recueillis à cause de la grande quantité de sel marin qu'ils portent dans les terres.

Mode d'action. — Ces engrais agissent sur les végétaux par l'azote qu'ils renferment, par les sels alcalins dont ils son imprégnés, et par les propriétés qu'ils possèdent de pouvoir soutirer de l'humidité à l'air, et maintenir, par conséquent, la fraîcheur dans la couche arable. Mais ainsi que le font observer MM. Moride et Bobierre, il ne faut point perdre de vue la présence et l'action des insectes, des débris animaux, des coquilles, de madrépores et autres productions calcaires qui, corps étrangers aux plantes marines, les accompagnent presque toujours, produisent de l'ammoniaque et enrichissent le sol de carbonate de chaux.

Plantes pour lesquelles on les emploie. — Les goëmons conviennent spécialement aux céréales. Les froments qui végètent annuellement sur la ceinture de la Bretagne sont très-productifs, et ils ont des qualités qui les font distinguer des blés que l'on récolte à l'intérieur des terres, même sur les sols les plus riches. On les emploie aussi avec succès dans la culture du lin et des pommes de terre.

Ces engrais ne conviennent guère aux trèfles et aux prairies. John Sinclair rapporte que si on les applique sur les jeunes pousses du trèfle, après la moisson, ils les détruisent. Ce fait a été souvent observé dans la basse Bretagne.

On ne saurait non plus les employer dans les vignobles. Ainsi, les vignes des îles de Noirmoutiers et de Ré, qui sont presque annuellement fumées avec des goëmons, produisent des vins connus sous le nom de *vin de la Flotte*, qui ont un goût de varech si prononcé, qu'il est impossible de les utiliser à autre chose qu'à la fabrication du vinaigre.

Quoi qu'il en soit, ces engrais ont l'immense avantage sur beaucoup d'autres, quand ils sont employés seuls, de ne pas contenir de semences de plantes nuisibles.

Les terres si fertiles des environs de Roscoff (Finistère), sur lesquelles existe une culture maraîchère rivale de celle de Paris, sont fertilisées avec le goëmon. La quantité de fumier que peuvent se procurer les Roscovites est si faible, qu'ils se trouvent dans la nécessité de demander à la mer les moyens de fertilisation nécessaires pour continuer leur habile et intelligente culture horticole. A Hyères, à Ancône, Sinigaglia, etc., les jardins potagers sont fertilisés avec des fucus ou des zostères.

Prix du varech. — Dans le département des Côtes-du-Nord, une charretée à quatre chevaux de goëmon pris sur la grève vaut de 5, 6 à 8 fr., suivant la rareté et la facilité avec laquelle il a été obtenu. A Morlaix, le mètre cube se vend, pris sur les quais, de 3 fr. 50 à 4 fr. 50.

BIBLIOGRAPHIE.

? — Journal économique, 1772, in-8, p. 487.
Rozier. — Cours complet d'agriculture, 1796, in-4, t. IX, p. 548.
Maurice. — Traité des engrais, 1806, in-8, p. 84.
P. Ré. — Essai sur les engrais, 1813, in-8, p. 89
De Neufchâteau. — Cours d'agricult. pratique, 1821, in-8, t. III, p. 341.
Bosc. — Nouveau cours d'agriculture, 1823, in-8, t. XVI, p. 38.
J. Sinclair. — Agriculture pratique, 1825, in-8, t. I, p. 441.
De Blois. — Des engrais maritimes, 1825, in-4.
Leclerc-Thouin. — Maison rustique du XIXe siècle, 1833, in-8, t. I, p. 92.
De Sainte-Marie. — Agriculture du Nord, 1844, in-8, p. 22.
Querret. — Catéchisme agricole, 1846, in-18, p. 36.
Moride et **Bobierre.** — Technologie des engrais, 1848, in-8, p. 309.
Elouet. — Statistique agricole du Finistère, 1849, in-4, p. 96.

SECTION II.

Plantes aquatiques.

Les grandes plantes qui croissent dans les étangs, les ruisseaux ou sur le bord des rivières, telles que les carex, les scirpes, les souchets, etc., sont utilement employées comme engrais verts en France, en Italie, en Angleterre et en Allemagne. On peut aussi utiliser très-avantageusement la conferve (CONFERVA RIVULARIS, L.), qu'on observe à la surface des eaux presque stagnantes.

En Belgique, on emploie ces plantes aquatiques avec beaucoup de soin. Voici, d'après Van Albrœck, comment on les récolte et de quelle manière on en fait usage :

Après les avoir fauchées dans l'eau, on les recueille au moyen de petites barques, et on les transporte sur le terrain qui a été disposé pour la plantation des pommes de terre. Le sol a été préalablement travaillé, au moyen d'un hoyau, sorte de grande houe à main, et c'est dans les sillons ou raies de 0^m, 10 à 0^m, 12 de profondeur qu'on place cet engrais vert ; la pomme de terre qu'on veut planter est mise par-dessus et par-dessous, si le sol est sec ; dans tous les cas on la recouvre de terre. On observe qu'on doit enfouir ces plantes le plus promptement possible après qu'on les a rassemblées, et au plus tard dans les quarante-huit heures, sans quoi elles fermentent, se consomment et perdent toute leur action fertilisante.

Cette méthode mise en pratique, en 1854, à Grignon, a donné d'excellents résultats.

En Angleterre, on emploie les plantes des étangs et des

marais dans la culture de l'orge et des navets. Quelquefois elles servent à confectionner des composts avec de la terre. Pour les convertir plus promptement en substances fertilisantes, on les mêle avec de la chaux vive.

En Toscane, on laisse les plantes aquatiques étendues sur le sol pendant quarante-huit heures, afin qu'elles perdent

Fig. 8. Ouvrier fauchant des roseaux.

une partie de leur humidité, et on les enterre ensuite par un labour.

Les *roseaux* (ARUNDO PHRAGMITES, L.) (fig. 8) sont aussi employés comme engrais. C'est principalement dans le voisinage des étangs, dans les provinces méridionales, que leur usage est répandu. On les emploie à l'état frais et quelquefois aussi à demi-sec.

Le roseau coupé au moment de la floraison contient 60 pour 10 d'eau et 0,43 d'azote.

En Provence, dans le Languedoc, sur la rive droite du Rhône, on emploie les roseaux pour fumer les oliviers et les vignobles.

Chaque pied d'olivier reçoit deux gerbes de roseaux du poids de 2 kilog. chacune. Ainsi employé, cet engrais végétal n'est complétement consommé que dans le courant de la troisième année.

Les roseaux se vendent à Arles, 2 fr. les 100 kilog.

Schwerz observe que c'est une bonne méthode pour les roseaux, comme pour les plantes aquatiques vertes, de les laisser un ou plusieurs jours en petits tas pour qu'ils se fanent, et pour qu'ils perdent quelque chose de leur excès d'humidité ; enterrés dans cet état, ils ont plus de disposition à se décomposer. Le plus ordinairement, les *rouches* ou les plantes des étangs et des marais ont un tissu assez fibreux qui se désagrége avec difficulté. Ceci explique pourquoi il est utile, lorsqu'ils sont déjà secs, de ramollir leur tissu avant de les enterrer ou de les enfouir quand ils sont verts et humides.

Les *joncs* que l'on récolte dans les marais qui s'étendent depuis Beaucaire jusqu'à Aigues-Mortes, sont employés dans la culture de la vigne, des oliviers et du mûrier ; on les regarde comme un des principaux agents de la fertilisation des terres de cette localité.

On les coupe au milieu du mois de juillet, et on les met en bottes ; achetés en cet état, ils sont transportés, étendus sur la terre et ensuite enterrés.

Quelquefois on les fait préalablement tremper dans de l'eau douce, afin qu'ils rendent la végétation des plantes plus active en fixant dans le sol une grande fraîcheur, ou on les divise pour les étendre ensuite sur les cours ou sur les chemins dans le but de les faire briser par les voitures ou les animaux. Dans ce dernier cas, on les mêle plus tard aux fumiers d'écurie et de bergerie et on les applique sur les terres argileuses, fortes, où ils agissent avec succès chimiquement et mécaniquement.

Lorsque la saison est favorable, la coupe d'un hectare de joncs suffit à la fumure de trois hectares de vignes.

Suivant M. Payen, cet engrais agit utilement, en s'opposant à la dessiccation des terres et en fournissant peu à peu son humidité au sol, ce qui fait comprendre l'avantage de son immersion préalable dans l'eau lorsqu'il a perdu, avant d'être employé, une partie de son humidité.

SECTION III.

Plantes nuisibles aux terres arables.

Les plantes que l'on arrache pendant les sarclages que l'on donne aux plantes, racines, aux plantes commerciales, etc., celles que produisent les jachères, fournissent aussi, quand elles ont été enfouies à l'état vert, des éléments favorables à la végétation. Il est vrai que l'accroissement de fécondité qu'elles font naître n'est pas considérable. Mais si l'on réfléchit qu'en les enfouissant on prévient leur multiplication, on débarrasse le sol de végétaux qui ne pouvaient que diminuer sa fécondité dans le cas où ils seraient parvenus à toute leur croissance, on comprendra aisément combien il est avantageux, sous tous les rapports, de permettre aux semences des plantes indigènes et nuisibles de germer. Lorsque les labours, les hersages, sont exécutés en temps opportun, ils servent à la fois à ameublir et à aérer le sol, à enterrer les mauvaises herbes, et à accroître ainsi la fécondité de la terre.

Lorsque les herbes enlevées au sol par les sarclages sont près de mûrir leurs semences, on doit éviter de les laisser sur les terres qui les ont produites, ou de les porter pour les enfouir sur des terres jachérées. Ces plantes doivent être déposées dans des endroits spéciaux pour y être brûlées. En agissant ainsi, on prévient leur propagation. On ne peut les laisser sur place ou les transporter sur les champs labourés, dans le but de les enfouir comme engrais vert que lorsque leurs fleurs ne sont pas complétement épanouies.

SECTION IV.

Gazons.

Les gazons des pâturages qui se forment naturellement dans les contrées où la culture pastorale mixte est encore en usage, ceux que l'on défriche quand les prairies naturelles sont anciennes ou qu'elles ne sont plus productives, concourent à l'amélioration du sol, et il est hors de doute qu'ils doivent être classés au nombre des engrais végétaux. Ainsi, quand on examine avec attention une tranche de gazon nouvellement détachée, on reconnaît toujours que la terre qui y est adhérente est plus foncée en couleur, plus brune que le reste de la couche végétale. Cette coloration plus sombre est due à une plus forte proportion de parties organiques formées par les débris des plantes et de leurs racines, par ceux des insectes ou des animaux. M. de Gasparin reconnaît que la terre qui a été longtemps en prairie conserve, même après avoir perdu son azote, une grande supériorité sur les terres de même nature qui n'ont pas été soumises au même traitement, à cause de la quantité de carbone qu'elle retient, et qui, outre qu'il colore le sol, l'ameublit, le rend plus léger, plus poreux, plus hygroscopique. Cette observation est judicieuse. La pratique a toujours prouvé que le lin, le colza, etc., plantes très-épuisantes, réussissent toujours très-bien sur des prairies défrichées, et que, dans la plupart des circonstances, elles pouvaient y être cultivées sans engrais.

Ainsi, on peut admettre que les gazons des pâturages appartenant à la culture pastorale mixte, accroissent la fécondité des terres.

Cette augmentation de richesse oblige le cultivateur à ne pas demander à la terre, lorsqu'elle a été transformée en terre arable, des récoltes nombreuses et épuisantes. Lorsque le défrichement d'un pâturage est suivi par une succession de récoltes mal coordonnées et obtenues à l'aide de fumures qui ne sont pas en rapport, quant à leur action fertilisante, avec leurs besoins, la couche arable perd promptement la richesse qu'elle avait acquise par le pâturage. Quand, au contraire, les plantes sont peu épuisantes, et qu'on les fait précéder par des engrais suffisants, le nouvel humus reste dans le sol, et il accroît d'année en année, concurremment avec les parties organiques que les fumures laissent dans la couche arable, la fécondité de celle-ci. Ce n'est donc pas sans raison que Schwerz a dit : la plus grande faute qu'un cultivateur puisse commettre, après avoir rompu un pré, c'est d'épuiser, sans relâche et sans le soutenir, tout son humus, surtout de l'énerver tout à fait par l'emploi des excitants.

Malheureusement, cette prostration de fertilité est souvent observée dans les localités où le défrichement des terres de bruyères a pris une certaine extension. Ainsi, tous les cultivateurs qui ont demandé à la lande, après son défrichement, deux ou trois récoltes de froment et de colza, en se bornant à exciter la végétation de ces plantes épuisantes par l'emploi seul du noir animal, et qui ont depuis continué ce système, ont diminué tellement l'activité et la richesse de la terre, que celle-ci a toujours refusé depuis de donner des récoltes aussi favorables que celles qu'elle avait produites après sa mise en culture.

Si les premières récoltes obtenues après un défrichement des landes sont productives, c'est que le gazon, les débris des végétaux qui existaient à la surface du sol avant le défrichement, constituaient une force productive suffisante pour satisfaire aux besoins des céréales et du sarrasin, et que, une fois qu'ils ont été enlevés, il a été impossible aux végétaux qui leur succédaient de se trouver placés dans des conditions analogues à celles au milieu desquelles les premières récoltes avaient végété. Il est donc utile, indispensable, d'appliquer d'abondantes fumures sur les terres de landes nouvellement défrichées, avant que tout l'humus du sol, les détritus du gazon aient été entièrement épuisés.

Je ne poursuivrai pas. Lorsque j'étudierai le *défrichement des landes* dans LA PRATIQUE DE L'AGRICULTURE, je prouverai, en citant des faits, que la fertilité des terres incultes et des sols couverts de pâturages n'est pas indéfinie, comme beaucoup d'agriculteurs l'ont malheureusement supposé.

En examinant les assolements qui appartiennent à *la culture pastorale mixte*, j'ai signalé plusieurs fermes sur lesquelles on a stérilisé la terre, parce qu'on avait négligé l'emploi des engrais organiques. (Voir LES ASSOLEMENTS ET LES SYSTÈMES DE CULTURE.)

DEUXIÈME DIVISION.

VÉGÉTAUX LIGNEUX.

SECTION I.

Buis.

Les rameaux feuillés du buis (*Buxus sempervirens*, L.) dans quelques communes des départements du Gard, de la Drôme, de l'Ain, des Basses-Alpes, etc., sont très-employés comme engrais, à cause de leurs propriétés fécondantes. A Bouquet (Gard), la culture repose entièrement sur l'emploi des rameaux feuillés de buis que fournit le puy calcaire de Bouquet. Dans la Provence, on les emploie aussi pour fumer les vignobles.

Ces rameaux contiennent, d'après MM. Boussingault et Payen, à l'état vert ou normal, 59,26 pour 100 d'eau et 1,17 d'azote. Ces chiffres démontrent que cet engrais est très-fertilisant, et qu'Olivier de Serres avait raison quand il engageait les cultivateurs du seizième siècle à employer les branches du buis en pleine séve comme engrais, dans les vignobles, de préférence aux fumiers.

Après avoir été apportés de la montagne, ces rameaux sont placés pendant quelque temps dans les rues des villages et sur les chemins qui y aboutissent, où ils sont foulés, écrasés et divisés par les pieds des animaux; cette préparation, au dire de M. Gasparin, les dispose à la fermentation. Cet engrais vert est tellement puissant, que c'est à qui, dans les localités entourées de montagnes calcaires, en recueillera, par son activité, la quantité la plus forte.

On les emploie dans la haute Provence sur les terres argilo-calcaires ou argileuses, mais on évite de les enfouir sur les terrains siliceux et calcaires, parce qu'ils augmentent leur légèreté et leur défaut.

Les ramilles de buis se décomposent plus lentement que les végétaux à tissu herbacé ; on a observé, en Provence, que les feuilles sont entièrement décomposées à la fin de la première année, les petites ramifications après deux ans de séjour dans le sol, et les branches trois ans après leur enfouissement.

On n'emploie pas le buis comme engrais vert dans l'ancienne province de Bretagne, ainsi que l'ont assuré plusieurs auteurs.

SECTION II.

Cistes, Myrtes, etc.

Dans plusieurs localités de la région du Midi, on emploie quelquefois les cistes, les myrtes, la lavande, le thym, etc., comme engrais verts.

Les *cistes* sont communs dans les garrigues que l'on rencontre çà et là sur les terres schisteuses qui s'étendent depuis Toulon jusqu'à Nice. On coupe leurs extrémités quand elles sont près de fleurir, et on les répand sur les chemins ou dans les rues des villages, ou on les fait fermenter dans des trous remplis d'eau. On les emploie aussi en Toscane.

Les *myrtes* sont plus répandus ; on les coupe aussi quand ils sont en pleine végétation. On ne les fait pas fermenter avant de les employer.

La *lavande*, le *thym*, etc., sont abondants dans presque tous les coteaux calcaires de la Provence et du Languedoc. On les récolte lorsqu'ils sont en fleur ; leurs parties vertes se décomposent facilement et constituent un excellent engrais.

La plupart de ces végétaux servent à fertiliser les oliviers ; on les emploie de préférence sur les terres un peu argileuses.

Columelle recommande de fumer les terres arables avec des ramilles de *cyprès*.

DEUXIÈME CLASSE.

VÉGÉTAUX SECS.

SECTION I.

Tourteaux.

Définition. — Historique. — Variétés. — Composition. — Conservation. — Terrains auxquels ils conviennent. — Pulvérisation. — Mode d'emploi. — Époque à laquelle on doit les employer. — Action nuisible qu'ils exercent sur les grains. — Quantité à appliquer. — Mode d'action. — Durée de leurs effets. — Plantes pour lesquelles on les emploie. — Valeur commerciale. — Bibliographie.

Définition. — On donne le nom de *tourteaux*, *trouilles*, *pain d'huile*, aux résidus solides que les semences ou les fruits laissent après l'extraction de l'huile qu'ils renferment. La forme sous laquelle se présentent ces résidus varie suivant le procédé de moulage, c'est-à-dire de pressurage que l'on a employé.

Historique. — L'emploi des tourteaux comme engrais remonte à plus d'un siècle; mais depuis dix ans environ leur application a pris dans les départements du Midi une extension très-remarquable. Cet accroissement résulte de l'énorme quantité de graines de sésame et d'arachide que l'on importe annuellement de l'Inde et du Sénégal.

La quantité importée en 1855 a permis aux usines de Marseille, Rouen, Nantes, Bordeaux, etc., de livrer à l'agriculture près de 30 000 000 de kilog. de tourteaux. Cette production supplée victorieusement aux 20 000 000 de kilog. de tourteaux de lin que nous exportons bien à tort annuellement en Angleterre et en Belgique, puisque nos importations annuelles ne dépassent pas 2 000 000 de kilog.

Les départements méridionaux qui emploient le plus de tourteaux sont : le Vaucluse, le Var, les Bouches-du-Rhône, le Gard et l'Hérault.

Variétés. — A. *Tourteaux de colza et de navette.*—Ce résidu (fig. 9) est mince et assez friable; sa couleur est chiné noir, rouge et jaune. Son odeur rappelle un peu celle de l'huile de colza. Ce tourteau est très-employé dans le nord de l'Europe.

En Écosse et en Irlande, on emploie beaucoup de tourteaux de colza et de navette ou de *rabette.*

B. *Tourteau de lin.* — Ce tourteau (fig. 10) a une épaisseur double ($0^{m}06$) de celle du tourteau de colza; sa couleur est rougeâtre; il est beaucoup plus dur que le précédent.

C. *Tourteau d'œillette ou de pavot.* — Ce résidu est presque aussi mince et aussi friable que le tourteau de colza ; sa couleur est gris noirâtre, et son odeur rappelle celle de l'huile d'œillette.

D. *Tourteau de cameline ou camomille.* — Ce tourteau est rouge jaunâtre lorsqu'il est frais; il est assez friable et développe une odeur d'ail assez prononcée.

Plusieurs agriculteurs s'accordent à dire qu'il jouit de la propriété de détruire les insectes, principalement les vers blancs.

E. *Tourteau de madia.* — Ce tourteau est assez sec ; sa couleur est gris foncé. Il est assez rare.

F. *Tourteau d'arachide.* —Le résidu d'arachides non décortiquées est jaune rougeâtre et un peu dur; celui qui provient de fruits décortiqués est blanc jaunâtre et très-farineux. Ce dernier tourteau se réduit très-facilement en poudre.

G. *Tourteau de sésame.* — Ce tourteau est assez dur et pesant; son odeur rappelle celle de la farine. Sa couleur varie suivant la provenance des graines : le tourteau de sésame de l'Inde est noirâtre; celui de Bombay est roux; enfin, celui du Sénégal est blanc jaunâtre. Ces tourteaux sont souvent remarquables par leur grandeur. Ainsi, ils ont quelquefois une forme carrée, et leur largeur varie entre 36 et 38 centimètres.

Ces résidus sont très-employés dans les provinces du Midi.

II. *Tourteau de coprah.* — Le coprah n'est autre chose que

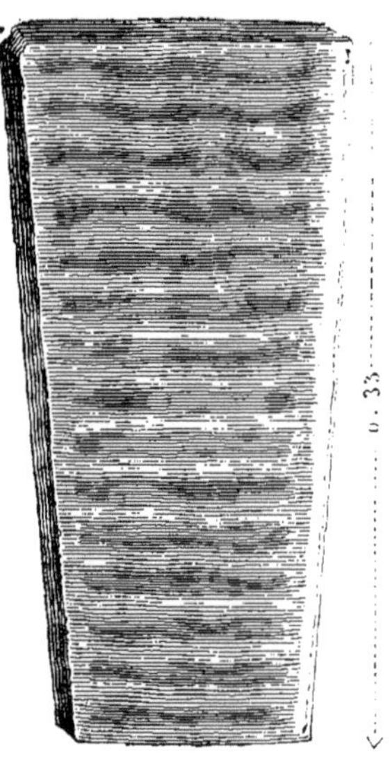

Fig. 9. Tourteau de colza.

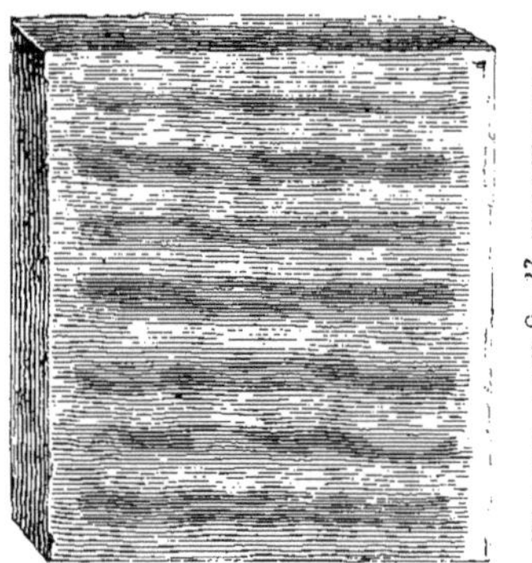

Fig. 10. Tourteau de lin.

des noix ou plutôt des amandes de coco concassées et simplement séchées sur le sable aux rayons du soleil. Le tourteau qu'il fournit est jaunâtre, farineux et très-friable. Le coprah, fruit d'un palmier de la grosseur d'une orange avec une chair très-blanche, vient des côtes d'Afrique.

I. *Tourteau de coco.* — Le commerce de Marseille ésigne sous le nom de *coco* les embryons qui se trouvent dans les fruits du palmier qui fournit l'huile de palme.

Le tourteau que fournissent ces germes n'a pas de liant et ne peut se conserver en pain; c'est le pire de tous les tourteaux.

J. *Tourteau de chènevis.*— Ce tourteau est épais, grossier et friable; son odeur rappelle très-bien celle de la graine du chanvre; il est chiné blanc et noir.

K. *Tourteau de faînes.* — Ce tourteau est le plus grossier de tous et se brise avec facilité; sa couleur est rouge brun, et il contient des parties très-apparentes du péricarpe des semences du hêtre. Il est peu estimé.

L. *Tourteau de noix.* — Ce résidu est en pain très-épais et dur; sa couleur est brune, et il plaît par son odeur. On l'emploie avec avantage dans la vallée du Rhône, principalement dans les départements de l'Isère et de Vaucluse.

M. *Tourteau de coton.* — Ce tourteau est assez friable; il est noirâtre et renferme quelques débris de coton. Il provient des graines que l'Amérique envoie en Europe. On l'emploie principalement en Provence.

Les tourteaux vendus à Londres forment deux catégories :

1° Les tourteaux composés de graines écorcées ou mondées; 2° les tourteaux dans lesquels les écorces entrent pour une part considérable. Les premiers sont supérieurs aux seconds.

Composition.— Les tourteaux n'ont pas la même composition. Voici des analyses faites par MM. Girardin et Soubeiran :

	Arachide.	Cameline.	Chanvre.	Colza.
Huile	12,0	12,0	6,3	14,1
Matières organiques	71,1	65,1	69,4	67,2
Sels minéraux	5,0	8,2	10,5	6,5
Eau	12,0	14,5	13.8	12.2
	100,0	100,0	100,0	100,0

	Faîne.	Lin.	OEillette.	Sésame.
Huile	4,0	12,0	14.2	13,0
Matières organiques	75,8	70,0	62.3	66,5
Sels minéraux	6,2	7.0	12,5	9,5
Eau	14.0	11,0	11.0	11,0
	100,0	100,0	100.0	100.0

Voici comment se classent ces divers tourteaux par rapport aux parties actives qu'ils renferment :

	Phosphate de chaux.
Chanvre	7,10 p. 100
Colza	6,50 —
Œillette	6,30 —
Lin	4,90 —
Cameline	4,20 —
Sésame	3,20 —
Faîne	2,10 —
Arachide	1,20 —

	Sels solubles.
Lin	10,0 p. 100
Faîne	7,0 —
Sésame	6,0 —
Chanvre	5,5 —
Arachide	5,5 —
Œillette	5,0 —
Colza	2,0 —
Cameline	1,8 —

	Azote.
Œillette	7,00 p. 100
Chanvre	6,20 —
Arachide	6,07 —
Lin	6,00 —
Sésame	5,57 —
Cameline	5,55 —
Colza	5,55 —
Faîne	4,50 —

Le tourteau de noix contient à l'état normal 6 pour 100 d'eau et 5,24 d'azote; celui de coton renferme 11 pour 100 d'eau et 4,02 d'azote. Le tourteau de coprah a été analysé par M. le Corbeiller; il contient 12 pour 100 d'eau et 3,06 d'azote.

Conservation. — Les tourteaux de colza, de lin, etc., doivent être conservés dans des locaux secs. Renfermés dans des magasins humides, ils se couvrent de moisissures et perdent parfois toute leur action fertilisante. Quand on doit les conserver longtemps, il faut les monter en piles les uns sur les autres et à claire-voie, en évitant qu'ils touchent aux murs. Si l'aire du bâtiment n'était pas recouverte d'un plancher, il faudrait préalablement placer sur la terre ou le carrelage, soit des planches, soit une forte couche de paille ou de sciure de bois. Mais ces précautions ne sont pas les seules qu'il faut prendre ; on doit, quand le temps est beau et sec, donner de l'air, c'est-à-dire ouvrir les ouvertures, afin que l'humidité en suspension dans l'air puisse être dissipée et qu'elle ne soit point absorbée par les tourteaux.

La conservation des tourteaux qui ont été pulvérisés doit aussi fixer l'attention du cultivateur. Quand ces engrais, après avoir été réduits en poudre, sont accumulés sous un certain volume, même dans des bâtiments très-secs, ils fermentent, s'échauffent, prennent une teinte brune ou noirâtre, et perdent beaucoup de leurs propriétés fertilisantes. Cette fermentation n'arrive, quand les tourteaux sont secs, qu'au bout d'un mois, mais elle survient beaucoup plus tôt s'ils sont humides. Lorsqu'on doit conserver des tourteaux pulvérisés pendant un certain temps, il faut avoir le soin, pour éviter tout échauffement, de les remuer à la pelle de temps à autre.

Les tourteaux frais s'échauffent toujours un peu en magasin. On ne doit les empiler dans les locaux où ils doivent être conservés, que quinze jours, un mois après qu'ils ont été retirés des presses, c'est-à-dire lorsqu'ils ont ressué.

Terrains auxquels ils conviennent. — Les tourteaux sont appliqués de préférence, dans les climats humides, sur les terres légères et sablonneuses et celles argilo-siliceuses. Dans le Midi, on les emploie sur tous les terrains.

Les sols auxquels ils conviennent spécialement sont ceux qui renferment du carbonate de chaux. M. de Gasparin a été frappé de l'immense développement que la nature calcaire du sol donne à l'activité de ces engrais.

J. Hannam pense que les tourteaux conviennent mieux aux terres fortes, aux sols argileux, qu'aux terrains d'une nature légère et calcaire. Il croit que les gaz acide carbonique et ammoniaque, que dégagent les tourteaux lorsqu'ils se décomposent, sont mieux fixés par les sols compactes qui ne sont pas très-perméables aux agents atmosphériques que par les terres meubles. Cette hypothèse, qui n'est pas entièrement contraire aux faits pratiques, a conduit cet agriculteur à reconnaître que les tourteaux n'agissent pas aussi vigoureusement dans une année sèche que par un temps humide. Adoptant ce principe, qu'aucun engrais ne peut agir avec efficacité sans le concours de l'humidité atmosphérique, il admet que l'huile des tourteaux qui supplée à l'humidité que ces engrais n'ont pu absorber, exige, pour se modifier, un supplément d'oxygène et d'hydrogène. A l'appui de cette opinion, il rappelle que l'acide carbonique volatilisé pendant la décomposition des parties fibreuses, que l'ammoniaque qui se dégage lors du changement des parties albumineuses, et que le carbonate d'ammoniaque qui se forme par la combinaison de ces deux gaz, sont tous solubles, et que les plantes n'absorbent ces gaz que quand ils sont dans un état de solution, c'est-à-dire lorsque le sol contient de l'humidité. De ces faits il conclut que, durant les saisons pluvieuses, beaucoup d'ammoniaque et d'acide carbonique des tourteaux qui, par un temps sec, s'élèvent dans l'atmosphère, sont absorbés par les racines des plantes, ce qui leur permet de prendre alors un développement remarquable.

Par un temps de sécheresse, au contraire, le sol manquant d'humidité, les plantes languissent et ne peuvent seulement s'approprier qu'une très-faible portion de ces gaz nutritifs, qui, n'étant plus en solution ou en combinaison, se dégagent de la couche arable dans l'atmosphère avec beaucoup de rapidité.

Pulvérisation. — Les tourteaux ne peuvent être appliqués que lorsqu'ils ont subi quelques préparations. Dans la plupart des cas, on les réduit en poudre assez fine, et c'est sous cet état qu'ils sont employés. Pour les pulvériser, on se sert d'une auge en pierre ou en bois et d'un pilon. Cette opération est assez longue et coûteuse. Il est préférable, lorsque cela est possible, de les réduire en poudre au moyen de la meule verticale d'un tour à piler les fruits à cidre, ou mieux d'un *concasseur*, appareil qui se compose de deux rouleaux dentés mobiles, tournant réciproquement dans une direction contraire, et que l'on met en mouvement à l'aide de manivelles ou d'un manége.

Poids de l'hectolitre. — Le tourteau de colza réduit en poudre, de grosseur ordinaire, pèse en moyenne 70 kilog.

Mode d'emploi. — Les tourteaux employés à l'état sec et sans mélange se répandent, en France, à la main et à la volée. On les enterre peu profondément, soit avec la herse, soit au moyen d'un léger labour. En Angleterre, on les répand souvent au moyen de semoirs spéciaux en même temps que les semences.

Dans le nord de la France, on les emploie souvent mélangés avec du purin. A cet effet, on les jette, sans les rompre, dans une fosse ou une large cuve remplie de purin, et on a soin de remuer le tout plusieurs fois par jour, afin qu'ils se fondent et hâtent ainsi la fermentation du liquide dans lequel ils ont été jetés. Au bout de cinq ou six jours au plus, on transporte cet engrais demi-liquide dans de grandes caisses placées sur un chariot, et on le répand sur les champs, où il doit être appliqué, sous forme de pluie, à l'aide d'une sorte d'écuelle pourvue d'un long manche. Cet engrais liquide développe une odeur très-fétide. (*Voir* liv. V, ENGRAIS LIQUIDES.)

On ajoute quelquefois de la chaux à la poussière de tourteaux. M. Boussingault blâme avec raison une telle addition; il regarde l'intervention de la chaux caustique comme un mauvais auxiliaire des engrais qui, comme les résidus de graines huileuses, passent promptement à l'état de sels ammoniacaux. Il conseille comme préférable, lorsqu'on ne veut pas l'appliquer dans son état naturel, de la délayer dans l'eau.

Époque à laquelle on doit les employer. — La poudre de tourteaux, soit qu'elle soit répandue sur des terres préparées pour être ensemencées, soit qu'elle soit appliquée sur des plantes en végétation, doit être employée par un temps qui présage de la pluie. S'il survient un temps sec, s'il ne vient pas à pleuvoir dans les premières semaines qui suivent son emploi, ses effets se font difficilement sentir sur les plantes pour lesquelles elle a été utilisée, et ne se manifestent que sur les récoltes suivantes. Schwerz fait remarquer que c'est sans doute à cause de cette circonstance que beaucoup de cultivateurs ont méconnu les avantages de cet engrais. En Provence, la non réussite de la poudre sèche de tourteaux, dans un grand nombre de circonstances, a fait souvent adopter la pratique de l'humecter avant de l'employer.

Action nuisible qu'ils exercent sur les graines. — Duhamel avait recommandé de répandre la poudre de tourteaux dix à douze jours avant de semer la semence. Sans cette précaution, disait-il, les grains qui s'envelopperaient de cette poudre avant qu'elle eût éprouvé l'action du soleil ne germeraient pas. M. Vilmorin a constaté des faits semblables. Toutes les fois que les graines furent mises en contact avec la poussière de tourteaux de colza, elles ne purent germer convenablement. Les semences de pois et de vesces avaient bien, en général, leur germe sorti, mais il était noirci, retrait, et les graines semblaient brûlées comme si elles eussent passé par le feu. Quelle est la cause de ces grandes anomalies dans l'effet des tourteaux? Comment expliquer les résultats si négatifs que M. Vilmorin a toujours constatés quand les graines ont été mises en contact avec du tourteau en poudre? M. de Gasparin pense que les parties huileuses encore adhérentes au tourteau se sont communiquées aux graines, et qu'elles ont privé le germe du contact de l'air et de l'humidité, agents si essentiels à la germination. Ce savant agriculteur appuie cette hypothèse sur le fait suivant : un propriétaire de Provence, trouvant à son blé une couleur sale, le fit remuer avec une pelle légèrement enduite d'huile. Le grain prit une belle couleur; mais, vendu pour semence, il ne sortit qu'un petit nombre de plantes; et le vendeur fut condamné à restituer le prix des graines et des dommages-intérêts envers l'acheteur.

Ces faits, entièrement conformes aux résultats constatés dans les expériences faites dans le but de reconnaître les effets de l'huile sur les plantes en végétation, prouvent combien il est utile d'enterrer les tourteaux quelques jours avant les semailles, ou de les abandonner sur la terre pendant un jour ou deux à l'action de la pluie, afin d'altérer, de modifier les parties huileuses encore adhérentes à ces engrais.

Dumont de Courset n'appliquait les tourteaux qu'après avoir mêlé leur poudre avec cinquante fois son volume d'eau. Ce mélange, après avoir fermenté, produisait des effets très-remarquables. Coke, après les avoir fait réduire en poudre, les enterrait à la charrue six semaines environ avant les semailles des turneps, afin qu'ils eussent le temps de se modifier dans le sol. Les cultivateurs du Yorkshire (Angleterre) ont donc raison de dire que les tourteaux n'agissent sur les plantes que lorsqu'ils ont été pour ainsi dire privés d'huile.

Hannam a aussi reconnu qu'il est utile, quand on emploie le tourteau dans une forte proportion pour la culture des navets, de ne pas répandre cet engrais en même temps que la semence, parce que le germe de cette graine est souvent détruit par les effets de cet engrais.

Quantité à appliquer. — La quantité de tourteaux à appliquer par hectare varie suivant l'espèce employée. Les tourteaux riches en azote et en acide phosphorique doivent toujours être répandus dans une proportion plus faible que ceux qui en renferment peu.

En général, la quantité est d'autant plus forte que les plantes qui suivent l'application de cet engrais sont plus épuisantes et que le sol est moins fertile. Dans les terres riches et lorsqu'on cultive des plantes peu exigeantes, la dose à employer peut être plus faible.

En Angleterre comme en France les tourteaux sont appliqués dans la proportion de 600 à 1500 kilog. par hectare.

En pratique, 1000 kilog. de tourteaux de colza sont regardés comme étant l'équivalent d'une fumure légère et annuelle. Cette quantité renferme autant d'azote que 12 000 kilog. de fumier de ferme et permet au sol de donner environ 25 hectolitres de froment par hectare.

Mode d'action. — Quelques personnes ont pensé que les tourteaux agissaient sur les plantes par la petite quantité d'huile qu'ils renferment; mais il n'est plus permis d'adopter une telle opinion. Toutes les expériences faites sur l'emploi de l'huile ont prouvé que ce corps n'est pas absorbé à l'état naturel par les racines des végétaux. C'est par le phosphate de chaux et surtout par l'azote que contient le péricarpe des graines que les tourteaux agissent sur les végétaux. Cette action est énergique et rapide, et il devait en être ainsi, à cause de la proportion de matières solubles que renferment ces engrais. Madden dit avoir constaté que les tourteaux contiennent 24,7 pour 100 de parties solubes dans l'eau froide. Il est aisé dès lors de reconnaître que les effets sensibles de ces engrais sur les sols pauvres doivent être principalement attribués à l'absence pour ainsi dire de parties organiques au sein de la couche arable, principe que les tourteaux leur fournissent dans une large proportion. Mais les tourteaux ne jouissent pas seulement de la propriété de fournir du carbone et de l'azote aux sols et aux plantes, ils ont un pouvoir absorbant considérable, et soutirent jusqu'à dix fois leur volume d'humidité à l'atmosphère. Ce fait explique pourquoi ces engrais sont employés avec succès dans les provinces du Midi, quand ils sont appliqués en automne ou de très-bonne heure au printemps.

Toutes choses égales d'ailleurs, les tourteaux ne renferment pas assez de matières fertilisantes pour qu'on puisse les employer pendant plusieurs années de suite sur le même champ. Aussi est-il nécessaire, lorsqu'on veut maintenir la fertilité des terrains sur lesquels on les répand, d'appliquer de temps à autre d'autres engrais, des fumiers, par exemple; substances qui permettent de restituer à la couche arable les parties salines et azotées enlevées au sol par les récoltes que ces engrais ont fait naître.

Les terres de Vaucluse qu'on fume exclusivement avec du tourteau diminuent graduellement en fécondité parce que cet engrais est incomplet.

Durée de leur action. — Ces engrais, appliqués à des époques favorables, se décomposent rapidement et leurs effets sont peu apparents au delà de la première année.

Plantes pour lesquelles on les emploie. — Les tourteaux ne conviennent guère qu'aux plantes annuelles et bisannuelles. Dans la Flandre, on les emploie pour la culture du froment, du colza, du lin et du pavot. En Angleterre, ces engrais contribuent essentiellement à assurer la réussite des turneps, quand on les emploie concurremment avec de la poudre d'os, substance qui fournit à ces racines le phosphate de chaux dont elles ont tant besoin et que les tourteaux ne peuvent leur fournir que dans une petite proportion. Dans le Bolonais, on les emploie principalement pour la culture du chanvre. Les pommes de terre sont des plantes trop exigeantes pour qu'on puisse songer à assurer leur végétation au moyen de cet engrais ; ainsi Hannam rapporte que dans la culture de cette plante il faut en répandre au moins 28 hectolitres par hectare, quantité qui représente, en Angleterre, une dépense de 225 fr. si l'on veut obtenir une récolte passable !

Valeur commerciale. — Le prix des tourteaux est plus ou moins élevé selon leurs propriétés fertilisantes et suivant aussi leur valeur alimentaire. Voici les prix moyens auxquels ils sont vendus :

Coton	16 à 18 fr.	les 100 kil.
Lin	15 à 20	—
Sésame	12 à 15	—
Œillette	12 à 14	—
Colza	12 à 14	—
Cameline	12 à 14	—
Madia	10 à 12	—
Chènevis	10 à 12	—
Arachide	9 à 12	—
Madia	9 à 11	—
Coprah	7 à 8	—
Faîne	6 à 7	—

La poudre dite *blutage de sésame* vaut de 2 à 4 fr.

SECTION II.

Marcs.

Marc de raisin. — Drèche. — Touraillons. — Marcs de pommes et de poires. Marc de houblon. — Marc d'olives. — Marc de café.

Sous le nom de marcs on désigne les résidus que l'on recueille dans la fabrication du vin, de la bière et du cidre. Ces résidus ont été aussi soumis à l'action de presses, mais ils ne subissent jamais l'opération du moulage.

Marc de raisin. — Le marc de raisin du Midi contient à l'état normal 48,2 pour 100 d'eau et 1,71 d'azote; celui du Nord renferme 68,6 pour 100 d'eau et 0,63 seulement d'azote.

Pour l'employer convenablement, il faut le laisser fermenter en tas pendant plusieurs mois ou le faire macérer afin qu'il se décompose plus promptement et forme un terreau noirâtre.

On l'emploie pour fertiliser les vignes ou les oliviers, ou on l'utilise dans les jardins et dans la culture des céréales et des prairies. Il convient surtout aux terres argileuses, aux sols froids et humides.

Dans le département du Gard, on emploie le marc de raisin distillé après l'avoir mêlé au fumier ou aux roseaux des marais. On lui reproche d'attirer les rats et les mulots.

On compte par chaque hectolitre de vin de 10 à 15 kilog. de marc.

Drèche. — L'orge germée qui a servi à la fabrication de la bière est utilisée comme engrais, quand elle n'est pas recherchée par les éleveurs et les engraisseurs. A l'état normal elle contient 60 pour 100 d'eau et 4,51 d'azote.

En Angleterre, où il se fabrique beaucoup de bière, on l'emploie à la dose de 35 à 50 hectolitres par hectare.

On l'utilise dans la culture des céréales et du chanvre, et sur les prairies.

Cet engrais humide, en se décomposant, fournit aux plantes beaucoup de parties mucilagineuses et saccharines.

Un hectolitre d'orge donne de 105 à 110 litres de drèche.

Touraillons. — En Angleterre, on recueille les radicelles qui se détachent, dans les brasseries, de l'orge germée. Ces germes, après avoir été desséchés, forment une poudre grossière, roussâtre et à odeur très-forte, dont les propriétés fertilisantes sont presque égales à celles des tourteaux, mais ils se décomposent lentement. Ils contiennent à l'état normal 6,00 pour 100 d'eau et 4,51 d'azote.

On les emploie à la dose de 30 à 40 hectolitres par hectare.

Un hectolitre de touraillons pèse de 16 à 18 kilog.

Avant d'appliquer ces germes, on les arrose de purin et on les met en tas pendant quelques jours afin qu'ils puissent fermenter. En Angleterre, on les emploie, après les avoir ainsi traités, sur les prairies ou sur les céréales en végétation. Ils se décomposent assez rapidement. On doit éviter de les enfouir en même temps que les semences.

Un hectolitre d'orge donne 4 à 5 litres de touraille.

Cet engrais se vend de 3 à 4 fr. l'hectolitre, ou 5 à 7 fr. les 100 kilog.

Marcs de pommes et de poires. — Ces marcs sont aussi employés comme engrais dans les pays à cidre. Le marc de pommes desséché à l'air contient 6,4 pour 100 d'eau et 0,59 d'azote.

En Normandie et en Bretagne, on les abandonne en tas pendant quelque temps à la fermentation spontanée; quand ils se sont décomposés, on les applique seuls sur les terres arables, ou on les mêle par moitié à de la terre et on les conduit sur les prairies, les colzas ou les céréales en végétation, ou on les utilise au printemps dans les pépinières.

Ces engrais conviennent à tous les terrains, mais ils agissent plus sensiblement sur les sols calcaires. Dans les localités où les terres sont argileuses, schisteuses ou granitiques, on les mêle quelquefois à deux ou trois fois leur volume de terre et un volume de chaux vive, et on abandonne le mélange à lui-même pendant une année, en ayant soin de le remuer tous les deux ou trois mois. La chaux a l'avantage de neutraliser les acides que contiennent les pulpes. Ce procédé est suivi en Allemagne et en Angleterre.

Les marcs de pommes ou de poires ainsi traités se convertissent facilement en terreau.

Nonobstant, ces marcs sont moins actifs, moins fertilisants que le marc de raisin.

Marcs de houblon. — Ces résidus, qu'on abandonnait autrefois, sont maintenant employés comme engrais dans plusieurs localités de l'est de la France. A l'état normal, ils contiennent 73 pour 100 d'eau et 0,56 d'azote.

On les répand sur les terres arables ou les prairies naturelles ou artificielles. On peut aussi ne les employer qu'après les avoir arrosés avec des urines.

Marc d'olive. — Ce résidu a été pendant longtemps employé comme engrais dans les provinces du Midi qui appartiennent à la région des oliviers ; mais depuis qu'on a établi des moulins pour triturer le marc et l'épuiser par de très-fortes pressions, on a abandonné presque partout leur emploi. Ces moulins sont connus sous le nom de *moulins à ressence.*

Marc de café. — M. I. Pierre a proposé d'utiliser le marc de café, qui contient, d'après ses recherches, 1,85 pour 100 d'azote en moyenne et 11,2 pour 100 d'acide phosphorique. J'ai expérimenté en grand, en 1860, ce nouvel engrais, mais il ne m'a pas satisfait. Peut-être fallait-il, comme l'a recommandé M. I. Pierre, l'imprégner d'urine pour activer sa décomposition.

Je l'ai comparé dans la culture de l'avoine, de l'orge et sur une prairie naturelle, au tourteau de colza, guano du Pérou, engrais Derrien, poudrette, poudre d'os, etc.

SECTION III.

Tannée.

Anglais. — Tanners bark.

La tannée peut être employée comme engrais végétal, mais elle se décompose très-lentement et contient, à sa sortie des tanneries, beaucoup de tanin qui la rend nuisible aux végétaux.

Voici sa composition :

Matières organiques	48.91
Matières minérales	6,48
Eau	44,61
	100,00
Azote	0,69

Quand on l'applique sur des terres calcaires, on peut la transporter directement sur les champs en jachère et la mêler au sol par un ou plusieurs labours.

On accélère sa décomposition, on détruit les principes astringents qu'elle renferme et on augmente ses propriétés fertilisantes en la laissant en tas pendant une année ou en la mêlant à de la chaux vive, de la terre, et en l'arrosant avec des urines ou du purin. Ainsi préparée, elle peut être appliquée avec avantage, soit sur les terres arables, soit sur les prairies naturelles et artificielles, sur lesquelles elle produit, en général, de très-bons effets.

La tannée employée à l'état normal, c'est-à-dire avant que le tanin n'ait été neutralisé par le temps ou des alcalis, et que ses fibres ligneuses n'aient subi un commencement d'altération, ne dispense pas de l'emploi des fumures ordinaires.

SECTION IV.

Chaumes.

La partie des céréales qui reste attachée au sol après la moisson des céréales et que l'on nomme *chaume*, *éteules*, a été classée par erreur au nombre des engrais végétaux. Si ces parties étaient enfouies aussitôt après la récolte, on pourrait admettre qu'elles dussent accroître la fertilité de la terre; mais dans la plupart des contrées on ne les enterre que plusieurs mois, quelquefois une année après la moisson, c'est-à-dire lorsqu'ils sont secs; aussi constate-t-on très-souvent qu'ils persistent alors dans la couche arable pendant plusieurs années, et qu'ils ne sont véritablement utiles que dans les terres argileuses, compactes, parce qu'ils les divisent. Mais si le chaume des céréales a une action modifiante favorable dans les sols tenaces, on ne doit pas oublier qu'il augmente d'une manière fâcheuse les propriétés physiques des sols légers ou sablonneux.

Lorsqu'un chaume est abondant et qu'il est impossible de l'enfouir aussitôt après la moisson, afin qu'il se décompose, fertilise le sol et n'y persiste pas pendant plusieurs années, on doit l'arracher au moyen d'un extirpateur ou d'un scarificateur, le rassembler avec une herse et l'enlever pour l'employer comme litière.

Quant aux chaumes des légumineuses qui ont été cultivées comme plantes fourragères vertes, et qui ne repoussent pas, pour ainsi dire, après avoir été fauchées, on doit se hâter de les enfouir. Non-seulement on perd des parties fertilisantes quand on les laisse se sécher, mais on permet souvent à ces éteules de végéter de nouveau et d'épuiser la terre. Ainsi j'ai souvent constaté que le chaume du trèfle incarnat avait des effets défavorables sur la fertilité quand il n'était pas enfoui aussitôt après l'enlèvement de la récolte. J'ai la certitude qu'il y a toujours profit à enterrer les chaumes des légumineuses quand ils sont encore frais ou verts, parce que ces parties contiennent, comme les tiges, une certaine proportion de parties albumineuses, et qu'elles concourent à augmenter la fécondité de la terre.

SECTION V.

Déchets divers.

Les balles des céréales, les enveloppes calicinales du lin, du sarrasin, etc., etc., ne doivent point être conduites sur les terres arables ou mêlées aux fumiers, parce qu'elles contiennent une trop grande quantité de semences de plantes nuisibles. Si ces déchets, comme ceux des granges, étaient répandus sur des terres arables, ils les souilleraient pendant plusieurs années. On doit les conduire sur les prairies naturelles. Appliqués en été ou en automne, ils se fixent sur le gazon, constituent une excellente couverture, se décomposent assez promptement, et les graines des mauvaises herbes qui s'y trouvent ne peuvent nuire en aucune manière à la production herbacée de la prairie.

Dans quelques localités, on jette ces débris, ainsi que les chènevottes du chanvre et du lin, dans les fosses, où on les arrose avec des urines ou du purin. Lorsque toutes les parties ont été bien imbibées du liquide employé et qu'elles commencent à se décomposer, on les retire de la fosse pour les conduire sur des terres en prairies. En adoptant ce moyen, on est sûr de faire perdre aux graines des herbes nuisibles leurs facultés germinatives.

LIVRE III.

ENGRAIS ANIMAUX.

PREMIÈRE PARTIE.

SUBSTANCES EXCRÉTÉES.

CHAPITRE I.

DÉJECTION DES ANIMAUX.

SECTION I.

Matière fécale.

Anglais. — Human excrement. *Espagnol.* — Mierda.
Allemand. — Menschenloth. *Italien* — Materia fecale.

Historique. — Nature. — Composition. — Quantité produite par un homme. — Désinfection. — Excréments employés à l'état frais. — Quantité qu'il faut appliquer. — Mode d'action. — Valeur commerciale. — Bibliographie.

Historique. — L'usage de la matière fécale comme engrais remonte à une époque très-ancienne. Les Grecs, les Carthaginois et les Romains l'employaient pour fertiliser les terres qu'ils cultivaient. Théophraste, Hésiode, Cassius, Dionysius d'Utique, Varron, Pline et Columelle la regardaient comme un précieux engrais, mais ils la plaçaient au second rang, c'est-à-dire après la colombine.

Pendant longtemps, les matières fécales dans les villes furent jetées dans les rues; l'odeur infecte qu'elles développaien obligea, vers la fin du douzième siècle, les municipalités à rendre les fosses d'aisances obligatoires. Cette mesure prit naissance vers l'époque à laquelle François Ier rendit l'édit qui privait les propriétaires qui n'avaient point fait construire de fosses, des maisons qu'ils possédaient. Cette sévère injonction fut répétée de temps à autre jusqu'à la fin du dix-huitième siècle.

Les vidangeurs (gadouards) devaient conduire les matières aux voiries; les contrevenants aux règlements étaient appréhendés, mis en prison ou battus et fustigés de verges.

Ces matières, après un repos de trois années au moins dans les voiries, étaient enlevées par les agriculteurs; ces derniers ne payèrent aucune redevance jusqu'au 5 mars 1726. Il leur était défendu, dans les environs de Paris, de les faire servir à la culture des légumes et dans les jardins, ou de les utiliser dans la culture des céréales destinées à l'alimentation de l'homme. On croyait alors, avec Hésiode et Cassianus Bassus, que les matières fécales communiquaient aux plantes une odeur désagréable et qu'elles les rendaient nuisibles à la santé. Les contrevenants étaient arrêtés, conduits en prison et condamnés à une amende de 100 livres. Cette pénalité resta en vigueur jusqu'à la fin du dix-huitième siècle, et elle força les cultivateurs à renoncer à l'emploi des matières fécales. L'encombrement des voiries de Paris obligea Louis XV, en 1720, à contraindre les cultivateurs de les enlever. L'ordonnance qu'il rendit à cet effet, le 31 décembre, leur enjoignit en outre d'en faire usage comme auparavant sur les terres labourables et non dans les jardins potagers et les marais.

De 1780 jusqu'en 1835 les vidanges de Paris furent déposées dans les bassins qui existaient à Montfaucon. En 1835, on supprima ces réservoirs à cause des émanations putrides qui s'y dégageaient continuellement et qui étaient pour Paris un foyer d'infection, et il fut établi à la Villette, sous le nom de *dépotoir*, divers bassins dans lesquels on verse chaque nuit les vidanges qu'on extrait des fosses. Ces matières sont ensuite refoulées jusque dans la forêt de Bondy à l'aide d'un siphon souterrain.

Nature. — Les matières fécales sont ordinairement fluides, molles; elles sont très-solubles, et même plus solubles que toutes celles qui sont employées comme substances fertilisantes. C'est à cette solubilité très-prononcée qu'est due leur action si énergique et si courte.

L'odeur ou l'*arome fécal* que développent ces excréments est très-fétide et repoussante; il est incontestable qu'elle est cause qu'on répugne généralement à les recueillir et à les employer à l'état frais. Sans l'odeur infecte qu'ils développent, ces excréments seraient recueillis partout avec soin, à cause de leur action remarquable sur les plantes quelles qu'elles soient.

Composition. — La vidange comprend deux parties : l'une semi-solide appelée *gadoue*, *bottelage*, *bourbasse*, *gras cuit*, et l'autre liquide que l'on nomme *eaux vannes*. Ces parties mélangées ont la composition suivante :

Matières organiques non azotées	2,654
Phosphates	0,540
Sels divers	0,300
Matières azotées	0,400
Matières terreuses	0,228
Eau	95,878
	100,000

En général, la matière solide qui est au fond occupe 1/5, la bourbasse (partie semi-solide) 1/5, et les eaux vannes les 3/5 des fosses.

La *bourbasse* est la masse pâteuse qui existe au fond de la fosse, elle marque 9°5 à l'aréomètre; le *bottelage* est semi-liquide ou en bouillie claire, elle marque 4°4 ; la *vanne grosse* marque 3°7 ; enfin la *vanne claire* indique seulement 2°3.

Les déjections humaines ont été analysées par Berzelius; elles contiennent :

Débris des aliments	7,00
Matière extractive particulière soluble	2,70
Bile	0,90
Albumine	0,90
Sels solubles et insolubles	1,20
Matière visqueuse, résine, résidu insoluble	14,00
Eau	73,30
	100,00

Cette analyse donne seulement une idée de la nature de ces déjections; leur composition varie selon la nature des aliments et l'activité organique des individus qui les ont produites. L'homme qui se nourrit de chair et de pain fournit des excréments bien plus actifs, plus fertilisants que celui qui ne consomme que des aliments végétaux.

L'azote de la matière fécale produite à Paris en 1853 représentait, d'après M. Hervé Mangon, 355 millions de fumier dosant 0 40 d'azote.

Quoi qu'il en soit, ces matières renferment assez abondamment des sels ammoniacaux; mais au moment où elles sont, produites, elles ne contiennent que des traces d'hydrogène sulfuré. Leur fétidité, due à l'hydro-sulfate et au carbonate d'ammoniaque, ne se manifeste que lorsqu'elles commencent à se putréfier.

Poids des matières. — La bourbasse pèse de 108 à 112 kil., le bottelage 98 à 100 kilog., et les eaux vannes 84 à 86 kilog. l'hectolitre, soit en moyenne 98 kilog.

Quantité produite par un homme. — La quantité de déjection que rend chaque jour un homme adulte varie selon la nourriture qu'il consomme et l'état de son organisme. Voici les résultats que l'on a obtenus :

Liebig.................	0kil,135	0kil,625
Valentin...............	0 ,191	1 ,999
Barral.................	0 ,141	1 ,272
Moyennes.........	0kil,155	1kil,032

Ainsi un homme produit en moyenne, chaque année, 433 kilog. de déjection, soit 56 kilog. de parties solides et 376 kilog. de parties liquides.

D'après M. Barral, un enfant de 12 à 15 ans rend chaque jour 84 grammes de matières solides et 520 grammes d'urine, soit 604 grammes d'excréments mixtes et par an 220 kilog.

Une ville d'un million d'habitants, parmi lesquels il existerait un tiers d'individus non adultes, devrait donc fournir annuellement en déjections mixtes 361 000 mètres cubes, soit par habitant moyen 351 litres. En 1853, le cube des vidanges de Paris s'est élevé à 354 000 mètres cubes, soit 340 litres par chaque habitant moyen.

D'après M. Hervé Mangon les 354 000 mètres cubes précités, se divisaient comme il suit : liquides troubles (bottelage) 163 000 mètres cubes; matières pâteuses (bourbasse) 39 000 mètres cubes; liquides versés dans les égouts (eaux vannes) 152 000 mètres cubes.

Désinfection. — L'odeur infecte et repoussante que développent les déjections humaines a conduit à rechercher les moyens de les désinfecter, afin de rendre leur emploi plus facile, application pour laquelle on a naturellement tant de répugnance.

Les désinfectants que l'on a expérimentés varient dans la manière d'être : les uns sont en poudre; les autres sont liquides. Quoi qu'il en soit, on doit les diviser en deux classes :

1° Les substances qui agissent par absorption;

2° Les substances qui opèrent par décomposition.

A. — Au nombre des premières se rangent le *poussier de charbon de bois* et la tourbe torréfiée ou carbonisée. Ces matières, bien mêlées à la matière fécale, absorbent les gaz qu'elle dégage quand elle fermente, et la rendent, pour ainsi dire, inodore. Ces substances désinfectantes peuvent être employées avec facilité dans toutes les communes, lorsqu'il est question de procéder à la vidange d'une fosse ne contenant, pour ainsi dire, que des parties solides. Il faut 125 à 130 litres, charbon en poudre ou fraisil, pour chaque mètre cube de matières qu'on veut désinfecter. Le poussier de charbon peut absorber jusqu'à 90 pour 100 de son poids d'ammoniaque et 55 pour 100 du gaz hydrogène sulfuré.

Le fraisil pèse de 55 à 65 kilog. l'hectolitre.

Dans quelques contrées, on remplace ces matières par des cendres de four à chaux ou du plâtre. (*Voir* ENGRAIS COMMERCIAUX, *Désinfectants*.)

B. — Les substances qui agissent par décomposition sont au nombre de deux : le sulfate de fer et le sulfate de zinc.

Le premier de ces sels s'emploie depuis 1762, dissous à la dose de 20 à 30 kilog. par chaque mètre cube qu'on veut désinfecter. Voici comment il opère : l'acide sulfurique se combine avec l'ammoniaque volatil et convertit ce dernier en sulfate d'ammoniaque ou sel fixe, et le fer se combine avec le soufre de l'hydrogène sulfuré et forme du sulfure de fer; alors, les émanations ammoniacales et l'hydrogène sulfuré disparaissent immédiatement et les matières fécales ne conservent plus qu'une faible odeur qui n'incommode pas et qui n'a rien de repoussant.

Aujourd'hui, on a renoncé à l'emploi de ce sel désinfectant, parce que celui du commerce contient un excès d'acide qui colore les eaux vannes en noir et donne lieu à un dégagement d'acide hydrosulfurique, gaz très-délétère, et aussi parce qu'il produit sur les vêtements des taches ineffaçables; on le remplace par une dissolution aussi neutre que possible de sulfate de zinc amenée à 26 ou 32 du pèse-sel. Ce liquide est employé à la dose de 10 à 16 litres par mètre cube; il coûte de 10 à 15 centimes le litre. Il a l'avantage de ne pas colorer le liquide urineux, ce qui a permis, depuis 1849, d'écouler sans inconvénients dans les villes sur la voie publique. Avant de procéder à cet écoulement, on doit s'assurer, en trempant un papier tournesol dans le liquide, que ce dernier n'est plus acide.

Voici comment on opère : on verse dans la fosse la dissolution de sulfate de zinc, on remue les matières afin que la liqueur désinfectante les pénètre complétement et on laisse le tout reposer pendant quelques instants. On opère ensuite la décantation du liquide au moyen de seaux ou par aspiration.

Quoi qu'il en soit, le sulfate de fer et le sulfate de zinc ont l'avantage de conserver aux matières fécales toute leur action fertilisante, puisque le carbonate d'ammoniaque ne peut plus se volatiliser et se perdre par l'influence de l'air et de la chaleur solaire, comme cela a toujours lieu lorsqu'on emploie ces substances fertilisantes dans leur état naturel.

Vidange des fosses. — Les matières liquides et solides sont reçues dans des *fosses fixes* ou des *fosses mobiles*. C'est par exception qu'elles sont projetées dans les égouts ou dans les rivières.

Les *fosses fixes* doivent être étanches, à angles arrondis et avoir un fond incliné. Leur hauteur sous clef ne doit pas être moindre de deux mètres. Enfin, il est nécessaire qu'elles soient pourvues d'un *tuyau d'évent* ou d'une bonne ventilation.

On transporte les matières à l'aide de tonneaux ordinaires montés sur des roues, traînés par un cheval et ayant 315 litres de capacité. Les grandes tonnes des vidangeurs contiennent de 1600 à 2500 litres et sont traînées par deux chevaux.

A Lyon, on accorde pour l'extraction cinq heures par fosse de 8 mètres cubes et 30 minutes par chaque mètre cube en sus.

L'extraction se fait de trois manières : 1° à la pompe et à la hotte ; 2° à l'aide de tonneaux dans lesquels on a fait préalablement le vide au moyen de pompes pneumatiques mises en mouvement par une machine à vapeur ; ce dernier mode d'extraction a été désigné sous le nom de *vidange atmosphérique ;* 3° au moyen d'une pompe dite à soufflet à double effet que cinq ouvriers mettent en mouvement en agissant sur de longs leviers.

Les *tonneaux des fosses mobiles* contiennent 100 litres ; une famille de dix personnes en remplit un tous les quinze jours environ.

Emploi des excréments à l'état frais. — On emploie dans plusieurs contrées les matières fécales à leur sortie des fosses d'aisances. Les procédés d'application en usage varient suivant les localités.

1° *Dauphiné.* — Aux environs de Grenoble, la vidange des fosses et l'application des *matières fécales vertes* sur les terres que l'on consacre à la culture du chanvre, se font pendant l'hiver. Le transport de ces engrais s'exécute au moyen de tombereaux découverts, d'une capacité de deux mètres cubes environ. Une fois arrivés sur le champ où ils doivent être appliqués, on les verse dans des caisses carrées portatives, on les répand sur la terre avec des écopes.

On évalue les frais de transport et d'épandage à 3 fr. le mètre cube.

Auprès de Lyon, dans un rayon assez étendu, mais plus spécialement vers le Dauphiné, le plus ordinairement on les applique aussitôt après leur extraction; mais dans quelques communes, on les conserve pendant quelque temps dans des fosses creusées en terre avant de les employer.

On les répand en hiver, par des temps de gelée, sur le froment et le seigle en végétation. Au printemps, on les applique pendant les pluies, sur les terres que l'on destine au chanvre, à l'orge et aux pommes de terre.

Dans ces localités, on étend souvent la dose qu'on répand par hectare de trois à quatre fois son volume d'eau pour éviter qu'elle ne nuise à la végétation.

2° *Alsace*. — Aux environs de Strasbourg, dans un rayon de 12 à 16 kilomètres, les matières fécales sont employées en

Fig. 11. Chariot alsacien servant à transporter les vidanges.

automne ou au printemps. On les transporte sur les terres au moyen de chariots à quatre roues (fig. 11), formant une caisse rectangulaire, longue de 3 à 4 mètres, munie d'un couvercle, et d'une capacité moyenne de 36 hectolitres. Ces substances servent à fertiliser les terres que l'on destine au colza ou au tabac.

A défaut de couvercle, on place des bottes de paille sur la

matière, afin d'empêcher son ballottement pendant le transport.

Pour apprécier leur qualité, les Alsaciens, comme les cultivateurs des environs d'Anvers, dégustent les matières fécales : elles sont fertilisantes quand leur saveur est piquante et salée.

3° *Flandre.* — Dans les environs de Lille, on applique les matières fécales à l'état liquide après une fermentation plus ou moins longue. (*Voir* livre V, ENGRAIS LIQUIDE, *Engrais flamand.*)

4° *Italie.* — Les déjections humaines, en Lombardie, en Toscane sont appliquées pendant l'hiver sur les prairies et dans les jardins; elles servent aussi, comme dans les environs de Grasse (Var), à fertiliser la vigne, l'olivier et le mûrier; à Lucques, on les emploie dans la culture des céréales.

Quel que soit le procédé mis en pratique, ces matières ne peuvent guère être employées pendant l'été sur des terrains couverts de plantes en végétation, car elles *brûlent* les végétaux sur lesquels on les répand aussitôt qu'elles sortent des fosses.

Quand on les applique sur les terres en jachère, on les incorpore au sol par le deuxième ou le troisième labour.

5° *Belgique.* — Dans les environs de Luxembourg, on emploie la gadoue immédiatement au sortir des fosses. On la transporte et on la répand sur les terres au moyen de tonneaux.

Quantité qu'il faut appliquer. — La matière fécale s'emploie à des doses qui varient suivant la quantité d'eau qu'elle contient, c'est-à-dire suivant sa richesse fertilisante.

Dans le Dauphiné on la répand sur les sols légers quand elle est naturelle, à la dose de 20 mètres cubes par hectare; sur les terres argileuses, on en emploie 25 mètres cubes.

La gadoue seule ou *matière fécale verte* est répandue dans les environs de Lyon à la dose de 10 à 12 mètres cubes. Lorsqu'on emploie seulement les eaux vannes, on en répand de 20 à 22 mètres cubes.

Mode d'action. — La puissance des excréments de l'homme résulte de la nourriture qu'il reçoit, de la diversité même de sa sustentation. Nonobstant, ces matières ont une action productive très-remarquable : c'est que plus un corps organisé se nourrit de substances azotées et plus ses déjections ont de force fertilisante. Cette action réside incontestablement dans la facilité avec laquelle ces matières se dissolvent, et la promptitude avec laquelle elles agissent sur les plantes. Aussi, leurs effets, à cause de leur grande solubilité, sont-ils immédiats, instantanés pour ainsi dire et promptement épuisés. Cela est si vrai que quelquefois, ainsi que l'observe M. de Gasparin, leur action ne se prolonge même pas jusqu'à l'époque de la fructification des céréales.

Plantes pour lesquelles on les emploie. — Ces engrais s'emploient de préférence pour la culture des plantes annuelles, telles que maïs, lin, chanvre, tabac, pavot, etc.

Dans quelques contrées on leur reproche de communiquer un mauvais goût aux plantes. Cette objection est-elle fondée? M. Payen, qui s'est préoccupé de la pénétration des substances solubles à odeur désagréable dans les plantes, et qui a reconnu, ainsi que l'avait déjà constaté de Saussure, que, loin de choisir, les radicelles absorbent tous les liquides, ceux mêmes qui leur nuisent et peuvent les faire périr, a observé que les engrais à odeur infecte et repoussante ne donnent pas de mauvaise odeur aux produits récoltés, si la dose de la substance fertilisante n'excède pas les proportions assimilables. L'expérience prouve chaque jour, en effet, que lorsqu'un engrais infect est appliqué dans une proportion faible, et complétement incorporé à la couche arable, aucune des parties des plantes n'a d'odeur et de goût désagréables. Il faut que le sol soit gras, très-substantiel, que la matière fécale ait été appliquée à une dose très-forte, pour que les plantes, fourragères ou alimentaires, laissent à désirer quant à la qualité.

Valeur commerciale. — La matière fécale se vend à l'hectolitre ou au mètre cube. A Lyon, elle est livrée au prix de 2 fr. le mètre cube; à Grenoble, elle se vend 3 à 4 fr.; en Alsace, 4 fr. 50 à 5 fr.; aux environs de Paris, de 5 à 6 fr.; à Bruxelles, de 7 fr. 50 à 10 fr.; à Anvers, 15 fr.

Les cultivateurs qui se chargent de la vidange ne payent en Belgique que 0 fr. 40 à 0 fr. 70 l'hectol.

Le mètre cube de vidanges non additionnées d'eau est vendu à Strasbourg 3 fr. 70. A Lille, son prix ne dépasse pas 3 fr. 20, soit 40 c. le baril de 125 litres.

A Lyon, on vend quelquefois la bourbasse et les eaux vannes séparées. La première est livrée à raison de 2 fr. 75 à 3 fr., et les secondes au prix de 1 fr. 50 à 1 fr. 75 le mètre cube.

La Société Richer, qui a affermé le réservoir de Bondy moyennant une redevance annuelle de 0 fr. 80 le mètre cube, vend les eaux vannes sur le canal de l'Ourcq par bateaux de 40 mètres cubes, au prix de 1 fr. 25 le mètre cube.

Les prix de transport et les droits du canal sont fixés comme il suit :

Villages.	Distances.	Transports.	Droits.
Villepinte....	8 kil.	1f,50 le m. cube.	2f,00 pr les 40 m. c.
Claye........	18 —	2 ,00 —	3 ,60 —
Meaux.......	30 —	3 ,50 —	9 ,60 —

Depuis quelque temps la partie solide des excréments humains s'expédie à de grandes distances de Paris. Le chemin de fer d'Orléans et celui de l'Est, dans le but de rendre ces transports le moins onéreux possible, ont réduit leurs tarifs à 5 centimes, tous frais compris, par tonne et par kilomètre.

Dépenses qu'occasionne la vidange des fosses. — A Paris, une fosse de 12 mètres cubes coûte, pour être vidée, 6 fr. 50 par mètre cube. Une équipe de cinq vidangeurs vide trois fosses par nuit. Le chef est payé 7 fr. et les aides 4 fr.

L'écoulement des eaux vannes désinfectées, à l'aide du sulfate de zinc, de la couperose verte, etc., donne lieu à un droit, au profit de la ville de Paris, de 1 fr. 25 par mètre cube calculé sur la contenance totale de la fosse.

Quelquefois on paye l'extraction de la bourbasse à raison de 1 fr. 80 à 2 fr., et l'enlèvement des eaux vannes de 0 fr. 80 à 1 fr. le mètre cube.

BIBLIOGRAPHIE.

Columelle. — *De re rustica*, lib. II, cap. XIV.
Rozier. — Cours d'agriculture, 1783, in-4, t. IV, p. 231.
Belfroy. — Emploi des matières fécales, 1801, in-8.
Berzelius. — Annales de chimie, in-8, t. LXI, p. 321.
Tessier. — Annales de l'agriculture française, an VI, t. V, p. 47.
Maurice. — Traité des engrais, 1806, in-8, p. 67.
P. Ré. — Essai sur les engrais, 1813, in-8, p. 41.
Bosc. — Cours complet d'agriculture, 1821, in-8, t. VI, p. 230.
Martin. — Traité des amendements, in-8, p. 391.
Stanislas Julien. — Annales de chimie, 2e série, t. III, p. 65.
Schwerz. — Préceptes d'agriculture, 1839, in-8, p. 150.
Chevallier. — Assainissement des villes, 1840, in-8.
Rendu. — Agriculture de l'Isère, 1843, in-8, p. 116.
De Gasparin. — Cours d'agriculture, 1846, in-8, t. I, p. 535.
Moride et **Bobierre.** — Technologie des engrais, 1848, in-8, p. 208.
Greff. — Engrais en général, 1849, in-8, p. 21.
Schmit. — Moyens de recueillir les engrais, 1850, in-8.
Paulet. — Engrais humain, 1853, in-8.
Fouquet. — Traité des engrais, 1855, in-12, p. 33.

SECTION II.

Poudrette.

Anglais. — Night soil.

Définition. — Historique. — Composition. — Sophistication. — Fabrication. — Quantité que fournissent les matières fécales. — Poids de l'hectolitre. — Emploi. — Quantité à appliquer. — Plantes pour lesquelles on les emploie. — Mode d'action. — Durée d'action. — Valeur commerciale.

Définition. — On donne le nom de *poudrette* aux excréments humains que l'on a exposés pendant quelques années à l'action des agents atmosphériques, afin qu'ils deviennent pulvérulents. Trévoux, dans son Dictionnaire, publié en 1732, en donne une définition très-exacte en l'appelant *pulvis stercoreus*.

Historique. — La poudrette est connue depuis très-longtemps. Cassianus Bassus, qui vivait en Orient au dixième siècle, fait mention de sa préparation et de son emploi comme engrais. Son usage en France remonte seulement à la fin du dix-septième siècle.

Mais son emploi n'est devenu général qu'à dater de 1785, époque à laquelle Bridet entreprit de transformer, par la dessiccation et la fermentation, les matières fécales conduites à Montfaucon en une *poudre végétative*.

Cette fabrication, adoptée depuis dans la plupart des grands centres de population, a doté l'agriculture d'un engrais très-puissant.

En 1785, Bridet payait 3000 fr. à la ville de Paris pour le privilége qu'elle lui avait concédé. Aujourd'hui, ce droit lui rapporte plus de 500 000 fr.

Composition. — La poudrette est brune et peu odorante.

M. Soubeiran a analysé les poudrettes suivantes, livrées en 1847 à l'agriculture :

	Montfaucon.	Bercy.
Matières organiques	29,00	24,10
Sels alcalins solubles	0,43	0,85
Carbonate d'ammoniaque	Traces.	»
— de chaux	3,87	7,36
Sulfate de chaux	3,87	4,00
Phosphate ammoniaco-magnésien	6,55	5,45
Phosphate de chaux	3,46	1,44
Matières terreuses	24,82	43,20
Eau	28,00	13,60
	100,00	100,00
Azote pour 100	1,78	1,98

Ces analyses indiquent que ces poudrettes étaient assez bonnes, mais elle prouvent aussi qu'elles n'étaient pas pures. Les poudrettes de première qualité renferment moins de matières terreuses que la quantité que contenait la poudrette de Montfaucon.

Les galettes de poudrette que préparent les Chinois répandent une odeur de violette.

Sophistication. — On mêle aujourd'hui aux matières fécales, dans le but de hâter leur dessiccation, de la tourbe torréfiée ou de la terre. Ces substances diminuent d'une manière sensible leur valeur fertilisante. Voici trois analyses faites à Nantes par MM. Leloup et Guépin :

	Poudrette pure.	Poudrettes fraudées.	
Matière extractive et sels solubles	26,00	7,00	16,20
Matières animales	61,20	26,00	8,40
Matières végétales	6,80	20,00	»
Charbon	»	»	15,00
Sels calcaires et perte	6,00	1,00	27,20
Sable	»	46,00	33,20
	100,00	100,00	100,00

Ces résultats prouvent combien il est utile de bien connaître la nature ou la composition de la poudrette qu'on veut acheter.

Fabrication. — On construit, dans un endroit éloigné des habitations, des bassins très-peu profonds, relativement à leur surface, soit en pierres, soit en argile, disposés en étages, de manière qu'ils puissent s'écouler les uns dans les autres sans frais de main-d'œuvre. C'est dans le bassin supérieur qu'on dépose les vidanges. Dès que les matières solides se sont déposées, on ouvre la *vanne*, et la partie liquide appelée *eaux vannes* se déverse dans le bassin immédiatement inférieur. On opère ainsi plusieurs décantations, et lorsque ce second bassin est rempli et qu'il s'est formé un dépôt de matières solides, on décante de même, à l'aide d'une vanne, les liquides dans un troisième bassin, et ainsi de suite. A l'issue du dernier réservoir, le liquide surnageant se perd dans un égout, une rivière, ou dans un puisard ou boitout.

Quand le premier bassin contient un abondant dépôt, on ouvre définitivement la vanne et on le laisse égoutter le mieux possible. Aussitôt que la matière a une consistance pâteuse, on l'extrait au moyen de *dragues* ou d'écopes, et on l'étend sur un terrain battu préalablement et disposé en dos d'âne, afin de favoriser de nouveau l'écoulement des parties liquides et éviter que les eaux pluviales ne puissent s'accumuler dans la masse. A mesure que la substance se sèche, on la retourne à la pelle, afin de changer les surfaces en contact avec l'air et hâter sa dessiccation. Cette opération doit être continuée jusqu'à ce que la matière fécale ait perdu assez d'eau pour devenir pulvérulente.

Pendant cette dessiccation, la masse fermente et répand des émanations infectes. La chaleur intérieure augmente graduellement jusqu'à 80 ou 90 degrés. Elle atteint son point maximum au bout de 2 à 3 mois.

Quand elle a été transformée en une poudre brune, modification qui n'a lieu qu'à la seconde ou la troisième année, suivant les circonstances atmosphériques, on la transporte sous des hangars, à l'abri des pluies ; quelquefois, cependant, on la met en tas de forme pyramidale et dont les côtés sont fortement battus, afin que les eaux pluviales la pénètrent difficilement.

Aujourd'hui on rend la transformation de la matière fécale en poudrette plus prompte, en y mêlant du terreau carbonisé après la décantation de la liqueur urineuse.

Qualité que fournissent les parties solides. — La masse solide fournit peu de poudrette. Un mètre cube de vidange ne donne que 120 kilog. de poudrette pure, soit environ 1/7. A Paris, on y ajoute ordinairement 80 pour 100 de matières étrangères, ce qui permet de faire 1000 kilog. environ de poudrette par chaque mètre cube de vidange.

A Lyon, on ajoute à la gadoue 16 pour 100, à la bourbasse 8 pour 100 de terreau carbonisé.

A l'usine de Villeurbanne, on a obtenu de

	37 mètres cubes	de gadoue;
	33 —	de bourbasse;
	6 —	d'urine;
Soit.....	76 mètres cubes.	

On y avait ajouté 8 mètres cubes de terreau carbonisé, 43 mètres cubes d'engrais pulvérulent, qui ont donné, par suite du foisonnement occasionné par le remuement de ces matières et leur passage à la claie, 47 mètres 50 d'engrais. On a donc perdu sur la masse qui servit à l'opération environ 39 pour 100.

Poids de l'hectolitre. — La poudrette pure pèse de 65 à 70 kilog. l'hectolitre.

Cet engrais se vend à l'hectolitre mesuré demi-comble.

Cette mesure équivaut à 115 litres environ, et elle pèse 80 kilog.

Emploi. — La poudrette s'emploie sur tous les terrains. On doit la répandre sur le labour de semailles et l'enterrer peu profondément. Lorsqu'on l'applique pour du colza, sur des terres argileuses humides, elle agit très-peu l'année suivante.

Cet engrais est très-soluble. Il faut donc le répandre en même temps que les semences ou le mettre, le plus possible, en contact avec les racines des plantes.

Dans les environs de Paris, on paye de 6 à 10 centimes pour l'épandage d'un hectolitre de poudrette. Ce travail se fait avec la main et à la volée.

Un homme peut répandre par jour de 30 à 40 hectolitres.

Quantité qu'il faut appliquer. — La dose à appliquer varie beaucoup. Quelques cultivateurs n'emploient par hectare que 20 hectolitres ; d'autres en répandent 30 hectolitres sur la même superficie.

100 kilog. de poudrette pure représentent 450 kilog. de fumier dosant 0,40 d'azote ; 30 hectolitres ou 2400 kilog. constituent donc une fumure équivalente à 11 000 kilog. de fumier.

Mode d'action. — La poudrette agit sur les plantes de la même manière que la matière fécale (*Voir* page 336).

Plantes pour lesquelles on l'emploie. — Cet engrais est principalement employé dans la culture des plantes annuelles, telles que chanvre, lin, tabac, pavot. On en fait aussi usage dans la culture des céréales et des plantes oléagineuses bisannuelles.

Valeur commerciale. — La poudrette pure se vend 8 à 10 fr. l'hectolitre. Le prix de la poudrette du commerce varie, selon les localités, entre 3 fr. 50 c. et 5 fr.; à Paris, elle se vend en moyenne 4 fr. 50 c.

Il n'est pas inutile de faire observer que la *poudrette pure*, celle qui n'a pas été fraudée, ne contient que quelques centièmes seulement de parties minérales et qu'elle est, pour ainsi dire, exempte de charbon.

BIBLIOGRAPHIE.

Tessier. — Feuille du cultivateur, 1802, in-4, t. VII, p. 33.
Payen. — Maison rustique du XIXe siècle, gr. in-8, t. I, p. 98.
Martin. — Traité des amendements, in-8, p. 393.
Girardin. — Des fumiers, 1847, in-12, p. 37.
Soubeiran. — Mémoires de la Société d'agriculture de Rouen, 1849, in-8, p. 45.
Jacquemart. — Annales de chimie, 3e série, t. VII, p. 378.
Boussingault. — Économie rurale, 1851, in-8, t. I, p. 801.
I. Pierre. — Chimie agricole, in-12, p. 273.

SECTION III.

Excréments des bêtes à laine.

Anglais. — Fœces of sheep.

Les excréments des bêtes à laine se présentent sous forme de petits globules ronds et un peu secs. D'après M. Girardin, ils contiennent :

Matières organiques	6,90
Fibre ligneuse	16,20
Matières salines	8,19
Eau	68,71
	100,00

Ils renferment à l'état normal 1,11 pour 100 d'azote.

Ces crottins sont quelquefois employés seuls. Dans le Midi, on balaye chaque matin l'aire des grandes bergeries pour recueillir les crottins et les mettre en tas.

Cet engrais se vend de 1 fr. 50 c. à 2 fr. 50 c. l'hectolitre. Un hectolitre pèse environ 70 kilog.

En Angleterre, on a construit des bergeries dans lesquelles

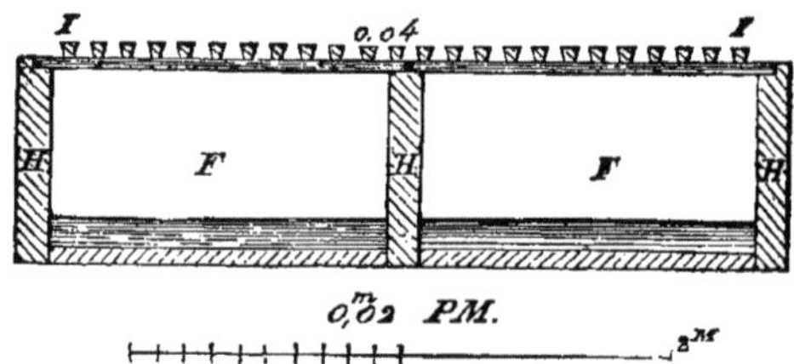

Fig. 12. Coupe de l'aire d'une bergerie.

on recueille les déjections des bêtes à laine sans employer de litière.

Le sol de ces bergeries est creusé de 0,75 à 1 mètre ; l'aire a été remplacée par un plancher à claire-voie. Ce dernier est soutenu de distance en distance par des piliers en maçonnerie ou en briques H, H, H (*fig.* 12), et les deux extrémités s'appuient sur les murs de la bergerie ; il se compose de barrettes ou tringles en chêne I, I, I (*fig.* 13) de $0^m,04$ de largeur sur

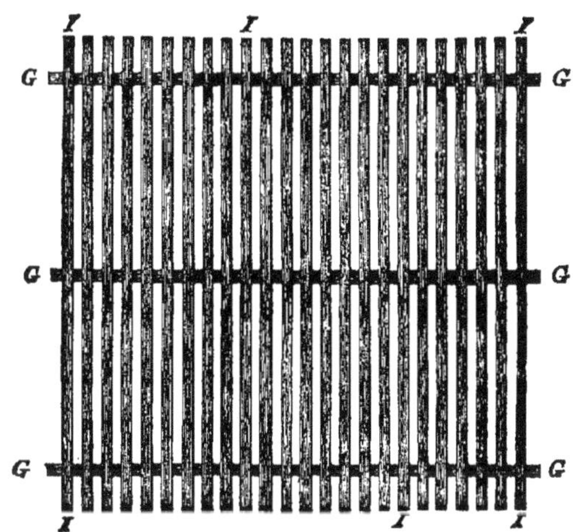

Fig. 13. Claire-voie formant plancher.

$0^m,03$ d'épaisseur et espacées les unes des autres de $0^m,03$. Ces tringles sont fixées sur des traverses G, G, G.

Quand les bêtes à laine séjournent dans une semblable bergerie, leurs déjections passent à travers les intervalles des tringles et tombent dans les cavités F, F. Lorsque ces fosses sont pleines, on retire le plancher à claire-voie et on procède à l'enlèvement des crottins. On peut mêler à ces déjections des cendres de tourbe ou de houille.

M. Decrombecque, à Lens (Pas-de-Calais), possède une bergerie qui offre les dispositions précédentes.

Dans le pays de Côme, en Italie, on fait sécher les crottins et on les réduit ensuite en poudre. Cette substance est connue sous le nom de *pulverino* ; on l'emploie avec avantage dans toutes les cultures.

SECTION IV.

Parcage des bêtes à laine.

Anglais. — Sheep-folding. *Allemand.* — Pferchen.

Définition — Avantages et inconvénients. — Terrains qui peuvent être parqués. — Clôture du parc. — Espace carré à accorder par tête. — Valeur fertilisante du parc. — Époque du parcage. — Préparation des terres. — Étendue et forme du parc. — Construction du parc. — Conduite du parc. — Opérations qui suivent le parcage. — Cultures qui suivent cette fumure. — Parcage sur plantes en végétation. — Durée du parcage. — Parcage par association. — Bibliographie.

Définition. — Le parcage est la manière la plus usitée d'employer les déjections des bêtes à laine; cette méthode exerce chaque année une influence sensible dans la fertilisation des terres des localités granifères. On la pratique en Europe depuis les temps les plus reculés.

Le parcage consiste à maintenir un troupeau dans une enceinte découverte créée au moyen de claies mobiles, soit pendant le temps de la chaleur du jour, soit pendant la nuit, pour que les crottins et les urines que les animaux répandent sur la terre la fertilisent. Il est principalement en usage dans la Brie, la Beauce, la Picardie, l'Orléanais, la vallée de la Limagne d'Auvergne, le Languedoc, les causses de l'Aveyron.

Avantages et inconvénients. — On a beaucoup discuté les avantages et les inconvénients que présente le parcage. Voici le résumé des opinions émises:

A. On a dit en sa faveur:

1° Il dispense de l'emploi des litières et permet par conséquent de ménager les pailles ou autres substances absorbantes;

2° Il évite le transport des engrais, ce qui est une grande

économie, surtout si les champs sur lesquels il a lieu sont éloignés de la ferme et d'un abord très-difficile ;

3° Pendant le parcage, le sol reçoit non-seulement des déjections solides et liquides, mais encore du suint ;

4° Les bêtes à laine ne souffrent nullement de la grande chaleur du jour ni de la fraîcheur des nuits ;

5° Le piétinement des animaux plombe les sols légers, et les rend plus aptes à la culture du froment ;

6° La déperdition de principes fertilisants est moins grande lorsque les matières excrémentitielles sont dispersées sur le sol que quand elles sont excitées à la fermentation par leur entassement et la chaleur des bergeries ;

7° Le parcage est un bon moyen pour raviver, activer la végétation des plantes chétives et maladives ;

8° Il est favorable à la guérison du piétain et des maladies qui ont pour cause la malpropreté, et il fait disparaître la gale ;

9° Le grand air rend la laine forte, nerveuse, élastique, tandis que les lieux fermés la rendent douce, fine, soyeuse.

B. On a avancé contre le parcage :

1° Les déjections, par leur exposition à l'air et au soleil, perdent sans cesse de leur poids par l'évaporation ;

2° Les déjections échauffent et fertilisent seulement la superficie du sol ;

3° Les excréments constituent un engrais qui n'est pas aussi durable que lorsqu'ils ont été mêlés à des litières ;

4° Les chaleurs très-élevées et particulièrement les pluies ou une température humide nuisent au bien-être des bêtes à laine ;

5° La négligence des bergers compromet l'existence des troupeaux et rend le parcage onéreux ;

6° Lorsque les transitions de température sont très-brusques, les bêtes à laines sont sujettes aux rhumes ou flux qu a lieu par les narines ;

7° Les animaux qu'on laisse exposés aux rayons du soleil sur des terres brûlantes ou des sols calcaires qui reflètent aisément les rayons solaires, peuvent être frappés de congestions sanguines ;

8° Renfermées la nuit à la bergerie, les bêtes à laine donnent un fumier plus abondant, un engrais moins soluble ;

9° La fumure est inégale durant les pluies et les grandes chaleurs parce que les animaux se pressent alors les uns contre les autres dans un des angles du parc ;

10° Le parcage expose les bêtes à laine, quand il est pratiqué sur des terres argileuses, à contracter le piétain.

Ces objections n'ont pas empêché jusqu'à ce jour les cultivateurs des plaines granifères de conserver cette utile et importante opération. Lorsqu'un troupeau est confié aux soins d'un berger habile, intelligent, la fumure que produit le parcage est rarement irrégulière et les animaux jouissent toujours d'une bonne santé.

Terrains qui peuvent être parqués. — Le parcage n'est ordinairement en usage que sur les terrains argilo-calcaires, silico-calcaires, calcaires et siliceux à sous-sol imperméable. Il est peu pratiqué sur les sols argileux, les terrains humides, parce qu'il plombe la couche arable et augmente sa ténacité.

Lorsque les terres argileuses doivent être parquées, il faut qu'elles le soient par un temps sec et principalement en été.

Cette opération exerce une influence favorable sur les terres siliceuses : elle rapproche leurs molécules constituantes et les rend plus favorables à l'existence des plantes que l'on cultive sur les sols argileux.

Clôture du parc. — Le plus ordinairement l'enceinte mobile du parc est formée de claies soutenues verticalement par des crosses.

Les *claies* sont faites en bois légers de manière qu'un seul homme puisse les transporter aisément d'un endroit à un autre. Elles se composent le plus souvent de trois ou quatre petites membrures ou montants reliés entre eux par des *lames* de bois ou voliges très-étroites qui sont assemblées ou simplement clouées sur les montants (*fig*. 14). Dans quelques endroits les claies sont fermées de trois ou quatre montants, ou de deux ou trois fortes traverses, mais ces pièces sont maintenues par des *roulons*, ou barreaux de bois arrondis de 0m.02 à 0m,03 de diamètre. Enfin, quelquefois

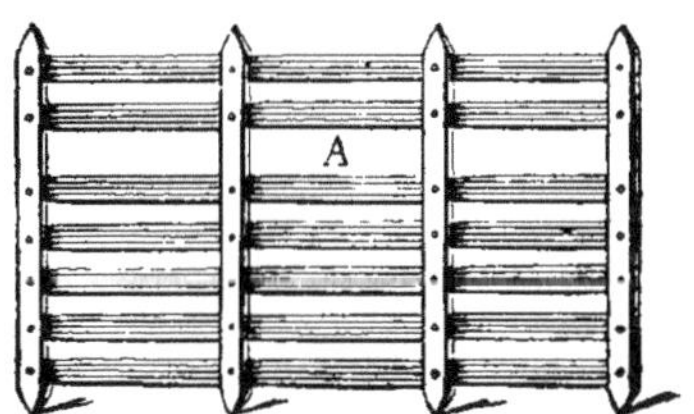

Fig. 14. Claie formée de voliges.

on les confectionne avec des branches de bois flexibles, soit des baguettes de coudrier ou d'osier, soit des pousses de châtaignier ou de saule fendues en deux, entrelacées en sens contraire sur des montants de moyenne grosseur (*fig*. 15).

Les claies à barreaux soit plats, soit ronds, doivent être construites de manière que, vers les deux tiers de la hauteur et à la partie supérieure, deux des barreaux soient distants l'un de l'autre de 0m,16. C'est par ce plus grand espacement que le berger passe le bras pour saisir la claie et la transporter (*fig*. 14, A).

Les claies à claire-voie sont regardées avec juste raison comme les meilleures : elles ne donnent pas de prise au vent et les grands ouragans peuvent seuls les renverser.

Les claies en osier, en coudrier entrelacé, au contraire, sont très-sujettes à être abattues; en outre, elles sont désavan-

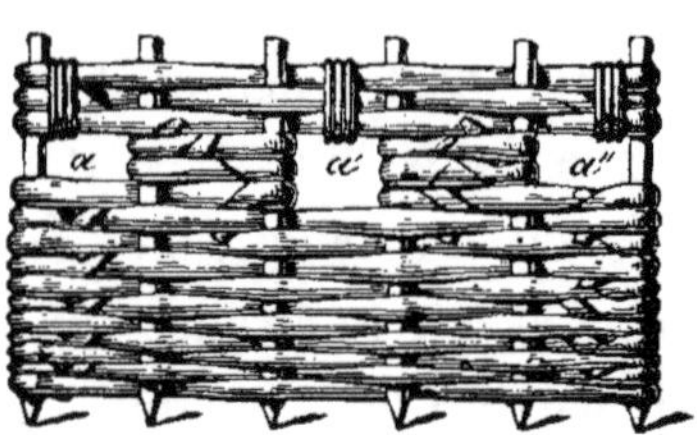

Fig. 15. Claie formée de brins de saule.

tageuses, observe Tessier, en ce que, dans les mauvais temps, les bètes à laine, pour se mettre à l'abri, s'approchent toutes de celles qui sont du côté du vent, et ne fument pas l'espace qui en est éloigné.

Quoi qu'il en soit, on laisse aux claies de noisetier entrelacé trois ouvertures, une à chaque extrémité, pour recevoir les crosses, et une au milieu, à la faveur de laquelle le berger transporte les claies lorsqu'il change le parc de place (*fig.* 15, *a*, *a'*, *a''*). Ces ouvertures se nomment *voies*.

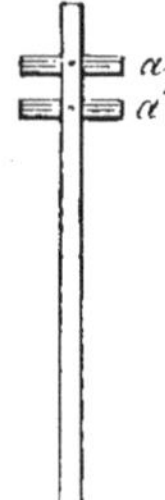

Fig. 16. Crosse.

On donne ordinairement à chaque claie 1m,30 à 1m,50 de hauteur sur 2 à 3 mètres de longueur.

Les *crosses* (*fig.* 16) sont des bâtons de bouleau ou de châtaignier de 2 à 3 mètres de longueur. Leur partie supérieure est traversée par deux petites barres plates ou deux chevilles (*fig.* 16, *a*, *a'*) bien fixées, de 0m,30 de longueur, et écartées l'une de l'autre de 0m,16; la partie inférieure de ces crosses présente une courbure traversée d'une mortaise destinée à recevoir une *cheville* de bois (*fig.* 17), que l'on enfonce en terre au moyen d'un maillet, et qui sert à la maintenir.

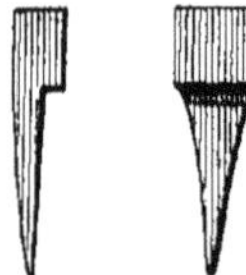

Fig. 17. Chevilles.

Les claies en bois de chêne refendu coûtent de 4 fr. à 6 fr.; celles en chêne scié de 6 à 8 fr.; leur durée moyenne est de 10 à 14 ans; les claies en treillage ne valent que 1 fr. 50 à 2 fr., mais elles ne durent que 3 à 4 ans.

Les crosses en bois blanc sont vendues de 40 à 50 centimes.

Les claies qui servent à construire les parcs sur les côtes de la Lozère, et les plateaux volcaniques de l'Auvergne et du Vivarais, sont en voliges, et elles sont soutenues par des fourches. Les cabanes qui les accompagnent sont souvent en paille.

Cabane du berger. — Pendant le parcage, le berger couche au champ dans une petite cabane en bois portée sur un chariot à deux ou à quatre roues. Cette *baraque* est mobile et suit le parc (*fig.* 18); elle est munie d'une porte et d'une lucarne que le berger laisse ouverte toute la nuit, afin de pouvoir veiller sans cesse sur le troupeau; elle est garnie intérieurement d'un lit et d'une tablette. Quand la cabane est montée seulement sur deux roues, on la maintient horizontale au moyen de deux chambrières, l'une placée à la partie antérieure, et l'autre à la partie postérieure.

Elle a 2m,30 de long, 1 mètre à 1m,20 de large et 1 mètre environ de hauteur sur les côtés.

Daubenton avait conseillé de construire une petite loge portative pour les chiens, mais on y a renoncé, parce qu'elle les rend paresseux et moins attentifs. Ordinairement les chiens couchent sur la terre à la belle étoile, où un rien les réveille; quand il fait mauvais temps, ils se réfugient sous la cabane du berger, sous laquelle ce dernier place ordinairement la paille qu'il leur destine.

Espace carré à accorder par tête.— L'étendue du parc est proportionnée au nombre d'animaux qui doivent y séjourner, à leur taille, à l'abondance de la nourriture qu'ils trouvent au pâturage, à la saison pendant laquelle a lieu le parcage et au degré de fertilité que doit avoir la fumure.

On accorde à chaque tête les surfaces suivantes :

		Mètres carrés
Animaux	de taille moyenne vivant sur de bons terrains.	1,00 à »
—	de grande taille abondamment nourris........	1,20 à 1,30
—	de petite taille vivant sur des sols pauvres....	0,80 à 0,90

Tessier observe que lorsqu'on parque au printemps, épo-

Fig. 18. Parc et cabane.

que où les plantes sont plus aqueuses et où les bêtes à laine rendent plus d'excréments, on doit accorder à chaque tête une étendue un peu plus grande.

Pendant le parcage, les bêtes à laine ne doivent pas, pour ainsi dire, se presser les unes contre les autres. Toutes les fois qu'elles sont bien réunies au sein d'un parc, le sol est fumé aussi uniformément que possible. Quand, au contraire, elles séjournent dans un enclos ayant une trop grande étendue par rapport à leur nombre, et qu'il règne des vents violents, des pluies abondantes, ou que la température est très-élevée, elles se pressent les unes contre les autres dans un angle, et ne fertilisent qu'un très-petit espace. Ainsi donc, il y a avantage à construire les parcs plutôt petits que grands.

Le cultivateur, ainsi que je l'ai dit précédemment, doit avoir égard à la durée du temps pendant lequel les animaux séjournent au pâturage et au parc, quand il veut apprécier l'énergie fertilisante du parcage. Une nuit de 8 à 10 heures est regardée comme une forte fumure, parce que les animaux ont pu pâturer pendant 12 à 14 heures ; mais si durant cette même nuit on change le parc de place, on ne pourra considérer le parcage que comme une demi-fumure de parc. Les résultats ne sont pas aussi favorables lorsque les animaux séjournent 8 à 9 heures seulement dans les pâturages, et quand la nuit de parcage est de 14 à 16 heures seulement. Évidemment, dans ce second exemple, la fumure et la demi-fumure ont toujours moins de puissance productive.

On compte ordinairement en

Avril..........	13	heures de parc et	11	heures de pâturage.
Mai............	11	—	13	—
Juin...........	9	—	15	—
Juillet.........	10	—	14	—
Août...........	11	—	13	—
Septembre.....	14	—	10	—
Octobre........	15	—	9	—
Novembre......	16	—	8	—

Il résulte de ces chiffres, que l'étendue qu'il faut accorder à chaque tête doit nécessairement éprouver quelques modifications, selon que les nuits sont plus ou moins courtes, la durée du pâturage plus ou moins longue, la nourriture plus ou moins abondante. Il n'est pas inutile, je crois, de faire observer ici que la pratique a depuis longtemps constaté que les brebis doivent rester au parc moins de temps que les moutons, ou qu'elles exigent une étendue un peu plus grande, parce qu'elles mangent davantage, rendent des excréments plus mous et urinent plus souvent. D'après Tessier, les brebis exigent un vingt-sixième de plus d'étendue, soit environ 4 pour 100. Les bergers connaissent bien cette différence.

Les terres légères et siliceuses, celles qui s'échauffent ou qui conservent la chaleur très-aisément, doivent être parquées modérément : un fort parcage pourrait y occasionner, si le printemps était pluvieux et le sol naturellement fertile, la verse des céréales d'automne et des vesces, pois, etc. Quand le parcage a lieu sur des terrains argileux et humides, et qu'il doit être suivi soit par une céréale, soit par un colza, il importe, et cela à cause de la froideur de la couche arable, pendant l'automne, l'hiver et le printemps, qu'il soit très-énergique, afin qu'il agisse favorablement sur les plantes pendant toute la végétation.

Le parcage peut être faible, ordinaire ou très-énergique. Suivant Thaër, le parcage a une faible action lorsque 4800 têtes ont passé la nuit sur un hectare; le parcage est ordinaire quand 7200 bêtes à laine ont parqué durant une nuit sur la même superficie, et enfin il est très-fort lorsque la même étendue, pendant le même temps, a été occupée par 9600 animaux. Dans le premier cas, une bête à laine parque pendant une nuit environ 2^{m} carrés; dans le second 1^{m},38, et dans le troisième environ 1^{m}.

Si une bête à laine peut fertiliser, dans une nuit, l'espace d'environ 1^{m} carré, 300 bêtes fumeront 300^{m} carrés en un parc, et elles parqueront par conséquent un hectare en 33 coups de parcs ou 33 nuits.

Lorsqu'on fait deux parcs dans la même nuit, une tête parque 2^{m} carrés; alors 300 bêtes à laine peuvent parquer

600 mètres carrés en un parc, et 1 hectare en 16 nuits et demie.

Si le parc est changé de place trois fois durant 24 heures, chaque tête parque 3^{m} carrés, et 11 nuits suffisent pour fertiliser un hectare.

Dans le premier exemple, l'hectare aura été fumé par..	10 000 têtes.	
Dans le deuxième, par................................	5 500	—
Dans le troisième, par...............................	3 300	—

Dans les environs de Paris, on compte ordinairement qu'il faut, pour parquer un hectare pendant une nuit, 4330 moutons; chaque mouton fertilise donc environ 2^{m},30 carrés.

Dans les environs de Paris, on se sert d'un autre moyen. Ainsi, la plupart des bergers disent : *je parque avec* 8, 10 *ou* 12 *têtes par chaque carré de claies.* Alors, si le parc contient 5 claies sur 6, il comptera 30 carrés; dans le premier cas son troupeau se composera de 240 têtes, dans le second de 300, et dans le troisième de 360. Ce moyen, que les hommes intelligents ont abandonné, laisse beaucoup à désirer, parce que les claies de parc n'ont pas partout la même longueur.

Valeur fertilisante du parc. — On a cherché à connaître le degré de richesse que possède un parcage. Si l'on suppose avec Burger qu'un mouton consomme par jour 4 kilog. d'herbe et d'eau, et si l'on porte à 10 heures, terme moyen, le temps que le troupeau passe dans le parc, chaque bête à laine donne dans la nuit 0,995 de déjections composées de 0,092 de matières solides et de 0,903 de substances liquides; dès lors, si chaque animal occupe 1^{m},05 carrés, un hectare reçoit 9,157 kilog. d'excrétions, dont 851 kilog. de crottins et 8,306 kilog. d'excréments liquides. Il suit de là que, d'après la quotité d'azote que les crottins renferment à l'état normal, 851 kilog. d'excréments solides représentent 23 000 kilog. de fumier ordinaire. Cette fumure est évidemment extraordinaire. Burger suppose les bêtes à laine nourries dans un pré, et on sait que dans la plupart des cas les troupeaux parcourent, lors du parcage, les chaumes et les guérets, où ils trouvent toujours une nourriture bien inférieure à celle qu'on leur suppose. Il faut constater encore, et cela pour le cas où les moutons trouveraient lors de leur parcours une nourriture aussi abondante, que durant la nuit, c'est-à-dire pendant l'espace de 10 heures, on les change de parc. Or, si durant ce temps chaque bête à laine parque $2^{m},10$ carrés, un hectare ne recevra que 426 kilog. environ de déjections solides ; dès lors le parc sera égal à une fumure de 11 500 kilog. Mais comme les urines pénètrent en terre et qu'elles ont aussi une action puissante sur la vie des plantes, on comprend qu'on doit nécessairement regarder alors chaque coup de parc, dans cette circonstance, comme équivalant à une fumure plus énergique. On a donc raison de dire en pratique : L'action d'un parc est d'autant plus sensible que la nourriture est plus abondante, la longueur des nuits ou la durée de chaque coup de parc plus longue, et l'espace accordé à chaque tête plus petit.

Suivant M. de Gasparin, un parc de 100 moutons équivaut par chaque nuit, quand il n'est pas déplacé, à 140 kilog. de fumier de ferme, ce qui représente 14,000 kilog. à l'hectare. En Flandre, on laisse les animaux sur la même place pendant toute la nuit lorsqu'on veut appliquer une très-bonne fumure ; deux coups de parc dans la même nuit sont considérés comme constituant une faible fumure. Ces faits pratiques concordent entièrement avec les chiffres indiqués par Thaër, et la quotité d'engrais appliquée par hectare dans les plaines de la Beauce et du Poitou.

Époque du parcage. — Dans la plupart des contrées septentrionales de l'Europe, les troupeaux commencent à parquer dans le courant du mois de mai ou de juin; dans les provinces méridionales, on l'entreprend dès le mois d'avril. En général, le parcage a lieu ou plus tôt ou plus tard, selon les ressources fourragères dont l'exploitation peut disposer, la nature du sol et l'état de l'atmosphère. Ainsi il est des contrées, dans la région sud-est de la France, où il ne commence qu'en juin ou juillet. Sur les coteaux du canton d'Argelès, les premiers parcages ont lieu seulement en août, au retour des troupeaux de la montagne.

On parque plus tôt sur les terres perméables que sur celles argileuses.

En général, on ne doit commencer le parcage que lorsque la température est douce et sèche, et que les pâturages offrent une nourriture suffisante. Souvent, le parcage que l'on pratique en mai et juin a lieu sur des vesces, des pois gris ou bisailles, etc. Alors le sol est fumé au fur et à mesure que ces plantes fourragères sont consommées sur place. Pendant le mois de juillet, et spécialement les mois d'août et de septembre, les troupeaux parquent sur les jachères qui doivent être plus tard plantées en colza ou semées en céréales d'hiver.

Le parcage cesse dans les localités du Nord dès que les premières pluies d'automne ont détrempé les champs.

Sur les terres argilo-calcaires et les sols argilo-siliceux on *déparque* communément dans la première quinzaine du mois de novembre. Ce n'est guère que sur les fonds légers, les sols siliceux, qu'on peut prolonger le parcage jusqu'aux premières gelées, c'est-à-dire vers la fin de novembre. En général, le parcage n'est favorable aux bêtes à laine, pendant les longues et froides nuits d'automne, que lorsque le sol est sec.

Dans les provinces du Midi, le parcage a lieu plus tardivement que dans celles du Nord et du Centre. Ainsi sur les coteaux du canton d'Argelès (Hautes-Pyrénées), il se prolonge jusqu'aux neiges, c'est-à-dire jusqu'au 1er décembre. Dans la Brie, la Beauce, la Picardie, etc., le déparc a lieu ou à la Toussaint ou à la Saint-Martin.

Préparation des terres. — Lorsque le parcage a lieu sur des jachères, il est indispensable, avant d'établir le parc, de donner au sol une bonne préparation, soit deux ou trois labours et un ou deux hersages, afin qu'il absorbe facilement les urines et le suint, et que les déjections solides puissent y être parfaitement incorporées. Quand le sol est léger et naturellement meuble, un labour et un hersage suffisent souvent pour préparer convenablement la couche arable. Les terres argileuses et compactes sont celles qui doivent être le mieux divisées et nivelées; plus elles sont motteuses, plus il faut les travailler, car lorsqu'elles sont couvertes de mottes dures et volumineuses, les moutons se répartissent mal dans le parc et le fument inégalement. Lorsqu'une terre argileuse a été bien divisée et nivelée, non-seulement les bêtes à laine la fertilisent plus également, puisqu'elles peuvent se coucher aisément sur tous les points du parc, mais le parcage conserve mieux son action fertilisante, parce que la terre a absorbé plus facilement les urines.

En Normandie, beaucoup de cultivateurs ne préparent pas convenablement le sol sur lequel ils font parquer. Le plus ordinairement, c'est sur un terrain uni et dur qu'ils font séjourner les troupeaux; cette manière d'opérer a deux inconvénients :

1° Les urines, pénétrant difficilement en terre, s'évaporent en partie; 2° le crottin, en se desséchant, n'agit plus d'une manière sensible sur la végétation. Ces mauvais résultats démontrent combien il est utile d'ameublir les terres qui doivent être parquées.

L'ameublissement préalable du sol n'est pas nécessaire lorsque le parcage a lieu sur une céréale en végétation, une prairie naturelle, un champ naturellement emblavé ou sur une terre qui était précédemment recouverte par une ou plusieurs plantes fourragères annuelles ou bisannuelles.

Étendue et forme du parc. — Avant de déterminer la figure que le parc doit présenter et de procéder à sa construction, le berger doit s'occuper de déterminer le nombre de claies dont il aura besoin. Le plus généralement, les claies ont $2^m,66$ de longueur ; mais cette dimension n'est pas celle sur laquelle il faut compter; les parties des claies employées pour la jonction de l'une et de l'autre les réduisent ordinairement à $2^m,33$.

On trouve facilement le nombre de claies nécessaire pour former un parc, si l'on exécute les calculs suivants :

Supposons qu'il soit question de faire parquer 200 bêtes à laine; si l'on accorde à chaque tête un mètre carré, on aura :

$$200 \text{ têtes} \times 1^{m.c} = 200 \text{ mètres carrés, surface du parc.}$$

Alors

$$\sqrt{200} = 14 \text{ mètres.}$$

Chaque côté du parc, si celui-ci doit être carré, aura donc 14 mètres de longueur.

Connaissant la dimension des côtés du parc, on obtient le nombre de claies qu'ils nécessitent chacun, par l'opération suivante :

$$\frac{14^m}{2^m,33} = 6 \text{ claies.}$$

Il suit de là que le parc sera formé par

$$6 \times 4 = 24 \text{ claies.}$$

Si le troupeau, au lieu d'être composé de 200 têtes, en

comportait 250, et si chaque bête à laine devait parquer $1^m,20$ au lieu de 1 mètre, on aurait :

$$250 \times 1^m,15 = 287^m,50 \text{ carrés},$$

puis

$$\sqrt{287^m,50} = 16^m,95.$$

Chaque côté du parc aura donc 17 mètres de longueur.

En effectuant le même calcul que dans l'exemple précédent, on obtient :

$$\frac{15^m}{2^m,33} = 7\ [1],$$

nombre de claies nécessaire pour établir un des côtés du parc.

Les parcs n'ont pas toujours la forme d'un carré ; il est des circonstances où la forme rectangulaire est nécessaire. Ainsi, quand un champ ne peut pas être parqué régulièrement avec un parc carré, parce que sa largeur est trop faible ou trop grande, le berger est alors obligé de coordonner la forme du parc à la largeur du champ, de manière qu'il puisse fertiliser toute l'étendue de la pièce au moyen d'un nombre déterminé de trains de parc. Il peut arriver aussi que la surface à parquer soit irrégulière, que le berger soit obligé de renoncer à la forme carrée sur l'une ou plusieurs des extrémités, pour adopter celle rectangulaire. On comprend aisément que dans ces circonstances, le parc, quoique présentant une figure différente, doit occuper la même étendue, afin que le parcage ne soit ni plus fort ni plus faible.

On parvient à déterminer la longueur des côtés d'un parc rectangulaire au moyen du calcul suivant :

Supposons qu'il soit question de transformer un parc carré

1. Lorsque le reste qui ne contient plus le diviseur est très-faible, on le néglige ; quand, au contraire, il est très-grand et qu'il égale les 7, 8 et 9/10es du diviseur, on augmente de 1 le quotient.

ayant une superficie de 200 mètres, en un parc rectangulaire dont un des côtés aura 10 mètres de longueur. La dimension d'un des côtés adjacents à celui dont la longueur est connue, sera exprimée par

$$\frac{200}{10} = 20 \text{ mètres.}$$

Ainsi, le parc aura 20 mètres de longueur sur 10 mètres de largeur. Quant au nombre de claies, il sera exprimé par

$$\frac{20}{2^m,33} = 9\ ^{1} \qquad \text{puis } \frac{10}{2^m,33} = 4;$$

en sorte que la surface du parc sera exprimée par

$$9 \times 2^m,33 = 20^m,97 \times (4 \times 2^m,33 = 9^m,32) = 195^m,44.$$

La forme rectangulaire est donc, dans cette circonstance, moins favorable que la forme carrée. Pour que la surface du parc fût égale dans les deux cas, il faudrait pouvoir occuper, au moyen des quatre claies, une ligne de $9^m,25$, ce qui est assez difficile à cause de leur longueur, que je suppose égaler $2^m,33$.

Construction du parc. — Lorsqu'un berger veut construire un parc, il détermine avec ses pas la dimension qu'il doit avoir, c'est-à-dire il trace, pour ainsi dire, sur le sol, des lignes égales en longueur à la dimension des côtés que doit avoir le parc dans le sens de la longueur du champ, en ayant la précaution de faire une marque à l'endroit où les côtés doivent se rencontrer. Ordinairement il suffit de deux lignes qui se coupent à angle droit. Quand ce tracé a été effectué, le berger place deux claies (*fig.* 19, A et B) perpendiculaires entre elles sur l'un des angles droits qui ont été tracés sur la terre; puis il place dans la direc-

1. Le véritable chiffre du quotient est 8; mais à cause du reste qui égale 1,36, il faut adopter le nombre 9.

tion d'une des lignes à la suite de l'une de celles qui forment l'angle droit, une autre claie C. Cette dernière claie doit être

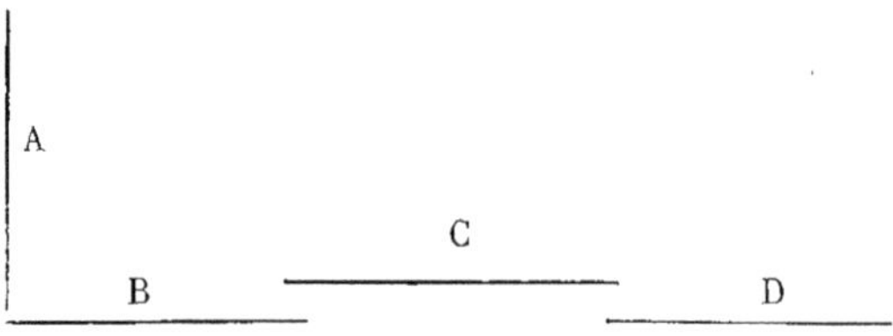

Fig. 19. Position des claies.

placée de manière que son côté droit ou gauche anticipe un peu sur le côté gauche ou droit de l'autre. Ainsi placées l'une derrière l'autre, les deux *voies* ou *éperneaux* se rencontrent, et il existe un intervalle suffisant pour introduire entre les montants des deux claies la partie supérieure d'une crosse; nonobstant, celle-ci doit être passée de manière qu'une des petites barres plates ou des chevilles soit située derrière les montants de la claie et l'autre devant. Aussitôt que le bout supérieur de la crosse a été ainsi placé, on abaisse l'autre extrémité contre terre, et on la fixe au sol par une fiche qu'on introduit dans la mortaise et que l'on enfonce à coups de maillet.

On ne met point de crosse aux angles du parc; les montants qui se touchent sont liés ensemble avec une corde à leur partie inférieure au-dessus des dernières traverses, et au moyen d'un anneau en fer, en osier ou en saule, que l'on place à la partie supérieure de l'angle et des claies, et dans lequel sont engagées les extrémités des montants qui limitent la longueur des claies.

Quand la seconde claie est placée, le berger continue son enceinte en apportant une troisième, une quatrième claie, et ainsi de suite, en suivant les alignements déterminés (*fig.* 18, C et D). Lorsqu'un des côtés est construit, il s'occupe de terminer celui qui a été commencé lors de la formation de l'angle droit dont il vient d'être question. Ensuite il termine le parc en apportant d'autres claies, et en disposant celles-ci suivant des lignes parallèles à celles établies et formées par les claies déjà placées.

Les parcs ne sont pas toujours simples; souvent, quand le nombre de claies le permet, le berger construit deux parcs contigus l'un à l'autre. Cette disposition est fort commode quand on doit changer le parc de place pendant la nuit.

Dans plusieurs localités, les parcs sont disposés en *échiquier*. Cette disposition est très-avantageuse en ce qu'elle n'oblige pas le berger, lorsqu'il change son parc de place, de transporter un nombre de claies aussi considérable que lorsque deux parcs sont contigus.

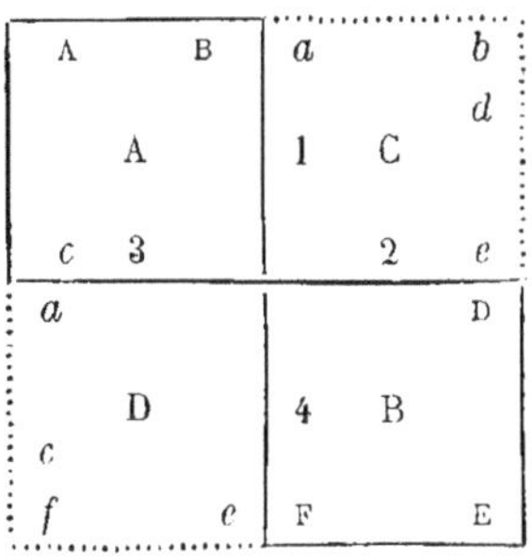

Fig. 20. Parcage en échiquier.

Supposons qu'il soit question de déplacer les deux parcs A et B (*fig.* 20). Le berger transportera les claies de la ligne AB du parc A en *ab*, et celles de la rangée DE du parc B en *cd*. Ainsi placées, ces claies formeront, avec les côtés 1 et 2 des parcs A et B, le parc C. Quand cette construction aura été faite, le berger transportera les claies de la ligne AC du parc A en *ac*, et celles EF du parc B en *fe* ; ces lignes, avec celles 3 de l'ancien parc A et 4 du parc B, formeront un quatrième carré, le parc D. Ainsi donc, pour changer deux parcs disposés en échiquier, le berger n'a que quatre lignes de claies à déplacer ; par la méthode ordinairement suivie, il est obligé, chaque fois qu'il change les parcs de place, de transporter toutes les claies qui composent les côtés. On comprend aisément les avantages et les inconvénients que présentent ces dispositions. Quand les surfaces C et *d* ont été parquées, on place les claies en dessous du carré D, on dispose de nouveau les parcs en échiquier comme ils avaient été placés tout d'abord ; le côté *fe* du parc D est le seul qui doit être conservé, parce qu'il forme l'un des côtés du cinquième parc.

Quelles que soient la grandeur et la forme du parc, les crosses doivent être mises en dehors du parc, car lorsqu'elles sont en dedans elles gênent les animaux, et il s'ensuit que, près des claies, le terrain est mal parqué. C'est pourquoi le berger est obligé, la nuit, quand il fait passer son troupeau d'un parc dans l'autre, de retourner et fixer les crosses qui consolident les claies séparatives sur la partie qui vient d'être parquée.

Quelquefois le berger place horizontalement sur le sol, près des alignements qu'il a tracés, toutes les claies dont il a besoin, et ce n'est qu'après les avoir transportées qu'il les relève et les assure par les crosses. Cette manière de procéder est très-bonne, et elle lui permet de construire un parc plus aisément.

Quand le berger veut construire un nouveau parc à la suite d'un autre, l'un des côtés du parc déjà établi sert pour le second. Après avoir mesuré et aligné les trois autres côtés du nouveau parc, il transporte les claies avec lesquelles il avait construit le premier parc, et les assure par le concours des crosses. Quand le second parc est construit, il retourne les crosses qui fixaient le côté de l'ancien parc sur la portion du champ sur laquelle il avait été établi. Lorsque le berger est obligé de changer de parc, c'est-à-dire d'en construire un nouveau pendant la nuit, et qu'il prévoit que celle-ci sera sombre, il doit s'assurer, durant le jour, des points où seront placés les angles droits, et placer à chaque coin ou chaque angle des piquets portant des chiffons blancs. Ces jalons lui serviront de guides, et il est certain qu'il les apercevra assez facilement pendant la nuit.

Lorsque le sol est uni, la pose des claies a lieu très-facilement; mais il n'en est pas de même si le sol est disposé en planches bombées ou en billons : le berger éprouve souvent de très-grandes difficultés à placer ses claies toutes de face. Dans cette circonstance, ainsi que l'observe Daubenton, on place les claies de deux côtés, selon la longueur, et dans les sillons ou dérayures, et pour asseoir celles qui doivent occuper les travers, on trace, au moyen d'une charrue, un sillon dans toute la longueur ou la largeur du champ. On répète cette opération sur la surface qui doit être parquée, autant de fois que cela est nécessaire.

Ainsi que je l'ai dit précédemment, le berger, pour transporter une claie, passe le bras droit à travers la voie et la porte sur son épaule. Quelquefois il en déplace deux, une sur chaque épaule, en tenant une crosse dans chaque main. Il peut aussi les porter en passant le bout de sa houlette dans la voie ; alors il cherche le milieu de la claie, appuie son dos contre celle-ci, la soulève et la transporte ; la houlette est placée sur son épaule et tenue ferme par le concours de ses mains.

La cabane suit toujours le parc, et c'est ordinairement le berger, seul ou avec l'aide d'un second, qui la déplace. Quand le terrain ne permet pas qu'un ou deux hommes la mettent en mouvement, on se sert d'un cheval, que le cultivateur envoie au berger chaque matin ou tous les deux jours.

Conduite du parc. — Pendant la belle saison, les troupeaux prennent le parc à la fin du jour, vers huit ou neuf heures du soir; en automne et au printemps, les moutons y rentrent avant le coucher du soleil.

Quand le temps est beau, et lorsqu'il n'y a point de rosée, les troupeaux quittent le parc dès huit heures du matin ; dans les pays secs, où les rosées et le serein ne sont pas à craindre, les animaux s'en éloignent dès six heures. Dans le cas contraire, il faut attendre, pour faire sortir les troupeaux du parc, qu'elle soit entièrement dissipée; souvent même cette sortie n'a lieu que vers neuf et même dix heures du matin.

Dans les jours longs et les localités où les pâturages sont bons, le berger change le parc dans la nuit. Ainsi, vers minuit, une heure, et quelquefois même deux heures du matin, il transporte les claies en deçà ou au delà de l'endroit où était établi le parc et en construit un nouveau. Pendant ce changement, les animaux sont retenus par les chiens sur la partie qui vient d'être parquée. Quand le berger a pu construire, avant la nuit, deux parcs contigus, parce que le nombre de claies mises à sa disposition le lui permettait, il lui suffit d'enlever une des claies qui séparent les deux enclos, pour établir une ouverture, et faire passer les animaux d'un parc dans l'autre.

Ordinairement le berger, avant de quitter le parc le matin, change de place celui dans lequel les animaux ont été renfermés la veille au soir ou durant la nuit. Ce nouveau parc est destiné à recevoir le troupeau au milieu du jour. Ce troisième parcage commence à dix ou onze heures du matin, et se termine vers deux ou trois heures de l'après-midi; il n'a lieu que lorsque les jours sont longs. Quelquefois le berger fait un troisième parc à cinq heures du matin; alors il ne conduit son troupeau au pâturage que vers neuf heures.

En automne, et souvent aussi au printemps, époques où les nuits sont longues, et pendant lesquelles les animaux ont moins de temps pour pâturer, le berger ne change le parc de place qu'une fois dans la nuit. Il faut que les chaumes, ainsi que les pâturages, offrent une nourriture abondante pour qu'on puisse faire la nuit deux changements de parc. Nonobstant, Daubenton fait remarquer que les bêtes à laine fument beaucoup plus abondamment dans la première moitié de la nuit que dans la seconde, et qu'il faut disposer la rangée intérieure des claies qui sépare le parc du soir de celui du matin de façon que la surface de celui-ci soit à celle du premier dans le rapport de 2 à 3, pour que la fumure soit très-égale.

Chaque changement de parc se nomme *coup de parc.*

Avant de les faire sortir du parc pour les conduire sur les pâturages, le berger doit faire lever les animaux, les mettre en mouvement dans l'enclos et attendre quelques instants, afin qu'ils se vident complétement et qu'ainsi leurs excréments restent sur la partie entourée de claies. Tessier fait observer qu'on doit disposer autant que faire se peut le parc du levant au couchant; si on est obligé de le diriger du nord au midi, on a soin, au milieu du jour, de faire rentrer le troupeau par le midi, afin que, n'ayant pas le soleil dans le nez, il avance plus aisément à l'autre extrémité du parc.

Lorsque le temps est à l'orage, et que celui-ci est proche, ou que les pluies se prolongent, le berger doit rentrer son troupeau à la bergerie.

Le premier parc doit être construit à un des coins du champ. La direction à suivre dans le parcage varie : tantôt le berger dirige ses parcs suivant la largeur de la pièce, tantôt il suit sa longueur. Ordinairement il suit la largeur, si celle-ci est telle qu'une charrue puisse fonctionner aisément ; lorsque le champ est étroit, les parcs sont dirigés dans le sens de sa longueur. Quand le berger est arrivé à l'extrémité d'une de ces deux dimensions, après avoir placé les enclos à la suite les uns des autres, il construit un parc à côté du dernier, et il suit une seconde ligne, en ayant soin que les parcs soient très-près de la partie déjà parquée ; puis il revient jusqu'à l'extrémité d'où il est parti, et il continue ainsi jusqu'à ce que le champ soit entièrement fertilisé.

M. F. Douhet propose de répandre du plâtre en poudre le matin sur le parcage de la nuit. Il dit en avoir obtenu des effets extraordinaires. Ce résultat est dû à la propriété que possède le plâtre, de fixer l'ammoniaque qui se dégage de la décomposition des urines. M. Douhet a donc raison d'insister pour que ce moyen soit mis en usage chaque matin par les bergers pendant la durée du parcage, afin que l'engrais conserve toute sa puissance.

Opérations qui suivent le parcage. — Aussitôt que le parc est arrivé à l'une des extrémités du champ, on doit se hâter d'enfouir les excréments qui existent sur le sol. Ordinairement on exécute un léger labour ou on donne un coup d'extirpateur ; ces façons d'ameublissement superficiel suffisent pour placer les crottins dans un milieu où ils seront à la portée des racines des plantes. Quelquefois le parcage est suivi par deux labours, mais alors le second est pratiqué de manière à ce que les déjections soient près de la surface de la terre. Souvent encore on se sert, quand la terre est meuble, d'un scarificateur. Un simple hersage est insuffisant, à cause de la dureté que présente la couche arable, et qui est due au piétinement des moutons. Cette opération n'est avantageuse que lorsque la terre est naturellement très-meuble.

On soutient encore qu'on peut laisser les déjections sur le sol pendant plusieurs semaines, et ne procéder à leur enfouissement que quand toute la surface du champ a été fumée. Dans le département du Nord, il existe des cultivateurs qui disent avoir constaté que les excréments laissés à nu sur le sol pendant un temps n'éprouvent aucune déperdition notable. Schwertz adopte cette opinion; ainsi il croit que pas une goutte d'urine, pas une déjection ne sont perdues pour le terrain, ainsi que cela arrive lorsqu'on fait sortir à l'ordinaire les animaux des bergeries; et qu'ainsi, par le parcage, on gagne plutôt qu'on ne perd sur la somme des déjections. M. de Gasparin va plus loin, il dit que la volatilisation des excrétions dispersées sur le sol en entraîne moins que quand celles-ci sont excitées à la fermentation par leur entassement et la chaleur des bergeries.

Je ne puis croire à de tels résultats en présence des parties ammoniacales qui s'exhalent d'un terrain parqué et de l'empressement avec lequel on enfouit les crottins. Les cultivateurs de la Beauce et de la Picardie ont soin d'enterrer les déjections aussitôt que le parc est arrivé à l'une des extrémités du champ sur lequel il est établi; ils savent que ces matières dégagent sans cesse, par la volatilisation, des molécules fertilisantes qui doivent être regardées comme complétement perdues pour les plantes qui suivent le parcage. Lorsque le parc est suivi par un labour léger, les crottins et les urines se mêlent à la couche arable; dès lors la volatilisation n'est plus aussi sensible, et une notable partie des principes volatilisables est fixée par le sol. Non-seulement le parcage perd considérablement de son énergie lorsqu'il reste exposé à l'action d'une forte température, d'un soleil brûlant; mais sous les effets de pluies abondantes et prolongées, sa valeur fertilisante diminue chaque jour d'une manière sensible.

Le cultivateur qui fait parquer sur des terres nues ou en jachères, doit donc être bien convaincu qu'il doit exécuter l'enfouissement des matières excrétées aussi promptement que possible. Ordinairement, lorsqu'on commence le parcage, le parc suit l'un des bords du champ suivant sa longueur ou selon sa largeur, et quand il a abandonné une de ces lignes pour en commencer une autre à côté, on procède immédiatement à l'enfouissement des matières fertilisantes. On comprend dès lors combien il importe que le berger prenne en considération le nombre des jours qui lui seront nécessaires pour arriver à l'autre extrémité. Si le champ est très-long et sa largeur telle qu'une charrue ou un scarificateur puisse fonctionner librement, il devra nécessairement parquer suivant la seconde dimension. Si le champ est très-étroit, si trois ou quatre coups de parc suffisent pour le fumer, il faudra, pour ne pas avoir besoin chaque jour d'un attelage, parquer suivant la longueur du champ; mais alors le berger, au lieu de donner au parc une forme carrée, devra adopter celle rectangulaire, afin d'arriver le plus tôt possible à l'extrémité de la surface à parquer.

Récoltes qui suivent le parcage. — On parque le plus ordinairement pour le froment, le seigle, le colza, la navette. Ce n'est qu'accidentellement que le parcage a lieu sur des terres qui doivent supporter du chanvre, du tabac et du lin.

Lorsqu'il est pratiqué pour les céréales d'hiver, on n'en obtient pas toujours des résultats satisfaisants. Ainsi un fort parcage occasionne souvent la verse des céréales quand les printemps sont humides, ou il favorise la production de grains de qualité secondaire.

D'après Schmaltz, les champs parqués et couverts de céréales d'hiver sont plus exempts de mauvaises herbes que ceux fumés avec du fumier. Cet agriculteur a trouvé un grand avantage à faire parquer les trèflières avant de les défricher et à les semer ensuite en froment; il a obtenu, en suivant cette méthode, jusqu'à vingt fois la semence, et les grains étaient très-beaux. En Normandie et en Beauce, quand le printemps n'est pas très-humide, les froments venus après un parcage sont productifs et leurs grains de belle qualité.

Plantes en végétation qui peuvent être parquées. — Dans quelques contrées de la France on parque, en automne, sur les céréales d'hiver, lorsqu'elles sont languissantes et qu'elles manquent de force, soit que la terre ait été mal fumée, soit que la semaille ait eu lieu tardivement. Toutefois cette opération ne doit avoir lieu que par un beau temps et sur des sols secs. Pratiquée sur des sols argileux, et particulièrement par un temps humide, elle serait plus nuisible que favorable, parce qu'elle augmenterait la compacité naturelle de la couche arable. Dans les contrées du sud-est de la France, on pratique cette méthode depuis fort longtemps quand les circonstances l'exigent, avec le plus grand succès,

On parque aussi les luzernes et les trèfles; mais ce parcage ne peut avoir lieu que par un temps sec, afin de ne pas exposer les bêtes à laine à la pourriture. Le sainfoin ne doit pas être parqué, car il résiste mal à la dent du mouton.

On a dit que le parcage était toujours favorable sur les prairies naturelles, et que par cette opération on obtenait des récoltes abondantes sur les terrains secs et pauvres. Par ce moyen, il est vrai, on active sensiblement la végétation des plantes, et on obtient l'année suivante des produits satisfaisants; mais il est utile de ne pas oublier que l'action des excréments des bêtes à laine n'est que passagère, et qu'un parcage ne produit jamais les effets d'une fumure équivalente. Quoi qu'il en soit, cette opération ne peut avoir lieu que sur des prairies élevées ou, par un temps très-sec, sur des prairies basses préalablement assainies. La prudence exige aussi que les animaux ne séjournent pas très-longtemps sur la même place quand ils parquent sur une prairie: on sait que les moutons broutent l'herbe ras de terre et que même ils la détruisent.

Durée du parcage. — Les déjections des moutons, à cause de leur grande solubilité, agissent immédiatement sur la végétation. Il résulte de là que leurs effets ont une action de courte durée. Dans les circonstances ordinaires, cette action ne dépasse pas l'existence d'une plante annuelle ou bisannuelle, et elle force le cultivateur à considérer cette fumure comme annuelle. Il faut que le parcage ait été très-énergique pour qu'il puisse agir d'une manière sensible sur deux récoltes ou favoriser la végétation d'un blé après une récolte de colza préalablement parquée, ou celle d'une avoine, quand cette céréale suit un froment pour lequel a eu lieu le parcage.

Parcage par association. — Il est impossible ou du moins très-difficile à un cultivateur qui ne possède qu'un très-petit troupeau, confié à la garde d'un enfant, de songer au parcage, à cause des frais qu'occasionnerait cette opération et de la lenteur avec laquelle on l'exécuterait. Ainsi, un troupeau de 20 à 40 têtes exige, comme 200 animaux, un berger intelligent, un chien, etc., et il ne pourrait parquer un hectare, si on donnait deux coups de parc par nuit, qu'au bout de 250 ou 225 jours. Il faut avoir au moins 50 à 60 têtes confiées à un enfant de la maison pour qu'on puisse songer au parcage; autrement le salaire du berger excéderait le bénéfice qu'il procurerait. C'est dans une semblable circonstance que le parcage par association devient utile et même nécessaire.

Dans le canton de Rabastens (Hautes-Pyrénées), plusieurs communes se réunissent pour mettre ensemble leurs troupeaux au parc; celui-ci renferme ordinairement deux à trois cents bêtes. Suivant M. Rendu, le propriétaire ou le fermier, sur les terres duquel est établi le parc commun, paye 5 centimes par nuit à la communauté par chaque bête à laine; on donne un seul coup de parc par nuit. A Saint-Pé, dans le même département, il arrive parfois que deux ou trois propriétaires réunissent leurs troupeaux pour parquer réciproquement trois ou quatre nuits de suite, l'un chez l'autre.

BIBLIOGRAPHIE.

Ivré. — Mémoires de la Société d'agriculture de Rouen, 1743, in-8, t. I, p. 177.

Leavenworth. — Essai sur les engrais, 1802, in-8, p. 76.

Maurice. — Traité des engrais. 1806, in-8, p. 112.

De Scevole. — Dissertations sur le parcage, 1805, 2 vol. in-12.

Daubenton. — Instructions pour les bergers, 1820, in-8, p. 363.

De Neufchâteau. — Cours d'agric. pratique, 1820, in-8, t. III, p 173.

Tessier. — Cours complet d'agriculture, 1822, in-8, t. XI, p. 217.

Thaër. — Principes raisonnés d'agriculture, 1831, in-8, t. II, p. 356.

De Gasparin. — Cours d'agriculture, 1837, in-8, t. I, p. 542.

Schwerz. — Préceptes d'agriculture pratique, 1839, in-8, p. 158.

Burger. — Cours d'économie rurale, 1839, in-4, p. 77.

Rendu. — Agriculture des Hautes-Pyrénées, 1843, in-8, p. 148.

De Dombasle. — Calendrier du bon cultivateur, 1846, in-12, p. 171.

Martin. — Traité des amendements et des engrais, in-8, p. 408.

Girardin. — Des fumiers, 1847, in-12, p 25.

Nadault de Buffon. — Cours d'agriculture et d'hydraulique, 1853, in-8, t. I, p. 408.

SECTION V.

Parcage des bêtes à cornes.

Les excréments des bêtes à cornes n'exhalent, pour ainsi dire, aucune odeur d'ammoniaque, et leur putréfaction, qui est lente, n'est accompagnée que d'un dégagement de chaleur très-peu sensible.

Ces déjections sont aqueuses et ordinairement molles. On leur donne ordinairement le nom de *bouses*. D'après M. Girardin, elles contiennent :

Matières organiques	7,44
Fibres ligneuses	8,60
Matières salines	4,23
Eau	79,73
	100,00

Les sels sont du phosphate de chaux et de magnésie, du carbonate et du sulfate de chaux.

Ces excréments contiennent à l'état normal 1,55 pour 100 d'azote.

Ce n'est qu'accidentellement que ces déjections sont employées seules et dans leur état naturel. Ainsi il n'existe en France et en Allemagne que quelques contrées où l'on fait parquer les bêtes à cornes pendant la nuit, dans des parcs bien clos, sur des prairies ou des pâturages.

Dans les environs de Neuchâtel, le parcage des bêtes bovines a lieu au moyen de parcs mobiles formés de claies construites avec six à sept planches de 2 mètres de longueur; chaque claie a $1^{m},33$ de hauteur. Dix vaches exigent un parc de 50 claies et 40 vaches un parc de 90 à 100 claies.

Les effets de ce parcage se manifestent pendant deux ans.

En Auvergne, on connaît ce mode de fertilisation sous le

nom de *fumade*. Ce parcage a pour résultat l'amélioration de l'herbe du lieu où les animaux sont réunis; il consiste à faire parquer les bestiaux successivement sur toutes les parties qui environnent les *burons* ou chalets, près desquels ils sont rassemblés au milieu du jour et tous les soirs. Quelquefois les animaux sont renfermés dans des claies épaisses et confiés à la garde de chiens très-forts et très-méchants qui les défendent des loups.

Ce parcage, observe Yvart, change avantageusement la nature de l'herbe, et il fait souvent disparaître le nard serré (*Nardus stricta*, L.) et la fétuque dure (*Festuca duriuscula*, L.), plantes peu alimentaires.

Le pâturage des prairies et des herbages par les bêtes à cornes doit être considéré comme un parcage. Nonobstant, toutes les fois que les animaux de l'espèce bovine vivent ou séjournent dans un pâturage, il est indispensable d'étendre de temps à autre les déjections ou bouses et même de les délayer dans de l'eau contenue dans une brouette à coffre, pour les répandre ensuite sur le gazon. Ainsi disséminées, ces matières nuisent moins à l'herbe et concourent directement à l'amélioration du fonds concurremment avec les urines. Abandonnées à elles-mêmes, et lorsque surtout elles forment des tas, elles se dessèchent et n'ont qu'une très-faible action sur la vie des plantes, ou si celles-ci croissent avec plus de vigueur, elles contractent de mauvaises odeurs qui empêchent de les consommer les animaux qui ont produit ces excréments.

Une bête à cornes que l'on fait parquer exige un espace dix fois plus grand que l'étendue qui est nécessaire à une bête à laine. En Normandie, elle parque chaque jour 15 mètres carrés.

SECTION VI.

Excréments des bêtes chevalines.

Les excréments des chevaux, ânes et mulets, ont beaucoup de consistance, et ils se présentent presque toujours sous forme de globules un peu secs et susceptibles de se désunir. En général, ils ne contiennent que 75 à 76 pour 100 d'eau, et se mêlent difficilement à la litière. On les connaît sous le nom de *crottins*.

Des crottins analysés par M. Girardin, ont donné :

Matières organiques	6,94
Fibres ligneuses	12,16
Matières salines	2,54
Eau	78,36
	100,00

Les sels sont du phosphate de chaux et de magnésie et du carbonate de chaux.

D'après M. Boussingault, ces déjections contiennent, à l'état normal, 0,54 pour 100 d'azote.

Les excréments des chevaux s'emploient souvent sans aucune préparation. Ainsi, dans diverses localités, des femmes ou des enfants ramassent ces matières sur les routes ou les chemins, pour les livrer soit à la petite, soit à la grande culture.

Ces excréments, qui constituent un *engrais chaud*, ne conviennent guère pour les terres légères, les sols siliceux; on ne doit les employer que sur des terres argileuses ou des terrains humides.

Cet engrais ne peut pas être employé à l'état frais, c'est-à-dire aussitôt après qu'il a été ramassé. On doit le laisser en tas pendant plusieurs semaines ou plusieurs mois, afin qu'il se décompose et qu'il soit plus actif. Il faut éviter de laisser les crottins exposés à l'action du soleil, surtout pendant l'été, car ils se dessèchent promptement, et perdent une partie, sinon la totalité de leur énergie.

En 1840, M. Dailly a fait ramasser 1070 hectolitres de crottin de cheval au prix de 44 centimes l'hectolitre. Chaque hectolitre transporté et répandu sur le champ lui coûtait 53 centimes. La quantité appliquée par hectare était de 164 hectolitres 30 ; le prix de revient s'est donc élevé, pour chaque hectare fumé, à 88 fr. 56.

Les personnes qui ramassent des crottins sur les routes les vendent ordinairement de 1 fr. à 1 fr. 25 l'hectolitre.

Un enfant de 13 à 15 ans peut ramasser sur une route départementale ou sur un chemin de grande communication jusqu'à 3 hectolitres de crottin par jour.

Ce travail est plus productif pendant les jours de gelée ou de sécheresse que par les temps pluvieux.

CHAPITRE II.

DÉJECTIONS DES OISEAUX.

SECTION I.

Colombine.

Allemand. — Taubeenmist. *Espagnol.* — Palomina.

Définition. — Historique. — Composition. — Récolte. — Poids de l'hectolitre. — Préparation qu'elle exige. — Terrains sur lesquels on l'applique. — Époque et mode d'emploi. — Quantité qu'il faut répandre. — Cultures pour lesquelles on l'emploie. — Mode d'action. — Durée de ses effets. — Valeur commerciale. — Bibliographie.

Définition. — Sous le nom de *colombine* on désigne la fiente des pigeons que l'on recueille dans les colombiers.

Historique. — Autrefois les colombiers à pied et sur piliers étaient fort nombreux en France, et tous étaient possédés par la noblesse. Une ordonnance de 1368 considérait le droit de colombier comme un attribut féodal, qui n'appartenait qu'aux seigneurs hauts justiciers et aux seigneurs de fiefs ayant censive ou jouissant comme propriétaires d'au moins cinquante arpents de terres labourables. Ce droit a été aboli lors de la destruction des prérogatives seigneuriales. D'après l'article 2 du décret du 4 août 1789, le privilége des fuyes n'existe plus, et toute personne peut élever un colombier en se conformant aux règlements de police pris à ce sujet par l'autorité municipale. Au moment de l'arrêt porté contre les pigeons fuyards, il y avait en France 42 000 colombiers, contenant 4 200 000 paires. On comprend qu'il a dû résulter de la suppression des colombiers un dommage considérable pour l'agriculture, puisque celle-ci a été privée d'un des engrais les plus énergiques. Aujourd'hui la Flandre et l'Artois sont, pour ainsi dire, les seules provinces françaises qui possèdent encore des colombiers nombreux et bien peuplés.

Composition. — Les déjections des pigeons ne se divisent pas en solides et en liquides comme celles des animaux proprement dits, elles se résolvent en une masse plus ou moins solide. Elles sont ordinairement sèches quand on les retire des colombiers, parce que toutes les fois qu'elles sont abandonnées à elles-mêmes à l'air libre, elles perdent promptement leur fluidité par suite de la dessiccation qu'elles éprouvent.

D'après Davy, la colombine fraîche ou humide fermente rapidement, et après cette fermentation elle contient moins de matières solubles qu'avant. Ainsi 100 parties de colombine fraîche renferment 25 pour 100 de matières solubles dans l'eau, tandis que la même quantité de ces déjections fermentées n'en fournit plus que 8 parties, et donne proportionnellement moins de carbonate d'ammoniaque. Ces faits indiquent au cultivateur que cet engrais ne doit pas séjourner longtemps dans les colombiers, et qu'il doit être employé avant toute fermentation.

M. Girardin a trouvé que la colombine fraîche contient :

Matières organiques	18,11
Matières salines	2,28
Gravier et sable siliceux	0,61
Eau	79,00
	100,00

Suivant MM. Boussingault et Payen, la colombine contient à l'état normal 9,6 d'eau et 8,30 pour 100 d'azote. La matière blanche qui s'y trouve mêlée est de l'acide urique.

Récolte de la colombine. — La colombine, qui ne peut être obtenue qu'en petite quantité, s'accumule petit à petit dans les colombiers; et, comme ces bâtiments sont toujours secs et que cette substance y existe à l'abri de l'air et du soleil, il en résulte qu'il n'est pas nécessaire de l'enlever tous les jours ou toutes les semaines. Toutefois, c'est une erreur grave de croire qu'il soit possible de la laisser s'amonceler d'un bout à l'autre de l'année dans les colombiers. Quand elle séjourne longtemps dans ces bâtiments, il se produit au sein de la masse une très-grande quantité de vers, qui en détruisent la majeure partie, et dès lors la colombine abandonne une partie de l'ammoniaque qu'elle contient. Dans quelques endroits on l'enlève tous les six mois; dans d'autres, c'est tous les mois, et même tous les quinze jours, que les colombiers sont nettoyés. Pour l'enlever on se sert d'une râtissoire ou d'une pelle. Quand le pigeonnier a été nettoyé à fond, on porte la colombine sous un hangar, si elle est encore humide, afin qu'elle se dessèche complétement, ou dans un local bien sec. Pour lui conserver toute son action fertilisante, il faut la mettre dans des tonneaux.

On peut mêler la colombine, au sortir du colombier, avec de la tourbe pulvérisée ou des cendres de houille. Ce mélange, recommandé par Parmentier, a l'avantage de prolonger son action fertilisante.

Dans le pays de Caux, la Beauce et l'Armagnac, 100 pigeons fournissent annuellement de 800 à 850 litres de déjections.

Poids de l'hectolitre. — L'hectolitre de colombine pèse de 40 à 45 kilog.

Préparation qu'elle exige. — Quand la colombine est enlevée des colombiers, après avoir séjourné dans ces locaux durant quelques semaines ou pendant plusieurs mois, elle se présente généralement sous forme de plaques, de morceaux plus ou moins grands. Avant de l'employer, on doit la réduire en poudre. A cet effet, on divise les grumeaux ou morceaux au moyen d'une machine à concasser les fruits, ou bien on les brise au moyen du fléau.

Terrains, sur lesquels on l'applique. — Cet engrais convient spécialement aux terres argileuses, froides, humides ; il est trop chaud, trop énergique, pour être appliqué sur les sols légers et secs.

Époque de son emploi. — La colombine ne doit être appliquée qu'au printemps et en automne. On doit choisir un temps calme et un peu humide pour la répandre, car les pluies modèrent son action ; appliquée par une sécheresse continue, elle reste inerte ou même elle détruit les plantes délicates.

Mode d'emploi. — On la répand ordinairement sur des terres labourées, soit avant, soit après la semence ; on peut aussi l'appliquer sur des plantes en végétation. Quand on l'emploie sur des terres labourées, on la recouvre par un hersage ; en Flandre, le plus ordinairement on l'abandonne à la surface du sol.

Quantité qu'il faut répandre. — La colombine, étant un des engrais les plus énergiques, doit être appliquée dans une très-faible proportion. Olivier de Serres a dit avec raison : « Avec discrétion sera distribué le fiens du colombier de peur que par trop grande quantité la semence n'en fust bruslée : pourquoi on le sème par la terre à la façon du bled et presque aussi rarement. » Dans le département du Nord, on l'applique de préférence au lin à la dose de 2000 kilog. à l'hectare. Dans le pays de Caux, on l'utilise principalement pour l'orge dans la proportion de 1080 à 1090, quelquefois même 2160 litres par hectare ; cette fumure revient de 125 à 200 fr. Dans le département du Pas-de-Calais, on loue un pigeonnier à raison de 100 fr. par an ; chaque colombier contient de 600 à 650 pigeons et donne une bonne voiturée de colombine ; celle-ci suffit pour fertiliser un hectare.

Cassius recommande avec raison de l'employer à des doses modérées.

Cultures pour lesquelles on l'emploie. — En Flandre, on emploie ordinairement la colombine sur le lin, le chanvre et le tabac. Schwerz l'a appliquée pendant longtemps avec le plus grand succès au trèfle, en la mêlant avec de la houille. On peut aussi l'utiliser dans la culture du froment, des choux et du colza, plantes sur lesquelles elle produit parfois des effets extraordinaires. Elle a aussi une action très-favorable sur les prairies humides assainies.

En Italie, on l'applique aux jeunes oliviers et au chanvre.

Mode d'action. — La colombine est employée depuis fort longtemps comme substance fertilisante, et toujours elle a été regardée comme un engrais très-énergique.

Dionysius Cassius et Columelle la mettaient au-dessus des autres engrais. Olivier de Serres considérait aussi cet engrais comme le meilleur, à condition, toutefois, « que l'eau intervienne tost après pour corriger sa force, autrement il nuirait plustost qu'il ne profiterait, attendu que seul, sans être tempéré par l'humidité, brusle ce qu'il touche. C'est pourquoi autre saison n'y a-t-il pour son application que l'automne et l'hiver, le printemps estant suspect pour la proximité de l'été. » Cette grande action est due à l'urée, aux sels de chaux et à la très-forte proportion d'azote que ces déjections contiennent. Cette opinion ne peut plus être révoquée en doute : on sait maintenant que quand la colombine reste longtemps dans les pigeonniers, elle n'a jamais alors l'énergie qu'elle possède toutes les fois qu'elle est employée avant d'avoir perdu, par la fermentation, une notable partie de l'ammoniaque qu'elle renferme.

Durée de ses effets. — La colombine employée pure n'agit puissamment que dans l'année où elle est appliquée.

Valeur commerciale. — La colombine vaut de 5 à 6 fr. l'hectolitre, soit 10 à 12 fr. les 100 kilog.

Dans le Pas-de-Calais, on loue un pigeonnier à raison de 100 fr. par an; chaque colombier contient de 600 à 650 pigeons et donne une bonne voiture de colombine.

BIBLIOGRAPHIE.

Olivier de Serres. — Théâtre d'agriculture, in-4, t. 1, p. 126.
Parmentier. — Cours d'agriculture, 1805, in-4, t. XI, p. 398.
P. Ré. — Essai sur les engrais, 1813, in-8, p. 28.
Bosc. — Cours complet d'agriculture, 1821, in-8, t. IV, p. 536.
Cordier. — Agriculture de la Flandre, 1823, in-8, p. 256.
Schwerz. — Préceptes d'agriculture. 1839, in-8, p. 156.
Rendu. — Agriculture du Nord, 1843, in-8, p. 99.
Girardin. — Des fumiers, 1847, in-12, p. 13.
I. Pierre. — Chimie agricole, 1851, in-12, p. 369.

SECTION II.

Guano ou Huano.

Définition. — Historique. — Variétés : guano du Pérou, du Chili, de la Bolivie, d'Afrique, d'Arabie, sarde. — Comparaison de ces engrais entre eux. — Poids de l'hectolitre. — Altération. — Conservation. — Préparation qu'il exige. — Falsification. — Quantité à appliquer. — Mode d'emploi. — Guano employé après avoir été dissous dans l'eau. — Mode d'action. — Durée de son action. — Plantes pour lesquelles on l'emploie. — Cet engrais ne diminue pas la fertilité des terres. — Commerce et importation. — Valeur commerciale. — Bibliographie.

Définition. — Au commencement de ce siècle, l'illustre baron de Humboldt remettait à Fourcroy et à Vauquelin, pour qu'ils en fissent l'analyse, une poudre jaune fauve, à odeur très-forte, putride et provoquant l'éternument, recueillie par lui sur les côtes du Pérou. Cette substance, inconnue alors en Europe, était du *guano*, ou *huano* selon les Péruviens, engrais produit par des oiseaux marins et qui possède une puissante énergie fertilisante.

Historique. — L'usage de cet engrais par les peuples du littoral de l'océan Pacifique remonte aux temps les plus anciens. A l'époque de la conquête du Pérou, les Espagnols constatèrent que les terres sur lesquelles les Péruviens l'employaient, et qui s'étendaient entre Arequipa et Tarapaca, produisaient des plantes remarquables par leur vigueur végétative et leur grande productivité.

Les Péruviens attachaient un grand prix au guano; au temps des Incas, la peine de mort était prononcée contre ceux qui, à l'époque de la ponte et de l'incubation des oiseaux qui le produisent, débarquaient sur les îles et cherchaient à effrayer ou à tuer les oiseaux de mer dans ces parages.

Garcilaso de la Vega, qui écrivait à Lima, en 1523, ses *Comentarios reales*, est le premier historien qui ait parlé du guano. Suivant cet auteur, cette précieuse substance fertilisante fut exploitée pour la première fois vers la fin du treizième siècle, sous le règne de Jahuar Huacac, septième empereur du Pérou.

Variétés. — A. Guano du Pérou. — 1° *Gisements*. — Le guano se trouve en abondance aux îles Chincha près Pisco; il existe aussi sur les côtes et les îlots plus méridionaux, à Ilo, Iza et à Arica. Ses couches, que l'on exploite comme les mines de fer ocracé, ont de 17 à 60 mètres d'épaisseur. Ces îlots sont fréquentés par une multitude d'oiseaux, surtout par des pingoins, pélicans, hérons, cormorans, flamants, etc. M. Frézier, dans la relation de son *Voyage aux côtes du Pérou*, publiée en 1726, rapporte que le nombre de ces oiseaux est si considérable que l'air en est obscurci; on les voit dans la baie d'Arica, réunis par masses tous les matins et tous les soirs, pour enlever le poisson.

Ces oiseaux forment, sous la croûte du guano qui est sableuse et saline, de véritables galeries régulières et différents centres communiquant les uns aux autres par d'autres galeries percées dans toutes les directions. Ces cités souterraines sont si nombreuses qu'il est presque impossible de mettre le pied sur la surface non encore fréquentée de l'île, sans enfoncer jusqu'au genou dans quelques-uns de ces asiles emplumés.

La formation des bancs et masses de guano à Chincha paraît être fort ancienne. M. de Humboldt, après avoir constaté que les excréments des oiseaux, sur les côtes de l'Amérique du Sud, n'ont pu former, depuis trois siècles, que des couches de quelques millimètres d'épaisseur, s'est demandé si le guano ne serait pas un coprolithe ou un produit du bouleversement du globe, comme le sont les charbons de terre ou les bois fossiles. On sait aujourd'hui que le guano n'est qu'une accumulation de déjections d'oiseaux. C'est parce que le climat du Pérou est sec, et qu'il y pleut rarement, qu'il a pu s'accumuler sur les roches des îles de Chincha près de Pisco, et sur celles de Patillos, situées près de Pacquica, sur la côte de la Bolivie.

Les principales îles de Chincha sont au nombre de trois : 1° l'île du Sud; 2° l'île du Centre; 3° l'île du Nord. L'ingénieur M. Faraguet a cubé, en 1853, la quantité de guano existante sur ces îles.

Voici les résultats qu'il a trouvés :

	Superficie.	Cube.	
Ile du Sud	291 015 varas	9 785 831 varas	6 411 861 995 kil.
Ile du Centre ..	672 903 —	4 316 879 —	2 784 376 955 —
Ile du Nord	6 146 532 —	6 146 532 —	3 964 513 140 —
Soit en total.....................			13 160 752 090 kil.

Le guano augmente d'un cinquième de son volume lorsqu'on le remue. De là, il résulte qu'à la fin de 1853, on pouvait encore extraire des trois îles 15 792 900 000 kilog.

Si les expéditions annuelles faites par le Pérou ne dépassent pas 500 000 000 de kilog. les dépôts situés sur les trois îles ne seront entièrement épuisés qu'en 1890.

On a point encore commencé l'exploitation du guano de l'île du Sud. Ce guano repose presque toujours sur un lit de sable provenant de la décomposition des roches endogéniques qui constituent le sol incliné des îles.

L'île du Nord présente une pente vers l'ouest, et sa plus grande hauteur au-dessus de la mer est de 21 *varas* (environ 17 mètres) [1]; l'île du Centre est inclinée vers le sud-ouest, et

1. La *vara* a 81 centimètres de longueur.

son élévation maximum est de 66 varas; enfin, l'île du Sud présente deux versants : l'un court vers l'ouest, et l'autre dans la direction du sud; sa plus grande élévation est de 37 varas.

La partie supérieure de la masse du guano est rouge obscur et très-friable. Cette couleur est due à l'action de l'air et de l'humidité et à la suroxydation du fer que contient cet engrais. La zone inférieure est jaune très-clair se rapprochant du blanc; elle se mêle à la zone moyenne, qui est formée par le guano de première qualité, lorsqu'on exploite cet engrais par tranchée verticale. Elle ne conserve sa coloration que lorsque le guano a été mouillé pendant le transport.

On aperçoit souvent au milieu de la couche centrale de petits rognons de carbonate et de chlorhydrate d'ammoniaque, et des agglomérations très-dures de guano que l'on attribue à des infiltrations d'eaux pluviales. Ces liquides en traversant la masse ont dissous et entraîné jusqu'aux couches imperméables des parties solubles, qui se sont solidifiées sous la pression exercée par les couches supérieures. Enfin, on a constaté que la diversité des nuances que présente le guano tient à la différence des espèces d'oiseaux qui le produisent. Ainsi le 1er septembre 1853, on ne put découvrir aucun oiseau de l'espèce dite *sterna-incas* ou *zarcillos;* le 12, il en parut quelques-uns; le 15, le nombre était si considérable que les îles en étaient couvertes. C'est vers cette époque que commença l'émigration des espèces que l'on avait observées pendant le mois d'août.

En général, les couches inférieures sont plus compactes que les couches supérieures. Ainsi en 1853, le guano situé à 40 varas (environ 33 mètres) au-dessous de la surface de la masse qui couvre l'île du Sud, avait une telle dureté qu'il résistait au choc du marteau, et émoussait une sonde, comme si celle-ci avait perforé une roche protogine. Aussi fut-on obligé, pour accélérer le travail du sondage, de ramollir le guano avec de l'eau.

On commence toujours l'exploitation par la partie la plus élevée, afin de profiter de l'inclinaison du sol. Les ouvriers disposent toute la hauteur de la masse en gradins assez larges pour que deux d'entre eux puissent travailler ensemble. L'extraction se fait le matin, le soir ou la nuit, lorsque l'air est calme, au moyen de houes, de pioches, de barres de fer ou à l'aide de la mine, selon la dureté de la couche que l'on exploite. Quant au transport du guano que l'on a pioché, on l'exécute jusque sur le bord des rochers au moyen de sacs de 50 kilog., de voitures auxquelles on attelle un mulet, ou à l'aide de chariots placés sur un chemin de fer.

Chaque ouvrier extrait par jour environ 3500 kilog. de guano.

La plupart des ouvriers sont des Chinois, des déserteurs, ou des forçats. Ils reçoivent par jour 1 fr. 25 c. Le salaire des ouvriers libres est de 1 fr. 50 c. Les ouvriers libres qui extraient le plus de guano reçoivent une gratification de 1 fr. 50 c.; celle qu'on accorde aux forçats est de 1 fr. 15 c. Ce sont ces derniers qui en extraient le plus.

On exploite aussi cet engrais avec une machine à vapeur. Chaque chariot est alors chargé en neuf ou dix minutes. Cette machine et vingt ouvriers chargent par jour cent voitures.

Le chargement des navires constitue une opération pénible, à cause de l'immense nuage de poussière qui enveloppe presque toujours les ouvriers. Aussi ceux-ci sont-ils obligés d'avoir des cache-bouche faits avec un morceau de drap et de l'étoupe. Le guano arrive à travers un tube en toile dans de petits bateaux ou directement dans les navires. Les ouvriers chargeurs gagnent 3 fr. par jour. Ils reçoivent en outre des vivres et de l'eau douce qu'apportent les navires.

L'entrepreneur du chargement ne peut pas ouvrir de nouvelles coupes sans l'autorisation des consignataires; il reçoit du gouvernement du Pérou 8 fr. 50 c. par chaque tonneau. Chaque navire doit être chargé en 24 heures.

2° *Composition.* — Le guano du Pérou a une couleur jaune fauve ou café au lait; il est surtout caractéristique par la forte odeur putride, ammoniacale qu'il exhale, odeur que Vauquelin comparait à celle du *castoreum*, qui a peu de l'odeur de la valériane et qui provoque l'éternument.

Voici quels ont été les résultats de deux analyses faites par MM. Nerbit et Th. Way :

Matière organique..........	57,30	50,60
Phosphates terreux.........	23,05	28.20
Sable.....................	0,75	1.50
Sels alcalins................	9.60	6.60
Eau.......................	9.30	13.10
	100,00	100.00

M. Th. Way a fait, en 1848, trente-deux analyses de guano importé du Pérou par divers navires. Il a obtenu les résultats suivants :

	Moyenne.	Maximum.	Minimum.
Matières organiques....	52,61	58,82	37,78
Phosphates terreux....	24,12	34,45	19,46
Sels alcalins..........	8.78	13,48	0,61
Ammoniaque..........	17,41	18,94	15,94
Sable.................	1,54	2,95	1,17

La quantité d'ammoniaque et d'acide urique est presque toujours constante lorsque le guano est pur. Ainsi on a trouvé :

	Acide urique.	Ammoniaque.
Caillat....................	15,70	12,90
Girardin et Bidard..........	18,40	13,00
Boisteaux et Moride.........	15,24	14,25

Ces chiffres concordent avec les résultats obtenus par MM. Bartels, Klaproth et Vœlkel.

Cet engrais contient la quantité d'azote suivante :

Boussingault et Payen	13,95 p. 100
Caillat	15,87 —
Girardin et Bidard	16,86 —
Th. Way	14.33 —
Moyenne	15,25 p. 100

3° *Propriétés physiques.* — Le guano du Pérou absorbe avec force l'humidité de l'air. Cette propriété est importante et doit avoir une action favorable sur la végétation, dans les contrées où le sol et l'air sont très-secs et la chaleur très-forte. M. Masounette, de Saint-Pierre-d'Irube près Bayonne, raconte qu'ayant visité, par une journée très-chaude du mois de mai, une prairie naturelle sèche, sur quelques parties de laquelle on avait répandu du guano, il introduisit ses mains dans l'herbe, qui végétait avec vigueur sur la partie qui avait reçu la plus forte partie de guano, et les retira aussi mouillées que s'il les avait plongées dans l'eau. L'herbe des parties qui n'avaient pas reçu de guano était inclinée.

Ce guano parfaitement desséché peut absorber 50 pour 100 d'humidité. La quantité qu'il renferme varie ordinairement entre 6 et 11 pour 100.

B. Guano du Chili. — Le guano du Chili est moins fertilisant que celui du Pérou. Cette infériorité tient uniquement au climat. Au Pérou, où l'on ne connaît pas la pluie, mais seulement un brouillard qui se résout en bruine entre dix heures et midi, depuis le mois de juillet jusqu'au mois de novembre (saison hivernale), l'air est sec et chaud; au Chili, au contraire, les rosées sont fréquentes en été et en automne, et la saison pluvieuse y commence avant l'automne, c'est-à-dire au mois d'avril, et dure jusqu'au mois d'août. Cette humidité est on ne peut plus défavorable au guano ;

celui-ci, sous l'action des pluies, qui sont parfois fréquentes dans les îles, qui sont la plupart très-boisées, s'accumule sur les rivages avec difficulté; s'il parvient à y former alors des dépôts assez importants, il ne présente plus qu'une masse presque inerte et ayant perdu une notable partie de l'ammoniaque qu'il contenait après avoir été produit.

Voici deux analyses de guano du Chili, la première a été faite par M. Nesbit, la seconde par M. Colqhoun :

Matière organique	18.50	17.90
Phosphates terreux	31.00	48.10
Sels alcalins	7.34	10.40
Sable	22.70	1.40
Eau	20,46	22,20
	100.00	100,00

Les sels de chaux remplacent en partie, dans le guano du Chili, les combinaisons ammoniacales qui existent dans une si grande proportion dans le guano du Pérou.

Ce guano renferme des corps durs de couleur jaunâtre et de forme anguleuse, qui ne sont autres que du chlorure de sodium aggloméré dans la proportion de 10 pour 100 environ. Ces sortes de rognons doivent être broyés et mêlés à la partie poudreuse.

Le guano du Chili contient en moyenne 4,50 pour 100 d'azote et 5,47 d'ammoniaque.

C. Guano de la Bolivie. — Le guano que l'on recueille sur les îles qui appartiennent à la Bolivie diffère complétement du guano du Pérou. Voici, d'après M. Nesbit, les éléments qu'on y observe :

Matière organique	13,16
Phosphates terreux	60,23
Sels alcalins	7,45
Sable	3.16
Eau	16,00
	100,00

Il contient 2,11 pour 100 seulement d'azote et 2,56 d'ammoniaque.

D. Guano d'Afrique. — Le guano d'Afrique existe sur la côte occidentale, dans les dépendances de la colonie du cap de Bonne-Espérance. On le trouve principalement dans les îles d'Ichaboë, dans celles qui avoisinent Angra-Pecquena et les baies de Saldanha et d'Élisabeth ; il y forme des dépôts qui ont jusqu'à 10 mètres d'épaisseur. Il en existe également dans plusieurs petites îles des côtes du Labrador et de Patagonie.

Le guano d'Ichaboë est supérieur à celui de Malaca et d'Angra-Pecquena, mais il est inférieur à celui du Pérou. Il est en poudre d'un brun chocolat, parsemé de nombreux points blancs ou débris d'os de poissons, de coquilles d'œufs, et de plumes brunes et blanches. Il contient, en outre, des débris de végétaux à demi décomposés et encore verts, et beaucoup plus de parties cristallines que le guano du Pérou.

Diverses analyses de guano d'Afrique ont donné à M. Th. Way les résultats suivants :

		Ichaboë.	Patagonie.	Saldanha.
Phosphate de chaux.	Moyenne....	30,3	44,6	55.4
	Maximum...	37.0	65,5	60,9
	Minimum...	26,0	29,3	49,0
Ammoniaque.....	Moyenne....	7.3	2.54	1.68
	Maximum...	9,5	4,68	2,49
	Minimum....	4,5	1,60	0,94

Voici maintenant des analyses complètes faites par le même chimiste :

	Ichaboë.	Patagonie.	Saldanha.
Matière organique..............	34,30	19,00	14,90
Sable..........................	1.30	5.00	1,60
Phosphates terreux.............	30.30	44.60	56.40
Sels alcalins..................	6.70	6.30	4.90
Eau............................	27.40	25,10	22,20
	100,00	100.00	100,00

Ce guano ne contient pas d'acide urique. L'absence de cet acide tient-elle aux pluies, aux rosées, aux brouillards qui sont quelquefois très-abondants sur la côte ouest de l'Afrique? Tout porte à croire que c'est à l'abondance de l'eau atmosphérique qu'il faut attribuer la petite quantité d'urate qu'on observe dans ce guano. M. Ure en a trouvé seulement 3 pour 100. MM. Boisteaux et Moride pensent qu'il faut admettre que cet engrais provient d'animaux différents de ceux qui habitent les côtes de l'Amérique; ils s'appuient sur ce que les oiseaux qui fournissent l'acide urique doivent être soumis à une nutrition presque complétement animale. Il est probable que les déjections des phoques y entrent dans une forte proportion.

MM. Boussingault et Payen ont reconnu que le guano d'Afrique contenait à l'état normal 9,70 pour 100 d'azote.

E. Guano des îles Baker et Jarvis. — En 1856, on a découvert sur les îles situées au milieu de l'océan Pacifique, à peu de distance de l'équateur, un guano qui a beaucoup de rapport avec le guano d'Afrique. Cet engrais couvre les îles Baker et Jarvis ; il est jaune chamois, en poudre très-fine, mais sans aucune odeur d'ammoniaque. Il contient quelques débris de racines.

Il a été importé en France par M. W. H. Webb, de New-York.

L'agence est à Paris, rue du Faubourg-Saint-Honoré, 54. Elle est dirigée par M. Arnous de Rivière et livre ce guano sur analyse.

Voici d'après M. Liebig la composition des guanos des îles Baker et Jarvis :

	Guano Baker.	Guano Jarvis.
Phosphate de chaux	78,675	33,400
— de magnésie	6,125	1,240
— de fer	0,126	0,160
Sulfate de chaux	0,134	44,400
Acide sulfurique, potasse, soude, chlore, matière organique, eau.	14,940	20,800
	100,000	100,000

M. Malaguti a constaté les résultats suivants :

	Guano Baker.	Guano Jarvis.
Phosphates divers formés en grande partie de phosphate de chaux...	85,80	35,12
Sable...........................	Traces	0,90
Sulfate de chaux.................	Traces	43,62
Substances en grande partie de nature organique...............	8,10	6,11
Sulfates et chlorures alcalins......	2,77	2,55
Eau............................	3,33	12,00
	100,00	100,00
Azote pour 100.................	1,19	0,61

Ainsi, le guano des îles Baker est le plus riche en phosphate de chaux, et par conséquent en acide phosphorique.

Selon Liebig on augmente la solubilité du phosphate du guano Baker en y ajoutant une quantité de sel ordinaire (chlorure de sodium). On a proposé de remplacer ce sel par du nitrate de soude ou des carbonates alcalins.

On accroîtra incontestablement les propriétés fertilisantes de cet engrais en y ajoutant des matières organiques azotées promptement assimilables.

Ce guano présente des fragments pierreux contenant une forte proportion de phosphate de chaux ; ces rognons sont tantôt très-friables, tantôt très-durs.

F. Guano d'Arabie. — En 1853, sir James Graham a découvert sur la côte de l'Arabie des îles couvertes de guano. Il évalue la quantité qu'il a observée à plus de 2 millions de tonnes de 1000 kilog. Ces îles sont situées dans la baie de Koorza-Morya.

Ce guano n'a pas encore été analysé, mais on le considère comme égal en qualité au guano d'Ichaboë.

G. Guano des Antilles. — On a découvert, il y a quelques années, dans les îles situées au sud de Cuba, dans la mer des Antilles, des gisements importants de guano. Cet engrais, suivant M. Nesbit, contient 72 pour 100 de matières organiques.

H. Guano du Mexique. — On a reconnu, en 1856, que l'île Élède, qui est située à une faible distance de la côte de la basse Californie, mais bien au-dessous du cap San Lucas, était couverte d'une couche de guano dont l'épaisseur peut varier entre deux et cinq mètres. On évalue ce dépôt à 3 000 000 de kilog.

En 1859, le comte de Kerveguen a pris possession, au nom de la France, d'une île à guano connue sous le nom de Clipperton. Cette île est située à 1000 kilomètres environ d'Acapulco, point de la côte du Mexique qui s'en rapproche le plus.

Ces deux engrais n'ont pas encore été analysés.

I. Guano sarde. — On a découvert, il y a quelques années, dans plusieurs grottes des provinces de Sassari et d'Alghero (Sardaigne) des dépôts considérables de déjections de chauves-souris.

Ce guano est plus foncé, plus brun que le guano du Pérou ; il a une odeur très-forte et infecte.

D'après M. Barral cet engrais contient :

	Grotte de l'Enfer.	Grotte de Laerru.
Matières organiques et sels ammoniacaux...	42,80	44,40
Sels solubles de potasse et de soude........	6,00	5,70
Phosphate de soude....................	15,64	1,66
Carbonate de soude......................	0,48	1,58
— de magnésie..................	1,24	1,66
Sable et argile..........................	7,14	11,80
Eau..	26,60	23,50
	100,00	100,00
Azote	4,05	4,40

Ces chiffres permettent de dire que cet engrais doit être beaucoup moins fertilisant que le guano du Pérou, puisqu'il ne contient ni acide urique ni phosphate de chaux.

Les guanos sardes livrés à l'agriculture allemande n'ont

pas donné à l'analyse des résultats très-satisfaisants. On a reconnu que la plupart avaient été fraudés.

Des dépôts semblables ont été découverts dans les grottes de Beaume, de Revigny et Ligny, dans le Jura et en Algérie.

Le guano de Beaume, suivant M. Hervé-Mangon, contient 8,03 pour 100 d'azote.

Comparaison des guanos entre eux. — Des analyses faites, soit en Angleterre, soit en France, on peut conclure que l'*ammoniaque* existe en moyenne dans le

Guano du Pérou,	dans la proportion de	17 à 18	p. 100
— d'Ichaboë,	—	7 à 8	—
— du Chili,	—	5 à 6	—
— de Patagonie.	—	2 à 3	—
— de Saldanha,	—	1 à 2	—

Le *phosphate de chaux* dans le

Guano des îles Baker,	dans la proportion de	78 à 85	p. 100
— de Saldanha,	—	56 à 58	—
— de Patagonie,	—	44 à 46	—
— d'Ichaboë,	—	30 à 32	—
— du Chili,	—	30 à 32	—
— du Pérou,	—	24 à 26	—

L'*azote* dans le

Guano du Pérou,	dans la proportion de	15,00 à 16,00	p. 100
— d'Ichaboë,	—	8,00 à 10,00	—
— de Patagonie,	—	6,00 à 8,00	—
— du Chili,	—	4,00 à 8,00	—
— des îles Baker,	—	0,32 à 1,20	—
— de Saldanha,	—	0,50 à 1,00	—

Le guano du Pérou est donc, sous tous les rapports, celui qu'il faut regarder comme le plus fertilisant. En Angleterre, celui qui contient moins de 16 pour 100 de parties ammoniacales n'est pas considéré comme guano de première qualité.

Poids de l'hectolitre. — Le guano est plus ou moins pesant, selon qu'il renferme plus ou moins de sable, de parties organiques et d'eau.

Voici les poids que l'on a constatés par expérience :

Guano du Pérou	90 à 98 kil.
— d'Ichaboë	80 à 85 —
— du Chili	100 à 110 —

Altération. — Le guano, pendant son transport sur mer, subit des altérations. Celui qui a perdu de sa qualité est séparé, à Londres, du guano qui n'a subi aucune avarie. Selon son altération, on forme trois catégories : *altéré, doublement altéré, mouillé*, que l'on désigne dans le commerce par les lettres suivantes D. S. — D. D.'S. — W.'S. Ces guanos sont vendus dans les ventes publiques à des prix réduits, comme engrais de qualité inférieure. Le premier doit encore contenir 13 à 14 pour 100 d'ammoniaque, le second 12 à 13, et le troisième 10 à 11.

Falsification. — Le prix élevé auquel se vend cet engrais a déterminé des fraudes ignobles; on le falsifie avec de la terre jaunâtre, de la sciure de bois, de la poudre de tourteaux, de la brique pilée, de la marne, etc.

On a proposé divers moyens pour reconnaître les falsifications que l'on fait subir au guano; les procédés indiqués sont moins certains que l'analyse à laquelle il faut recourir quand on doute de la qualité du guano que l'on achète.

Le seul moyen que le cultivateur puisse adopter, quand il lui est impossible de s'assurer, par l'analyse, de la composition du guano qu'on lui offre, consiste à mettre une pincée de guano dans une capsule de porcelaine et à l'arroser d'un peu d'acide nitrique. Par l'évaporation au bain-marie, le bon guano du Pérou colore en rouge vif et prend une teinte rouge encore plus foncée si on imbibe le résidu d'un peu d'ammoniaque caustique; cette coloration est d'autant plus prononcée

cée que l'engrais contient plus d'acide urique. Lorsqu'on le chauffe, il noircit, brûle avec une flamme légère et laisse un résidu blanc un peu azuré.

100 grammes de guano pur donnent de 31 à 34 grammes de cendres. La cendre qui a un poids beaucoup plus considérable ou moins élevé indique que le guano a été fraudé.

Les guanos ammoniacaux ont une saveur salée, piquante et caustique.

On a vendu à Londres, en 1858 et 1859, du guano du Pérou qui contenait 21 à 60 pour 100 de sable, argile, brique pilée, etc., ou 30 à 60 pour 100 de carbonate de chaux.

Les falsifications qu'on fait subir au guano du Pérou prouvent la nécessité de n'acheter du guano qu'aux négociants qui le reçoivent directement des lieux de provenance et qui le garantissent très-pur.

Terrains sur lesquels on l'emploie. — Cet engrais peut être employé dans toutes les contrées et sur tous les terrains. Toutefois, lorsqu'on l'applique tardivement, au printemps ou en été, sur des sols secs, sur les terres qui laissent évaporer facilement leur humidité, il est nécessaire de l'enterrer un peu profondément, afin qu'il puisse plus aisément se dissoudre et agir sur les plantes.

Conservation. — Quelle que soit sa provenance, le guano doit être conservé dans des lieux parfaitement secs. C'est à tort qu'on laisse souvent les sacs sur la terre, sous des hangars ou dans des locaux où le sol est frais; le cultivateur ne doit pas oublier un seul instant que le guano du Pérou nous arrive d'un climat situé sous les tropiques, où règne presque constamment une atmosphère sèche, et qu'il contient beaucoup de principes solubles dans l'eau. Toutes les fois que le guano reste exposé à l'action de l'air chargé de vapeur d'eau ou sur la terre humide, il perd de son énergie. Cet engrais est livré par le commerce à l'agriculture dans des sacs de toile ou des paillassons. Il est aisé dès lors de comprendre avec quelle facilité on peut l'emmagasiner dans des bâtiments sains et secs et le placer sur des planches ou de la paille, afin qu'il ne se charge pas, par son contact avec le sol, d'une humidité anomale.

Préparation qu'il exige. — Le guano s'emploie seul ou mélangé avec deux, trois ou quatre fois son poids de terre ou de cendres. Avant de l'appliquer, il faut écraser avec soin, par le concours d'une pelle en fer, toutes les parties agglomérées que l'on désigne sous les noms de *grumeaux*. A cet effet, on verse un sac de guano sur un sol durci et propre, ou sur une aire à battre soit dans une cour, soit à l'intérieur d'une grange, selon l'état de l'atmosphère, et on écarte avec précaution, c'est-à-dire sans remuer vivement les parties poudreuses, toutes celles réunies et dures pour les déposer non loin du lieu sur lequel on opère. Quant aux parties agglomérées friables, on les divise, on les réduit en poudre au moyen du dos de la pelle, au fur et à mesure qu'on opère le triage des grumeaux. Lorsque la quantité de guano contenue dans le premier sac a été bien ameublie et débarrassée des parties dures, on ouvre un second sac et on verse son contenu sur l'endroit où l'on avait déposé le premier guano.

Quand la quantité de guano qu'on doit employer a été ainsi manipulée, on s'occupe de réduire en poudre les grumeaux. Si ces parties sont très-dures, il faudra les diviser au moyen d'un pilon ou d'une masse soit en fer, soit en bois, et terminer leur pulvérisation avec la pelle. Dès que ces corps solides sont réduits à l'état de poudre, on mélange celle-ci avec les parties déjà ameublies.

On a proposé de soumettre le guano à l'action d'un crible

ou d'un tamis, afin de séparer plus aisément les grumeaux des parties poudreuses; ce procédé ne peut pas être suivi sans qu'une certaine quantité des parties fines se dissipe dans l'air et soit complétement perdue. Cet inconvénient m'a engagé à préférer le moyen que je viens de signaler à l'emploi de ces instruments.

On peut simplifier l'opération en soumettant le guano à l'action d'un *concasseur-aplatisseur*. Cet engrais, en passant entre les deux cylindres, sort de l'appareil complétement pulvérisé. On le reçoit dans un sac ou une caisse.

Si le guano doit être employé en mélange avec de la terre ou du sable, il faut choisir des terres bien pulvérisées et bien sèches. Des terres ou des sables humides se mélangeraient mal avec le guano, et leur application ne pourrait avoir lieu avec facilité. Quand la partie terreuse qu'on veut mêler au guano contient des pierres ou des débris de végétaux d'un volume assez fort, on la passe à un crible ou à une claie. Le mélange de la terre et du guano doit avoir lieu dans un bâtiment à l'abri de la pluie si le temps est couvert. Si le ciel était pur on pourrait opérer dans une cour. Ce lieu doit être choisi de préférence au premier, toutes les fois que cela est possible, car les ouvriers souffrent moins de l'ammoniaque.

Quantité à appliquer.—La quantité de guano à répandre par hectare varie suivant les plantes que l'on cultive.

La quantité moyenne que l'on emploie le plus ordinairement dans la culture des céréales et qu'on applique sur les prairies naturelles ou artificielles, varie entre 250 et 400 kilogr., soit, en moyenne, 300 kil.

Les plantes industrielles, telles que colza, chanvre, tabac, betteraves, en exigent davantage. La quantité que l'on répand par hectare varie entre 400 et 500 kilog.

Dans les environs d'Aréquipa (Pérou), on l'emploie depuis longtemps dans la culture du maïs à la dose moyenne de 375 kilog.

Mais cet engrais peut-il être appliqué, comme on le propose encore, à la dose de 600 et même 800 kilog. par hectare ? La pratique agricole n'a pas jusqu'à ce jour justifié l'application de quantités aussi grandes. Si je limite la quantité moyenne à 300 kilog., c'est que la raison économique s'oppose à ce qu'il soit répandu, dans les circonstances ordinaires, dans une proportion considérable. Ainsi, 300 kilogrammes coûtent actuellement, soit au Havre ou à Nantes, soit à Bordeaux ou à Marseille, 105 fr. Si l'on ajoute 5 fr. par chaque kilog. pour les frais de transport, cette quantité occasionnera une dépense de 120 fr. Si cette dose permet de récolter 22 hectolitres de froment par hectare, la quote-part de l'engrais supporté par chaque hectolitre s'élèvera à 5. fr. 50 c. Si, au lieu de 300 kil., on en applique 800, la dépense atteindra 320 fr., et la production ne dépassera pas 35 hectolitres. Dans ce cas, chaque hectolitre supportera une dépense de 9 fr. Ce résultat n'exige aucune explication !

Mode d'emploi. — On doit choisir un temps calme pour répandre le guano. Quand on l'applique lorsque l'atmosphère est agitée, une partie plus ou moins forte de la quantité à employer se dissipe dans l'air et doit être considérée comme perdue.

Cet engrais, à cause de son énergie, ne doit pas être appliqué, quoi qu'on en dise, en même temps que la semence, car il détruit souvent sa faculté germinative, surtout si on l'emploie dans une forte proportion. MM. de Humboldt et Bonpland ont constaté, lors de leur voyage dans les îles de l'océan Pacifique, que le guano, appliqué dans une trop forte proportion et en même temps que les semences du maïs, détruit le germe de ces graines au moment où il apparaît. On doit donc le répandre, puis donner un coup de herse et procéder ensuite à l'opération de la semaille.

On peut aussi l'appliquer en couverture quand les plantes sont déjà développées. Il faut, autant que possible, répandre cet engrais par un temps couvert qui présage de la pluie. L'expérience a démontré que s'il pleut dans les jours qui suivent son emploi, il agit toujours avec plus d'énergie et d'instantanéité. J'ai dit plusieurs fois que le guano exerçait une action moins sensible sur les plantes dans les années sèches que dans celles où le sol conserve sans cesse une certaine fraîcheur.

Quand on emploie cet engrais pour les pommes de terre, on le répand dans les sillons où l'on pose les tubercules.

Lorsqu'il fut question en France, il y a vingt années, d'employer le guano, on crut qu'on pouvait le répandre avec le même avantage, soit en automne, soit au printemps, sur des prairies ou des céréales en végétation. L'expérience a démontré qu'on ne devait l'appliquer sur les prairies qu'au printemps, alors que les plus grandes pluies ne sont plus à craindre, ou aussitôt après la première coupe, et qu'il fallait, surtout sur les sols humides ou situés dans des contrées pluvieuses, n'appliquer en automne, pour les céréales d'hiver, que la moitié de la quantité qu'on doit employer, et répandre l'autre portion au printemps sur les plantes en végétation, immédiatement après les hersages ou râtelages. En agissant ainsi, on est certain que l'action du guano ne sera pas entièrement paralysée par les pluies de novembre, les fontes de neige, et que cet engrais aura une action très-directe sur le tallement de la céréale cultivée et le développement de ses tiges. Cette manière de procéder est celle que j'ai toujours adoptée, et je m'en suis bien trouvé.

Les ouvriers qui appliquent le guano le répandent à la main et à la journée.

Mode d'action. — L'activité dont jouit le guano est due à la grande quantité d'azote et d'ammoniaque qu'il renferme. Il est vrai qu'il contient des sels alcalins, mais ceux-ci sont en petite quantité relativement aux sels ammoniacaux. Si la puissance fertilisante de cet engrais était due principalement à la chaux, potasse, soude, combinées aux acides urique, oxalique, phosphorique, il faudrait admettre que le guano du Chili et celui d'Afrique sont aussi énergiques que le guano du Pérou, si riche en azote.

Le guano qui provient des îles de l'océan Pacifique a une action plus sensible, plus instantanée que celui d'autres contrées, mais moins prolongée. Le guano du Chili agit plus lentement, mais ses effets se font toujours sentir pendant deux années. Ces particularités sont dues, d'une part, à ce que le guano du Pérou contient une très-forte proportion d'ammoniaque qui se volatilise très-promptement, de l'autre, à ce que le guano du Chili renferme une quantité considérable de phosphate de chaux, sel d'une décomposition très-lente. C'est certainement à l'action si prononcée que ce sel de chaux exerce sur la vie des végétaux appartenant à la classe des céréales, qu'il faut attribuer les produits remarquables obtenus dans la culture du froment au moyen de ce dernier guano ou du *guano phosphaté du Pérou* que je signalerai en étudiant les engrais commerciaux.

Durée de son action. — Cette substance fertilisante doit être comparée à la poudrette, à la colombine, quant à la durée de son action. Si, appliquée à une dose convenable, elle peut être regardée comme équivalant à une fumure qui agit pendant deux ans, cela ne peut avoir lieu que quand on l'emploie sur des prairies naturelles. Répandue sur des céréales ou des crucifères en végétation, ou quelques jours avant ou après les semailles, ses effets ne se manifestent guère que pendant une année. Au Pérou, le guano agit généralement pendant l'année où on l'applique et durant celle qui la suit : mais, dans cette partie de l'Amérique méridionale, le sol et le climat sont toujours secs ; en Europe, les pluies sont trop fréquentes, la terre est ordinairement trop humide pour que cet engrais puisse offrir encore aux plantes, durant l'année qui suit celle où on l'emploie, une fécondité suffisante pour qu'elles végètent avec vigueur.

Plantes pour lesquelles on l'emploie. — Jusqu'à ce jour, le guano a eu sur les prairies naturelles des effets très-remarquables. Appliqué en mars et avril sur des prairies de mauvaise qualité, il a changé, en quelques semaines seulement, la nature de l'herbe, c'est-à-dire l'aspect des plantes. Ainsi, sous son action énergique et puissamment fertilisante, les tiges se sont élevées à une hauteur remarquable, les plantes ont formé des touffes vigoureuses, les feuilles ont pris une plus grande largeur et se sont colorées d'un vert très-foncé. C'est évidemment sur les prairies naturelles qu'on peut le plus utilement employer cet engrais. Toutefois, si, comme le disait Leclerc-Thouin, le guano agit d'une manière insolite sur les graminées, on ne doit pas oublier que ses effets sont bien moins remarquables sur le trèfle, la vesce ou la luzerne.

Cet engrais a une grande action sur les céréales d'automne et de printemps ; il active le développement des tiges, des feuilles et des semences d'une manière vraiment admirable. Ainsi, quand les plantes, au printemps, se montrent chétives, soit qu'elles aient souffert l'hiver, soit qu'elles soient arrêtées dans leur développement par l'action des agents atmosphériques, si on les saupoudre de guano, on constate bientôt une différence énorme ; les plantes qui ont profité de cet engrais offrent des touffes plus fortes, et la verdeur de leurs feuilles est beaucoup plus foncée. L'accroissement rapide que prennent les céréales sur lesquelles on a appliqué du guano, oblige le cultivateur à employer cet engrais avec modération. Non-seulement il est bien prouvé aujourd'hui que, généralement, l'augmentation des produits n'est pas en rapport avec la quantité employée, mais on sait que quand il survient des pluies abondantes en mai et en juin, et que le guano a été appliqué à haute dose, les céréales, par le fait d'une végétation luxuriante, se penchent et versent. Leclerc-Thouin, qui avait employé cette substance fertilisante à haute dose sur du froment d'automne, a constaté que les champs ont produit des masses de paille considérables, de nombreux épis, mais du grain petit et retrait. Ce fait, qui a été confirmé depuis, soit en France, soit en Angleterre, démontre avec quelle prudence on doit appliquer le guano sur les céréales, si on veut en obtenir les effets utiles et économiques que sa grande puissance fertilisante lui permet de produire.

On peut aussi employer cet engrais pour les pommes de terre et les carottes, mais il convient mieux aux crucifères. En Angleterre et en France, on en a toujours obtenu des résultats très-satisfaisants chaque fois qu'on l'a appliqué sur les navets et sur les pépinières de colza et de rutabaga. Toutefois, on ne doit pas l'employer de préférence au noir animal quand on transplante des plantes délicates, telles que choux, betteraves, laitues, etc., ou alors n'en appliquer qu'une très-faible pincée. La plupart des choux, rutabagas, betteraves, que j'ai fait repiquer avec du guano pur, ont été complétement brûlés.

Commerce. — L'exportation du guano pour l'Europe n'est

plus libre. Par suite des guerres civiles qui ont rendu indépendant l'ancien empire des Incas, les îles où se trouve le guano ont été déclarées partie intégrante du domaine national des républiques du Pérou et de la Bolivie. De là, les règlements qui régissent son exportation et les droits perçus sur les ventes et affectés aux dépenses publiques.

En 1840, une société, dite *Péruvienne*, dont le siége était à Lima, obtint, après avoir fourni un cautionnement de 3 500 000 fr., le privilége exclusif de vendre cet engrais pour le compte du gouvernement du Pérou. De 1846 à 1852, cette société envoya en Angleterre 686 000 tonnes ou 690 000 000 de guano.

Aujourd'hui, cet engrais est vendu, en Europe, au profit du Pérou, par MM. Antony Gibbs et Sons, de Londres.

Les entrepositaires en France sont :

MM. Santa-Coloma, à Bordeaux (Gironde);
Quesnel frères, au Havre (Seine-Inférieure);
Maës, à Nantes (Loire-Inférieure);
Dankaerts, à Dunkerque (Nord);
Garoly, à Marseille (Bouches-du-Rhône).

Les sacs de guano du Pérou sont toujours livrés ficelés et plombés. Les cachets portent l'inscription suivante :

Guano du Pérou,
monopole.

La France importe, chaque année, une quantité de guano beaucoup moins considérable que l'Angleterre. Voici les causes de cette différence :

L'administration française, voulant protéger le pavillon national, a supprimé les taxes qui frappaient l'importation du guano par navires français; mais, par contre, elle a maintenu à 3 francs par 100 kilog., la surtaxe établie à l'importation par navires étrangers. Cette décision est une erreur, et elle nuit aux progrès de l'agriculture. Ainsi, jusqu'à ce jour, un très-petit nombre de navires appartenant à notre marine, a profité du privilége du droit prohibitif que la loi leur accorde : sur 77 navires qui ont importé en 1856 du guano du Pérou, 28 seulement appartenaient à la France.

L'Angleterre, qui n'a pas jugé nécessaire d'admettre un tel droit protecteur, a importé en 1855, 281 761 tonnes de cet engrais. La France n'en a reçu que 13 961 tonnes. Si l'on compare ces importations avec l'étendue que présentent ces deux royaumes, on constatera que notre agriculture ne reçoit pas la quantité qu'elle peut employer.

La même année, les États-Unis en ont importé 64 293 tonnes; l'Espagne 26 430; l'île Maurice 18 193; et la Chine 1114. La quantité expédiée du Pérou, s'est donc élevée à 405 752 tonnes de jauge, équivalant à 500 000 tonnes de 1000 kilog.

La quantité importée en France a atteint, en 1856, 43 829 tonnes ou 57 000 000 de kilog.

Valeur commerciale. — Il y a dix ans, le guano du Pérou se vendait, en France, de 22 à 25 fr. les 100 kilog. Le prix auquel on le livre aujourd'hui varie entre 32 et 35 fr., selon la quantité achetée. Cette augmentation de valeur a pour cause le droit dont est frappé cet engrais à l'importation sous pavillons étrangers, droit qui s'élève à 36 fr. par tonne, y compris le double décime.

Ce prix atteindra un chiffre plus élevé encore. Ainsi, le gouvernement du Pérou constatant bientôt que le guano est de plus en plus recherché en France et en Angleterre, ordonnera à ses consignataires d'en élever le prix. Cette décision sera fatale à l'agriculture française, parce que le guano arrivant en Angleterre libre de tous droits de douane, s'y vendra encore moins cher qu'en France.

Le guano de Patagonie est livré, au Havre, au prix de 27 à 30 fr. les 100 kilog., lorsqu'il contient sur 100 parties 32 de phosphate de chaux et 9 d'azote.

Le guano des îles Baker et Jarvis est vendu de 20 à 24 fr. les 100 kilogr.

Épuisement du sol par le guano. — On répète souvent que le guano diminue la fertilité des terres sur lesquelles on l'emploie. Cette opinion n'est pas exacte et ne peut être soutenue que par les fabricants d'engrais artificiels. Au Pérou, où son emploi remonte à plusieurs siècles, on l'utilise indéfiniment dans la culture du maïs et de la pomme de terre, et, jusqu'à ce jour, on n'a pas constaté qu'il avait amoindri la richesse du sol cultivé autrefois par les Incas.

BIBLIOGRAPHIE.

Fregier. — Voyage aux côtes du Pérou, 1726, in-8, p. 133.
De Humboldt. — Annales de chimie, an XIII, in-8, t. LVI, p. 258.
Bartels. — Chimie appliquée à l'agriculture, 1844, in-8, p. 256.
Leclerc-Thouin. — Journal d'agric. pratique, 1844, gr. in-8, p. 254.
Harmange. — Notice sur le guano, 1845, in-8.
De Monnières. — Histoire du guano du Pérou, 1845, in-8.
Fownes. — Bibliothèque de Genève, t. LXIII, p. 194.
Nesbit. — Du guano du Pérou, 1853, in-8.
Vienot. — Instruction sur l'emploi du guano, 1856, in-8.
Mosneron-Dupin. — Du guano du Pérou, 1857, in-8.

SECTION III.

Fiente de volailles.

Allemand. — Geflügelmist. *Italien.* — Cacherollo.
Espagnol. — Gallinaza.

Les déjections de volailles, auxquelles on donne les noms de *pouline*, *poulaie*, *poulenée*, doivent être recueillies avec soin, quoiqu'elles soient moins actives que les fientes des pigeons.

Vauquelin a constaté que la matière crétacée blanche qui recouvre la fiente du coq ne se trouve sur les déjections de la poule que lorsqu'elle ne pond pas, et que les déjections de ces deux oiseaux contenaient du carbonate et du phosphate de chaux, et une quantité assez sensible de silice.

Ces engrais, ainsi que le fait observer H. Davy, contiennent du carbonate d'ammoniaque et une matière soluble dans l'eau ; ils renferment aussi de l'acide urique.

D'après M. Girardin, la fiente récente de poule est composée comme il suit :

Eau	72,90
Matières organiques agissant comme engrais	16,20
Matières inorganiques agissant comme stimulants	5,24
Graviers et sables siliceux	5,66
	100,00

La fiente des oies et des canards n'a pas l'énergie dont jouissent les déjections des poules et dindons.

La fiente de volaille ne doit pas séjourner longtemps dans les poulaillers ; il faut l'enlever tous les deux ou trois mois. Lorsqu'elle y séjourne au delà de quatre mois, elle perd de son action fertilisante, et souvent même elle est détruite en grande partie par un grand nombre de petits vers. Quand le moment de l'enlever est arrivé, on nettoie à fond le poulailler, et on la dépose sous un hangar ou dans un bâtiment à l'abri de la pluie.

Souvent, avant de l'appliquer, et sans attendre qu'elle soit entièrement sèche, on la mêle avec de la terre, des cendres ou des charrées.

Cet engrais ne peut pas être employé immédiatement après qu'il a été récolté, car il brûle les plantes et détruit la faculté germinative des semences.

Pour l'utiliser avec succès, soit sur des prairies naturelles ou celles artificielles, soit sur des céréales en végétation, on doit parfaitement le diviser et attendre, comme le dit Rozier, qu'il ait *jeté son feu*.

La quantité à appliquer par hectare est presque identique à celle qu'on répand dans l'emploi de la colombine.

On le répand avec la main.

Dans la plupart des fermes, la pouline, comme les déjections des pigeons, est réservée pour la culture de plantes annuelles.

M. Giot estime qu'une poule produit annuellement 50 litres de fiente.

La fiente de l'oie est nuisible aux prairies naturelles

DEUXIÈME PARTIE.

DÉBRIS D'ANIMAUX.

CHAPITRE I.

ENGRAIS D'UNE DÉCOMPOSITION RAPIDE.

SECTION I.

Chair musculaire.

Allemand. — Pferdflisch. *Espagnol.* — Carne.

Historique. — Composition. — Quantité de viande fournie par un cheval. — Mode d'abatage. — Emploi de la chair fraîche. — Chair desséchée. — Terrains auxquels elle convient. — Mode d'emploi. — Quantité à répandre. — Plantes pour lesquelles on l'emploie. — Valeur commerciale.

Historique. — L'origine des chantiers d'équarrissage est très-ancienne. Il en existait déjà un à Paris au XVe siècle; le règlement de police du 28 juin 1404 fait connaître qu'il était situé au-dessous du castel du Louvre. Cette *écorcherie* et celles qui furent établies depuis aux environs des Tuileries, persistèrent, malgré l'odeur infecte qui s'en exhalait, jusqu'au 20 octobre 1563, époque à laquelle le parlement ordonna aux tueurs et écorcheurs de bêtes d'aller s'établir hors de Paris. Cet arrêt et ses conséquences heureuses déterminèrent le chancelier de l'Hopital à proposer à Henri III, d'enjoindre à tous les écorcheurs du royaume d'établir leurs tueries hors des villes.

C'est en 1645 que le célèbre chantier d'équarrissage de Montfaucon fut créé par Thou et Guillot. Toutefois, malgré les ordonnances qui obligeaient alors d'abattre les animaux dans les voiries, beaucoup d'équarrisseurs continuèrent leur métier dans Paris, jusqu'en 1761, époque où une sentence de police leur enjoignit de quitter cette ville dans l'espace de quinze jours.

Si Thou et Guillot ne réussirent pas dans leur entreprise, par contre, vers la fin du siècle dernier, Charrois y acquit une fortune considérable qui le rendit célèbre par le luxe qu'elle lui permit de déployer.

A cette époque, les équarrisseurs de Montfaucon obtinrent la permission de vendre les intestins et les chairs aux agriculteurs, mais à condition qu'ils ne les garderaient pas plus de cinq jours dans leur enclos. Auparavant les chairs servaient à nourrir les chiens des chiffonniers, ou elles étaient enfouies profondément ainsi que les viscères. Malheureusement ces débris restaient souvent sur le sol et dégageaient une odeur détestable. Aussi, était-il impossible de rien voir de plus dégoûtant, de plus insalubre.

Les carcasses n'étaient pas utilisées, on les brûlait; toutefois, cette crémation n'avait lieu ordinairement que quand il y en avait 700 à 800 de dépouillées[1].

D'après Necker, à la fin du siècle dernier, on écorchait, dans les divers chantiers d'équarrissage des environs de Paris, 25 chevaux par jour, soit 9125 par an; en 1825, on tuait chaque jour, à Montfaucon, 35 chevaux, soit par an 12775.

1. Après la bataille qui eut lieu sous les murs de Paris, le 30 mars 1814, les chevaux tués restèrent sur le sol et ne tardèrent pas à se putréfier. Pour prévenir l'apparition de maladies contagieuses, on les brûla : leur nombre s'élevait à près de 4000. Cette opération dura 13 nuits et 14 jours; elle coûta 8265 fr. à la ville de Paris.

Depuis 1830, grâce au remarquable travail de M. Payen, sur l'*emploi des animaux morts*, la chair de cheval est utilement employée comme engrais dans toutes les contrées où il existe des chantiers d'équarrissage.

Dans les circonstances les plus générales, la chair musculaire fournie par les animaux qui meurent dans les campagnes est complétement perdue pour l'agriculture; c'est que, le plus ordinairement, on éprouve une très-grande répugnance à dépouiller les animaux morts épuisés, malades ou par accident, et à toucher leurs débris. Aussi, le plus souvent, les cadavres sont-ils enfouis intacts dans une fosse profonde pratiquée au milieu d'un champ ou d'une prairie, ou abandonnés dans un fossé et livrés aux corbeaux, aux chiens, etc. On est loin de penser, quand on agit ainsi, qu'on abandonne des engrais très-énergiques. Il est évident que le temps est arrivé où les débris des animaux morts de vieillesse ou de *maladies non contagieuses* doivent être recueillis et utilisés avec soin. Si l'odeur que développent les chairs qui se putréfient est très-nauséabonde et putride, du moins elle n'est nullement nuisible à la vie. Les ouvriers équarrisseurs ont ordinairement une santé florissante, et ils meurent le plus souvent dans un âge fort avancé. (Voir, chapitre III : EMPLOI DES ANIMAUX MORTS.)

Composition. — La viande desséchée, à Aubervillers (Seine), est composée, d'après M. Soubeiran, comme il suit :

Matière animale	84,78
Phosphate de chaux	2,40
Substances terreuses	2,82
Eau	10.00
	100,00

Elle renferme 13,23 pour 100 d'azote, chiffre qui correspond à celui qu'ont obtenu MM. Payen et Boussingault.

On remarquera, d'après cette analyse, que cet engrais est dépourvu de sels ammoniacaux, et qu'il contient très-peu de parties alcalines. Le phosphate de chaux qu'il contient est dû, d'après M. Soubeiran, à ce que les os des petits animaux, chiens, chats, que l'on ajoute aux quartiers de chevaux, restent mélangés avec la viande après la cuisson.

Quantité de viande fournie par un cheval. — D'après Parent-Duchâtelet, un cheval moyen fournit 166 kilog. de chair musculaire fraîche, un cheval en bon état 203 kilog.

Mode d'abatage. — Les équarrisseurs de Montfaucon emploient quatre procédés pour abattre les chevaux : 1° insufflation de l'air dans les veines ; 2° piqûre de la moelle épinière ; 3° section des artères et des veines ; 4° percussion du crâne à l'aide d'une massue. Le troisième moyen est le plus en usage.

Emploi de la chair fraîche. — Lorsqu'un cultivateur perd un animal, ou lorsqu'il peut acheter dans la localité qu'il habite des animaux épuisés, hors de service ou atteints de maladies incurables ou non contagieuses, il doit d'abord les faire dépouiller. Quand l'animal a été écorché et désarticulé, on creuse une fosse un peu profonde, et au fur et à mesure que les divers débris y sont placés, on les saupoudre de chaux vive, dans le but de précipiter leur décomposition, et on les recouvre de la terre fournie par l'excavation ; on doit avoir soin de bien combler la fosse, et de donner à la terre qui excède le niveau du sol la forme d'un prisme, dans le but d'empêcher les chiens, etc., de déterrer les chairs ou les os. Un mois ou deux après avoir ainsi placé les cadavres, on ouvre la fosse et on sépare les os des autres débris, chairs, etc., qui ne produisent plus qu'une faible odeur. Ensuite, on mêle ces débris et la chaux hydratée, que l'on a dû employer dans une assez forte proportion, avec la meilleure terre dont on puisse disposer. On peut, en dernier lieu, mêler ces diverses parties avec la terre fournie par la fosse. Quand le mélange a été parfaitement exécuté, on le dispose en forme de monticule et on l'abandonne pendant quatre ou cinq semaines. Quand le moment d'employer ce compost est arrivé, on le remue de nouveau, afin que le mélange soit aussi intime que possible.

Les cultivateurs du village de Hoofstade (Belgique) utilisent chaque année un très-grand nombre de chevaux à la fertilisation de leurs champs. D'après M. Crouner, ils déposent la chair dans une fosse au milieu d'une forte quantité de fumier, et chaque fois qu'ils remuent ces matières (le remaniement s'opère chaque semaine), ils ajoutent de nouveau du fumier frais d'étable, afin de maintenir constamment le compost en fermentation. Ils comptent que 7 chevaux suffisent pour fertiliser 1 hectare.

On peut ajouter à la chair musculaire de la tannée au lieu de fumier. M. Gauthier, de Dinan, a obtenu, en procédant ainsi, des résultats très-remarquables : la tannée a cet avantage qu'elle atténue d'une manière sensible l'odeur fétide et désagréable que développe la chair musculaire en se décomposant.

Suivant M. Payen, il faut, lorsqu'on emploie des débris animaux, tels que viande et sang desséchés, leur ajouter quelques millièmes d'acide pyroligneux pour empêcher les rats de fouiller la terre pour s'emparer de ces débris.

Chair desséchée. — Depuis plusieurs années, des usines d'équarrissage ont été créées dans les environs des grands centres de population, dans le but de réduire en poudre la chair musculaire des animaux qu'elles abattent, et de la livrer à l'agriculture comme matière fertilisante. Autrefois on dépeçait les cadavres, et la viande était désagrégée dans un autoclave contenant une certaine quantité d'eau et sous une pression de deux atmosphères. Après 12 heures d'ébullition, l'eau était convertie en bouillon gélatineux, et soutirée au moyen d'un robinet, après avoir enlevé, toutefois, au moyen d'un trou d'homme, la graisse qui existait à sa surface.

Aujourd'hui, la chair musculaire est convertie en engrais pulvérulent au moyen de la cuisson à vapeur. On a adopté ce dernier moyen, à cause des graves inconvénients que présentait l'ancien procédé, ceux de donner naissance à des vapeurs infectes, désagréables, et de désagréger la chair avec beaucoup de lenteur. Voici comment on procède à cette préparation : l'animal est abattu, saigné, dépouillé et dépecé, et toutes ses parties charnues sont placées dans une grande caisse de forme circulaire munie latéralement et supérieurement de deux portes ou obturateurs en fonte fermant hermétiquement à l'aide de vis et d'écrous ou de boulons à clavettes. Lorsque cette caisse est remplie de débris, on ouvre le robinet d'un tuyau en communication avec une chaudière, afin d'y introduire un jet de vapeur, en ayant soin de n'agir qu'à une tension de 0,10 à 0,15, afin de ne pas altérer la gélatine et les graisses. La durée de la coction varie entre 20 et 24 heures. Lorsque la cuisson est terminée, les chairs sont retirées de l'autoclave, soumises à une forte pression, afin d'éliminer une grande partie du liquide gélatineux qu'elles renferment, puis on termine leur dessiccation soit au four, soit dans une étuve, soit dans de grandes bassines en fonte, ou sur des plaques en tôle chauffées modérément, en les remuant continuellement. Quand la viande est bien sèche et encore chaude, on la réduit en poudre au moyen de meules.

L'eau qui, pendant la cuisson, a été condensée par les chairs et a entraîné les parties solubles, principalement la graisse, la gélatine et les sels, existe au fond de la caisse. Lorsqu'on veut séparer la graisse des autres parties entraînées par l'eau, on laisse cette dernière se refroidir et la graisse ne tarde pas à surnager.

Quant au *liquide gélatineux*, on peut l'utiliser pour *animaliser* des substances végétales. Il contient 0,92 pour 100 d'azote.

C'est sous la forme d'une poudre rouge noirâtre, grossière, que la chair musculaire desséchée est livrée à l'agriculture; l'odeur qu'elle développe est assez forte, nauséabonde.

On peut, dans les exploitations agricoles, adopter un moyen plus simple. Ce procédé consiste à immerger les chairs après le dépeçage, dans un baquet contenant de l'eau, du sulfate de fer et du carbonate de soude, pendant une ou deux heures, selon la force des morceaux. Quand cette immersion a eu lieu, on fait sécher ces derniers sous un hangar fermé ou dans un séchoir, et quand ils sont secs, on les réduit en poudre au moyen de pilons ou de meules. L'engrais que l'on obtient n'a pas, pour ainsi dire, d'odeur. On peut aussi, suivant Darcet, tremper la viande dans de l'eau acidulée par de l'acide chlorhydrique.

Un kilog. de chair musculaire desséchée et réduite en poudre produit environ 250 grammes d'engrais.

On fabrique à Aubervilliers (Seine) un engrais appelé *guano d'Aubervillers* ou *cheval en poudre*. Cet engrais est fabriqué avec des chairs, des issues, du sang, etc. La chair est cuite dans une chaudière autoclave, ensuite divisée, séchée dans une étuve et réduite en poudre.

Ce guano contient 10 pour 100 d'azote et 15 pour 100 de phosphate de chaux. On le vend 25 fr. les 100 kilogrammes.

On l'applique à raison de 300 à 400 kilogrammes par hectare.

Le *guano de viande* fabriqué à Levallois (Seine), par M. Landais, contient sur 100 parties : viande 33, phosphate de chaux 33, matières végétales azotées 15, eaux alcalines 19.

Il est vendu 35 fr. l'hectolitre.

M. Landais recommande de le répandre à la dose de 2 hectolitres par hectare sur les blés qui ont souffert pendant l'hiver.

Terrains auxquels elle convient. — La chair musculaire ne convient guère qu'aux sols légers et sablonneux ; appliquée sur des terrains compactes et humides, elle n'agit pas sur les plantes avec la même durée; c'est que sur de telles terres elle se dissout très-promptement. On ne peut en faire usage sur les terres argileuses et en espérer des résultats avantageux qu'en la répandant au printemps pour des cultures annuelles.

La chair desséchée n'est appliquée en automne que sur les terres légères et perméables.

Mode d'emploi. — La chair qui a servi à faire un compost, doit être appliquée au printemps sur les labours de semailles ou sur les plantes en végétation.

Il n'est pas indispensable de décomposer la chair musculaire avant de l'employer comme substance fertilisante. On peut la diviser en petits morceaux, répandre ceux-ci sur des champs labourés, et les incorporer au sol par un labour superficiel ou un hersage très-énergique Toutefois, ce procédé a des inconvénients. Ainsi on a reconnu, par expérience, que le sol est fertilisé très-inégalement, que les travaux de hachage sont longs et coûteux, et que les débris, à cause de l'odeur qu'ils développent quand ils se décomposent, attirent les corbeaux et les pies, qui font de grands dégâts sur les terres ensemencées de céréales.

La chair desséchée se répand à la volée avant ou après que

la semence a été projetée, en ayant soin de la mêler à la couche arable, aussi près que possible de la surface du sol. Ainsi enfoui, cet engrais est continuellement en contact avec les racines des plantes et agit favorablement et presque instantanément sur la végétation.

Quantité à répandre par hectare. — La quantité de viande en poudre à appliquer par hectare, varie entre 300 à 400 kilog., selon les plantes que l'on cultive.

Plantes pour lesquelles on l'emploie. — Dans la plupart des circonstances, cet engrais est réservé pour le chanvre, le lin, la betterave, les plantes potagères, etc., végétaux qui, pour donner des produits très-abondants, réclament des engrais qui agissent promptement.

Valeur commerciale. — A Paris, la chair musculaire desséchée et réduite en poudre est livrée à l'agriculture au prix de 14 à 16 fr. les 100 kilog. ; à Nantes, la même quantité est vendue 18 à 20 fr.

A Montfaucon, près Paris, la chair fraîche et les issues se vendent sur place de 3 à 5 fr. les 1000 kilog.

SECTION II.

Sang.

Anglais. — Blood. *Espagnol.* — Sangre.

Historique. — Composition. — Récolte. — Emploi du sang frais. — Dessiccation du sang. — Emploi du sang sec. — Quantité à répandre. — Cultures pour lesquelles on l'emploie. — Valeur commerciale. — Bibliographie.

Historique. — Autrefois le sang était, comme les autres débris animaux, complétement perdu pour l'agriculture. Ce fut en 1825 que l'industrie apprit à le convertir en substance véritablement fertilisante. A cette époque, la Société centrale d'agriculture établit un concours qui appela l'attention des industriels sur l'emploi des débris les plus putrescibles des animaux. M. Payen eut l'honneur d'obtenir le prix proposé. Il est aujourd'hui hors de doute que son ouvrage a puissamment contribué à la création d'usines destinées à utiliser les débris d'animaux morts ou qu'il faut abattre.

Composition. — Le sang est extrêmement riche en matières azotées et alcalines; de toutes les matières animales, il est la plus éminemment organisée.

D'après M. Nasse, le sang normal des animaux domestiques abattus dans les chantiers d'équarrissage, présente la composition suivante :

	Cheval.	Chien.	Chat.
Eaux	804.75	799.50	810.02
Globules	117,13	123,85	113.39
Albumine	67.58	65.19	64.46
Fibrine	2.41	2,93	2.42
Graisse	1.31	2,25	2,70
Sels solubles	6.82	6.28	7,01
	1000.00	1000.00	1000,00

Suivant le même observateur, le sang obtenu dans les boucheries ou les abattoirs est ainsi composé :

	Bœuf.	Veau.	Brebis.	Porc.
Eau..........	799,56	826,71	827,72	768,95
Globules......	120,87	102,50	92,42	145,53
Albumine.....	66,93	56,41	68,77	72,87
Fibrine.......	3,62	5,76	2,57	3,95
Graisse.	2,04	1,62	1,61	1,95
Sels solubles..	6,98	7,00	6,91	6,75
	1000,00	1000,00	1000,00	1000,00

Lorsqu'on abandonne le sang à lui-même, les globules se rassemblent dans un réseau de fibrine ou d'albumine coagulée, et le liquide qui se sépare, auquel on a donné le nom de *sérum*, n'est que de l'eau tenant en dissolution de l'albumine et des sels de potasse et de soude.

D'après Berzélius, 1000 parties de sérum de sang de bœuf contiennent 905,00 d'eau et 79,79 d'albumine. Lors que le sérum a été desséché, il contient de 15 à 16 pour 100 d'azote.

MM. Payen et Boussingault ont trouvé :

1° Dans le sang liquide obtenu dans les abattoirs, 81 pour 100 d'eau et 2,95 pour 100 d'azote ;

2° Dans celui provenant de chevaux épuisés, 82,5 pour 100 d'eau et 2, 71 pour 100 d'azote ;

3° Dans le sang sec desséché tel qu'on le livre à l'agriculture, 12,5 pour 100 d'eau et 14,87 pour 100 d'azote ;

4° Le sang coagulé et pressé contenait autant d'azote que celui qui avait été séché en fabrique.

On voit d'après ces chiffres, et les résultats obtenus par M. Nasse, que le sang obtenu dans les chantiers d'équarrissage est moins riche, moins fertilisant que celui recueilli dans les abattoirs et quels sont les avantages que présente la dessiccation de ce liquide.

Un hectolitre de sang liquide pèse en moyenne 112 kilog.

Récolte. — Le sang, lors de l'abatage des animaux, est fortement agité avant son refroidissement. Cette agitation a pour but de précipiter la fibrine du sang et d'empêcher sa coagulation. Après ce battage, le sang marque ordinairement de 6 à 7 degrés à l'aéromètre de Baumé. On a constaté dans diverses villes que le sang vendu aux fabriques d'engrais par les bouchers ne marque que 3 à 4 degrés à l'aéromètre de Baumé. Cette faible pesanteur prouve que la qualité en a été altérée par l'addition d'une certaine quantité d'eau.

Dix jours suffisent en été pour qu'il fermente, se putréfie et développe une odeur repoussante.

Un cheval donne en moyenne de 15 à 18 kilog. de sang.

Emploi du sang liquide. — Le sang n'est employé à l'état liquide que quand on n'en a qu'une faible quantité; alors on l'étend d'eau et on le répand par un temps sec sur une terre parfaitement meuble. On le mêle ensuite au sol par un léger labour ou plusieurs hersages très-énergiques.

Il se décompose rapidement.

On peut aussi se servir du sang étendu d'eau pour l'arrosage des fumiers. Ainsi employé, cet engrais n'a pas une action fertilisante bien marquée : il se décompose rapidement et favorise mal la végétation des plantes qui se développent avec lenteur.

On peut aussi l'appliquer sous forme de compost, après l'avoir mêlé le plus intimement possible à la pelle avec six ou huit fois son volume de terre sèche, ou trois fois son volume de terre chauffée au four.

M. Péplowski a proposé de mélanger au sang, lorsqu'il est encore frais, un trente-deuxième de son poids de chaux vive.

M. Caillat approuve ce procédé, et observe qu'au bout de peu de temps, le sang se prend en masse et forme un véritable albuminate de chaux insoluble. Alors, si on divise le *coagulum* formé, ce qui se fait très-facilement, et si on le dessèche, on obtient un engrais d'un emploi facile et d'une décomposition prompte.

Dans ces derniers temps, M. Bonnet a employé avec succès le chlorure acide de manganèse, résidu de la préparation de chlore. Ainsi traité, le sang retient plus fortement son azote que le sang que la chaleur a coagulé, et sa couleur est plus noire.

Dessiccation du sang. — Dans le but de retarder la décomposition rapide du sang, et pour qu'il profite entièrement aux plantes, on le coagule et on le dessèche. On connaît aujourd'hui divers procédés de coagulation et de dessiccation. Je vais rapporter ceux qui sont les plus adoptés.

M. Payen a proposé le moyen suivant comme le procédé le plus simple : on fait dessécher au four, immédiatement après la cuisson du pain, de la terre exempte de mottes, que l'on a soin de remuer de temps à autre au moyen du râble; il en faut environ quatre à cinq fois plus que l'on n'a de sang liquide; on tire sur le devant du four cette terre toute chaude, et on l'arrose, en la retournant à la pelle, avec le sang à conserver ; on renfourne de nouveau le mélange et on l'agite avec le râble jusqu'à ce que la dessiccation soit complète; on peut alors mettre le tout dans de vieux barils ou caisses, à l'abri de la pluie, pour s'en servir au besoin. La terre, dans ce mode de préparation, est utile surtout pour que le sang soit dans un état de division convenable, et sa décomposition plus régulière et plus lente.

M. Cornali d'Almeno calcinait dans le Berri des terres

silico-argileuses qui lui revenaient à 25 centimes l'hectolitre. Il faisait cuire le sang dans une chaudière dans laquelle il avait versé préalablement un hectolitre de cendres. Quand le sang (1 hectolitre 25 litres) et les cendres avaient bouilli environ deux heures, il les mêlait à 2 hectolitres de terre carbonisée.

L'engrais qu'il obtenait en opérant ainsi contenait 0,75 d'azote et pesait 98 kilog. l'hectolitre. Il l'employait à la dose de 20 hectolitres pour une demi-fumure. Cet engrais lui revenait à 2 fr. 23 c. l'hectolitre.

Dans les fabriques, le sang est traité ainsi qu'il suit : on place dans un local des cuves en bois pouvant contenir chacune trois ou quatre barriques de sang, et dans chaque cuve on fait arriver un fort jet de vapeur d'eau fourni par un générateur chauffé à feu nu, et on a soin d'agiter la masse jusqu'à ce que le sang soit entièrement coagulé. Sous l'action de la vapeur qui se condense dans le sang, la température s'élève progressivement jusqu'à 60 degrés centigrades, l'albumine se coagule et le liquide s'épaissit de plus en plus. Lorsque l'opération est terminée, on remplit de petits sacs de toile de la pâte fluide et chaude, on les dépose sur un plateau en couches séparées par des claies d'osier, et on place le tout sous une presse à bras. Sous l'action de cette machine, un liquide d'un jaune rouillé, presque transparent, contenant seulement du chlorure de sodium et de potassium (sels solubles du sérum), ruisselle de tous côtés. Quant au *coagulum*, il se présente à la sortie de la presse sous forme de tourteaux ou galettes minces, humides, et d'un rouge brunâtre. Toutefois, comme cette partie du sang fermenterait encore si elle était abandonnée à elle-même, on la dessèche dans un séchoir à l'air chaud. Sous l'action de la chaleur, ces galettes deviennent dures, cassantes et vitreuses. Quand elles sont arrivées à cet état, on les broie dans un moulin.

Ainsi desséché et divisé, le sang se présente à l'état d'une poudre plus ou moins fine, ayant une couleur rouge noirâtre ; son odeur est faible et n'a rien de dégoûtant.

Toutefois, ces deux procédés de dessiccation sont loin de satisfaire aux nécessités de la santé publique et les ouvriers qui les mettent en pratique sont sans cesse exposés à des émanations insupportables, à des odeurs suffocantes. M. V. Suquet, profondément pénétré que la cuisson des grandes masses de sang est une opération vicieuse au point de vue de l'hygiène, a proposé de traiter le sang liquide avec une solution de persulfate de fer. Les résultats qu'il a obtenus par ce rapide procédé, pendant lequel on ne constate pas de fermentation ou d'élévation de température, ont été très-remarquables.

Voici comment on opère : on mêle au sang liquide et à froid 5 pour 100 en volume de persulfate de fer, liquide rougeâtre très-astringent et marquant 17 à 20 degrés à l'aréomètre de Baumé[1]. Le sang se coagule instantanément en une masse solide, noirâtre, inodore et imputrescible. On extrait cette pâte solide, on la dépose en un seul morceau sous un hangar. Cette masse, abandonnée à elle-même, laisse ruisseler pendant les premiers jours un liquide clair, transparent, sans traces de matières animales et contenant, avec un léger excès de sels ferriques, les sels ordinaires du sang. Peu à peu cette masse se tasse et se subdivise de manière à être détachée par blocs avec la pioche. Dans cet état, le sang est mis en poudre avec la même facilité qu'on aurait à briser

1. Le persulfate de fer ou sulfate de sesquioxyde de fer se prépare très-facilement; on l'obtient en traitant le peroxyde de fer ou sesquioxyde de fer par l'acide sulfurique.

une motte de terre friable et desséchée. Cette poudre est ensuite étendue par couches, remuée fréquemment et séchée au soleil. Pour la conserver, il faut la mettre en barils, en sacs, et placer ces objets dans un lieu à l'abri de l'humidité.

D'après M. Derosne, 1 kilog. de sang coagulé par l'ébullition, puis desséché à l'étuve, représente 4 à 5 kilog. de sang liquide.

Voici quelle est, d'après M. Soubeiran, la composition du sang que l'on a coagulé par le jet de vapeur :

Matière animale	78,00
Phosphate de chaux	0,30
Sels et matières terreuses	4,70
Eau	17,00
	100,00

Cet engrais contient 15,0 pour 100 d'azote.

Emploi du sang sec. — Les conditions essentielles pour l'emploi du sang sec sont qu'il soit bien divisé et, autant que possible, mêlé avec la terre humide, pour que sa décomposition s'opère promptement. On doit l'employer de préférence au printemps et en été, quand on prévoit des pluies prolongées, sans quoi il produit très-peu d'effet.

Quantité à répandre. — La quantité à appliquer par hectare varie de 600 à 800 kilog., selon les exigences des plantes.

Comme le sang entre promptement en putréfaction, surtout dans les temps où la température de l'atmosphère est élevée, on doit, s'il doit être appliqué en même temps que les semences de maïs, sarrasin, céréales, millet, etc., le mélanger au sol quelques jours avant d'exécuter la semaille. On peut aussi, comme le conseille M. Derosne, le mêler à une certaine quantité de terre dans une portion du champ qui sera ensemencé et arroser ensuite ce mélange. Au bout de 7 à

8 jours, on répandra ce mélange soit à la main soit à la pelle, et on sèmera ensuite la graine. Ainsi préparé, le sang sec éprouve un premier mouvement de fermentation avec dégagement de chaleur; alors on ne redoute plus qu'il manifeste des effets trop actifs et on est assuré, autant qu'il est possible de l'être, que les éléments résultant de sa décomposition seront absorbés par la terre et successivement assimilés par les plantes.

Cultures pour lesquelles on l'emploie. — Le sang convient spécialement aux plantes qui accomplissent promptement leurs diverses phases de végétation. On l'applique avec succès dans la culture du maïs, haricots, pois, betteraves, pommes de terre et céréales de printemps. Dans les colonies, on l'emploie pour la culture des cannes à sucre, des cafiers, des cotonniers.

Quand on applique cet engrais à des plantes qui produisent des germes délicats, la canne à sucre par exemple, il faut l'employer avec beaucoup de prudence. M. Derosne fait observer que si le sang n'était pas bien mélangé ou s'il y en avait une trop grande proportion, la chaleur qui résulterait de la décomposition de cet engrais risquerait de brûler les jeunes racines, comme cela a eu lieu dans plusieurs plantations de cannes à sucre lors de son introduction dans les colonies. Pour obvier à cet inconvénient, il faut mêler le sang en poudre avec de la terre. Il n'est pas prudent, dans une telle culture, d'employer plus d'une partie de sang contre 50 parties de terre.

On peut aussi employer le sang sec sur les prairies naturelles et artificielles; mais pour qu'il y produise des effets marqués, il est convenable de le semer au printemps et par un temps pluvieux, pour que sa décomposition s'opère promptement.

Valeur commerciale. — Autrefois le sang sec se vendait à Paris 20 fr. les 100 kilog. Aujourd'hui on le livre à l'agriculture à raison de 25 fr.

Plusieurs fabricants d'engrais cotent le sang sec en poudre 10 à 12 fr. les 100 kilogr. Ce prix n'est pas assez élevé pour qu'ils puissent le livrer pur, c'est-à-dire exempt de terre calcinée ou de matières charbonneuses.

M, Cornali d'Almeno achetait le sang des abattoirs de Châteauroux, Poitiers, etc., au prix de 6 fr. la barrique de 125 litres.

BIBLIOGRAPHIE.

Derosne. — Mémoire sur l'emploi du sang sec, 1831, in-4.
Payen. — Mémoire de la Société centrale d'agriculture, in-8, 1830, p. 67.
I. Pierre. — Chimie agricole, in-12, p. 395.

SECTION III.

Debris de poissons.

Anglais. — Refuse fish.

Historique. — Composition. — Emploi des débris frais. — Poudre de poissons. — Terrains sur lesquels on les emploie. — Plantes pour lesquelles on les applique. — Valeur commerciale.

Historique.—Les débris de poissons sont employés comme engrais depuis fort longtemps. Tanara qui vivait en Italie, il y a deux siècles, fait mention de leur emploi.

En Angleterre, les poissons que la mer pousse sur les côtes sont recueillis avec soin par les cultivateurs qui sont à portée de les utiliser. A Saint-Isidoro, près Buenos-Ayres, les agriculteurs sont dans l'usage de fertiliser les terres qu'ils cultivent, avec les poissons que les pêcheurs laissent sur les rives de Rio de la Plata, ou que le fleuve lui-même y dépose dans les gros temps. Des faits analogues s'observent en Angleterre, sur les confins des marais des comtés de Norfolk, de Cambridge et de Lincoln.

A Dunkerque, on emploie les débris de morues, de harengs, et les poissons qui, dans les temps de pêche fructueuse, commencent à se corrompre parce que la vente de ces produits est lente et difficile. Dans les environs de Quimper et de Naples, on utilise les têtes de sardines. Sur les rives du comté d'Aberdeen, on emploie beaucoup de débris de maquereaux.

Composition. — La morue salée contient 38 pour 100 d'eau et 6,7 d'azote; le hareng frais renferme 76,6 pour 100 d'eau et 2,7 seulement d'azote.

Emploi des débris frais. — Pour utiliser des poissons corrompus, des débris de sardines, de morues, de harengs, etc., comme substances fertilisantes, il faut les mêler à de la chaux vive ou de la craie dans la proportion d'un hectolitre de chaux sur trois de poissons. Au bout de 3 à 4 semaines on remue le compost, et on y ajoute autant de terre qu'il comporte de chaux et de poissonnaille. La chaux, d'après les remarques de M. Boussingault, est surtout très-convenable pour les huiles avariées de hareng : il se forme alors un savon de chaux qui paralyse l'action nuisible sur la végétation que ne manquent jamais de produire toutes les substances grasses ou huileuses.

Suivant Thaër, les poissons ou les débris de harengs, etc., éparpillés sur le sol, et enterrés avant qu'ils soient décomposés, nuisent aux plantes la première année, et ne procurent que peu d'avantage les années suivantes.

On peut retarder la putréfaction des débris en les arrosant avec de l'acide sulfurique ou une dissolution de sulfate de fer.

La quantité de débris de poissons frais à appliquer par hectare n'a pas encore été déterminée. John Sinclair rapporte qu'en Écosse, on a calculé que 14 barils de harengs en produisent un de résidus; que 2 barils de ces débris forment la charge d'un chariot à un cheval, et que 40 charges de ces matières, mélangées avec 120 charges de terre, fertilisent parfaitement un champ d'un hectare.

La *caque* et les *écailles* de harengs sont employées dans l'arrondissement de Dieppe et aux environs de Saint-Valery en Caux et de Fécamp. Ces engrais sont recherchés par les jardiniers.

Poudre de poisson. — Aujourd'hui, en France, en Angleterre et à Terre-Neuve, on réduit en poudre les poissons ou les débris de poissons. Cet engrais est très-puissant, on l'emploie avec succès à la Guadeloupe et à la Martinique. Voici comment on l'obtient sur les côtes de l'Océan :

On fait cuire ces matières à la vapeur pendant 30 à 40 minutes et sous la pression de 4 à 5 atmosphères, on les presse après les avoir mises dans des cylindres afin de recueillir l'eau et l'huile qu'elles contiennent, puis on soumet les tourteaux que l'on obtient à l'action des râpes mises en mouvement par une machine à vapeur. La poudre grossière ou l'espèce de pulpe que fournit cette opération est ensuite portée dans une étuve chauffée à l'aide d'un courant d'air dont la température varie entre 60 et 70°. Quand la chair est sèche, on la réduit en poudre fine au moyen d'un moulin spécial et on la met dans des sacs ou des barriques.

La poudre que l'on obtient par ce procédé correspond à 22 pour 100 du poids du poisson frais.

M. Petit traite les débris de poissons par l'acide sulfurique et M. Elliot par la potasse et la soude.

Cet *engrais de poisson* est jaunâtre et développe une odeur très-forte; elle contient plus ou moins d'arêtes ou de parties osseuses et plus ou moins de chair sèche.

M. Moussette a obtenu les résultats suivants de diverses analyses faites de débris de poissons desséchés :

	Chair de poissons en poudre.	Os de poissons en poudre.	Résidus de morue en poudre.
Matière organique azotée......	77,50	34,20	67,50
Sels solubles..................	2,25	1,85	1,05
Phosphate de chaux...........	17,30	53,70	28,75
Silice........................	0,70	1,20	0,40
Carbonate de chaux, de magnésie et phosphate de magnésie. ..	2,25	9,05	2,30
	100,00	100,00	100,00
Azote p. 100............... ...	11,17	3,84	8,73

La poudre de poisson fabriquée à Concarneau (Finistère)

a été analysée par M. Payen. Ce savant chimiste a constaté qu'elle contenait 22 pour 100 de phosphate de chaux et 12 d'azote.

On l'emploie à la dose de 400 kilog. par hectare.

Terrains sur lesquels on les applique. — Il faut éviter d'employer les poissons frais ou séchés et réduits en poudre, en automne, sur des sols humides.

Les terres calcaires ou crayeuses sont celles sur lesquelles les poissons frais produisent les plus grands effets.

Plantes pour lesquelles on les emploie. — Ces engrais peuvent être appliqués au printemps sur des céréales en végétation. On peut aussi les employer dans la culture des plantes annuelles.

Ces substances fertilisantes ont une très-grande action, mais elles n'agissent généralement que pendant l'année dans laquelle on les emploie, à moins qu'elles ne contiennent beaucoup de phosphate de chaux.

Valeur commerciale. — En Angleterre, on achète ordinairement les poissons qui ne sont pas alimentaires à raison de 1 fr. 50 à 2 fr. l'hectolitre.

La poudre de poisson se vend 20 fr. les 100 kilog.

La caque et les écailles de harengs sont livrées à Dieppe au prix de 1 fr. 50 l'hectolitre.

BIBLIOGRAPHIE.

Pommier. — Bulletin des séances de la Société centrale d'agriculture, 1853-54, in-8, p. 576.

SECTION IV.

Marc de colle forte.

Le résidu de la fabrication d'huile de pied de bœuf et celui qui reste dans les chaudières, après la préparation de la colle forte, est employé comme engrais.

Après avoir traité par l'hydrate de chaux les rognures de peaux, les pellicules des mégissiers et des tanneurs, les tendons et les pieds de bœuf, les avoir lavés et épuisés par le concours de l'eau bouillante, on obtient un résidu solide qu'on soumet à l'action d'une forte presse. Ce marc, que l'on appelle à Paris *drogue*, contient tout ce qui n'a pas été dissous par l'eau soumise à l'ébullition, comme les parties cutanées et tendineuses, les débris de muscles, d'os et de corne, les poils et un savon calcaire.

Cet engrais se putréfie promptement, mais on peut le conserver longtemps une fois desséché.

D'après MM. Boussingault et Payen, le marc de colle forte, analysé à l'état normal, a donné 33,6 pour 100 d'eau et 3,78 pour 100 d'azote.

La quantité à appliquer par hectare est de 500 à 600 kilog.

Son action est très-énergique, mais passagère. Il faut en renouveler l'application tous les ans.

Cet engrais vaut à Paris de 1 fr. 50 à 2 fr. l'hectolitre.

Les *rognures de tanneries* sont des engrais analogues au marc de colle, mais leur prix est ordinairement trop élevé pour que l'agriculture puisse les employer avantageusement.

CHAPITRE II.

ENGRAIS D'UNE DÉCOMPOSITION LENTE.

—

SECTION I.

Chiffons de laine.

Anglais. — Wollen-rag. *Allemand.* — Lumpeen.
Italien. — Straccio di lana. *Espagnol.* — Trapo.

Composition. — Préparation. — Chiffons en poudre. — Terrains auxquels ils conviennent. — Emploi. — Quantité à appliquer. — Mode d'action. — Plantes pour lesquelles on les applique. — Valeur commerciale.

Les retailles et les débris de tissus de laine que l'on désigne sous les noms de *chiffons* ou *loques* ont une grande valeur fertilisante. Les Génois et les Provençaux les emploient depuis longtemps pour exciter la végétation des oliviers et des vignes. En Sicile et en Angleterre, ils servent à rendre les houblons plus productifs.

Composition. — M. Chevreul a constaté que la laine non lavée était composée comme il suit :

Suint dissous par l'eau froide	32,74
Stéarine et éléarine	8,57
Laine désuintée et dégraissée	31,23
Matière terreuse fixée à la laine	1.40
— déposée sur la laine	26,06
	100,00

D'après MM. Boussingault et Payen, les chiffons de laine employés comme engrais contiennent 12,28 pour 100 d'eau et 17,98 d'azote.

Préparation. — Les chiffons, avant d'être appliqués, doivent avoir été divisés en *loques* ayant au plus environ 0m,10 de largeur et 0m,10 de longueur. On exécute cette opération à l'aide d'une faucille solidement engagée dans une porte ou d'une faux implantée dans un billot, sous un angle de 45 à 70°. Ce travail n'est pas sans inconvénient, surtout lorsque les chiffons sont vieux et sales, et il faut que les ouvriers soient munis de gants de peau.

M. de Gasparin rapporte que la gale fut introduite à la colonie de Mettray par des enfants qui avaient été chargés d'opérer cette division.

Les *tontisses* et les *balayures* de fabriques de drap n'exigent aucune préparation.

La coupure des chiffons revient de 6 à 10 fr. les 1000 kilog.

Chiffons en poudre. — En 1850, on a proposé d'imprégner les chiffons d'une solution faible de soude caustique, de les dessécher et de les réduire en poudre.

Ainsi préparés, on les vendait 20 fr. les 100 kilog.

Terrains sur lesquels on les emploie. — Les chiffons de laine conviennent aux terres légères et aux sols argileux. Toutefois, leurs effets sont beaucoup plus sensibles dans les terres sablonneuses et perméables que dans les terrains compactes, parce qu'ils s'y décomposent moins rapidement et y retiennent beaucoup d'humidité. En Provence, on les emploie principalement sur les terrains secs.

Emploi des chiffons. — Lorsque les chiffons ont été divisés, on peut les laisser séjourner, ainsi que le propose Schwerz, sur l'aire d'une bergerie ou les jeter dans une fosse contenant du jus de fumier. Par ces deux procédés on augmente la puissance fertilisante de cet engrais, puisqu'on lui permet d'agir plus rapidement. On peut aussi les employer dans leur état naturel, en ayant soin, toutefois, de les répartir le plus également possible sur le sol. Ce dernier procédé est celui qu'on suit le plus généralement.

Lorsque Mathieu de Dombasle les appliquait sur des terres arables, il les mélangeait quelques mois à l'avance avec 3000 à 4000 kilog. de fumier, afin de rendre leur décomposition plus facile. Il avait soin de ne jamais permettre que le mélange se desséchât, en répandant toutes les fois que cela était nécessaire une quantité de fumier suffisante pour que la masse fût imbibée jusqu'à la base.

On peut répandre les tontisses à la main.

Quantité à appliquer. — La quantité que l'on emploie par hectare varie entre 1500 et 3000 kilog. Dans la Brie, M. Delongchamps les applique à la dose de 3000 kilog.; cette quantité fertilise le sol pendant trois années. A la Varenne-Saint-Maur, M. Lefour les employait sur des terres siliceuses à raison de 1500 kilog. A Roville, Mathieu de Dombasle en mettait 250 grammes à chaque pied de houblon, soit 1000 kilog. à l'hectare; lorsqu'il les employait sur des terres arables, il en appliquait de 1200 à 1500 kilog.

En Angleterre, on les emploie dans la culture du houblon à la dose de 1500 à 1600 kilog. à l'hectare.

On emploie les *tontisses* provenant des fabriques de drap à la dose de 200 kilog. par hectare.

Mode d'action. — Les chiffons de laine agissent sur les plantes par les matières organiques et l'azote qu'ils contiennent.

Ces engrais manifestent lentement leur action. Ainsi, dans les circonstances ordinaires, leurs effets sont encore sensibles trois à cinq années après leur application; d'un autre côté, Johnston a reconnu qu'ils continuent à dégager des matières utiles à la végétation longtemps après que les engrais plus mous et plus fluides ont perdu leur force.

Cultures pour lesquelles on les emploie. — Ces engrais ne s'emploient que dans la culture des plantes bisannuelles ou vivaces. Leur action est trop lente et trop prolongée pour qu'on puisse les utiliser avantageusement dans la culture du lin, du chanvre, ou des céréales de mars.

Dans l'Orléanais et la Provence on les applique aux vignes.

Valeur commerciale. — Les chiffons de laine se vendent ordinairement de 5 à 7 fr. les 100 kilog.

SECTION II.

Débris et râpures de cornes.

Les débris et râpures de cornes ont une action presque aussi prononcée que les chiffons de laine si on les applique sur des terres calcaires.

D'après MM. Boussingault et Payen, les râpures de cornes contiennent 0,9 pour 100 d'eau et 14,86 d'azote.

Johnston a analysé ces engrais et il a trouvé qu'ils contenaient :

Matières organiques	35,84
Carbonate de chaux	7,71
Phosphate de chaux et de magnésie	46,14
Eau	10,31
	100,00

On ne doit pas employer les cornes, sabots et ongles sans les avoir préalablement divisés ou réduits en petits fragments. Cette division a l'avantage de rendre leur action moins prolongée, plus immédiate.

A Marseille, où ces matières sont très-recherchées, on les fait d'abord chauffer afin de les ramollir. Quand elles ont perdu leur rigidité, on les place dans les étaux et on les divise en lanières à l'aide d'un couteau ou d'un tranchet. Cette opération doit être faite lorsque les sabots ou ongles sont encore chauds; elle a, en outre, l'avantage de rendre plus facilement solubles et assimilables pour les plantes les éléments qui les composent.

A Bologne, on les ramollit à l'aide de la vapeur et on les divise à l'aide d'un rabot mécanique circulaire armé de huit lames.

Les débris ou les déchets des tourneurs de corne, des tabletiers, des peigniers, existent dans un état convenable de division.

Les râpures de cornes minces et grosses pèsent de 20 à 25 kilog. l'hectolitre. Les cornes ou sabots divisés pèsent davantage : leur poids varie entre 60 et 65 kilog. la même mesure.

Ces rognures ou débris s'emploient à raison de 900 à 1200 kilog. par hectare.

En Allemagne, les ouvriers tabletiers, etc., mêlent ordinairement ces débris avec du fumier et les emploient à fertiliser les terres sur lesquelles ils cultivent les pommes de terre. Schwerz rapporte que les cultivateurs qui connaissent les propriétés de ces engrais leur abandonnent volontiers la jouissance gratuite d'un champ pour une année, à la condition d'y cultiver des pommes de terre, sachant très-bien que les récoltes suivantes, pendant plusieurs années, payeront largement le prix de la location.

Thaër en a obtenu des résultats très-satisfaisants; toutefois, il a constaté que les râpures, à cause de leur action prompte et énergique, peuvent occasionner la verse des céréales qui y ont de la disposition, et qu'il convient dès lors de consacrer ces substances fertilisantes aux terrains destinés à des plantes qui ne craignent pas un excès d'engrais.

A Bologne, on les emploie dans la culture du chanvre.

A Paris, les râpures de cornes se vendent de 16 à 18 fr. les 100 kilog. A Marseille, ce prix s'élève jusqu'à 24 et 26 fr.

Les sabots, les cornes, les ongles divisés en petits fragments valent à Marseille de 25 à 28 fr. les 100 kilog.

SECTION III.

Crins, poils et plumes.

Les crins, les poils, les plumes, lorsqu'on peut s'en procurer à bas prix, doivent être employés comme matières fertilisantes; leur action est lente, mais elle est très-favorable aux végétaux.

MM. Boussingault et Payen ont reconnu que les plumes contiennent 12,90 pour 100 d'eau et 15,34 d'azote; les poils et crins 8,9 pour 100 d'eau et 13,78 d'azote.

Les plumes, à cause de leur grande légèreté, ne doivent être conduites sur les terres que par un temps brumeux et calme. On peut aussi les mêler à une petite quantité de fumier.

En Alsace, où l'emploi des plumes est connu depuis très-longtemps, les cultivateurs en appliquent 35 à 40 hectolitres par hectare sur les champs destinés à la culture du froment.

Dans le Bolonais, les plumes sont employées avec succès dans la culture du chanvre.

M. Ponturier a employé, en 1851, le crin comme engrais à la dose de 400 kilog. à l'hectare; cette quantité a excité d'une manière remarquable la végétation du froment d'hiver.

SECTION IV.

Pain de creton.

Sous le nom de *pain de creton*, on désigne les résidus des graisses de bœuf, de mouton et de veau, traités par les fondeurs de suif. Ce marc est formé de membranes adipeuses, de la graisse qui les imprègne, d'un peu de muscles et d'os.

Il contient, d'après MM. Boussingault et Payen, 8,18 pour 100 d'eau et 11,87 pour 100 d'azote.

Avant de l'employer comme engrais, on le divise en très-petits fragments avec une hache. Comme le pain de creton est très-dur, quelquefois, pour mieux le diviser, on le détrempe dans l'eau.

Quelques cultivateurs le mêlent, avant de l'employer, avec de la chaux et de la terre, et le laissent ainsi pendant quelques mois afin qu'il fermente.

A cause de la grande proportion d'azote qu'il contient et des effets qu'il produit, il faut le considérer comme un engrais très-riche. D'après les observations faites par M. Boussingault, son action sur le sol se prolonge pendant trois ou quatre années.

Quoi qu'il en soit, le creton est peu employé comme engrais. Ordinairement, on l'utilise dans l'alimentation des chiens et des porcs.

On le vend de 14 à 16 fr. les 100 kilog.

CHAPITRE III.

EMPLOI DES ANIMAUX MORTS.

Dépeçage. — Enlèvement des parties grasses. — Désossement de la chair. — Emploi des os. — Emploi de la chair. — Enlèvement des tendons. — Emploi du sang. — Emploi des issues. — Utilisation des boyaux. — Préparation des cornes. — Emploi des crins, — des poils, — des plumes, — des fers et des clous. — Produits fournis par un cheval.

Les animaux domestiques qui meurent de vieillesse, de maladie ou par accident, fournissent des débris qu'on peut employer comme engrais, et des matières que le commerce achète partout. Dans un grand nombre de localités, comme je l'ai dit précédemment, on se contente de les faire dépecer et on les enfouit ensuite dans des trous profonds de plusieurs mètres. On agit ainsi à cause de la répugnance qu'on éprouve à toucher les animaux morts, et pour ne pas s'exposer à la raillerie publique. Dans le but d'éclairer les populations agricoles sur les moyens les plus simples d'utiliser les cadavres d'animaux sains, j'indiquerai brièvement les opérations qu'on peut exécuter dans une ferme quand on perd un cheval, un bœuf ou un mouton.

Dépeçage. — Autant que possible, on doit dépecer les animaux lorsqu'ils sont encore chauds. C'est ainsi, du reste, qu'on opère dans la plupart des chantiers d'équarrissage. Alors les cadavres quels qu'ils soient ne développent aucune odeur infecte, et l'écorchage se fait mieux et plus promptement.

Avant de détacher la peau, on doit couper les crins, enlever les fers, si les pieds en ont, et réunir les clous pour les conserver.

Quand ces travaux préliminaires ont été exécutés, on maintient l'animal sur le dos, et, à l'aide d'un couteau bien aiguisé, on incise la peau, depuis l'anus jusqu'à la mâchoire inférieure, en traversant en ligne droite le ventre, la poitrine et le cou. Alors on incise aussi la peau des quatre membres dans toute leur longueur, et on fait à chaque pied et près du sabot une incision circulaire. On détache ensuite la peau soit avec la main, soit à l'aide d'un couteau. Il faut avoir le soin de diriger le tranchant de la lame de cet instrument vers la chair ou les muscles, afin de ne pas endommager la peau. On doit enlever entièrement la peau de la tête, des membres, de la queue, afin qu'elle soit plus pesante.

Les peaux de cheval, mulet, âne, bœuf, vache et veau doivent être livrées toutes fraîches aux tanneurs. Les peaux de bélier, brebis, mouton, agneau, chèvre, bouc, chevreau, cerf, loup, chien, etc., se vendent aux mégissiers. On peut conserver ces dernières peaux pendant plusieurs mois, si après l'écorchage on les étend sur une corde ou une gaule dans un endroit sec et aéré.

Lorsque les peaux des solipèdes et des grands ruminants doivent être expédiées à une grande distance, ou quand on est forcé de les conserver pendant plusieurs jours, et même une ou deux semaines, il faut les débarrasser avec soin de toutes les parties charnues et matières grasses et les étendre à l'air sous un hangar afin qu'elles sèchent et ne se putréfient point.

Enlèvement des parties grasses. — Lorsque l'animal a été dépecé, on l'ouvre, on enlève les intestins, qu'on dépose à une faible distance de la carcasse, et on recueille les parties grasses. Quand cette récolte est terminée, on divise la matière grasse en petits fragments et on la fait fondre dans une chaudière. Lorsqu'elle est fondue, on l'épure à l'aide du tamis et on la verse dans un baril pour l'employer froide dans le graissage des harnais, des voitures et des machines.

Les *cretons* qui restent sur le tamis servent à nourrir les chiens de garde ou de berger.

Désossement de la chair. — Lorsque les parties grasses ont été enlevées, on désarticule les membres et on débarrasse les os de la chair qui les recouvre. Cette opération est un peu longue et minutieuse, mais elle est indispensable si on veut utiliser séparément et les os et la chair.

Emploi des os. — Les os nettoyés, c'est-à-dire débarrassés de la chair qui les enveloppait, sont réunis pour être livrés aux *fabricants de noir de raffinerie* ou employés comme engrais après avoir été concassés ou réduits en poudre. (*Voy.* Os, p, 215.)

Les *tabletiers* utilisent les *os plats* des épaules des bêtes bovines, les *os cylindriques* des membres de tous les grands animaux, les *côtes les plus larges* du bœuf et de la vache.

Les *fabricants de gélatine* ou de *colle d'os* achètent les os appelés les *canards*, qui proviennent de la tête des bêtes bovines, les os dits *cornillons*, qui remplissent l'intérieur des cornes, les *os plats* des bêtes à laine, les *parties osseuses* formant la base des onglons des bœufs et des vaches

On vend les *os des pieds* de bœuf, cheval, mouton aux *fabricants d'huiles grasses.*

Emploi de la chair. — La chair saine peut être employée crue ou cuite dans l'alimentation des porcs. On peut aussi l'utiliser comme engrais (*voy.* Chair, p. 413), ou la dessécher et la vendre aux fabricants de bleu de Prusse, de prussiate de potasse, etc. Cette dessiccation exige des travaux particuliers que nous ne pouvons signaler ici.

Enlèvement des tendons ou nerfs. — On doit, avant de désarticuler les membres, séparer avec soin les tendons ou nerfs afin que leur longueur soit aussi grande que possible. Pour les détacher aisément, on passe une lame de couteau entre eux et les os; quand on les a enlevés, on les débarrasse de la chair qui y est adhérente. On peut laisser les petits lambeaux de peau, car ils servent aux mêmes usages que les tendons.

On les vend aux fabricants de colle forte.

Emploi du sang. — Quel que soit le moyen qu'on emploie pour abattre un animal, il faut recueillir le sang avec soin; ce liquide, après avoir été préparé, constitue un engrais très-puissant et très-soluble. (*Voy.* SANG, p. 422.)

Emploi des issues. — Toutes les parties intestinales et le cœur, les poumons, le foie, etc., forment un engrais très-actif. On les utilise avec avantage dans la fabrication des composts. On ne doit les employer que lorsqu'ils ont été transformés en engrais pulvérulent.

Utilisation des boyaux. — On doit séparer les boyaux des autres parties intestinales, les laver à plusieurs eaux, et les débarrasser, en les ratissant légèrement avec le dos d'un couteau afin d'éviter de les couper, de la matière grasse qui y est adhérente. Alors on les étend à l'ombre sur des cordes pour qu'ils puissent sécher. Lorsqu'ils sont en partie secs, on les soufre, on les étend de nouveau sur les cordes; et quand ils sont secs et encore souples, on les emballe pour les livrer au commerce. Les boyaux ainsi préparés servent à la fabrication des cordes à violon, à rouet, etc.

Préparation des cornes. — Pour séparer aisément les sabots et les onglons des pieds, il faut faire tremper ces derniers dans l'eau pendant plusieurs semaines. Lorsque la substance molle interposée entre l'os du pied et la corne a été dissoute, on opère facilement la séparation de ces deux parties en introduisant une lame de couteau dans l'intervalle amolli.

Les sabots, après avoir été assortis par grandeur et par couleur, sont vendus aux aplatisseurs, qui les préparent pour les fabricants de manches de couteaux, de peignes, etc.

Les *cornes entières et larges* se vendent plus cher que les cornes de *petites dimensions* et *non entières*.

Les *cornes défectueuses* sont réduites en petits fragments ou en râpure. Cette poudre se vend aux *fabricants de bleu de Prusse* ou *d'objets en corne fondue*, ou on l'emploie comme engrais. Les cornes divisées sont utilisées comme matière fertilisante. (*Voy.* DÉBRIS DE CORNE, p. 440.)

Emploi des crins. — Les crins se conservent longtemps quand ils ont été lavés et séchés. Ceux qu'on destine au rembourrement des meubles, des matelas, etc., sont tressés et exposés ensuite au-dessus de l'eau bouillante. Ainsi préparés, ils sont très-élastiques.

Les *crins longs* servent à confectionner des étoffes de luxe. Les *crins courts* sont employés pour fabriquer d'excellentes cordes, pour rembourrer les selles, les fauteuils et les matelas.

Emploi des poils. — Les poils qu'on sépare des peaux de cheval, de bœuf, etc., et qu'on appelle *bourre*, sont utilisés par les selliers, les bourreliers, les tapissiers et les maçons.

On les sépare des peaux en plongeant celles-ci dans un lait de chaux et en les y laissant séjourner pendant quelque temps. Lorsque les poils s'arrachent aisément, on les retire pour les étendre sur un chevalet arrondi et racler la surface extérieure au moyen d'un couteau de bois. La bourre qu'on obtient en agissant ainsi est ensuite lavée et étendue pour la faire sécher. On livre la peau, soit sèche, soit humide, à un tanneur.

Emploi des soies. — Les soies de porc servent à fabriquer des brosses, des pinceaux, des balais, etc., ou elles tiennent lieu d'aiguilles aux cordonniers. On les extrait de la peau au moyen de l'échaudage.

Emploi des plumes. — Les plumes de tous les oiseaux domestiques sont achetées par le commerce, quand elles ont été ou bien conservées ou parfaitement préparées.

On doit éviter de mêler les plumes qui proviennent d'oiseaux morts avec celles qu'on a arrachées sur des oiseaux vivants ou qu'on a plumés lorsqu'ils étaient encore chauds.

Emploi des fers et des clous. — Les fers de chevaux, de mulets, de bœufs, sont recherchés par les forgerons ou les maréchaux, parce qu'ils forment du fer d'excellente qualité.

Les clous arrachés des pieds de ces animaux sont achetés par le commerce, qui les vend sous le nom de *rapointis* aux maçons, aux jardiniers ou aux tonneliers.

Produits fournis par un cheval. — Un cheval de force moyenne, que l'on équarrit avec soin, fournit les produits moyens suivants :

Peau	30^k,00	à 0^f,40	12^f,00
Chair	160 ,00	0 ,05	8 ,00
Os décharnés	45 ,00	0 ,05	2 ,25
Sang non desséché	16 ,00	0 ,02	1 ,80
Graisse	4 ,00	1 ,00	4 ,00
Crins longs et courts	0 ,20	3 ,00	0 ,60
Tendons non desséchés	2 ,00	0 ,10	0 ,20
Issues	40 ,00	0 ,05	2 ,00
Sabots	2 ,00	0 ,50	1 ,00
Fers et clous	0 ,50	0 ,50	0 ,25
Totaux	299^k,60		32^f,00

Tous ces débris, traités par les moyens en usage dans les chantiers d'équarrissage, ont une valeur de 60 à 70 fr.

Un cheval en bon état fournit souvent 25 à 30 kilog. de sang, 200 kilog. de viande et 500 gr. de crins.

Ces chiffres sont la preuve la plus manifeste de la faute qu'on commet si fréquemment dans les campagnes lorsqu'on néglige de tirer parti des animaux morts. Les détails qui accompagnent les divers mots auxquels nous renvoyons le lecteur confirment la simplicité des opérations qu'ils font connaître ; d'un autre côté ils démontrent combien est grande l'insouciance des agriculteurs qui abandonnent sans aucun profit les animaux qu'ils perdent par maladie ou accidents.

Je terminerai ces observations en faisant remarquer qu'on ne doit pas chercher à utiliser les animaux qui ont succombé atteints du charbon.

Cette maladie contagieuse s'annonce chez le cheval par une petite grosseur dure qui se développe tantôt à la cuisse, tantôt sur la langue ou sur le palais. Cette tumeur a la forme d'une cloche ou vessie noire ; elle donne bientôt naissance à des ulcères rongeurs.

Le charbon apparaît chez le mouton entre les cuisses, sous le ventre, au cou et aux mamelles.

Chez le porc la tumeur se développe sur le cou. La partie sur laquelle elle s'est développée présente des poils blancs sur les animaux à robe noire et des poils noirs sur les porcs qui ont une robe blanche.

Suivant l'article 13 de la loi du 22 septembre 1793, tous les animaux morts de maladie épidémique doivent être enfouis dans la journée à $1^{m},50$ de profondeur, dans un endroit éloigné de 50 mètres au moins des habitations.

LIVRE IV.

ENGRAIS VÉGÉTAUX-ANIMAUX.

CHAPITRE I.

LITIÈRES.

Pailles. — Feuilles. — Fougère. — Tourbe. — Bruyère. — Roseaux. — Genêts. — Tan. — Sciure de bois. — Mousse. — Terre engazonnée. — Sable et terre.

Sous le nom de *litière* on désigne l'excipient que l'on étend sous les animaux, sur l'aire des écuries, des étables ou des bergeries, pour qu'ils puissent se coucher plus convenablement, plus mollement, plus sèchement.

La litière est aussi destinée à absorber une portion notable des déjections, et à augmenter, si elle possède elle-même des principes fertilisants, la masse des matières agissantes. On comprend, dès lors, combien doivent être grandes les propriétés absorbantes et fertilisantes des matières qui servent de litière, afin qu'elles s'emparent d'une notable partie des urines, des déjections, et qu'elles augmentent l'énergie des fumiers qu'elles concourent à former.

Une litière ne doit être ni trop faible ni trop abondante. En général, la qualité du fumier est en raison inverse de l'abondance des matières absorbantes et en raison directe des matières excrémentitielles.

1° **Pailles.** — La paille est la substance que l'on emploie le plus ordinairement pour litière. Son tissu est spongieux, et elle se remplit assez aisément des parties liquides appartenant aux déjections. Toutefois toutes les pailles n'ont pas la même constitution chimique, et toutes ne possèdent pas les mêmes propriétés physiques.

A. *Paille de froment.* — Cette paille est assez flexible, molle, et se mêle bien aux déjections solides un peu fluides. Dans la pratique, on lui accorde la préférence sur la paille de seigle.

B. *Paille de seigle.* — Cette paille est assez dure; elle résiste plus facilement à l'action de l'air et de l'eau que la paille de froment.

C. *Paille d'avoine.* — Cette paille est molle, très-absorbante, plus spongieuse même que celle de froment; elle est peu employée comme litière.

E. *Paille d'orge.* — La paille d'orge est beaucoup plus dure que celle d'avoine et de froment; son tissu est aussi moins spongieux; en pratique, on la regarde comme une litière supérieure à celle que forme la paille de seigle.

F. *Paille de sarrasin.* — Cette paille est très-molle, très-flexible, mais son tissu n'est pas très-spongieux; aussi est-elle inférieure, sous ce rapport, aux pailles de froment et d'avoine. Cette litière ne peut être étendue que dans les étables et les bouveries; elle n'est pas assez absorbante pour servir avec avantage d'excipient dans les écuries et même les bergeries.

G. *Paille de fèves.* — Cette paille est très-dure, très-peu absorbante, à moins qu'elle ne séjourne assez longtemps sous les pieds des bêtes à cornes. Cette litière n'est pas employée ordinairement dans les écuries et les bergeries.

H. *Paille de colza.* — Cette paille est grossière, dure, et son tissu est peu spongieux. Nonobstant elle constitue une excellente litière si elle séjourne un peu de temps dans les vacheries ou bouveries. On ne l'emploie pas comme litière dans les écuries et les bergeries, parce qu'elle se tasse avec lenteur, qu'elle forme un couchage trop volumineux, trop dur, et qu'elle se mêle mal avec les crottins.

Cette paille est riche en sels alcalins.

On peut aussi employer comme litière les tiges sèches de *navette*, de *cameline*, de *pavot-œillette*. Ces pailles sont aussi absorbantes que les tiges du colza.

J. *Composition*. — Il n'est pas sans intérêt de connaître la composition des pailles que l'on emploie comme litière. Voici le résultat des analyses faites par M. Boussingault :

	Froment.	Seigle.	Avoine.	Orge.
Ligneux	28,90	32,40	30,00	34,40
Sels divers	5,10	3,00	3,60	4,00
Amidon, sucre, etc.	35,90	43,00	38,40	43,80
Albumine, etc	1,90	1,50	1,90	1,90
Matières grasses	2,20	1,50	5,10	1,70
Eau	26,00	18,60	21,00	14,20
	100,00	100,00	100,00	100,00
Azote	0,30	0,24	0,30	0,30

	Eau.	Sels.	Azote.
La paille de sarrasin contient...	11,6	3.20	0,48
— de colza — ...	12,8	6,30	0,75
— d'œillette — ...	13.5	»	0,95
— de maïs — ...	21,9	3,90	0,19
— de fèves — ...	12,0	3,12	0,20

Ces dernières pailles sont plus riches que les premières en sels alcalins et en acide phosphorique.

2° Feuilles. — Dans les contrées pauvres, dans les années où les pailles sont peu abondantes, les feuilles des essences forestières sont souvent employées comme litière. Toutefois, comme elles résistent longtemps à la décomposition, à cause du tanin qu'elles renferment, il est utile de les laisser séjourner plus longtemps sous les animaux, dans les étables ou dans les fosses à fumier. Ces litières absorbent difficilement les liquides, mais elles sont plus azotées que les pailles.

A. *Feuilles de chêne.* — Les feuilles de chêne sont les plus mauvaises de toutes, à cause de leur grande acidité. Nonobstant, lorsqu'elles séjournent longtemps dans les étables ou au sein d'une masse de fumier en contact avec des matières animales riches en sels alcalins, elles se bonifient très-favorablement, et peuvent être considérées comme un très-bon surrogat de la paille.

B. *Feuilles de hêtre, châtaignier et noyer.* — Les feuilles du hêtre, du noyer et du châtaignier paraissent être encore plus mauvaises, plus nuisibles à la végétation que celles du chêne. Toutefois, comme elles se décomposent plus promptement, elles se bonifient plus facilement.

C. *Feuilles de peuplier, d'acacia et de saule.* — Les feuilles de ces essences se décomposent plus facilement, plus promptement que celles du chêne, du châtaignier, etc., mais elles augmentent très-peu le volume des déjections. Il faut les répandre en plus grande quantité que les autres sous les pieds des animaux pour qu'elles soient véritablement utiles.

D. *Feuilles d'essences résineuses.* — Les aiguilles des pins et des sapins peuvent aussi être employées comme litière. Toutefois, comme ces parties entrent très-difficilement en fermentation, parce qu'elles absorbent mal les urines, il leur faut un plus long séjour dans les fosses ou sur les plates-formes pour arriver à un état satisfaisant de décomposition. Thaër a reconnu que lorsque la décomposition des aiguilles a eu lieu, le fumier, loin de le céder en rien à celui qui a été fait avec de la paille, a sur celui-ci des avantages, parce que les feuilles des essences résineuses contiennent beaucoup plus de parties fertilisantes que la paille.

E. *Composition.* — MM. Boussingault et Payen ont analysé

quelques feuilles tombées en automne. Voici les résultats qu'ils ont constatés :

	Eau.	Azote.
Feuilles de chêne......	25,00 p. 100	1,18 p. 100
— de peuplier...	15,10 —	0,54 —
— de hêtre......	39,30 —	1,18 —
— d'acacia.......	53,60 —	0,72 —

F. *Récolte des feuilles.* — Dans les localités où les héritages sont divisés et entourés de haies vives et de grands arbres, on ramasse avec soin en automne les feuilles qui couvrent la terre, pour les employer comme litière ou les déposer sur les chemins ou dans les endroits parcourus par les animaux. Quelquefois encore on les enlève des prairies naturelles pendant l'hiver ou les premiers jours du printemps, pour les faire servir au même usage. Cette récolte a lieu sans grandes dépenses, et constitue une opération économique, puisqu'elle accroît les moyens de fertilisation.

Mais doit-on enlever les feuilles des bois et des forêts, et les faire servir à l'augmentation de la fertilité des terres arables? Si l'on considère le préjudice que cet enlèvement cause à la production du bois, on reconnaîtra que cet acte est crime de lèse-forêt. C'est que ces organes foliacés, après avoir été détachés, c'est-à-dire après leur mort, ne trouvent pas de repos; ils subissent des décompositions, des combinaisons, leurs éléments deviennent impérissables et concourent par la suite à la création de nouveaux arbres. Ce n'est donc réellement, ainsi que l'observe avec raison Schwerz, que là où les feuilles sont le jouet des vents, où il peut les chasser dans les chemins creux, les ravins, les vallées, où elles ne tombent pas au profit du taillis, de la forêt même, qu'on peut sans inconvénients lui enlever ces dépouilles perdues pour elle, afin d'empêcher qu'elles ne soient perdues aussi pour l'agriculture.

Pabst, de Darmstadt, a fait quelques expériences sur la quantité de litière que fournissent les forêts à divers âges, dans différentes conditions. Voici les résultats qu'il a constatés :

1° La quantité de feuilles que fournissent par hectare, et tous les 8 ou 10 ans, les arbres à feuilles caduques, varie entre 3500 et 5500 kilog.

2° Le produit en feuilles des arbres conifères varie par hectare tous les 12 à 15 ans entre 6500 et 7800 kilog.

Les faits qu'il a observés démontrent : 1° que la production en feuilles dans les forêts est considérable ; 2° que ces feuilles se décomposent au bout de 10 à 15 ans ; 3° que le terreau qui existe sur le sol atteste qu'elles sont utiles, après leur mort, à l'existence des essences ; 4° qu'on ne doit renouveler l'enlèvement des feuilles dans les forêts que tous les 15 ans au moins, pour ne pas diminuer sensiblement la quantité de bois que le sol doit produire pendant une période d'années déterminée ; 5° que l'enlèvement annuel des feuilles devient, pour une forêt ou un taillis, une servitude très-onéreuse.

Les feuilles ne sont employées comme litière que dans les étables et les bouveries.

3° Fougère. — La fougère n'est une bonne litière que quand elle a été coupée verte en juillet ou août ; recueillie sèche, elle se divise facilement, mais elle se décompose avec une très-grande lenteur. Il faut donc la faucher lorsqu'elle est encore en végétation, la laisser sur le sol jusqu'à ce qu'elle soit presque sèche, et la recueillir ensuite pour la conserver en meule. Cette litière est très-riche en parties alcalines. Th. de Saussure a reconnu que plus la fougère est jeune, plus elle fournit de potasse. Lorsque cette plante a été bien saturée d'urine et mêlée à des déjections solides, elle augmente sensiblement l'énergie de l'engrais qu'elle concourt à former.

D'après M. Malaguti, la fougère desséchée contient de 1,88 à 1,96 pour cent d'azote.

4° Tourbe. — La tourbe est très-absorbante quand on l'emploie sèche et à l'état poudreux. Il est vrai qu'elle est acide, mais cette acidité, quoique aussi forte que celle qui caractérise les feuilles de chêne, de châtaignier, et qui les rend inertes à l'état naturel, s'anéantit assez promptement par la fermentation, lorsque cette substance est en contact avec des principes alcalins et des déjections animales. Meadowbank estime qu'une partie de fumier est suffisante pour rendre trois à quatre parties de tourbe propres à être employées comme engrais.

On peut, dans le but de hâter sa décomposition, la mêler, après qu'elle a servi de litière, à une certaine quantité de chaux. Thaër et Einhoff ont reconnu que la tourbe, qui est presque totalement insoluble dans l'eau, se dissout complétement, à l'exception de quelques fibres ligneuses, si on la mélange avec de la chaux vive.

La tourbe sèche peut être utilement employée comme litière dans les poulaillers.

5° Bruyère. — Cette plante offre de grandes ressources dans les localités où elle croît naturellement, où elle couvre de grandes étendues de terre, où la pénurie de fourrages secs ou verts oblige le cultivateur à faire consommer une partie de la paille qu'il récolte.

Cette litière ligneuse se décompose lentement, et il est utile, nécessaire même, qu'elle reste longtemps dans les étables ou au milieu de tas de fumiers souvent arrosés. Celle qui a séjourné pendant plusieurs semaines, et même pendant plusieurs mois, dans les étables, sous les pieds des bêtes à cornes, celle qui a été bien imprégnée d'urine, recouverte de déjections solides, mais humides, possède la propriété de persister pendant plus longtemps au sein de la couche arable que les pailles, et de fournir aux plantes, lorsqu'elles sont abondamment chargées de déjections animales, une nourriture plus soutenue, plus égale.

C'est cet avantage bien connu des cultivateurs de la région de l'Ouest, qui les engage à recueillir chaque année avec soin les bruyères qui ont végété sur le sol qu'ils exploitent ou sur les landes. Malheureusement ces litières ne jouissent pas toujours de propriétés fertilisantes aussi prononcées. Lorsqu'elles ont été mêlées à des ajoncs avant d'être placées sous les animaux, ou lorsqu'elles ont été alliées, après leur sortie des étables et leur mise en tas, aux végétaux ligneux qui avaient été déposés sur les chemins et dans les cours, et qu'aucun arrosement ne leur est donné pendant les grandes chaleurs de l'été, elles deviennent sèches, fermentent mal, se décomposent difficilement, se dépouillent très-lentement des parties astringentes qu'elles contiennent, et forment dès lors des fumiers ayant une faible action fertilisante.

Toutes choses égales, d'ailleurs, la bruyère n'est une très-bonne litière que si elle a été fauchée encore jeune, si elle est alliée à des déjections molles, fluides, et si on lui donne pendant l'été l'humidité dont elle a besoin pour se décomposer.

Ordinairement on ne l'emploie que dans les vacheries, les bouveries et les porcheries.

6° Roseaux. — Dans les contrées humides et marécageuses, où il existe des étangs et des marais, on emploie comme litière les plantes aquatiques. Lorsqu'on utilise de pareils surrogats, il faut les recueillir avant qu'ils soient complétement secs ; alors ces plantes, et particulièrement les roseaux, forment une litière très-absorbante. Les roseaux récoltés encore verts et séchés ensuite sont poreux, flexibles et se décomposent très-facilement. Il n'en est pas ainsi lorsqu'on les récolte très-tardivement, je veux dire lorsqu'ils sont secs : ils absorbent plus difficilement les parties liquides et se décomposent avec lenteur, à moins qu'on ne les laisse pendant très-lontemps dans les fosses à fumier.

MM. Boussingault et Payen ont reconnu que les roseaux (*Arundo phragmites*) contenaient 20 pour 100 d'eau et 0,75 d'azote.

7° Genêts. — Le genêt est regardé en Vendée comme une excellente litière. Toutefois, comme il absorbe très-difficilement les urines, qu'il se décompose lentement, il faut séparer les fortes tiges des pieds faibles. Ces derniers sont seuls employés comme litière dans les étables, où ils séjournent pendant plusieurs mois ; les gros pieds, les tiges dures sont étendus dans les chemins ou sur les lieux parcourus par les animaux et les véhicules, pour qu'ils y soient piétinés, brisés et imbibés par les pluies.

C'est seulement lorsque les genêts, encore verts, sont restés longtemps sous les pieds des bœufs ou des vaches, qu'ils sont considérés comme de véritables matières fertilisantes, et qu'ils augmentent très-avantageusement la masse du fumier.

Le genêt contient pour 100 : eau, 10,4 ; azote, 1,22 ; il est très-riche en potasse.

8° Tannée.—On emploie peu la tannée comme litière, parce que, malgré ses propriétés absorbantes, ses fibres se décomposent très-lentement ; on sait d'ailleurs que l'acidité qu'elle possède disparaît difficilement, si elle ne reste pas en contact pendant plusieurs mois avec des matières animales, de la chaux vive ou des urines. Nonobstant, une exploitation qui qui n'a pas une quantité suffisante de paille, qui ne peut se procurer d'autres litières que ces fragments d'écorces lessivés si riches en tanin, peut les utiliser pour absorber les urines et augmenter ainsi la masse de ses matières fertilisantes. Lorsqu'on peut agir ainsi, on couvre l'aire de la bergerie ou de l'étable d'une couche de tannée, puis on répand de la chaux, ou de la marne, ou des cendres, et ensuite de la tannée et une légère couche de paille. C'est sur un tel excipient que résident les animaux. Chaque jour, lorsque les besoins l'exigent, on ajoute un peu de paille.

Lorsque la tannée reste dans cet état pendant plusieurs semaines, il se forme des tannates alcalins solubles et insolubles, de potasse, de soude, d'ammoniaque et de chaux. Alors elle s'altère sensiblement et devient assez promptement une bonne matière fertilisante.

9° Sciure de bois. — La sciure sèche de bois de chêne ou de sapin est une substance très-absorbante. On l'emploie comme litière en Suisse et en Hollande. A cause de l'acidité qui la caractérise, on doit la laisser en tas avec les matières animales pendant un temps assez long, c'est-à-dire jusqu'à ce que, par la fermentation, elle ait perdu ses propriétés astringentes. Cette litière, qui se décompose plus difficilement que les feuilles, peut être jetée avec avantage, lorsqu'elle est enlevée des étables, dans les fosses contenant des urines.

D'après MM. Boussingault et Payen, la sciure de bois de chêne contient, à l'état normal, 26 pour 100 d'eau et 0,54 d'azote; celle de bois de sapin renferme 24,0 d'eau et 0,31 d'azote; celle de bois d'acacia contient 25,0 d'eau et 0,29 d'azote.

10° Mousse. — La mousse peut être aussi employée

comme litière. On sait qu'elle est commune, abondante, dans les contrées humides, dans les lieux ombragés. Cette litière est plus absorbante que les feuilles, et elle se décompose plus promptement. Il faut, autant que possible, ne l'utiliser comme excipient que lorsqu'elle est presque sèche. Arrivée à cet état, ses propriétés absorbantes sont considérables, et elle se décompose facilement.

La mousse est regardée, dans les lieux où elle est employée en litière, comme aussi fertilisante que les pailles.

11° Terre engazonnée. — Dans plusieurs contrées, en France et en Allemagne, on place sur l'aire des étables et des bergeries une couche de gazon, dans le but de recueillir les urines, les parties fluides des déjections qui ne sont pas retenues par les litières sur lesquelles reposent les animaux. Ces gazons ne doivent être employés que secs, parce que leurs propriétés absorbantes sont alors plus considérables.

Dans le département du Morbihan, l'usage des gazons comme litière est très-répandu, et le système cultural que l'on y a adopté repose en partie sur les avantages qu'on retire de l'*étrépage des landes*. Par cette opération, on enlève au sol et la bruyère et les débris organiques qui existent à la superficie de la terre, pour les conduire, après qu'ils ont été modifiés par l'action des substances animales, sur les terres labourables, où ils favorisent la production des céréales d'une manière très-remarquable, au détriment de la fécondité des terres de bruyères.

Quoi qu'il en soit, des gazons enlevés sur le bord des routes, des chemins, sur les chaintres ou fourrières des champs, et placés sur l'aire des étables comme parties absorbantes, peuvent concourir efficacement à la fertilisation des terres arables, puisqu'ils absorbent les liquides qui s'infiltrent dans le sol lorsque la surface des bâtiments n'est pas pavée ou recouverte d'une couche de béton ou de ciment.

12° Sable et terre. — Le sable, ainsi que la terre légère, est souvent employé comme litière dans les contrées où le fumier séjourne sous les animaux dans les étables ou les bergeries pendant plusieurs semaines ou plusieurs mois. Ces parties se chargent, comme les gazons, des urines, des parties fluides des déjections. Toutefois, comme les parties terreuses s'imbibent d'autant mieux des urines qu'elles sont plus divisées, on devra choisir des sables très-meubles, des terres soit calcaires, soit siliceuses ou faiblement argileuses. Les terres très-compactes sont de mauvais récipients : elles se divisent mal et ont une trop grande pesanteur.

Lorsqu'on veut employer dans une bergerie des terres calcaires ou argilo-siliceuses sèches comme litière, on doit en répandre chaque jour une certaine quantité sous les animaux et appliquer ensuite une légère quantité de paille, de feuilles, de mousse. Ces substances ont cet immense avantage, qu'elles assurent au bétail un couchage plus favorable, plus sec, et qu'elles ne permettent pas à la terre d'adhérer au corps des animaux ou de souiller la laine des moutons; en outre, le fumier qui résulte d'un tel arrangement est moins compacte, et il se divise et fermente plus aisément.

Les terres argilo-siliceuses, argilo-calcaires, sont très-absorbantes, retiennent facilement les miasmes, l'odeur des urines et des déjections, et par conséquent les principes ammoniacaux, et elles concourent très-avantageusement à rendre les habitations plus saines, plus hygiéniques pour les animaux.

Soit qu'on emploie du sable, soit qu'on applique sur l'aire de l'étable de la terre, on ne doit en répandre que sur les parties où les animaux déposent leurs déjections. Dans les bergeries où les bêtes à laine vivent en liberté, la surface entière de l'aire doit en être recouverte.

Alb. Block a employé pendant plusieurs années la terre comme excipient des déjections des animaux, et il en a obtenu d'excellents résultats.

Voici les quantités qu'il appliquait :

	Par jour.	Par mois.
	m.c.	m.c.
10 bêtes à laine	0,018	6,666
300 —	5,254	1890,440
1 bête à cornes............	0,055	20,369
20 —	1,100	336,600

Ainsi que l'observe ce célèbre expérimentateur, il y a bien peu d'établissements ruraux où l'on ne puisse se procurer la terre nécessaire et la plus propre à servir de litière aux bestiaux, et accroître par ce moyen la quantité des engrais et les améliorer. Le creusement des fossés dans les champs, les prairies, le long des chemins ruraux, le curage des mares, des abreuvoirs, etc., sont autant d'occasions qu'il faut saisir pour se procurer cette terre utile à ce service.

La marne est aussi employée depuis longtemps comme litière dans plusieurs localités. Cette substance a été regardée par plusieurs agriculteurs comme un mauvais récipient, parce qu'elle laisserait dégager le sous-carbonate d'ammoniaque des déjections. Le même reproche a été fait aux terres calcaires. Ces objections ont été combattues par plusieurs praticiens, et elles ont conduit M. Payen à faire diverses séries d'expériences. Il résulte des faits constatés par ce savant chimiste :

1° Que la chaux conserve à l'air, et pendant six jours, la plus grande partie des matières azotées des urines, et presque la totalité, plus même que l'argile, lorsque les mélanges sont en couches épaisses ;

2° Que la craie sèche conserve aussi les principes azotés de l'urine, mais avec moins d'énergie que la chaux;

3° Que la craie humide hâte la décomposition et la déperdition des mêmes substances, comparativement avec la chaux et l'argile;

4° Que la craie mêlée à l'argile dans la proportion de 10 pour 100, est aussi efficace que l'argile pure.

Ces remarques permettent de dire que les agriculteurs qui manquent de paille exécutent une chose utile en mêlant aux litières qu'ils emploient, des *terres sèches* argilo-calcaires et argilo-siliceuses, ou des marnes et de la craie.

La terre ou la marne qu'on veut employer comme litière doit être extraite pendant l'été et conservée sous des hangars à l'abri de la pluie. Ces substances ne sont absorbantes que lorsqu'on les emploie privées pour ainsi dire d'humidité.

Dans le sud-ouest de la France on remplace souvent la paille-litière par du sable sec.

CHAPITRE II.

Fumiers.

Anglais. — Dung.
Allemand. — Dunger.
Hollandais. — Mestspecien.
Danois. — Mog.
Russe. — Nawos.
Espagnol. — Estiercol.
Portugais. — Esterco.
Italien. — Lectame.

Définition. — Variétés. — Composition. — Quantité produite annuellement par les animaux. — Méthodes pour supputer cette quantité. — Récolte des divers fumiers. — État sous lequel ils doivent être employés. — Conservation dans les fosses, sur les plates-formes et dans les étables. — Traitement des fumiers. — Abris à leur donner. — Fermentation. — Quantité qu'il faut appliquer par hectare. — Transports des fumiers. — Disposition dans les champs. — Épandage. — Enfouissement. — Fumures en couverture. — Bibliographie.

Définition. — Les fumiers se distinguent les uns des autres à l'état naturel, par leur aspect, leurs propriétés physiques et les éléments et les matières qui les composent. Ainsi, le fumier de cheval ne ressemble pas au fumier de porc, et celui de vache ou de bœuf est tout à fait différent de l'engrais qu'on recueille dans les bergeries. Il faut reconnaître, d'un autre côté, que ces divers fumiers s'éloignent aussi les uns des autres suivant le degré de décomposition auquel ils sont arrivés.

On donne le nom de *fumier frais* au fumier qui sort des étables et qu'on emploie aussitôt, c'est-à-dire avant qu'il ait fermenté.

Le fumier qu'on a conservé longtemps en tas sur une plate-forme ou dans une fosse, et qui a éprouvé une décomposition très-apparente, est connu sous les noms de *fumier gras*, *fumier consommé*, *fumier décomposé*, *fumier beurre noir*.

Le fumier frais offre ordinairement beaucoup de volume;

son action est aussi plus longue, plus durable que celle des fumiers décomposés; on lui donne ordinairement le nom de *fumier long*.

Le fumier décomposé a perdu une grande partie de ses principes volatils fertilisants; si son action est instantanée, elle est de faible durée. On le désigne communément sous le nom de *fumier court*.

Les fumiers arrivés à un état avancé de décomposition sont beaucoup plus lourds, plus pesants que les fumiers qu'on sort des étables ou des écuries.

On appelle *fumier froid* le fumier qui se décompose lentement, comme les fumiers de bêtes bovines et de porcs.

Le *fumier chaud* entre promptement en fermentation; il est produit par les chevaux et les bêtes à laine.

Variétés. — A. *Fumier de cheval.* — Le fumier de cheval est le plus actif, le plus *chaud*, le plus léger de tous les fumiers. On sait que les chevaux sont ordinairement nourris de substances sèches, de foins, de grains, riches en principes azotés.

Ce fumier s'échauffe promptement et perd beaucoup de ses propriétés fertilisantes lorsqu'il prend le *blanc*, lorsqu'il se dessèche. Il est donc utile de le disposer en tas réguliers, ou de le placer dans une fosse, et de lui fournir par l'arrosement l'humidité qui lui manque, et qui lui est nécessaire pour conserver ses propriétés actives. Mais il ne suffit pas d'entretenir dans la masse, ainsi que le fait observer M. Boussingault, une quantité d'eau suffisante pour modérer la température, il faut aussi prévenir, par un tassement convenable, l'accès de l'air, afin de ne pas détruire une portion considérable des principes qu'il est indispensable de conserver.

M. Puvis a reconnu que, pour obtenir du fumier des chevaux des résultats aussi favorables que les effets produits par les fumiers à demi consommés des bêtes à cornes, il est nécessaire de lui donner plus d'humidité qu'il n'en peut recevoir par l'intermédiaire des urines. Si on ne l'arrose pas, ajoute-t-il, ou que les pluies ne lui fournissent pas un surplus d'humidité, il se dessèche et perd de son poids et de sa qualité, tandis qu'en l'arrosant, il produit une quantité de fumier à demi consommé, de qualité meilleure et au moins égale en poids au fumier produit par les vaches. Schwerz, qui a constaté les mêmes faits et suivi le même procédé pratique, a remarqué que ce fumier ne veut pas seulement être tenu très-humide, mais mouillé.

Le fumier de cheval est appliqué le plus ordinairement, quand on l'obtient en grande masse, sur les terres compactes, les sols argileux, les terrains froids et humides; ses effets ne sont pas toujours très-favorables sur les sols légers, les terres très-perméables, à moins qu'on ne l'y conduise consommé.

B. *Fumier de bêtes à cornes.* — Le fumier qui provient des vaches et des bœufs est moins énergique que le fumier des chevaux, mais il est bien plus durable. Il est aussi beaucoup plus aqueux, et les excréments qui le composent se lient ordinairement très-bien avec toutes les litières, à cause de leur état fluide, de leur grande humidité. La nourriture toutefois exerce une influence très-grande sur ses propriétés fertilisantes. Ainsi, les bœufs à l'engrais produisent des fumiers meilleurs lorsque leur engraissement a lieu avec des grains que quand ils sont nourris avec des betteraves ou des résidus de féculerie; les bœufs de travail, qui consomment des aliments secs et très-azotés, donnent un fumier plus riche, plus fertilisant que le fumier produit par les vaches auxquelles on donne le plus ordinairement des aliments humides. Cette différence se conçoit aisément, dit M. Boussingault, les principes azotés de la nourriture sont distraits des sécrétions pour concourir au développement du fœtus, à la production du lait; par la même raison, les déjections des jeunes animaux, toutes circonstances égales d'ailleurs, procurent un engrais moins riche que celui qui dérive d'animaux adultes.

Le fumier des bêtes à cornes n'exhale aucune odeur d'ammoniaque et développe beaucoup moins de chaleur par la fermentation que le fumier de cheval; il ne contient aucun alcali et ne sèche pas comme ce dernier engrais. On lui donne ordinairement le nom de *fumier froid*.

On applique de préférence le fumier de vache et de bœuf sur les terres siliceuses, légères, perméables, chaudes, sur les terrains calcaires, qui absorbent très-promptement les engrais, et qui manquent toujours d'humidité et de consistance. Ses effets, dans les terres argileuses, les sols humides, sont toujours moins durables que dans les terres sablonneuses; la raison de ce fait, c'est qu'il se décompose très-promptement dans ces dernières terres, surtout lorsqu'on l'applique à un état de décomposition avancée. Étant peu actif, il occasionne bien rarement la verse des céréales si on l'applique en quantité modérée.

C. *Fumier de moutons.* — Le fumier des bêtes à laine est moins chaud que le fumier de cheval, mais il est aussi actif, et son action est plus prolongée et aussi durable que celle du fumier des bêtes à cornes.

Le fumier de mouton séjourne ordinairement pendant plusieurs semaines et même plusieurs mois dans les bergeries. Si par ce long séjour il gagne en qualité parce que, indépendamment des urines, les litières absorbent aussi le suint il se présente, lorsqu'on le sort des bâtiments, avec des propriétés physiques peu favorables. Ainsi, fortement tassé comme il l'est sans cesse par les pieds des animaux, il se présente sous forme de grandes plaques d'une division assez difficile et qui rendent son épandage peu facile quand il est conduit directement sur les terres où il doit manifester ses effets. Ce fait s'explique aisément : les moutons urinent moins que les autres animaux, leurs crottins, qui sont généralement durs et qui sont peu humides, fermentent très-lentement. C'est pourquoi on applique avec succès le fumier qu'ils produisent sur les sols argileux, les terres compactes et tourbeuses, les terrains calcaires.

Lorsqu'on récolte annuellement le fumier des bêtes à laine en faible quantité, il est préférable, au lieu de l'appliquer seul, de le mêler aux autres fumiers ; par ses propriétés physiques et son énergie, il corrige les défauts que possèdent ces engrais, et il accroît leurs qualités fertilisantes.

D. *Fumier de porcs.* — Ce fumier, que l'on regarde encore, en France et en Allemagne, comme peu favorable à la vie des plantes, est considéré, en Angleterre, comme un engrais aussi utile que les fumiers d'étable, quoiqu'il soit *froid* et lent à se décomposer.

Si, en France, le fumier des porcs est moins fertilisant et moins actif que le fumier des bêtes à cornes, c'est que ces animaux ne reçoivent pour ainsi dire que des substances végétales, c'est qu'ils ne consomment pas, comme en Angleterre, une forte quantité de semences farineuses ou de tourteaux. On ne doit pas oublier que les porcs ont une digestion facile, qu'ils s'assimilent presque tous les principes actifs des aliments qu'on leur administre ordinairement en petite quantité et presque toujours liquides, qu'ils exigent beaucoup de litière et doivent évidemment produire un fumier d'une faible activité et toujours très-humide dans les exploitations où leur économie est mal comprise. Ces faits expliquent pourquoi le fumier qui provient de porcs à l'engrais auxquels on donne des aliments en quantité suffisante et toujours très-riches en matières alibiles, est beaucoup plus fertilisant que le fumier produit par les porcs médiocrement nourris.

Quoi qu'il en soit, mélangé au fumier de cheval, conservé en tas et arrosé avec du purin pendant quelque temps, il change complétement d'état et d'aspect; ainsi, il devient moins pailleux, moins froid, moins humide, plus lourd et plus fertilisant.

Le fumier de porcs qu'on a recueilli dans des loges où les urines ne séjournent pas, où elles ne peuvent communiquer à la litière leur âcreté, peut être employé avec succès sur les sols calcaires ou silicieux.

E. *Fumier de lapins.* — Le fumier provenant de lapins soumis en domesticité, est aussi actif, aussi chaud que le fumier de moutons. Cet engrais ne contient pas plus d'humidité que le fumier des bêtes à laine, et il se présente aussi, à la sortie des bâtiments, sous forme de plaques. On l'emploie avec succès sur les terres argileuses ou argilo-calcaires, à cause de l'énergie de ses effets.

F. *Fumier mixte ou normal.* — Les fumiers de bêtes à cornes, de chevaux, de moutons et de porcs, dans la plupart des exploitations, sont conduits sur des plates-formes ou dans des fosses, où ils fermentent ensemble, où ils subissent un commencement de décomposition. Lorsque par suite de la fermentation ce fumier a été transformé en une masse uniforme un peu grasse, état qui ne permet pas très-aisément de distinguer tel fumier de tel autre, on le considère comme *fumier fait, fumier fabriqué* ou *fumier à demi consommé.*

Ce fumier mixte a été appelé par Wulfen *fumier normal.*

Les fumiers de vaches, de chevaux, etc., composés d'excréments et de feuilles ou de bruyères, ou auxquels on aurait ajouté des curures de cours, des débris de végétaux, etc., ne peuvent être considérés comme *engrais type*, parce qu'ils n'ont ni l'aspect, ni les propriétés fertilisantes du fumier normal qui ne contient que des pailles et des déjections.

Composition. — Il n'est pas inutile de connaître la composition du *fumier normal*. M. Boussingault a analysé celui de la ferme de Bechelbronn. Les animaux qui ont concouru à la production de ce fumier étaient 30 chevaux, 30 bêtes bovines et 12 à 20 porcs. Cet engrais était arrivé à un état moyen de décomposition ; il contenait :

Eau	79.30
Matières organiques	14.20
— minérales	6.50
	100.00

Richardson a obtenu en analysant un fumier mixte fabriqué en Angleterre :

Eau	65.00
Matières organiques	24.70
— minérales	10.30
	100,00

Voici les détails de l'analyse faite par M. Boussingault :

Matières organiques	14,20
Acide phosphorique	0,20
— sulfurique	0.13
Chlore	0,04
Potasse et soude	0.52
Chaux	0.57
Magnésie	0.24
Oxyde de fer et manganèse	0.40
Silice, sable et argile	4.40
Eau	79.30
	100.00

1000 kilog. contenaient donc :

Équivalent d'ammoniaque	4kil.98
Acide phosphorique	2 .00

M. Soubeiran a analysé le fumier de Grignon; il a trouvé qu'il était composé comme suit :

Matières organiques	19,20
Sels alcalins solubles	0,70
Carbonate de chaux et magnésie	1,50
Sulfate de chaux	1.10
Phosphate de chaux	0.40
— ammoniaco-magnésien	1.10
Matières terreuses	6,60
Eau	69.40
	100.00

Soit :

Eau	69.40
Matières organiques	19,20
— minérales	11.40
	100,00

Ce fumier a donné à M. Boussingault 0,72 pour 100 d'azote. Cette richesse a pour cause les soins incessants que l'on donne, à Grignon, aux fumiers.

M. de Gasparin a choisi pour *fumier type* le fumier d'une auberge. De tous les fumiers, observe-t-il avec raison, celui qui est le plus uniformément préparé est le fumier des auberges de rouliers qui, d'un bout de la France à l'autre, donnent la même nourriture à leurs chevaux; c'est ce qu'on appelle *l'ordinaire*. C'est cet engrais accumulé depuis un mois et en fermentation, mais tenu assez humide pour ne pas passer au blanc, que M. de Gasparin a soumis à l'analyse. Il contenait 60,58 pour 100 d'eau, 0,79 d'azote, et il pesait 660 kilog. par mètre cube. Bien tassé sur la voiture qui l'a transporté, la même quantité avait un poids de 820 kilog. Ainsi cet engrais est aussi fertilisant que le fumier de Grignon.

Toutes choses égales d'ailleurs, le fumier que produisent, dans les fermes, les animaux domestiques ayant une bonne litière, peut être considéré comme fumier type. Le fumier des auberges est un engrais accidentel, et l'agriculture, c'est-à-dire la pratique, n'est pas toujours à même de profiter de la supériorité qu'il possède sur les fumiers ordinaires, parce qu'il est produit en faible quantité.

J'admets donc, avec MM. Boussingault, de Gasparin et Payen, que le *fumier normal* ou *fumier type* doit contenir à l'état normal environ ou en moyenne 0,40 pour 100 d'azote.

Poids du mètre cube. — La quantité d'humidité que contiennent les fumiers ainsi que leur tassement plus ou moins considérable dans les fosses et sur les plates-formes, exerce une grande influence sur leur densité.

Voici, d'après M. Boussingault, la composition des divers fumiers frais :

Fumier frais.	Cheval.	Vache.	Mouton.	Porc.
Matières organiques ...	29,247	16,425	34,475	23,332
Acide phosphorique....	0,232	0,129	0,203	0,207
— sulfurique	0,078	0,068	0,096	0,234
Chlore	0,074	0,048	0,090	0,089
Potasse..............	0,674	0,327	0,788	1,697
Soude................	0,047	0,024	0,060	» »
Chaux................	0,530	0,269	0,663	0,179
Magnésie.............	0,257	0,134	0,281	0,234
Silice...............	1,367	0,690	1,661	1,123
Oxyde de fer.........	0,040	0,017	0,035	0,027
Eau..................	67,454	81,869	61,648	72,872
	100,000	100,000	100,000	100,000

1000 kilog. contiennent :

Équivalent d'ammoniaque	8kil,14	4kil,14	10kil,00	9kil,54
Acide phosphorique.. ...	2 ,32	1 ,29	2 ,03	2 ,07

Ces analyses permettent de classer les fumiers dans l'ordre suivant : 1° fumier de mouton ; 2° fumier de cheval ; 3° fumier de porc; 4° fumier de vache.

De là il résulte que le fumier est plus ou moins pesant

selon son état de décomposition. Voici le poids qu'il pèse, le mètre cube :

Fumiers.	Pailleux.	Faits.	Décomposés.
Cheval	350 à 400 kil.	450 à 500 kil.	600 à 650 kil.
Bêtes à cornes..	500 à 600 —	650 à 750 —	800 à 900 —
Bêtes à laine...	400 à 450 —	550 à 600 —	650 à 700 —

Le *fumier normal* ou *fumier type* bien fait pèse de 700 à 800 kilog. le mètre cube.

Quantité de fumier produite par les animaux. — Quelle est la quantité de fumier produite dans le cours d'une année pour chaque tête de bétail? Cette production n'est pas toujours constante: elle varie suivant : 1° la taille et la force des animaux; 2° la quantité d'aliments qu'ils consomment, la plus ou moins grande proportion d'humidité que renferment les fourrages; 3° la quantité de litière qui leur est accordée et la force plus ou moins absorbante des excipients; 4° enfin, selon la disposition qu'offre l'aire de l'écurie, de la vacherie ou de la bergerie.

Voici les résultats que la pratique a permis de constater :

CHEVAL.		
Thaër indique......	7 400 kil.	
De Dombasle.......	16 200 —	
Bella..............	8 900 —	
Hundershagen......	10 200 —	
Fredersdorf........	8 700 —	Moyenne... 10 200 kil.
BŒUF DE TRAVAIL.		
Thaër.............	6 400 kil.	
Bella..............	11 600 —	
Hundershagen......	10 200 —	Moyenne... 9 400 kil.
BŒUF A L'ENGRAIS.		
De Dombasle..		25 300 kil.
VACHE EN STABULATION.		
Bella..............	13 900 kil.	
Hundershagen......	11 500 —	
Fredersdorf........	11 600 —	
Pfeiffer............	9 200 —	
Crud	11 000 —	Moyenne... 11 400 kil.

BÊTE A LAINE.

Bella	340 kil.	
Hundershagen	420 —	
De Dombasle	600 —	
Thaër	440 —	
Fredersdorf	710 —	
Meyer	730 —	Moyenne.... 550 kil.

BÊTE PORCINE.

Thaër	800 kil.	
Heuzé	700 —	Moyenne.... 750 kil.

On voit, en comparant ces divers chiffres entre eux, combien est grande parfois la quantité de fumier qu'un animal peut produire dans le cours d'une année. Si à Roville la quantité de fumier produite par les chevaux s'est élevée à 16 200 kilog., et celle produite par les bœufs à l'engrais à 25 300 kilog., c'est que les bâtiments étaient disposés de manière qu'aucune partie des urines ne pût s'échapper au dehors. Ces liquides, en effet, étaient entièrement absorbés par la litière qui était toujours employée en quantité suffisante.

Le séjour plus ou moins prolongé des animaux en dehors des bâtiments influe aussi sur la production des fumiers. Ainsi, à Grignon, les bœufs de trait, en 1838, ont travaillé, en moyenne, 6 heures 59 pendant 300 jours, et n'ont produit que 10 100 kilog. de fumier, tandis que pendant l'année 1837, durant laquelle chaque tête n'a travaillé que 4 heures 51, la production du fumier s'est élevée, par chaque bœuf, à 12 300 kilog.

Les animaux qui vivent le jour au pâturage et la nuit dans les bâtiments d'exploitation produisent moins de fumier que ceux qui vivent en stabulation complète. Thaër rapporte qu'on a pesé le fumier produit par une vache qui était nourrie sur un pâturage abondant, pendant le jour et durant la nuit; le fumier produit pendant le jour pesait de 9^{kil},744 à $10^{kil},672$; celui produit durant la nuit variait de $6^{kil},960$ à $7^{kil},192$. Ces résultats confirment les remarques faites par Hundershagen.

Quoi qu'il en soit, les productions en fumier par tête et par an, que je viens de rappeler, pourront servir de guide pour établir des calculs approximatifs et éviter de recourir aux moyens d'appréciation plus longs, mais plus exacts ; elles seront aussi utiles pour déterminer la capacité que doivent avoir les fosses à fumier ou l'étendue des plates-formes.

Méthodes pour supputer la quantité de fumier produite.— Depuis près d'un demi-siècle, on a indiqué plusieurs méthodes pour déterminer la quantité de fumier qu'on doit obtenir des substances consommées par les animaux et des matériaux qui leur servent de litière. Ces procédés consistent à prendre en considération la nature des aliments, leur humidité, leur valeur alimentaire, à les réduire à l'état sec et à tenir compte de la quantité de litière accordée aux animaux par jour et par tête. Alors au moyen de rapports déterminés par l'expérience entre les aliments, la litière et le fumier, rapports que l'on adopte comme multiplicateurs, on suppute assez exactement la quantité d'engrais qu'on peut fabriquer ou employer. Plusieurs de ces méthodes ne présentent aucune difficulté, et elles méritent de fixer l'attention des agriculteurs praticiens.

1° Meyer a proposé de multiplier le foin consommé par 1,8, et la paille par 2,7. D'après ces multiplicateurs, on obtiendrait de 10 kilog. de foin et de 30 kilog. de paille donnée comme litière, 2,5 de fumier pour 1 de matière sèche. Ainsi $10 \times 1,8 = 18 + 30 \times 2,7 = 99$ kilog. de fumier.

Meyer assimile au foin tous les autres aliments, mais seulement d'après le poids qu'ils ont après avoir été réduits à l'état sec.

2° Thaër a suivi une voie différente. Il réduisait en foin toutes les substances alimentaires consommées par les animaux, et il admettait que le foin consommé, y compris une quantité suffisante de litière, doit être multiplié par 2,3.

3° Koppe a suivi le mode d'évaluation déterminé par Thaër; toutefois il propose le chiffre 2, seulement dans la supposition que le fumier est abandonné à une longue décomposition qui diminue son poids et son volume.

4° De Thunen, qui a adopté aussi le système proposé par le fondateur de Mœglin, regarde comme exact le chiffre 2,25.

5° De Vulfen a basé son système sur la nature des aliments. D'après ses hypothèses, 1 partie de grain donne 4,4, 1 de foin 3, 1 de paille 2,2, 1 de pommes de terre 1 de déjections animales, et il devient indifférent qu'on donne plus ou moins de paille soit comme litière, soit comme nourriture. Nonobstant, il croit que le rapport le plus rationnel est celui où l'on administre 3 de foin et 5 de paille. Alors le multiplicateur pour ces deux substances serait en moyenne 2,5.

6° Block n'a pas suivi la méthode de Thaër. Il calcule premièrement le fumier à l'état sec qu'on obtient d'une quantité d'aliments. Selon lui, 100 kilog. de foin ou de paille consommés comme aliments, produisent 44 kilog. de fumier à l'état sec; 100 kilog. de pommes de terre, 44; 100 kilog. de paille, 95. Il multiplie ensuite les nombres ainsi obtenus par 4, pour les évaluer en fumier ordinaire de bêtes à cornes modérément fermenté et contenant 75 pour 100 d'humidité. Son multiplicateur est donc : pour les aliments secs, 1,75, et pour la litière, 8,8. Toutefois, comme Block admet que sur 100 kilog. de fourrages secs les bêtes à cornes reçoivent au plus 10 kilog. de litière, il résulte que 1 de fourrages réduits à l'état sec et de litière donne 2,3 de fumier.

7° Mathieu de Dombasle, sans donner à ces chiffres cette vérité mathématique que doivent toujours avoir les faits en agriculture, dit que chaque 100 kilog. de foin consommé par des chevaux de travail a donné, à Roville, environ 222 kilog. de fumier, c'est-à-dire 2,22 pour 1 de fourrage.

8° Kreissig regardait comme positif que 100 kilog. de fourrages secs, moitié foin et moitié paille, donnent, quand la moitié de la paille est employée en litière, 220 kilog. de fumier court, aplati, non pailleux ni consommé. Ainsi 1 de fourrages secs et de litière produirait 2,2 de fumier.

9° Gœritz a fait sur trois vaches huit expériences au moyen de huit rations différentes. D'abord les vaches furent nourries avec des substances sèches, du foin, de la paille et un peu d'orge concassée. Pendant tout le temps qu'a duré cette alimentation au sec, les animaux ont bu, par tête et par jour, 55^{kil},228 d'eau. D'après le fumier obtenu, 1 de fourrage sec et de litière donnait 2,55 de fumier. Cette expérience a duré vingt-deux jours. Ces mêmes animaux ont été ensuite alimentés avec des fourrages humides : herbe, trèfle, betteraves, navets et pommes de terre. Pendant cette seconde expérience, qui a duré trente-cinq jours, les animaux ne buvaient, par jour et par tête, que 18^{kil},792 d'eau. Il résulte de la quantité de fumier produit, que 1 de substances alimentaires humides, réduites à l'état sec et de litière, a donné en moyenne 2,24 de fumier. Ces expériences prouvent qu'une vache donne d'autant plus de fumier qu'elle boit davantage, et que le fumier est d'autant plus abondant que les aliments sont plus secs et plus abondants.

10° Burger pose comme principe l'énoncé suivant : pour

obtenir le rapport qui existe entre le poids du fourrage et de la litière employés, et celui du fumier qui en résulte, il faut réduire la nourriture à son poids sec, de quelque nature qu'elle soit, y ajouter la litière, et multiplier la somme par 2.

11° Schwerz propose une méthode semblable, et il admet que le fumier, au moment où on le conduit dans les champs, a déjà perdu 25 pour 100 du poids qu'il avait à sa sortie des étables et des écuries. Dans cette hypothèse, 100 kilog. de nourriture sèche donneraient 175 kilog. de fumier. Pour la paille, qui, elle, n'abandonne presque rien à l'animal, comme son tissu poreux et le vide qu'elle présente la rendent propre à absorber plus de liquide qu'un aliment mâché et digéré, il dit que 100 kilog. doivent donner 200 kilog. de fumier. Le multiplicateur des substances alimentaires réduites à l'état sec est donc 1,75, et celui de la paille le nombre 2.

Le système proposé par Schwerz est celui que l'on adopte le plus généralement. Voici, d'après cet auteur, quelle quantité de fumier on peut obtenir des fourrages et des litières consommés :

Fourrages.

		Parties sèches.	Kilogr. de fumier.
100 kil.	de foin	100	175
	de paille	100	175
	de trèfle vert	21	36
	de pommes de terre	28	49
	de betteraves	10	21
	de carottes	13	23
	de navets	10	17

Litière.

100 kil.	de paille	100	200

Voyons si ce système donne des résultats concordants avec les faits que la pratique permet de constater. Je l'appliquerai à l'exploitation agricole de Grignon, dans laquelle les fourrages, les pailles et les fumiers sont pesés avec soin.

Grignon suit un assolement de sept années avec une sole de luzerne en dehors de la rotation. (*Voir* LES ASSOLEMENTS ET LES SYSTÈMES DE CULTURE.) Voici comment se succèdent les cultures :

Première année.....................	Plantes sarclées.
Deuxième année.....................	Céréales de mars.
Troisième année.....................	Trèfle.
Quatrième année.....................	Blé d'hiver.
Cinquième année.....................	Fourrages verts.
Sixième année.....................	Cozla.
Septième année.....................	Blé d'hiver.

Si l'on applique à cette succession de culture la formule de Schwerz, on trouve que les produits qu'elle fournit sur huit hectares permettent de fabriquer annuellement la quantité de fumier suivante :

	Quintaux.	Kil. de fumier.
Première sole.		
Pommes de terre..................	105 × 49 =	5 100
Betteraves..................	70 × 21 =	1 500
Carottes..................	60 × 23 =	1 400
Deuxième sole.		
Paille employée en litière........	41 × 200 =	6 400
Troisième sole.		
Foin de trèfle..................	50 × 175 =	8 700
Quatrième sole.		
Paille de froment..................	32 × 200 =	6 400
Cinquième sole.		
Paille de colza..................	32 × 200 =	6 400
Sixième sole.		
Paille de froment..................	32 × 200 =	6 400
Soles hors de rotation.		
Foin..................	156 × 175 =	27 300
Total..................		71 400

Si l'on adoptait le multiplicateur proposé par Burger, on

obtiendrait un excédant de 16 000 kilog. Cet excédant paraîtra, au premier aperçu, peu important, mais comme Grignon fume annuellement 30 hectares, il en résulterait une différence s'élevant à 480 000 *kilog.*

Examinons quelle est la méthode qui se rapproche le plus des faits pratiques.

A Grignon, pendant le cours de rotation, on applique une fume complète, soit 60 000 kilog. de fumier à l'hectare, et une demi-fumure de 30 000 kilog. Toutefois, l'impossibité où l'on se trouve de pouvoir disposer par chaque hectare, de la 6e sole de 30 000 kilog. de fumier, oblige chaque année à faire parquer de 7 à 11 hectares, et d'en fertiliser 5 à 8 autres avec de la poudrette ou du tourteau. On ne fume donc par conséquent que la moitié de la sole, ce qui donne pour la surface totale de celle-ci 15 000 kilog. de fumier seulement par hectare. Ainsi, au lieu d'être fertilisé tous les six ans par 90 000 kilog. de fumier, chaque hectare, jusqu'à ce jour, n'en reçoit que 75 000 kilog. environ.

De ces faits, il résulte que l'exploitation de Grignon doit fabriquer annuellement :

30 hectares × 75 000 kil. = 2 250 000 kil. de fumier.

Cette quantité est exactement celle que constate la comptabilité. Ainsi la production du fumier s'est élevée, chaque année, en moyenne :

De 1828 à 1834	2 132 000 kil.
De 1835 à 1841	2 281 000 —
De 1842 à 1849	2 563 000 —
Moyenne générale	2 325 000 kil.

Chaque année aussi, M. Bella achète de 1000 à 1500 hectolitres de poudrette.

En adoptant la méthode de Burger, on serait conduit à dire que l'exploitation doit pouvoir disposer chaque année, de :

30 hectares $\times$ 87 000 kil. = 2 610 000 kil.

à la moyenne obtenue.

Le mode d'évaluation du fumier qu'une exploitation peut produire, et que Schwerz a proposé, est donc assez exact, et il faut impérieusement lui accorder la préférence sur les autres. Toutefois, ce système, bon en général, n'est plus vrai lorsqu'on évalue séparément la quantité de fumier fourni par chaque espèce d'animaux.

Convaincu, depuis longtemps, que les multiplicateurs qu'il a indiqués, conduisent, dans cette dernière hypothèse, à des résultats erronés et fâcheux, j'ai été amené à reconnaître qu'il est nécessaire d'adopter des multiplicateurs spéciaux suivant l'espèce animale, et le service auquel elle est destinée. Si tous les animaux domestiques présentaient les mêmes caractères d'organisation ; si les aliments qu'ils consomment, ainsi que les liquides qu'ils boivent, étaient de nature semblable et en quantité identique ; enfin, si tous les animaux étaient soumis aux mêmes services, je comprendrais qu'il fût possible d'admettre un seul multiplicateur, soit pour les aliments et la litière, soit pour les substances fourragères seules, ainsi que pour les matières litières. Comme il ne peut en être ainsi, comme les animaux de travail consomment des nourritures toujours plus sèches, moins volumineuses, plus assimilables que celles administrées aux bêtes de rente, et qu'ils séjournent moins longtemps au sein des écuries que ces dernières, il est évident que, toutes choses étant égales d'ailleurs, ils doivent produire moins de fumier que les vaches et les porcs. Il résulte de ces considérations, que le multiplicateur à adopter doit varier inévitablement selon les animaux et les service qu'on leur demande. Voici les chiffres que j'ai adoptés, il y a vingt ans, et que j'avais déterminés à l'aide d'expériences quand j'étais fermier du domaine de Grand-Jouan (Loire-Inférieure), et qui ont reçu l'approbation de plusieurs écrivains :

Multiplicateur pour	les chevaux	= 1,30
	les bœufs de travail	= 1,50
	les vaches	= 2,30
	les porcs	= 2,50
	les bêtes à laine	= 1,20
Chiffre moyen		= 1,80

Voici maintenant mon mode d'évaluation : *Réduire à l'état de siccité la nourriture et la litière, de quelque nature qu'elles soient, et multiplier le résultat par l'un des chiffres ci-dessus.*

Pour réduire les aliments et la litière à l'état de siccité, il faut multiplier le poids des substances alimentaires consommées ou de la paille employée, par la quantité de matières sèches que contiennent ces substances.

Si j'appelle a la quantité de fourrage ou de litière, b la quantité d'humidité que contient la substance, c le chiffre multiplicateur, x la quantité de fumier à obtenir, j'aurai la formule suivante :

$$x = a - b \times c.$$

Ainsi, pour connaître la quantité de fumier qui résultera de 100 kilog. de foin de prairies naturelles consommés par un cheval, on aura :

$$x = 100 - 15 \times 1,30 = 110 \text{ kil.}$$

Si ce même animal a reçu, comme litière, 50 kilog. de paille de froment ou de seigle, on a :

$$x = 50 - 5 \times 1,30 = 58 \text{ kil.}$$

Voici un tableau des principales substances alimentaires

et des litières le plus ordinairement employées, indiquant la quantité d'humidité et de matières sèches qu'elles renferment :

Fourrages.	Parties humides p. 100.	Parties sèches p. 100.
Foin	15	85
Fourrages verts	75	25
Pommes de terre	75	25
Betteraves	85	15
Carottes	87	13
Topinambours	78	22
Navets	90	10
Feuilles de choux, navets, etc	90	10
Résidus de betterave	70	30
— de pommes de terre	75	25
Tourteaux de lin et de colza	10	90
Son	25	75
Avoine	13	87
Litières.		
Pailles de céréales	10	90
— de sarrasin	15	85
Sciure de bois	25	75
Feuilles mortes	25	75

La quantité de substances sèches peut être considérée comme multiplicande ou $= a - b$ de la formule précédente.

Pour déterminer la quantité de fumier que produira un bœuf de travail ayant consommé 300 kilog. de trèfle vert, on a :

$$x = \frac{300 \times 25}{100} = 75 \times 1,50 = 112 \text{ kil.}$$

ou

$$x = 300 - 225 \times 1,50 = 112 \text{ kil.}$$

Si l'on compare les multiplicateurs précités avec les chiffres admis par Schwerz, on reconnaîtra qu'ils en diffèrent complétement, puisque la paille ne double pas toujours de poids. Sans doute cette litière, mêlée aux parties solides et pénétrée de liquides, augmente en poids ; mais si l'on a égard aux pertes considérables qu'éprouvent les matières animales et végétales lorsqu'elles séjournent pendant plusieurs semaines, plusieurs mois, dans une fosse ou sur une plate-forme, on comprendra qu'il est impossible au cultivateur de calculer sur une quantité de fumier égale à celle que l'on obtient lorsqu'on sort les déjections et les pailles des étables ou des écuries. Pour pouvoir compter sur une telle quantité, il faudrait pouvoir appliquer le fumier immédiatement après qu'il a été recueilli. Schwerz, il est vrai, n'a établi ses chiffres qu'après avoir admis que le fumier a perdu, quand on le conduit dans les champs, un quart du liquide qui était joint à ses parties solides, ou qu'il contient encore 75 pour 100 d'humidité; mais cette perte est loin de représenter la diminution que le fumier éprouve réellement par la fermentation et l'évaporation.

Si les fumiers, en général, n'éprouvaient pas de perte plus sensible que celle qu'ils subissent quand on les conserve dans les fosses, en tas ou dans les écuries pendant quelques semaines seulement, la masse qu'on emploie annuellement aurait partout et toujours un poids plus considérable.

Je ferai observer que les multiplicateurs que j'ai proposés, et qui ont pour bases des expériences répétées, ne peuvent être appliqués que dans une exploitation où les fumiers sont bien traités, où on leur accorde tous les soins nécessaires pour qu'ils fermentent convenablement et qu'ils ne soient ni trop secs ni trop humides.

Si j'applique ma méthode à l'assolement de Grignon, je trouve que la quantité de fumier produit par chaque hectare à fertiliser s'élève annuellement à

	Quintaux.	Kil. de fumier.
Pommes de terre	105 × 25 =	1 625
Betteraves	70 × 15 =	2 050
Carottes	78 × 10 =	780
Foins divers	299 × 85 =	24 415
Pailles diverses	137 × 90 =	12 330
Total en substances sèches		41 200

ou

$$41\,200 \times 1,80 = 74\,000 \text{ kil. de fumier.}$$

Ce chiffre concorde mieux avec la fumure annuelle de Grignon que les quantités de fumier supputées à l'aide des multiplicateurs proposés par Burger et Schwerz.

M. Boussingault a proposé d'avaluer le fumier produit en estimant l'*azote* qui se trouve dans la litière et les déjections, et de rapporter la quantité déterminée à l'azote contenu dans la nourriture, après avoir déduit, toutefois, de cette dernière somme, l'azote exhalé et fixé par les animaux. Quoique ce mode d'évaluation présente des difficultés dans les circonstances actuelles, il pense, néanmoins, qu'elle est la seule qui puisse être suivie, et que la pratique adoptera lorsque la science agricole aura confirmé, perfectionné les coefficients qu'il propose. M. Boussingault conclut, des faits qu'il a constatés :

1° Que par 100 kilog. de foin consommé :

Un cheval rend en azote	l'équivalent de	245 kil.	de fumier.
Une vache laitière	—	152	—
Un veau de six mois	—	40	—

2° Que chaque 100 kilog. de poids vivant prive une exploitation de 180 kilog. de fumier normal, ou d'environ 9 quintaux de fumier humide.

Ces résultats reposent sur ce principe : que chaque 100 kilog. de poids en vie contient en azote :

Bêtes à cornes	3,47
Cheval	3,64
Porc	3,80
Mouton	3,66
Moyenne	3,64

Ainsi 100 kilog. de poids en vie prélèvent sur les fourrages 33,54 d'azote complétement perdu pour le fumier.

Le fumier normal, dont il est question ici, contient en moyenne 79,3 pour 100 d'humidité.

M. Boussingault admet, en outre, comme probabilité, qu'un cheval et une vache du poids de 500 kilog. exhalent chacun par jour 25 grammes d'azote. La quantité exhalée par un porc de 100 kilog. serait de 5 grammes par vingt-quatre heures.

Pour fixer les idées sur les moyens qu'il propose d'introduire dans la pratique, M. Boussingault donne comme exemple l'évaluation de l'engrais réel contenu dans le fumier qu'il a recueilli en 1840-41 :

Têtes.	Aliments consommés.		Azote.
Vacherie, 27 dont 11 jeunes.	Foin ou équivalent..	98 338 kil.	1130 kil.
	Paille litière........	16 425	49
Écurie, 27 chevaux.......	Foin ou équivalent .	147 825	1700
	Paille litière........	20 870	63
Porcherie.................	Pommes de terre....	45 264	165
	Seigle et pois.... ..	1 107	30
	Paille litière........	3 650	11
Azote des aliments et des litières............			3148 kil.

Voici maintenant les produits obtenus :

	Produit.		Azote.
Vacherie......	Poids vivant, produit..........	3 326 kil.	120 kil.
	Lait.......................	15 786	79
	Azote exhalé..................		246
Écurie......	Poids vivant, produit.........	684	25
	Perte due au travail...........		425
	Azote exhalé............		246
Porcherie......	Poids vivant, produit..........	1 025	37
	Azote exhalé..................		18
Azote distrait des engrais..			1 196 kil.

Ainsi, les aliments et les litières, d'après la teneur en azote, auraient dû produire :

Fumier de ferme humide...................	767 800 kil.
L'azote fixé ou exhalé en représente.........	291 700
Le fumier effectif devait donc être de....	476 100 kil.

La quantité de fumier humide qu'obtient ordinairement

M. Boussingault, pour une semblable quantité d'aliments et de litières, est environ de 500 000 kilog.

Ce résultat donne le rapport suivant :

Les aliments et la litière réduits à l'état de siccité sont au fumier :: 100 : 1,66.
L'azote des aliments et litières est à l'azote du fumier :: 100 : 66.

La méthode de M. Boussingault appliquée à l'exploitation de Grignon, conserve son exactitude. Ainsi on trouvera les faits suivants :

		Quintaux.	Azote total.
1re *sole*	Pommes de terre	105	37kil.80
	Betteraves	70	14 .70
	Carottes	60	18 ,00
2e *sole*	Paille d'avoine et d'orge.	41	14 .30
3e *sole*	Foin de trèfle	50	77 ,00
4e *sole*	Paille de froment	32	15 ,68
5e *sole*	Paille de colza	32	16 ,00
6e *sole*	Paille de froment	32	15 ,68
Soles hors de rotation.	Foin	156	207 .00
	Azote des aliments de litières		416kil.15

La production du fumier s'élevant par hectare et par an à 74 000 kil ou 296 kil. d'azote, il en résulte le rapport suivant :

L'azote des aliments et litières est à l'azote du fumier :: 100 : 71.

Ce résultat confirme les principes admis par M. Boussingault. La quantité d'azote fixée ou exhalée par les animaux est en moyenne de 33 pour 100 de l'azote des substances fourragères.

En général, le rapport de l'azote des aliments et litières à l'azote des fumiers varie entre 100 : 66 et 100 : 71.

Récolte des fumiers. — Tous les fumiers ne se récoltent pas de la même manière.

A. *Fumier de chevaux.* — Dans toutes les fermes bien dirigées le fumier produit par les chevaux est enlevé chaque jour ou tous les deux jours au plus, selon le temps que les animaux séjournent à l'écurie et les aliments qu'ils consomment. Chaque matin, les charretiers relèvent sous l'auge la paille qui peut encore servir comme litière, et poussent au delà de la superficie sur laquelle reposent les animaux, et les crottins et les pailles qui ont été souillés par les excrétions. Ce fumier est ordinairement enlevé de suite ou dans l'après-midi et conduit, à l'aide d'une brouette, sur le lieu où on le conserve.

On commettrait une faute grave si on ne sortait le fumier des écuries qu'une fois par semaine, comme cela se pratique malheureusement encore dans quelques localités. C'est que la chaleur qu'il dégage en fermentant, peut dessécher et altérer les cornes des pieds ; c'est que les vapeurs ammoniacales auxquelles il donne naissance, nuisent à la santé des chevaux en s'accumulant dans les écuries. Le cultivateur ne doit donc pas hésiter un seul instant à faire enlever chaque jour le fumier produit par ces animaux.

B. *Fumier des bêtes à laine.* — Le fumier des brebis ou des moutons, n'étant ni aussi chaud que celui des chevaux, ni aussi humide que celui des bêtes à cornes, reste dans les bergeries pendant plusieurs mois. Le séjour du fumier dans ces bâtiments a divers avantages : d'abord, il se fait mieux, parce que les excréments se mêlent plus intimement à la litière; ensuite, par la fermentation qui s'établit dans sa masse, il rend l'air plus chaud, et par conséquent, le bâtiment moins froid. Si l'on sortait ce fumier toutes les semaines, on récolterait un engrais sec, très-pailleux, peu décomposé, et il y aurait nécessité à disposer d'une plus grande quantité de litière. Toutefois, s'il est utile de n'enlever le fumier des bergeries que quand les couches successives de paille ont été imbibées d'urine et chargées d'excréments, on ne doit pas oublier qu'un très-grand amas de litières et de déjections peut avoir de graves inconvénients durant l'été ou pendant les fortes chaleurs. Une température élevée, très-chaude et humide, est aussi nuisible aux bêtes à laine qui vivent dans les bergeries qu'un air froid et humide. On sera averti de la nécessité d'enlever le fumier, dit Tessier, quand, en entrant dans la bergerie, on éprouvera de la chaleur et une forte odeur ammoniacale.

Pour sortir ce fumier, on se sert de brouettes ou de civières ; ou bien on emploie, quand la largeur des ouvertures le permet, un instrument en fer à deux fortes dents recourbées, que l'on nomme *crochet*. Cet outil, après avoir été lancé avec force sur du fumier relevé en forme de tas, est fixé à un palonnier et traîné par un cheval au lieu où le fumier doit être conservé.

C. *Fumier des bêtes bovines.* — Le fumier de vaches ou de bœufs reste toujours plus longtemps dans les étables que le fumier de chevaux dans les écuries, à moins que les animaux ne soient soumis à la stabulation complète.

Quand les bêtes à cornes vivent en stabulation permanente, il faut enlever le fumier tous les jours, dans l'intérêt de leur santé. Si la phthisie calcaire appelée *pommelière*, sévit de temps à autre avec autant d'intensité sur les vaches des nourrisseurs des grandes villes, c'est que ces animaux vivent pour la plupart dans des étables basses, humides, dans lesquelles les fumiers s'accumulent pendant plusieurs mois. C'est pour prévenir cette pneumonie sur les vaches soumises à un repos continuel et absolu, qu'on a soin de ne pas laisser les litières et les déjections s'amasser dans les étables, et qu'on prend la peine de les enlever chaque jour.

Les vaches qui vont une partie du jour au pâturage se trouvent ordinairement dans des conditions différentes, et il est rare que le fumier ne séjourne pas sur l'aire du bâtiment dans lequel on les confine pendant plusieurs semaines. Ce séjour plus prolongé est favorable à la qualité de l'engrais, et n'est nuisible aux animaux que quand on ne prend pas la précaution de renouveler chaque jour la litière, ou lorsque le bâtiment est mal aéré. Quand on a soin de placer, chaque soir et chaque matin, si les circonstances y obligent, une nouvelle quantité de litière sur l'ancien excipient, ainsi que sur les déjections, le bétail se trouve dans des conditions de propreté convenable et les litières se chargent mieux de parties liquides.

Hélas! pourquoi toutes les vaches en France n'existent-elles pas dans étables aussi bien dirigées? Combien on doit regretter que toutes les bêtes bovines, de rente ou de travail, ne soient pas soumises à un semblable système d'entretien? Il existe encore, en France, des localités où on laisse les litières et les déjections, soit solides, soit liquides, s'amasser sous les animaux, sans autre précaution que celle de répandre la litière nécessaire à la circulation des vachères ou des bouviers. Il importe peu que les animaux vivent dans la fange, que les déjections rendent, par leur accumulation successive, les locaux insalubres, que le bétail y souffre de la chaleur, qu'il ne puisse respirer un air pur; ce qui préoccupe le plus le cultivateur, c'est la coutume locale, c'est l'usage suivi par son père ou ses voisins, auquel il ne veut pas déroger, et qui consiste à ne sortir les fumiers des étables que deux à trois fois au plus par an.

Combien d'étables à bœufs ou à vaches qui sont encore, dans la Bretagne, le Poitou et la Sologne, etc., de véritables cloaques dans lesquels on ne peut éviter d'enfoncer jusqu'à la cheville? Combien de ces bâtiments où les animaux vivent couchés dans la fange, où leur entassement produit une chaleur qui les fatigue, et les oblige à se tenir toujours couchés ; où le vrai cultivateur éprouve, à la vue d'un tel spectacle, un sentiment de dégoût et de tristesse !

Proposez de changer ces conditions, le cultivateur, avec la naïveté qui le caractérise, vous répondra qu'il ne veut pas déroger aux habitudes de la contrée qu'il habite. Espérons que ces déplorables idées ne tarderont pas à disparaître !

Lorsque le fumier des bêtes à cornes séjourne quelques semaines dans une étable où les liquides surabondants s'écoulent facilement, il perd peu de ses propriétés par la fermentation et l'évaporation, et ne peut être regardé comme nuisible aux animaux. Aussi constate-t-on alors, si des ouvertures légères et convenablement disposées ont été pratiquées dans les murs, que l'air intérieur est presque pur. Mais, pour qu'une grande accumulation de déjections ne soit pas nuisible et aux hommes et aux animaux, et que l'air y soit sans cesse respirable, il faut que la litière soit chaque jour renouvelée et que celle ancienne ne soit pas très-humide. Il importe, en outre, de vider les étables, d'enlever le fumier en temps opportun. En général, on ne doit pas attendre, pour effectuer ce travail, que la fermentation putride soit établie dans la masse des déjections et des litières ; si on attendait ce moment, le fumier diminuerait de volume et perdrait de sa qualité.

D. Fumier de porcs. — Le fumier de l'espèce porcine séjourne moins longtemps dans les bâtiments que le fumier des bêtes bovines et ovines. Cet engrais est ordinairement enlevé tous les huit ou quinze jours environ.

Le porc est un animal délicat et frileux, et, quoiqu'il soit regardé encore comme malpropre, l'expérience prouve chaque jour qu'il ne se développe ou ne s'engraisse convenablement que quand la litière sur laquelle il repose est sèche et abondante. Lorsqu'on le laisse sur une litière très-humide, quand on néglige d'enlever les pailles imprégnées de déjections, il ne faut guère songer à réaliser des profits par son concours, quelle que soit la spéculation que l'on ait adoptée.

De tous les animaux domestiques, le cochon est celui qui brise le plus la paille, et qui exige sous ce rapport davantage de litière. On comprend, dès lors, pourquoi il est nécessaire de l'enlever en temps utile, si on veut le considérer avec Miller, Hunter, Arthur Young, etc., comme aussi fertilisant que les autres.

État sous lequel le fumier doit être employé. — Le fumier doit-il être appliqué à l'état frais? Est-il nécessaire d'attendre qu'il ait fermenté ou subi un commencement de décomposition avant de le conduire sur les terres arables?

Jusqu'à ce jour, cette question n'a pas été complétement résolue. Plusieurs agriculteurs insistent pour que le fumier soit appliqué avant que la fermentation l'ait plus ou moins décomposé; ils soutiennent que, par son application immédiate, on prévient une perte considérable, et que, ainsi employé, il produit des effets pendant plus longtemps. Les agronomes qui proclament l'emploi du fumier ayant éprouvé un commencement de décomposition, s'appuient sur ce principe : le fumier bien fait, modérément consommé, est plus assimilable que le fumier nouvellement produit.

Ces questions, si graves, si importantes, ont, selon moi, leur solution dans les arrangements agricoles d'une exploitation. Si l'agriculture n'avait pas à triompher de la variété infinie des terrains, de la diversité des climats, si la phytologie n'embrassait pas des plantes si différentes les unes des autres par leurs caractères et surtout par les aliments dont elles ont besoin, toutes les opinions, sur ce sujet, concorderaient entre elles; et il est hors de doute qu'aujourd'hui l'une de ces deux questions précitées serait celle que le cultivateur prendrait toujours pour guide.

Sans doute, s'il était possible d'employer le fumier avant toute fermentation, c'est-à-dire immédiatement après sa sortie des étables, on éviterait les dépenses de main-d'œuvre que nécessite sa conservation; malheureusement, il est souvent très-difficile, pour ne pas dire impossible, de conduire jour par jour les fumiers produits dans les étables et les écuries, sur les champs où ils doivent agir. Pour que ces transports immédiats puissent avoir lieu, pour que cette conduite journalière soit possible, il faut à l'exploitation un surcroît d'attelage et des champs sans cesse dépouillés de toute production ou toujours suffisamment préparés; il faut aussi que le cultivateur renonce aux avantages que présente le mélange bien exécuté des diverses sortes de fumier.

Si les fumiers frais ont des propriétés spéciales, des effets plus prolongés; si, en un mot, ils sont plus énergiques parce qu'ils n'ont point encore fermenté et n'ont pas été lavés par les pluies dans les fosses ou sur les plates-formes, et, conséquemment, n'ont rien perdu, leur emploi présente des difficultés que le cultivateur ne surmonte pas toujours facilement. Ainsi, ces fumiers se mêlent plus ou moins difficilement avec le sol, suivant son état d'humidité ou de sécheresse; ainsi encore, leur application dans les sols meubles, les terres légères ou siliceuses, augmente la divisibilité de ces terrains et permet rarement à la fermentation de suivre régulièrement ses diverses périodes, et cela à cause de la température élevée de la couche arable; en outre, leur conduite dans les terres argileuses, les sols compactes, où l'argile s'empare de l'ammoniaque, vient aussi arrêter la fermentation, parce que l'air n'a pas assez d'accès sur les pailles et les déjections. Aussi est-il bien démontré aujourd'hui que les fumiers frais mêlés aux terres compactes et légères ne fournissent pas toujours aux plantes annuelles une alimentation suffisante, une quantité convenable de carbone, d'azote, etc.

Quant aux fumiers consommés ou décomposés, leur emploi est rarement avantageux, surtout lorsqu'on les applique sur des terrains secs, légers et privés de terreau ou appauvris. Thaër a observé que s'il survient une sécheresse après leur enfouissement, les plantes souffrent beaucoup de la chaleur, et végètent très-lentement ; le contraire a lieu, si le temps est humide : les plantes poussent très-rapidement. Dans le premier cas, elles prennent une couleur jaune pâle et une partie d'entre elles périssent, et celles qui survivent restent faibles, sont sujettes à la rouille et ne donnent que des grains imparfaits.

De ces remarques judicieuses, il résulte l'utilité, pour le cultivateur qui veut activer le développement d'une plante ayant une courte existence, d'appliquer de préférence des fumiers à demi décomposés parce que leur action est plus immédiate et plus sensible.

Quoi qu'il en soit, lorsque la nature et les propriétés physiques du sol, ainsi que les conditions climatériques, permettent d'appliquer le fumier à l'état frais, avant toute fermentation, on prévient par là une perte de plus d'un cinquième et même d'un quart de la masse, et les plantes en végétation et le sol gagnent d'autant en principes actifs. Cet emploi n'est pas sans importance dans les sols consacrés à la culture des plantes fourragères et des plantes industrielles de longue durée.

J'ai dit qu'on enterrait difficilement le fumier pailleux, mais qu'il convenait de préférence aux terres argileuses, parce qu'il rend la couche arable moins tenace, s'y conserve mieux, et que ses effets y sont plus prolongés. Les terres légères réclament des fumiers à demi décomposés, ayant la propriété de fixer dans la terre une plus grande humidité, ce qui leur permet de mieux satisfaire les besoins des plantes. C'est pour ces motifs que la pratique applique généralement au printemps sur les terres sèches, brûlantes, et les sols calcaires, des fumiers bien faits, et qu'elle ne redoute pas d'employer dans les saisons humides, sur les mêmes terres, des fumiers bien moins décomposés. « Toutefois, puisqu'il est nécessaire, dit Olivier de Serres, d'adjouster l'humidité au fumier dans les terres légères et maigres, pour le faire valoir, à bonne raison en ce mesnage préfère-t-on l'hyver au printemps et le printemps à l'esté. »

Toutes choses égales d'ailleurs, et quelque sévères que soient les règles qui précèdent, il reste acquis et à la science et à la pratique, que *les conditions climatériques, la nature des terres et les assolements, déterminent toujours l'état des fumiers et l'époque de leur emploi.* Un bon cultivateur doit donc coordonner ses travaux, combiner ses récoltes de manière que le fumier ne séjourne pas trop longtemps dans les cours, et qu'il n'y arrive pas à un état de décomposition très-avancé.

Quand le fumier sort des étables, il n'est pas homogène, et doit être mélangé au sol par plusieurs labours, si l'on veut qu'il produise un effet uniforme ; lorsqu'il a séjourné en tas pendant longtemps et qu'il a reçu l'humidité nécessaire à sa décomposition, il est gras, onctueux, se désagrége difficilement, et on le mélange encore mal avec la couche arable.

Conservation des fumiers. — Les procédés suivis dans la conservation des fumiers sont au nombre de trois : 1° l'entassement dans les fosses ou trous à fumier ; 2° le dépôt sur les plates-formes; 3° l'accumulation dans les étables.

1° Fosses ou trous a fumier. — A. Sur plusieurs points de la France, le fumier, à sa sortie des écuries, étables ou bergeries, est déposé dans des creux, des enfoncements, que la nature a seule créés dans les cours, et qui, pour la plupart, ont la malheureuse propriété de retenir, non-seulement le purin, mais encore les eaux pluviales qui dégouttent des toits ou tombent sur le sol. Placé dans de tels enfoncements, ou l'humidité est toujours excessive, le fumier est lavé, diminue de volume, ne fermente plus, et abandonne à l'eau stagnante dans laquelle il est presque plongé une très-grande partie des principes solubles et fertilisants qu'il contient.

B. Pour obvier à ces inconvénients graves, on a établi, depuis les premières années de ce siècle, dans un grand nombre d'exploitations, des trous à fumier offrant une disposition particulière. Voici la description de la fosse que j'avais fait creuser, en 1842, à Grand-Jouan, et qui recevait tous les fumiers produits par mes animaux.

Cette fosse était garnie, sur trois de ses côtés, d'un mur de revêtement en pierres schisteuses, et soutenu extérieurement par un mur de soutènement en terre. Le fond était formé d'une argile très-tenace, recouverte par un blocage ou cailloutage, et il avait une pente de 0,03 à 0,04 par mètre; la pente la plus forte existait dans le sens de la largeur FF; la plus faible était située dans le sens de la longueur; mais elle était telle, que les liquides se rendaient aisément des angles A et B au point centre C. Il existait dans le mur de revêtement A et B, deux petits canaux *dd*, situés un peu en contrebas du fond de la fosse, et munis d'un grillage à l'intérieur et d'une vannette à l'extérieur, dont la destination était de conduire les parties liquides dans les réservoirs situés en O, c'est-à-dire en dehors de la fosse. J'avais établi sur ces réservoirs un plancher reposant sur des madriers, au milieu duquel existait une ouverture destinée à l'introduction d'une pompe à purin. La figure 21 donne le plan de cette fosse,

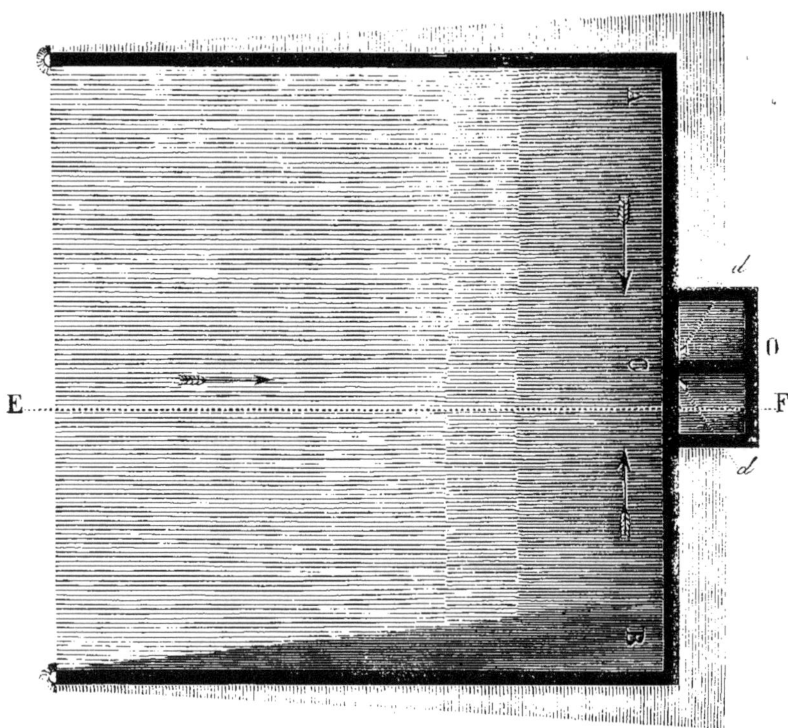

Fig. 21. Plan d'une fosse à fumier munie d'un réservoir à purin.

la figure 22 en représente une coupe dans le sens de la longueur EF. Les flècles désignent la direction des pentes.

La fosse que M. Boussingault a fait construire en 1848, à Boussingault'Shof, offre les mêmes dispositions.

Le fond de cette fosse est en argile corroyée afin que le purin ne pénètre la terre et ne la détrempe, ce qui aurait de grands inconvénients à l'époque des charrois.

MM. Moll et Schattenmann ont proposé, il y a quinze ans, des fosses construites sur le même principe, mais qui en diffèrent par le réservoir à purin situé à l'intérieur. Cette dernière disposition est peut-être plus avantageuse pour exécuter les arrosements, mais elle a le grand inconvénient de ne pas permettre avec autant de facilité la libre circulation des véhicules et des animaux, dans les fosses de faibles dimensions, et d'exiger un plancher bien établi, solidement fixé à la surface du réservoir à purin ou puisard, afin que les pailles, les immondices, ne puissent y pénétrer et obstruer la pompe. Ce genre de fosse, avait été adopté par de Morel-Vindé.

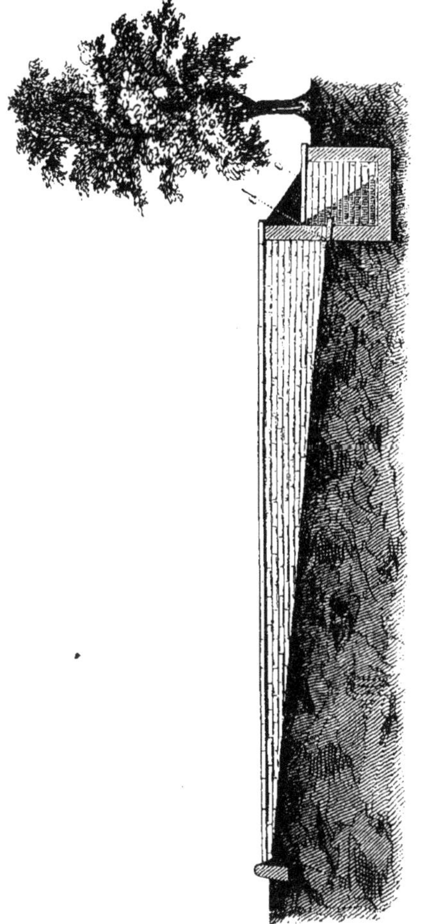

Fig. 22. Coupe de la fosse suivant la ligne EF.

Pour que les fosses à fumier ayant intérieurement ou extérieurement un réservoir à purin, ne laissent rien à désirer, il faut que leur capacité soit en rapport avec la quantité de fumier que l'on fabrique; qu'elles soient assez vastes, assez larges, pour qu'une voiture puisse y circuler librement; que leur fond soit solide, pavé ou macadamisé, et que leur pente soit telle que les animaux puissent aisément y déplacer de fortes charges.

Quand le fumier, à sa sortie des étables et des écuries, est bien étendu, éparpillé, et suffisamment pressé, foulé dans les fosses, il fermente et se putréfie lentement et uniformément. S'il survient de fortes chaleurs, si le fumier se dessèche par suite d'une fermentation trop active, trop précipitée, si l'on constate des moisissures ayant pour cause un épandage inégal, un tassement irrégulier, il faut arroser la masse une ou deux fois par semaine, suivant les circonstances, au moyen du purin contenu dans le réservoir ou puisard. Pour pratiquer ces arrosages, on adapte au déversoir de la pompe soit un tuyau en toile goudronnée, soit de petites auges s'adaptant les unes aux autres et supportées par des chevalets (voir fig. 26, p. 506). Par cette dernière disposition, un seul homme peut procéder à l'arrosement de toute la masse; au moyen de la première, il faut deux ouvriers : l'un met en mouvement la verge du balancier de la pompe, l'autre dirige le tuyau sur les parties à arroser. Si ce dernier moyen est moins simple, il est beaucoup plus expéditif.

Quand la masse de fumier produite dans une ferme est considérable, on doit, autant que cela est possible, donner aux fosses une plus grande profondeur que celle que j'ai indiquée, afin que la superficie du fumier soit moins considérable, et que les eaux pluviales qui tombent sur la masse et qui la traversent soient moins abondantes.

Vivement pénétré de la forte quantité de gaz ammoniacaux qui se dégagent pendant la fermentation si violente des fumiers d'écurie, M. Schattenmann a eu l'heureuse idée de saturer le carbonate d'ammoniaque, la partie la plus énergique des fumiers, et de le convertir en sulfate d'ammoniaque, sel qui résiste à l'action de l'air et de la chaleur. Le fumier dont il dispose provient d'une écurie de 200 chevaux. Cet engrais, après avoir été bien étendu et foulé par les pieds des hommes qui l'apportent et le répandent, est fortement arrosé avec les liquides qui en découlent et ceux que fournit une pompe en communication avec un puisard situé à côté de la fosse à fumier. M. Schattenmann ajoute aux eaux saturées de parties solubles du fumier, du sulfate de fer, ou de l'acide sulfurique faible, ou du sulfate de chaux en poudre. Cette dernière substance, quoique plus commune que les deux précédentes, n'est pas aussi favorable : d'abord sa décomposition est plus difficile, parce qu'elle ne se dissout pas, et qu'une poudre ne peut pas pénétrer partout aussi aisément qu'un liquide; ensuite, elle a l'inconvénient de provoquer le dégagement d'une grande quantité de gaz hydrogène sulfuré dont l'odeur est fort incommode.

M. Schattenmann emploie de préférence le sulfate de fer, parce qu'il est à bon marché, et qu'il ne présente pas pour l'ouvrier inhabile le danger qu'offre l'emploi de l'acide sulfurique. Dès que le sulfate de fer est en contact avec les matières animales, il se dégage beaucoup de vapeur d'eau, d'acide carbonique, et il se fait une double décomposition; l'acide sulfurique se combine avec l'ammoniaque, et forme un sulfate d'ammoniaque qui ne se volatilise pas, et le fer se combine avec le soufre et forme du sulfure de fer. Par ce procédé on obtient, dans l'espace de deux à trois mois un fumier aussi gras, aussi onctueux et aussi fertilisant que celui des bêtes à cornes à demi décomposé. La masse de fumier traitée par le sulfate de fer peut s'élever jusqu'à 3 ou 4 mètres de hauteur sans inconvénient.

Dès que le fumier a été pénétré d'une dissolution de sulfate de fer marquant 2 degrés à l'aréomètre, toutes les émanations désagréables cessent immédiatement, et les eaux qui s'écoulent du fumier deviennent promptement alcalines. Mais, ainsi que l'observe si judicieusement M. Boussingault, il faut apporter la plus grande attention à ne pas introduire dans le fumier un excès de sulfate de fer qui pourrait nuire à la végétation. Pour constater que le principe alcalin prédomine dans les eaux qui dégouttent de la masse, on y verse une solution faible de cyanure de potassium; si le sulfate de fer est en excès, il se formera aussitôt du bleu de Prusse. On peut aussi, pour constater le caractère alcalin de ces eaux, employer le papier bleu de tournesol, qui rougit sous l'action des substances alcalines.

2° Plates-formes. — Les plates-formes ont été proposées et adoptées pour la première fois par Mathieu de Dombasle.

On désigne sous le nom de *plates-formes* un espace presque plat (*fig.* 23), et de niveau avec le sol sur lequel on a déposé et battu de petits cailloux, recouverts quelquefois de ciment ou de mortier si le sol est perméable. Lorsque le fond est argileux, imperméable, on se dispense souvent de tels travaux; il suffit alors de battre le sol et de lui donner une forme légèrement convexe *b* (*fig.* 24), afin que les urines ne séjournent pas sous le fumier. Sur les quatre côtés de l'espace sur lequel le tas de fumier doit être établi règne une rigole *cccc*, destinée à conduire tout le liquide qui s'écoule dans un réservoir *d* (*fig.* 24), établi en dehors du tas sur l'un des côtés et muni d'une pompe *f*. En dehors de cette rigole il doit exister une petite levée *ee*, en gravier mêlé d'argile, d'un mètre environ de largeur, et d'une hauteur suffisante pour empêcher que le purin puisse jamais sortir des rigoles et que les eaux extérieures puissent s'y mêler. Cette petite levée ne doit avoir que 0,10 à 0,15 de hauteur; il est utile de ne pas lui donner plus d'élévation qu'il n'est nécessaire, afin qu'elle ne gêne l'accès des voitures au moment où l'on transporte le fumier dans les champs.

Lorsque le sol est convenablement préparé, on y conduit le fumier des étables, écuries, bergeries, etc., etc., en ayant la précaution de le placer par couches peu épaisses, et d'al-

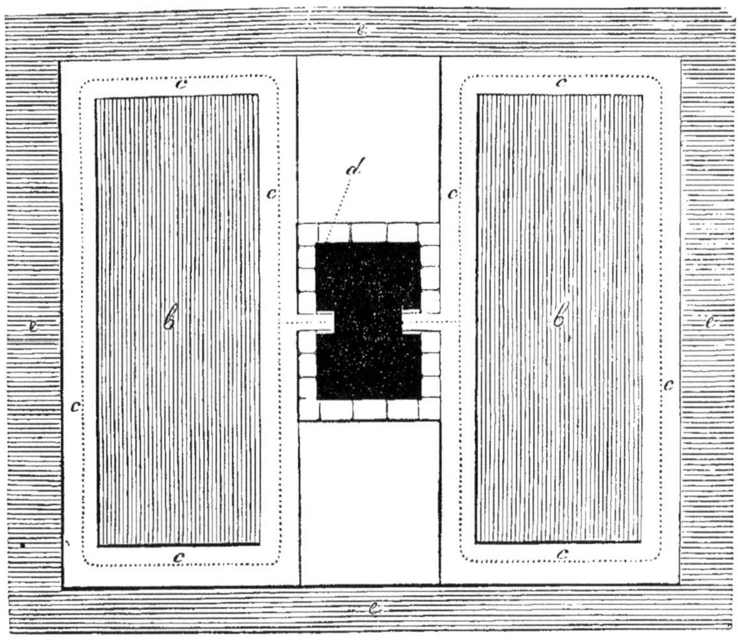

Fig. 23. Plates-formes à fumier.

terner autant que possible les variétés de fumier. Quand le tas est arrivé à une hauteur de 2^m à $2^m,50$, et que ses côtés sont bien perpendiculaires, bien verticaux, on le couvre d'une couche de terre, de boues de rues, de curures de routes ou de fossés, de $0^m,25$ à $0^m,35$ d'épaisseur. Cette terre a l'avantage d'agir par son poids sur la masse du fumier, de le tasser uniformément, de le priver de l'action de l'air, de condenser une partie des vapeurs ammoniacales qui se dégagent pendant la fermentation, et de tempérer l'action quelquefois trop vive du soleil pendant l'été. Souvent aussi cette couche empêche les volailles de gratter le tas et de jeter le fumier à terre. Ainsi comprimé, le fumier fermente plus régulièrement et plus promptement. Quand on néglige de couvrir d'une couche de terre les tas de fumier, ainsi disposés, il est rare que les matières qui les composent se convertissent, par

Fig. 24. Tas de fumier situé sur une plate-forme.

les progrès de la fermentation, en une masse pour ainsi dire homogène.

Malheureusement, pour que ce mode de conservation puisse prévaloir sur les fosses, il faut que l'étendue de l'exploitation, la quantité de fumier fabriqué, permettent d'attacher aux fumiers un homme exclusivement chargé des soins qu'ils réclament : tassement, épandage et arrosements nécessaires. Lorsque le fumier sorti des écuries, des étables, etc., n'est pas étendu uniformément, que tous les points du tas n'ont pas été suffisamment foulés, quand *l'air a accès à l'intérieur*, que la masse commence à se dessécher et qu'on néglige de l'arroser, ce mode de conservation entraîne avec lui de graves inconvénients. Ainsi, quand les chaleurs sont fortes et longues, et que la masse ne contient plus l'humidité nécessaire à une bonne fermentation, les parois se dessèchent ainsi que la partie supérieure du tas, le fumier prend une couleur blanche, et cette moisissure, que l'on connaît sous le nom de *blanc*, de *blanc de champignon*, fait perdre au fumier la presque totalité de ses propriétés fertilisantes. En effet, le fumier *chanci*, couvert de petits filaments blancs (*mycelium*), est incapable d'entrer de nouveau en fermentation ; il se comporte en tous points comme la paille qui n'a pas été imprégnée de parties salines et alcalines et il s'altère sous l'action seule de l'humidité et des agents atmosphériques. A Grignon, où les plates-formes ont été substituées avec succès aux fosses, où les fumiers employés sont toujours homogènes, exempts de mycelium, bien fabriqués et suffisamment décomposés, un homme est sans cesse chargé des soins de ces engrais ; il a pour mission de laisser le moins possible de vides dans la masse, et d'arroser les tas toutes les fois qu'ils manquent d'humidité.

Schwerz avait adopté à Hohenheim une disposition un peu différente de celle que je viens de mentionner. La plate-forme était de niveau avec le terrain environnant et ne formait aucune excavation, aucun exhaussement. Le sol n'était pas pavé, mais seulement formé de moellons posés de champ, recouverts d'une petite couche de débris de pierres un peu gros, puis d'une autre couche de débris moins gros, puis d'une autre couche de débris un peu menus mêlés et recouverts d'un peu de terre, le tout bien damé. Un lit de bons pavés remplacerait ce blocage avec avantage.

La fosse *a* (*fig.* 25 et 26) sépare en deux parties *bb* le lit du fumier. Chaque partie du lit a une pente totale d'environ 0,33 vers la fosse, afin que le purin y coule et s'y rassemble; mais comme une certaine quantité de liquide n'en découle

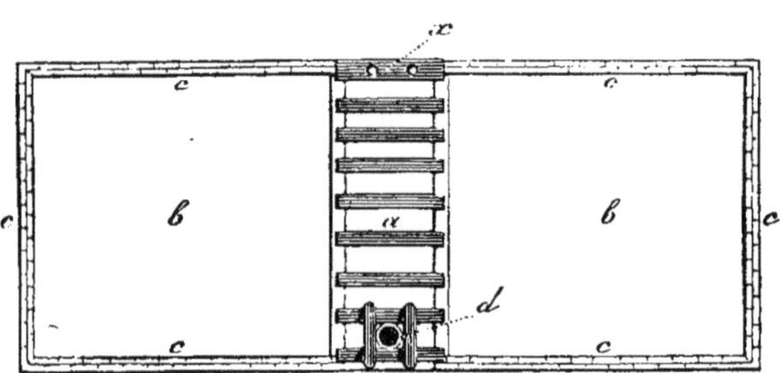

Fig. 25. Plates-formes allemandes.

pas moins des trois côtés des tas, les plates-formes sont entourées d'une rigole *cc* qui conduit ce liquide dans la fosse. A l'un des bouts de ce réservoir est solidement fixée une forte pompe *d*, au moyen de laquelle le purin peut être ramené sur le fumier ou versé dans des tonneaux.

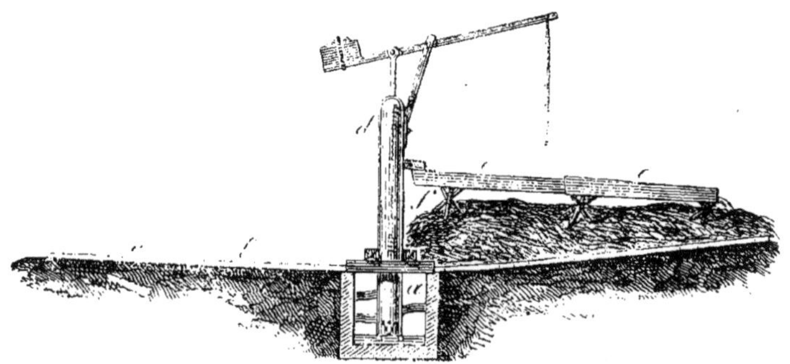

Fig. 26. Tas de fumier élevé sur une plate-forme allemande.

Pour faciliter la dispersion du liquide sur toutes les parties du fumier, on a adopté la disposition *ee*, qui consiste en plusieurs noues légères, faites de planches bien jointes. Chaque noue diminue de largeur d'un bout à l'autre, afin qu'elles puissent se poser l'une dans l'autre. Elles sont portées par des chevalets *ff*, dont les pieds sont liés à leur partie médiane par un rivet ; ces chevalets peuvent ainsi, en s'ouvrant ou en se fermant, présenter un point d'appui plus ou moins élevé, de manière qu'on puisse à volonté donner aux noues l'élévation et la pente nécessaires, suivant la hauteur du fumier. L'appareil peut être facilement transporté d'une partie de la plate-forme sur l'autre.

Il est nécessaire que les parois de la fosse à purin, à laquelle on donne une profondeur de $1^m,30$ à $1^m,65$, et dont on proportionne la capacité à l'étendue de la plate-forme, soient revêtues en maçonnerie ou en madriers retenus par de forts poteaux en chêne. Le fond de la fosse doit être garni de terre argileuse bien damée. En outre, il est utile de couvrir la fosse de madriers, ou d'un grillage en bois et solide, mais qui ne s'oppose pas au suintement du liquide; cette disposition fait gagner de l'espace, en ce qu'on peut monter un tas de fumier sur la fosse même. Ce fumier a l'avantage, en été, de s'opposer à l'évaporation du liquide, et en hiver à sa congélation. Il reste une autre disposition à prendre, c'est de diriger dans la fosse les urines des étables et écuries, de placer au-dessus de la fosse, du côté opposé à la pompe, en x, des latrines pour les employés.

Ainsi, à l'aide de la plate-forme imaginée par Schwerz, on réunit sur un seul point tous les éléments de fertilité que produit une ferme.

En général, les plates-formes doivent être à la portée des écuries et des étables, à l'abri des eaux courantes, et facilement accessibles aux voitures.

3° *Conservation dans les étables.* — La quantité de fumier qu'on obtient en Belgique par chaque tête de gros bétail est considérable. Cette production abondante résulte de ce que les fumiers séjournent et sont préparés dans l'intérieur des étables. Voici comment sont disposés ces bâtiments :

Il existe, en avant des animaux, un trottoir A (*fig.* 27 et 28

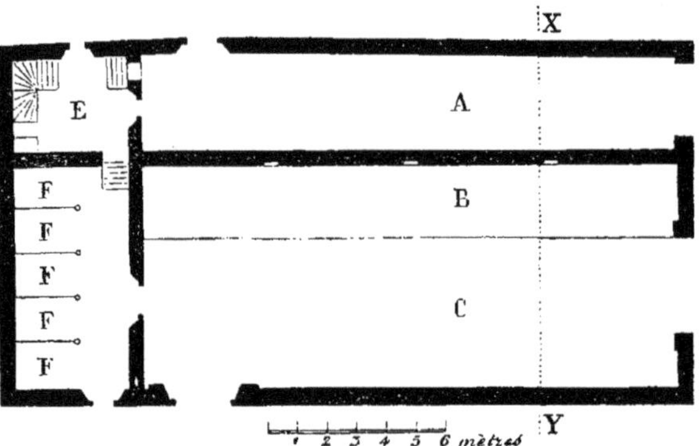

Fig. 27. Plan d'une étable belge.

planchéié ou cimenté, sur lequel on dépose la nourriture qui leur est destinée, ou les baquets dans lesquels on leur donne les aliments liquides. Derrière les animaux, qui occu-

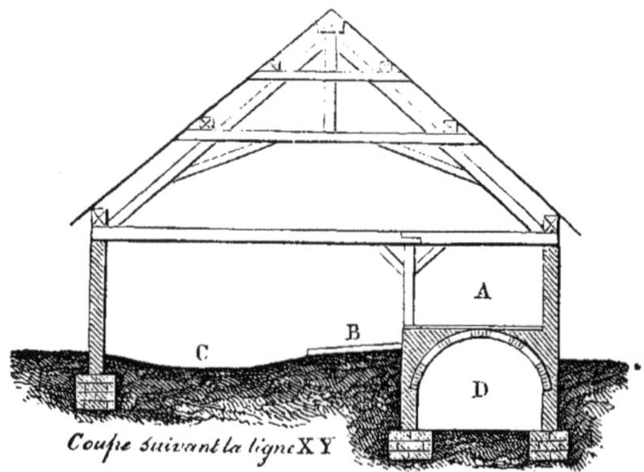

Fig. 28. Coupe d'une étable belge.

pent la surface B, il existe un emplacement C, au moins aussi large et un peu creux, dans lequel se rendent toutes les urines, et où l'on dépose tous les deux ou trois jours les déjections, le fumier que les animaux ont produits. C'est dans cette légère excavation que le fumier fermente et subit sa décomposition. Quand la masse du fumier accumulé est considérable, on l'enlève toutes les deux ou trois semaines et on le conduit directement sur le champ auquel il est destiné.

Sous le trottoir, il existe une galerie voûtée, D (*fig.* 28), dans laquelle on conserve les racines ; les loges pour les veaux, F, F, F, F, sont situées en dehors de l'étable, et à leur extrémité il existe un vestibule E, qui renferme deux escaliers, l'un pour descendre dans la galerie voûtée, l'autre pour monter dans la partie supérieure de l'étable.

Cette disposition est très-avantageuse sous divers rapports : toutes les déjections liquides sont absorbées par les litières ; les fumiers sont bien foulés par les animaux ; on peut facilement répandre de la marne, de la cendre de houille, etc., sur l'aire de l'étable. L'expérience a prouvé à Mathieu de Dombasle qu'il n'y a rien d'exagéré dans la quantité de fumier qu'on peut obtenir dans des étables ainsi disposées, lorsqu'on peut donner au bétail une grande abondance de litière. La quantité de fumier qu'il a recueillie dans ces sortes d'étables a été constamment presque double de celle que lui donnait le même nombre de têtes recevant la même nourriture, et placées dans une étable construite à la manière ordinaire, où le fumier était sorti tous les deux jours. Le fumier fabriqué dans l'étable belge était, lui aussi, supérieur à ce dernier engrais en qualité fertilisante.

La plupart des étables dans l'Agenais offre un encaissement en contre-bas du trottoir intérieur de 0,30 à 0,40.

Si l'on a égard, comme le dit Schwerz, à la fermentation régulière qui s'établit dans la masse du fumier, et qui n'est jamais interrompue, parce que la température de l'étable y est toujours douce et égale, parce que le vent, le soleil, n'ont aucune action sur cet engrais ; si l'on prend, en outre, en considération l'économie des travaux de conservation, puisque le fumier est prêt à être employé, puisqu'il attend la charrette pour l'enlever, on comprendra quels immenses avantages présente cette méthode. Thaër a donc raison d'observer que si, dans la plupart des exploitations rurales, on n'était pas arrêté par les dépenses assez élevées que coûte la construction d'une semblable étable, cette manière de fabriquer le fumier mériterait inévitablement la préférence, et devrait être universellement adoptée.

B. Dans les fermes où l'on suit la méthode d'engraissement connue en Angleterre sous le nom de *méthode de Warnes*, procédé qui consiste à séparer les animaux et à les enfermer isolément ou deux à deux dans des espaces clos appelés *boxes*, on laisse le fumier s'accumuler sous leurs pieds pendant un, deux et quelquefois trois mois.

Ces boxes ont de 7 à 9 mètres carrés, avec une profondeur de $0^m,65$ à $0^m,85$ en contre-bas du sol. La litière est renouvelée régulièrement tous les jours, afin que les animaux aient toujours un bon couchage.

Le fumier, par son accumulation dans ces espaces, fermente et se décompose en partie, sans laisser échapper des parties ammoniacales, parce qu'il y est tassé continuellement. Comme ce changement d'état a lieu à l'abri des pluies et du soleil, il est ordinairement plus fertilisant. Des analyses ont prouvé qu'il contient plus de matières organiques et de parties minérales solubles dans l'eau que le fumier composé des mêmes déjections et litières, mais que l'on a conservé dans des fosses ou sur des plates-formes. Un semblable fumier peut être charrié directement sur les terres.

Ce procédé est en usage depuis plusieurs années chez M. Decrombecque, à Lens (Pas-de-Calais).

Traitement des fumiers. — Le fumier de tous les animaux, sorti des bâtiments, doit être étendu, éparpillé uniformément, soit qu'on le conduise sur une plate-forme, soit qu'on l'entasse dans une fosse. Il est très-important que chacune des variétés de fumier dont on dispose soit étendue en couches minces et régulières. C'est une erreur de penser que le fumier peut être disposé sur une plate-forme ou dans une fosse, en monticules ou en couches inégales. Lorsque le fumier est conduit sur ces emplacements au moyen d'une brouette, d'une civière ou d'un crochet, il y arrive ordinairement sous forme de petits monceaux ou de boudins; il résulte de cette disposition qu'il existe toujours, quand les fumiers ainsi pelotonnés n'ont pas été stratifiés en couches peu épaisses et uniformes, des vides qui nuisent à leur bonne confection, en ce qu'ils facilitent la production de byssus. Pour que les divers fumiers constituent un excellent engrais, un fumier normal, il faut, autant que les locaux le permettent, qu'ils alternent les uns avec les autres, ne restent pas pelotonnés sur le tas, et qu'ils soient divisés, étendus à la fourche en couches minces; enfin, il est nécessaire qu'ils soient uniformément tassés par les pieds des hommes, le va-et-vient des brouettes, le piétinement des animaux et la circulation des voitures ou des tombereaux. C'est en foulant régulièrement et fortement chaque strate qu'on prévient la moisissure, puisqu'on détruit tous les vides, les interstices où elle s'engendre.

Mais il ne suffit pas que le fumier de cheval alterne avec le fumier des porcs ou des vaches, et le fumier des moutons avec celui des bœufs, que les couches soient minces, uniformes, qu'il n'existe dans le tas le moins de vides, le moins d'intervalles possible; il faut aussi que, durant les jours de l'été, les chaleurs intempestives et prolongées, la masse conserve suffisamment d'humidité. Je le répète : lorsque la température se maintient élevée, tout fumier qui manque d'humidité suffisante et nécessaire à la fermentation perd de sa qualité, et il se dessèche sans se décomposer. C'est dans des circonstances analogues que le *blanc*, ou la moisissure, se développe avec spontanéité, et que le fumier perd le pouvoir de se convertir en une masse presque homogène. Pour prévenir ce fâcheux état, pour que le fumier continue à fermenter, à se transformer en une masse plus ou moins noire, plus ou moins onctueuse, on doit, quand il commmence à se dessécher sous l'action du vent ou du soleil, l'arroser une, deux ou trois fois par semaine, selon l'état de l'atmosphère et la température de l'air. On exécute les arrosements au moyen d'une pompe rustique ayant sa base plongée dans un réservoir de purin situé près de la fosse ou de la plate-forme.

Beaucoup de cultivateurs couvrent aujourd'hui les tas de fumiers qui sont arrivés à une hauteur convenable, d'une couche de terre, de gazons, de boues de cours, de curures de route, etc. Cette couche terreuse superficielle, je le dis encore, jouit de plusieurs avantages : elle tasse la masse et permet à la fermentation de s'établir plus uniformément; elle condense les gaz qui se dégagent du tas pendant cette même fermentation ; elle ne permet pas au soleil de dessécher complétement le fumier, et aux pluies de le pénétrer aussi facilement; enfin, elle défend le fumier contre le grattage des volailles.

Lorsque, pendant les grandes chaleurs, l'humidité n'existe pas dans la masse dans une proportion favorable à la fermentation, on pratique de mètre en mètre, en tous sens, sur la surface du tas et dans toute l'épaisseur de la couche de terre, des trous au moyen d'une barre de fer. Ces ouvertures sont destinées à faciliter la pénétration du purin dans la masse lors des arrosements.

La conduite des fumiers dans les fosses, ainsi que leur épandage, ne constitue pas une opération difficile, et tous les bouviers, vachers ou charretiers peuvent les exécuter convenablement. Le fumier que l'on entasse sur une plate-forme exige, sans contredit, plus d'attention, plus de réflexion. C'est qu'il est essentiel que les bordures des côtés soient bien faites, *bien torchées*, et que les parois du tas soient bien d'aplomb, c'est-à-dire verticales. Pour former ces bordures, on choisit avec la fourche du fumier un peu long ou pailleux, et on le plie sur lui-même ; puis on place la partie externe du pli de la fourchée sur le contour du tas, de manière qu'elle coïncide avec le bord des couches situées en dessous ; c'est en agissant ainsi à chaque strate que l'on parvient à élever les parois et à leur donner une très-grande solidité, puisqu'elles sont formées de cordons placés avec soin les uns sur les autres. Par cette disposition, comme les litières ne sont plus flottantes en dehors du tas, les liquides qui imprègnent la masse ont moins de tendance à s'épancher au dehors, et ils n'arrivent toujours à la plate-forme qu'après avoir imbibé, traversé la presque totalité des strates.

Le nombre des arrosements à donner aux fumiers doit être aussi en rapport avec l'excipient uni aux déjections. La litière sèche et ligneuse, comme la bruyère, le genêt, demande beaucoup plus d'humidité pour se décomposer que la litière molle, humide ou absorbante, comme les pailles ou les roseaux. C'est en arrosant de temps à autre pendant l'été les fumiers composés de substances un peu résistantes qu'on parvient à les convertir en une masse très-fertilisante. Il faut regretter que les cultivateurs de l'Anjou, de la

Bretagne, du Languedoc, etc., ne comprennent pas encore les avantages des arrosements pendant les fortes chaleurs; car il est incontestable qu'ils pourraient employer chaque année, en automne, des fumiers plus homogènes et plus actifs.

On ajoute quelquefois aux fumiers, lors de la confection des tas ou du remplissage des fosses, des *herbes vertes*, des *plantes indigènes*, arrachées dans les champs couverts de récoltes. Il faut éviter d'y mêler des herbes qui portent leurs graines ou qui peuvent se propager par racines. En général, on ne doit ajouter aux fumiers que des plantes annuelles ou bisannuelles, et encore doit-on arracher ces végétaux quand ils commencent à fleurir Les plantes vertes de marais, de fossés, d'étangs, de chemins, doivent aussi être coupées bien avant qu'elles aient formé leurs graines.

Lorsqu'on ne prend pas ces précautions, on charge les fumiers de semences de plantes nuisibles qui germent souvent sur les champs où les fumiers ont été appliqués et on souille la terre pour plusieurs années. On ne saurait trop mettre en garde les cultivateurs contre cette faute, dit Mathieu de Dombasle, car j'ai eu lieu de me repentir vivement de l'avoir commise.

Dans plusieurs fermes des environs de Paris, on verse des vidanges sur les tas de fumiers, à mesure qu'on les construit. Ces déjections humaines liquides et solides augmentent notablement la valeur des fumiers d'écurie. On se préoccupe peu de l'odeur qu'elles développent. On les transporte dans des tinettes lutées semblables à celles qu'on place dans les fosses mobiles.

Lorsqu'un fumier est couvert de moisissure, état où il ne développe plus de chaleur, il faut le déplacer, le mêler à d'autres fumiers susceptibles d'entrer en fermentation. Quand le tas est formé, on exécute immédiatement quelques arrosages, que l'on renouvelle lorsqu'on reconnaît que l'humidité est faible à l'intérieur de la masse.

Abris à donner aux fumiers. — L'action nuisible d'un soleil ardent sur le fumier a forcé de reconnaître l'utilité d'établir les fosses ou les plates-formes au nord d'un bâtiment, ou de les abriter par une ou plusieurs plantations de chênes ou d'ormes. Toutefois, il n'est pas nécessaire que tous les abords d'une fosse soient protégés par des plantations. Quand sa direction est sud-nord, on se contente de garnir d'arbres les côtés du midi et de l'ouest, de manière que la circulation des voitures soit libre sur les côtés du nord et de l'est, et que le fumier soit convenablement à l'abri du soleil pendant le milieu du jour. Cet ombrage a un autre avantage durant les jours où le soleil est ardent : il dispense d'effectuer des arrosages aussi fréquents.

Depuis fort longtemps on a proposé d'abriter les fumiers d'une toiture. Columelle observe que les cultivateurs expérimentés couvraient avec des claies ou des branchages tout le fumier qu'ils retiraient des bergeries et des étables, de crainte que le vent ne le desséchât ou que l'action du soleil ne le consumât. Sans aucun doute, ce moyen est préférable à l'abri offert par une plantation, puisqu'il préserve à la fois le fumier et du soleil et de la pluie ; mais si cet abri protége complétement les fumiers dans le midi de la France, dans la Lombardie et en Toscane il est dispendieux à établir, et la charpente qui le soutient nuit à l'accès facile des chariots, à la libre circulation des voitures.

Nonobstant, le fumier, protégé par un hangar, jouit de propriétés fertilisantes plus grandes que le fumier qu'on n'a pas soustrait à l'action du soleil et aux lavages des eaux pluviales, ainsi que je l'ai constaté en Écosse, dans la Provence, le Languedoc et le Milanais.

Fermentation. — Le fumier, après avoir été tassé et abandonné sur une plate-forme ou dans une fosse, s'échauffe et entre bientôt en fermentation; alors une partie de son humidité s'évapore, des produits volatils, notamment le carbonate d'ammoniaque, se dégagent, le volume diminue, et l'engrais tend de jour en jour à se convertir en une masse homogène plus ou moins onctueuse, plus ou moins noire, selon le point auquel parvient la décomposition des litières et des déjections. Malheureusement, ce changement d'état, cette fermentation n'a pas lieu sans que le fumier éprouve une perte réelle; et il est constant aujourd'hui que, quand la fermentation est considérable ou violente, lorsque le fumier arrive à une décomposition avancée, il perd plus de la moitié de sa puissance fertilisante.

Les matières qui appartiennent aux règnes animal et végétal doivent subir préalablement une modification sensible, une altération profonde, pour servir d'aliments aux végétaux; mais est-il nécessaire que leur nature soit complétement altérée, qu'elle soit presque détruite pour qu'elles favorisent la vie végétale? Non, sans doute. Si la pratique constate qu'il est utile de laisser le fumier se décomposer, se convertir en une masse homogène facile à se diviser, à se répandre avant de l'employer, elle reconnaît que la réduction du fumier en un petit volume constitue une perte irréparable, et qu'il faut la prévenir dans l'intérêt de l'existence végétale et de la fertilité des terres arables. Si le fumier réduit à l'état de *beurre noir* produit plus d'effet que le fumier frais, parce que son action est plus énergique, plus immédiate, on ne doit pas oublier que cette action n'est pour ainsi dire que passagère.

Pendant longtemps on a complétement ignoré les pertes que le fumier éprouve par la fermentation. Davy, il est vrai, avait prouvé qu'il se dégage, pendant la décomposition des fumiers, des produits susceptibles de nourrir les plantes. Ainsi, après avoir introduit du fumier en fermentation dans une cornue, il plaça le bec de cet ustensile sous les racines d'un gazon qui faisait partie d'une bordure de jardin; en moins d'une semaine, les plantes exposées aux émanations de la cornue végétaient bien plus vigoureusement que celles qui ne recevaient pas l'influence de cette évaporation. Cette végétation extraordinaire était due à l'action de l'acide carbonique et de l'ammoniaque, qui ont un effet si utile sur la végétation. Toutefois, c'était à Gazzeri qu'il était réservé de constater réellement les pertes que le fumier éprouve quand il est en fermentation. Cet expérimentateur renferma dans un vase de cuivre 40 livres poids de Florence de fumier de cheval, et plaça ce vase dans un endroit clos après l'avoir entouré de paille et recouvert d'une grosse toile surmontée aussi de paille; il constata à diverses époques leur poids absolu et la pesanteur relative de leurs parties intégrantes. Voici les résultats qu'il a constatés :

Dates des observations.	Poids du fumier.	Eau.	Poids constaté à chaque observat.	Diminution.
21 mars...........	10 000	0.7081	»	»
18 mai............	10 000	0,6824	0,7297	0,2703
18 juin...........	10 000	0.6958	0.6972	0.3038
6 juillet..........	10 000	0,6834	0,6466	0.3534
18 juillet.........	10 000	0.6651	0,4519	0.5481

Ainsi, dans un espace de 119 jours, plus de la moitié de la matière organique s'est évaporée, et cependant la masse était dans un vase couvert et à l'abri de l'air et hors de l'influence de la chaleur solaire. Il est hors de doute que cette perte eût été plus considérable si Gazzeri eût expérimenté sur une quantité plus forte de fumier et s'il eût exposé la masse à l'action des agents atmosphériques, comme le sont ordinairement les fumiers de nos fermes.

Kœrte a fait, il y a quelques années, des expériences dans le but de constater s'il est plus avantageux de faire usage de fumier frais ou de fumier décomposé. Les résultats de ces expériences prouvent que le fumier abandonné aux influences atmosphériques, en tas ou en couches, perd sans cesse de son volume et de ses principes. Ainsi, il a reconnu que 100 parties de fumier frais se réduisent :

En 81 jours	à......	73,3;	la perte est de	26,7	pour 100.
En 254 —	à......	64,3	—	35,7	—
En 284 —	à......	62,5	—	37,5	—
En 339 —	à......	47,2	—	52,8	—

Ainsi, la perte que le fumier éprouve est beaucoup plus considérable au commencement de la fermentation que quand celle-ci a parcouru ses principales périodes.

Pourquoi le fumier réduit à l'état de terreau par une longue fermentation est-il moins riche en principes fertilisants que le fumier qui n'a pas encore éprouvé de décomposition ? Cette question, jusqu'à ce jour, n'avait pas reçu une complète solution. M. de Gasparin s'est chargé de la résoudre, et de compléter ainsi les faits constatés par Gazzeri et Kœrte. Sur sa demande, M. Payen a analysé du fumier de couche épuisé ayant cessé d'émettre la chaleur qui annonce toujours la continuation de la fermentation ; ce savant a reconnu qu'il ne contenait plus que 31,34 pour 100 d'eau, que sa combustion laissait 39,50 pour 100 de parties minérales, et qu'il avait perdu plus de la moitié de son volume, plus de la moitié de ses principes solubles et 0,65 de son azote primitif, c'est-à-dire les deux tiers. Ainsi la déperdition de l'azote a été plus grande que celle des autres principes du fumier. C'est donc une erreur de croire, comme le pensent malheureusement encore beaucoup de cultivateurs, que la décomposition du fumier augmente sa force et sa qualité.

Si une fermentation prolongée nuit à l'action fertilisante des fumiers, si pendant la décomposition active, rapide de ces engrais il s'échappe des produits qui pourraient servir de nourriture aux plantes, il est rare que de telles déperditions soient préjudiciables aux cultivateurs quand la fermentation est lente et modérée. Ainsi Thaër fait remarquer que le fumier soumis à une fermentation convenable, légère, continue, dégage peu de vapeurs ammoniacales et d'acide carbonique, et que ce n'est seulement que quand on le remue qu'il laisse échapper beaucoup d'acide carbonique, d'azote et d'hydrogène. Il faut répéter avec M. Boussingault que l'addition des litières amenées des étables contribue puissamment à empêcher la dispersion des principes volatils qu'il est si important de retenir dans le fumier ; ces litières, en effet, réparties avec discernement, deviennent un obstacle à l'évaporation et elles forment une couverture qui remplit le rôle de condensateur, en même temps qu'elles préservent les couches inférieures du contact trop direct de l'oxygène. Aussi reconnaît-on généralement qu'il est nécessaire, quand un tas de fumier a une hauteur de $1^{m},50$ à 2 mètres, de le couvrir d'une couche de terre destinée à arrêter les substances volatiles qui s'échappent de sa masse.

Quoi qu'il en soit, d'un côté, on rend toujours la fermentation régulière en égalisant avec soin les couches successives, en opérant un tassement convenable, en privant le plus possible le fumier du contact de l'air ; de l'autre, on ralentit cette fermentation quand on évite de comprimer la masse, lorsqu'on permet à l'air d'y avoir accès, et qu'on néglige pendant les fortes chaleurs d'exécuter les arrosements nécessaires.

Beaucoup de cultivateurs pensent encore, comme Columelle le croyait, que le fumier acquiert plus de valeur, plus de qualité, quand il a été remué quelques semaines ou plusieurs mois avant son emploi. Rien n'est plus préjudiciable à l'action du fumier que de le retourner, l'aérer pendant qu'il fermente. Quand un tas est complet, suffisamment volumineux, on ne doit plus y toucher. Il est vrai qu'après avoir été remué et divisé il fermente plus promptement; mais, si on réfléchit que par cette opération on met le fumier en contact avec l'air, et qu'il perd ainsi une partie de ses principes essentiels, de son azote, par exemple, on reconnaîtra combien cette pratique est défavorable à l'énergie de cet engrais, et combien elle nuit aux intérêts de ceux qui la font exécuter.

Le point où doit s'arrêter la décomposition du fumier est assez difficile à préciser. Toutefois, comme il y a moins d'inconvénients à employer des fumiers frais que des fumiers arrivés à une décomposition avancée, on comprend qu'il suffit que les déjections et les litières aient perdu leur aspect primitif, leur cohésion, qu'elles soient arrivées à un point où elles peuvent facilement disparaître dans la terre pour qu'elles puissent être employées comme matières agissantes et fertilisantes.

Selon M. Boussingault, il faut enlever le fumier avant que les parties supérieures, récemment ajoutées, soient en voie d'altération; autrement la masse tout entière entre en pleine fermentation, et les matières volatiles n'étant plus arrêtées au passage par la couche supérieure, s'échappent et vont se perdre dans l'air. C'est en suivant cet excellent précepte que la fermentation préalable rend véritablement les fumiers plus assimilables pour les plantes, sans nuire à leur force, à leur énergie, puisqu'elle précipite avec avantage l'apparition des sels ammoniacaux. Sans doute, le fumier appliqué à l'état frais éprouve dans le sol cette modification, cette altération; mais il existe, entre lui et le fumier qui a convenablement fermenté, cette différence qu'il agit sur les plantes avec beaucoup plus de lenteur.

Schwerz rejette la fermentation préalable, et il admet que le fumier, comme tous les corps privés de vie, se décompose dans le sol; il s'appuie sur ce principe, que les plantes n'ont pour se sustenter, que les parties du fumier laissé par l'évaporation et les circonstances atmosphériques, et qu'elles absorbent d'autant plus ce restant que la décomposition préalable l'a rendu d'une plus facile assimilation. Cet agriculteur observe, en outre, que non-seulement le fumier frais se décompose plus lentement, prépare aussi de la nourriture pour la période suivante de la végétation des mêmes plantes, et des aliments encore pour les plantes qui pourront succéder aux premières, mais qu'il réchauffe le sol, le désacidifie, qu'il réveille et remet en action la force des résidus difficiles à décomposer, provenant des fumures précédentes. Ce raisonnement est judicieux, s'il est question de comparer le fumier qui a séjourné dans des fosses quelques mois seulement, au fumier qui a été transformé en une espèce de compost étant arrivé à son maximum de fermentation; mais on comprend qu'il ne peut en aucune manière influencer les esprits en faveur de l'emploi des fumiers nouvellement produits, ou qui n'ont séjourné que quelques jours dans les étables ou les bouveries; c'est qu'il est difficile d'admettre que les litières des fumiers produits et recueillis chaque jour soient assez chargées de déjections solides, assez imbibées d'urine quand elles sortent des bâtiments, pour que le cultivateur conserve l'espérance, en les conduisant à leur destination, qu'elles suffiront aux besoins des plantes qui ont une courte existence ou une végétation précipitée.

Dans la plupart des circonstances, un *fumier à demi décomposé* est préférable au fumier arrivé à l'état de beurre noir et au fumier qui n'a subi aucune fermentation.

Quantité de fumier à appliquer. — Jusqu'à ce jour, il a été difficile de se rendre compte des motifs qui ont engagé les cultivateurs à répandre telle ou telle quantité de fumier de préférence à telle ou telle autre, de saisir les motifs qui les portaient à considérer telle quantité dans telle contrée comme une fumure complète, alors que dans telle autre localité, bien qu'appliquée sur des terres de même nature, de même fertilité, et pour de semblables récoltes, cette même quantité était regardée comme une demi-fumure.

Il appartenait à la science de démontrer que la routine ne peut plus présider à la détermination de la quantité de fumier à appliquer par hectare; que le cultivateur doit désormais se rendre compte de l'insuffisance ou de l'excès des fumures appliquées, et qu'il existe maintenant des bases pour calculer rigoureusement, dans toutes les situations, la quantité d'engrais à appliquer aux différentes cultures, de manière à arriver au résultat le plus avantageux sous le rapport du produit net. Le problème à résoudre est donc celui-ci : quelle est la quantité de fumier nécessaire pour obtenir un produit déterminé d'une plante donnée?

Si toutes les plantes absorbaient la même quantité d'engrais, il serait facile d'indiquer quel est le *quantum* que la terre doit contenir pour obtenir ce maximum donné; malheureusement chaque plante, plus ou moins avide d'engrais, plus ou moins prompte à s'en emparer, n'en absorbe qu'une quantité variable suivant sa nature.

Voici d'après M. de Gasparin les *aliquotes* des principales plantes agricoles, c'est-à-dire la quantité de fumier que les plantes absorbent d'une fumure donnée :

Pl. à grains farineux.	P. 100.	*Plantes fourragères.*	P. 100.	*Plantes industrielles.*	P. 100.
Blé	29	Pommes de terre	46	Colza	36
Seigle	35	Betteraves	35	Pavot	27
Orge d'hiver	56	Carottes	40	Madia	44
Avoine	53	Rutabaga	67	Cardère	30
Sarrasin	36	Chou	54	Garance	17
Riz	29	Courge	38	Pastel	80
Millet	61	Ray-grass	29	Gaude	40
Maïs	37	Moha	50	Tabac	36
Haricots	67	Maïs	50	Chanvre	70

Ce tableau ne comprend pas les plantes améliorantes : trèfle, luzerne, sainfoin, vesce, etc.

D'après ces aliquotes et l'azote contenue dans les produits, il faudrait, suivant M. de Gasparin, appliquer les quantités suivantes de fumier par chaque 100 kilog. de produit à l'état normal qu'on veut obtenir :

Blé	+ 227 kil. de paille	2197 kil.	de fumier.
Seigle	+ 222 —	1815	—
Orge	+ 186 —	1010	—
Avoine	+ 162 —	1132	—
Sarrasin	+ 72 —	1700	—
Riz	+ 130 —	1300	—
Millet	+ 235 —	1470	—
Maïs	+ 206 —	1375	—
Haricots	+ 100 —	1870	—
Pommes de terre	+ 23 kil. de fanes	2675	—
Betteraves	+ 100 kil. de paille	500	—
Carottes	+ 35 —	367	—
Rutabaga	+ 68 —	130	—
Chou		92	—
Courge	+ 50 kil. de fanes	95	—
Ray-grass		1132	—
Moha		250	—
Maïs pour fourrages		250	—
Colza	+ 165 kil. de paille	2870	—
Pavot	+ 256 —	3990	—
Madia	+ 318 —	3020	—

Cardère	+ 100 kil. de tiges...	4950 kil. de fumier.	
Garance............	+ 150 —	3020	—
Pastel..................................		1250	—
Gaude....................................		3665	—
Tabac........ ...	+ 100 k. tiges et racines	24492	—
Chanvre		2105	—

Si, d'après ces données, on appelle x l'engrais à fournir au sol, a la quantité d'azote contenu dans 100 kilog. du produit à l'état normal, r l'aliquote que la plante prélève sur l'engrais total, on a :

$$x = \frac{a}{r}.$$

Supposons qu'on veuille, d'après cette formule, connaître l'engrais à fournir pour obtenir 100 kilog. de blé qui absorbent avec la paille $2^{kil},55$ d'azote, l'aliquote étant 29, on aura :

$$x = \frac{2,55}{0,29} = 8^{kil},79 \text{ azote ou } 2197 \text{ kil. de fumier.}$$

Pour une récolte de 2400 kilog. ou 30 hectol., plus la paille, on a :

$$x = \left(\frac{2,55 \times 2,400}{100}\right) \times \frac{100}{0,29} = 211^{kil},03 \text{ d'azote.}$$

ou

$$x = \frac{2,55 \times 24 \text{ quint. mét.}}{0,29} = 211^{kil},03.$$

Ainsi, une récolte de 2400 kilog. de blé exige $21^{kil},03$ d'azote, ou 52 700 kilog. de fumier; mais, après la récolte, comme tout l'engrais n'a pas été absorbé, il restera en terre, au profit des récoltes subséquentes, la quantité d'azote suivante :

$$211^{kil},03 - 24 \text{ quintaux} \times 5,55 \text{ ou } 61^{kil},20 = 149^{kil},83.$$

La quantité d'azote $110^{kil},83$ indique donc que la terre recèle encore 37 450 kilog. de fumier. Ce résultat est confirmé par la formule suivante : ainsi, si la récolte de 2400 kilog. de blé absorbe $61^{kil},20$ d'azote, on a :

$$0,29 : 100 :: 61^{kil},20 : x; \quad \text{d'où} \quad x = 211^{kil},03 \text{ d'azote.}$$

Supposons avec M. de Gasparin qu'il soit question d'adopter l'assolement triennal : 1° jachère, 2° froment, 3° avoine, avec l'intention d'obtenir des produits maximum : 3000 kilog. ou 40 hectolitres de blé, et 2900 kilog ou 60 hectolitres d'avoine; il faudrait appliquer sur la jachère 264 kilog. d'azote ou 66 000 kilog. de fumier. Alors on aura pour l'épuisement les résultats suivants :

Blé	77 kil. azote ou	19 250 kil. de fumier.
Avoine	70 —	17 500 —
Total		36 750 kil.

Il restera donc dans la terre, après la rotation, 97 kilog. d'azote ou 29 250 kilog. de fumier !

Si l'on adopte l'assolement quadriennal suivant : 1° betteraves, 2° avoine, 3° trèfle, 4° blé, on aura :

	Engrais à fournir.			Engrais restant.		
	kil. azote.		kil. fumier.	kil. azote.		kil. fumier.
Betteraves	2000	ou	500 000	1340	ou	335 000
Avoine	»		»	1207		301 000
Trèfle	»		»	1198		299 500
Blé	»		»	1121		280 550

Ainsi un tel assolement absorberait 879 kilog. d'azote ou 219 750 kilog. de fumier, et enrichirait le sol après la rotation de 280 000 kilog. de fumier. J'ai supposé, avec M. de Gasparin, les productions suivantes par hectare :

Betteraves	100 000 kil. de racines.
Avoine	60 hectolitres.
Trèfle	7 000 kil. de foin.
Blé	40 hectolitres.

En admettant des produits moitié moins élevés, il resterait encore dans la terre, à la fin de la quatrième année, 140 000 kilog. de fumier !

Ces résultats prouvent combien le système proposé par M. de Gasparin est inadmissible. Voici celui que j'ai adopté, parce qu'il s'harmonise avec les données fournies par la pratique :

Plantes.	Poids de l'hectol.	Fumier nécessaire	
		par 100 kil.	par hectol.
Blé	78 kil.	640 kil.	500 kil.
Seigle	72	630	460
Avoine	48	600	300
Orge	63	560	350
Maïs	76	510	400
Sarrasin	60	600	350
Betterave	»	65	»
Pommes de terre	»	75	»
Topinambour	»	85	»
Carotte	»	60	»
Navet	»	100	»
Rutabaga	»	50	»
Chou	»	90	»
Colza	70	1000	730
Pavot	60	1100	700
Garance	»	2000	»
Cardère	»	1500	»
Tabac	»	4000	»

Appliquons ces données à divers assolements :

Si nous nous demandons quelle doit être la fumure qu'il faut appliquer par hectare lorsqu'on suit l'*assolement triennal* sur des terres produisant 20 hectolitres de blé et 30 hectolitres d'avoine, nous aurons :

20 hect. blé	× 500 =	10 000 kil.
30 — avoine	× 300 =	9 000
Total		19 000 kil.

C'est donc environ 20 000 kilog. de fumier qu'il faut appliquer par hectare.

S'il est question de l'*assolement quadriennal*, en usage sur des terres sur lesquelles le blé produit en moyenne 30 hectolitres par hectare, on aura :

1re *sole*. 300 quintaux de betterave	× 65 =	19 500 kil.
2e *sole*. 30 hectol. de blé de mars	× 500 =	15 000
4e *sole*. 25 — de blé d'hiver	× 500 =	12 500
Total du fumier nécessaire		47 000 kil.

Enfin, si l'on veut connaître la quantité de fumier que l'on applique à Grignon, où l'on suit un *assolement de six ans*, on trouve :

			Quintaux.		Kil. de fumier.		
1re *sole*,	100 ares	betterave........	400	×	65	=	26 000 kil.
2e *sole*,	50 —	blé de mars.....	13	×	640	=	8 300
—	50 —	avoine..........	13	×	600	=	7 800
3e *sole*,	1 hect.	blé d'hiver.....	20	×	640	=	12 800
5e *sole*,	1 —	colza.........	18	×	1000	=	18 000
6e *sole*,	1 —	blé d'hiver.....	20	×	640	=	12 800
		Total du fumier nécessaire...............					85 700 kil.

Ce résultat est justifié par les faits que l'on observe chaque année à Grignon. J'ai dit précédemment qu'on appliquait par hectare 75 000 kilog. de fumier, et qu'on complétait la fumure par le parcage ou la poudrette. Le reliquat d'engrais qui reste dans le sol à chaque rotation justifie ce principe : l'assolement en usage à Grignon est améliorant, et il a permis d'augmenter la fertilité des terres du domaine.

On remarquera que les quatre premières soles exigent une fumure de 54 000 kilog.

Si l'on voulait cultiver des betteraves tous les deux ans et les faire suivre par une céréale d'hiver ou de printemps, il faudrait à chaque rotation, d'après les faits que je viens d'inscrire, appliquer une fumure de 35 000 à 40 000 kilog. de fumier suivant le rendement en betteraves et en blé.

Je reviendrai sur tous ces faits, avec plus de détails, en étudiant les assolements. (Voir les ASSOLEMENTS et les SYSTÈMES DE CULTURE, p. 225.)

Toutes choses égales d'ailleurs, le cultivateur qui veut accroître et la fécondité des terres qu'il cultive et les produits qu'elles peuvent donner, doit *fumer dans la prévision d'obtenir un produit moyen supérieur à celui qu'elles fournissent.*

Quelques exemples expliqués à l'aide de la formule déterminée par M. de Gasparin suffiront pour démontrer l'importance de ce principe.

Ainsi soit x, le prix d'une quantité donnée de produit (mesure ou poids); l, le loyer de la terre; t, le prix du travail nécessaire, y compris celui de la récolte; e la valeur de l'engrais absorbé par le produit; q, la quantité de produit donnée par la récolte; f, les frais généraux de l'exploitation, on a :

$$x = \frac{l + f + t + e}{q}.$$

Soit maintenant, d'après le compte du froment cultivé par Mathieu de Dombasle et inséré dans le neuvième volume des *Annales de Roville* :

$$l = 44^{f},90;$$
$$f = 52^{f}.37;$$
$$t = 74^{f}.23.$$

Supposons, d'abord, que le froment est cultivé sans engrais et qu'il donne un produit en grain de 600 kilog., ou 8 hectolitres par hectare, et en paille de 1395 kilog., ayant une valeur de 27 fr. 90 ou représentée par 116 kilog. de blé à 17 fr. 95 l'hectolitre; la récolte totale sera de 716 kilog. de blé moins 150 kilog., ou 2 hectolitres pour les semences. Alors on aura :

$$x = \frac{44^{f}.90 + 52^{f}.37 + 74^{f}.23 + 0}{716 - 150} = 0^{f},303.$$

Le kilogramme de froment vaut donc 0 fr. 303, et les 100 kilog. 30 fr. 30; soit 22 fr. 75 l'hectolitre du poids de 75 kilog.

Si on donne à la terre, comme Mathieu de Dombasle le pratiquait à Roville, la moitié d'engrais nécessaire pour soutenir un assolement de 5 ans : 1° jachère, 2° froment, 3° trèfle,

4° froment, 5° avoine, soit 20 000 kilog. de fumier sur le blé, on aura :

$$x = \frac{44^{f},90 + 52^{f}37 + 76^{f},96 + 45^{f},53\,^{1} + 74^{f}36}{1074 + 212\,^{2}} = 0^{f},228,$$

ou 22 fr. 80 les 100 kilog., ou 17 fr. 05 l'hectolitre.

En appliquant des fumures doubles de celles qu'il appliquait, c'est-à-dire 40 000 kilog. de fumier par hectare au lieu de 20 000 kilog., Mathieu de Dombasle aurait, sans contredit, obtenu avec le temps 2000 kilog. de blé, et les résultats économiques auraient été :

$$x = \frac{44^{f}.90 + 52^{f}.37 + 92^{f}.30 + 45^{f}.53 + 148^{f}72}{2000 + 385} = 0^{f},161.$$

Le prix de revient des 100 kilog. aurait donc été de 16 fr. 10 et l'hectolitre de 12 fr. 88. Ce dernier chiffre mérite une attention particulière; il démontre qu'au lieu de réaliser un bénéfice moyen de 12 fr. 97 par hectolitre, ce même produit net se serait élevé à 126 fr. 75, car il est hors de doute que le produit en froment aurait atteint en moyenne 2000 kilog. par hectare, soit 25 hectolitres au lieu de 14 hectolitres 32.

On doit conclure de ces résultats qu'il faut fumer chaque plante avec une quantité d'engrais telle qu'elle puisse produire, sauf les accidents, une récolte supérieure à celle qu'elle a donnée précédemment.

1. Cette somme représente la valeur des semences. Toutes les fois que la semence a une valeur plus élevée que celle du grain de froment, sa valeur doit être ajoutée au dividende et non déduite des produits inscrits au diviseur; la formule devient alors :

$$x = \frac{l + f + t + s + e}{q}.$$

s représente la valeur de la graine employée pour semence.

2. Cette quantité de grain représente la valeur de la paille.

M. de Gasparin a proposé de formuler ainsi la loi des engrais : *fumer au maximum, partout et toujours, chaque plante que l'on cultive.* La pratique n'admettra jamais une telle théorie!

Nonobstant, on ne saurait déterminer la quantité d'engrais nécessaire pour la culture qu'on veut suivre, sans bien connaître la nature du sol et son degré de fertilité.

Je rappellerai que j'ai indiqué, en étudiant la valeur relative des terrains, les moyens à l'aide desquels on détermine la richesse ou l'engrais qui reste en terre après les récoltes. On sait que c'est ce reliquat ou cette accumulation de matières organiques qui constitue ce qu'on appelle la fécondité.

Transport des fumiers. — Les époques où le fumier doit être transporté sur les terres dépendent toujours de l'ordonnance des successions de culture et de la nature des plantes que l'on cultive. L'agriculteur ne peut pas déterminer arbitrairement ces époques ; telle plante demande que les terres soient fumées durant l'hiver; telle autre exige, au contraire, que les engrais soient conduits au printemps ou en été.

Voici les époques où on les applique le plus généralement :

1° En *hiver*, lorsque le sol est durci par la gelée, pour les pommes de terre, betteraves, carottes, pavots, vesce, jarosse et pois gris de printemps;

2° Au *printemps*, pour les mêmes plantes et le lin, chanvre, tabac, choux, rutabagas, navets, courges, maïs, sarrasin et millet;

3° En *été*, avant ou après la moisson lorsque les attelages ont peu d'occupation, sur les jachères pour le colza, la navette et les céréales d'automne;

4° En *automne*, quelques semaines avant d'effectuer les ensemencements, pour le seigle, le blé ou l'avoine d'hiver, ou après les semailles sur les blés, luzerne, trèfle, sainfoin et lupuline en végétation.

Lorsque les transports doivent avoir lieu à la fin de l'hiver, on profite souvent, pour les effectuer, des hâles qui surviennent en février ou en mars, et qui dessèchent la surface de la couche arable.

Ces transports s'effectuent tantôt avec des charrettes, tantôt au moyen de chariots. Quel que soit le véhicule dont on se sert, il est important de bien coordonner le nombre des chargeurs et des voitures avec la distance que chaque attelage doit parcourir. Il est beaucoup plus économique de n'avoir qu'un attelage et deux voitures que deux attelages et deux charrettes, à moins que la distance à parcourir soit considérable. Quand le champ à fumer n'est pas très-éloigné du point où réside le fumier à transporter, il arrive souvent, quand deux attelages sont chargés d'effectuer les transports, ou qu'ils se rencontrent au tas, ou qu'ils arrivent au même moment sur le champ. Quand de tels faits ont lieu, le transport des fumiers se fait avec une très-grande lenteur; et alors, ou celui ou ceux qui chargent ne sont plus en rapport avec la quantité de fumier qu'il faut placer instantanément dans les voitures pour que les attelages soient constamment en travail, pour qu'ils ne restent pas longtemps inactifs, ou ils restent oisifs, puisque les voitures sont toutes deux en déchargement.

Voici la combinaison qu'on doit adopter pour éviter de telles pertes de temps : quand on doit transporter des fumiers, il faut toujours que, la veille, une des voitures soit chargée et prête à être conduite; le lendemain matin, le conducteur attelle immédiatement son attelage sur ce véhicule, et le conduit sur le champ où le fumier doit être appliqué; à peine la voiture est-elle déplacée que les chargeurs approchent du tas ou de la fosse une voiture vide qu'ils s'empressent de charger. Dès que le conducteur est de retour des champs, il dételle les animaux et les attelle immédiatement à la voiture chargée. Aussitôt que cette dernière a quitté les abords de la fosse ou de la plate-forme, les chargeurs remplissent la voiture qui vient de revenir à vide. Lorsque la distance à parcourir est grande, on emploie deux attelages et trois voitures. Alors il y a toujours une voiture en déchargement, une autre qui va ou revient; la troisième est celle que l'on charge pendant l'aller et le retour. De cette manière, les attelages et les travailleurs sont sans cesse occupés.

Tous les cultivateurs qui savent apprécier la valeur du temps, les conséquences fâcheuses d'une mauvaise distribution dans les travaux et les pertes que l'exploitant éprouve lorsque les attelages, les hommes sont mal surveillés, mal dirigés, connaissent les avantages que présente cette combinaison et la mettent chaque année en pratique.

Quand le fumier est arrivé à une décomposition avancée, aucune voiture chargée ne doit quitter la cour sans que l'engrais ait été tassé ou battu à la pelle. C'est en agissant ainsi qu'on évite les pertes de fumier qui ont lieu pendant chaque voyage sur le parcours, au détriment des plantes cultivées.

Le chargement des voitures n'est ordinairement éxécuté que par des hommes, et il s'effectue plus ou moins promptement selon la force, l'habileté des travailleurs, l'état du fumier, et le mode de conservation adopté. Un homme charge plus aisément une voiture lorsque le fumier est situé sur une plate-forme que quand il a été déposé dans une fosse.

Il est nécessaire que les ouvriers enlèvent le fumier déposé sur les plates-formes en opérant par tranches successives et verticales. Si le fumier était enlevé par couches horizontales, on chargerait d'abord le *fumier frais* qui forme la *zone supérieure*, ensuite le *fumier à demi consommé* qui occupe la *zone intermédiaire*, enfin le *fumier consommé* qui constitue la *zone inférieure.*

Meyer a observé qu'un ouvrier peut charger en une journée de travail ordinaire 8 voitures de fumier de $1^{m},40$ cubes, soit en tout 11 mètres cubes; si le fumier pèse 730 kilog., il chargera donc chaque jour 8000 kilog. D'après Kreissig, un homme, en une journée de travail de 10 heures, charge 14 mètres cubes, soit $1^{m},40$ cube par heure, ou 1 mètre cube en 42 minutes; ce résultat est celui sur lequel il faut compter quand il est question de fumier normal. Schmalz évalue ce chargement à $14^{m},5$ cubes par jour; Block porte aussi ce travail à 14 mètres cubes ou 10 000 kilog. A Grignon, où les fumiers sont conservés sur des plates-formes, un homme charge aussi environ 10 000 kilog. de fumier par jour dans des chariots.

Dans les fermes de la Brie, où on emploie des charrettes, véhicules plus difficiles à charger que les voitures à quatre roues, où le fumier est déposé dans des fosses, un homme ne charge pas par jour au delà de 8000 kilog. En Bretagne, où les déjections des animaux sont généralement mêlées à des tiges de bruyère, d'ajoncs ou de genêts, un homme ne charge jamais plus de 6000 kilog. par jour.

On paye à Grignon, pour le chargement d'un chariot de 3 mètres à $3^{m},50$ cubes, 30 c.; un tombereau de $1^{m},60$ à $1^{m},80$ cubes n'est payé que 20 c.

Quand on charge du fumier sur un chariot on enlève ordinairement une des ridelles.

Quelle est la quantité de fumier qu'un attelage peut transporter par jour? Cette question ne peut être résolue que quand la distance à parcourir est connue.

D'après A. Block, une voiture attelée de deux chevaux fait en moyenne dans les jours longs ou courts de l'année :

Distances.			Voyages.	Mèt. cubes.	Kilogr.
De 1	à	300 mètres	22	27,50	19800
301		600	15	18,75	13500
601		900	12	15,00	10800
901		1200	10	12,50	9000
1201		1500	8	10,00	7200
1501		1800	7	8,75	6300
1801		2100	6	7,50	5400
2101		2400	5 1/2	6,80	4950
2401		2700	5	6,25	4500
2701		3000	4 1/2	5,00	4050

Block a supposé que, terme moyen, un cheval attelé à une charrette ou à une voiture, parcourt pendant 10 heures, avec une vitesse de $0^m,83$ par seconde, 30 000 mètres ou 30 kilom., moitié chargé et moitié à vide ; qu'il existe des voitures de rechange au lieu de chargement auxquelles on attelle les animaux aussitôt qu'ils arrivent dans la cour, pour ne pas les laisser inactifs pendant le chargement des voitures, et qu'à chaque voyage on emploie un quart d'heure à dételer et à atteler les chevaux ; enfin, il admet que la quantité de fumier transporté à chaque voyage par deux chevaux est de $1^m,25$ cube, ou 900 kilog.

Lorsqu'on défalque de la durée du travail, qui est de 10 heures par jour, le temps pendant lequel on attelle et on dételle les animaux, on reconnaît que la vitesse moyenne des animaux par seconde est conforme aux données constatées par la pratique. Ainsi, d'après les chiffres inscrits dans le tableau précédent, pour une distance de 600 mètres, l'attelage doit avoir, pour exécuter dans une journée 15 voyages, une vitesse de $0^m,80$ par seconde ; pour celle de 986 mètres, une vitesse de $0^m,89$; pour celle de 2100 mètres, une vitesse de $0^m,89$; dans cette dernière hypothèse, il doit faire 6 voyages ; dans celle qui la précède, il peut en exécuter 12.

Quand les chemins à parcourir sont en mauvais état, et que les champs sont d'un accès difficile, il faut compter sur un tiers en moins de travail.

Un homme décharge une voiture de fumier de 1^{m},25 cube ou 900 kilog., en 10 à 12 minutes; un chariot de 3^{m},6 cube, en 17 à 20 minutes.

Disposition des fumiers dans les champs. — C'est au chef de l'exploitation qu'est dévolue la tâche de déterminer et la quantité de fumier à appliquer par hectare, et le poids, le volume que doivent avoir les tas de fumier dans les champs.

Dans les contrées où l'on comprend les avantages que présente une bonne répartition des engrais, les tas de fumier, ou *fumerons*, ont des poids à peu près égaux, et ils sont espacés très-régulièrement les uns des autres (*fig.* 29). La distance qui sépare les fumerons est le plus ordinairement de 7 à 8 mètres, ce qui donne, au moment de l'épandage, un jet de 3^{m},50 à 4 mètres. Quelques agriculteurs veulent que la distance qui sépare les tas soit de 10, 12 et 14 mètres; cet éloignement est véritablement trop grand ; il faut des ouvriers habiles, énergiques, pour qu'à une telle distance le fumier soit convenablement divisé et éparpillé. On ne doit pas oublier que moins le jet est considérable, et plus la répartition du fumier est régulière.

Si les tas de fumier sont espacés les uns des autres de 7 mètres en tous sens, chaque tas couvrira une superficie de 49 mètres carrés, et leur nombre par hectare sera de 204 ; et si la fumure à appliquer sur cette même superficie est de 40 000 kilog., le poids de chaque fumeron sera

$$\frac{40\,000 \text{ kil.}}{204} = 186 \text{ kilog.}$$

Une voiture de 1^{m},25 cube de fumier, soit 900 kilog., contiendrait donc 5 fumerons.

Le moyen le plus certain de déterminer sur-le-champ les points où doivent être placés les fumerons, consiste à tracer, au moyen d'une charrue, des lignes parallèles dans le sens de la longueur et de la largeur de la pièce. Chaque point d'intersection des lignes indique les endroits où les tas de fumier doivent exister. On peut aussi recourir à des jalons, mais ce

Fig. 29. Conduite, épandage et enfouissement du fumier.

moyen de déterminer la direction des *chaînes* ou lignes de fumerons et la distance qui doit les séparer les unes des autres, ne peut être suivi avec avantage que par des laboureurs très-exercés à cette opération. Il faut se rappeler que les premières lignes ne doivent pas être tracées à 7 mètres des côtés du champ et dans le sens de sa longueur, mais dans celui de sa largeur ; quand les premières lignes ont été ainsi déterminées, les fumerons qu'on y dépose ont à couvrir une superficie carrée plus grande que ceux placés sur les lignes intermédiaires, c'est-à-dire à l'intérieur du champ.

Ainsi, soit une planche de 24^{m},50 de largeur à couvrir de fumier; si les chaînes sont placées suivant les lignes AA, BB, CC (*fig.* 30), et celles DD, EE, FF, GG, les fumerons ou tas de fumiers situés en O,O,O,O,O,O, à l'intersection des lignes longitudinales et transversales, seront éloignés des bords de

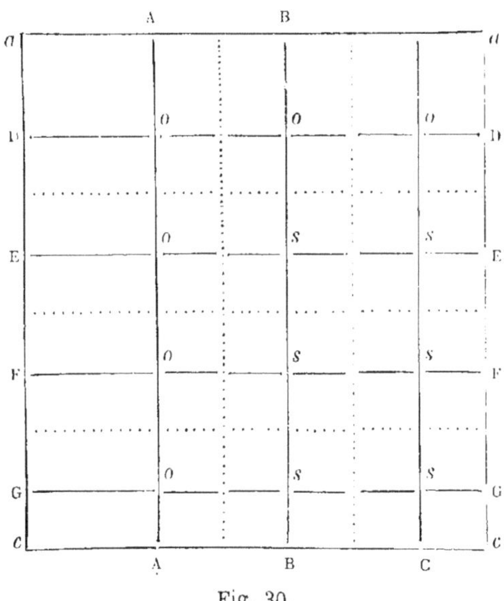

Fig. 30.

la planche *ab* et *ad* de 7 mètres; ces tas de fumier devront donc couvrir, indépendamment de la superficie comprise entre les bords de cette planche et les lignes A,A et D,D, la moitié de celle déterminée par les lignes A,A et B,B et celles D,D et E,E, c'est-à-dire une superficie carrée de 73^{m},50 et de 110 mètres, suivant la situation des fumerons; tandis que ceux situés en S,S,S,S,S,S n'auront à couvrir que 49 mètres, étant espacés les uns des autres de 7 mètres et des lignes ponctuées de $3^m,50$ seulement. Pour éviter ces inconvénients, qui nuisent toujours à une égale répartition de l'engrais, il faut diviser la largeur de la planche par un nombre compris entre 7 et 10 en maximum, ce qui donne le nombre de lignes de fumerons, et prendre ensuite la moitié du diviseur; le résultat indique la distance qui doit exister entre la première ligne et le bord de la planche. Ainsi,

$$\frac{24}{8} = 3 \text{ lignes de fumerons.}$$

Comme la moitié de 8=4, c'est à 4 mètres des limites *o p* et *o t* (*fig.* 31) de la planche qu'il faut tracer les premières lignes 1,1 et 4,4, suivant la longueur et la largeur du terrain. De cette manière les fumerons *a,a,a,a,a,a* couvriront une superficie carrée de 64 mètres, et cette surface sera égale à celle sur laquelle seront étendus les tas *i,i,i,i,i,i*, placés aux intersections des lignes 2,5; 2,6; 2,7; 3,5; 3,6; 3,7.

On doit donc poser comme principe que les fumerons bordant les côtés d'un champ doivent être éloignés de ces bords d'une distance égale à la moitié de l'intervalle qu'on observera entre tous les fumerons.

Quand on constate, lorsqu'on arrive au bout des lignes, que la distance de l'emplacement du dernier tas à la limite du champ est plus forte ou plus faible que cette moitié, on proportionne le poids des derniers tas avec la surface qui reste à fumer ou à couvrir.

Lorsque les champs sont unis et peu déclives, le fumier doit être réparti très-uniformément, et tous les fumerons doivent avoir le même volume, le même poids. Dans les terrains en pente on s'éloigne souvent de cette règle, et les parties hautes reçoivent une quantité d'engrais plus grande que les parties inférieures. Cette manière d'agir est rationnelle, parce que les eaux pluviales entraînent toujours vers les parties basses une forte partie des principes fertilisants des fumiers, surtout quand ces engrais sont employés à un état de décomposition avancée.

Épandage des fumiers. — L'épandage des fumiers est une des opérations agricoles les plus importantes. Aussi s'accorde-t-on généralement à reconnaître qu'elle doit être confiée à des ouvriers intelligents et surveillée avec beaucoup de soin par le cultivateur. Cet épandage se fait ou à la tâche ou à la

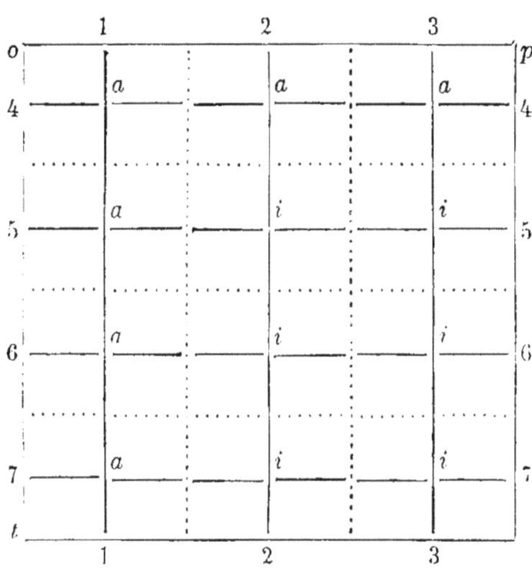

Fig. 31.

journée. Le travail à la journée est préférable à celui qui est fait à forfait : le fumier est toujours mieux divisé, mieux étendu. Il arrive souvent, quand cet épandage est fait à la tâche, que la manière inégale suivant laquelle on éparpille le fumier entraîne des irrégularités de végétation qui indiquent que certains endroits ont reçu une surabondance d'engrais, tandis que d'autres en sont, pour ainsi dire, dépourvus.

Voici les règles à suivre pour obtenir une répartition convenable : un ou plusieurs ouvriers (voir *fig.* 29), suivant la quantité de fumier à répandre et l'étendue à fertiliser, armés de fourches, projettent l'engrais qui compose les fumerons sur l'étendue que chacun doit couvrir; cette opération exige des hommes vigoureux, surtout lorsque le fumier est aggloméré et que le jet est de 3 à 4 mètres. Ces ouvriers sont suivis de femmes, de jeunes gens, d'enfants même, armés aussi de fourches, ayant pour mission de rompre, de diviser et étendre les agglomérations, les fourchées de fumier le plus également possible à la surface du sol, en évitant d'en mettre dans les dérayures. Les épandeurs doivent être accompagnés d'un homme intelligent chargé de les diriger et de veiller à la bonne exécution de leur travail. Lorsque le fumier est pailleux et chargé de crottin ou lorsqu'il est arrivé à un état de décomposition avancé, les ouvriers qui projettent le fumier doivent avoir la précaution, quand un fumeron a été dispersé, d'enlever, au moyen d'une pelle, les parties menues qui restent sur l'endroit où le tas était situé, ces débris sont souvent trop petits pour être dispersés avec une fourche.

Le fumier de cheval est le plus facile à épandre; celui de mouton est le fumier qui offre le plus de difficultés. Le fumier mixte, toujours moins pailleux que celui des chevaux, est certainement l'engrais qu'on répand le plus uniformément.

Dans les contrées où le sol est morcelé, où les façons se font à bras, on trouve avantage à épandre le fumier à la main. Cette opération, beaucoup plus dispendieuse que l'épandage fait par des ouvriers munis de fourches, est nécessaire, indispensable dans les cultures du lin, du chanvre, etc. C'est que le fumier, divisé et éparpillé à la main, est mieux étendu sur la couche arable, et produit toujours une végétation plus soutenue et plus uniforme.

Les fumerons peuvent-ils séjourner sur le sol pendant quelques jours ? Le fumier ne doit-il être conduit qu'à mesure que les ouvriers peuvent l'étendre ?

Lorsqu'on examine ces deux questions sous un point de vue théorique, on reconnaît que le fumier perd de ses propriétés fertilisantes quand il n'est pas éparpillé et enterré le jour même où il a été conduit ; mais si les faits démontrent : 1° que les parties volatiles qui se dégagent des fumerons se répandent dans l'atmosphère ou y sont entraînées par le vent ; 2° que les pluies lavent les parties animales et végétales qui constituent le fumier ; 3° que les liquides qui s'écoulent des tas et qui pénètrent dans le sol augmentent souvent d'une manière fâcheuse la végétation des plantes sujettes à la verse, on reconnaîtra qu'il est très-difficile, en pratique, d'éviter ces pertes et ces inconvénients, et de suivre les règles admises par la théorie. Tout cultivateur doit agir de manière à laisser le fumier en tas le moins longtemps possible, afin qu'il ne reste pas exposé pendant plusieurs jours à l'action des pluies et de la chaleur. On sait par expérience que, par des temps pluvieux, la fumure offre toujours des inégalités, et que, par un temps sec, les fumiers qui ont fermenté se divisent moins aisément. C'est pour ces motifs que, dans les fermes bien dirigées, les fumiers déposés temporairement en tas dans les champs, sont ordinairement éparpillés pendant les premiers jours qui suivent leur application.

D'après Kreissig, une femme, en 10 heures de travail, peut répandre 14 mètres cubes de fumier, soit 10 000 kilog.

Dans les environs de Paris, le prix de l'épandage revient à 4 fr. 50 c. l'hectare lorsqu'on applique 30 000 kilog. A Grignon, où la fumure est portée à 60 000 kilog., le prix de revient de l'épandage s'élève à 6 fr. par hectare. Dans le premier cas, un ouvrier payé par jour 1 fr. 50 c. épand

10 000 kilog. de fumier sur une étendue de 33 ares, et dans le second cas il en épand 15 000 kilog. sur une surface de 16 à 17 ares. La différence qui existe entre ces deux résultats est en rapport avec celle que l'on remarque entre les quantités d'engrais appliquées.

Le fumier de Grignon, qui est parfaitement soigné, très-homogène, est plus difficile à éparpiller que la plupart des engrais fabriqués dans les fermes des environs de Paris.

Enfouissement des fumiers. — Le fumier à demi décomposé, c'est-à-dire celui qui a subi avant son application une fermentation convenable, est ordinairement bien enterré par la charrue si l'épandage a été parfaitement fait. L'enfouissement du fumier long ou fumier pailleux présente quelques difficultés, et dans la plupart des cas il est mal réparti dans la couche labourée. Pour enterrer ce fumier aussi bien que possible, il faut débarrasser la charrue de son coutre et la faire suivre par un enfant ou une femme. Cet ouvrier est muni d'une fourche et tire le fumier dans la raie, de manière qu'il soit bien enterré par la bande de terre que la charrue doit détacher et renverser à son prochain tour. Lorsque la charrue conserve son coutre et qu'elle n'est pas suivie par une ou deux femmes, le fumier s'amasse presque toujours en avant de l'étançon antérieur sous forme de paquets, est mal enterré et excède souvent la terre labourée. On comprend que quand les faits se passent ainsi, il est difficile d'obtenir une répartition uniforme du fumier, bien qu'il ait été répandu très-régulièrement à la surface du sol.

Mais à quelle profondeur le fumier doit-il être enterré?

Cette question ne peut être résolue sans que la profondeur de couche arable, le climat que l'on habite, les plantes que l'on cultive, aient été pris en considération. Pour qu'un fumier puisse être véritablement utile aux plantes, il faut qu'il soit réparti uniformément dans toute l'épaisseur de la couche arable. Cependant il ne peut pas être placé à une profondeur moindre que le point où, le plus ordinairement, se maintient la fraîcheur, je veux dire l'humidité que réclament les plantes pendant leur végétation. Si l'engrais est placé au-dessus de ce point, il se dessèche, fermente mal pendant les chaleurs, et ne sert plus aux végétaux puisque, ainsi placé, il ne peut plus subir, pour ainsi dire, les effets de la décomposition. C'est pour cette raison que les froments, les seigles, végétant sur les sols argilo-siliceux qui manquent de fraîcheur pendant l'été, parce que la couche arable est peu profonde et qu'elle réside sur un sous-sol inerte, sont toujours peu productifs, bien que les fumures appliquées aient été suffisantes. Mais si l'expérience apprend chaque jour combien sont graves les inconvénients que présente une fumure enterrée trop superficiellement dans les pays méridionaux, dans les terrains secs, dans les sols qui ne retiennent que 12 à 15 pour 100 d'humidité à une profondeur plus grande que celle à laquelle est placé l'engrais, on doit, d'un autre côté, éviter d'enfouir les fumiers trop profondément dans les sols humides et dans les terres où les pluies peuvent entraîner les substances solubles qu'ils contiennent à une profondeur où les racines des plantes cultivées ne parviennent pas. C'est pour ces motifs que les fumiers, dans les contrées humides, dans les pays où il tombe annuellement beaucoup d'eau, dans les localités où ils sont appliqués quelques jours avant les semailles d'automne, sont, en général, enterrés le moins profondément possible.

Lorsque l'engrais est destiné à favoriser l'existence de plantes pivotantes, comme la luzerne, le sainfoin, la carotte, le panais, etc., on doit l'enterrer par un bon labour, dont la profondeur est toujours déterminée par celle de la couche arable. Pour de telles plantes il ne faut pas craindre de placer l'engrais trop bas, car il est certain que leurs racines se porteront toujours vers les points où il sera situé, ainsi que l'humidité. Les plantes annuelles ou bisannuelles ainsi que les plantes à racines traçantes demandent, au contraire, que les fumiers soient placés plus superficiellement.

Fumure en couverture. — Il est des contrées où l'on est dans l'habitude de fumer en couverture, c'est-à-dire d'éparpiller le fumier à la surface des champs couverts de récoltes. Cette pratique est utile, nécessaire, quand il est question de maintenir, d'augmenter même la fécondité du sol des prairies naturelles, d'activer la végétation du trèfle, de la luzerne, des céréales d'automne, etc., qui ont une faible activité, ou de donner à la terre une fumure supplémentaire. En Angleterre, en Alsace, en Lorraine, en Picardie, etc., ces fumures n'ont pas de grands inconvénients, parce que le climat est brumeux ou humide. Ainsi dans beaucoup de fermes de ces contrées, où ces fumures sont très en usage pour les céréales d'hiver et les légumineuses, l'expérience a démontré qu'elles n'avaient rien de très-irrationnel, toutes les fois que l'engrais était conduit et épandu pendant des temps froids. Mais si les fumures en couverture sont souvent indispensables dans les systèmes de culture du Nord, elles sont peu utiles à ceux de la région du Midi. Dans ces contrées, ainsi que l'observe M. de Gasparin, l'engrais appliqué en couverture s'empare de l'humidité de la terre, en prive les plantes, et on voit alors les terrains fumés de la sorte porter des récoltes inférieures à celles des terres fumées.

Quoi qu'il en soit, pour qu'une fumure en couverture soit vraiment utile, il faut que le fumier employé ne soit pas très-pailleux ; car, dans ce cas, il sert de refuge, durant l'hiver, aux mulots et aux limaces, etc. Le grand avantage que présentent ces *fumures par-dessus* est d'empêcher les pluies de battre la terre, de protéger les plantes contre la gelée et d'empêcher qu'elles ne soient hâlées par le soleil pendant les premiers jours du printemps, époque où les rayons dessèchent souvent très-fortement la terre et arrêtent l'essor des plantes.

BIBLIOGRAPHIE.

Caton. — *De re rusticâ*, cap. v.
Varon. — *De re rusticâ*, lib. I, cap. XIII.
Columelle. — *De re rusticâ*, lib. I, cap. VI.
Palladius. — *De re rusticâ*, lib. I, cap. XXXIII.
Cassius Dionysius. — *De agriculturâ*, lib. II, cap. XIX.
Olivier de Serres. — Théâtre d'agriculture.
Maurice. — Traité des engrais, 1806, in-8, p. 47.
Ré. — Essai sur les engrais, 1813, in-8, p. 8.
F. de Neufchateau. — Cours d'agriculture, 1819, in-8, t. II, p. 325.
Bosc. — Cours complet d'agriculture, 1822, in-8, t. VII, p. 182.
Francès. — Traité des fumiers, 1823, in-8.
J. Sainclair. — Agriculture pratique, 1825, in-8, t. II, p. 387.
Thaër. — Principes raisonnés d'agriculture, 1831, in-8, t. II, p. 314.
Schwerz. — Préceptes d'agriculture pratique, 1839, in-8, p. 221.
M. de Dombasle. — Annales de Roville, 1839, in-8, t. VII, p. 88.
Girardin. — Des fumiers, 1846, in-16.
De Gasparin. — Cours d'agriculture, 1846, in-8, t. I, p. 597.
Caillat. — Chimie appliquée à l'agric., 1847, in-12, t. IV, p. 141.
Thackeray. — Observations sur le fumier, 1847, in-8.
Joigneaux. — Traité des amendements et des engrais, 1848; in-18, p. 56.
Greff. — Des engrais, 1849, in 8, p. 8.
Martin. — Traité des amendements, in-8, p. 8.
Vanden-Brock. — Éléments d'agriculture, 1849, in-12.
Schattenmann. — Comptes rendus de l'Académie, in-4, t. XIV, p. 274.
Boussingault. — Économie rurale, 1851, in 8, t. I, p. 706.
Arcel. — Emploi des fumiers, 1854, in-12.
I. Pierre. — Chimie agricole, in-12, p. 350.
Quérard. — Fumiers de ferme, 1854, in-12.
Fouquet. — Traité des engrais, 1855, in-12, p. 9.
Boussingault. — La fosse à fumier, 1858, in-8.
Schaudel. — Méthode sur la préparation du fumier, 1860, in-8.

LIVRE V.

ENGRAIS COMPOSÉS.

CHAPITRE I.

Boues de ville.

Définition. — Historique. — Récolte. — Production. — Préparation. — Poids du mètre cube. — Quantité par hectare. — Cultures auxquelles elles conviennent. — Action fertilisante. — Valeur commerciale. — Bibliographie.

Définition. — Les immondices, les ordures déposées chaque jour dans les rues des grands et moyens centres de population, sont ordinairement ramassées avec soin et employées comme engrais. On les désigne sous les noms de *boues de ville, fumiers de ville* ou *gadoue*.

Historique. — Ces résidus, véritables matières végétales et animales putrescibles, sont employés depuis longtemps comme engrais ; mais à Paris, au commencement du siècle dernier, on en défendit l'usage dans la crainte que ces engrais ne communiquassent un mauvais goût aux légumes. Ainsi les ordonnances du 14 octobre et du 31 décembre 1720 interdisent l'emploi des immondices de rues, dans les jardins ou dans les champs consacrés à la culture des légumes. Aujourd'hui, l'emploi de ces engrais est tout à fait inconnu dans les jardins des maraîchers de cette ville ; mais, par contre, ils sont très en usage dans la culture maraîchère des contrées du

Midi, où les légumes, d'après M. Maffre, sont plus beaux, plus tendres, plus succulents, que ceux qui proviennent des jardins où l'on emploie des fumiers.

Récolte. — Ces immondices sont enlevées chaque jour par des hommes appelés *boueurs*. Leur transport, à 2000 mètres au moins des barrières des villes, a lieu au moyen de tombereaux ou de charrettes. A Paris, l'adjudicataire de ces engrais doit avoir 100 voitures à 1 cheval et 200 voitures à 2 chevaux. Il est obligé de déposer un cautionnement de 200 000 francs.

Les boues sont déposées dans des endroits spéciaux et amoncelées en tas plus ou moins volumineux.

Les gadoues les plus riches en principes fertilisants sont recueillies dans les quartiers les plus populeux et dans ceux où sont situés les marchés.

Production. — Les ordures des maisons et les boues provenant du balayage s'élèvent chaque jour à Paris à près de 700 mètres cubes, soit par an 225 500 mètres cubes ou 306 millions de kilog., soit 300 kilog. par habitant.

A Anvers, on ramasse chaque année 25 000 mètres cubes de boues ou 30 millions de kilog., soit 375 kilog. par habitant.

Il y a quinze ans, on recueillait chaque année à Versailles environ 6400 mètres cubes ou 7 700 000 kilog., soit 250 kilog. par habitant.

M. Giot, l'adjudicataire des boues de Brie-Comte-Robert, recueille annuellement dans cette ville 300 mètres cubes ou 360 000 kilog., soit 120 kilog. par habitant. Cette faible production n'est point anomale. M. Giot n'enlève les immondices de cette petite bourgade que deux fois pas semaine, le mardi et le samedi.

Préparation. — On laisse ordinairement les boues de ville en tas volumineux pendant plusieurs mois, quelquefois une année, avant d'être vendues, afin qu'elles fermentent. Pendant cette fermentation, elles dégagent de l'hydrogène sulfuré, gaz dont l'odeur très-infecte, nauséabonde, se fait sentir à une assez grande distance.

On les remue tous les mois ou tous les deux mois, à l'aide de fourches et de pelles, et on enlève à la main les verres, les pierres, les briques, les tessons, etc., qui s'y trouvent mélangés. Plus tard, on les tamise à la claie, et c'est sous forme de terreau, de substance pulvérulente, noirâtre, spongieuse et assez légère qu'on les livre à la grande ou à la petite culture.

Les boues de ville qui ont été ainsi préparées, sont désignées quand on les vend sous le nom de *gadoues faites*.

Celles qu'on livre aussitôt après avoir été ramassées et avant d'avoir fermenté se nomment *gadoues vertes*.

M. Mazure, à Cernay-la-ville (Seine-et-Oise), arrose les boues qu'il emploie avec de l'urine, à raison de 6 à 7 hectolitres par mètre cube. Ces arrosages augmentent de beaucoup leurs propriétés fertilisantes.

Dans quelques contrées, on mélange aux boues de ville de la chaux, de la marne, des cendres pyritentes, etc. La chaux sature les acides et permet de les utiliser beaucoup plus tôt.

En général, les boues de ville contiennent 50 pour 100 de matières inertes et 100 mètres cubes se réduisent à 50 par la fermentation et la dessiccation naturelle.

Quantité qu'il faut appliquer. — La gadoue s'emploie à des choses variables suivant son état. Lorsqu'elle est *verte*, on en applique par hectare de 60 à 90 mètres cubes. Quand elle a fermenté ou qu'elle est *faite*, la quantité varie entre 25 et 35 mètres cubes.

Poids du mètre cube. — Un mètre cube de boues de ville

fraîches pèse en moyenne 1200 kilog. Après fermentation ce poids ne dépasse pas 800 à 900 kilog.

Cultures pour lesquelles on l'emploie. — C'est principalement la petite culture des environs des villes qui emploie ces engrais. Elle les utilise soit sur les sols légers, soit sur les terres argileuses, pour la culture des gros légumes, des pommes de terre, des carottes, des choux, des pois, des groseilliers, etc. On les applique aussi dans la culture de la vigne; mais le vin que produisent les vignobles des environs de Paris, Nanterre, Rueil, etc., où on les emploie tous les trois ans à la dose de 75 à 90 mètres cubes, est toujours vert et acide. Aussi les vignes d'Argenteuil, et surtout celles de Suresnes, sont loin aujourd'hui de produire ces vins qui, au treizième siècle, avaient permis à Henry d'Andély de les considérer comme dignes de figurer sur la table du roi Philippe.

Action fertilisante. — Les boues de ville, après avoir, pendant six mois au moins, séjourné en tas, constituent un compost très-actif, un engrais très-chaud. Cette grande énergie s'explique si on se rappelle que ce mélange renferme des débris animaux et végétaux, des cornes, des chiffons, des plumes, des crins, des cheveux, des coquilles d'huîtres, etc. Toutefois, malgré cette activité, les gadoues manifestent encore des effets sensibles à la troisième et quelquefois à la quatrième année.

Valeur commerciale. — La gadoue fraîche se vend de 2 à 3 francs le mètre cube. Celle qui a fermenté est laissée au prix de 4 à 6 francs.

Plus les boues de ville contiennent de sable et d'argile et moins grande est leur valeur commerciale.

En Belgique le prix moyen varie entre 1 fr. 50 c. et 2 fr. 50 c. le mètre cube, si elles sont pures. Quand elles contiennent du fumier ou des débris d'animaux on les vend 4 et même 6 francs le mètre cube.

L'agrandissement de Paris a été favorable à l'emploi des boues de rues. Ces engrais sont maintenant utilisés jusque dans les vignobles de Conflans et Herblay. Ces communes en ont acheté, en 1860, 4000 mètres cubes de plus qu'en 1858 et 1859. Le chemin de fer du Nord a popularisé cet engrais en réduisant son transport à 1 franc la tonne de Paris jusqu'à Pontoise.

Tout porte à croire que l'usage de cet engrais chaud et très-actif se répandra de plus en plus désormais dans les environs de Paris.

BIBLIOGRAPHIE.

Maffre. — Culture maraîchère du Midi, 1843, in-8, p. 30.
Jourdier. — Journal d'agric. pratique, grand in-8, 3e série, t. V, p. 484.

CHAPITRE II.

Boues et poussières de routes.

Les boues que l'on ramasse sur les routes et les chemins, à l'époque des curages ou regrattages, constituent de bonnes matières fertilisantes ; car, dans la plupart des circonstances, elles se composent de substances terreuses, de débris végétaux et d'excréments d'animaux.

Il existe des contrées en France où ces curures, ainsi que la poussière qui provient du balayage que l'on pratique pendant les temps secs sur les grandes routes, sont très-recherchées, je dirai même disputées par les cultivateurs. Dans la plupart des localités, ces immondices ne coûtent pour ainsi dire que les frais qu'elles occasionnent.

Ces boues et ces balayures ne sont pas employées aussitôt qu'elles sont ramassées. On les met en tas et on les abandonne ainsi pendant plusieurs mois, en ayant soin, toutefois, de les remuer une fois ou deux. Quelquefois on leur ajoute de la chaux vive.

Quand elles se sont *mûries*, lorsqu'elles ont été bien remuées et qu'elles sont meubles, on les applique sur les prairies naturelles, sur lesquelles elles produisent d'excellents effets pendant deux ou trois années.

On doit les faire entrer dans les *composts* lorsqu'elles contiennent peu de débris organiques ou leur ajouter du fumier.

CHAPITRE III.

Vase et limons d'eau douce.

Anglais. — Mud. *Espagnol.* — Lama.

Nature. — Qualité. — Extraction. — Poids du mètre cube. — Application. Quantité par hectare. — Mode d'action.

Il est peu de contrées en Europe où les vases d'étangs ou les limons de rivières ne soient pas recherchées par l'agriculture.

Nature. — Les vases des étangs sont tantôt très-argileuses, argilo-calcaires, tantôt très-siliceuses, selon la nature et la fertilité des terres que traversent les eaux qui les forment. Pour qu'elles soient utiles à l'agriculture, il faut qu'elles soient limoneuses, c'est-à-dire chargées de matières organiques.

Les sables vaseux de l'Isère et du Drac contiennent de 20 à 25 pour 100 de carbonate de chaux, mais elles ne renferment pas des sels solubles et seulement des traces d'humus ou de matières organiques.

M. Hervé-Mangon a constaté dans les vases d'eau douce de 0,40 à 0,50 pour 100 d'azote.

Les vases après leur dessiccation à l'air sec contiennent encore de 4 à 12 pour 100 d'eau.

En général, elles perdent au soleil de 50 à 60 pour 100 de leur poids.

Qualités. — Les étangs où les eaux sont presque toujours limpides, où le poisson vit mal, où il se multiplie difficilement, où l'anguille et la carpe sont peu abondantes, ne produisent que des dépôts siliceux et peu chargés de débris végétaux et animaux. Les étangs et les cours d'eau alimentés par des eaux qui ont traversé des centres populeux, et dans lesquels les herbes aquatiques et les poissons sont très-nombreux, donnent toujours des vases grasses et fertilisantes.

Extraction. — La vase s'extrait le plus ordinairement pendant la belle saison, c'est-à-dire lorsque les étangs ou les cours d'eau sont à sec. Son enlèvement est une opération assez délicate, et d'autant plus onéreuse qu'elle est plus chargée d'humidité. Au fur et à mesure qu'elle est extraite, on la dépose sur le rivage, sur un endroit plus élevé que les plus hautes eaux.

On évalue, d'une manière générale, à 1/20 de mètre cube la vase qu'on peut extraire chaque année par mètre courant de ruisseau à pente peu prononcée et alimenté par des eaux chargées de parties limoneuses.

On ne doit pas la conduire immédiatement sur les terres arables : 1° parce qu'elle est très-pesante quand elle est humide; 2° parce qu'elle produit peu d'effet quand elle est verte. Il faut la laisser se mûrir pendant une année sur le bord de l'étang ou du cours d'eau duquel elle a été extraite. Ainsi abandonnée à elle-même et à l'action de l'air et du soleil, elle se modifie très-avantageusement : elle fermente, se divise ou se délite et devient plus légère.

Dans le but de pouvoir l'utiliser plus promptement et la rendre plus fertilisante, on y mêle souvent de la chaux vive, qui aide à la désagrégation des parties terreuses, à la décomposition des herbes aquatiques, des feuilles, des débris animaux et qui saturent l'acide hydrosulfurique qui se dégage en plus ou moins grande abondance des vases boueuses.

Le mélange doit être recoupé au bout de cinq à six semaines.

Il faut opérer ce mélange au printemps ou en été et par un beau temps.

Poids du mètre cube. — La vase fraîche pèse de 1200 à 1500 kilog. le mètre cube, selon la quantité de sable qu'elle contient. Sèche et pulvérisée elle pèse de 800 à 1000 kilog.

Application. — Les vases s'appliquent le plus ordinairement sur les sols légers, les terres siliceuses ou calcaires; on peut aussi les conduire sur des terres tourbeuses ou des sols de bruyère. Cette application ne doit avoir lieu que lorsqu'elles sont sèches ou lorsque le sol a été durci par une forte gelée.

Un homme charge un mètre cube de vase dans un tombereau en 20 à 30 minutes.

Quantité par hectare. — Quand ces engrais sont très-riches en parties végétales et animales, on les emploie à la dose de 60 à 100 mètres cubes par hectare.

Mode d'action. — En général, l'action fertilisante de ces dépôts est d'autant plus grande qu'ils ont été retirés d'étangs très-poissonneux, abondamment couverts de roseaux, de plantes aquatiques, ou alimentés par des eaux vaseuses, de rivières.

Ces engrais, à cause des parties terreuses et organiques qui les composent, ont à la fois une action mécanique et une action fertilisante. Aussi les emploie-t-on souvent pour modifier avantageusement la texture des sols trop légers ou perméables, des terrains qui, durant les temps de sécheresse, ne fournissent pas une suffisante quantité d'humidité aux plantes cultivées.

Les limons de rivières ont des effets aussi durables et aussi fertilisants que les vases d'étangs; tantôt ils sont trèssiliceux, d'autres fois ils forment des dépôts onctueux très-riches en matières organiques.

Plantes qui suivent son application. — L'emploi des vases d'étang appliquées à raison de 100 mètres cubes par hectare sur des terres légères siliceuses ou calcaires, doit être suivi par une culture de betteraves, de carottes, ou par un froment ou une avoine. Toutes ces plantes y réussissent très-bien si la vase est riche en matières organiques. (Voir *Colmatage*, La France agricole.)

La vase qu'on doit appliquer sur des terres très-calcaires ou crayeuses peut être suivie par un sainfoin. Dans cette circonstance il n'est pas nécessaire de lui ajouter de la chaux vive. Cette substance alcaline n'est utile que si la vase doit être conduite sur les terrains qui renferment peu ou point de carbonate de chaux.

CHAPITRE IV.

Vase de mer.

Définition. — Composition. — Mode d'emploi. — Terrains sur lesquels on les applique. — Quantité par hectare. — Plantes qui suivent leur application. — Mode d'action.

Définition. — Les dépôts terreux formés par la mer sur les plages, dans les baies, sont désignés sous des noms bien différents. Ici, ils sont connus sous le nom de *limon de la mer*, *lais de mer*, *vase de mer*; là, on les nomme *marne*, *vase bleue*, *argile bleue*, etc.; ailleurs, on les désigne sous le nom d'*engrais de mer* ou *de mare*. Ces engrais sont très-employés dans la Basse-Bretagne.

Composition. — Ces vases contiennent ordinairement des débris d'animaux, de végétaux marins, de coquilles d'huîtres, de moules, etc., alliés à une plus ou moins grande proportion de substances alcalines et terreuses.

Leur couleur varie du gris au noirâtre. Elles exhalent du gaz hydrogène sulfuré.

Voici diverses analyses de vases de mer. Les deux premières ont été faites par MM. Moride et Bobière; les autres par M. Besnon.

	Vase de Saint-Malo.	Vase de Bourneuf.
Matières organiques	3,00	0,70
Carbonate de chaux	30,80	4,00
Sels solubles	1,70	1,40
Alumine, silice et oxyde de fer	59,30	86,30
Magnésie	5,20	»
Acide sulfurique	»	7,60
	100,00	100,00

	Vase de Landerneau	Vase du Faou.
Matières organiques	6,89	5,20
Sable et alumine..................	77,39	91,08
Carbonate de chaux..............	14,40	2,40
Sels solubles......................	1,32	1,32
	100,00	100,00

M. Hervé-Mangon a trouvé sur 100 parties 13,72 de matières organiques dans la vase du port de la Rochelle et 4,56 de sels solubles dans la vase du port de Lorient. D'après les analyses qu'il a faites de quatre vases diverses, ces engrais contiennent en moyenne 0,38 pour 100 d'azote. La plus riche, la vase du port de Vannes, en contenait 0,67, c'est-à-dire autant que le fumier mixte le plus fertilisant.

Mode d'emploi. — Avant d'utiliser la vase marine, on la dépose en tas que l'on abandonne à eux-mêmes pendant plusieurs mois, et quelquefois pendant une année. On recherche généralement celle qui a été nouvellement déposée par la mer. M. Querret a observé que les vases du fond sont souvent imprégnées d'oxyde de fer, et dépourvues de détritus de varechs et d'animaux, de sorte qu'on ne peut les employer bien souvent qu'après les avoir laissées longtemps exposées à l'influence de l'atmosphère et les avoir remuées plusieurs fois. Cette mise en tas est beaucoup plus nécessaire pour les vases qui sont appliquées sur les bords du rivage que pour celles qu'on emploie loin de la côte. Ainsi, on a constaté que les effets qu'elles produisaient étaient beaucoup plus sensibles dans l'intérieur que sur le littoral, parce que le sol des côtes est déjà imprégné d'une forte proportion de parties salines. Il est donc indispensable, lorsqu'on les applique sur les bords de la mer, de les exposer à l'action des pluies, pour qu'elles perdent une partie notable du sel qu'elles contiennent.

Terrains sur lesquels on les applique. — On emploie les

vases de mer, surtout celles argileuses, sur les sols légers et les terres siliceuses.

On doit éviter d'appliquer les vases très-argileuses, presque plastiques, sur des terres fortes ou tenaces, dans la crainte qu'elles n'augmentent leur consistance.

Quantité par hectare. — Dans le département des Côtes-du-Nord on les emploie à la dose de 30 à 40 mètres cubes par hectare, quand elles sont appliquées à l'intérieur des terres; sur le littoral, où les frais de transport sont moins coûteux, on en met quelquefois jusqu'à 100 mètres cubes, que l'on renouvelle tous les trois ans. Alors on a soin de les appliquer pendant l'été sur les jachères, pour qu'elles ne *brûlent* pas les plantes.

En Vendée, on n'en répand seulement que 20 à 25 mètres cubes.

Plantes qui suivent leur application. — Leur emploi est ordinairement suivi d'une récolte céréale et d'une culture de trèfle ou de luzerne.

Mode d'action. — Les vases de mer, à cause des détritus de végétaux marins, des menus débris de coquillages, des parties animales qu'elles renferment et des sels déliquescents dont elles sont imprégnées, constituent d'excellentes matières fertilisantes dignes, sous tous les rapports, de fixer l'attention des cultivateurs des côtes ou des plages où elles sont abondantes.

En Bretagne, ces engrais ont produit des effets remarquables dans les contrées où ils ont été employés. Le comice agricole de Dinan rapporte que les landes sur lesquelles on l'emploie, et qui n'avaient qu'une faible valeur il y a vingt années, aujourd'hui valent de 4000 à 6000 fr. l'hectare.

CHAPITRE V.

Engrais Jauffret.

Historique — Nature de la lessive. — Préparation du levain. — Préparation des plantes adventices. — Confection de l'engrais. — Modifications qu'on a fait subir à cette méthode. — Condition de réussite.

Historique. — Convaincu que les causes qui s'opposaient aux progrès de l'agriculture des environs d'Aix (Bouches-du-Rhône), si pauvres en ressources fourragères et en bestiaux, étaient le manque d'engrais et la pénurie des capitaux, Jauffret comprit qu'il était possible de changer ce triste état de choses en convertissant les végétaux indigènes en un véritable terreau. Il fut conduit vers cette pensée par les procédés suivis depuis longtemps par les habitants de sa contrée natale, qui étaient parvenus à employer comme engrais, les arbustes, les roseaux, etc., qui couvrent si abondamment les garigues et les marais de la Provence, en les entassant et provoquant leur fermentation par une humectation.

Persuadé qu'on pouvait précipiter la décomposition de ces végétaux et obtenir un engrais moins ligneux, plus riche, plus actif que le terreau fabriqué par les Provençaux, Jauffret substitua à l'eau ordinaire, qui servait à humecter la masse ligneuse et herbacée qui devait être convertie en engrais, une lessive fortement alcaline ou caustique. Les résultats qu'il obtint furent très-remarquables, non-seulement en Provence, mais encore en Bretagne, dans la Guyenne, le Berry, etc. En quelques jours, la masse végétale suffisamment arrosée fermentait, développait une chaleur considérable et se transformait en un excellent engrais.

La méthode proposée par Jauffret a eu un très-grand retentissement ; elle a eu les sympathies d'hommes très-éclairés et occupant dans le monde une haute position ; elle a valu à son auteur de nombreuses récompenses de la part des sociétés d'agriculture des départements, et elle lui avait conquis de véritables amis, des défenseurs très-dévoués[1]. Malheureusement Jauffret était pauvre et ne pouvait prétendre à une récompense solennelle ; il est mort dans l'indigence, il a succombé au milieu des plus douloureux chagrins et victime de son dévouement aux progrès de l'agriculture de sa patrie. Mais son nom ne périra pas, il survivra, parce que celui qui le portait était un homme honnête, parce que Jauffret était plein de droiture et ignorait le charlatanisme agricole ; aussi, lorsque nos enfants qui naissent auront grandi et demanderont ce qu'était Jauffret, la génération présente leur dira : *Jauffret fut l'apôtre et le martyre des engrais !*

Jauffret n'a jamais prétendu qu'on pût cultiver sans bestiaux ; son but avait été de faire connaître qu'il est possible, dans les localités pauvres, dans les contrées où il existe des landes, des garigues, des terres vaines et vagues, couvertes de bruyères, d'ajoncs, de genêts, de cistes, de roseaux, de fougères, etc., de créer sans le concours du bétail un engrais très-utile aux plantes cultivées.

Ses détracteurs se sont vivement récriés contre les dépenses que sa méthode occasionne, et ils ont dit qu'il est difficile partout de se procurer les substances qui servent à confectionner la lessive. Cette dernière objection ne manque pas

1. M. Moll a toujours soutenu et défendu Jauffret.

de valeur ; mais, qu'on ne l'oublie pas, Jauffret avait prévu les difficultés que le cultivateur aurait à surmonter dans les localités où le plâtre est peu abondant, dans celles où il a une très-grande valeur, et il avait indiqué quelles sont les substances qui peuvent remplacer celles qu'on ne possède pas. L'objection la plus capitale, celle qui est digne véritablement d'être discutée, est celle des dépenses, non pas celles qu'occasionne la préparation de la lessive, mais les déboursés qu'il faut faire pour préparer les litières, les tremper et mettre en tas. Ce sont ces frais qui ont obligé beaucoup d'agriculteurs, dans les localités où la main-d'œuvre est chère, à renoncer aux avantages que présente la méthode Jauffret, ou à lui faire subir des modifications profondes. Mais Jauffret n'aurait-il fait que signaler aux cultivateurs des contrées pauvres les immenses ressources que l'on peut tirer de l'emploi des plantes indigènes, qui, dans la plupart des circonstances, ne coûtent que la peine de les recueillir, qu'il aurait eu assez de titres pour que la France l'indemnisât de ses dépenses et des peines qu'il s'était données pour être utile à son pays !

Nature de la lessive. — La lessive, qui sert à humecter les végétaux qui doivent être traités par cette méthode, se compose de :

1° Matières fécales et urines	100kil,000
2° Suie de cheminée	25 ,000
3° Plâtre en poudre	200 ,000
4° Chaux vive	30 ,000
5° Cendres de bois non lessivées	10 ,000
6° Sel marin	,500
7° Salpêtre raffiné	320
8° Levain d'engrais, matière liquide ou suc de fumier provenant d'une précédente opération	25 litres.

Ces matières suffisent pour convertir 500 kilog. de paille, ou 1000 kilog. de matières végétales ligneuses, en 1000 ou

2000 kilog. d'engrais. On les délaye avec assez d'eau pour obtenir 10 hectol. de lessive.

Prévoyant que toutes ces substances ne seraient pas toujours à bon marché dans toutes les contrées, Jauffret fit connaître qu'on pourrait remplacer :

Les *matières fécales* par 20 kilog. de grains d'orge, lupin, sarrasin, ou 250 kilog. d'excréments de chevaux, bœufs, vaches, porcs, ou 50 kilog. de crottins de moutons, chèvres, etc. — Le *plâtre* par 200 kilog. de limon de rivière, vase de mer, marne, etc. — Les *cendres* par 1 kilog. de potasse, ou 25 kilog. de cendres lessivées. — Le *salpêtre raffiné* par 1 kilog. de salpêtre brut. — Le *sel marin* par 100 kilog. d'eau de mer.

Préparation du levain. On prépare la lessive de la manière suivante :

Sur un terrain abrité autant que possible du nord, que l'on dispose en pente et qu'on a soin de battre, on fait un trou plus ou moins grand destiné à recevoir l'écoulement des liquides. Ce bassin peut être revêtu d'une maçonnerie bitumée. Dès qu'il a été pratiqué on le remplit à moitié d'eau, et on y jette des orties, pariétaire, euphorbe, bourrache, consoude, lavande, cistes, thym, buis, bruyère, genêts, feuilles de pin, de sapin, de genévrier, lierre, etc.

Quand ces plantes ou d'autres très-riches en parties mucilagineuses remplissent la fosse, on y répand 5 kilog. de chaux vive et 160 grammes de sel ammoniacal. Alors on remue de temps en temps avec un bâton ayant un crochet de fer, et on remplit le bassin, s'il ne l'est pas, avec des balayures, des immondices de la maison et des eaux de cuisine. Puis on abandonne le tout en macération le plus longtemps possible.

La fermentation qui s'établit ensuite dans le bassin produit un liquide très-chargé de matières organiques et salines, et auquel Jauffret a donné les noms de *levain d'engrais* ou *eau saturée*.

La confection du levain exige de 20 à 30 jours.

Préparation des plantes adventices. — Lorsque les substances que l'on veut convertir en fumier sont très-ligneuses, très-longues, très-volumineuses, on les divise à la main au moyen d'une hache. Les branches, les forts pieds de genêts, d'ajoncs, qui ont été coupés, hachés en deux ou trois parties, suivant le diamètre de la cuve dans laquelle ils doivent être plongés, se convertissent toujours plus aisément et plus promptement en engrais. Cette opération, il est vrai, est coûteuse, mais on ne saurait se dispenser de la pratiquer, si l'on devait forcément faire entrer des végétaux d'un grand volume dans la meule qui doit être construite.

Jauffret avait inventé une machine à couper, triturer les végétaux ligneux, et, au moyen de deux hommes et d'un cheval, il pouvait confectionner chaque jour jusqu'à 9000 kilog. d'engrais; mais le prix élevé de cette machine l'a exclue pour toujours des fermes des localités pauvres. On peut faire broyer les végétaux très-ligneux : le genêt, l'ajonc marin, etc., en les plaçant, plusieurs semaines avant le moment où ils doivent être employés, sur la cour de l'exploitation, sur les chemins où circulent sans cesse des voitures et des animaux.

Confection de l'engrais. — Lorsque les végétaux qu'on veut convertir en engrais ont été coupés, broyés, écrasés, on remue fortement l'*eau saturée* ou le *levain*, jusqu'à ce qu'elle soit bien épaisse, et on en verse une partie dans un grand tonneau ou un large baquet dans lequel on a mis la chaux, la suie, les cendres, les matières fécales, le sel, le salpêtre. Le plâtre en poudre doit être jeté peu à peu et en agitant le liquide pour éviter qu'il ne se solidifie. Quand le tout a été bien mélangé avec un crochet de fer, on achève d'introduire dans le bassin la quantité d'eau saturée nécessaire pour qu'il y ait assez de liquide propre à l'humectation des végétaux qui doivent être convertis en engrais.

Dès que la lessive est prête, on jette une partie des bruyères, des genêts, etc., dans le cuvier dans lequel on a versé de la lessive aussi boueuse que possible. Quand les végétaux ont été bien foulés, lorsqu'ils sont bien imprégnés de lessive, on les retire et on en forme une couche sur la plate-forme située près du réservoir. On recommence la même opération avec de nouveaux végétaux, et on continue à mettre en tas, en pressant chaque couche, afin que l'air pénètre le moins possible dans la meule. On a soin d'arroser chaque lit de végétaux et de presser les bords. La hauteur de la meule ne doit pas dépasser 2 à 2^{m},50.

Au fur et à mesure que l'on emploie la lessive, on la remplace dans le cuvier par une égale quantité d'eau saturée, puis on jette de l'eau dans les barriques qui contenaient ce levain, afin qu'en cas de besoin on évite d'employer de l'eau pure.

Dès qu'on a terminé la meule, on sort du cuvier toutes les matières boueuses restées au fond, et on les répand sur la surface du tas, d'une manière à peu près égale. Alors on arrose la masse avec le liquide qui a coulé dans le tonneau placé au bas de la meule; puis on couvre celle-ci soit avec de la paille, soit avec des planches, soit avec des herbes ou des gazons. En même temps, avec une pelle en fer, on bat tout son pourtour pour que l'air y ait difficilement accès.

Au bout de 48 heures, une fermentation de 15 à 20 degrés se déclare, et le surlendemain elle s'élève ordinairement à 30 ou 40 degrés. Dès le cinquième jour une forte odeur de fumier se dégage ; alors si l'écoulement du purin a pour ainsi dire cessé, on pratique un premier arrosement. Pour cela on enlève la couverture de la meule, on retourne sa surface avec un crochet, et on arrose toute la masse avec le liquide écoulé ou avec de l'eau saturée. Ce travail terminé, on replace la couverture.

Le *septième jour* environ, la meule fume beaucoup. On procède alors à un deuxième arrosement, qui doit s'opérer d'une manière différente. On monte sur le tas, et avec une barre de fer, on fait des trous de 0^m,50 à 0^m,75 environ de profondeur. C'est dans ces ouvertures qu'on verse la lessive ; quand l'arrosage est terminé, on ferme les trous et l'on recouvre de nouveau la meule avec soin.

Le *neuvième jour*, on arrose une troisième fois, en faisant de nouveaux trous plus profonds que les premiers, et autant que possible dans d'autres endroits. Après l'arrosage on foule le tas en marchant sur sa surface et on replace la couverture.

Enfin, *du douzième au quinzième jour*, selon la température, le fumier est prêt à être conduit sur des terres fortes, argileuses et froides. S'il s'agissait de l'appliquer sur des prairies, on le laisserait se consommer pendant un mois entier.

Si la meule avait été formée uniquement de matières ligneuses, on laissera la température s'élever jusqu'à 75 degrés.

La fermentation peut être arrêtée par un fort arrosement. Avec le dernier arrosement, la fermentation descend à 60 degrés et même à 50 degrés ; puis elle se calme peu à peu, et le fumier peut rester ainsi quelque temps avant d'être employé.

Pendant tout le travail, on doit veiller à ce qu'il ne se perde pas de liquide. A mesure qu'on vide le *bassin*, on doit y verser de l'eau et y jeter de nouvelles plantes, un peu de terre et de chaux, pour que l'eau ait l'apparence d'un liquide limoneux.

Modifications qu'on a fait subir à cette méthode. — Les dépenses auxquelles s'élève l'engrais fabriqué par la méthode Jauffret, et qui ne sont pas moindres de 30 francs pour la quantité de matière fertilisante qu'on peut obtenir au moyen de la formule que j'ai mentionnée précédemment, ont engagé les agriculteurs qui ont expérimenté ce procédé, à le modifier, soit dans la nature et la quantité des substances destinées à être converties en engrais, soit dans le choix des matières qui doivent servir à confectionner la lessive, soit aussi dans le mode de confection à suivre.

De toutes les modifications, celle proposée par de Chambray m'a paru la plus digne de fixer l'attention des agriculteurs qui veulent convertir des plantes adventices en engrais. La lessive qu'il a employée avec succès était composée de :

75 litres de matières fécales;
75 litres de chaux;
75 litres de colombine;
75 litres de cendres.

Cette lessive lui permettait de convertir en engrais 600 kilog. de bruyères, de genêt, d'ajonc marin, de ronces, etc., et 300 kilog. de pailles, auxquelles il ajoutait une certaine quantité de terre.

M. Donker a aussi apporté des modifications au procédé Jauffret. Voici comment il procédait à Coëtbo à la confection de ses fumiers. On sortait le fumier des étables tous les deux jours, et on le mêlait sur les tas avec des bruyères et des ajoncs. Lorsque la couche avait une hauteur de $0^{m},66$, on l'arrosait avec une lessive préparée avec les principales substances indiquées par Jauffret; on continuait cet arrosement à quelques jours de distance, et on le cessait quand la masse en était très-bien imprégnée. Au bout de quelques jours, le thermomètre, placé à $0^{m},33$ de profondeur, s'élevait à 60 et 80 degrés. Le fumier ainsi obtenu était excellent et beaucoup mieux fait que lorsqu'on se contentait d'ajouter aux fumiers des tiges de bruyères et d'ajoncs.

Conditions de réussite. — Toutes choses égales d'ailleurs, le procédé Jauffret, ou les méthodes analogues proposées, nécessitent une très-grande quantité d'eau. Il faut donc que le lieu où doivent être faites les manipulations soit peu éloigné d'un puits, d'une mare ou d'un ruisseau. C'est en choisissant des endroits où l'eau est abondante et à proximité des travailleurs qu'on arrive à diminuer sensiblement les dépenses. En outre, il ne faut pas oublier de faire tasser la meule tous les deux ou trois jours.

Le procédé Jauffret n'est guère pratiqué que depuis le printemps jusqu'en automne. Durant l'hiver, la température n'est pas assez élevée pour qu'on puisse espérer voir naître dans la meule une fermentation prompte et régulière. *Lorsqu'on opère pendant les grandes chaleurs, il faut avoir le soin de répéter les arrosements aussi souvent que cela est nécessaire.* Si la masse se sèche, si l'humidité n'est pas suffisamment abondante, la fermentation s'établit irrégulièrement, et les matières ligneuses se décomposent avec beaucoup de lenteur. C'est en suivant ces principes que Jauffret et autres sont arrivés à obtenir, au moyen de sa méthode, de véritables succès, d'excellents engrais.

CHAPITRE VI.

Composts.

Définition. — Matières qui les composent. — Formules. — Préparation. — Durée de l'opération. — Emplacement où il faut les établir. — Mode d'emploi.

Définition. — On donne le nom de *composts* à des mélanges de matières végétales, de parties animales et de substances terreuses, que l'on abandonne à eux-mêmes jusqu'à ce qu'ils se soient transformés en une sorte de terreau. Ces engrais rendent chaque année de très-grands services lorsqu'ils ont été bien confectionnés, en ce sens qu'ils permettent d'utiliser des matières qui n'ont aucune valeur, ou qui ne pourraient être employées seules comme matières fertilisantes.

Matières qui les composent. — Les substances qu'on peut faire entrer dans les composts sont très-nombreuses. Ainsi on emploie les herbes vertes, les fruits gâtés, les déchets de cuisine, les déchets de granges et de greniers, les gazons, les feuilles d'arbres, le tan, la tourbe, etc.; la matière fécale, les mauvaises plumes de volailles, les chiffons, les rognures de peaux, les déchets de cornes, les débris animaux, les poils, les crins, etc. Toutes ces matières sont généralement alliées à des boues de routes et de cours, des curures de fossés, des vases, des cendres, de la suie, de la marne, de la chaux, du plâtre, des terres végétales, du poussier de charbon, des plâtras, des décombres.

Le plus ordinairement, on arrose toutes ces substances

avec des urines d'animaux, des urines humaines, du purin, des eaux grasses, des eaux de savon, des eaux de lessive, des rinçures de tonneaux, etc.

Formules. — On ne peut indiquer aucune règle relative à la quantité des matières qui entrent dans la formation des composts. Les doses varient toujours suivant l'abondance des substances qui doivent les composer. Voici huit formules comme exemples de la variation infinie des proportions qu'on peut adopter :

1°	50 p. 100	fumier.
	25 —	chaux vive.
	25 —	terre.
2°	50 p. 100	curures de fossés.
	50 —	suie.
	25 —	fumier.
3°	40 p. 100	vase d'étangs.
	25 —	plantes indigènes.
	25 —	chaux vive.
	10 —	déchets de granges.
4°	60 p. 100	fumier.
	20 —	boues de routes.
	12 —	marne calcaire.
	8 —	cendre de tourbe.
5°	40 p. 100	fumier.
	40 —	boues de routes.
	20 —	matières fécales.
6°	50 p. 100	tan.
	20 —	chaux vive.
	30 —	vase d'étangs.
7°	30 p. 100	vase.
	20 —	gazons.
	20 —	chaux vive.
	30 —	fumier.
8°	50 p. 100	limon de rivière.
	20 —	feuilles d'arbres.
	10 —	chaux vive.
	10 —	gazons.

On doit toujours mêler aux matières acides des substances alcalines, afin que leurs parties se décomposent plus aisément et qu'elles perdent leur acidité.

Préparation. — La confection des composts constitue une opération très-simple. Il faut, autant que possible, employer les matières qu'on veut utiliser en les alliant les unes aux autres par couches alternatives. Ainsi, si le compost doit être formé de terre, de feuilles et de chaux ou de marne, on placera sur le sol où doit être confectionné le mélange, un lit de terre sur lequel on répandra des feuilles. C'est sur cette seconde couche que la chaux ou la marne devra être éparpillée. Lorsque l'une de ces deux substances aura été appliquée, on la recouvrira d'un second lit de terre, sur lequel on appliquera un deuxième lit de feuilles, et ainsi de suite jusqu'à ce que le tas ait atteint une hauteur de 1^{m},50 à 2 mètres.

Un compost doit être mélangé et remanié plusieurs fois pendant le temps de sa confection. On doit aussi de temps à autre, quand le besoin s'en fait sentir, l'arroser avec les liquides qu'on peut utiliser.

L'eau ammoniacale des usines à gaz, les *eaux de savon* et les *eaux grasses* provenant du désuintement des laines augmentent, d'une manière notable, la valeur fertilisante des composts.

Durée de l'opération. — En général, un compost n'est *fait* qu'au bout de trois à six mois, et souvent même une année, à moins qu'il ne renferme des substances végétales ou animales d'une décomposition très-prompte. Les composts de feuilles et de terre, de tan et de chaux, ne doivent être employés qu'une année après leur confection.

Emplacement où il faut les établir. — Quand on a fait entrer dans ces mélanges des matières putrescibles, c'est-à-dire capables de développer, en se décomposant, des odeurs infectes, ou lorsqu'on les arrose avec des urines, des vidanges ou des eaux fétides, il faut avoir le soin de les établir sur des endroits éloignés des habitations.

Mode d'emploi. — Les composts bien faits doivent être réservés pour les prairies naturelles ou les prairies artificielles. On peut aussi les faire servir à la fertilisation des terres que l'on consacre à la culture du lin, du chanvre, du pavot, du tabac et des légumes.

Il faut, lorsque ces mélanges renferment des pierres ou des cailloux, les tamiser à la claie avant de les appliquer, à moins qu'on ne les conduise sur des terres arables. Répandus dans l'état où ils se trouvent, après leur confection, sur des gazons ou des prairies naturelles, ils s'opposeraient, par les pierres qu'ils contiennent, à ce que la faux, à l'époque de la fenaison, puisse couper rez terre toutes les plantes.

On évite ce tamisage, toujours coûteux, en ne faisant entrer dans la confection des composts que des terres exemptes pour ainsi dire de pierres ou passées préalablement à la claie.

Un compost bien fait, formé de parties végétales et animales et de sels alcalins, et arrosé avec du purin ou des urines, est un excellent engrais, et son énergie est quelquefois surprenante.

Quantité qu'il faut employer. — Il est impossible d'indiquer le nombre de mètres cubes de compost qu'il faut appliquer par hectare. Cette quantité varie selon la richesse du mélange, suivant qu'il contient plus ou moins de matières organiques et inorganiques utiles aux plantes.

Nonobstant, les composts dans lesquels il est entré beaucoup de parties végétales ou animales doivent être regardés comme analogues aux boues de ville, quant à leur action fertilisante.

LIVRE VI.

ENGRAIS LIQUIDES.

CHAPITRE I.

LIQUIDES D'ORIGINE ANIMALE.

—

SECTION I.

Urines et purin.

Variétés. — Composition. — Quantité d'urine produite. — Mode d'emploi. — Moyens employés pour arrêter la fermentation. — Plantes sur lesquelles on les emploie. — Urines employées dans la confection des composts.

L'urine est un liquide sécrété par les reins. On l'emploie comme engrais, soit fraîche, soit après l'avoir laissée fermenter.

On donne le nom de *purin* aux urines des animaux qui ont fermenté dans des fosses et au liquide qui s'écoule des tas de fumiers.

Variétés. — A. *Urine humaine.* — Cette urine a une odeur aromatique particulière qui disparaît par le refroidissement; sa couleur varie du jaune clair au jaune brun. Quand elle est produite elle est acide; mais au bout de quelques jours elle devient plus pâle, acquiert une odeur désagréable et ammoniacale. C'est alors qu'elle devient trouble et que se dépose le phosphate ammoniaco-magnésique. Peu à peu d'autres sels se déposent en cristaux et l'urine devient brune et fétide.

B. *Urine chevaline.* — Cette urine se distingue par sa couleur rougeâtre et une odeur qui lui est particulière. Elle a une réaction alcaline.

C. *Urine bovine.* — L'urine des bêtes bovines est assez limpide; sa couleur est jaunâtre, assez intense.

D. *Urine porcine.* — Cette urine est très-limpide, mais son odeur est pénétrante et désagréable.

Composition — Ces divers liquides diffèrent entre eux par leur composition.

Voici les résultats que l'on a constatés par l'analyse :

2° *Urine du cheval.*

	Boussingault.	Bibra.
Matières organiques	4.831	4.716
Matières minérales	4,093	4,000
Eau	91,076	91,284
	100.000	100.000

Cette urine ne contient pas de phosphates, mais elle est riche en sels de potasse.

3° *Urine du bœuf.*

	Girardin.	Bibra.
Matières organiques	5,548	5,207
Matières minérales	2.696	3,592
Eau	91,756	91,201
	100,000	100,000

	Boussingault.	Bibra.	Girardin.
Matières organiques	4,590	5,207	5,548
Matières minérales	3,280	3,592	2,696
Eau	92,130	91,201	91,756
	100,000	100,000	100,000

Cette urine contient aussi des sels de potasse.

1° *Urine humaine.*

	Berzélius.	Lehmann.
Matières organiques	3.140	3,480
Matières minérales	3,560	2,892
Eau	93,300	93,628
	100,000	100.000

Cette urine contient plus de 3 pour 100 d'urée et près de 2 de phosphate de soude d'ammoniaque.

4° *Urine du porc.*

	Bibra.	Girardin.
Matières organiques	0,807	0,524
Matières minérales	1,097	1,596
Eau	98,096	97,880
	100,000	100,000

Cette urine ne contient pas d'acide hippurique.

En général, les urines renferment des sels ammoniacaux, de l'urée et des sels de potasse et de soude. Voici comment se classent ces liquides, d'après les plus grandes richesses en :

Matières organiques.	Matières salines.	Eau.
Urine du bœuf.	Urine du cheval.	Urine du porc.
— du mouton.	— du bœuf.	— de l'homme.
— de l'homme.	— du mouton.	— du mouton.
— du cheval.	— de l'homme.	— du bœuf.
— du porc.	— du porc.	— du cheval.

Voici, d'après MM. Boussingault et Payen, la quantité d'azote que contiennent les urines à l'état normal :

Urine du cheval	1,83 pour 100.
— de l'homme	1,45 —
— de la vache	1,08 —
— des pissoirs	0,72 —
— de porcs	0,23 —

L'ammoniaque ne se trouve qu'en très-minime proportion dans l'urine fraîche des herbivores.

Cette substance est aussi plus ou moins abondante dans l'urine humaine, selon l'âge des individus. M. Boussingault a constaté les faits suivants :

Urine produite par un enfant de 8 ans	0,028 pour 100.
— par un homme de 20 ans	0,114 —
— par un homme de 46 ans	0,140 —

La quantité d'urée et de matières minérales dissoutes dans

l'urine varie selon les individus. Ainsi elle est moindre chez les femmes, encore moindre chez les vieillards, et plus faible encore chez les enfants d'un âge peu avancé.

Quantité d'urine produite. — A. *Urine humaine.* — La quantité d'urine qu'un homme évacue dans les vingt-quatre heures varie selon diverses causes. En général, la sécrétion urinaire augmente en été et elle diminue en hiver; en outre, elle est moindre dans les contrées chaudes que dans les localités froides.

Voici les quantités moyennes qu'un homme rend en vingt-quatre heures.

Barral	1kil,272
Becquerel	1 ,228
Lecanu	1 ,268
Valentin	1 ,199
Rayer	1 ,156
Lehmann	1 ,052
Moyenne	1kil,196

Ce résultat moyen donne une production annuelle de 436 kil. d'urine. Cette quantité concorde avec la moyenne des chiffres résultant d'observations faites par Sauvage dans le midi de la France, Robinson et Kiel en Écosse, et Gorter en Hollande. D'après W. Johnston, en Angleterre, chaque individu produit environ 450 kilog. d'urine par an.

2. *Urine chevaline.* — Un cheval donne en 24 heures, suivant :

MM. Boussingault	4kil,323
Valentin	5 ,000
Moyenne	4kil,662

Soit par an 1700 kilog. ou environ 17 hectolitres.

B. *Urine bovine.* — Une vache produit, d'après

MM. Boussingault	12kil,013
W. Johnston	10 ,920
Moyenne	11kil,466

Soit par an 7183 kilog. ou près de 42 hectolitres. Morton porte cette production à 6000 kilog.

Poids de l'hectolitre. — Un hectolitre d'urine pèse de 100 à 102 kilog.

Mode d'emploi. — On emploie les urines et le purin de deux manières :

1° On les conduit sur les terres arables ou les prairies au moyen de tonneaux semblables à ceux dont on se sert pour répandre l'*engrais flamand*.

2° On les dirige par la gravitation seule au moyen de rigoles ouvertes et superficielles semblables à celles qui servent à arroser les prairies dans la méthode dite *irrigation par reprise d'eau*. Ainsi, après avoir creusé des rigoles, suivant la plus grande pente, on en ouvre d'autres qui sont presque de niveau. Alors, l'engrais liquide se répand en nappe régulière sur le gazon. Quelquefois, on se borne à creuser des rigoles parallèles à la pente, comme cela a lieu dans la méthode dite *irrigation ordinaire*.

Les urines des animaux que l'on recueille dans des fosses situées près des étables et des écuries ne sont pas employées fraîches ; il en est ainsi des urines produites par l'homme et que l'on recueille dans les villes. Ces liquides doivent éprouver, avant leur emploi, un commencement de décomposition.

Pour atteindre ce but, on les laisse fermenter ou putréfier dans les fosses qui les ont reçues, pendant quelques mois, afin qu'elles perdent leur action corrosive et qu'elles ne brûlent plus les plantes. Toutefois, comme par suite de la putréfaction toute l'urée se transforme en carbonate d'ammoniaque, sel qui est très-volatil, on a reconnu depuis longtemps que l'urine fraîche avait sur les plantes des effets beaucoup plus apparents que celle qui s'était putréfiée peu à peu dans les réservoirs ; c'est pourquoi beaucoup de cultivateurs la mêlent à trois ou quatre fois son volume d'eau, et l'emploient immédiatement pour arroser les prairies ou les terres arables. Mais quelque favorable que soit ce mode d'emploi, on ne doit pas l'adopter quand on peut disposer, chaque semaine, d'une forte quantité d'urines, parce qu'il exige beaucoup d'eau et nécessite l'entretien d'un matériel plus considérable et d'un plus grand nombre d'animaux de travail. Du reste, l'addition d'une forte quantité d'eau augmente considérablement les frais d'application et le prix de revient de cet engrais liquide.

Parent-Duchâtelet a constaté que 50 litres d'eau rendent peu odorante un litre d'urine, et que 250 à 300 litres lui enlèvent complétement son arome.

Moyens employés pour empêcher la fermentation. — On prévient la fermentation ou la putréfaction des urines en y mêlant des sels ou des acides.

Les sels qu'on peut employer sont au nombre de trois :

1° Le *sulfate de fer* qu'on emploie à la dose de 6 à 7 kilog. pour 100 litres d'urine ;

2° Le *sulfate de soude* qu'il faut mêler dans la proportion de 5 à 6 kilog. pour 100 ;

3° Le *sulfate de chaux* qu'on emploie à la dose de 6 à 8 kilog.

Sous l'action de ces sels le carbonate d'ammoniaque se transforme en sulfate d'ammoniaque, sel fixe dont les effets sur les plantes sont moins passagers ; et le sulfate de fer, le sulfate de soude ou le sulfate de chaux se convertissent en carbonate de fer, de soude et de chaux.

Cette double décomposition est utile, en ce que l'urine ne pouvant plus se putréfier conserve ses propriétés fertilisantes.

On peut remplacer ces sels par 1 ou 2 kilog. d'acide sulfurique ou d'acide chlorhydrique. Le premier de ces acides transforme le carbonate d'ammoniaque en sulfate, et le second en chlorhydrate, sel peu volatil.

M. H. Bayard a proposé de remplacer ces sels et ces acides par le goudron de houille. Un kilogramme de ce goudron suffirait pour préserver 100 litres d'urine de la fermentation ammoniacale. Ce goudron se vend, comme le sulfate de fer, à raison de 8 à 10 fr. les 100 kilog.

Ces moyens de désinfection doivent fixer l'attention des cultivateurs qui peuvent acheter dans les villes des urines humaines. Ces procédés économiques ont l'avantage de prévenir la volatilisation de l'ammoniaque et le développement d'odeurs nauséabondes, d'émanations insalubres.

On a prouvé que la volatilisation de 60 kilog. d'urine prive l'agriculture d'un kilog. d'ammoniaque.

Plantes sur lesquelles on les emploie. — Les urines fermentées et celles auxquelles on a ajouté des sels ou des acides, sont ordinairement conduites sur les prairies naturelles ou artificielles, et les céréales en végétation. Il n'en est pas de même de celles nouvellement produites. On doit les conduire sur les terres labourées ou sur les prairies, si celles-ci sont couvertes de neige, ou si elles ont été détrempées par des pluies abondantes. Appliquées par des temps secs sur des gazons ou des plantes en végétation, elles nuiraient à leur existence.

Urines employées dans la confection des composts. — Lorsque la quantité d'urine d'homme et d'animaux dont on peut disposer, n'est pas assez forte pour qu'on puisse se procurer le matériel nécessaire pour effectuer son transport sur les terres ou sur les prairies, il faut la faire absorber par des plantes sèches, de la tourbe ou des déchets de grange. On peut aussi l'employer pour arroser des substances terreuses, telles que marnes, curures de fossés, boues de ville. Quand ces substances sont saturées d'urine, on les conduit sur des prairies naturelles ou artificielles de longue durée. On peut encore faire servir les urines à l'arrosement de composts de terre, de chaux, de feuilles, etc.

Valeur commerciale du purin. — Le purin de vacherie se vend en Flandre de 0 fr. 50 cent. à 1 fr. l'hectolitre.

BIBLIOGRAPHIE.

Schwerz. — Préceptes d'agriculture pratique, 1839, in-8, p. 191.
Boussingault. — Économie rurale, 1851, in-8, t. I, p. 793.

SECTION II.

Lizier ou Lizée.

Suisse. — Gülle. *Allemand.* — Mist-Waser.

Historique. — Nature. — Fabrication. — Application. — Quantité qu'on peut fabriquer. — Quantité qu'on emploie. — Plantes sur lesquelles on l'emploie. — Action fertilisante. — Bibliographie.

Historique. — On emploie en Suisse un engrais liquide fabriqué avec de l'urine, des déjections et de l'eau. Cet engrais est principalement en usage dans les cantons de Zurich, d'Argovie et de Berne. Il est aussi employé dans divers États de l'Allemagne, en Belgique, dans le Tyrol, ainsi que dans la Toscane.

Cet engrais a été imaginé, il y a plus d'un siècle, par un simple cultivateur dont le nom est resté inconnu. C'est certainement le manque de litière, l'étendue considérable des prairies, l'élevage des bêtes bovines, qui ont conduit les habitants de la Suisse à adopter ce moyen de fertilisation, qui est devenu, d'après Tschiffeli, la source de la prospérité et de l'aisance des habitants des environs du lac de Zurich.

Nature. — Le lizier bien préparé est un liquide muqueux, d'une consistance huileuse, d'une couleur brune verdâtre, sans odeur désagréable, et rarement mousseux.

Il contient 78 pour 100 d'eau et 0,55 d'azote.

Fabrication. — La préparation du lizier exige que les étables présentent une disposition intérieure particulière, et qu'elles soient garnies extérieurement de plusieurs fosses.

A. *Disposition des étables.* — L'aire des étables présente une pente de 0^{m},10 à 0^{m},12 ; sa largeur est en rapport avec la longueur des animaux, de manière que leurs excréments tombent dans une rigole qui règne dans toute la longueur du bâtiment. Cette rigole est située derrière la plate-forme sur laquelle reposent les animaux ; elle est en bois, de 0^{m},20 à 0^{m},30 de profondeur sur 0^{m},30 à 0^{m},40 de largeur, et possède deux éclusettes à coulisse à ses extrémités. Ces ouvertures permettent de vider le canal dans une des fosses, et d'y faire arriver de l'eau d'un réservoir situé à proximité de l'étable.

B. *Fosses* ou *caisses.* — Les caisses à lizier sont faites en maçonnerie bien recrépie, et l'on en assied la base sur une terre argileuse parfaitement battue ou bétonnée, afin qu'elle soit bien étanche. Il est utile que ces fosses soient couvertes ; cette disposition rend la fermentation plus régulière et moins active.

On établit ordinairement cinq à six fosses ou réservoirs, afin que le liquide reste tranquille pendant la fermentation, qui dure ordinairement quatre à six semaines ; on doit donc calculer leur grandeur d'après le nombre des animaux, de manière que chacune d'elles se remplisse en une semaine.

Les grands réservoirs ne valent pas les petits, parce que la fermentation s'y établit trop promptement.

C. *Manipulation.* — Chaque matin, lorsque le vacher entre dans l'étable, il y trouve la rigole remplie par l'eau qu'il y a fait couler la veille, et les excréments que les animaux ont évacués pendant la nuit. Alors il mêle soigneusement les déjections avec l'eau, écrase les parties les plus compactes de manière à obtenir un liquide égal et coulant ; c'est de la perfection de cette opération que dépend, en grande partie, la bonté du lizier, qui ne doit être ni trop clair, parce qu'il fermenterait plus difficilement, ni trop épais, parce qu'il ne serait pas assez fertilisant.

Quand les parties ont été bien délayées, lorsque le mélange est fait, le vacher ouvre l'éclusette, fait écouler le liquide dans la caisse de service, et remplit cette rigole à moitié d'eau.

Dans le courant de la journée, lorsqu'il vient à l'étable, il jette dans la rigole les excréments qui se trouvent sous les animaux, et la vide toutes les fois qu'il trouve que le mélange qu'elle contient est suffisamment épais.

Lorsque la fosse dans laquelle a lieu l'écoulement journalier de l'eau et des déjections est remplie aux trois quarts, on dirige le mélange dans la seconde, ensuite dans la troisième, puis la quatrième, etc.

La meilleure proportion du mélange à faire dans la rigole est, si l'on entretient le bétail, trois quarts d'eau et un quart d'excréments; si on l'engraisse, il faut quatre cinquièmes d'eau et un cinquième de déjections.

Le lizier qui a fermenté pendant un mois dans une caisse se sépare en 3 parties :

1° Les parties solides se précipitent au fond sous forme de sédiment.

2° La matière liquide recouvre ce dépôt; c'est le lizier proprement dit.

3° Il se forme à la surface du liquide une croûte spongieuse dont l'épaisseur varie entre 0m,30 et 0m,50.

Après l'enlèvement de la partie liquide, la croûte tombe au fond de la caisse et se mêle au sédiment. Ordinairement on mêle ce dépôt à de la paille à demi décomposée. Ce mélange constitue un excellent fumier.

Depuis quelques années, dans plusieurs exploitations, on verse dans les réservoirs de l'acide sulfurique dans le but de transformer le carbonate d'ammoniaque en sulfate et prévenir par là la perte de l'ammoniaque.

Application du lizier. — La vidange des fosses se fait à l'aide d'une pompe portative. On transporte cet engrais au moyen de tonneaux à purin, ou de caisses ayant 4 mètres de long sur $0^{m},80$ de hauteur et de largeur, et posées sur des chariots. Ces caisses versent le lizier en nappe.

Lorsque le lizier est conduit sur des terres labourées, on remue le marc qui s'est déposé au fond de la caisse, afin qu'il soit bien mêlé au liquide et augmente l'action de l'engrais.

Toutefois, il faut éviter de mêler le dépôt au liquide quand ce dernier doit être appliqué sur des plantes en végétation. Schwerz a constaté qu'il se formait sur les endroits où le lizier arrive épais, une croûte qui attache les jeunes plantes à la terre et les empêche de s'élever; en outre, il a observé que plus tard il se formait sur les plantes déjà développées une sorte de tissu blanchâtre, composé de fibres incomplétement décomposées, et que les pluies ne peuvent enlever entièrement.

Lorsqu'on l'emploie pour fumer les vignes, qui, presque partout en Suisse existe sur des pentes rapides, on le transporte à dos au moyen d'une hotte doublée en cuir et munie d'un robinet (voir fig. 38, p. 591). Alors, un second ouvrier creuse la terre à la base de chaque cep, et comble ce trou lorsque le lizier a été appliqué.

Quantité qu'on peut fabriquer. — Tschiffeli a observé qu'une vache entretenue toute l'année à l'étable, permet de fabriquer 100 litres de lizier par jour, soit 365 hectolitres par an.

Quantité qu'on emploie. — Suivant le même observateur, 263 hectolitres de lizier suffisent pour fertiliser un hectare de terre labourable. La même superficie en prairie naturelle en exige 525 hectolitres. M. Sacc porte cette dernière quantité à 800 hectolitres.

Plantes sur lesquelles on l'applique. — On répand le lizier sur les terres arables, sur les céréales en végétation ou sur les prairies naturelles ou artificielles. Toutefois, ainsi que je l'ai dit précédemment, on ne doit jamais appliquer cet engrais quand les plantes sont déjà élevées. Ordinairement c'est pendant l'hiver, ou en été, cinq à six jours après la fauchaison, c'est-à-dire lorsque la cicatrisation des plantes coupées a eu lieu, qu'on le répand sur les prairies.

Action fertilisante. — Cet engrais a une énergie fertilisante telle, lorsqu'il a été bien fabriqué, qu'on peut chaque année faucher quatre à cinq fois les prairies naturelles sur lesquelles on l'a appliqué.

BIBLIOGRAPHIE.

Tschiffeli. — Lettres sur la nourriture des bestiaux, 1817, in-8, p. 48
Grognier. — Gadoue artificielle, 1820, in-8, p. 43.
De Candolle. — Bulletin des sciences agricoles, 1830, p. 193.
Schwerz. — Préceptes d'agriculture pratique, 1839, in-8, p. 121.
Barre. — Le Cultivateur, 1842, in-8, t. XVIII, p. 121.

SECTION III.

Engrais flamand ou courte-graisse.

Définition. — Nature. — Citernes. — Préparation. — Application. — Opérations qui suivent l'emploi. — Conditions de réussite. — Quantité qu'il faut appliquer. — Cultures pour lesquelles on l'emploie. — Action fertilisante. — Prix de revient. — Bibliographie.

Définition. — En Flandre, en Belgique et en Alsace on donne le nom de *courte-graisse*, *engrais flamand* ou *gadoue* à un mélange fermenté d'urines, d'eau et de matières fécales. Ce liquide sert pour arroser les terres labourées ou les plantes en végétation.

On ignore l'époque à laquelle cet engrais a été appliqué pour la première fois. Il est probable que son emploi remonte à plus de deux siècles. Les ouvrages publiés sur l'agriculture flamande, vers le milieu du dix-huitième siècle, le signalent comme un engrais très-connu et très-apprécié des cultivateurs flamands.

La ville de Lille fournit annuellement à l'agriculture flamande 1 116 456 hectolitres de vidanges.

Nature. — La courte-graisse bien préparée a une couleur jaune verdâtre et une saveur salée et piquante ; elle est visqueuse, et l'odeur qu'elle développe rappelle celle d'une dissolution très-étendue d'hydrosulfate d'ammoniaque.

D'après MM. Boussingault et Payen, cet engrais liquide contient 80 pour 100 d'eau et 0,20 pour 100 d'azote.

Suivant M. Corenwinder l'engrais flamand à l'état normal a une densité de 1032 à 1035. Ce dernier chiffre correspond à 5 degrés environ de l'aréomètre Baumé. L'engrais provenant des citernes ne marque que de 1 à 3 degrés.

M. Girardin a constaté que cet engrais liquide contenait les matières suivantes :

Engrais pur.		*Engrais additionné d'eau.*	
Matières organiques......	26.59	Matières organiques.....	0.514
Ammoniaque............	7.63	Ammoniaque..........	2,090
Potasse................	2,14	Potasse...............	0.159
Acide phosphorique.....	3,43	Acide phosphorique	0,271
Chaux, magnésie, etc....	5.77	Chaux, magnésie, etc...	7.487
Silice et oxyde de fer....	5.07	Silice et oxyde de fer....	0.027
Eau...................	980.37	Eau..................	996,450
	1031.00		1007,000
Azote dans un litre......	9gr.163	Azote dans un litre......	1gr,848
Densité...............	1031	Densité...............	1007

Citernes.— La plupart des fermes de la Flandre possèdent des citernes ou réservoirs situés aussi près que possible des chemins, des champs ou des bâtiments de l'exploitation. Ces fosses sont en maçonnerie; la partie voûtée est en briques; le sol est garni de pavés en grès reliés avec un mortier de chaux et de sable.

Quelques citernes sont partagées en deux compartiments juxtaposés par une cloison de briques.

Les fosses simplement creusées dans un sol argileux et recouvertes de planches ne sont pas très-nombreuses.

Ces *caves* (fig. 32) ont, en moyenne, les dimensions suivantes :

Largeur 4m,50 ; longueur 5 mètres ; hauteur du pied droit 0m,90 ; hauteur sous-clef 2m,10 ; capacité 28 à 32 mètres. Les plus grandes contiennent de 100 à 200 mètres cubes.

Lorsqu'elles sont voûtées, disposition qui est la plus adoptée, elles présentent deux ouvertures, l'une vers le milieu de la voûte, l'autre pratiquée dans la partie latérale située au nord ; la première ouverture, que l'on ferme au moyen d'un volet muni d'un cadenas, sert à introduire les matières fécales et à les extraire; la seconde est destinée à donner accès à l'air jugé nécessaire à la fermentation.

Elles reçoivent naturellement les urines des étables.

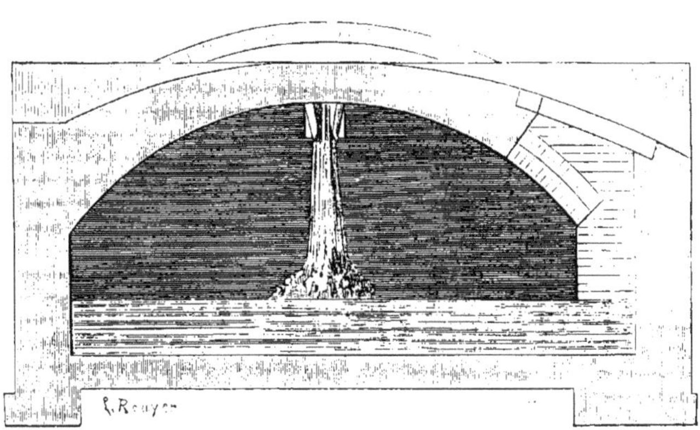

Fig. 32. Cave à engrais flamand.

Préparation. — Lorsqu'il arrive à la ferme des vidanges ou des urines, on vide les tonneaux qui reposent sur les *beignots*, chariots particuliers à la Flandre (fig 33), dans le

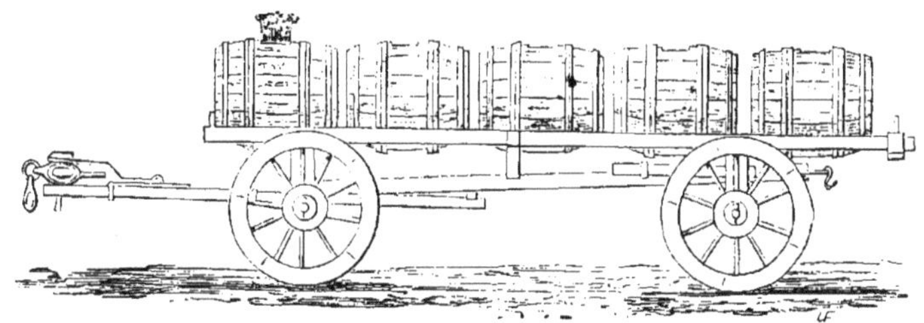

Fig. 33. Chariot flamand servant au transport des engrais liquides.

réservoir citerné, et on laisse les matières fermenter pendant quelques mois avant de les employer. Par la fermentation, l'engrais devient plutôt visqueux que liquide.

Les tonneaux flamands contiennent 100 à 125 litres.

Si les vidanges sont trop liquides, on jette dans le réservoir des tourteaux de colza, de cameline ou de pavot-œillette réduits en petits fragments, ou en poudre, etc., et on brasse le mélange de temps à autre à l'aide de longues perches. Lorsque le liquide est trop épais, on lui ajoute des urines d'animaux, des eaux grasses, des issues de lessive ou de l'eau.

On puise l'engrais flamand dans les citernes avec des seaux en cuivre ou en bois (voir fig. 37) mis en mouvement à l'aide d'un levier à bascule ou d'une poulie.

Les fosses ne sont jamais entièrement vidées; on les remplit au fur et à mesure qu'on emploie l'engrais qu'elles renferment.

L'engrais flamand séjourne dans les citernes trois ou quatre mois; mais lorsqu'il est fabriqué il peut y rester plusieurs années sans perdre de ses propriétés.

Application. — L'engrais flamand qui a fermenté ou *jeté son feu* s'applique de deux manières, suivant les circonstances qui déterminent son emploi.

A. *Engrais appliqué par des ouvriers.* — Lorsque les terres ne sont pas accessibles aux voitures, ou que l'engrais doit être

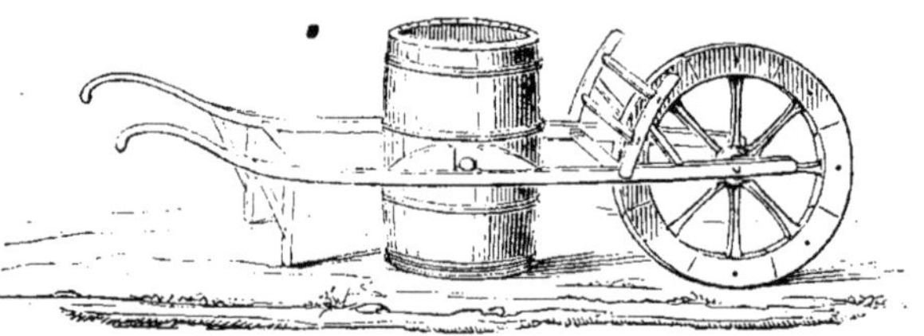

Fig. 34. Brouette allemande.

appliqué, non étendu d'eau, avant la transplantation du colza et du tabac, on le conduit à l'aide de tonneaux placés sur une voiture. Alors l'engrais est conduit sur le champ au moyen d'un tonneau mobile reposant sur une brouette allemande (fig. 34) ou au moyen d'une voiture à deux roues et à bras (fig. 35) ou à l'aide d'un tonneau défoncé (fig. 36). Ce dernier baquet est muni de deux crochets latéraux ou *orcillons*: et c'est par l'intermédiaire de ces crochets et de deux leviers qu'on le porte d'un endroit à un autre.

Fig. 35. Voiture à bras pour le transport des engrais liquides.

L'engrais est ensuite versé dans une cuve placée au centre, ou à l'une des extrémités du champ, et dans laquelle on ajoute 5 à 8 parties d'eau pour le délayer ou modérer son action, si, avant d'en remplir les tonneaux de transport, cette

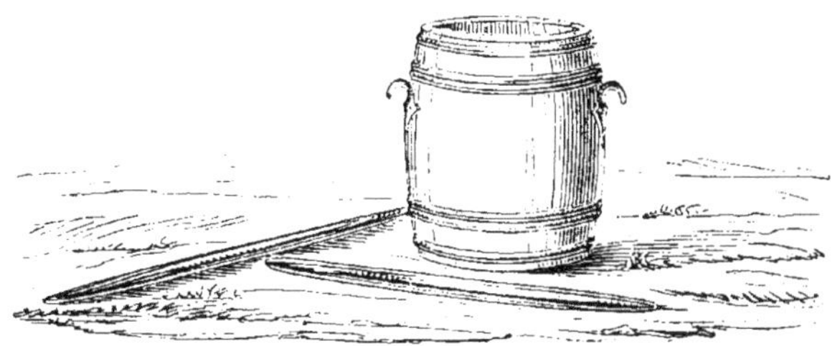

Fig. 36. Tonneau servant à transporter les engrais liquides.

addition n'a point été faite. La capacité de ce vase est d'environ un quart de mètre cube. Lorsque la cuve est pleine (fig. 37) et lorsqu'on a bien agité le liquide au moyen d'un rabot particulier, un ouvrier, à l'aide d'une écope, espèce de cuiller de bois ou pelle de batelier fixée au bout d'une perche de 4 mètres de largeur qu'on appelle *louche* ou *puriau*, et avec une dextérité remarquable, répand le liquide sous forme de

Fig. 37. Cuve flamande à engrais liquide.

pluie à 6 ou 7 mètres autour de lui ; cette écope contient environ 2 kilog. d'engrais.

Dès que la cuve est vide, on la transporte sur un autre point du champ ; la voiture suit ; alors l'opération recommence et se continue jusqu'à ce que la surface du champ ait été entièrement recouverte d'engrais, ou que la totalité disponible soit employée.

Lorsque l'engrais flamand doit être appliqué sur une petite étendue, on le distribue à l'aide d'une espèce d'arrosoir portatif dont la gueule est munie d'un robinet (fig. 38). Ce mode d'application est très-utile, en ce qu'il permet d'arroser seulement la base des plantes et de mettre conséquemment l'engrais en rapport direct avec les racines. Ce mode d'arrosage est surtout employé à l'époque de la transplantation du colza, du tabac, des betteraves.

La courte-graisse répand au loin une odeur infecte, un peu analogue à celle du sulfhydrate d'ammoniaque, mais qui n'est nullement insalubre. Son application est généralement réservée aux garçons et filles de ferme qui l'effectuent sans aucune difficulté. Il faut, comme l'observe M. Cordier et

Fig. 38. Ouvrier arrosant des plantes avec l'engrais flamand.

comme je l'ai plusieurs fois constaté, tout le courage des fermiers flamands pour faire usage d'un engrais dont l'odeur est insupportable, même à une grande distance, pendant vingt-quatre heures. Mais une longue habitude et les résultats si surprenants qu'on en obtient donnent aux cultivateurs la résignation et la patience qui leur sont nécessaires.

B. *Engrais appliqués à l'aide de véhicules.* — Lorsqu'on répand l'engrais flamand sur des prairies ou sur des terres labourées non ensemencées, on le conduit dans un tonneau placé sur un chariot. Derrière ce véhicule existe une caisse en bois dont le fond est percé de trous; l'engrais sort du tonneau, et, à l'aide d'un conduit, il tombe dans la caisse et de celle-ci sur le sol. Par cette disposition on arrose une largeur de $1^{m},50$ à 2 mètres, à mesure que le véhicule avance sur la prairie ou sur le champ (fig. 39).

Quelquefois on se sert d'un tonneau muni d'un robinet qui conduit le liquide dans un tube horizontal percé de trous, et qui est placé au-dessous et derrière la voiture. Ce moyen, qui est le même que celui que l'on a adopté dans les villes pour l'arrosement des rues et des places publiques, ne peut être utile que quand l'engrais est très-liquide.

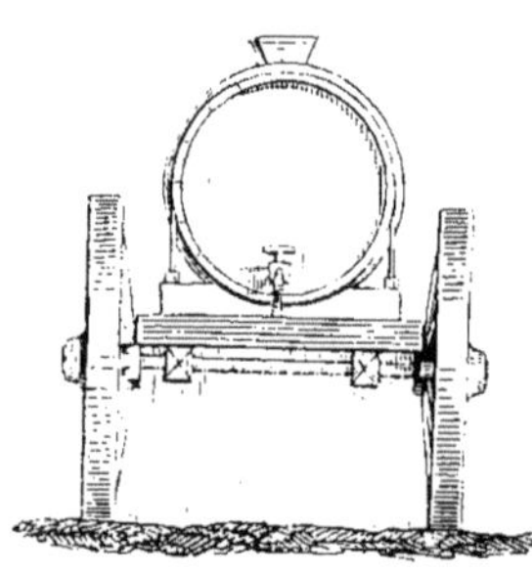

Fig. 39. Tonneau à caisse distributrice.

Lorsque la courte-graisse n'est pas très-fluide, on substitue à la caisse ou au tube perforé un bout de planche incliné d'avant en arrière, et maintenu sous le jet, qui sort du tonneau par une bonde de 0,03 à 0,05 de diamètre pratiquée en dessous, à l'aide de petites chaînes en fer ; cette disposition fait jaillir le liquide de tous côtés, et l'oblige à se répartir sur le sol sous forme de nappe parfaitement uniforme (fig. 40).

Fig. 40. Tonneau belge servant à répandre les engrais liquides.

Enfin, on peut se servir d'un tonneau muni d'un robinet, au devant duquel on a fixé une planche inclinée (fig. 41).

Opérations qui suivent l'emploi. — Lorsque l'engrais flamand est appliqué sur des terres labourées et avant l'exécution des semailles, on donne au sol un ou plusieurs hersages et roulages, et lorsque la terre est parfaitement unie et émiettée, on répand l'engrais, application qui est généralement suivie d'un hersage, afin que le liquide soit aussi intimement que possible mêlé à la couche arable.

Quand l'arrosage n'a lieu qu'après les ensemencements, on fait suivre la semaille par un hersage et deux ou trois roulages, bien que quelques cultivateurs considèrent ces opérations comme inutiles, et cela parce qu'une terre bien meuble absorbe très-promptement les engrais liquides. Ces opérations ont pour but de presser la terre contre la semence,

Fig. 41. Tonneau à robinet.

de la comprimer et d'empêcher que les grains ne soient en contact trop immédiatement avec la courte-graisse.

Un tonneau de 125 litres bien appliqué couvre une superficie de 150 mètres carrés.

Conditions de réussite. — L'engrais qu'on applique immédiatement après les semailles doit être répandu par un temps humide ou légèrement pluvieux. On doit éviter de le répandre par un temps de sécheresse; lorsque l'atmosphère est chaude et le soleil ardent, l'évaporation qui a lieu nuit considérablement à son énergique activité. Quand on le répand par de grandes pluies, les inconvénients qui en résultent sont aussi graves, car elles l'entraînent à une grande profondeur dans le sol.

Quantité qu'il faut répandre par hectare. — La quantité d'engrais flamand qu'on applique par hectare est très-variable.

En 1820, d'après Cordier, une ferme de 25 hectares, située dans les environs de Lille, employait annuellement 76 500 litres de courte-graisse, soit par hectare un peu plus de 3000 litres.

MM. Bottin et Corenwinder ont constaté que l'engrais flamand était appliqué dans les proportions suivantes :

	En 1810.	En 1860.
Céréales d'hiver ou de printemps...	120 à 180 hectol.	165 hectol.
Colza et fève.....................	120 à 180 —	330 —
Lin...............................	180 à 240 —	165 —
Tabac.............................	360 à 480 —	300 à 330
Betterave.........................	180 à 240 —	165 —

Voici, d'après M. Kuhlmann, un exemple de l'emploi de l'engrais flamand sur une ferme des environs de Lille, sur laquelle on suit un assolement triennal ainsi conçu : colza, blé et avoine.

Première année. En octobre ou novembre, on fume avec le fumier de ferme en l'enterrant à la charrue. On répand alors 60 000 litres d'engrais liquide par hectare, on donne un deuxième labour et on plante le colza.

Deuxième année. Le colza récolté, on laboure pour les semailles d'automne et on répand 12 000 à 15 000 litres d'engrais, et on sème le froment.

Troisième année. On laboure sur éteules de blé ; on applique 12 000 litres de courte-graisse et l'on sème l'avoine.

Si, par des circonstances particulières, ajoute M. Kuhlmann, on se trouve dans l'impossibilité de conduire l'engrais en automne, on le répand en mars, et alors on peut en appliquer un cinquième de moins, mais on évite, autant que possible, de le répandre à cette époque, à cause des dégâts qu'occasionnent presque toujours les charrois.

Dans les environs de Strasbourg, on applique la courte-graisse pour la culture du chanvre, du tabac ou de la navette, à raison de 10 voitures de 36 hectolitres. C'est donc 3600 litres seulement qu'on répand par hectare.

Cultures pour lesquelles on l'emploie. — La courte-graisse, véritable pivot de la culture flamande, si prospère sous tous les rapports, est principalement employée pour le tabac, le lin, le colza et le pavot ; on la répand aussi au mois de février ou de mars sur les céréales qui manquent de vigueur, qui ont souffert durant l'hiver ou qui ont été semées en automne sur des sols qui n'avaient pas toute la fertilité voulue pour qu'elles puissent végéter vigoureusement et donner de bons produits.

Quand on applique cet engrais aux betteraves, carottes et tabac, on le fait couler dans des trous pratiqués sur les lignes, près des plantes, ou dans des sillons pratiqués entre les lignes; on évite de le répandre sous forme de pluie lorsque ces plantes sont développées, pour qu'il ne nuise pas à la qualité de leurs racines et de leurs feuilles.

On renonce souvent à son emploi dans la culture de la betterave à sucre, à cause de l'influence fâcheuse qu'il exerce sur la richesse saccharifère de la racine.

J'ai vu appliquer l'engrais flamand avec succès sur les sables des dunes situées près de Dunkerque, et dans les environs de Bergues, Hondschoote, etc., pour la culture des gros légumes : choux, carottes, etc.

Action fertilisante. — L'engrais flamand bien fabriqué et convenablement appliqué, est un *engrais très-actif, très-chaud ;* aussi les plantes avec lesquelles il est en contact poussentelles toujours rapidement. On a reconnu depuis longtemps en Flandre que les semences qui en étaient imprégnées germaient beaucoup plus promptement, et donnaient toujours naissance à des plantes très-vigoureuses.

Cet engrais ne contient que des parties solubles ; c'est pour ce motif que ses effets ne sont qu'annuels, comme ceux de la poudrette et de toutes les matières animales qui ont éprouvé la fermentation putride. Aussi est-ce avec raison que M. Boussingault fait observer qu'il réalise son maximum d'action dans la saison où il est mis en terre.

Ainsi l'engrais flamand doit suffire pleinement aux exigences des plantes annuelles, et leur permettre d'acquérir tout le développement qu'elles sont susceptibles de prendre sur des sols fertiles, sur des terres qui renferment des matières fertilisantes formées de particules très-divisées et ayant une célérité d'action des plus prononcées. Les faits que son emploi permet d'enregistrer chaque année justifient les progrès de l'agriculture flamande, la haute production agricole que cette province réalise tous les ans, et qui constitue sa véritable richesse.

Je compléterai ces observations en résumant les intéressantes observations faites en 1860 par M. Moll sur l'emploi et l'action des vidanges pures :

1° La vidange pure appliquée sur des plantes en pleine végétation, pendant les chaleurs de l'été, est toujours nuisible ;

2° Appliquée dans la même saison, mais par la pluie, elle agit favorablement mais d'une manière irrégulière suivant l'abondance de la pluie après ou pendant la fumure, la nature du sol, et selon que la végétation est plus ou moins avancée ;

3° Appliquée par la sécheresse sur des prairies récemment

fauchées, elle ne produit rien ou presque rien jusqu'aux premières pluies abondantes;

4° Répandue sur la terre nue peu de temps avant la semaille, elle paraît agir avec une intensité égale à celle d'un même poids de bon fumier ordinaire;

5° Toutefois, comme à poids égal elle contient moins d'azote, il en résulte que 50 kilog. d'azote de la vidange ont produit, dans ces conditions, autant d'effet que 100 kilog. d'azote du fumier;

6° Le mode d'emploi par lequel la vidange a le plus d'action, c'est en mélange avec 3 à 5 fois son volume d'eau et répandue à cet état au printemps sur les plantes encore jeunes;

7° Tout porte à croire que l'engrais de vidange est absorbé à la fin de l'année;

8° Cet engrais produit des effets sur les plantes dans l'ordre suivant de décroissance :

1° Betteraves, navets, carottes, choux, rutabagas;
2° Chanvre et colza;
3° Ray-grass d'Italie, maïs, sorgho;
4° Céréales : blé, orge, etc.;
5° Pommes de terre, topinambours, trèfle, luzerne;
6° Fèves, pois, haricots.

9° La vidange étendue d'eau a sur ces plantes une action très-supérieure à celle du fumier et de la vidange pure;

10° Un grave inconvénient de la vidange pure, c'est qu'employée à la dose de 30 à 50 mètres cubes par hectare, elle donne lieu à une végétation exubérante qui a pour conséquence la *verse* des céréales et du colza dans les années pluvieuses;

11° D'un autre côté, elle paraît augmenter dans une forte proportion la richesse en azote et en parties minérales des fourrages.

Prix de revient. — Dans les environs de Lille, un tonneau de déjections de 100 à 120 litres coûte 30 cent. d'achat, 10 cent. de courtage et 30 cent. de transport. Son emploi occasionne une dépense de 60 cent.; soit en totalité 1 fr. 30 cent. l'hectolitre ou 12 fr. le mètre cube.

Dans le département du Nord, la valeur des déjections achetées par les cultivateurs est payée aux domestiques, qui n'ont souvent pas d'autres salaires ou gages.

Dans les environs de Strasbourg, la courte-graisse rendue sur le champ où elle doit être appliquée revient à 1 fr. 10 c. environ l'hectolitre.

Voici, d'après M. Boussingault, le prix auquel revient à Strasbourg, un hectolitre de vidange :

Achat	0f,25
Frais de vidange	0 ,14
Droit payé à l'octroi	0 ,03
Gratification au valet de ferme	0 ,06
Total	0f,48

Les vidanges se vendent à Bondy 3 fr. le mètre cube.

BIBLIOGRAPHIE.

Bottin. — Mémoire de la Société centrale d'agric., 1815, in-8, p. 326.
Cordier. — Agriculture de la Flandre, 1823, in-8, p. 242.
Rendu. — Agriculture du Nord, 1843, in-8, p. 117.
Boussingault. — Économie rurale, 1851, in-8, t. I, p. 796.
Corenwinder. — Archives de l'agriculture du nord de la France, 1860, t. IV, p. 392.

SECTION IV.

Purin animalisé.

En Saxe, on jette quelquefois dans les fosses, dans lesquelles coulent les urines des écuries, etc., des débris et issues d'animaux après les avoir divisés en petits morceaux. On couvre ensuite les réservoirs d'une caisse renversée qu'on charge de pierres afin que les matières animales, qui deviennent de plus en plus légères, n'arrivent pas à la surface du liquide. Ces parties animales résistent longtemps à la décomposition, mais elles finissent toujours par être attaquées peu à peu par le liquide qui les enveloppe.

Quand ce liquide est suffisamment saturé de parties animales, on l'enlève au moyen d'une pompe munie à sa base d'un grillage très-serré, et on le conduit sur les prairies, les terres qui doivent être ensemencées, ou sur les plantes en végétation. On a soin de le répandre par un temps brumeux ou humide.

Les effets de cet engrais ne sont qu'annuels, mais le développement que les plantes prennent sous son action, et qui est dû évidemment à la grande quantité d'azote qu'il contient, a été jusqu'à ce jour véritablement remarquable. Cet engrais dégage après sa confection une odeur un peu forte, mais qui n'est pas plus repoussante que celle que produit l'engrais flamand.

On peut ajouter aussi aux urines et au purin des eaux grasses provenant du désuintage des laines.

SECTION V.

Système Fellemberg ou Kennedy.

Réservoirs. — Tuyaux. — Pompes. — Machine à vapeur. — Boyaux. — Dépenses d'établissement. — Préparation de l'engrais. — Mode d'application. — Produits que ce système permet d'obtenir. — Prix de revient. — Avantages et inconvénients.

On s'est préoccupé très-vivement en France, il y a quelques années, de l'emploi des engrais liquides au moyen de conduits placés souterrainement. Ce procédé, généralement connu sous le nom de *système Kennedy*, *système tubulaire souterrain*, existe en Angleterre sur plusieurs fermes, et en France on commence à l'expérimenter, afin de bien connaître les capitaux qu'il exige, les dépenses annuelles qu'il occasionne et les avantages économiques qu'il présente sur le mode de répartition des engrais liquides en usage en Flandre, en Italie, etc.

Ce système consiste à diriger avec une pression suffisante, et à l'aide de conduits souterrains offrant çà et là des regards et des robinets, auxquels on fixe à volonté un tube flexible, les engrais liquides d'un réservoir donné, sur des terres arables ou des prairies naturelles ou artificielles.

M. Chadwick, secrétaire du conseil supérieur de salubrité d'Angleterre, revendique l'honneur d'avoir imaginé cette méthode, parce qu'il en a parlé en 1839. J'observerai que la distribution des engrais liquides au moyen de tuyaux enfouis dans le sol était déjà mise en pratique au commencement de ce siècle. Ainsi, à Hofwyl, en 1803, M. Fellemberg arrosait ses prairies à l'aide de *tuyaux en bois situés sous le gazon*, et éloignés les uns des autres de 30 à 60 mètres. *L'eau*, *après avoir été refoulée* dans ces coulisses, détrempait la terre supérieure, par conséquent les racines des plantes qui formaient le gazon. Ces tuyaux ne s'obstruaient pas, parce qu'ils étaient recouverts avec des branchages, et l'eau, à cause de leur disposition, s'en échappait très-aisément. Ces faits, qu'on peut lire dans les écrits de M. Fellemberg, prouvent que M. Chadwick n'a fait que perfectionner une méthode déjà ancienne.

Quoi qu'il en soit, ce mode d'emploi des engrais liquides a été expérimenté pour la première fois en Angleterre, en 1842, par M. Henry Thimpson, de Clitherve, et c'est en 1848 que M. Huxtable l'introduisit sur sa ferme à Sulton-Waldron, dans le Dorsetshire.

Le système Kennedy a été breveté en France le 4 septembre 1847.

Ce système exige :

1° Des réservoirs;

2° Une ou plusieurs pompes pour élever le liquide;

3° Une machine à vapeur ou une roue hydraulique, un moulin à vent ou un manége;

4° Des conduits souterrains en bois ou en fonte, avec regards et robinets ;

5° De l'eau en quantité suffisante.

La machine à vapeur et les pompes ne sont nécessaires que lorsque les terres à arroser ont un niveau supérieur à celui des réservoirs. Lorsque la fosse à engrais est supérieure, quant à la position qu'elle occupe, au niveau des terres à arroser, la *gravitation* suffit pour que le liquide arrive facilement dans les tuyaux et les boyaux, sur tous les points où les arrosages doivent être pratiqués.

Dans le but de faire connaître tous les détails concernant l'application de ce nouveau mode d'emploi des engrais liquides, je rapporterai les faits qu'on a constatés sur les exploitations suivantes :

Ferme de M. Kennedy, à Meyer-Mill, près Ayr (Écosse).
— de M. Telfer, à Canning-Park, près Ayr (Écosse).
— de M. Balston, à Leg, Ayrshire (Écosse).
— de M. Harwey, à Glascow (Écosse).
— de M. Mechi, à Tiptree, près Kelvedon (Angleterre).
— de M. Neilson, à Halewood, Lancashire (Angleterre).
— de M. Littledale, à Liscard, Chestershire (Angleterre).
— du duc de Sutherland, à Hanchurch, Straffordshire (Angleterre).

M. Mechi n'a cessé jusqu'à ce jour d'appliquer avec avantage le système Kennedy.

Réservoirs ou citernes. — Les fermes sur lesquelles on a adopté le système tubulaire ont deux, trois ou quatre réservoirs voûtés, construits en briques et ciment hydraulique. Ces citernes sont situées près des bâtiments, et elles reçoivent directement les urines des étables.

La capacité de ces réservoirs varie suivant l'étendue de l'exploitation, le nombre d'animaux qu'on y entretient, le nombre d'hectares qu'on peut arroser.

En général, ces réservoirs ont de 3m,50 à 5 mètres de profondeur.

Voici comment se répartit en Angleterre la capacité des réservoirs par chaque hectare arrosé :

Ferme de M. Kennedy	6m.c,00
— du duc de Sutherland	6 ,00
— de M. Mechi	5 ,50
— de M. Neilson	4 ,50
— de M. Littledale	6 ,00
Moyenne	5m.c,50

Ainsi, une ferme sur laquelle on voudrait arroser 50 hectares devrait avoir des réservoirs ayant une capacité moyenne de 280 mètres cubes ou 280 000 litres.

La dépense qu'occasionne la construction des citernes n'est

pas très-considérable. Voici les chiffres recueillis en Angleterre[1] :

	Réservoirs.	Dépenses.	Prix du mèt. cube.
Ferme de M. Kennedy......	1274 m. c.	7500 fr.	5f,90
— du duc de Sutherland.	204 —	5000	24 ,50
— de M. Neilson........	220 —	3375	15 ,30
— de M. Littledale......	225 —	3717	16 ,50
— de M. Mechi.........	363 —	2500	36 ,77
	Moyenne...........		19f,79

La citerne précitée, d'une capacité de 280 mètres cubes, exigerait donc une dépense de 5541 francs, soit par hectare 110 fr. 80 cent.

Chaque citerne sur plusieurs fermes communique à une chambre à air. Celle-ci rend la pression plus régulière et le débit de l'engrais plus uniforme.

Conduites ou tuyaux. — L'engrais liquide est envoyé sur les terres de l'exploitation au moyen de tuyaux, et le plus ordinairement à l'aide de la vapeur.

Les tuyaux auxquels, en Angleterre, on accorde la préférence, sont en fonte. Les *conduits alimentaires* ont de 0m,075, 0m,08 à 0m,10 de diamètre. C'est sur ces tuyaux que s'embranchent, sous un angle qui doit excéder l'angle droit, mais qui ne doit pas dépasser 60 degrés, les *tuyaux distributeurs*. Ces tubes ont de 0m,05 à 0m,07 de diamètre. Les uns et les autres doivent être assez épais pour résister à une colonne d'eau de 10, 15, 20 et même 30 mètres de hauteur, suivant l'élévation des terres au-dessus du niveau du réservoir.

On emploie dans quelques fermes anglaises des tuyaux en grès de 0m,021 de diamètre intérieur, et de 0m,025 d'épaisseur. Ces tuyaux sont vernissés. Il faut qu'ils soient en très-bonne poterie pour qu'on puisse les préférer à la fonte.

1. Ces chiffres et ceux qui suivent sont extraits des publications faites par le *Bureau de santé* (Boarth of health) de Whitehall, à Londres.

Jusqu'à ce jour ils n'ont résisté qu'à la pression d'une colonne d'eau de 8 à 10 mètres. On fait leur jointement avec du ciment de Vassy ou de Portland.

M. Moll a proposé et adopté de préférence aux tuyaux en fonte, des tuyaux en tôle bituminée que l'on appelle *tuyaux Chameroy*. La pose de ces tuyaux est facile parce qu'ils sont taraudés à chaque extrémité, et qu'ils se vissent les uns aux autres.

Les tuyaux n'offrent pas jusqu'à ce jour toute la solidité ou le bon marché qu'on doit chercher à obtenir.

Quoi qu'il en soit, les tuyaux alimentaires et distributeurs doivent être placés à 0m,40 ou 0m,60 au-dessous de la surface du sol. A cette profondeur, ils sont situés hors de l'atteinte des instruments et de l'action des gelées.

Lorsqu'on pose les tuyaux distributeurs, on établit de distance en distance, c'est-à-dire tous les 150, ou 180, ou 200 mètres, des *regards* avec une prise de liquide. Ainsi on soude sur la conduite un robinet que l'on garantit par une maçonnerie légère. Les robinets reçoivent les boyaux qui servent à l'arrosement.

Chaque regard permet d'arroser de 3 à 4 hectares.

Les tuyaux en fonte coûtent en Angleterre de 2 à 3 fr. le mètre, y compris les frais de pose. Les tuyaux Chameroy de 0m,018 de diamètre se vendent 3 fr. le mètre.

Les tuyaux sont, dans ce système, les objets qui occasionnent les plus fortes dépenses. Voici les déboursés qu'on a faits en Angleterre pour les établir :

Ferme de M. Kennedy	156 fr.	par hectare.
— du duc de Sutherland	187	—
— de M. Neilson	151	—
— de M. Littledale	133	—
— de M. Mechi	128	—
Moyenne	151 fr.	par hectare.

Une ferme de 50 hectares exigerait donc une dépense de 7550 fr.

Pompes. — L'engrais liquide est élevé des fosses et chassé dans les tuyaux au moyen de pompes aspirantes et foulantes, mises en mouvement par une machine à vapeur.

Ces pompes ont les dimensions suivantes :

Agriculteurs.	Diamètre du piston.	Course du piston.	Eau élevée par heure.
M. Littledale	0m,11	0m,60	9400 litres.
M. Wheble	0 ,13	0 ,30	2300 —
M. Mechi	0 ,15	0 ,55	24000 —
M. Neilson	0 ,20	0 ,60	13000 —

Le piston de la pompe de M. Wheble a une vitesse de 10 coups par minute ; celui de la pompe de M. Mechi se meut 23 fois pendant le même temps.

M. Moll ne connaît pas jusqu'à présent de pompe qui fonctionne mieux que la *pompe Letestu*. Cet appareil élève les liquides les plus chargés de parties fertilisantes aussi facilement que l'eau pure.

En Angleterre, la dépense faite pour les pompes a varié par exploitation entre 1750 fr. et 2000 fr.

Moteurs des pompes. — J'ai dit que les pompes étaient mues par la vapeur. On peut, quand les circonstances le permettent, les faire fonctionner à l'aide d'une roue hydraulique d'un moulin à vent. La pompe établie par M. le comte d'Herlincourt est mise en mouvement par une grande roue hydraulique.

Sur les exploitations d'une faible étendue, on peut substituer un manége aux précédents moteurs. Le manége construit par M. Pinet est solide, simple et suffisant, quand les terres à arroser ne sont pas très-accidentées.

La plupart des machines à vapeur qui font mouvoir les pompes en Angleterre sont de la force de 10 à 12 chevaux.

Ces engins mettent aussi en mouvement les machines à battre, etc.

On a calculé qu'il fallait compter, dans l'application du système Kennedy, sur une force de 1 à 2 chevaux par 40 hectares.

Une machine à vapeur bien établie coûte de 500 à 600 fr. par chaque cheval-vapeur.

La part supportée par les arrosages dans les frais des machines à vapeur a varié ainsi qu'il suit :

Ferme	de M. Kennedy	18f,70	par hectare.
—	du duc de Sutherland	29 ,70	—
—	de M. Neilson	11 ,50	—
—	de M. Littledale	25 ,00	—
	de M. Mechi	36 ,75	—
	Moyenne	24f,34	par hectare.

Une surface de 50 hectares, fertilisée au moyen du système Kennedy, supporterait donc une dépense de 1216 fr. 50 cent.; soit le tiers du prix d'une machine à vapeur locomobile de la force de 4 chevaux.

Tubes distributeurs. — En Angleterre, on se sert, pour distribuer l'engrais liquide à la surface du sol, de *tuyaux en gutta-percha* ayant de 0m,038 à 0m,039 de diamètre. On peut les remplacer par des boyaux en treillis semblables à ceux dont on se sert dans les incendies, et ayant de 0m,06 à 0m,08 de diamètre.

Ces tubes sont divisés en bouts de 10 mètres de longueur, portant à chacune de leur extrémité une virole en cuivre taraudée. L'un d'eux doit porter à l'une de ses extrémités une lance en cuivre.

Ces boyaux doivent avoir, une fois réunis, de 100 à 150 mètres de longueur. Les tubes flexibles employés par M. Mechi et M. Moll ont une longueur totale de 200 mètres.

Les boyaux en gutta-percha se vendent 3 à 4 fr. le mètre.

Voici les dépenses qu'ils ont occasionnées en Angleterre :

Ferme de M. Kennedy	6f,80	par hectare.
— du duc de Sutherland	14 ,20	—
— de M. Neilson	18 ,00	—
— de M. Littledale	7 ,00	—
— de M. Mechi	18 ,29	—
Moyenne	12f,86	par hectare.

Soit pour 50 hectares 643 fr.

Dépenses d'établissement par hectare. — Ce mode de fertilisation exige, pour être appliqué, un capital important. Voici le résumé des dépenses indispensables :

	Par hectare.	Par 50 hectares.
Réservoirs	110f,80	5 540 fr.
Tuyaux	151 ,00	7 550
Pompes	40 ,00	2 000
Machine à vapeur	24 ,34	1 216
Boyaux	12 ,86	643
Totaux	339f,00	16 949 fr.

En Angleterre, les dépenses générales se sont élevées par hectare chez :

		Étendue arrosée.
Le duc de Sutherland à	388f,65	33 hectares.
M. Littledale	279 ,77	60 —
M. Pusey	278 ,10	40 —
M. Telfer	262 ,50	20 —
M. Neilson	238 ,75	20 —
M. Mechi	264 ,60	68 —
Moyenne	285f,40	40 hectares.

Ce prix de revient a été moins élevé sur les exploitations qui ont appliqué ce système sur une étendue de 200 hectares. Chez M. Kennedy, les dépenses n'ont pas dépassé 195 fr. 25 c., et chez M. Harvey, elles n'ont été que de 178 fr. 57 c.

Le chiffre précité de 339 fr. doit donc être regardé comme une donnée maximum. C'est ce chiffre qu'il faudra adopter lorsqu'on supputera des dépenses à exécuter.

Préparation de l'engrais. — On prépare l'engrais en faisant arriver dans les réservoirs les déjections solides et liquides produites par les animaux.

On mèle souvent à ces déjections du guano ou des os préparés avec l'acide sulfurique.

Quand le mélange a fermenté pendant deux ou trois mois, on lui ajoute deux, trois ou quatre fois son volume d'eau, suivant la sécheresse du sol et la chaleur atmosphérique.

Avant d'appliquer cet engrais liquide, on l'agite avec un rabot ou un fort courant d'air poussé dans la fosse par une *pompe à air*. Ce courant arrive à la partie inférieure de la masse, et occasionne un bouillonnement considérable. Dans quelques fermes, on agite l'engrais au moyen d'un agitateur rotatif à ailes, mis en mouvement par un homme ou par la vapeur. Cette agitation est nécessaire ; sans elle, le mélange des parties solides et liquides serait imparfait, et les premières se déposeraient au fond des citernes.

Mode d'application. — Lorsqu'on veut arroser des terrains où le niveau est supérieur à celui des réservoirs, on refoule, à l'aide d'une pompe mise en mouvement par la machine à vapeur le liquide dans les tuyaux conducteurs, et on fixe à un des robinets situés dans les regards, un tube flexible en gutta-percha muni d'une lance à son extrémité. Alors l'engrais sort de la lance avec force, forme un jet de 8 à 10 mètres, et retombe sur le sol sous forme de pluie fine. L'ouvrier qui dirige la lance est accompagné d'un enfant qui déplace successivement le tuyau flexible en évitant qu'il ne se plie.

Chaque regard permet d'arroser en moyenne 2 à 4 hectares.

On évite d'arroser quand le soleil est ardent et le vent très-fort. Si on arrosait par un temps sec et lorsque l'air est très-agité, l'engrais perdrait par l'évaporation une partie notable de l'ammoniaque qu'il contient.

Ordinairement on arrose après chaque coupe de raigrass.

Les coupes se répètent chaque année quatre, cinq, six et même sept fois sur le même terrain.

M. Telfer obtient généralement six coupes : la première se fait à la fin de mars, et la dernière à la fin de septembre. Il a constaté que la première et la deuxième avaient en hauteur 0^{m},45, la troisième et la quatrième 0^{m},91, la cinquième 0^{m},[illegible]1 et la sixième 0^{m},64, et que la production totale atteignait une hauteur de 4^{m},31.

Les navets, les betteraves et les choux ne reçoivent que trois arrosages.

Quant au froment, on ne lui en donne que deux : le premier avant la semaille, et le second au printemps.

Chaque arrosage exige de 35 000 à 40 000 litres par hectare.

Un homme avec un enfant arrose de 3 à 5 hectares en dix heures.

M. d'Herlincourt pratique six arrosages par an, et il évalue chaque arrosage à 14 fr.

Produits que ce système permet d'obtenir. — L'engrais liquide ainsi appliqué fait produire au sol des récoltes abondantes. Ainsi on obtient ordinairement par hectare 75 000 à 80 000 kil. de ray-grass vert, ou 18 000 à 20 000 kil. de foin sec. Les produits les plus élevés ont atteint 100 000 et 140 000 kilog. de fourrage vert.

Les navets-turneps donnent en moyenne 75 000 kilog., le froment de 35 à 40 hectolitres, l'avoine de 55 à 70 hectol.

Il est vrai que ces produits remarquables ne sont pas dus exclusivement à l'engrais liquide, puisqu'on y mêle du guano, des tourteaux.

Nonobstant, ces résultats permettent de considérer ce mode d'arrosage comme égal, quant à ses effets, à l'emploi de l'engrais flamand.

Ce système est appelé à se propager en France sur les

fermes qui ont des terres inclinées et situées en contre-bas des bâtiments. M. Harwey, à Glascow, et M. Lawson, dirigent leurs engrais liquides dans des réversoirs, et ont recours ensuite à la gravitation pour les conduire sur les terres qu'ils exploitent. Ce moyen, ainsi que je l'ai constaté il y a deux ans, est moins coûteux, et il a permis à M. Lawson de renoncer complétement à l'emploi de la vapeur.

Prix de revient. — Ce mode d'arrosage n'occasionne pas annuellement des dépenses considérables. Voici les frais de combustible, de fabrication et d'application constatés en Angleterre :

Ferme de M. Kennedy	35f,18
— du duc de Sutherland	43 ,10
— de M. Neilson	30 ,66
— de M. Littledale	28 ,30
— de M. Pusey	23 ,60
— de M. Harwey	21 ,87
— de M. Telfer	33 ,44
Moyenne par hectare	30f,88

Si l'on ajoute à ces dépenses l'intérêt et l'amortissement du capital d'établissement à 7 pour 100 on a pour dépenses totales les résultats suivants :

		Total.
Ferme de M. Kennedy	13f,66	48f,84
— du duc de Sutherland	27 ,20	68 ,30
— de M. Neilson	16 ,71	47 ,37
— de M. Littledade	19 ,58	47 ,88
— de M. Pusey	20 ,46	44 ,06
— de M. Harwey	12 ,49	34 ,36
— de M. Telfer	18 ,37	51 ,81
Moyennes par hectare	18f,32	48f,93

Ainsi, les dépenses annuelles pour une étendue de 50 hectares s'élèveraient à 2446 fr. 50.

En supposant des dépenses beaucoup plus élevées, ce mode d'arrosage, à cause des produits considérables qu'il a permis de recueillir, conserverait encore les avantages qu'on lui accorde à bon droit en Angleterre.

Avantages et inconvénients. — Ce système se perpétuera-t-il? remplacera-t-il le procédé en usage dans l'application du lizier et de l'engrais flamand?

Les agriculteurs expriment sur ces questions des opinions très-diverses. Les uns soutiennent M. Chadwick, et prétendent que son procédé permet d'obtenir, avec de faibles dépenses, des produits extraordinaires ; les autres refusent de lui reconnaître des avantages économiques sur le mode d'arrosage pratiqué en Flandre, et ils proclament bien haut et *bien à tort* qu'il a été la cause de la ruine de M. Kennedy.

Le 16 avril 1856, à la Société d'agriculture d'Angleterre, M. Slaney, après avoir constaté que l'enthousiasme de M. Chadwick était excusable, disait qu'il fallait regarder la distribution des engrais liquides par la *gravitation* comme infiniment supérieure à la distribution artificielle. Cette opinion, soutenue par plusieurs agriculteurs, a conduit M. Chadwick à reconnaître que son système ne convient que très-secondairement pour les céréales, et qu'il faut l'appliquer de préférence pour les prairies artificielles ou naturelles destinées à fournir du fourrage vert à des vaches laitières.

Il est incontestable qu'on pourra, lorsqu'on appliquera cet engrais pour des cultures de navets, de choux ou de betteraves, entreprises sur des terres déclives et situées en contre-bas des réservoirs, renoncer à le répandre avec la lance.

Les Japonais, qui emploient beaucoup d'engrais liquide fabriqué avec de l'eau et du fumier, ouvrent des rigoles entre les lignes des plantes qu'ils cultivent, et y dirigent cet engrais. Ce mode d'arrosage nécessite de très-faibles dépenses et il active favorablement la végétation.

Quoi qu'il en soit, M. Moll a fait connaître le premier en

France ce mode d'emploi des engrais liquides. Il continue, en le mettant en pratique à Vaujours (Seine-et-Oise), à expérimenter, avec l'appui du ministère de l'agriculture et de la ville de Paris, l'action des *vidanges de la ville de Paris.* Les agriculteurs qui voudront étudier ce système visiteront avec intérêt son exploitation.

La ferme de Vaujours présente une superficie de 80 hectares : 50 hectares en prairies et 30 hectares en terres arables. Les tuyaux de conduite d'arrosage ont 1939 mètres de longueur. Le bord supérieur du réservoir est à 14 mètres environ au-dessus des terres et des prairies.

Depuis 1857, époque à laquelle M. Moll a commencé ses expériences, les bassins de Bondy ont livré à des agriculteurs des environs de Paris 20 650 mètres cubes de liquides de vidanges.

La compagnie du chemin de fer de l'Est transporte ces engrais à raison de 2 fr. 50 les 10 mètres cubes par chaque 100 kilomètres.

SECTION VI.

Eaux des égouts.

Historique. — Eaux des égouts utilisées à Rugby. — Sédiment des eaux des égouts. — Prairies de Craigentinny.

Historique. — Les eaux qui parcourent les rues des villes populeuses s'écoulent ordinairement par les égouts et sont presque totalement perdues pour l'agriculture. Et cependant ces eaux sont chargées de matières organiques et salines. Ainsi on a constaté que l'eau de Seine, prise au-dessous de Paris, contient 4 grammes de matières solides pour 1000, tandis que celle recueillie au-dessus du pont d'Austerlitz n'en renferme que 2gr,5. Ces résultats, entièrement conformes aux observations faites en Belgique et en Angleterre, permettent de dire qu'il se perd chaque jour à Paris, comme à Bruxelles, à Londres, etc., une énorme quantité de matières fertilisantes.

A Vienne (Autriche) les vidanges de la plupart des latrines tombent dans un petit canal souterrain et incliné qui les conduit jusqu'à l'égout. Les égouts ont 60 kilomètres de longueur et déversent les déjections qu'ils reçoivent dans le Danube.

On observe des faits analogues à Versailles. Ainsi les latrines d'un grand nombre de maisons vont aboutir dans les égouts qui se déversent dans le ruisseau de Gally. C'est pour ce motif que les eaux de ce ruisseau sont si fertilisantes et qu'elles donnent naissance, pendant l'été, à des émanations peu agréables. La Senne à Bruxelles, la Tamise à Londres, etc., reçoivent aussi les déjections d'un grand nombre de latrines.

Nonobstant, comme le disait M. de Girardin, le 22 janvier 1849, nos cités peuvent, par un système de conduits simplement et proportionnellement peu coûteux, purifier leurs rues et leurs égouts, et en même temps maintenir la salubrité dans leurs murs et développer la fertilité des campagnes, deux bienfaits inestimables!

Eaux des égouts utilisées à Rugby. — Il y a quelques années, M. Hermbstaed fut chargé de rechercher les moyens d'utiliser les eaux des égouts de Dresde et de Berlin. Les expériences variées qu'il entreprit démontrèrent de la manière la plus évidente l'utilité d'employer ces eaux à l'arrosage des terres. Ces résultats ont été confirmés par les expériences faites à Rugby (Angleterre), dans le but d'utiliser toutes les eaux qui ruissellent dans les rues de cette petite cité, de 7000 à 8000 habitants.

Voici un extrait des détails que M. Walker de Newbold-Grange, a donné, en 1856, sur ces essais :

Les rues de Rugby ont toutes été drainées. Les drains reçoivent les eaux ménagères et les vidanges des fosses d'aisances, qui s'écoulent de 900 à 1000 maisons, et les eaux qui tombent sur le pavé des rues pendant les pluies; ils sont en poteries, ont 3 centimètres de diamètre, sont situés au milieu des rues, et ils restent toujours très-propres et ont une très-faible odeur.

Ces conduits souterrains conduisent les liquides chaque jour, pendant neuf heures, excepté le dimanche, dans un bassin situé à 2 kilomètres de la ville. Ce réservoir a 15 mètres de diamètre et $3^{m},66$ de profondeur. Tous ces travaux ont été exécutés par la ville de Rugby.

Le liquide dont on dispose par ce moyen, et qu'on appelle *sewage*, permet d'arroser 200 hectares convertis en prairies naturelles. On le refoule dans les tuyaux en fonte, au moyen d'une machine à vapeur de la force de 12 chevaux [1], et on le distribue sur le gazon au moyen de tuyaux en gutta-percha n'ayant pas de lances. Les arrosages se font tous les jours, excepté le dimanche et le lundi, et les jours, pendant l'hiver, où le froid est très-intense.

On n'attend jamais que le liquide ait fermenté. Lorsqu'un accident survenu à la machine oblige à suspendre les arrosages, la masse ne tarde pas à fermenter, et le troisième ou le quatrième jour du gaz acide carbonique se dégage en abondance du réservoir.

M. Congrève, fermier de M. Walker, se loue de l'emploi de ces vidanges, pour lesquelles il paye annuellement à la ville de Rugby une redevance de 1250 fr. Les résultats qu'il en obtient prouvent quel avantage l'agriculture retirerait annuellement si on lui permettait d'utiliser les eaux des égouts des villes.

Chaque hectare reçoit par an, à Rugby, de 1200 à 1400 mètres cubes d'engrais liquide. Un ouvrier arrose 50 ares par jour. Cette immense prairie n'est fauchée qu'une seule fois; elle est ensuite abandonnée au bétail. On y obtient en moyenne 5000 kilog. de foin par hectare.

On évalue à 712 mètres cubes la quantité d'engrais liquide qui arrive journellement dans les réservoirs, et on porte à 1136 mètres cubes la quantité qu'on répand chaque année par hectare.

Sédiment des eaux des égouts. — On a reproché à cet engrais liquide de déposer sur les prairies un sédiment nuisible à la qualité de l'herbe. M. Chadwick a démontré qu'on pouvait le filtrer à sa sortie du réservoir en lui faisant traver-

1. On ne se sert de cette machine que parce que le liquide ne peut pas s'écouler du réservoir dans les tuyaux par la seule force de la pesanteur ou de la gravitation, comme cela a lieu de la ville au bassin.

ser une couche de poussière de charbon ou de l'argile carbonisée. Ce moyen a été du reste déjà utilisé en Écosse, pour rendre limpide les eaux des égouts et éviter qu'elles ne rendent malsaines les eaux des fleuves et des rivières dans lesquelles elles s'écoulent. Le dépôt qu'on recueille peut être transformé en un excellent engrais pulvérulent.

D'après M. Hervé Mangon, M. Wicksteed, de Leicester, extrait économiquement la partie solide des eaux d'égouts par l'addition d'un peu de lait de chaux à ces liquides. Les eaux ainsi traitées arrivent dans un réservoir où se forme un précipité. Ce dépôt est ensuite soumis à l'action de machines à dessécher à force centrifuge, et transformé en pâte assez ferme pour être immédiatement moulée en briques.

M. Wicksteed emploie 4 à 5 grammes de chaux par litre d'eau d'égout.

La chaux précipite environ 30 pour 100 de l'azote contenu dans les eaux, mais elle n'agit pour ainsi dire pas sur l'ammoniaque que renferment ces mêmes eaux.

1000 kil. d'engrais ainsi obtenus contiennent, suivant M. Hervé Mangon, autant d'azote que 2750 kil. de fumier normal.

Anderson a analysé les dépôts provenant des égouts des villes Il y a constaté les substances suivantes:

	1°	2°
Matières organiques	19,71	30,13
Acide phosphorique	2,03	0,60
Fer et alumine	6,93	7,10
Sulfate de chaux	27,05	3,14
Carbonate de chaux	6,43	3,70
Sels alcalins	3,00	»
Sable	16,81	51,13
Eau	18,04	4,00
	100,00	100,00
Azote	1,13	0,64

Le grand égout d'Asnières verse dans la Seine à chaque seconde un mètre de matières limoneuses et noirâtres. Une expérience a permis, en quatre mois de retirer de l'égout 500 mètres cubes d'engrais qui ont été livrés aussitôt à la pépinière du bois de Boulogne.

Espérons qu'on ne tardera pas à livrer à l'agriculture des environs de Paris les parties solides que les 100 000 mètres cubes d'eau que l'égout d'Asnières déverse chaque jour dans la Seine. Ce moyen est le seul qu'on puisse adopter si on veut, comme le dit si judiciairement M. Mille, éviter que la Seine ne rappelle les voiries du moyen âge.

Prairies de Craigentinny. — A Milan comme à Aix (Bouches-du-Rhone) et à Édimbourg, les eaux des égouts servent à la culture des gros légumes et à l'irrigation des prairies naturelles. Les prairies que j'ai vues à Craigentinny, près Édimbourg, sont aussi verdoyantes, aussi productives que les *marcites* que j'ai admirées dans la Lombardie.

Les prairies de Craigentinny forment trois classes distinctes. La première comprend les prairies dont l'existence remonte à la fin du dix-neuvième siècle ; la seconde les prairies situées près de la mer, et qui ont été créées en 1827 ; la troisième les prairies qui sont situées à la partie supérieure de la vallée.

Voici les dépenses qu'elles ont occasionnées par hectare :

	Création.	Intérêt.	Frais annuels.	Total des dép. annuelles.
1re classe....	740f,10	36f,00	32f,68	68f,68
2e classe....	1151 ,30	57 ,55	32 ,68	90 ,23
3e classe....	1984 ,00	99 ,20	116 ,66	215 ,86

Ces prairies sont fauchées 4 à 5 fois chaque année. On les arrose depuis le mois de février jusqu'en octobre. La première récolte a lieu en avril, et la cinquième au moment où l'on cesse les arrosements. Le ray-grass d'Italie domine dans ces prairies sur les autres plantes.

Les eaux, sur les diverses prairies, sont refoulées vers les parties supérieures de la vallée à l'aide de pompes mises en mouvement par le cours d'eau lui-même. Les eaux n'arrivent sur les prairies de la troisième classe qu'après avoir été élevées à 4 mètres de hauteur à l'aide d'une machine à vapeur de la force de 8 chevaux. Les dépenses occasionnées par cette nouvelle machine expliquent pourquoi ces prairies nécessitent une dépense annuelle de 215 francs par hectare.

Quoi qu'il en soit, le produit brut fourni par ces prairies varie annuellement par hectare entre 1500 et 2500 francs.

Les prairies des environs de Milan, qu'on arrose avec les eaux des égouts de cette ville sont aussi productives; elles rapportent une rente nette de 500 à 550 francs par hectare. on les fauche en juin, juillet et août, pour convertir les productions vertes en foin; et en janvier, mars, avril et septembre pour la donner, comme fourrage vert, aux vaches qui sont soumises à la stabulation permanente.

CHAPITRE II.

LIQUIDES D'ORIGINE VÉGÉTALE.

—

SECTION I.

Eaux de féculeries et de distilleries.

Les eaux de féculeries ont été considérées pendant de longues années comme insalubres. Ces eaux, en effet, en séjournant sur le sol, se putréfient et exhalent des miasmes aussi insalubres que les émanations qui se dégagent des *vinasses des distilleries*.

M. Dailly les utilise à l'arrosage des terres et convertit en poudrette les parties solides qu'elles tiennent en suspension. A cet effet, il a fait creuser un réservoir près de sa fabrique. En quittant ce bassin pour se répandre sur les terres ces eaux passent à travers une claie et abandonnent les parties solides qu'elles ont entraînées.

En 1840, la féculerie de Trappes (Seine-et-Oise) a consommé 17400 hect. de pommes de terre, qui ont exigé 80 000 hect. d'eau, avec lesquels on a pu arroser avec succès 3 hectares 30 ares. La main-d'œuvre s'est élevée à 210 fr.

La même année on a enlevé du réservoir 110 mètres cubes de matières solides qui, égouttées et séchées à l'air, ont donné 820 hectolitres d'engrais pulvérulent à odeur infecte. Cette *poudrette végétale* contenait 0,36 d'azote, quantité que contiennent les excréments de vaches.

L'hectolitre de cet engrais est revenu à 28 centimes.

SECTION II.

Eaux ammoniacales.

Les eaux ammoniacales qui, dans les usines à gaz, viennent se condenser dans les citernes à goudron, peuvent être utilisées avec succès, quoiqu'on en dise, comme engrais liquide.

On les utilise en Angleterre avec avantage à la dose de 25 à 30 mètres cubes seulement par hectare.

On ne les emploie pas seules ; il faut leur ajouter environ 80 pour 100 d'eau. En outre, on doit les répandre huit jours environ avant les semailles.

Ces engrais liquides agissent avec efficacité sur les prairies naturelles et artifielles, si l'on les répand avant et pendant la pluie, ou lorsque la terre ou le gazon et les plants sont chargés d'humidité.

On les vend 3 à 4 fr. le mètre cube.

Il existe aujourd'hui en France des usines à gaz dans toutes les villes importantes. Jusqu'à ce jour les eaux ammoniacales de ces usines n'ont pas été utilisés comme engrais liquide.

On peut aussi utiliser *les eaux de savon* et *les eaux de lessives*. En Chine on recueille ces liquides avec soin.

SECTION III.

Purin végétal.

M. Im Tburn, à Castel (Suisse), a fait connaître, il y a quelques années, qu'on employait, dans le canton de Zurich, un *purin végétal* qui égale presque l'activité du lizier.

Voici comment on prépare cet engrais liquide :

On dispose en tas dans un endroit couvert 200 à 300 kilog. de plantes vertes : herbes, feuilles, pampres de vigne, fanes de pommes de terre, etc. Après cinq ou six jours, on retourne la masse et on l'abandonne de nouveau à elle-même. Huit jours après cette opération, lorsque la meule est en pleine fermentation, on la jette dans une fosse qui contient 6000 litres d'eau, 1 kilog. d'acide sulfurique et 1 kilog. d'acide chlorhydrique, et on remue fortement ce mélange. Cette opération se répète trois fois par semaine pendant 15 à 30 jours. Alors le purin est préparé. On l'applique sur les prairies après le regain, à raison de 350 mètres cubes à l'hectare.

Cet engrais liquide me rappelle l'*eau végétative* imaginée par l'abbé Bertholon, et pour laquelle il reçut, en 1785, un prix de l'Académie de Montauban.

On peut aussi utiliser très-avantageusement les *eaux de trempage des brasseries*. Ces liquides contiennent autant de matières utiles que le purin qui s'écoule des tas de fumier.

LIVRE VII.

ENGRAIS COMMERCIAUX.

SECTION I.

Engrais brevetés.

Les progrès de l'agriculture, ainsi que le manque d'engrais, ont fait naître, depuis un demi-siècle, une nouvelle industrie qu'on peut appeler la *spéculation sur les engrais*. Ce commerce est devenu un lucre pour ceux qui ont agi avec honneur et bonne foi, et il a été fatal à ceux qui ont voulu spéculer sur la crédulité des agriculteurs.

Au nombre des premiers il faut citer M. Derrien, M. Deni, M. Rohart, M. Pichelin-Petit; parmi les seconds, se placent M. Bickès, M. Dusseau, M. Huguin, M. Chotard, et tant d'autres, auxquels on a dit, dans ces dernières années, des choses peu agréables.

Les tentatives audacieuses, je dirai même scandaleuses de ces génies méconnus, mais avides d'argent, ont révolté la consciences des hommes qui plaident chaque jour en faveur de l'agriculture. Ainsi MM. Pommier, Girardin, Payen et Barral ont réduit à néant toutes ces prétendues découvertes miraculeuses, et ils ont forcé les agriculteurs à se méfier désormais des annonces et des réclames insérées dans les feuilles politiques. Le courage que M. Barral a montré, il y a dix ans, lorsque, se plaçant comme sentinelle avancée contre l'industrie déloyale des engrais, il a guerroyé contre le charlatanisme des fabricants de liqueurs fertilisantes, lui a valu une haute récompense de la Société impériale et centrale d'agriculture.

Aujourd'hui il n'est plus question pour ainsi dire des prétendus *engrais concentrés*. Toutefois on cherche encore chaque jour à doter les contrées pauvres, celles qui fabriquent peu de fumier, d'engrais pouvant le suppléer avantageusement. Parmi les engrais commerciaux inventés depuis trente ans, grand est le nombre de ceux qui subirent le sort qu'ont éprouvé les engrais Bickès, Dusseau, etc. La plupart de ces matières fertilisantes se composent de substances peu utiles pour la végétation ou sans valeur. Il est vrai que leurs inventeurs ont renoncé à les prôner dans de pompeuses annonces, mais les prospectus qui les concernent les présentent comme des engrais ayant autant de puissance fertilisante que le guano du Pérou, la poudrette pure, le sang desséché, etc.

Voici des extraits de prospectus qui justifient ces faits :

Engrais chimique. — Engrais complet, rivalise avec succès avec les meilleurs guanos exotiques, décomposition lente et progressive, provoque une étonnante fertilité. 30 fr. les 100 kilogr.

Engrais concentré animalisé. — Préférable au guano, fortifie le sol au lieu de l'épuiser, convient à toutes les terres. 38 fr. les 100 kilogr.

Engrais animal concentré. Engrais bien supérieur par sa richesse à tout ce qui a été livré jusqu'à ce jour. 10 fr. les 100 kilogr.

Engrais-Lyon. — Engrais commercial de beaucoup supérieur à tous ceux qui l'ont précédé. 32 fr. les 100 kilogr.

Engrais-Naissant. — Engrais le plus puissant de tous ceux connus, progressif pendant six ans. 10 fr. les 100 kilogr.

Engrais-Trévoux. — Bien supérieur au fumier de ferme, détruit tous les insectes nuisibles aux récoltes. 13 fr. les 100 kilogr.

Guano français de Kahn. — Engrais qu'il ne faut pas confondre avec le guano péruvien, résultats infaillibles. 30 fr. les 100 kilogr.

Guano humifère. — Engrais aussi puissant que le guano du Pérou, accroît la porosité du sol et y détermine des courants électriques. 24 fr. les 100 kilogr.

Je fais des vœux pour que les cultivateurs ne se laissent pas séduire par ces réclames.

Voici la liste des principaux engrais commerciaux pour lesquels on a demandé et obtenu en France, des brevets :

1796, 24 octobre. — *Poudrette végétative inodore*, par Bridet, à Paris. — Matières fécales desséchées.

1814, 25 novembre. — *Poudrette alcaline végétale*, ou nouvelle poudrette, par Mme Vibert-Duboul, à Bordeaux. — Urine humaine dans laquelle on faisait fuser de la chaux vive.

1815. — *Nouvelle poudrette*, par M. Chaumette, à Paris. — Matières fécales mêlées à des cendres, du plâtre, de la sciure de bois, et desséchées dans des fours vaporivores.

1819, 4 décembre. — *Urate*, par M. Donat, à Paris. — Chaux, plâtre, cendres mêlées aux urines pour les absorber.

1820, 6 juin. — *Poudre fécondante et végétative*, par M. Giraudy de Bronyon, à Marseille. — Dissolution gélatineuse, gadoue pulvérisée, urine, colombine, poulenée, fumier décomposé, plâtre en poudre, craie pulvérisée, chaux éteinte à l'air, noirs d'ivoire et de fumée.

1820, 22 août. — *Stercorat*, par M. Loque, à Paris. — Pour les sols légers : urine, argile, crottin, charbon de bois, os pulvérisés, chaux éteinte, balayures de rues. — Pour les sols argileux : matière fécale, urine, crottin, écailles d'huîtres pulvérisées, rognures de cuir, suie, houille, résidus de boucheries, vase de rivière, résidu de la fabrication du salpêtre, tourteaux, poulenée, mâchefer.

1821, 19 mars. — *Poudre saline*, par M. Housset, à Bordeaux. — Pour les terres à blé : chaux éteinte dans l'eau de mer, noir animal de raffineries, cendres de goëmon. — Pour les prairies : noir animal, plâtre calciné et gâché dans l'eau de mer. — Pour les vignes : marne mouillée avec de l'eau de mer, noir animal.

1823, 22 février. — *Engrais chrysolin*, par M. Rauque, à Orléans. — Marne imbibée de jus obtenu au moyen d'eau, de fumier, de cornes et de débris de laine.

1829, 13 juin. — *Noir animalisé*, par M. Salmon, à Paris. — Vases ou boues de rues carbonisées par parties égales avec des matières fécales.

1832, 14 janvier. — *Engrais tirés de coquilles d'huîtres pulvérisées*, par M. Steinau, à Berlin.

1832, 14 septembre. — *Engrais particulier*, par M. Moulin, à Toulouse. — Sang en poudre ou plâtre pulvérisé.

1833, 22 juin. — *Nouvelle poudrette*, par M. Boscary, à Paris. — Plâtre en poudre, fraisil et matières fécales.

1833, 30 juin. — *Engrais de la Glacière*, par MM. Capdeville et Cailleaux-Laberche, à la Glacière (Seine). — Matières fécales, os traités par l'acide chlorhydrique, cendres pyriteuses, os pulvérisés, chair cuite, résidu de colle forte, cendrée ou charrées, tannée carbonisée, mélasse.

1835, 30 mars. — *Noir animal terreux*, par M. Carré Villette, à Châlons (Marne). — Os en poudre calcinés mêlés à une terre très-ferrugineuse.

1835, 2 juin. — *Engrais*, par M. Armand. — Matières fécales, chaux, charbon et tourbe.

1835, 13 juin. — *Engrais perfectionné*, par Jauffret, à Salon (Bouches-du Rhône). — Matières végétales trempées dans une lessive et mises en fermentation.

1836, 22 octobre. — *Engrais perfectionné*, par M. Gaulofret, à Marseille. — Débris de houille et de lignite.

1837, 24 février. — *Poudrette Desnoyers*, par M. Trefouel-Desnoyers, à Paris.

1837, 9 septembre. — *Nouvelle méthode de production des engrais*, par M. Jauffret, à Paris.

1840, 12 septembre. — *Nouvel engrais*, par M. Jean, à Paris. — Vieux plâtre et matières fécales.

1840, 8 décembre. — *Nouveau noir animal*, par MM. Brochard et Pignon de Charbonnel, à Nantes (Loire-Inférieure).

1841, 24 février. — *Engrais du Midi*, par MM. Fouque, Sardou et Armand, à Toulon (Var) — Eaux animales chaux, décombres, cendres, suie de bois, goudron et noir animal.

1841, 11 juillet. — *Phosphate de chaux naturel*, par M. Robin Morhéri, à Loudéac (Côtes-du-Nord).

1842, 4 mars. — *Engrais-Houssard*, par M. Houssard, à Paris. — Substances absorbantes, telles que plâtre, plâtras, charbon, cendres, sulfate de zinc et matières fécales.

1842, 30 septembre. — *Engrais végéto-salin azoté*, par M. Salmon, à Marseille. — Matières fécales solides et liquides, algues desséchées et chaux ou plâtre en poudre.

1842, 25 avril. — *Engrais-Esmein*, par M. Esmein fils, à Nantes. — Suie et matières fécales.

1842, 14 juillet. — *Engrais-Faucon*, par M. Faucon, à Bordeaux. — Matières animales avec vase et matières résineuses carbonisées.

1843, 3 avril. — *Engrais minéral végéto-animalisé*, par M. Lefèvre, à Saint-Quentin. — Matières animales et végétales, cendres pyriteuses, craie et plâtre.

1843, 28 juin. — *Cendres noires*, par M. Clary, à Tours. — Engrais à peu près analogue à l'engrais Houssard.

1843, 24 mai. — *Engrais végétal pulvérulent*, par M. Fabre, à Nantes (Loire-Inférieure).

1843, 11 septembre. — *Engrais-Lefébure*, par M. Lefébure, à Rouen.

1843, 26 octobre. — *Engrais-Moisson*, par M. Moisson, à Auteuil (Seine). — Chiffons de laine imprégnés d'une solution de soude caustique, desséchés ou torréfiés et pulvérisés.

1845, 18 février. — *Engrais normal chimique*, par M. Chauviteau, à Paris. — Engrais dont la teneur en azote et en sel variait suivant la richesse des terres où il devait être appliqué.

1845, 26 février. — *Engrais-Savoye*, par M. Savoye, à Paris. — Matières fécales et toutes les substances possibles à bon marché.

1845, 13 mai. — *Engrais liquide artificiel*, par MM. Escher et Daendliker, à Zurich (Suisse). — Eau et acide sulfurique.

1845, 30 mai. — *Engrais-Kulhmann*, par M. Kulhmann, à Lille (Nord). — Engrais selon la nature des cendres des plantes.

1845, 4 juillet. — *Terreau-engrais*, par M. Pascalin, à Grenoble (Isère).

1845, 16 juillet. — *Engrais-Liebbig*, par M. Liebbig, à Giessen. — Engrais selon la nature des cendres des plantes.

1845, 22 août. — *Engrais chimico-animal*, par M. Armengaud jeune, à Paris. — Cendres et poudre de produits animaux en digestion dans l'eau.

1845, 18 octobre. — *Engrais-Binks*, par M. Binks, à Londres. — Substances renfermant du cyanogène.

1845, 27 octobre. — *Ulmine animalisée*, par M. Rouet, à Avignon.

1845, 12 novembre. — *Guano factice*, par M. Louis Cherrier, à Paris. — Urine, chlorure de calcium, os en poudre et sang coagulé par son poids de lait de chaux.

1846, 29 janvier. — *Engrais-Cherrier*, par M. Cherrier, à Paris. — Sang, os calcinés, ou huîtres calcinées, ou chaux, ou plâtre en poudre.

1846, 10 novembre. — *Engrais-Baronnet*, par M. Baronnet, à Paris. — Terre, houille grasse, tannée, sciure de bois, résidus de fabrique de colle, urines, huiles impropres à la fabrication des savons carbonisées et mêlées à des matières fécales, et des sels ammoniacaux et phosphatés.

1847, 9 février. — *Engrais-Mosnier*, par M. Mosnier, à Bruxelles. — Matières fécales traitées avec le lactate ferrique.

1847, 20 février. — *Guano français*, par M. Esmein, à Mantes (Seine-et-Oise). — Matières fécales désinfectées par la suie de bois et le proto-sulfate de fer.

1847, 22 mai. — *Engrais chloruré*, par M. Gary, à Paris. — Marne, chaux grasse et détritus organiques arrosés avec de l'eau de mer.

1847, 20 juillet. — *Engrais-Giot*, par M. Giot, à Chivry (Seine-et-Marne). — Matières fécales, excréments d'animaux, marne, débris de fourrages, débris d'animaux morts, issues de boucheries, sang et urine.

1847, 16 août. — *Sang chaulé*, par M. Coetland, à Rennes. — Sang mêlé à la chaux éteinte et additionnée de 10 pour 100 de sel ordinaire.

1847, 8 octobre. — *Engrais particulier*, par M. Lacarrière, à Paris. — Eaux ammoniacales condensées, chaux, mousse, foin, plâtre, plâtras, tan, charbon et escarbilles servant à épurer le gaz d'éclairage.

1847, 12 octobre. — *Engrais-Salabelle*, par MM. Salabelle et Boudon, à Valence (Drôme). — Urine, sang, sulfate de fer, poudrette, os en poudre et tan.

1847, 12 octobre. — *Engrais-Richer*, par M. Richer, à Nantes (Loire-Inf.).

1847, 21 octobre. — *Engrais*, par M. Lafitte, à Bordeaux.

1847, 26 octobre. — *Engrais fort azoté*, par MM. Barrière et fils aîné, à Bordeaux. — Os, écailles d'huîtres dissoutes par l'acide sulfurique, tan, suie, matières salifères, sang, poissons avariés, cendres lessivées, charbon et chaux.

1847, 11 décembre. — *Noir de Bourges* ou *Engrais végéto-azoté*, par M. Lanchère, à Bourges. — Sang, chair, os acidifiés, poussier charbonneux, sulfate de fer, chiffons de laine et soude.

1847, 13 décembre. — *Poudres noires destinées aux engrais*, par M. Bonnet, à Paris.

1848, 15 février. — *Engrais zoofime*, par M. de Molon, à Nantes. — Noir de raffinerie, coquilles pulvérisées, poissons en poudre arrosés d'un bouillon gélatineux.

1848, 30 juin. — *Engrais*, par M. Jauffret, à Marseille.

1848, 5 octobre. — *Engrais-Creton*, par M. Bernard, à Vertou (Loire-Inférieure). — Résidus de l'extraction du suif digérés dans l'eau chaude.

1848, 14 octobre. — *Engrais-Gill*, par M. Gill, à Londres. — Os convertis en super-phosphate de chaux.

1849, 5 juillet. — *Emploi d'une tourbe de mer*, par Mlle Merver, à Nantes (Loire-Inférieure).

1849, 11 juillet. — *Engrais-Félix*, par MM. de Saint-Brantu de Montcourdy et Félix, à Paris. — Sang bouilli dans lequel on verse du chlorure de chaux.

1849, 19 septembre. — *Engrais-Lagache*, par M. Lagache, à Paris. — Vase de marais, goudron, sang et azotate de soude.

1849, 27 décembre. — *Engrais-Sussex*, par M. de Sussex, à Paris. — Matières végétales : fumiers, tourbe, plantes, etc. ; matières animales : chairs, chiffons, os, poils, etc. ; et matières minérales : vases, etc., transformées par les sels alcalins en une substance pulvérulente.

1850, 19 avril. — *Engrais-Dupaigne*, par M. Dupaigne, à Caen. — Matières putréfiables dissoutes dans du purin, séchées et réduites en poudre.

1850, 23 avril. — *Engrais carbo-animalisé*, par M. Brétault-Billon, à Nantes. — Tuf calcaire, tourbe, mélasse, suie et sang.

1850, 29 juillet. — *Engrais-Thurneyssen*, par M. Thurneyssen. — Cendres pyriteuses, plâtre et goudrons divers mélangés et calcinés.

1850, 27 juillet. — *Engrais-humus*, par M. Lormont. — Lignites traités par des acides chloreux et saturés d'eaux ammoniacales.

1850, 9 novembre. — *Engrais de poissons*, par M. Derbès, à Marseille. — Môle de morue solidifiée, plâtre et sulfate de fer.

1851, 13 janvier. — *Guano de poissons*, par M. de Molon, à Paris. — Poissons desséchés et réduits en poudre, os désagrégés et merl.

1851, 22 janvier. — *Engrais-Malfilâtre*, par MM. Malfilâtre et Lepage, à Batignolles (Seine). — Poudrette, charbon pulvérisé, chlorure d'ammoniaque, gélatine, sulfate de fer et de cuivre, tartrate double de potasse et de soude, eau.

1851, 31 janvier. — *Engrais-Ameline*, par M. Ameline, à Saint-James (Manche). — Cendres, écailles d'huîtres, matières fécales.

1851, 7 mars. — *Engrais-Gaudin*, par M. Gaudin, à Paris. — Charbon animal, sulfate de soude et d'ammoniaque, sang desséché, chaux en poudre.

1851, 30 avril. — *Engrais végétal*, par M. Poisson, à Poitiers.

1851, 23 mai. — *Engrais chimique de Vaucluse*, par M. Rouet, à Avignon. — Chiffons de laine, rognures de cuir, cornes râpées, os, sulfate de fer et de chaux, poussière de charbon.

1851, 23 juin. — *Engrais*, par MM. Mathieu et Sabine.

1852, 14 août. — *Engrais chimique pulvérulent*, par M. Vigneau, à Paris. — Os calcinés, guano, sulfate de fer, soude, suie de bois, potasse, gypse, rognures de cornes, silicate de soude soluble.

1852, 25 septembre. — *Engrais-Sussex*, par M. de Sussex, à Paris.

1853, 25 février. — *Engrais orléanais*, par M. Goubeau, à Orléans. — Sang, sulfate de fer, plâtre, charbon en poudre, suie.

1852, 10 août. — *Engrais*, par M. Amalbert, à Marseille. — Plâtre, colombine, noir d'os, sel marin.

1853, 6 septembre. — *Engrais chimique*, par M. Cheillan, à Trets (Bouches-du-Rhône). — Urine humaine, plâtre gris, colombine, mélasse, sel de cuisine et cendres d'ossements.

1853, 9 septembre. — *Engrais carbo-perazoté*, par M. Leroux, à Paris. — Chaux, tourbe de tannée, goudron.

1853, 6 octobre. — *Engrais de mer*, par M. Stephant, à Kerolic (Morbihan). — Vase de mer, coquillages, urine humaine.

1854, 28 avril. — *Engrais* par MM. Bocquet et Moullé, à Paris. — Déchets de laine, matières urinaires, poussier de chaux et de charbon.

1854, 13 avril. — *Cendres azotées et carbonatées*, par M. Tardy, à Dijon. — Charbon végétal ou animal, cendres de bois, de houille ou de tourbe, chiffons de laine pulvérisés par la potasse ou la chaux, chaux ammoniacale, plâtre, acide sulfurique, silicate de soude.

1854, 23 août. — *Noir calcaire d'engrais*, par M. Leroux, à Nantes. — Chaux, tourbe carbonisée, goudron et argile.

1854, 28 octobre. — *Engrais*, par M. Richard, à Cesnon-la-Bastille (Gironde). — Sang, sulfate de chaux, noir animal, sulfate d'ammoniaque.

1855, 22 février. — *Tourbe transformée en engrais*, par MM. Leroux et de Lajonkaire, à Paris. — Tourbe et chaux.

1855, 26 février. — *Engrais lino-calcaire*, par MM. Peyronenenc et Saint-Ours, à Sarlat (Dordogne). — Lignites et résidus de la fabrication de la soude et de la potasse.

1855, 10 mars. — *Engrais-Poisson*, par M. Poisson, à Vanves (Seine). — Substances animales, végétales ou minérales : urine, tourbe, sulfate et phosphate de chaux.

1855, 6 avril. — *Engrais*, par M. Bedarride, à Paris. — Guano, poudrette, colombine, sel marin, poudre alumineuse, suie de bois, sulfate de chaux,

1855, 9 juin. — *Engrais*, par M. Landois, à Paris. — Charbon végétal, sels ammoniacaux, chlorures, substances azotées, fleur de soufre.

1855, 3 juillet. — *Engrais-Gain*, par M. Gain, au Mans. — Matières animales, chaux vive, matières végétales, esprit de sel.

1855, 6 septembre. — *Engrais cyanique*, par M. White, à Paris. — Charbon, potasse ou cendres de bois, sang et sulfate d'alumine.

1855, 22 octobre. — *Engrais*, par MM. Cosseron et Compain.

1855, 27 novembre. — *Guano indigène*, par M. Rohart, à Paris. — Détritus des abattoirs, nommés épluchures.

1856, 8 avril. — *Engrais ammoniacalisé*, par M. Hamelet, à Tours. — Eaux ammoniacales, tourbe animalisée, crottin de cheval, suie, fiente de pigeon, matières fécales, sulfate de fer.

1856, 25 mars. — *Engrais de varech*, par MM. Morand et Bonnaterre, à Paris. — Plantes marines préparées.

1856, 27 mars. — *Engrais-Hillel*, par MM. Hillel et Cie, à Paris.

1856, 26 avril. — *Guano économique*, par M. Aschermann, à Paris. — Chiffons rendus solubles, poils, bourre et autres matières analogues.

1856, 23 mai. — *Engrais*, par MM. Bertault, Billon et Esmein, à Nantes. — Tourbe pulvérisée, mélangée avec du goudron de houille et carbonisée.

1856, 7 juillet. — *Guano d'Europe*, par M. Angely, à Paris. — Matières fécales, urine et charbon.

1856, 13 août. — *Engrais animal concentré*, par M. Laracine, à Lyon. — Sang liquide, bouillon gélatineux, sulfate de fer et de chaux, chair musculaire, noir de fumée.

1856, 25 septembre. — *Guano-compost*, par M. Lucas, à Grenelle (Seine). — Balayures de rues, sous-carbonate de soude, sulfate de chaux, chaux en poudre, détritus de boyauderie, résidus de sucreries, etc.

1856, 7 octobre. — *Guano artificiel*, par M. Carrères, à Paris. — Os pulvérisés, fiente de bêtes à laine, sel ammoniaque, eau gélatineuse.

1857, 19 janvier. — *Engrais agenais*, par M. Lejaille, à Agen.

1857, 30 mars. — *Engrais ulmaté*, par M. La Blanchetière, au Mans.

1857, 14 avril. — *Engrais vendéen*, par M. Blain, à Napoléon-Vendée.

1857, 13 juin. — *Engrais minéral*, par M. Fouacier, à Paris.

1857, 22 juin. — *Guano français*, par M. Magnier, à Paris.

1857, 3 août. — *Noir guano*, par M. Planchais, à Brest.

1857. — *Engrais végéto-animal*, par M. Lucas, à Lyon.

1857. — *Engrais salin azoté*, par M. Soulage, à Toulouse.

1858, 29 mars. — *Engrais acidule animal*, par M. La Blanchetière, au Mans.

1858, 9 juin. — *Engrais minéral azoté*, par M. Chaland, à Ambronay.

1858, 19 juillet. — *Guano majeur*, par M. Esmein, à Paris. — Sang et déjections solidifiés.

1858, 9 novembre. — *Engrais-Corne*, par M. Corne, à Monsempron (Lot-et-Garonne). — Engrais humain désinfecté.

1859, 2 février. — *Engrais rationnel*, par M. Laroze, à Paris.

1859, 12 mars. — *Engrais animal pur*, par M. Oudinot, à Paris.

1859, 19 mai. — *Engrais phosphaté*, par M. Gilbert, à Elbeuf.

1859, 5 août. — *Guano-Millaud*, par M. Millaud, à Paris.

1859, 23 août. — *Engrais zoocalcaire*, par M. Grivolas, à Avignon.

1860, 13 février. — *Guano français*, par M. Avice, à Paris.

1860, 14 mai. — *Engrais*, par M. Poltron, à Paris.

1860, 7 juillet. — *Engrais-Compagnon*, par M. Compagnon, à Marseille.

1860, 8 août. — *Engrais-Trévoux*, par M. Trévoux, à Lyon.

Cette longue liste ne comprend que les engrais solides. Je n'ai pas cru utile d'y inscrire les brevets concernant la fabrication du phosphate ammoniaco-magnésien, et ceux relatifs à l'emploi du cyanogène comme engrais. J'ai omis aussi à dessein les diverses méthodes proposées pour élever la fécondité et la production, soit des terres arables, soit des terres pauvres. Parmi ces moyens, les uns indiquent que leurs auteurs sont dépourvus et de science et de pratique; les autres rappellent le système singulier imaginé par M. Le Hoc, il y a vingt années (voir à l'*Appendice*), en faveur de l'humanité et aux dépens des agriculteurs qui croient à la véracité de tous les écrits.

Au nombre des engrais mentionnés dans la liste qui précède, quelques-uns sont bien composés, si j'en juge par les formules inscrites sur les brevets mêmes. Malheureusement, rien ne prouve que les engrais fabriqués et livrés à l'agriculture auront toujours une composition semblable, parce que jusqu'à ce jour, en général, les vendeurs ne garantissent pas la valeur fertilisante des engrais qu'ils confectionnent. Il est vrai que quelques fabricants annoncent dans leurs prospectus que leurs engrais sont vendus avec la garantie d'une quantité déterminée d'azote ; mais cette garántie n'est souvent que relative. Ainsi, M. Aschermann s'engage, s'il y a déficit sur le dosage de l'azote indiqué, à réduire proportionnellement le prix de l'engrais. Cette manière d'agir ne peut satisfaire les agriculteurs, qui comprennent l'avantage de n'employer que des engrais bien titrés.

Aujourd'hui, *tout fabricant d'engrais doit garantir, à quelques centièmes près, que la matière qu'il livre contient telle ou telle quantité déterminée de parties organiques, animales et inorganiques.* Cette garantie est d'autant plus nécessaire, que la plupart des inventeurs ont évité de déclarer, dans leur demande de brevets, les proportions d'après lesquelles ils mélangent les diverses matières qu'ils emploient pour confectionner leurs engrais.

Les engrais commerciaux les plus fertilisants, sont ceux qui sont les plus complexes dans leur composition. Ainsi, *on doit préférer les engrais artificiels riches en matières organiques très-azotées, en sels solubles, en phosphate et en azote.* On doit éviter d'employer les mélanges qui ne contiennent, pour ainsi dire, que des parties terreuses, du sable, du calcaire, de la tourbe, des matières organiques inertes et une forte proportion d'eau et de parties végétales carbonisées.

En général, jusqu'à ce jour, les engrais brevetés n'ont pas

eu de succès. Ce fait ne m'étonne pas, car la plupart des inventeurs se sont bornés à reproduire les formules connues depuis plusieurs siècles; mais ce n'est pas la première fois que je vois le talent spéculateur rajeunir les vieilles choses. Désormais, grâce à la diffusion des lumières agricoles et à l'influence exercée par les journaux d'agriculture, un engrais artificiel n'aura de valeur qu'autant que sa fabrication aura été raisonnée et qu'il fournira aux végétaux la presque totalité des éléments qu'ils réclament pour se développer rapidement. Si M. Derrien a réussi, s'il fabrique à Nantes (voir p. 632) un engrais que l'agriculture accepte chaque année avec empressement, c'est qu'il divulgue à tous ses procédés d'opérations, les matières qu'il emploie, le but qu'il veut atteindre, la composition de l'engrais qu'il fabrique; c'est qu'il se rend compte des exigences des plantes, raisonne et expérimente sur le terrain les formules qu'il adopte. Puissent les nouveaux fabricants d'engrais commerciaux imiter cet habile industriel et demander aussi à l'agriculture un brevet de capacité et de loyauté!

SECTION II.

Guano Derrien.

Historique. — Composition. — Mode de livraison. — Poids de l'hectolitre. — Quantité à répandre. — Emploi. — Cultures pour lesquelles on l'applique. — Valeur commerciale.

Historique. — C'est en 1850, époque de la publication de l'arrêté du préfet de Nantes qui régit aujourd'hui le commerce des engrais dans le département de la Loire-Inférieure, que M. Édouard Derrien, ancien élève de Roville, s'est livré pour la première fois à la fabrication des guanos artificiels. Homme de progrès et commerçant loyal, il a compris qu'il devait garantir la valeur fertilisante des engrais livrés à l'agriculture. Cette affirmation que la composition du guano qu'il donne est identique à celle qu'il inscrit sur le bordereau de livraison, a été cause du succès remarquable qu'il obtient chaque année et du bienveillant appui que lui ont prêté une foule d'hommes qui ont leur place marquée dans le monde scientifique.

M. Derrien occupe aujourd'hui le premier rang parmi les fabricants honnêtes d'engrais commerciaux.

La vente de cet engrais acquiert chaque année plus d'importance. Voici les quantités de kilog. que M. Derrien a livrées de 1851 à 1856.

1851	1852	1853	1854	1855	1856
15 000	45 000	100 000	300 000	600 000	1 000 000

Cette fabrication permet à M. Derrien d'utiliser, au profit de l'agriculture, des matières perdues et nuisibles même parfois par leur agglomération dans quelques lieux de production. Quelques agriculteurs ont pensé qu'un jour arrivera où il lui sera impossible de satisfaire à des demandes plus nombreuses que celles qui lui ont été faites cette année. J'ai acquis la certitude que ces craintes ne sont pas fondées.

M. Derrien a obtenu de nombreuses récompenses. La société d'encouragement lui a décerné une médaille de platine; le ministre de l'agriculture lui a accordé, sur la demande du jury du comice régional de Nantes, une grande médaille d'or.

Ces récompenses si bien méritées n'ont pas fait plaisir à M. Rohart. Ce fabricant d'engrais trouvait que M. Derrien n'avait pas assez fait pour mériter cette dernière distinction. Les agriculteurs n'ont pas sanctionné ces récriminations.

Composition. — Le guano Derrien est fabriqué avec de la chair desséchée, des débris de laine, de poisson, etc., de fabriques de colle, des râpures de cornes, du sang sec, de la fiente de volailles, des os rejetés de la fabrication du noir animal, des cendres de bois et des coquillages de mer.

Les os sont traités par l'acide sulfurique et transformés en superphosphate de chaux.

Toutes ces substances sont broyées à l'aide de meules, mélangées dans des proportions déterminées, suivant les plantes auxquelles on les destine et soumises ensuite à l'action d'un tamisage. Ces divers appareils sont mis en mouvement par une machine à vapeur de 18 chevaux.

Voici trois analyses de l'engrais Derrien, les deux premières qui ont été faites en 1855 par M. Barral.

	A	B	C
Matières organiques animales....	37,00	52,00	41,00
Sels solubles....................	5,00	3,00	4,00
Phosphate de chaux..............	33,00	23,00	41,00
Carbonate de chaux..............	12,00	10,00	7,10
Sulfate de chaux................	6,00	5,00	3,00
Silice, alumine et oxyde de fer...	7,00	7,00	4,00
	100,00	100,00	100,00

Ces analyses se rapprochent beaucoup des analyses du guano péruvien (voir page 391).

Cet engrais commercial contient normalement de 10 à 12 pour 100 d'eau.

La différence que l'on observe entre ces analyses n'a rien d'anomal. Elle indique au contraire que M. Derrien fabrique des guanos artificiels qui sont plus ou moins riches en phosphate ou carbonate de chaux, selon qu'ils sont destinés pour les céréales : blé, seigle, etc. ; les plantes légumineuses : trèfle, luzerne ; les plantes crucifères : colza, choux, etc.

On remarquera que ces analyses accusent une très-faible proportion de sable.

Le guano Derrien est très-ténu et grisâtre ; il accuse le piquant et l'odeur ammoniacale des guanos des mers du Sud.

Il y a quelques années, les engrais livrés par M. Derrien ne contenaient que 4 à 5 pour 100 *d'azote*. Aujourd'hui, ils en renferment de 5 à 7 pour 100. La qualité moyenne est 6 pour 100.

Mode de livraison. — Cet engrais est livré en sacs de toile plombés portant la marque du fabricant. Chaque sac est vendu 1 fr.

Toute livraison est accompagnée d'un bulletin indiquant l'analyse officielle complète et le poids de l'hectolitre de l'engrais vendu. *Tout acheteur a le droit de rendre la vente nulle si la composition de l'engrais livré n'est pas entièrement semblable à l'analyse mentionnée sur le bulletin-facture de livraison.* Peut-on agir avec plus de franchise et de loyauté? Peut-on offrir plus de garantie dans la vente des engrais? Évidemment non.

Poids de l'hectolitre. — Le poids de l'hectolitre varie entre 77 et 84 kilog. Le poids moyen est de 80 kilog.

Quantité à répandre. — La quantité à appliquer par hectare varie entre 400 et 600 kil. selon la nature de l'engrais.

Emploi. — On doit répandre ce guano avec la main et à la volée. Il faut opérer cette application de préférence le soir ou le matin lorsque l'air est calme.

Quand on l'emploie au printemps, il faut l'appliquer avant la cessation des pluies.

On recouvre cet engrais sur les terres labourées, par un hersage. On peut l'appliquer en même temps que les semences.

Cultures pour lesquelles on l'emploie. — Le guano Derrien convient particulièrement aux plantes céréales, crucifères et légumineuses. On l'emploie aussi avec succès dans la culture du sarrasin et du millet.

Lorsqu'on l'applique pour des céréales d'hiver, il faut répandre la moitié de la quantité qu'on emploie en automne et l'autre moitié au printemps.

Cet engrais agit avec efficacité sur les prairies naturelles. J'en ai obtenu des résultats aussi remarquables que lorsque je l'ai appliqué pour la culture des céréales d'hiver.

M. Derrien en exporte chaque année de grandes quantités dans les colonies.

Valeur commerciale. — Cet engrais est vendu 19 fr. les 100 kilog. pris à Nantes.

SECTION III.

Cendres de mer.

Définition. — Préparation. — Quantité par hectare. — Emploi. — Plantes pour lesquelles on les applique. — Action fertilisante.

Définition. — On prépare depuis longtemps sur les rivages de l'île de Noirmoutiers (Vendée), un engrais auquel on a donné le nom de *cendres de mer*, *engrais de Noirmoutiers*.

Préparation. — Cet engrais se compose de cendres de varech que le flux de la mer pousse à la côte ou qui vivent sur les rochers, de sable de mer, de fumier et de coquillages. Lorsque les goëmons ont été brûlés, incinération qui a lieu sur le bord de la côte, on mêle leurs cendres, qui sont très-riches en sels solubles, aux autres parties qui doivent former l'engrais, et on les arrose de temps à autre avec de l'eau de mer, en ayant soin de les mêler à plusieurs reprises. La fermentation qui se manifeste dans la masse, est plus ou moins active, plus ou moins prompte, mais toujours elle permet au mélange de se convertir en une espèce de terreau assez léger, gris noirâtre, qui ressemble beaucoup à des cendres grossières.

Poids de l'hectolitre. — Cet engrais pèse de 75 à 85 kilog. l'hectolitre.

Quantité par hectare. — Ces cendres de mer sont employées dans l'île de Noirmoutiers, et sur la côte de Pornic et de Bourgneuf, à raison de 100 hectolitres par hectare.

Emploi. — On les répand à la pelle comme les charrées. Ainsi, on les dépose sur le champ en petit tas espacés les uns des autres de 5 à 6 mètres et on procède ensuite à leur épandage. On les mêle à la terre, qui a toujours été préalablement ameublie par des labours, au moyen de la herse.

Plantes sur lesquelles on les applique. — Cet engrais est principalement employé dans la culture du sarrasin, du froment, des choux et des pommes de terre. On le répand aussi sur les prairies naturelles et artificielles.

Action fertilisante. — La quantité que l'on prépare dans l'île de Noirmoutiers, est considérable, et elle justifie la préférence que les habitants des côtes de la Vendée accordent à cet engrais, quand il a été bien confectionné. Lorsqu'il contient, outre des vases marines, des varechs, des débris de poissons, des coquillages, du fumier, des charrées ou des cendres de marais, il est beaucoup plus fertilisant que le noir animal.

Ses effets se font sentir pendant deux années.

Dans quelques communes du littoral, on allie ces cendres de mer aux fumiers, afin d'accroître l'énergie fertilisante de ces derniers engrais.

Les terres qu'on fume avec les cendres de mer produisent en moyenne 18 à 20 hectolitres de froment par hectare. M. Hervé-Mangon a constaté que ces terres avaient conservé depuis plusieurs siècles leurs mêmes degrés de fécondité ou de productivité.

Valeur commerciale. — Cet engrais se vend sur les lieux de production 3 fr. l'hectolitre.

SECTION IV.

Varech animalisé.

Depuis 1845, on fabrique à Marseille un engrais que l'on a appelé *varech animalisé, herbes marines minéralisées*. L'usine où l'on prépare cet engrais appartient à MM. Papety et Cie ; elle est dirigée par M. Salmon, et fabrique annuellement 5000 mètres cubes de varech animalisé.

Voici comment on prépare cet engrais :

On fait sécher 80 parties d'algues marines en les exposant au soleil sur une aire, après les avoir couvertes de 20 parties de chaux en poudre. Quand les plantes sont sèches, on les mèle à 300 parties d'excréments humains solides. Lorsque ces substances forment une pâte homogène, on les moule et on les presse pour les vendre sous forme de tourteau.

Cet engrais contient 2,33 pour 100 d'azote.

M. Salmon remplace quelquefois la chaux par du plâtre.

Cet engrais est expédié en partie sur le littoral de la Méditerranée, en partie en Italie. Il est très-fertilisant quand il vient d'être fabriqué ; mais il a l'inconvénient de ne pas retenir l'ammoniaque et de diminuer de jour en jour de valeur. Les cultivateurs qui achèteront du varech animalisé devront donc s'assurer de son époque de fabrication et l'employer le plus promptement possible.

On le vend 3 fr. les 100 kilog.

SECTION V.

Engrais Lainé.

L'engrais connu sous le nom d'*engrais Lainé* est déjà ancien. Cet engrais a eu des partisans et beaucoup d'adversaires Ainsi, les uns l'ont regardé comme excellent; les autres ont soutenu que son action fertilisante était très-faible.

Pendant longtemps, on a connu deux sortes d'engrais Lainé, l'*engrais chaud* et l'*engrais froid*. M. Deni, le successeur de M. Lainé, a abandonné la fabrication de ce dernier, et je l'en félicite.

Cet engrais est composé de débris animaux et végétaux de toutes sortes. Voici, d'après une analyse faite sur ma demande par M. Baudrimont, il y a cinq ans, les substances qu'il renferme :

Eau	33,333
Matières organiques	22,717
Sulfates et chlorures alcalins	0,550
Phosphate de chaux	10.200
Carbonate de chaux	17.600
Silice	15.600
	100.000

Ces proportions sont bonnes, sauf celle du sable et de l'eau. Je dois constater que M. Deni est parvenu depuis à livrer des engrais moins chargés de parties siliceuses.

L'azote y existe dans les proportions de 1,25 pour 100.

Cet engrais a un aspect un peu terreux; il pèse de 72 à 80 kil. l'hectolitre, suivant l'état de l'atmosphère.

M. Deni recommande de l'employer pour les céréales et les plantes commerciales, à la dose de 30 à 45 hectolitres.

On le répand à la volée et on l'enterre par un hersage ou au moyen d'un labour. Il faut, autant que possible, le mêler à la terre avec la semaille.

On l'utilise dans la culture des céréales d'automne, du colza et on le répand sur les prairies artificielles et naturelles.

On le livre sans emballage au prix de 3 fr. 50 c. l'hectolitre et 3 fr. 85 c. avec emballage.

Je fais des vœux pour que M. Deni inscrive sur ses factures l'analyse de l'engrais qu'il livre.

Quoi qu'il en soit, cet engrais, vu sa composition et son prix, ne mérite pas qu'on le considère comme mauvais. Je sais qu'on a dit qu'il était souvent très-terreux. Ce reproche, on pourrait aussi l'adresser aux boues de ville. Du reste, la quantité de parties siliceuses que contient l'engrais Lainé sera toujours un peu forte parce qu'il y entre des résidus terreux. En outre, l'analyse révèlera sans cesse dans sa composition quelques variations, car on ne le fabrique pas avec des matières pures. Nonobstant, d'après l'analyse qui précède et le prix auquel il est vendu, on doit le regarder comme un engrais utile et même supérieur à beaucoup d'autres.

Les boues de villes épurées, les poils, les cornes divisées, etc., etc., forment la base de l'engrais Lainé.

SECTION VI.

Engrais Poisson.

M. Poisson fabrique un engrais à base d'urine humaine qui a donné de bons résultats.

Cet engrais, que l'on appelle quelquefois *engrais Sauhon* contient, outre l'urine, une forte proportion de matières animales, surtout celles qui proviennent de la fabrication de la colle forte et de la gélatine.

Voici, d'après une analyse faite par M. Hervé-Mangon, les substances qui le composent :

Matières organiques azotées	56,05
Phosphate de chaux	9,60
Sulfate de chaux et carbonate de chaux	9,56
Alumine et oxyde de fer	3,11
Silice	9,78
Eau	12,00
	100,00

Cet engrais contient à l'état normal 5,56 pour 100 d'azote.

Chaque hectolitre pèse de 78 à 80 kilog.

On l'emploie à la dose de 1000 kilog. par hectare, soit 12 à 14 hectolitres.

Cet engrais se répand à la volée comme s'il était question d'appliquer de la poudrette.

Il est vendu comme il suit les 100 kilog. :

Engrais pour céréales	28 fr.
— pour racines	25
— pour vignes	18
— pour prairies	12

Il y a cinq ans l'engrais Poisson n'avait pas la valeur fertilisante qui le distingue aujourd'hui.

SECTION VII.

Guano de la Motte.

M. Pichelin-Petit, à la Motte-Beuvron (Loir-et-Cher), livre à l'agriculture sous le nom de *guano de la Motte* un mélange de débris animaux.

Voici comment cet engrais est fabriqué :

Les animaux après avoir été abattus sont coupés en morceaux. Les cornes, sabots et peaux sont mis à part pour être revendus. Le sang est recueilli avec la plus grande économie. On le fait figer et égoutter; les caillots sont ensuite taillés par tranches, et placés sur une sorte de claie à fromages. Le sérum qui en découle est l'albumine, substance qui a un grand prix en médecine et dans les arts. Les matières cérébrales étant particulièrement riches en albumine, sont traitées de même, et le sérum en est recueilli avec le même soin.

Les animaux ainsi dépecés sont portés dans une chaudière cylindrique, à bascule, dans laquelle ils sont soumis à un degré particulier de cuisson par la vapeur même de la locomobile. La cuisson achevée, la chaudière est renversée sur une claie; sous cette claie est un réservoir dans lequel tombe le *bouillon*, qui, joint au sang, est ensuite mélangé à la poudre des os.

Lorsqu'un cheval abattu est gras, les parties les plus charnues sont traitées dans une chaudière particulière, et la graisse recueillie est vendue à part.

Les morceaux cuits sont portés de la claie au fond du magasin. Là, on dépouille les os de la viande; les os sont portés au four, et la viande est mise dans des tonneaux, où sa fermentation est achevée par un mélange d'acide sulfurique, afin qu'elle puisse être facilement écrasée et ajoutée avec le sang et le *bouillon* à la poudre d'os.

Les os sortant du four sont donnés à des *broyeurs*, de trois forces différentes, mus par une machine à vapeur. C'est lorsqu'ils sont réduits à leur dernier état de pulvérisation qu'on les mélange avec la viande et le sang, etc.

Le guano de la Motte contient pour 100 parties 48 à 50 de matières organiques, 25 à 27 de phosphate de chaux.

L'azote y varie de 8 à 10 pour 100.

Il est livré par sac en toile de 100 kilog. Chaque sac est plombé et porte avec lui sa composition.

On l'applique comme tous les autres engrais pulvérulents à la dose de 300 à 450 kilog., selon la faculté épuisante des plantes pour lesquelles on l'emploie. Il faut autant que possible le répandre avant la cessation des pluies.

On l'emploie dans la culture des céréales et des plantes fourragères. Il a produit de bonnes récoltes quand il a été appliqué sur des terres de bruyères nouvellement défrichées.

Il est vendu 24 fr. les 100 kilog. pris à l'usine.

Cet engrais perd en vieillissant une partie de ses propriétés fertilisantes. On doit donc éviter de le garder pendant longtemps en magasin.

SECTION VIII.

Engrais Turrel.

M. Turrel fabrique à Marseille divers engrais. L'*engrais sel* ou *engrais Turrel* est préparé avec du fumier pulvérisé, des sels ammoniacaux et du sel marin. Ce mélange est-il rationnel? Je ne le crois pas. C'est pourquoi je disais à l'inventeur, il y a cinq ans : on se plaint avec raison de l'action trop énergique, trop épuisante de votre engrais, parce qu'il contient une trop forte proportion de substances salines. Pourquoi ne changez-vous pas votre mode de fabrication? A quoi bon pulvériser du fumier et répéter ce que Lecarlier, à Trolly (Oise), avait imaginé à la fin du siècle dernier? Si vous remplaciez cette matière par des parties animales, votre engrais aurait plus de valeur, et les plaintes que j'ai entendues à Aix et à Arles se changeraient en félicitations. Ces conseils ont été entendus par M. Turrel. En 1861, il a ajouté à cet engrais des matières fécales, des chiffons, du tourteau et du guano.

M. Turrel recommande d'employer cet engrais de préférence au mois d'avril, avant les pluies, à la dose de 500 à 600 kilog. à l'hectare. Il agit faiblement si on l'applique dans une proportion plus faible; il nuit à la germination des graines ou détruit les plantes si on l'emploie à une dose plus forte.

Pris à Marseille, cet engrais se vend 5 fr. les 100 kilog.

M. Turrel a offert cette année aux agriculteurs du Midi un engrais qu'il a appelé *guano superphosphaté*. Il le vend 27 fr. les 100 kilog. Il contient sur 100 parties 40 de superphosphate de chaux, 20 de nitrate de soude et de potasse et 7 d'ammoniaque. Il recommande de l'appliquer par hectare à la dose de 400 kilog. si les terres n'ont pas été fumées ou si elles ont été lavées par les pluies. Dans le cas contraire on n'en répand que 200 kilog.

La valeur vénale de ce guano est trop élevée.

On reprochera aussi à cet engrais, très-certainement, de ne pas contenir une plus forte proportion de matières organiques. La grande quantité de sels nitreux obligera à ajouter du tourteau ou à l'appliquer sur des terres riches en humus.

M. Turrel fabrique encore un *tourteau guano* qui contient sur 100 parties : matières organiques 77,5, sels alcalins 7, phosphate de chaux 7, azote 5,2. Cet engrais doit être appliqué à la dose de 1000 kilog. par hectare. Il est vendu 10 fr. les 100 kilog.

M. Turrel a tort de dire que ce tourteau est *supérieur en tout au guano du Pérou.*

SECTION IX.

Engrais Rohart.

M. Rohart a eu l'heureuse pensée, il y a quelques années, d'utiliser comme engrais les résidus provenant de l'épuration des graisses. Ces détritus, après avoir été soumis à l'action d'une presse, étaient livrés à l'agriculture sous forme de pain, rappelant les tourteaux des graines oléagineuses. Ils contenaient alors sur 100 parties de 50 à 60 de matières organiques, de 4,26 à 6,06 pour 100 d'azote et de 1,18 à 2,76 d'acide phosphorique.

L'engrais que fabrique aujourd'hui M. Rohart contient toujours des détritus de la fonte des suifs, c'est-à-dire des corps gras, des petits fragments d'os, quelques poils, des cartilages, des tendons et des fragments de chair; mais ces matières y existent dans une plus faible proportion. On les a en partie remplacées par des os pulvérisés, des chiffons déchiquetés, du sang desséché et du fraisil. Ainsi, sur ces 200 kilog., on compte :

Matières animales, environ	151 kil.
Poudre d'os, —	23 —
Chiffons effilés, —	6 —
Sang desséché, —	7 —
Fraisil, —	13 —
Total	200 kil.

M. Barral a constaté que l'engrais livré maintenant par M. Rohart contenait :

Matières organiques	49,80
— minérales	30,98
Eau	19,22
Total	100,00

L'azote y existe dans la proportion de 3,65 et le phosphate tribasique de 8,70 pour 100.

Si l'emploi du fraisil est justifié par l'odeur très-nauséabonde développée par les détritus de la fonte des suifs, rien n'indique la nécessité de leur ajouter environ 3 pour 100 de chiffons de laine effilés.

M. Rohart fait observer que son engrais, qu'il appelle aujourd'hui *matières animales brutes*, doit être appliqué à la dose minimum de 1000 kilog. par hectare, si l'on veut remplacer une fumure complète en fumier de ferme.

On doit bien le diviser avant son emploi. Il agit avec lenteur.

Cet engrais pèse environ 42 kilog. l'hectolitre.

Il est vendu, pris à l'usine, 5 fr. 50 les 100 kilog. Ce prix n'est pas élevé, mais il est en rapport avec les 33 pour 100 d'eau et de matières minérales que contient l'engrais. Les 20 pour 100 d'humidité élèvent considérablement les frais de transport et augmentent son prix de vente.

Je désire, dans l'intérêt de l'agriculture, que M. Rohart puisse continuer de livrer ses matières animales brutes au prix de 5 fr. 50 les 100 kilog.

SECTION X.

Zoofime et engrais de Pen-Bron.

En 1848, M. Demolon livrait à l'agriculture de l'Ouest, sous le nom de *zoofime*, un engrais particulier pour lequel il prit des brevets le 15 février 1848 et le 20 juillet 1850.

Cet engrais fut d'abord fabriqué avec 3 hectol. de chair musculaire sèche, 3 hectol. de noir de raffinerie et 4 hectol. de *merl* ou madrépores pulvérisés. Lorsque ces parties avaient été mélangées, on les arrosait avec une faible solution de sulfate de fer. Plus tard, on prépara cet engrais en mélangeant 100 kilog. de noir de raffinerie, 200 kilog. de madrépores et 100 kilog. de poisson cuit et sec ou 200 kilog. de têtes de sardines, ou 56 kilog. de chair musculaire. Quand le mélange avait eu lieu, on l'arrosait avec 1 hectol. de bouillon gélatineux provenant de la cuisson des poissons auxquels on avait ajouté de 10 à 20 pour 100 de sel marin.

Le zoofime était poudreux et noirâtre ; il exhalait une odeur infecte et contenait 2,67 pour 100 d'azote.

On l'appliquait à la dose de 5 à 6 hectol. par hectare.

Cet engrais produisait des effets très-satisfaisants, parce qu'il contenait tous les éléments qu'exigent les céréales et les légumineuses pour végéter avec vigueur.

L'*engrais de Pen-Bron* a une grande analogie avec le *zoofime*. On le vend 14 fr. les 100 kilog. Il contient 2,99 pour 100 d'azote et renferme, suivant MM. Barral et Mangon, de 29,95 à 40,14 pour 100 d'eau. Cet excès d'humidité ne permet pas de le recommander comme un engrais économique.

SECTION XI.

Guanos artificiels divers.

Guano Millaud. — L'engrais vendu sous le nom de *guano Millaud* est azoté et phosphaté. D'après MM. Barral et Chevallier, il contient sur 100 parties de 20 à 27 d'eau, de 11,48 à 12 de phosphate de chaux, de 6,38 à 6,60 d'azote.

Il est vendu à Paris en sacs plombés de 32 fr. les 100 kilog.

Cet engrais contient évidemment trop d'eau. Son prix est aussi trop élevé.

Guano Mongin. — Le guano Mongin, suivant M. Malagutti, contient sur 100 parties : eau 20, phosphate de chaux 18,47, azote 4,80.

Il pèse 50 kilog. l'hectolitre et est vendu, pris à Nantes, 16 fr. les 100 kilog.

Guano humifère. — Le guano humifère, que son inventeur, M. Gautier, se plaît à regarder comme aussi puissant que le guano du Pérou, a pour base une tourbe carbonisée, animalisée et minéralisée. On le vend 24 fr. les 100 kilog.; il contient 5 pour 100 d'azote et 10 pour 100 de phosphate. Il pèse 50 kilog. l'hectolitre. Cet engrais est loin d'être aussi actif que le guano du Pérou et aussi complet que le fumier de ferme.

M. Gautier aurait pu appeler l'engrais qu'il fabrique *noir animalisé*, car sa composition rappelle assez exactement l'engrais fabriqué il y a trente ans par M. Salmon (voir p. 655).

Guano d'Aubervilliers. — Le guano d'Aubervilliers provient de l'abattoir municipal de Paris. Il est fabriqué avec des chairs, du sang, des issues d'animaux, des résidus de pêcheries et des phosphates alcalins. Les chairs sont cuites dans une chaudière autoclave et ensuite divisées, séchées sur des claies dans une étuve et réduites en poudre.

Ce guano est vendu 30 fr. les 100 kilog. Il contient de 10 à 15 pour 100 de phosphate de chaux et 9 à 10 pour 100 d'azote. M. Krafft garantit ces proportions. On applique cet engrais à la dose de 400 kilog. par hectare.

Cet engrais a toujours produit des effets remarquables sur les terres où il a été appliqué.

Guano phosphaté. — On livre à l'agriculture, en Angleterre, un engrais que l'on appelle *guano du Pérou phosphaté.* Ce guano contient en moyenne sur 100 parties 33 pour 100 de phosphate de chaux. On a constaté que ce guano avait une action plus marquée sur les céréales et les crucifères que le guano du Pérou.

Le guano superphosphaté livré à Marseille par M. Turrel est loin d'avoir la valeur fertilisante du guano phosphaté fabriqué en Angleterre.

Guano de la Minière. — Cet engrais est préparé par M. Béglin, à la Minière, près Versailles. Il contient du sang sec pulvérulent, du phosphate de chaux en poudre et des sels de potasse. Je signale cet engrais à l'attention des agriculteurs. Son prix est de 20 fr. les 100 kilog.

Guano Leroux. — M. Leroux fabrique à Nantes un guano artificiel qui contient 4, 10 et 12 pour 100 d'azote et 0 ou 20 ou 50 pour 100 de phosphate. Cet engrais est vendu 23 fr. 50 à 26 fr. 50 les 100 kilog. Il est fabriqué avec des os, des cornes, des chiffons et autres matières animales *torréfiées.* Ce mode de fabrication ne mérite pas d'être recommandé.

SECTION XII.

Substances désinfectantes.

On a proposé depuis un demi-siècle un très-grand nombre de substances pour désinfecter les matières qui entrent dans la composition des engrais.

Ainsi, on a vanté successivement les vertus désinfectantes des composés suivants :

Tourbe carbonisée, suie, plâtre, chaux en poudre, tan, goudron, sulfates de fer et de zinc, oxyde de fer hydraté, poussier de charbon, chlorure de chaux, etc., etc.

Je passe sous silence l'*eau antiméphitique*, le *réactif Moll*, etc.

La *tourbe carbonisée* et la *poussière de charbon* désinfectent bien les matières fécales et les débris d'animaux, mais ils doivent être employés dans une forte proportion. Il résulte de là qu'ils ne conviennent pas à un fabricant, parce qu'ils augmentent sans utilité le volume des engrais.

Les agriculteurs anglais ont su mettre à profit depuis longtemps le pouvoir absorbant du charbon de tourbe. De temps en temps, ils font jeter dans les latrines des manufactures de la tourbe carbonisée en poudre. L'absorption des liquides et la désinfection des solides ont lieu immédiatemant. Alors, les déjections ne fermentent plus, et elles ne développent pas d'odeur nauséabonde ou infecte lorsqu'on les extrait des fosses.

Le *chlorure de chaux* a des inconvénients : d'abord, en se décomposant il produit du chlore dont l'odeur est suffocante ; en second lieu, il décompose en pure perte les gaz ammoniacaux.

Le *sulfate de fer* ne vaut pas le sulfate de zinc, parce que, contenant un excès d'acide, il donne lieu à un dégagement d'acide sulfhydrique et d'acide carbonique, deux gaz délétères qui proviennent de la décomposition du sulfhydrate du carbonate d'ammoniaque.

Le *sulfate de zinc* n'a pas d'inconvénient. Lorsqu'il est en contact avec des déjections, il se décompose et son acide sulfurique se combine avec l'ammoniaque pour former du sulfate d'ammoniaque, sel inodore et non volatil.

Le *plâtre*, jeté dans les vidanges, donne lieu à une vive effervescence et à un dégagement de gaz fétides et irritants. Si on le mêle au coaltar en poudre, il forme un mélange très-désinfectant.

La *poudre-corne* se compose de plâtre et de coaltar pulvérulent.

La *poudre Cabanes* est formée de 95 parties de terre et de 5 parties de coaltar.

On emploie ces deux poudres dans la proportion de 25 kilog. pour 100 litres de vidanges.

L'*acide sulfurique* permet de désinfecter le sang très-promptement. Le sang sec que prépare M. Béglin, à la Minière, près Versailles, est désinfecté et solidifié à l'aide de cet acide.

SECTION XIII.

Fabrication des engrais.

La fabrication des engrais commerciaux prend en France, chaque année, de plus grands développements. Chaque jour, en effet, on néglige de moins en moins d'utiliser dans les centres populeux les débris provenant du dépeçage des animaux et les résidus des usines dans lesquelles on traite des matières organiques animales.

J'ai indiqué page 417 comment on parvenait à pulvériser la *chair musculaire*. Les détails dans lesquels je suis entré ont pour complément les procédés suivis par M. Pichelin, et qui ont été insérés page 642.

Page 425, j'ai fait connaître le procédé qu'il fallait suivre pour obtenir le sang pulvérulent. J'ajouterai qu'on peut remplacer le persulfate de fer liquide par l'acide sulfurique légèrement dilué. Sous l'action de cet acide, le sang se coagule promptement et abandonne son sérum. Les caillots abandonnés un mois ou deux après leur formation à l'action du soleil acquièrent beaucoup de dureté, solidité qui permet de les réduire facilement en poudre.

J'ai indiqué page 220 les moyens de réduire les os en poudre, et page 440 le procédé à suivre pour diviser les cornes, les sabots et les onglons.

En outre, j'ai rappelé page 433 comment on réduit en poudre les débris de poisson.

Enfin, page 342, j'ai décrit la conversion des matières fécales en poudrette.

On peut, sans fabriquer de la poudrette, utiliser les déjections humaines solides et liquides en les faisant absorber par de la terre, de la tourbe, etc.

Les premières recherches faites dans le but d'absorber les eaux vannes des vidanges ou les urines, remonte au milieu du dix-huitième siècle. En 1762, Dambournay proposa d'employer la chaux vive, procédé accepté en 1814 par Mme Vibert-Duboul, lorsque Bridet négligea d'utiliser les urines de la voirie de Montfaucon; en 1769, Tschiffeli utilisa le plâtre; enfin, Engel en 1772 fit absorber les urines avec de la terre et des feuilles.

En 1820, Donat, adoptant le procédé proposé par Tschiffeli, livra à l'agriculture un engrais nouveau qu'il avait nommé *urate*. 100 kilog. d'urines humaines ou d'eaux vannes et 150 kilog. de plâtre produisaient 148 kilog. d'urate.

Cet engrais n'a pas été accepté par les agriculteurs parce qu'il manquait d'énergie fertilisante. Cet insuccès prouve une fois de plus la nécessité de chercher à produire des engrais contenant une très-forte proportion de matières organiques animales.

En 1831, M. Salmon prit un brevet pour exploiter le procédé qu'il avait découvert en 1826, et qui consistait à utiliser les matières fécales et toutes les substances putrides, au moyen de la terre carbonisée.

Cet industriel fabriquait le charbon désinfectant qui lui était nécessaire en calcinant dans des cylindres en fonte la vase provenant du dépôt des rivières ou des étangs. Le charbon ainsi préparé était ensuite soumis ensuite à une pulvérisation et à un blutage, puis mêlé par volume égal aux matières fécales.

Celles-ci, sous l'influence de l'action absorbante et désinfectante de ce charbon, ne développaient plus de mauvaise odeur.

M. Salmon reçut de l'Académie des sciences, pour cette découverte, le prix Montyon.

Le résidu obtenu était ensuite étendu sous des hangars, remué à diverses reprises jusqu'à dessiccation, puis mêlé de nouveau avec des matières fécales, et ensuite desséché et tamisé. Alors, on le livrait à l'agriculture sous le nom de *noir animalisé, engrais Salmon*, en recommandant de l'appliquer à la dose de 30 à 40 hectol. par hectare.

Cet engrais n'est plus aujourd'hui recherché par les cultivateurs. Ceux-ci lui préfèrent avec juste raison la poudrette bien fabriquée parce qu'elle renferme moins de parties terreuses et davantage de phosphate de chaux. Il est vrai que le noir animalisé contenait une forte proportion de parties ammoniacales, mais ces éléments utiles n'avaient pas été fixés. Ainsi, la commission chargée en 1835 par l'Institut de visiter la fabrique de M. Salmon, disait dans son rapport qu'il se dégage du noir animalisé une odeur forte d'ammoniaque. Cette volatilisation continuelle reconnue aussi par M. Salmon dans son brevet, devait naturellement amoindrir la valeur fertilisante du noir animalisé et obliger les agriculteurs à ne plus l'employer.

Le noir animalisé se vendait 5 fr. l'hectolitre.

Je ferai observer qu'il ne faut pas confondre les *noirs animalisés*, qu'on fabrique encore en France, avec le *noir animal*. Ce dernier, lorsqu'il est pur (*V.* p. 238), est un excellent engrais minéral. Les noirs animalisés laissent presque toujours à désirer, parce qu'ils contiennent une forte proportion de terre, de tourbe, etc. Loin de moi la pensée de nier l'action absorbante et désinfectante des terres argileuses desséchées, mais on avouera qu'elles ne peuvent pas augmenter l'énergie fertilisante des matières qu'elles désinfectent. Une bonne poudrette est dix fois préférable au meilleur noir animalisé.

Les chiffons de laine effilés peuvent-ils être employés dans la fabrication des engrais? L'expérience a prouvé depuis lontemps qu'on ne pouvait les utiliser qu'à l'état normal.

Quand on veut fabriquer un engrais commercial dans le but d'utiliser des matières animales ayant peu de valeur, il faut les préparer isolément, c'est-à-dire les désinfecter, les diviser si cela est nécessaire, les dessécher et les réduire en poudre. Ceci fait, on les fait analyser, puis on les mêle dans une proportion donnée, afin d'obtenir un mélange dont la composition se rapproche un peu de la composition du guano, c'est-à-dire de l'engrais pulvérulent type.

On augmente :

1° L'azote, en ajoutant du sang sec;

2° Le phosphate de chaux, en associant aux autres matières une plus forte proportion de superphosphate de chaux;

3° Les parties alcalines, à l'aide des cendres neuves ou des sels de potasse et de soude.

Un engrais commercial ne doit pas contenir à l'état normal, sur 100 parties, au delà de 10 à 12 parties d'eau, 5 à 6 parties de sable, argile et oxyde de fer. En outre, il ne doit pas renfermer une forte proportion de parties végétales charbonnées, à moins qu'il ne soit très-riche en parties animales azotées et qu'on ne le livre à un prix modique.

LIVRE VIII.

POUDRES ET LIQUEURS VÉGÉTATIVES.

Les Grecs et les Romains faisaient tremper les graines qu'ils confiaient à la terre dans de l'eau nitrée, de la lie d'huile ou de l'urine étendue d'eau. Ces préparations étaient faites dans le but de soustraire les semences à l'attaque des insectes, de hâter leur germination, et pour que les plantes fussent moins exposées aux maladies.

Olivier de Serres est le premier écrivain qui ait recommandé de faire tremper pendant vingt-quatre heures les semences dans une liqueur fertilisante, composée d'eau et de fumier. Ce liquide communiquait aux graines une telle *vertu végétative*, qu'elles *rendaient avec esbahissement dix huict ou vingt pour un.*

L'abbé Vallemont proposa, en 1705, dans son livre intitulé *Curiosités de la nature*, l'emploi d'un liquide fabriqué avec du purin et du salpêtre, auquel il donna le nom de *liqueur universelle*. Cette solution fut acceptée avec enthousiasme. Il devait en être ainsi, parce qu'elle était appelée à quintupler et la valeur vénale des terres et leur productivité. Aussi engagea-t-elle Trautmann, de Loebau (Silésie), à proposer en 1720, dans son *Calendrier rustique*, une liqueur excitative, faite avec du fumier, des crottins de moutons, des cendres et de l'eau. Ces deux liquides, ainsi que la liqueur que de la Futaie avait composée, comme l'abbé Vallemont, d'après les écrits de Virgile, Columelle et Pline, et celle que proposa Robineau après l'avoir prise dans l'ouvrage de Démocrite, furent recommandés en 1740 par Chomel. Heureusement Duhamel du Monceau apparut et démontra l'inefficacité de ces moyens de fertilisation.

Les écrits de Duhamel furent utiles à l'agriculture, parce qu'ils éclairèrent une foule d'hommes crédules, mais ils n'empêchèrent pas le baron Expuller de vendre une *terre végétative* à raison de 40 centimes le kilogr. Cette terre était amalgamée aux semences, et il en fallait 75 kil. par hectare pour remplacer une fumure. Cette poudre n'eut pas plus de succès que la méthode proposée à la même époque par Marco Barbaro, la *poudre de la Providence*, imaginée par Constant Brongniart et composée, d'après Cadet de Vaux, de salpêtre, de carbonate de potasse et de sel marin.

L'insuccès de ces divers procédés et l'inefficacité de la *poudre végétative* de Nicolet les firent presque complétement oublier jusqu'en 1837, époque où M. Quenard, d'Orléans, proposa de préparer les semences avec un *enduit végétatif* entièrement semblable au procédé que Trautmann fit connaître en 1720. Ce pralinage ne tarda pas à être remplacé par la méthode pour laquelle M. Douhet prit un brevet en 1844, et qui eut pour complément les engrais Bickès, Dusseau, Huguin, etc.

Il fallait être audacieux et spéculateur pour proposer de semblables engrais; il fallait supposer les agriculteurs bien ignorants ou bien crédules pour oser dire que ces liqueurs étaient douées de vertus miraculeuses, et qu'elles faisaient naître partout l'abondance. Voici ce que M. Huguin disait dans son prospectus : « *Avec 6 kil. de notre engrais, on obtiendra de magnifiques récoltes dans du sable de rivière formé de silice pure, sans un atome de calcaire ou d'humus, et même sur des* chemins macadamisés, *sur des* couches de cailloux de 50 centimètres d'épaisseur, *sans mélange de terre végétale* » (1850, page 26). Dire qu'il y a des hommes qui se sont faits les défenseurs de cette spéculation éhontée !

La réprobation générale dont sont frappés les fabricants qui ont mis en œuvre toutes les ressources du chartatanisme, aurait dû engager M. Naissant et tant d'autres à ne pas proposer de nouveau des engrais artificiels pour praliner les semences. M. Naissant ne réussira pas, et j'engage les agriculteurs à ne pas acheter et employer la poudre et le liquide qu'il propose. M. Naissant se trompe lorsqu'il soutient que son engrais est supérieur à tous les autres dans ses effets progressifs, et que 250 kil. de sa poudre remplacent 1200 kilog. de poudrette pure. Il oublie qu'il le fabrique avec du sang et des coquilles d'huîtres pulvérisées ! M. Naissant se trompe encore quand il avance dans son prospectus qu'il faut acheter son engrais parce qu'il a été admis à l'Exposition universelle de 1855. Il y avait à cette Exposition des choses excellentes et d'autres de très-mauvaise qualité. Le jury de cette exhibition, du reste, n'a décerné aux engrais français que deux récompenses : l'une à M. Derrien, à Nantes, parce qu'il vend toujours son guano artificiel sur analyse chimique ; l'autre à M. Dupaigne, à Caen, pour l'excellente poudrette qu'il fabrique.

Enfin, nous avons vu naître, il y a cinq ans, deux nouveaux engrais liquides : 1° le *liquide-germinateur-nutritif* fabriqué par M. Salle de la Magdeleine, et qui devait donner au grain de toute nature une puissance inconnue de germination, de végétation et de fécondité ; 2° la *séve Triptolème*, inventée par Mme Prion et M. Lavielle, de Bordeaux.

M. Salle de la Magdeleine écrivait en 1857 : « La bonté de notre germinateur ne saurait être contestée ; nous avons le droit de dire à la science d'étudier encore les secrets cachés de la végétation et de la nutrition des plantes, et de ne pas chercher à réduire à néant des faits matériels acquis. » La science n'a pas tenu compte de cet avertissement, et elle a prouvé que M. Salle de la Magdeleine spéculait sur la bonne foi publique.

Le prospectus publié par M. Lavielle est des plus curieux : il prouve que les inventeurs de ce liquide avaient besoin d'apprendre la botanique et l'agriculture ; en outre, il fait connaître que la *sève Triptolème* avait des puissances spéciales ; les premières étaient *conservatrice*, *protectrice*, *incisive*, *nutritive*, etc. ; les secondes étaient *échauffante* ou *calorifère*, *rafraîchissante* ou *réfrigérante*, etc. Mais ce liquide végétatif ne convenait pas seulement aux céréales, on pouvait aussi l'employer pour exciter la végétation des arbres, après avoir fait au tronc une *incision*, une *ponction*, une *térébration*, une *perforation*, ou aux racines une *ablution!*

Je n'ai jamais compris pourquoi M. le préfet de la Gironde a laissé vendre une semblable liqueur.

M. Lavielle avait cru devoir placer en tête de son prospectus l'histoire de Triptolème, et hérisser de nombreuses citations latines ce qu'il disait de l'engrais qu'il avait imaginé sur les bords de la Garonne. La première citation qu'il aurait dû insérer dans son prospectus aurait pu être rédigée comme il suit : *Maledictio autem super caput vendentium !*

Voici la liste des poudres et des liqueurs qui ont été brevetés :

1806, 22 mars. — *Liqueur pour les semences*, par M. Faburier, à Hazebrouck (Nord). — Chaux vive, sulfate de fer et de potasse, eau chaude.

1810, 10 juin. — *Poudre végétative*, par M. Nicolet, à Paris. — Alun, sulfate de cuivre et de fer, nitrate de potasse.

1844, 28 décembre. — *Fumure pour les céréales*, par M. de Douhet, à Clermont (Puy-de-Dôme). — Prussiate de potasse, sulfate d'ammoniaque et argile ou marne.

1847, 15 mai. — *Engrais liquide*, par M. Fléchelle, à Marseille. — Fientes de moutons, pigeons, vers à soie, guano, feuilles de bois et urine distillée.

1847, 11 novembre. — *Engrais-Bickès*, par MM. Bickès et Henry, à Londres. — Colle forte, salpêtre, sel marin et eau.

1850, 22 juillet. — *Engrais-Dusseau*, par M. Dusseau père et fils, à Paris. — Guano, colombine, poudrette, suie, rognures de peaux, nitrate de potasse, sulfate d'ammoniaque, urine humaine.

1850, 3 août. — *Engrais-Candelot*, par M. Candelot, à Saint-Juste-en-Chaussée (Oise). — Chlorhydrate d'ammoniaque, sulfate de soude, charbon, chaux, plâtre, noir animal et eau.

1850, 8 août. — *Engrais-Chotard*, par M. Chotard de Fraigne, à Paris. — Eau, azotate de potasse, sulfate d'ammoniaque et de cuivre.

1850, 22 septembre. — *Engrais adhérent*, par M. Belleuvre, à Villejuif (Seine). — Os, viande en poudre, noir animal, cendres de bois de chêne, chlorhydrate d'ammoniaque, gélatine et sel marin.

1850, 12 octobre. — *Engrais nitrogène*, par M. Borivent, à la Guillotière (Rhône). — Gélatine, sang, azotate de potasse, chlorures de sodium et de chaux, huile de pétrole et huile siccative.

1850, 8 octobre. — *Engrais liquide*, par M. Lacarrière, à Paris. — Sulfate d'ammoniaque et de fer, résine, huile de poisson et eau chaude.

1851, 3 mars. — *Engrais concentré*, par M. Gaudin, à Paris. — Eau, colle forte noire, noir animal, acide azotique, carbonate de soude, sulfates de soude et de protoxyde de fer.

1851, 20 mai. — *Engrais-Rolland*, par M. Rolland, à Toulouse. — Sulfates d'ammoniaque, de fer, de potasse, de soude et d'alumine.

1852, 3 février. — *Engrais-Naissant*, par M. Naissant, à Agen (Lot-et-Garonne). — Écailles d'huîtres carbonisées ou non réduites en poudre, sang liquide ou coagulé.

1852. — *Engrais fertilisant*, par M. Planchais, à Brest (Finisterre). — Chiffons de laine, sous-carbonate de soude, chaux en poudre, sulfates de fer et de magnésie, sel ammoniaque, phosphate de chaux, acide nitrique et eau.

1855, 4 décembre. — *Pralinage des grains*, par MM. Caillot et Cie, à Orléans (Loiret). — Noir animal et liquide agglutinatif fait avec de la corne dissoute dans une lessive de soude caustique et saturée ensuite par un acide.

1855, 11 août. — *Sève-Triptolème*, par Mme Priou et M. Lavielle, à Bordeaux (Gironde). — Eau, acide sulfurique, gomme arabique, alun de roche, nitrate de potasse, carbonate de chaux et acide tartrique.

M. Guilhot et M. Boutin ont depuis 1855 proposé de nouveaux liquides germinateurs, mais l'agriculture n'a pas eu égard à leurs avis. Suivant M. Boutin en achetant pour 12 fr. (5 litres) de son engrais liquide on avait la valeur de 225 fr. de fumier ordinaire.

Ces poudres ou ces liqueurs se vendent très-cher, et elles renferment fort peu de matières utiles.

Voici la composition des engrais que vendaient MM. Bickès et Dusseau :

Engrais-Bickès analysé par M. Girardin.

Plâtre, sel marin et nitrate de soude	2,50
Carbonate de chaux ou craie	60,00
Phosphate de chaux, sable et charbon	6,00
Gélatine	22,50
Eau	9,00
	100,00

Engrais-Dusseau analysé par M. Barral.

Nitrate de potasse	2,149
Chlorure de soude	1,325
Sulfate d'ammoniaque	1,432
Phosphates alcalins	0,529
Sulfate de fer	0,548
Matières gélatineuses azotées	4,167
Matières insolubles	5,326
Eau	84,524
	100,000

Ces engrais devaient être employés :

Le premier, à la dose de	15 litres vendus		120 fr.
Le second, —	45	—	99

D'après M. Girardin :

Les 15 litres contenaient 165 gr. d'azote et quelques traces de phosphate.
Les 45 — 660 — et 800 gr. —

Ces quantités étaient insignifiantes et ne pouvaient remplacer une fumure de 10 000 kilog. de bon fumier de ferme. Ce dernier, appliqué dans cette proportion, fournit à la terre, par hectare, 40 kilog. d'azote, et 28 à 35 kilog. de phosphate de chaux.

Ces faits prouvent une fois encore l'inutilité de ces nouveaux procédés de fertilisation.

Toutes ces poudres ou ces liquides ont eu ou auront le sort de l'*arthée céleste* de l'abbé de Vallemont. Dans un siècle on n'en parlera que pour faire connaître avec quelle audace on spéculait sur la bonne foi des agriculteurs au dix-neuvième siècle. Si de nos jours on cite la poudre de Vallemont, c'est pour rappeler que cet inventeur soutenait qu'avec une pincée de sa composition on faisait croître des choux à vue d'œil.

En résumé, il faut rejeter bien loin toutes ces prétendues découvertes, ces procédés spéculatifs proposés pour hâter le développement des graines et *accroître* les récoltes. Le pralinage des semences, quelque bien fait qu'il soit, ne peut suppléer les engrais. J'en ai la preuve dans les revers éprouvés par les défricheurs de landes, par exemple M. Chambardel. Puissent les agriculteurs se rappeler les mécomptes qu'ont éprouvés ceux qui ont mis ce moyen en pratique! Puissent-ils ne pas se laisser séduire par les renseignements souvent mensongers des prospectus concernant le pralinage!

J'exposerai dans le troisième volume intitulé LA PRATIQUE DE L'AGRICULTURE, les circonstances où le pralinage est utile pour hâter la germination des graines.

LIVRE IX.

ÉCONOMIE DES ENGRAIS.

SECTION I.

Valeur de l'azote.

J'ai dit, page 526, que le blé absorbait par hectolitre 500 kil., et par 100 kilog. de grains 640 kilog. de fumier normal. Ces résultats permettent de préciser, d'après l'analyse que M. Boussingault a faite de cet engrais, la quantité de matières utiles que le fumier fournit au sol et celles que lui enlève le blé. Voici ces chiffres :

	Azote.	Acide phosph.	Chaux.	Alcalis.
640 kil. de fumier apportent...	$2^k,56$	$16^k,80$	$38^k,40$	$32^k,00$
100 — de blé enlèvent.......	2 ,56	13 ,60	11 ,25	18 ,00

Il résulte de ces données que la culture du blé peut se soutenir indéfiniment sur une terre donnée et bien préparée si on lui applique chaque année 640 kilog. de bon fumier mixte par chaque 100 kilog. de grains qu'elle aura produits.

Ces faits, que j'ai examinés en détail en étudiant les ASSOLEMENTS ET LES SYSTÈMES DE CULTURES constituent les bases d'après lesquelles on détermine la valeur moyenne du kilogramme d'azote, d'acide phosphorique et de phosphate terreux.

Le prix du fumier est très-variable. Dans telle localité, on le vend 6 fr. les 1000 kilog.; dans telle autre, on l'achète 10 fr. En outre, dans telle exploitation on lui donne une valeur de 5 fr., tandis qu'ailleurs on élève cette même valeur à 12 fr. Ces différences résultent de la facilité avec laquelle on achète des fumiers, et du système de comptabilité qu'on adopte. Nonobstant, voici, selon la valeur vénale du fumier, la partie imputable au blé :

A 5 fr. les 1000 kil..	le blé paye	les 640 kil. de fumier		3f,20
6	—	—	—	3 ,85
7	—	—	—	4 ,50
8	—	—	—	5 ,10
9	—	—	—	5 75
10	—	—	—	6 ,40
12	—	—	—	7 ,70

Si le blé vaut 18 fr. l'hectolitre ou 22 fr. 50 c. les 100 kilogrammes, la valeur de l'engrais qu'il soldera sera :

1° 15 p. 100,	5° 25 p. 100,
2° 17 —	6° 28 —
3° 20 —	7° 34 —
4° 22 —	

Il résulte des chiffres qui précèdent que le blé paye :

1°	Le kil. d'azote..	1f,25	5°	Le kil. d'azote..	2f,25
2°	— ..	1 ,50	6°	— ..	2 ,50
3°	— ..	1 ,75	7°	— ..	3 ,00
4°	— ..	2 ,00			

Mais quelle doit être la valeur maximum de 1000 kilog. de fumier ou du kilogramme d'azote employé dans la culture du blé?

Cette valeur doit naturellement varier suivant le prix moyen de cette céréale. Ainsi, elle est plus ou moins élevée selon que le blé se vend, en moyenne, 20, 25, 30, 35 ou 40 fr. les 100 kilog. En général, lorsque le blé est cher, les cultivateurs fument fortement et ne craignent pas d'acheter des engrais d'un prix élevé, parce qu'ils veulent, avant toute chose, obtenir des récoltes abondantes. Il en est tout autrement quand le blé se vend au-dessous de 20 fr. les 100 kilog.

Dans cette circonstance, les cultivateurs achètent très-peu d'engrais commerciaux, ou ils recherchent ceux qui ont la plus faible valeur.

Ainsi, il est impossible d'indiquer, si l'on ne connaît pas le prix de vente du froment, la valeur maximum à laquelle on peut acheter le fumier qu'il exige.

Toutefois, il n'est pas inutile de préciser le prix moyen auquel cet engrais peut être payé lorsque le froment a une valeur moyenne. Ce résultat constitue une base importante, en ce qu'elle sert à déterminer la valeur vénale des autres matières fertilisantes.

Le prix moyen du blé en France est de 18 fr. l'hectolitre de 80 kilog. ou 22 fr. les 100 kilog. Or, ce prix est suffisamment élevé pour que la culture de cette céréale puisse donner par hectare un bénéfice satisfaisant. Ce bénéfice est en moyenne de 66 fr. dans la culture céréale, et il atteint 120 fr. dans la culture industrielle.

Dans le premier cas, le froment revient, déduction faite de la valeur de la paille, à 15 fr. l'hectolitre, et à 19 fr. 10 c. les 100 kilog.; dans le second, il ne coûte au cultivateur que 13 fr. l'hectolitre, et 16 fr. 60 c. les 100 kilog.

Si l'on admet que le prix de revient du froment est en moyenne de 14 fr. l'hectolitre, ou près de 18 fr. les 100 kilogrammes, on est forcé de reconnaître que la valeur du fumier qu'il consomme ne doit pas dépasser, en moyenne, 8 fr. les 100 kilog.[1]. A ce prix, ainsi que le constatent les chiffres qui précèdent, l'azote coûte 2 fr. le kilog., et le blé consomme par chaque 100 kilog. de grains, 5 fr. 10 c. de fumier, soit 22 pour 100 de son prix de revient.

1. On a dit et on répète chaque jour que 100 kilogr. de blé consomment 1000 kilogr. de fumier. Cette donnée est contraire à tous les faits pratiques. (Voy. livre V, *les Assolements et les Systèmes de culture*.)

Le froment peut-il supporter une dépense d'engrais plus considérable ?

Cela n'est pas possible. Trois exemples suffiront pour le prouver. Ainsi, si l'on suppose trois terres de bonne qualité louées : l'une 50 fr., produisant 18 hectolitres de blé; l'autre 75 fr., donnant 25 hectolitres, et la troisième 100 fr., produisant 30 hectolitres par hectare, on a les résultats qui suivent :

	A	B	C
Valeur locative	50 fr.	75 fr.	100 fr.
Impôt et frais généraux	20	30	40
Conduite et application du fumier	10	15	20
Labours et hersages	35	40	55
Semailles et semences	45	50	60
Soins d'entretien	5	4	3
Frais de récolte	25	30	35
Conservation des gerbes	20	25	30
Battage et criblage	20	30	35
Frais à la vente	10	15	20
Total des dépenses	240 fr.	314 fr.	398 fr.

De ces diverses sommes il faut déduire la valeur de la paille, qui s'élève en moyenne :

	A	B	C
Quantité par hectolitre	170 kil.	160 kil.	150 kil.
— par hectare	3000	4000	4500
Ce qui donne, à 20 fr. les 1000 kil.	60 fr.	80 fr.	90 fr.
Le reliquat des dépenses est donc	180	234	308
Ainsi les 100 kil. de blé reviennent à	12f,85	12f,45	13f,10
Et l'hectolitre à	10 ,00	9 ,35	10 ,25

Si l'on ajoute la valeur du fumier, le prix de revient des 100 kilog. de blé s'élève :

	A	B	C
Si le fumier vaut 8 fr. les 1000 kil.,	à 17f,95	17f,65	18f,20
— 9 fr. —	à 18 ,60	18 ,20	18 ,85
— 10 fr. —	à 19 ,25	18 ,85	19 ,55

Il reste donc pour bénéfice par hectare, si le blé est vendu 22 fr. 50 c. les 100 kilog. :

	A	B	C
Fumier à 8 fr.	63f,70	92f,15	99f,00
— à 9 fr.	54 ,60	81 ,70	84 ,00
— à 10 fr.	46 ,90	69 ,35	69 ,00

Ainsi, en général, la valeur du fumier appliqué pour le froment ne doit pas excéder 8 fr. les 1000 kilog., et le kilogramme d'azote 2 fr. Il faut que le prix de cette céréale dépasse 22 fr. 50 c. les 100 kilog. pour qu'il soit possible avantageusement d'appliquer des fumiers ayant une valeur de 10 ou 12 fr. les 1000 kilog., prix qui élèvent le kilog. d'azote à 2 fr. 50 c. ou 3 fr.

Je ferai observer que les bénéfices que donne la culture de cette céréale sur des terres louées 50 fr. l'hectare, se réduisent à très-peu de chose quand elle est précédée par une jachère, puisque le froment, dans cette circonstance, doit payer deux années de loyer. Ainsi, le bénéfice se réduit :

1er exemple.................. à 13f,70
2e — .... à 4 ,60

Dans le troisième exemple, le boni se change en une perte de 3 fr. 10 par hectare.

Si le fumier valait seulement 6 fr. les 1000 kilog., le bénéfice s'élèverait à 80 fr. 86 (Voir *les Assolements et les Systèmes de culture*, livre VII, chap. VI).

En résumé, je porte à 2 fr. la valeur du kilog. d'azote. M. de Gasparin le cote 1 fr. 50, M. Rohart 1 fr. 65; ces chiffres sont trop faibles.

En admettant le chiffre 2 fr., je suppose du fumier normal ou fumier type contenant, au minimum, 0,40 pour 100 d'azote, soit 4 kilog. pour 1000 kilog.

Le prix de 2 fr. que j'accorde au kilog. d'azote me permet de donner au fumier précité une valeur moyenne de 8 fr. les 1000 kilogr.

Le fumier ne vaudrait que 6 fr. les 1000 kilog. si l'azote valait seulement 1 fr. 50 les 1000 kilogr.

Si on a égard aux quantités moyennes d'azote et de phosphate de chaux contenues dans les engrais commerciaux et aux prix de vente de ces engrais, on trouve que la valeur de ces deux substances varie comme il suit :

Voici la valeur de l'azote et du phosphate de chaux dans les divers engrais commerciaux :

Azote.		*Phosphate de chaux.*	
Chair desséchée	1f,15	Engrais Lainé	»f,26
Sang desséché	1 ,80	Poudre d'os	» ,33
Poisson en poudre	1 ,65	Noir animal	» ,35
Poudre d'os	2 ,00	Engrais Derrien	» ,63
Tourteau d'arachide	2 ,00	— Poisson	» ,52
— de colza	2 ,09	Poudrette	» ,70
— d'œillette	2 ,10	Poudre de poisson	1 ,10
— de sésame	2 ,51	Guano du Pérou	1 ,40
Guano du Pérou	2 ,50	— d'Aubervillers	2 ,00
— d'Aubervillers	3 ,00	Tourteau d'œillette	2 ,38
Engrais Derrien	3 ,30	Guano humifère	2 ,40
— Lainé	3 ,40	Tourteau de colza	2 ,46
Poudrette	3 ,70	Guano Milhaud	2 ,66
Guano humifère	4 ,80	Tourteau de sésame	4 ,37
— Milhau	5 ,00	Chair desséchée	6 ,50
Engrais Poisson	5 ,00	Tourteau d'arachide	12 ,00
Noir animal	15 ,49	Sang desséché	66 ,00

Ces chiffres prouvent combien il est utile de connaître la composition de l'engrais qu'on emploie. Ils démontrent en outre l'impossibilité d'employer économiquement dans la culture du blé, lorsque cette céréale ne se vend pas au delà du prix moyen, le noir animal et le tourteau d'arachide. Enfin, ils font voir qu'on ne doit pas employer le tourteau de sésame et d'arachide, le sang desséché, etc., pour fournir au sol du phosphate de chaux, et combien il est utile d'alterner l'emploi des engrais riches en parties minérales avec ceux qui renferment une forte proportion de matières organiques azotées.

SECTION II.

Évaluation de la valeur commerciale des engrais.

Le 7 avril 1855, M. Nesbit, professeur de chimie agricole au collége de Kennington, disait au Club central des fermiers de Londres, qu'il avait trouvé le moyen de déterminer la valeur relative des engrais artificiels, en donnant une valeur aux principes directement utiles aux plantes, comme les phosphates, l'azote, la potasse, etc.; et il ajoutait qu'il n'avait accordé aucune valeur au carbonate de chaux et aux silicates. N'en déplaise à M. Nesbit, cette méthode ne lui appartient pas; elle a été imaginée en 1849 par M. A. Stoeckhardt, professeur à l'Académie royale agricole de Tharandt (Saxe). Du reste, la similitude des textes prouve, de la manière la plus évidente, que M. Nesbit a rédigé son livre après avoir pris connaissance du mémoire de M. Stoeckhardt.

C'est après avoir surmonté de nombreuses difficultés, et abandonné et repris plusieurs fois son travail, que M. Stoeckhardt est parvenu à résoudre cet important problème : *Comment un agriculteur peut-il, d'après l'analyse chimique des engrais artificiels, en fixer lui-même la valeur vénale?* Ce savant professeur espère que le temps et la pratique permettront de modifier les imperfections que peut présenter la méthode qu'il propose.

La première difficulté pour M. Stoeckhardt, consistait à trouver un moyen certain, correct et facile, d'après lequel on pourrait évaluer le prix des substances chimiques qui entrent dans la composition des engrais. Plusieurs de ces matières, par exemple l'azote, ne constituent pas un article de commerce, et par conséquent n'ont pas de valeur vénale déterminée. D'autres matières, comme la soude, la potasse, etc., sont communes dans le commerce, mais dans un état plus ou moins pur. Or, la valeur intrinsèque que ces substances peuvent avoir à l'état de pureté parfaite, ne peut servir de base, car alors elle serait infiniment trop élevée. Enfin, on rencontre bien la plupart des éléments qui les composent unis deux à deux ou trois à trois, mais il est impossible d'assigner une valeur commerciale à chacun de ces éléments.

A défaut de règles certaines, de bases positives, M. Stoeckhardt s'est posé cette question : Comment peut-on se procurer, par d'autres moyens et à des prix convenables, les matières qui entrent dans la composition de l'engrais dont on veut déterminer la valeur? Il a, en conséquence, recherché quelles étaient les substances qu'on rencontre communément et en quantité suffisante et au moyen desquelles on peut se procurer au meilleur marché possible l'un ou l'autre des principes constituants les engrais commerciaux. C'est au moyen de la valeur vénale de ces matières qu'il a établi et fixé le prix normal de chacune de ces substances. Il est vrai que M. Stoeckhardt n'espère pas qu'il y aura toujours une coïncidence parfaite entre le prix réel et le prix théorique; mais il persiste à penser que les différences qu'on observera ne diminueront pas le mérite que présente son mode d'évaluation. Enfin, il croit qu'il sera utile de modifier les chiffres multiplicateurs suivant les circonstances et les oscillations des prix du commerce.

M. Stoeckhardt n'a pas égard à l'*humidité* et aux matières terreuses inertes, par exemple : le *sable*, l'*argile* et le *fer*, parce que ces substances diminuent la valeur des engrais au lieu de l'accroître.

Voici les prix que M. Stoeckhardt a déterminés, et ceux que M. Nesbit a proposé d'adopter :

		M. Stoeckhardt.	M. Nesbit.
Azote	le kilogr.	2f, »	1f,78
Ammoniaque	—	» »	1 ,47
Phosphate de chaux tribasique	—	0 ,1420	0 ,19
— — bibasique ou soluble	—	» »	0 ,57
Matières organiques	—	0 ,0140	0 ,02
Sels alcalins	—	0 ,0138	0 ,02
— de potasse	—	0 ,3240	» »
— de soude	—	0 ,1520	» »
Sulfate de chaux	—	0 ,0284	0 ,02
Carbonate de chaux	—	0 ,0142	» »

On évalue la valeur de l'acide phosphorique à 0 fr. 40 c. le kilog.

Ainsi, lorsqu'on voudra déterminer la valeur vénale d'un engrais, on chargera un chimiste de constater combien il contient sur 100 parties à l'état normal :

1° d'azote;
2° de matières organiques;
3° de sels de potasse;
4° de sels de soude;
5° de phosphate de chaux;
6° de sulfate de chaux;
7° de carbonate de chaux;
8° d'ammoniaque.

et on multipliera les quantités déterminées par les chiffres assignés à chaque substance.

Quelques exemples suffiront pour faire apprécier le mérite et l'importance de ce mode d'évaluation :

1° *Guano du Pérou.*

		M. Nesbit.	M. Stoeckhardt.
Matières organiques	57,30	1f,14	0f,80
Phosphate de chaux	23,05	4 ,37	3 ,30
Sels alcalins	9,60	0 ,19	0 ,12
Sable	0,75	» »	» »
Eau	9,30	» »	» »
	100,00	5f,70	4f,22
Azote	15,54	27 ,66	30 ,08
Prix probable		33f,36	34f,30
Prix actuel		33 à 35 f.	33 à 35 f.

2° *Tourteau de colza.*

		M. Nesbit.	M. Stoeckhardt.
Matières organiques	67,20	0f,34	1f,94
Sels minéraux	6,50	0 ,13	0 ,09
Huile	14,10	» »	» »
Eau	12,20	» »	» »
	100,00	1f,47	1f,03
Azote	5,50	9 ,79	11 ,00
Prix probable		11f,26	12f,03
Prix actuel		11 à 14 f.	11 à 14f

3° *Engrais Lainé.*

		M. Nesbit.	M. Stoeckhardt.
Matières organiques	22,717	0f,44	0f,30
Phosphate de chaux	10,200	1 ,93	1 ,44
Carbonate de chaux	17,600	» »	0 ,25
Sels solubles	0,550	0 ,01	0 ,01
Silice, etc.	15,600	» »	» »
Eau	33,333	» »	2 ,00
	100,000	2f,38	2f,00
Azote	1,325	2 ,36	2 ,65
Prix probable		4f,74	4f,65
Prix actuel		4 ,30	4 ,30

S'il s'agissait d'engrais fraudés, auxquels on aurait ajouté des substances inertes, on obtiendrait, à l'aide des chiffres de M. Stoeckhardt, les résultats suivants :

1° *Guano fraudé.*

Matières organiques	20,55 × 0f,014	= 0f,29
Phosphate de chaux	16,25 × 0 ,142	= 2 ,30
Carbonate de chaux	0,04 × 0 ,142	= 0 ,04
Sable	49,30	» »
Alumine et oxyde de fer	5,46	» »
Eau	5,40	» »
	100,00	2f,63
Azote	4,65 × 2f,00	= 9 ,30
Valeur maximum		11f93

J'ai vu cette année (1861) un guano du Pérou qu'on avait altéré avec de la terre colorée par l'ocre jaune et l'ocre rouge.

Voici deux autres engrais de très-mauvaise qualité :

2° Tourbe animalisée.

Matières organiques	55,80 × 0f,014	= 0f,70
Phosphate de chaux	9,70 × 0 ,142	= 1 ,37
Carbonate de chaux	4,34 × 0 ,142	= 0 ,62
Sels solubles	2,60 × 0 ,013	= 0 ,04
Sable	17,56	» »
Eau	10,00	» »
	100,00	2f,73
Azote	0,64 × 2f,00	= 1 ,28
Valeur maximum		4f,01

3° Poudrette impure.

Matières organiques	24,10 × 0f,014	= 0f,34
Phosphate terreux	6,89 × 0 ,142	= 0 ,97
Carbonate de chaux	7,36 × 0 ,014	= 0 ,10
Sulfate de chaux	4,00 × 0 ,028	= 0 ,11
Sels alcalins	0,85 × 0 ,013	= 0 ,01
Sable, argile	43,20	» »
Eau	13,60	» »
	100,00	1f,53
Azote	0,98 × 2f,00	= 1 ,96
Valeur maximum		3f,49

Cette poudrette vaudrait donc 2 fr. 45 c. l'hectolitre.

Ces divers exemples suffisent pour constater le mérite que présente le mode d'évaluation proposé par M. Stoeckhardt. Ils prouvent aussi combien il est utile de connaître l'analyse des engrais commerciaux qu'on veut acheter.

SECTION III.

Équivalents des engrais.

De Candolle, en étudiant, en 1830, les résultats obtenus par Hermstædt lorsqu'il expérimenta l'action des engrais sur la formation du gluten, fut conduit à conclure que les engrais qui produisent le plus d'effet sur les végétaux sont ceux qui contiennent beaucoup de matières azotées ou qui sont *le plus riches en azote*.

Depuis 1840, époque à laquelle MM. Dumas, Boussingault et Payen ont publié les premières analyses faites sur les engrais, on a pris l'azote pour base de la valeur fertilisante de ces matières. C'est à tort, toutefois, qu'on conclurait de là qu'il faut considérer l'azote comme l'unique élément utile des engrais. Si ces savants expérimentateurs ont adopté l'azote de préférence aux sels alcalins et terreux, c'est qu'ils l'ont regardé comme l'élément le plus important.

M. Boussingault espère compléter ses expériences sur le dosage de l'acide phosphorique afin de pouvoir comparer les matières fertilisantes au fumier, tant sous le rapport de l'azote que sous celui des phosphates.

Je conserve l'espoir qu'un jour on connaîtra la proportion moyenne de tous les éléments qui entrent dans les engrais, ainsi que la composition moyenne des plantes agricoles. Alors, et alors seulement, on pourra dresser une table exacte des équivalents et indiquer par là les quantités d'engrais organiques qu'il faut réellement appliquer par hectare pour remplacer un nombre donné de kilogrammes de fumier normal.

Voici quelle est la valeur des engrais comparés théoriquement au fumier normal en prenant pour base seulement l'azote qu'ils contiennent dans la proportion de 0,40 :

Substances.	Azote dans 100 de matière non desséchée.	Quantité de fumier remplaçant 100 kil. de matière.	Quantité de matière remplaçant 10 000 kil. de fumier.
Chiffons de laine	17,98	4400 kil.	250 kil.
Plumes	15,34	3800	260
Râpures de cornes	14,36	3600	270
Guano du Pérou	14.00	3500	280
Poils et crins	13,78	3400	290
Viande desséchée pure	13,23	3300	300
Sang sec du commerce	12,50	3100	320
Poudre de poissons	12,00	3000	330
Pain de creton	11,87	2900	350
Viande et os en poudre	10,00	2500	400
Guano d'Ichaboé	9,00	2200	450
Poudre de morue	8,73	2200	450
Colombine	8,30	2000	500
Poudre d'os	7,20	1800	550
Tourteau d'œillette	7,00	1700	580
— d'arachide	6,07	1500	660
Guano du Chili	6,00	1500	710
Tourteau de sésame	5,57	1400	710
— de colza	5,55	1400	710
— de cameline	5,55	1400	710
Engrais-Derrien	5,00	1200	830
Marc de colle	3,78	950	1000
Tourteau de coprah	3,86	900	1100
Sang liquide	2,83	700	1400
Hareng frais	2,74	680	1400
Zoofime	2,68	650	1500
Varech animalisé	2,33	580	1700
Poudrette	1,78	450	2200
Noir animal	1,42	350	2800
Vidanges (solides et liquides)	1,33	330	3000
Engrais-Poisson	1,30	320	3000
Engrais-Lainé	1,25	310	3100
Buis	1,17	290	3500
Navette en fleurs	0,74	180	5500
Urine des pissoirs	0,72	180	5500
Crottins de moutons	0,72	180	5500
— de cheval	0,54	130	7700
Goëmons	0,54	130	7700
Fèves en fleurs	0,51	120	8200
Lupin	0,47	110	9000

Substances.	Azote dans 100 de matière non desséchée.	Quantité de fumier remplaçant 100 kil. de matière.	Quantité de matière remplaçant 10 000 kil. de fumier.
Roseau frais................	0,43	100 kil.	10 000 kil.
Spergule en fleurs...........	0,39	100	10 000
Trèfle en fleurs.............	0,37	90	11 000
Bouse de vache.............	0,32	80	12 500
Madia......................	0,22	50	20 000
Engrais flamand............	0,20	50	20 000
Sarrasin en fleurs.	0,16	40	25 000

Ces équivalents n'ont une valeur réelle qu'autant qu'on a égard à la facilité avec laquelle se décomposent les engrais. Lorsqu'une matière, comme les plumes, les chiffons de laine, les os, etc., agit lentement, c'est-à-dire pendant plusieurs années, on doit, si l'on veut appliquer une fumure annuelle et égale à l'action fécondante de 10 000 kilog. de fumier normal, doubler ou tripler la quantité inscrite dans la troisième colonne. Ainsi :

	Durée d'action.	Quantité déterminée par la théorie.	Quantité déterminée par la pratique.
Chiffons de laine.....	4 à 6 années.	250 kil.	1000 à 1500 kil.
Débris de cornes.....	4 à 5 —	270 —	9000 à 10000 —
Pain de creton.......	2 à 3 —	350 —	800 —
Os concassés........	2 à 3 —	550 —	650 à 1200 —
Buis.......	2 à 3 —	3500 —	8000 à 1000 —

Je n'ai point mentionné dans la liste qui précède les engrais fournis par le règne minéral, parce que je n'admets pas qu'ils puissent remplacer les matières organiques animales et végétales.

SECTION IV.

Valeur commerciale actuelle des engrais.

Je crois utile de faire connaître les prix moyens des engrais que le commerce livre en France à l'agriculture, en observant que ces prix varient selon les localités et les années.

1° Engrais minéraux.

Marne	mètre cube,	1f, »	à	5f, »
Chaux	hectolitre,	1 , »	à	2 , »
Falun	mètre cube,	2 , »	à	2 ,50
Coquilles de moules	hectolitre,	» ,80	à	1 ,50
Merl	mètre cube.	1 ,75	à	2 , »
Tangue	—	» ,50	à	1 , »
Cendres pyriteuses	hectolitre,	» ,50	à	3 , »
Sulfate de fer	100 kilogr.	6 , »	à	10 , »
— de soude	—	15 , »	à	20 , »
— de potasse	—	40 , »	à	45 , »
Carbonate de potasse	—	80 , »	à	100 , »
Nitrate de soude	—	35 , »	à	50 , »
— de potasse	—	40 , »	à	90 , »
Sulfate d'ammoniaque	—	40 , »	à	50 , »
Chlorhydrate d'ammoniaque	—	60 , »	à	65 , »
Suie de bois	hectolitre.	2 , »	à	3 , »
Charrées	—	1 ,50	à	3 ,50
Cendres de tourbe	—	» ,40	à	» ,75
— de varech	—	1 ,50	à	2 ,50
Phosphate de chaux minéral	100 kilogr.	5 , »	à	6 , »
Os naturels	—	16 , »	à	19 , »
— fondus	—	7 , »	à	9 , »
— en poudre	—	17 , »	à	20 , »
Noir animal pur	—	20 , »	à	25 , »

2° Engrais végétaux.

Goëmons	mètre cube,	2f,50	à	4f,50
Tourteaux de colza	100 kilogr.,	15 , »	à	17 , »
— d'œillette	—	15 , »	à	16 , »
— de sésame	—	13 , »	à	14 , »
— d'arachide	—	11 , »	à	13 , »
Roseaux verts	la botte.	0 ,20	à	0 ,25

3° Engrais animaux.

Matière fécale	mètre cube,	2f, » à	4f,50
Poudrette pure	hectolitre,	8 , » à	10 , »
— du commerce	—	3 ,50 à	5 , »
Colombine	—	8 , » à	10 , »
Guano du Pérou	100 kilogr.,	32 ,50 à	35 , »
— des îles Baker	—	20 , » à	24 , »
Viande fraîche	—	3 , » à	5 , »
— desséchée	—	20 , » à	30 , »
Sang liquide	hectolitre,	3 , » à	5 ,50
Sang sec	100 kilogr.,	25 , » à	35 , »
Poudre de poissons	—	16 , » à	20 , »
Marc de colle	—	1 ,75 à	2 ,50
— d'huile de poissons	—	1 , » à	1 ,24
Chiffons de laine	—	4 , » à	6 , »
— en poudre	—	18 , » à	20 , »
Débris de cornes	—	20 , » à	25 , »
Raclures de cornes	—	22 , » à	30 , »
Rognures de peau	—	5 , » à	6 , »
Raclures de peau	—	4 , » à	5 , »
Creton	—	14 , » à	16 , »

4° Engrais artificiels.

Boues de ville	mètre cube,	2f, » à	4f, »
Guano-Derrien	100 kilogr.,	19 , »	
Varech animalisé	—	3 , »	
Engrais-Lainé	hectolitre,	3 ,50	
Engrais-Pen-Bron	—	8 , »	
Engrais-Poisson	100 kilogr.,	10 , »	
Engrais-Turrel	—	5 , »	
Guano d'Aubervilliers	—	30 , »	
— Milhaud	—	30 , » à	32 , »
humifère	—	24 , »	

Le guano du Pérou se vend, pris au Havre, à Bordeaux, etc., 32 fr. 50 c. les 100 kilog., lorsque la quantité demandée dépasse 12000 kilog. Lorsque les livraisons sont au-dessous de cette quantité, la valeur atteint 35 fr. A ces prix, il faut ajouter : 1° les frais de commission qui sont de 1 pour 100 ; 2° les frais de déchargement qui ont été fixés à 30 c. par 100 kilog. Ces dépenses élèvent donc le prix de cet engrais, dans le premier cas à 33 fr. 15 c., et dans le second à 35 fr. 65 c.

La valeur des os a toujours été progressive depuis l'époque

où le charbon d'os a remplacé le charbon de bois dans la coloration des sirops. Ainsi :

En 1810,	les os se vendaient	1 à 2 fr.	les 100 kil.
1812,	—	2 à 3	—
1840,	—	5 à 6	—
1850,	—	8 à 9	—
1857,	—	16 à 19	—

Cette augmentation trouve son explication dans l'extension que prennent chaque année la fabrication et l'emploi des engrais artificiels. Elle démontre la nécessité de substituer aux os le phosphate de chaux à l'état naturel ou après l'avoir transformé en phosphate de chaux bibasique, comme on le fait maintenant en Angleterre.

SECTION V.

Fraude des engrais.

L'extension que prend chaque année le commerce des engrais artificiels a déterminé des fraudes inqualifiables. Ainsi, on a falsifié et on falsifie encore les engrais commerciaux en leur ajoutant des substances inertes : de la terre, du sable, de la tourbe, de la sciure de bois, des laitiers pulvérisés, etc., etc.

Cette falsification a lieu dans tous les départements où l'on vend de la poudrette, du noir animal et des engrais analogues. Elle est aussi pratiquée en Angleterre, en Belgique, etc.

Ainsi, en 1852, on vendait au Mans un guano qui contenait une très-forte proportion de sable, de fragments de brique, de houille, de scories. La même année, on importait à Dunkerque un guano qui avait l'apparence du guano du Pérou, mais qui contenait plus des neuf dixièmes de son poids de matière terreuse et inerte. L'année précédente, le docteur Anderson a constaté que les engrais de plusieurs fabricants de Londres ne contenaient aucune trace de phosphate de chaux alors que, suivant les prospectus, ils auraient dû en contenir 19 à 20 pour 100 et que d'autres, qui devaient renfermer 38 de matières organiques azotées, n'en contenaient pas au delà de 2 pour 100. Des faits analogues s'observent chaque jour en France. Ainsi, à tout instant, les chimistes vérificateurs font poursuivre des fabricants qui vendent des engrais ne contenant pas au delà de 36 de phosphate de chaux alors qu'ils devraient en renfermer, d'après leurs prospectus,

59 pour 100. Ces fabricants sont toujours condamnés, mais la pénalité qui les frappe est très-souvent légère. Toutefois, tous les tribunaux ne se montrent pas toujours indulgents. Ainsi, le tribunal correctionnel de Dijon, usant largement des pouvoirs que la loi lui a concédés, a condamné, le 30 décembre 1856, M. Bavelier, raffineur de sucre, à quatre mois de prison, 200 fr. d'amende et 2000 fr. de dommages-intérêts, pour avoir vendu sciemment à M. Paul Thénard, agriculteur et chimiste, du noir animal falsifié avec du charbon de bois. J'ajouterai que les industriels qui sont parvenus à imiter le guano du Pérou enlèvent dans les gares les plombs des sacs pour les attacher à des balles contenant leur mélange frauduleux.

Les condamnations prononcées par les tribunaux n'ont souvent que des effets temporaires. Ainsi, M. Masselin, à Nantes, qui a été condamné pour tromperie sur la *nature* des engrais qu'il fabriquait, a annoncé depuis un *guano avinos*, comme ayant la même composition que le guano du Pérou. Cette audacieuse tromperie n'échappera pas, j'ose l'espérer, aux agriculteurs qui achètent des engrais commerciaux, et elle démontre combien il est nécessaire de surveiller la vente des engrais.

La fraude des engrais est aujourd'hui combattue dans plusieurs départements : Loire-Inférieure, Ille-et-Vilaine, Morbihan, Côtes-du-Nord, Finistère, Vendée, Maine-et-Loire, Mayenne, Indre, Gironde, Calvados, Seine-Inférieure, Seine-et-Marne, Seine-et-Oise et Somme, par des arrêtés préfectoraux.

Cette répression porte chaque jour ses fruits, mais elle serait beaucoup plus efficace si la législation relative aux tromperies sur la *qualité* était nettement définie. Dans les circonstances actuelles, les tribunaux ne peuvent frapper sévèrement les fraudeurs que lorsqu'ils trompent sur la nature. Ainsi, un fabricant qui livrera, comme renfermant 6 pour 100 d'azote, un engrais qui n'en contiendra que 2, n'aura pas trompé sur la nature, mais seulement sur la qualité. Alors, il ne sera condamné qu'à une légère amende.

Tous ces faits prouvent combien les agriculteurs ont raison de demander au gouvernement la reprise du projet de loi sur la fraude des engrais, projet que M. Dumas, sénateur, a déposé comme rapporteur, le 8 août 1851, sur le bureau de l'Assemblée législative et que je crois utile de faire connaître.

Art. 1er. Toute tromperie sur la nature et la composition quantitative d'un engrais vendu ou mis en vente, toute tromperie sur l'origine d'un amendement vendu ou mis en vente, sera puni des peines portées par l'art. 423 du Code pénal.

Art. 2. Tout fabricant ou marchand d'engrais devra, sur chaque espèce d'engrais qu'il expose en vente, placer à demeure une affiche indicative de la nature et des proportions des matières qui constituent cet engrais.

Tout fabricant ou marchand sera tenu de délivrer à l'acheteur une facture indiquant la nature et les proportions des matières qui constituent cet engrais.

Art. 3. Les préfets dans les départements, le préfet de police dans le ressort de sa préfecture, sont autorisés à prendre les arrêtés nécessaires pour l'inspection des fabriques et des magasins d'engrais, et la vérification de la nature et de la composition des engrais mis en vente. La dépense de ces inspections et vérifications, si elles sont reconnues utiles par les conseils généraux, sera inscrite parmi les dépenses facultatives du budget départemental.

Art. 4. Dans le cas de condamnation pour un des délits prévus par l'art. 1er de la présente loi, le tribunal pourra ordonner l'affiche du jugement dans les lieux qu'il désignera, et son insertion intégrale ou par extrait dans tous les journaux qu'il indiquera, le tout aux frais du condamné.

Les deux tiers du produit des amendes prononcées en vertu du même article seront attribués aux départements dans lesquels les délits auront été constatés.

Art. 5. L'art. 463 du Code pénal sera appliqué aux délits prévus par l'article de la présente loi.

Art. 6. Toute contravention aux prescriptions de l'art. 2 de la présente loi, et aux arrêtés pris par les préfets, en vertu de l'art. 3, sera punie des peines de police portées par les art. 479 et 482 du Code pénal.

Cette loi, si elle était adoptée par les Chambres législatives, rendrait un service important à l'agriculture et aux commerçants honnêtes. Elle atténuerait la fraude, empêcherait les effets du charlatanisme, et les nombreux abus existants dans le commerce des engrais, abus qui compromettent à la fois, comme le disait l'honorable M. Dumas, les espérances de l'agriculture et l'autorité de la science.

Cette répression serait d'autant plus salutaire, qu'il se vend annuellement à Nantes des milliers d'hectolitres de tourbe, de terres noires, avec lesquelles on fraude le noir animal ou on fabrique des engrais commerciaux, sophistication qui occasionne chaque année à l'agriculture des départements de l'Ouest une perte réelle de plus de deux millions !

La fraude est devenue à Nantes, ville qu'il faut regarder comme l'entrepôt général des engrais employés dans les anciennes provinces de la Bretagne, de l'Anjou, du Maine et du Poitou, une industrie très-importante et très-lucrative. Toutefois, cette falsification serait plus considérable encore si l'administration préfectorale de la Loire-Inférieure n'avait pas pris des arrêtés pour la paralyser. Mais il ne suffisait pas d'obliger les fabricants et les vendeurs d'inscrire sur un écriteau placé sur les tas d'engrais le nom sous lequel ils les vendent, ainsi que leur richesse en phosphate de chaux, en matières animales, en sels ammoniacaux ou en azote, il fallait aussi s'assurer par l'analyse si les engrais répondaient par leur nature à la composition inscrite sur les enseignes.

La répression de la fraude des engrais a pris naissance dans le département de la Loire-Inférieure. C'est M. Soubzmain, ancien maire de Nantes, qui le premier fit comprendre la nécessité d'un bureau de vérification. Ce bureau fut créé en 1837, mais il ne fonctionna régulièrement qu'à partir de 1840, époque où M. Bertin en eut seul la direction. Ce chimiste remplit avec zèle ses fonctions pendant douze ans.

C'est M. Bobierre, professeur de chimie à l'École préparatoire des sciences, qui est chargé, depuis 1848, de vérifier les échantillons de 250 à 300 grammes pris dans les chantiers par l'inspecteur d'agriculture, les maires ou les commissaires de police. Si l'analyse constate une altération notable sur la nature et la qualité de l'engrais, M. Bobierre dresse un procès-verbal et le transmet au procureur impérial pour qu'il poursuive le délit.

C'est par ces mesures qu'on est parvenu à poursuivre la fraude et qu'on est arrivé, suivant l'expression de M. Dumas, à forcer le charlatan à descendre de ses tréteaux. Les faits qu'on lit dans les rapports adressés, chaque année, par M. Bobierre au préfet de la Loire-Inférieure, constatent les immenses services rendus à l'agriculture de l'Ouest par le bureau de vérification. Ainsi M. Bobierre a reconnu que les échantillons qu'il a analysés devaient être divisés comme il suit :

	1854-55.	1856-57.	1860-61.
Noirs purs	149	57	94
Noirs mélangés de tourbe	214	200	253
Carbonate de chaux noircie	2	6	1
Guanos	7	12	»
Engrais composés	16	10	12
Charrées	3	14	9
Engrais minéraux	10	1	5
Totaux des échantillons analysés	401	300	374
Richesse des noirs purs en phosphate de chaux	65,0	65,0	63,0
Richesse des noirs mélangés —	40,0	40,1	12,0

Avant 1854, la richesse moyenne en phosphate de chaux des noirs mélangés a varié entre 27 et 42.

Ainsi, la surveillance exercée dans la vente des engrais dans le département de la Loire-Inférieure a été utile à l'agriculture, et elle a éclairé l'ignorance des acheteurs et mis en évidence la mauvaise foi des fabricants et des vendeurs.

Espérons que l'agriculture française ne sollicitera pas toujours en vain une loi spéciale sur la vente des engrais, et qu'un jour viendra où la sophistication de ces matières sera sévèrement interdite, où les fraudeurs sur la qualité seront frappés d'une pénalité plus rigoureuse que celle qui peut les atteindre en ce moment.

En attendant que des moyens de répression plus sévères soient accordés aux législateurs, je dirai que quelques tribunaux ont prononcé cette année des condamnations contre plusieurs fabricants d'engrais qui avaient eu l'audace de vendre des matières terreuses pour des substances organiques animales et végétales.

SECTION VI.

Les engrais exposés dans les concours agricoles.

On expose chaque année dans les concours régionaux agricoles des engrais commerciaux auxquels les jurys attribuent de temps à autre des récompenses.

Les médailles décernées par les jurys ne récompensent pas toujours des fabricants honnêtes. Il doit en être ainsi. Les jurys n'ont pas assez de temps pour qu'ils puissent s'assurer de la composition des engrais qu'ils ont à juger, et ils sont forcés de croire au dire des industriels qui ont fabriqué ces matières fertilisantes.

Le temps est arrivé où les engrais exposés dans les concours régionaux doivent être sévèrement contrôlés, afin que les agriculteurs puissent connaître la composition des produits commerciaux qui ont obtenu des récompenses.

Si les jurys de ces assises agricoles eussent connu depuis trois années la composition des engrais qu'ils ont jugés, très-certainement ils se seraient montrés plus sévères dans les décisions qu'ils ont prises.

Voici les conditions que l'Administration de l'agriculture pourrait imposer à tous les fabricants d'engrais commerciaux dans le but de mettre un terme aux spéculations déloyales :

1° Quiconque voudra exposer un engrais dans un concours régional devra en déposer un échantillon d'un kilogr., avant le 1er février, à la préfecture du département dans lequel est situé l'usine ou le dépôt.

Cet échantillon sera cacheté et déposé contre un récépissé indiquant la manière d'être du cachet. Il sera accompagné d'une note indiquant l'importance de l'usine, le nombre d'ouvriers qu'elle occupe, le prix commercial de l'engrais et son poids à l'hectolitre.

2° Cet engrais sera analysé par le chimiste vérificateur du département. Les résultats de cette opération seront notifiés par le préfet à l'exposant avant le 1er avril. Ce dernier aura le droit de demander une contre-expertise si l'analyse ne lui paraît pas exacte. Les frais de cette deuxième analyse seront à sa charge.

3° L'exposant qui trouvera l'analyse exacte et qui voudra exposer son engrais au concours régional de sa région, adresse a sa demande d'admission au ministère de l'agriculture, en y joignant une copie certifiée de l'analyse qu'il aura reçue de la préfecture de son département. Cette analyse officielle sera inscrite sur le programme du concours.

4° Tout fabricant ou détenteur d'engrais qui aura exposé un échantillon inférieur en qualité fertilisante à l'engrais qu'il aura remis à la préfecture, sera exclu à tout jamais des concours et expositions agricoles et industriels.

5° Quiconque aura obtenu dans un concours régional une médaille d'or, d'argent ou de bronze pour un engrais, ne pourra mentionner cette récompense sur un prospectus, dans un livre ou dans une annonce, qu'en publiant l'analyse insérée au programme concernant ce concours.

6° Les contrevenants aux dispositions qui précèdent seront poursuivis conformément au paragraphe 15 de l'art. 471 du Code pénal.

Si un arrêté ministériel portant les pénalités édictées dans les articles qui précèdent avait été rendu il y a quatre ans, l'agriculture française aurait connu la composition de l'*engrais Noirault* de Niort, l'*engrais végéto-animal* de Castres, l'*engrais concentré* de Metz, l'*engrais aurifère* de Melun, etc. En outre, les décisions prises par les jurys des concours régionaux auraient toujours eu une valeur réelle et elles n'auraient pu être parfois regardées comme des encouragements et des récompenses accordés au charlatanisme.

SECTION VII.

Analyse des engrais.

Il y a trente ans, on appliquait les engrais sans chercher à connaître préalablement les éléments qu'ils contenaient, ni la proportion dans laquelle ces matières étaient unies les unes aux autres. Dans toutes les circonstances, on jugeait leur valeur fécondante par l'expérience. Cette manière d'opérer avait son bon et son mauvais côté. Lorsque l'engrais essayé était de bonne qualité, la récolte devenait productive et on vantait alors ses propriétés fertilisantes; mais si l'engrais était mauvais, s'il amoindrissait sensiblement les productions du sol, on blasphémait avec justes raisons contre le vendeur. Dans le premier cas, le cultivateur réalisait un bénéfice qui le rendait confiant; dans le second, la perte considérable qu'il éprouvait l'obligeait à repousser bien loin toutes les innovations dont l'utilité avait été sanctionnée par la science et la pratique.

Les progrès faits depuis cette époque, par la chimie, et l'élévation de l'agriculture au rang des sciences, obligent aujourd'hui le cultivateur à connaître la composition intime des engrais qu'il emploie pour fertiliser la terre qu'il cultive et à laquelle il demande des produits abondants et incessants. Ainsi, il doit savoir la somme des matières actives et inertes, et de l'humidité qui composent les engrais qu'il achète. Il doit aussi connaître si les parties actives contiennent des matières organiques azotées, des sels terreux et alcalins, si les substances inertes sont formées d'argile, de sable, de fer et de tourbe, et dans quelles proportions elles existent les unes et les autres. Cette constatation lui permettra de mieux déterminer la quantité qu'il doit répandre par hectare et les plantes qui doivent suivre l'emploi d'un engrais donné.

Le développement considérable que prend chaque année, en France, la fabrication des engrais artificiels, rend aussi cet examen nécessaire. C'est, en effet, par l'analyse chimique seule qu'on parvient à connaître la valeur des engrais commerciaux. Sans cet examen scientifique, nul ne peut dire la composition et la valeur agricole de l'*engrais géophile*, de l'*engrais Félix*, du *sarcotœon*, de l'*engrais gris*, de l'*engrais général concentré*, du *guano animalisé indigène*, de la *poudrette additionnée*, du *petit engrais*, de l'*engrais animal*, de l'*engrais azoté granulé*, de l'*engrais animalisé salé*, etc., etc. C'est la chimie qui indique encore la composition des marnes, des faluns, de la chaux, des cendres, des charrées, etc. Enfin, c'est elle qui révèle la fraude et indique au cultivateur les engrais qu'il ne doit pas acheter ou la valeur commerciale agricole qu'on doit leur attribuer.

Une analyse ne peut pas être faite par toutes les personnes initiées à la chimie. Pour bien l'exécuter, il faut posséder d'abord les ustensiles nécessaires, et savoir ensuite bien manipuler. Il est vrai qu'on dose aisément, quand on connaît un peu cette science, le carbonate de chaux des marnes, des faluns, etc.; mais l'analyse des engrais commerciaux est plus complexe, plus difficile que celle des minéraux à base de chaux.

En effet, elle a généralement pour but de constater et de titrer l'azote, les matières organiques, les sels ammoniacaux, les phosphates et les sels de soude et de potasse.

Dans le premier cas, l'analyse est *qualitative;* dans le second, elle est *quantitative.*

Je dois à M. Barral la note suivante sur la manière générale d'analyser les engrais :

Les échantillons d'engrais destinés à être analysés doivent être renfermés dans des flacons bien bouchés. Ils doivent peser environ 10 grammes et avoir été choisis en puisant en différents endroits dans l'intérieur de la masse dont on veut avoir la composition moyenne.

A. Un essai qualitatif indique rapidement la nature de l'engrais. On reconnaît d'abord par son odeur s'il est ammoniacal. Dans tous les cas, en en mettant une pincée dans un tube fermé par un bout et y ajoutant un petit morceau de potasse, on constate facilement la présence de matières très-azotées, à l'aide de chaleur, s'il répand des vapeurs qui bleuissent le papier rouge de tournesol et qui donnent des fumées blanches, épaisses, quand on approche une baguette de verre trempée dans l'acide chlorhydrique.

A l'aide d'un acide étendu d'eau, on voit s'il y a effervescence, et par conséquent si la matière renferme des carbonates.

En réduisant en cendres une petite partie de l'engrais, en se servant d'une petite capsule de plâtre ou de porcelaine, en traitant ensuite par de l'eau acidulée avec de l'acide chlorhydrique, filtrant et ajoutant de l'ammoniaque, on voit s'il y a un précipité abondant blanc et assez lourd ; dans ce cas, on a affaire à un engrais contenant beaucoup de phosphate de chaux. Ces essais qualitatifs doivent être suivis d'une analyse quantitative qui exige de l'habitude et des instruments de précision.

B. L'opérateur ayant pesé 1 gramme environ de l'engrais placé dans une petite capsule de porcelaine, doit le mettre à dessécher dans une étuve à courant d'air et chauffée avec de l'eau salée. La perte de poids lui indique la quantité d'eau. Il ne peut y avoir d'erreur que dans le cas où l'engrais contiendrait beaucoup de carbonate d'ammoniaque. Un autre dosage le renseignera à cet égard.

L'opérateur doit réduire en cendres, dans une capsule de porcelaine, un autre gramme de l'engrais. La perte de poids indique l'ensemble de l'eau, des matières organiques combustibles et des sels ammoniacaux volatils.

En brûlant dans un tube de verre, avec un mélange de chaux et de soude caustiques, de 500 milligrammes à 1 gramme de l'engrais, et recevant les produits gazeux dans de l'acide sulfurique titré, l'opérateur pourra trouver facilement l'azote qui, dans l'engrais, est à l'état ou d'ammoniaque ou de matière organique.

En renfermant dans un tube 1 gramme d'engrais, en plaçant ce tube dans un bain d'huile chauffé jusqu'à 100 degrés environ, et y faisant passer un courant d'air sec et qui se lavera, à sa sortie, dans de l'acide sulfurique titré, on aura l'azote à l'état d'ammoniaque.

Si on traite les cendres obtenues par l'incinération, d'abord, par de l'eau et qu'on filtre, on aura, par l'incinération du filtre, le poids des sels insolubles dans l'eau.

L'eau a enlevé les sels solubles. La réduction à sec de la liqueur permettra de séparer les sels alcalins du sulfate de chaux.

Les sels insolubles dans l'eau étant traités par de l'eau acidulée avec de l'acide chlorhydrique, donneront un résidu insoluble formé par l'argile et la silice (terre et sable). En versant dans la liqueur de l'ammoniaque, on aura un précipité qui contiendra le phosphate de chaux, l'alumine et l'oxyde de fer. La liqueur étant traitée par de l'oxalate d'ammoniaque fournira la chaux oxalatée et ensuite, étant évaporée à sec, donnera la magnésie.

En reprenant le précipité triple de phosphate de chaux, d'alumine et d'oxyde de fer, par de l'eau acidulée, en ramenant la liqueur à la presque neutralité avec réactifs et versant de l'acétate de plomb, on aura un précipité de phosphate de plomb tribasique qui, par le calcul, fournira exactement le phosphate de chaux.

Il existe en France plusieurs bureaux de contrôle des engrais, qui rendent d'importants services à l'agriculture. Ainsi, les engrais sont analysés dans les laboratoires de :

MM. Barral, rue Notre-Dame des Champs, 82, à Paris.
Baudrimont, à Bordeaux.
Bénard, à Amiens.
Bobierre, à Nantes.
Caillat, à l'École impériale de Grignon.
Girardin, à Lille.
Ladrey, à la faculté de Dijon.
Malaguti, à la faculté de Rennes.
Marchand, à Fécamp.
Nicklès, à la faculté de Nancy.
I. Pierre, à la faculté de Caen.
Thibierge, à Versailles.

Le laboratoire de l'école des ponts et chaussées analyse aussi les engrais; il est dirigé par M. Mangon.

Une analyse complète, se paye 25 fr.; si l'on se borne au dosage de l'azote, son prix est de 6 à 8 fr. Si on veut avoir en même temps le phosphate de chaux, on devra la payer 15 fr. Ces prix sont ceux des tarifs les plus modérés, tarifs réglés par les Sociétés d'agriculture d'Angleterre et d'Écosse.

FIN DES MATIÈRES FERTILISANTES.

BIBLIOGRAPHIE.

A. — Traités généraux.

Mémoire sur la qualité et l'emploi des engrais, par de Massiac; Paris, in-12, 1767.

Agrologie ou méthode nouvelle pour bien connaître la nature des engrais, par le baron Expuller; Paris, in-12, 1771.

Mémoire sur les engrais, par Bernard; Marseille, in-8, 1780.

Avis sur la manière d'engraisser les terres, par M***; Paris, in-12, 1787.

Mémoire sur la nature et la manière des engrais, par Parmentier; Paris, in-8, 1791.

Essai sur les engrais, par Leavenworth; Paris, in-8, 1802.

L'engrais et son principe, par Loureau; Avallon, in-4, 1804.

Traité des engrais, par Maurice; Genève, in-8, 1806.

Essai sur les engrais, par P. Ré; Paris, in-8, 1813.

Théorie des engrais, par Payen; Paris, in-8, 1835.

Traité des amendements, par Martin; Paris, in-8.

Essai sur la théorie des engrais et des amendements, par Lucy; Paris, in-8, 1838.

Des engrais, par Ducoin; Tours, in-18, 1842.

Guide des engrais, par Guépin; Nantes, in-18, 1842.

Traité des amendements et des engrais, par Joigneaux; Paris, in-18, 1848.

Traité des amendements, par Puvis; in-12, 1848.

Technologie des engrais, par Moride et Bobierre; Nantes, in-8, 1848.

Engrais en général, par Greff; Metz, in-8, 1849.

Moyen de recueillir les engrais, par Schmit; in-8, 1850.

La scubalotechnie ou science des engrais, par Moulin Thibaud; Moulins, in-18, 1852.

Chimie agricole, par Isidore Pierre; Paris, in-12, 1853.

Engrais et amendements, par Fouquet; Bruxelles, in-12, 1855.

Guide de la fabric. des engrais, par Rohart; Paris, in-8, 1856.

B. — **Traités spéciaux.**

1° Engrais minéraux.

Mémoire sur la marne, par de Romieu; in-8, 1762.

Examen de la houille comme engrais, par Raulin; Paris, in-12, 1775.

Examen des coquilles de la Touraine considérées comme engrais, par Raulin; Amsterdam, in-12, 1776.

Observations sur les houilles d'engrais, par Delaillevault; Paris, in-12, 1777.

Manière d'employer la marne, par Blanchot; Paris, in-8, 1788.

Mémoire sur les usages et les effets du plâtre, par Vitalis; Rouen, in-8, 1805.

Mémoire sur les marnes, par Vitalis; Rouen, in-8, 1805.

Mémoire sur l'emploi du plâtre, par Bergère de Mondement; Paris, in-8, 1806.

Application du plâtre, par Canolle; Paris, in-8, 1811.

.*Théorie du plâtrage*, par Socquet; Lyon, in-8, 1820.

Rapport sur l'emploi du plâtrage, par Bosc; Paris, in-8, 1823.

Essai sur la marne, par Puvis; Bourg, in-8, 1826.

Emploi de la chaux, par Puvis; Paris, in-8, 1835.

Traité de la pierre à plâtre, par Dralet; Paris, in-8, 1837.

Des différents moyens d'amender le sol, par Puvis; Paris, in-8, 1837.

Statistique des os, par Bertin; Nantes, in-8, 1843.

De la marne, par Desvaux; Nantes, in-8, 1847.

Engrais inorganiques, par Becquerel; Paris, in-18, 1848.

La chaux, la marne, etc., par Bortier; Furne, in-8, 1849.

Du noir animal, par Romanet; Paris, in-8, 1852.

Des engrais de mer, par I. Pierre; Caen, in-8, 1852.

Mémoire sur les engrais, par Jacquelin; Paris, in-4, 1852.

Coquilles employées à l'amendement des terres, par Bortier; Paris, in-8, 1853.

Mémoire sur les engrais, par Meugy; Paris, in-4, 1855.

Le noir animal, par Bobierre; Paris, in-12, 1856.

La *découverte du phosphate de chaux*, par Meugy; in-8, 1858.

Chaux et marne, par I. Pierre; in-12, 1858.

Étude sur les gisements du phosphate, par Élie de Beaumont; Paris, in-8, 1858.

Étude chimique sur le phosphate de chaux, par Bobierre; Nantes, in-8, 1859.

Fertilisation du sol par le phosphate de chaux fossile, par Demolon; Paris, in-8, 1860.

Recherches sur l'emploi agricole des phosphates, par Deherain; Paris, in-8, 1860.

2° Engrais animaux.

Emploi des matières fécales, par Beffroy; Paris, in-8, 1801.

Dissertation sur le parcage, par de Scevole; 2 vol. in-12, 1805.

De l'emploi du sang, par Derosne; Paris, in-4, 1831.

Des engrais animaux, par Puvis; Bourg, in-8, 1845.

Histoire du guano du Pérou, par de Monnières; Paris, grand in-8, 1845.

Notice sur le guano, par Harmange; Nantes, in-8, 1845.

Moyen de recueillir les urines et de les utiliser, par Chevallier; Paris, in-8, 1852.

Engrais humain, par Paulet; Paris, in-8, 1853.

Du guano du Pérou, par Nesbit; Paris, in-8, 1853.

Meilleur emploi du guano, par Cortambert; in-8, 1856.

Instr. sur l'emploi du guano, par Vienot; Paris, in-8, 1856.

Guano du Pérou, par Mosneron Dupin; Havre, in-8, 1857.

3° Engrais végétaux.

Mémoire ou traité sur le lupin, par ***; Lyon, in-8.

Mémoire sur les avantages des engrais du règne végétal, par Chancery; in-8.

Récoltes dérobées comme engrais, par J. A. G***; Paris, in-12, 1856.

4° Engrais végétaux animaux.

A quelle culture doit-on appliquer les fumiers, par Brandicourt Montmolin; Paris, in-8, 1810.

Traité des fumiers, par Francès; Toulouse, in-8, 1823.

Des fumiers, par Girardin; Paris, in-12, 1847.

Observ. sur le fumier, par Tacqueray; Paris, in-8, 1847.

Emploi des fumiers, par Arcel; in-12, 1854.

Le fumier de ferme, par Quesnard; Paris, in-8, 1854.

La fosse à fumier, par Boussingault; Paris, in-8, 1858.

5° Engrais artificiels et commerciaux.

Engrais végéto-animal, par Grognier; Lyon, in-8, 1820.

Rapport sur l'urate, par H. de Thury; Paris, in-8, 1820.

Emploi du noir animalisé, par Salmon; Paris, in-8, 1833.

Méthode Jauffret; Paris, in-8, 1837.

Engrais zoofime, par L. Saint-Amand; Nantes, in-8, 1848.

Engrais artificiels, par Liebig; Paris, in-8, 1849.

TABLE ALPHABÉTIQUE.

(Les engrais formant des classes et des sections ont été imprimés en lettres *italiques*.)

Algues........................ 278
Analyse des marnes............ 56
Animaux morts................. 444

Blé noir...................... 64
Bottelage..................... 329
Boues de route.............. 451
Boues de ville.............. 416
Bourbasse..................... 329
Brouette à purin.............. 589
Broyage des os................ 220
Bruyère....................... 457
Buis........................ 303

Calcaires coquilliers......... 88
Caque de hareng............... 432
Carbonate de potasse.......... 155
Cave à engrais................ 587
Cendres azotées............... 628
— de four à chaux............. 183
Cendres de fumier........... 194
Cendres de goëmon............. 203
— de Champagne................ 141
— de Hollande................. 196
Cendres de houille.......... 206
Cendres lessivées........... 187
Cendres non lessivées....... 180
Cendres neuves de bois........ 185
Cendres de mer....... 98, 196, 630
Cendres noires................ 142
— — de la Somme.... 196
— — Clary......... 625
— — lessivées..... 143
— — de Picardie... 142
— rouges...................... 142
— — lessivées..... 143
Cendres pyriteuses.......... 141
Cendres de tourbe........... 196
Cendres de tourbe blanches.... 197
— — grises........ 197
Cendres de varech........... 203
Cendres vitrioliques.......... 144
Chair musculaire............ 413
Chair desséchée............... 416
— fraîche..................... 417
Charrées.................... 187
Charrées des blanchisseries... 189
— de bois..................... 187
— des fabriques............... 189
— des ménages................. 188
— des salpétriers............. 189
— des savonniers.............. 188
— de tourbe................... 187
Chaulage...................... 24
— allemand.................... 24
— français.................... 25
— italien..................... 25
Chaume...................... 324
Chaux....................... 17
Chaux argileuse............... 20
— chaude...................... 19
— douce....................... 20
— éteinte..................... 19
— grasse...................... 19
— hydratée.................... 19
— hydraulique................. 20
— magnésienne................. 21
— maigre...................... 20
— pure........................ 19
— siliceuse................... 20
— sulfatée.................... 115
Cheval en poudre.............. 420

Chiffons de laine 436
Chiffons de laine en poudre..... 437
Chlorure de sodium............ 162
Chlorhydrate d'ammoniaque.... 167
Cistes.......................... 305
Citernes pour engrais.......... 586
Claies de parc.................. 351
Colombine 380
Coïza d'hiver.................... 68
Composts...................... 568
Conferves........................ 295
Conservation des fumiers....... 496
Coquillages.................... 94
Coquilles fossiles............... 88
Couperose verte 151
Courte graisse................ 585
Craie.......................... 84
Crayon 47
Crins.......................... 442
Crottin de cheval............... 378
— de moutons............ 346

Débris d'animaux.............. 413
Débris de cornes.............. 440
Débris de poissons. 431
Déchets divers 326
Déjections des animaux 327
Déjections des oiseaux......... 380
Désossement de la chair........ 446
Dessiccation du sang 425
— de la viande........ 417
Division des chiffons........... 437
Drèche.......................... 319

Eaux ammoniacales 620
Eaux de féculeries............. 619
Eaux des égouts............... 613
Eaux vannes.................... 329
Eaux de distilleries 619
Écailles de harengs............ 432
Économie des engrais...... ... 664
Emploi de la chair............. 446
— des crins. 448
— des clous 449
— des issues............ 447
— des os................ 446
Emploi des poils...... 448
— des plumes............. 449
— du sang................ 447
Engrais Amalbert............. 627
— animal concentré 623
— — pur............ 629
— ammoniacal concentré.. 628
— ammoniacalisé......... 628
— acidule animal......... 629
Engrais animaux 327
Engrais artificiels............ 622
Engrais adhérent.............. 661
— Ameline............... 627
— Armand 624
Engrais brevetés............. 622
Engrais très-azoté...... 626
— Baronnet...... 626
— Bedarride............ 628
— Bickès............... 661
— Binks................ 626
— Boutin 661
— Bocquet.............. 628
— carbo-animalisé 627
— — perazoté 628
— Caudelet... 661
— chimico-animal........ 626
— chimique......... 623, 627
— — du Vaucluse... 627
— — pulvérulent ... 627
— Chotard.............. 661
— chrysolin 624
— chloruré 626
— Cherrier 626
Engrais commerciaux 622
Engrais Compagnon 629
— concentré............. 661
— — animalisé.... 623
— Corne................ 629
— Creton............... 626
— cyanique............. 628
— Dupaigne 627
— Dusseau 661
— de mer 556
— Esmein............... 625
— Faucon 625
— français.............. 623

Engrais Félix. 627
— fertilisant. 661
Engrais flamand. 585
Engrais Gain. 628
— Gaudin 627
— Gill. 627
— Giot. 626
— Guilhot. 661
— Hillel. 628
— Houssard 625
— humus 627
Engrais Jauffret. 559
Engrais Jean. 625
Engrais Kennedy. 600
Engrais Kulhmann. 625
— Lagache 627
— de la Glacière 624
— Laccarière. 626, 661
Engrais Lainé. 639
Engrais Liebig 625
— lino-calcaire. 628
— Landois. 628
Engrais liquides. 572
Engrais liquide artificiel 625
— Lyon 623
— Malfilâtre. 627
— de mer 628
— du Midi. 625
— Millaud 629
— minéral. 629
— — azoté 629
— — végéto-animalisé 625
Engrais minéraux. 17
Engrais Moisson. 626
— Moulin 624
— Naissant 623
— de Noirmoutier. 636
— normal chimique 625
— nitrogène 661
— orléanais. 627
Engrais de Pen-Bron. 648
Engrais phosphaté. 629
— perfectionné. 625
Engrais-poisson. 433
Engrais Poisson. 641
Engrais de poissons. 627
Engrais Poltron. 629
— Richard 628
— Richer. 626
Engrais Rohart. 646
Engrais Salabelle. 626
— salin azoté. 626
— Salmon. 656
— Sauhon. 641
— Savoye 625
— Steinau. 624
— Sussex. 627
— Thurneyssen 627
— Trévoux 623
Engrais Turrel. 644
Engrais végétaux. 257
Engrais de varech. 628
— vendéen 629
— végéto-animal. 629
— végétal 627
— — pulvérulent. 625
Engrais végétaux animaux. 451
Engrais végéto-azoté. 626
— — salin azoté. 625
— verts 257
Engrais zoofime. 626
Engrais zoo-calcaire. 629
Enlèvement des parties grasses. . 445
Enlèvement des tendons. 447
Ers (lentilles). 263

Fabrication des engrais 653
— de la poudrette. 343
Falun. 88
Falunière. 90
Fèves 262
Feuilles. 453
Fiente de volaille. 411
Fosses à fumier 497
Fougère. 456
Fraude des engrais 681
Fucus. 278
Fumade 377
Fumier. 465
Fumier des bêtes à cornes 467
— brun noir 465
— de cheval 466

Fumier chaud................ 466
— consommé............ 465
— court................ 466
— à demi consommé...... 470
— décomposé............ 465
— fait............ 470
— frais........ 465
— fabriqué............. 470
— froid................ 466
— gras................. 465
— long................. 466
— de lapin............. 470
— mixte................ 470
— de moutons........... 468
— normal............... 470
— de porcs............. 469
— type................. 470
— de ville............. 446

Gadoue............. 329, 446, 485
Gazons..................... 300
Genêt....................... 459
Goëmons... 278
Goëmon de flots.............. 281
— vif.................. 284
Gras cuit................... 329
Guano...................... 386
Guano artificiel. 629
— altéré................ 399
— d'Afrique............. 394
— d'Arabie.............. 396
— des Antilles.......... 396
— d'Aubervillers...... 419, 649
— de la Bolivie......... 393
— du Chili.............. 392
— compost............... 629
— Derrien............... 632
— des îles Backer....... 395
— de la Motte........... 642
— de la Minière 650
— de viande............. 420
— d'Europe.............. 628
— du Mexique............ 397
— économique............ 628
— des îles du Pacifique 395
— factice................ 626

Guano français....... 623, 626, 629
— d'Ichaboé.............. 398
— humifère.......... 623, 649
— indigène............... 628
— de Patagonie........... 398
— majeur................. 629
— Mongin................. 649
— du Pérou............... 387
— phosphaté.............. 650
— de poissons............ 627
— de Sandanha............ 398
— superphophaté.......... 644
— sarde.................. 397
Gypse....................... 114

Herbes minéralisées.......... 636
Houille d'engrais............ 141
Huano................ 386

Incinération du goëmon........ 203
— de la tourbe....... 199

Lais de mer.................. 556
Laitiers..................... 246
Lavande...................... 305
Lentille ervillière........... 263
Limon d'eau douce............ 552
Limon de mer................. 556
Liqueurs végétatives.......... 657
Liqueur universelle........... 657
Liquide germinateur........... 659
Litières..................... 451
Lizée........................ 580
Lizier....................... 580
Loques....................... 436
Lupin blanc.................. 259
— jaune.................. 262

Madia........................ 269
Madrépores................... 108
Marcs........................ 319
Marc......................... 556
Marc de café................. 321
— de colle forte.......... 435
— de houblon............. 321
— d'olive................ 321

Marc de poires................ 320
— de pommes.............. 320
— de raisin 319
Marnages..................... 70
Marnage allemand............ 71
— anglais.......... 71
— de la Bresse.......... 70
— de la Bigorre......... 71
— du Berri............. 70
— du Dauphiné.......... 70
— du haut Languedoc.... 70
— de la Flandre......... 68
— de la Normandie...... 68
— de la Picardie........ 69
— de la Puisaie 69
— de la Sologne........ 69
Marne....................... 47
Marne argileuse.............. 50
— calcaire............... 49
— crayon................ 49
— coquillière............. 88
— magnésienne............ 50
— sableuse............... 49
— siliceuse............... 49
Matière fécale............... 327
Matières fécales vertes......... 334
— animales brutes....... 647
Merl......................... 108
Merl blanc.................... 108
— en rognons.............. 110
— coquillier............... 109
— rameux................. 110
— rose.................... 110
— rougeâtre............... 109
Moutarde blanche............. 268
Myrte....................... 305

Navets....................... 267
Navette...................... 267
Nitrate de potasse............ 156
Nitrate de soude............. 157
Nodules...................... 210
Noir animal.................. 235
Noir animal terreux........... 624
— — nouveau........ 625
— animalisé............ 624, 655
Noir d'Amsterdam............. 240
— de Bordeaux.............. 238
— de Bourges............... 626
— calcaire d'engrais......... 628
— étranger................. 240
— fin...................... 238
— de Flandre............... 240
— français.................. 238
— gros grain................ 247
— grain.................... 238
— guano................... 629
— de Hambourg............. 240
— d'Italie.................. 241
— de Marseille.............. 239
— de Nantes................ 238
— d'Orléans................ 240
— de Paris................. 240
— de raffinerie.............. 236
— de Russie................ 241

Os......................... 215
Os de bœuf.................. 216
— concassés................ 217
— dissous.................. 231
— entiers.................. 217
— épuisés.................. 219
— fondus................... 219
— frais.................... 218
— gras..................... 216
— lavés.................... 219
— de poissons............... 216
— de porcs................. 216
— en poudre................ 217
— secs..................... 218
— de vaches................ 217

Pailles...................... 451
Pain d'huile.................. 306
Pain de créton............... 443
Parcage des bêtes à laine...... 348
Parcage des bêtes à cornes..... 376
Phosphate de chaux minéral.... 209
Phosphate acide de chaux...... 231
Plantes aquatiques............ 295
Plantes cultivées............. 257
Plantes nuisibles............. 299
Plates-formes à fumier......... 502

Plâtras. . . . 138
Plâtre. . . . 114
Plâtre calciné. . . . 116
— cru 116
— cuit. . . . 116
— éventé. . . . 116
Plumes. . . . 440
Poils. . . . 440
Pois gris 263
Poisson frais. . . . 431
Poudre Corne. . . . 652
— Cabane. . . . 652
— de la Providence. . . . 658
— de poisson 432
— fécondante. . . . 624
Poudres végétatives. . . . 657
Poudre saline. . . . 624
Poudrette. . . . 340
Poudrette alcaline. . . . 624
— Desnoyers. . . . 625
— fraudée 341
— nouvelle. . . . 624
— pure. . . . 341
— végétale. . . . 619
— végétative. . . . 340
— — inodore 624
Poulaie 411
Poulenée 411
Pouline. . . . 411
Poussière de route. . . . 451
Prairies artificielles. . . . 264
Pralinage des graines. . . . 661
Préparation des cornes. . . . 447
Purin 572
Purin animalisé. . . . 599
Purin végétal 621

Râpures de cornes. . . . 440
Récolte des fumiers. . . . 488
Résidus de raffineries. . . . 236
— de salaisons 431
Rognures de tanneries 435
Roseaux 296, 458
Rouches 297

Sable et terre 462
Sables calcaires 88
— coquilliers. . . . 94
Sables marins. . . . 94
Sablon marin 98
Sang. . . . 422
Sang chaulé. . . . 424
— frais. . . . 424
— sec. . . . 425
Sarrasin ordinaire 64
— de Tartarie 65
Sciure de bois. . . . 460
Scories de forge. . . . 246
Seigle d'hiver. . . . 269
Sel marin 162
Sel gemme 162
— de cuisine. . . . 162
Séve Triptolème. . . . 659
Spergule 266
Stercorat 624
Substances excrétées. . . . 313
Substances désinfectantes. . . . 651
Suie de bois. . . . 174
Suie de houille 179
Sulfate d'ammoniaque 169
Sulfate de chaux. . . . 115
Sulfate de fer 151
Sulfate de soude. . . . 161
Superphosphate de chaux 231
Système Kennedy. . . . 600
Système tubulaire. . . . 600

Tanguages. . . . 106
Tangue 98
Tangue bêchée. . . . 101
— de chantier. . . . 101
— draguée. . . . 101
— grasse 101
— havelée 101
— morte. . . . 102
— vive 102
Tannée 323, 459
Terre engazonnée 461
— végétative. . . . 658
Terres noires sulfureuses. . . . 141
Terreau engrais. . . . 625
Thym. . . . 315

Tonneau à purin 591
Tontisses.................... 437
Touraillon.................... 320
Tourbes de chaux 28
Tourbe engrais............... 628
— naturelle 245
— carbonisée............ 246
Tourteaux..................... 306
Tourteau d'arachide.......... 307
— de cameline......... 307
— de camomille 307
— de chènevis......... 307
— de coco............. 308
— de colza............ 307
— de coprah........... 308
— de coton............ 309
— de faînes 309
— de lin............. 307
— de madia 307
— de guano 645
— de navette 307
— de noix............. 307
— d'œillette........... 307
— de pavot........... 307
— de rabette 307
— de sésame 307
Trèfle incarnat 260
Trez....................... 98
Trez mort.................. 102
Trez vif..................... 102
Trèzage..................... 106
Trouille..................... 306
Trous à fumier.............. 497

Urines...................... 572
Urine humaine............... 572
— bovine................ 573
— chevaline 573
— porcine 573

Valeur de l'azote............ 664
— des engrais........ 670, 678
Varech...................... 278
Varech animalisé............. 636
Varech d'échouage 281
— épave................ 281
— de rocher............ 284
Vase d'eau douce............. 552
Vase de mer.................. 557
Vase bleue.................. 536
Végétaux indigènes........... 278
Végétaux ligneux............. 303
Végétaux secs 306
Végétaux verts 257
Vesce 263

Zoofime...................... 648
Zostère..................... 280

FIN DE LA TABLE ALPHABÉTIQUE.

TABLE DES MATIÈRES.

Avertissement.. 1
Introduction.. 5

LIVRE I.

ENGRAIS MINÉRAUX.

PREMIÈRE CLASSE.

Substances d'origine minérale.

Chapitre premier. *Minéraux carbonatés à base de chaux*............ 17

Section I. Chaux.. 17
— II. Marne.. 46
— III. Craie.. 85
— IV. Falun.. 88
— V. Coquillages ou sable marin........................ 94
— VI. Tangue ou trez.. 98
— VII. Merl ou madrépore.. 108

Chapitre II. *Minéraux sulfatés à base de chaux*.................... 115

Section I. Plâtre ou gypse.. 115
— II. Plâtras.. 138

Chapitre III. *Minéraux sulfatés à base de fer*.................... 141

Section I. Cendres pyriteuses.. 141
— II. Sulfate de fer.. 151

Chapitre IV. *Minéraux alcalins à base de potasse*.................... 155

Section I. Carbonate de potasse.. 155
— II. Nitrate de potasse.. 156

Chapitre V. *Minéraux alcalins à base de soude*.................... 157

Section I. Nitrate de soude.. 157
— II. Sulfate de soude.. 161
— III. Chlorure de sodium.. 162

CHAPITRE VI. *Minéraux ammoniacaux* 167

Section I. Chlorhydrate d'ammoniaque 167
— II. Sulfate d'ammoniaque 169

DEUXIÈME CLASSE.

Substances d'origine végétale.

CHAPITRE I. *Produits de la combustion* 174

Section I. Suie de bois 174
— II. Suie de houille 179

CHAPITRE II. *Produits de l'incinération* 180

Section I. Cendres de bois non lessivées 180
— II. Charrées ou cendres lessivées 187
— III. Cendres de fumier 194
— IV. — de tourbe 196
— V. — de varechs 203
— VI. — de houille 206

TROISIÈME CLASSE.

Substances d'origine animale.

CHAPITRE UNIQUE. *Minéraux phosphatés à base de chaux* 209

Section I. Phosphate de chaux minéral 209
— II. Os 215
— III. Superphosphate de chaux 231
— IV. Noir animal 235

LIVRE II.

ENGRAIS VÉGÉTAUX.

PREMIÈRE CLASSE.

Végétaux verts.

CHAPITRE I. *Plantes cultivées* 258
— II. *Végétaux indigènes* 278

Première division. Plantes herbacées 278

Section I. Goemons ou varechs 278
— II. Plantes aquatiques 295
— III. Plantes nuisibles 299
— IV. Gazons 300

Deuxième division. Végétaux ligneux 303

Section I. Buis ... 303
— II. Cistes, myrtes, etc ... 305

DEUXIÈME CLASSE.

Végétaux secs.

Section I. Tourteaux ... 306
— II. Marcs ... 319
— III. Tannée ... 323
— IV. Chaumes ... 324
— V. Déchets divers ... 326

LIVRE III.

ENGRAIS ANIMAUX.

PREMIÈRE PARTIE.

Substances excrétées.

CHAPITRE I. *Déjections des animaux* ... 327
Section I. Matières fécales ... 327
— II. Poudrette ... 340
— III. Excréments des bêtes à laine ... 346
— IV. Parcage des bêtes à laine ... 348
— V. Parcage des bêtes à cornes ... 376
— VI. Excréments des bêtes chevalines ... 378

CHAPITRE II. *Déjections des oiseaux* ... 380
Section I. Colombine ... 380
— II. Guano ou huano ... 386
— III. Fiente de volailles ... 411

DEUXIÈME PARTIE.

Débris animaux.

CHAPITRE I. *Engrais d'une décomposition rapide* ... 413
Section I. Chair musculaire ... 413
— II. Sang ... 422
— III. Débris de poissons ... 431
— IV. Marc de colle forte ... 435

CHAPITRE II. *Engrais d'une décomposition lente* ... 436
Section I. Chiffons de laine ... 436
— II. Débris de cornes ... 440
— III. Crins, poils et plumes ... 442
— IV. Pain de creton ... 443

CHAPITRE III. *Emploi des animaux morts* ... 444

LIVRE IV.

ENGRAIS VÉGÉTAUX-ANIMAUX.

CHAPITRE I. *Litières* 451
— II. *Fumiers* 465

LIVRE V.

ENGRAIS COMPOSÉS.

CHAPITRE I. *Boues de ville* 547
— II. *Boues et poussière de route* 551
— III. *Vase et limon d'eau douce.* 552
— IV. *Vase de mer* 556
— V. *Engrais Jauffret* 559
— VI. *Composts* 568

LIVRE VI.

ENGRAIS LIQUIDES.

CHAPITRE I. *Liquides d'origine animale* 572
Section I. Urines et purin 572
— II. Lizier ou lizée 580
— III. Engrais flamand 585
— IV. Purin animalisé 598
— V. Système Fellemberg ou Kennedy 600
— VI. Eaux des égouts 613
CHAPITRE II. *Liquides d'origine végétale* 619
Section I. Eaux de féculerie 619
— II. Eaux ammoniacales 620
— III. Purin végétal 621

LIVRE VII.

ENGRAIS COMMERCIAUX.

Section I. Engrais brevetés 623
— II. Engrais Derrien 633
— III. Cendres de mer 636
— IV. Varech animalisé 638
— V. Engrais Lainé 639
— VI. Engrais Poisson 641
— VII. Guano de La Motte 643
— VIII. Engrais Turrel 643
— IX. Engrais Rohart 646
— X. Zoofime et engrais de Pen-Bron 648
— XI. Guanos artificiels divers 649
— XII. Substances désinfectantes 651
— XIII. Fabrication des engrais 653

LIVRE VIII.

POUDRES ET LIQUEURS VÉGÉTATIVES.......... 657

LIVRE IX.

ÉCONOMIE DES ENGRAIS.

Section I. Valeur de l'azote.............................. 665
— II. Évaluation de la valeur des engrais.............. 670
— III. Équivalents des engrais.......................... 675
— IV. Valeur commerciale des engrais.................. 678
— V. Fraude des engrais............................ 681
— VI. Les engrais dans les concours agricoles.......... 687
— VII. Analyse des engrais.............................. 689

Bibliographie des matières fertilisantes.............................. 693

Table alphabétique.. 698

FIN DE LA TABLE DES MATIÈRES.

Paris. — Imprimerie de Ch. Lahure et Cie, rue de Fleurus, 9.

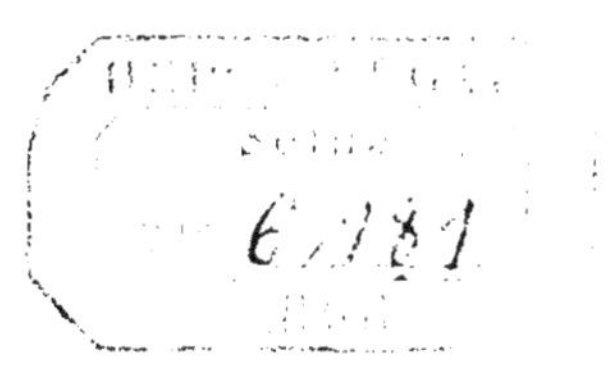

COURS

D'AGRICULTURE PRATIQUE

Divisions du *Cours d'Agriculture pratique*.

I. — Les climats, les régions et les terrains.
II. — Les matières fertilisantes.
III. — La pratique de l'agriculture.
IV. — Les pâturages et les prairies naturelles.
V. — Les plantes fourragères.
VI. — Les plantes alimentaires.
VII. — Les plantes industrielles.
VIII. — Les assolements et les systèmes de culture.
IX. — Les arbres et arbustes fruitiers de grande culture.

Paris. — Imprimé par E. THUNOT et Ce, rue Racine, 26.

LES PLANTES

FOURRAGÈRES

PAR

GUSTAVE HEUZÉ

Adjoint à l'Inspection générale de l'Agriculture
Professeur d'agriculture à l'École impériale de Grignon
Membre de la Société impériale et centrale d'Agriculture de France

Ouvrage couronné par la Société centrale d'Agriculture de France

---

TROISIÈME ÉDITION

REVUE ET AUGMENTÉE

avec 42 vignettes sur bois et 20 planches gravées en taille-douce et coloriées

---

PARIS

LIBRAIRIE AGRICOLE DE LA MAISON RUSTIQUE

26, RUE JACOB, 26

www.ingramcontent.com/pod-product-compliance
Ingram Content Group UK Ltd.
Pitfield, Milton Keynes, MK11 3LW, UK
UKHW021128260726
13994UKWH00001B/49